全国环境影响评价工程师职业资格考试系列参考教材

环境影响评价案例分析

（2016年版）

环境保护部环境工程评估中心　编

中国环境出版社·北京

编写委员会

主　编　任洪岩

副主编　杨玄道　蔡　梅　李忠华　刘振起

编　委　（以姓氏拼音字母排序）

陈　涛　初平平　关　睢　康拉娣　李宁宁

刘冰燕　刘彩凤　梁　炜　林玉玲　乔　皎

邱秀珍　石静儒　史雪廷　宋若晨　谈　蕊

王文娟　谢琼立　杨申卉　杨天琳　叶　斌

赵　晶　周申燕

前 言

为了满足环境影响评价工程师职业资格考试需求，我中心组织具有多年环境影响评价实践经验的专家于 2005 年编写了第一版环境影响评价工程师职业资格考试系列参考教材。《环境影响评价案例分析》是该套教材的其中一册，是在收集和整理了大量建设项目环境影响评价、规划环境影响评价、竣工环境保护验收实际案例，并从中选取了具有代表性的案例，在分析点评基础上汇编完成的。

为进一步提高教材的应试性，根据全国统一考试实践经验和《全国环境影响评价工程师职业资格考试大纲》的要求，我们于 2006—2015 年先后组织对教材进行了十次修订。2016 年初，我们对教材进行了第十一次修订，更新了全部案例，并对案例进行了详细的分析点评。

本版教材选取案例的原环境影响报告书或建设项目竣工环境保护验收监测（调查）报告编制单位有：轻工业环境保护研究所、浙江省工业环保设计研究院有限公司、北京飞燕石化环保科技发展有限公司、四川省环境保护科学研究院、北京矿冶研究总院、机械工业第四设计研究院、中材地质工程勘查研究院有限公司、国电环境保护研究院、中国电力工程顾问集团华东电力设计院、环境保护部辐射环境监测技术中心、北京欣国环环境技术发展有限公司、清华大学、中煤国际工程集团北京华宇工程有限公司、交通运输部公路科学研究院、江苏省环境科学研究院、中国水电顾问集团昆明勘测设计研究院有限公司、中国水电顾问集团中南勘测设计研究院有限公司、中国环境监测总站、环境保护部环境工程评估中心。

本版教材的分析点评人员有：案例一：岳冰、王洁、程言君、侯亚楠、张亮，案例二：王洁、程言君、侯亚楠；案例三：郭森、周学双，案例四：冉丽君、童莉；案例五：马倩玲、苏艺，案例六：李韧、王柏莉；案例七：崔文龙、姜华，案例八：王志刚、朱法华；案例九、案例十：贾生元、刘振起；案例十一：柴西龙、陈凤先；案例十二：张乾、宋鹭、杨帆、吕晓君，案例十三：谢咏梅、杜蕴慧、李敏、周鹏；案例十四：张燕春、张荣、李英，案例十五：薛联芳、曹娜；案例十六：张宇、张镀光、陈洪波。统稿工作主要由刘振起、蔡梅、陈凤先完成。

本版教材的修订得到了奚旦立、林永寿、孔繁旭、于敬文、顾明、王毅、秦大唐、刘兰芬、于景琦、丁长印、王国栋、赵仁兴、辜小安、晏晓林、郝春曦、陈俊峰、贾建和等专家的帮助，在此一并表示感谢。

书中不当之处，敬请读者批评指正。

编　者

2016年2月于北京

目 录

案例一　燃料乙醇项目环境影响评价

一、项目概况

（1）项目名称：某公司年产 10 万 t 甜高粱茎秆燃料乙醇项目。

（2）项目拟建地点：西北某省工业园区。

（3）建设规模及产品方案：拟建项目以甜高粱茎秆为原料生产燃料乙醇。项目设计规模为年生产燃料乙醇 10 万 t、副产二氧化碳 0.5 万 t。

（4）项目组成：包括主要生产车间、公用工程及储运设施等。主要生产车间包括燃料乙醇车间及液态 CO_2 车间，燃料乙醇分为 3 万 t/a 和 7 万 t/a 两条生产线进行建设；公用工程包括给水工程、循环水系统、污水处理站、锅炉房等；储运设施包括原料场、糖浆罐区、燃料乙醇罐区等。

（5）项目总投资：拟建项目总投资估算为 58 216.38 万元，其中建设投资 45 023.56 万元，建设期利息 1 953.30 万元，流动资金 11 239.52 万元。

（6）产业政策：

① 符合《中华人民共和国可再生能源法》（中华人民共和国主席令　第二十三号）中“国家鼓励生产和利用生物液体燃料”。

② 符合《促进生物产业加快发展的若干政策》（国办发[2009]45 号）中“积极开展以甜高粱、薯类、小桐子、黄连木、光皮树、文冠果以及植物纤维等非粮食作物为原料的液体燃料生产生物质致密成型燃料等生物能源的发展。对完全可降解生物材料和经批准生产的非粮燃料乙醇、生物柴油、生物质热电等重要生物能源产品，国家给予适当支持。稳步推进非粮燃料乙醇应用试点。”

③ 符合《促进产业结构调整暂行规定》（国发[2005]40 号）中“积极扶持和发展新能源和可再生能源产业，鼓励石油替代资源和清洁能源的开发利用，积极推进洁净煤技术产业化，加快发展风能、太阳能、生物质能等。”

④ 符合《产业结构调整指导目录（2005）年本》中鼓励类项目“农作物秸秆还田与综合利用和醇醚燃料生产”。

⑤《可再生能源发展“十一五”规划》（发改能源[2008]610 号）中“到 2010 年，增加非粮原料燃料乙醇年利用量 200 万 t。初步实现生物质能商业化和规模化利用，培养一批生物质能利用和设备制造的骨干企业。建设重点：重点进行以非粮生物质为原料的燃料乙醇规模化试点项目，在山东黄河入海口地区、内蒙古的黄河沿岸地区以及黑龙江、吉林、新疆等地进行百万亩规模的甜高粱种植和生物

乙醇生产试点”。

⑥《国家发展改革委关于印发可再生能源中长期发展规划的通知》（发改能源[2007]2174 号）中“生物液体燃料是重点发展生物质能。在 2010 年前，重点在东北、山东等地，建设若干个以甜高粱为原料的燃料乙醇试点项目，到 2010 年，增加非粮原料燃料乙醇年利用量 200 万 t，到 2020 年，生物燃料乙醇年利用量达到 1 000 万 t。”

⑦《关于加强生物燃料乙醇项目建设管理，促进产业健康发展的通知》（发改工业[2006]2842 号）“严格市场准入标准与政策”中指出：“因地制宜，非粮为主。重点支持以薯类、甜高粱及纤维资源等非粮原料产业发展；自主创新，节能降耗。努力提高产业经济性和竞争力，促进纤维素乙醇产业化；本项目以甜高粱茎秆为原料，符合该通知的要求。”

点评：

1．本案例产业政策介绍较全面、细致；目前，国家鼓励利用薯类、纤维素类等非粮作物生产燃料乙醇。秸秆纤维素燃料乙醇和生物质纤维素乙醇等非粮生物质燃料生产技术开发与应用属于鼓励类产业。

2．与本案例关系密切的产业政策还有：《关于发展生物能源和生物化工财税扶持政策的实施意见》（财建[2006]702 号）、《国家发展改革委关于加强玉米加工项目建设管理的紧急通知》（发改工业[2006]2781 号）和《外商投资产业指导目录（2011 年修订）》（国家发展和改革委员会、商务部第 12 号令公布）。

3．由于该案例完成较早，目前，《产业结构调整指导目录（2011 年本）》（国家发展和改革委员会 9 号令）已替代《产业结构调整指导目录（2005 年本）》。

4．对以木薯类、甜高粱等非粮作物为原料生产生物能源，要配套建设原料基地。如果采用原料来自国内，今后将具备原料基地作为生物能源行业准入并成为国家财税政策扶持的必要条件。

二、环境概况

（一）环境状况

1．地理位置

拟建项目建设地点位于西北某省工业区内。

2．地形地貌

项目所在地在地质结构上属鄂尔多斯台拗，河套断裂，县境为黄河冲积平原，为第四纪松散地层所覆盖，沉积了较厚的湖相地层。全县地形西南高，东北低。地貌类型主要为平原，占总面积的91.8%，另有高地、沙丘、海子（湖泊）、洼地等零星分布。

3．气候特征

项目所在地气候属中温带大陆性气候，干燥多风，气温多变，日照充足，蒸发强烈，降水少而集中，昼夜温差大，无霜期短。

4．水资源

项目所在地可利用水资源分为地表水和地下水。地表水主要是黄河过境水。全县共有大小河道1 989条，总长2 159 km，年引水量8亿～11.6亿 m^3，最大引水量12.3亿 m^3。区域水资源较丰富，一方面有利于农业发展，同时也有利于满足工业园区供水需要。

5．生态环境

项目所在地主要有猫头鹰、野鸽、雉鸡、喜鹊。野生植物有200余种，分属于43个科，198种。

（二）功能区划

本项目厂址位于工业区，该工业区功能定位为：以农畜产品深加工、生物化工、生物能源等产业为主导的综合型、生态型工业集聚发展区。本项目符合《某省国民经济和社会发展第十一个五年规划纲要》《某省能源工业“十一五”发展规划》《某省循环经济发展规划》《某省高技术产业“十一五”规划》《某省生物燃料乙醇产业发展规划》《某市国民经济和社会发展第十一个五年规划纲要》《某市域城镇体系规划》和《某市环境保护规划》（2005—2010）等地方相关规划。

（三）评价因子确定

1．环境空气

环境空气现状评价因子：SO_2、PM_{10}、NO_2、TSP、H_2S、NH_3、总烃、非甲烷总烃、臭气浓度。

环境空气预测因子：SO_2、PM_{10}、NO_2、H_2S、NH_3、总烃。

2．地表水

地表水水质现状评价因子：pH、COD、BOD_5、SS、DO、NH_3-N、总氮、总磷、硫酸盐、石油类、乙醛、硫化物。

地表水水质预测因子：COD_{Cr}、氨氮。

3．地下水

地下水水质现状评价因子：pH、硫酸盐、总硬度、氨氮、硝酸盐氮、亚硝酸盐氮、挥发性酚、高锰酸盐指数、氟化物、砷、汞、镉、六价铬、铁、锰。

4. 声环境

等效连续 A 声级。

（四）环境保护目标

拟建项目环境保护目标详见表 1-1。

表 1-1 主要环境保护目标

环境要素	环境保护目标	方位	距厂界距离/m	人数/人	环境功能
大气环境	某村	NE	1 900	330	居民集中居住区
	某村	NW	440	420	
	—	—	—	—	
地表水环境	七排干	NW	1 500	—	Ⅳ类水体
地下水环境	某工业用水地下水源地	SW	2 000	—	Ⅲ类
声环境	厂界周围 100 m	—	100	—	3 类功能区

（五）环境质量现状

1. 地表水环境质量现状

拟建项目地表水现状监测断面详见表 1-2，共监测 3 天，每天采样一次，每个断面每次只采一个混合样。监测项目为：pH、COD_{Cr}、BOD_5、SS、DO、氨氮、总氮、总磷、硫酸盐、石油类、乙醛、硫化物，共计 12 项。同时对河流的部分水文参数（如河宽、水深、流量、流速、水温等）进行调查、测定。

表 1-2 地表水现状监测布点情况

断面编号	监测点位	距排污口距离/m
1#	某县污水厂排污口上游	500
2#	某县污水厂排污口下游	500
3#	总排干与七排干汇合处上游（七排干段）	100
4#	总排干与七排干汇合处上游（总排干段）	100
5#	总排干与七排干汇合处下游	15 000

监测结果表明，5 个断面中监测点标准指数均大于 1 的监测因子为：COD_{Cr}、BOD_5、总氮，均超过《地表水环境质量标准》（GB 3838—2002）Ⅳ类标准要求，pH、DO、氨氮、总磷、石油类存在部分超标，硫化物的浓度值符合《地表水环境质量标准》（GB 3838—2002）Ⅳ类标准要求。超标原因主要是在 2#、3#监测断面附近有一家稀土厂，排放酸性废水所致；氨氮超标严重的主要原因是农田施用氮肥。

总的来说，由于七排干接纳了整个某县的工业废水及生活污水，而在监测期间县污水处理厂尚未投入运行，因此大部分企业废水未经处理直接排入七排干。城市污、废水不经处理直接排入排干渠，同时受农田退水和施用化肥、农药影响，致使七排干水质因子超标。

2. 环境空气质量现状

常规污染物（SO_2、NO_2、TSP、PM_{10}）共布设 6 个监测点，特征污染物（H_2S、NH_3、总烃、非甲烷总烃、臭气浓度）共布设 2 个监测点。拟建项目大气环境影响评价等级为二级，监测时段选取一期最不利季节即采暖季进行了监测。监测结果表明：TSP、PM_{10} 在各个监测点位均出现超标现象，其他因子均达标。超标原因主要是拟建项目周边地区土地植被覆盖度低，工业区内地面硬化率低，并且存在一些施工场地，致使 TSP、PM_{10} 出现超标。

3. 地下水质量现状

根据地下水流向和拟建项目及其周边的具体情况，在项目厂址及上下游共布设 3 个地下水环境现状监测点，监测因子为 pH、硫酸盐、总硬度、氨氮、硝酸盐氮、亚硝酸盐氮、挥发性酚、高锰酸盐指数、氟化物、砷、汞、镉、六价铬、铁、锰等，共 15 项。监测结果表明，地下水 3 个监测井水质氨氮全部超过《地下水质量标准》（GB/T 14848—93）的Ⅲ类标准；硫酸盐、总硬度、铁、锰在部分井位超标，其他监测项目均符合标准。超标原因主要是 3 个监测井受到了农灌渠及农田施用氮肥的影响。

4. 声环境质量现状

项目厂界共布设 8 个厂界噪声监测点，连续监测两天，具体时间为：昼间 9：00—10：00；夜间 22：00—22：40，各监测一次。监测结果表明：噪声现状监测期间，各监测点昼夜间噪声均达到《声环境质量标准》（GB 3096—2008）中的 3 类标准。

点评：

1. 本案例环境质量监测因子选择正确，分为常规因子和特征因子。大气常规因子包括 SO_2、NO_2、TSP、PM_{10}，特征因子主要包括 NH_3、H_2S、臭气和非甲烷总烃等。随着新环境空气质量标准的逐步实施，标准执行区域应相应增加 $PM_{2.5}$ 监测因子。

2. 案例按要求给出了评价范围内所有环境保护目标，包括大气、地表水、地下水、生态和人口聚集区等环境保护目标，并在图中标注。列表给出环境保护对象的名称、环境功能区划级别、与项目的相对距离、方位以及受保护对象的范围和数量等。

3. 结合现状监测结果对环境质量现状进行评价与分析，本案例给出了超标因子并分析了超标原因。

三、工程分析

拟建项目包括主要生产车间、公用工程及储运设施等。主要生产车间包括燃料乙醇车间及液态 CO_2 车间，燃料乙醇分为 3 万 t/a 和 7 万 t/a 两条生产线进行建设；公用工程包括给水工程、循环水系统、污水处理站、锅炉房等；储运设施包括原料场、糖浆罐区、燃料乙醇罐区等。项目组成情况见表 1-3。

表 1-3 项目组成情况

类别	工程（车间）名称		内容及规模
主体工程	燃料乙醇车间	原料处理工段	主要进行去叶梢处理，分离后的净茎秆进入压榨提汁工段，叶梢送去锅炉燃烧
		压榨车间（糖汁提取工段）	采用五辊式压榨机组提汁系统，将甜高粱茎秆撕裂后进行五辊压榨，压榨机压出的糖汁经曲筛筛分和真空吸滤机过滤分离，送去多效蒸发系统浓缩保存或与糖浆对醪后送入发酵车间酸化。压榨机出渣，直接送去锅炉燃烧
		蒸发浓缩工段	该工段包括平流进料、顺流转糖浆、集中Ⅳ效排糖浆等工艺流程。来自压榨车间的稀糖汁经管道输送至稀糖汁罐，再泵经混合冷凝水板式预热器预热，预热后的稀糖汁用泵泵入Ⅴ效，再由Ⅴ效下循环管经泵平流至Ⅰ效、Ⅱ效、Ⅲ效、Ⅳ效蒸发罐。料液从Ⅴ效蒸发罐由泵转入Ⅰ、Ⅱ、Ⅲ、Ⅳ效时，各效经蒸发浓缩生成的糖浆顺流转排，集中于Ⅳ效排入糖浆罐。Ⅰ效加热蒸汽为生蒸汽，由自建锅炉房供给，热量通过各效二次蒸汽依次传递，成为后续各效加热室的热源。Ⅰ效产生蒸汽凝结水经两次闪蒸回收部分热能后返回供热锅炉作为补充用水。各效加热蒸汽凝结水依次闪发至末效，再泵送至混合冷凝水预热器作为热源，达到充分回收热能的目的
		发酵工段	经过蒸发浓缩后的糖液，因在蒸发过程中得到了彻底的高温灭菌，可以直接进入酵母培养罐，在酵母罐中加入鲜酵母进行发酵培养。根据酵母的增殖规律，在发酵过程中，控制溶解氧，并采用计算机控制浓糖及营养盐的浓度，使酵母的增殖在保证每毫升发酵液达 5 亿细胞的条件下，发酵液不断移出

类别	工程（车间）名称		内容及规模
主体工程	燃料乙醇车间	发酵工段	不断移出的发酵液经过5个主发酵罐的连续发酵，最后进入成熟醪罐，从成熟醪罐泵出的发酵成熟醪通过蝶式分离机的分离，把成熟醪中的酵母分离出来进入酵母杀菌罐，在杀菌罐中利用稀酸对酵母进行杀菌，杀菌后的酵母乳液经泵回流到酵母培养罐，分离后的发酵成熟醪进入蒸馏系统。发酵产生的 CO_2 气体经二氧化碳洗涤塔回收乙醇后送至二氧化碳车间，收集的淡酒送至成熟醪罐
		蒸馏脱水工段	蒸馏工艺采用先进的“三塔差压蒸馏节能工艺”。酒精脱水采用分子筛法，原料酒精经预热到92℃，再通过蒸发器蒸发变成气相，再过热至一定温度进入分子筛吸附塔，酒气中的水分子流经分子筛填料层被分子筛小孔选择性吸附冷凝同时放热，实现酒气脱水，从脱水装置排出的酒精气体再进行冷凝、冷却后得到99.5%～99.9%的无水酒精。再添加汽油后即成为变性燃料乙醇
	液态二氧化碳车间		采用中压法制取液态二氧化碳。酒精发酵产生的 CO_2 气体，分别经酒精回收塔和水洗塔除去 CO_2 气体中有机杂质；经水分离器分离夹带的游离水后，进入 CO_2 压缩机，最终升压至2.2 MPa，进入冷却分离器分离；分离后的气体进入分子筛干燥器深度干燥脱水后，使 CO_2 气体中水分含量小于 20×10^{-6} 以下，经环保新冷媒R410A液化，液化后的低温 CO_2 进入液态 CO_2 产品储槽，并由专有槽车送至用户使用
公用工程	临时锅炉房		设临时锅炉房一座，新建2台45 t/h茎秆锅炉，为本项目供热。锅炉年运行300天，采用消烟、除尘、脱硫处理一体化的麻石旋流板脱硫高效除尘器，其除尘效率为96%，脱硫效率15%。烟气通过100 mH×ϕ3.0 m烟囱高空排放。项目所在的工业园区生物质供热锅炉建成并满足本项目供热要求后，采用园区生物质供热锅炉的蒸汽作为项目生产用热源，取消临时锅炉
	供电工程		本项目供电由园区统一提供，自建临时锅炉只为本项目供热，不供电。园区规划远期用电负荷将达到137.5 MW左右，规划在园区西南新建110 kW变电站一所，电源引自经过园区的110 kV电力线，以此作为园区的主电源。另在园区北部规划建设开关站1所，以提高内部供电的可靠性与安全性。本项目由工业园区变电站供给10 kV电源。项目榨季装机负荷为17 891.34 kW，非榨季装机负荷为3 086.51 kW，全年能耗为37 600 487.84 kW·h

类别	工程（车间）名称	内容及规模
公用工程	给水工程	本项目生产取水水源为县污水处理厂二级处理出水；项目生活用水、再生水源备用水由自来水供给，水源为当地地下水。拟建项目在榨季日用自来水水量 32.4 t/d，其余使用污水处理站回用水；非榨季的自来水用量为 32.4 t/d，城市中水 1 419.6 t/d，其余使用污水处理站回用水
	污水处理站	污水处理站设计规模为 7 000 m^3/d，处理工艺采用两级 UASB 厌氧＋脱氮池＋A/O 好氧池＋回用水系统。拟建项目榨季废水产生量为 5 920.32 m^3/d，经中水系统处理回用后排放 2 044.32 m^3/d；非榨季废水产生量为 2 911.2 m^3/d，经中水系统处理后全部回用。在园区规划污水处理厂建成前，拟建项目的污水排入县污水处理厂，园区规划污水处理厂建成后，排入园区污水处理厂
储运工程	原料贮存场	贮存期按 5d 考虑，贮存量为 52 780 t，原料贮存场面积约为 43 800 m^2，采用棚式钢结构，三面封闭
	燃料乙醇成品库	贮存期按 45d 计，贮存量 15 000 t，设成品贮罐 10×2 000 m^3，6×200 m^3。
	二氧化碳成品库	贮存期按 3d 考虑，共 50 t，设贮罐 1 个，贮罐贮存量 100 t
	辅助仓库	辅料、包装材料贮存期按 1 个月考虑，设辅助仓库 1 座，建筑面积约为 1 500 m^2
	茎秆渣堆存场	拟建项目根据生产需要，分为榨季和非榨季，榨季包含有茎秆压榨提汁和蒸发浓缩工段，而非榨季则直接利用榨季贮存的糖汁进行生产。榨季从当年的 8 月 20 日至次年的 2 月 20 日，共计 180d；非榨季从 2 月 21 日至 6 月 21 日，共计 120d。茎秆渣只有在榨季产生，冬季按 3d 堆存期后清运，设置堆存场两个，面积分别为 2 500 m^2 和 3 500 m^2，采用棚式钢结构，三面封闭。夏季当天清运不堆存

（一）工艺生产及污染物排放流程分析

本项目以甜高粱茎秆为原料（利用甜高粱茎秆中的糖分），采用某公司自主研发的甜高粱茎秆压榨—液态发酵的工艺生产燃料乙醇，主要生产工艺流程见图 1-1。

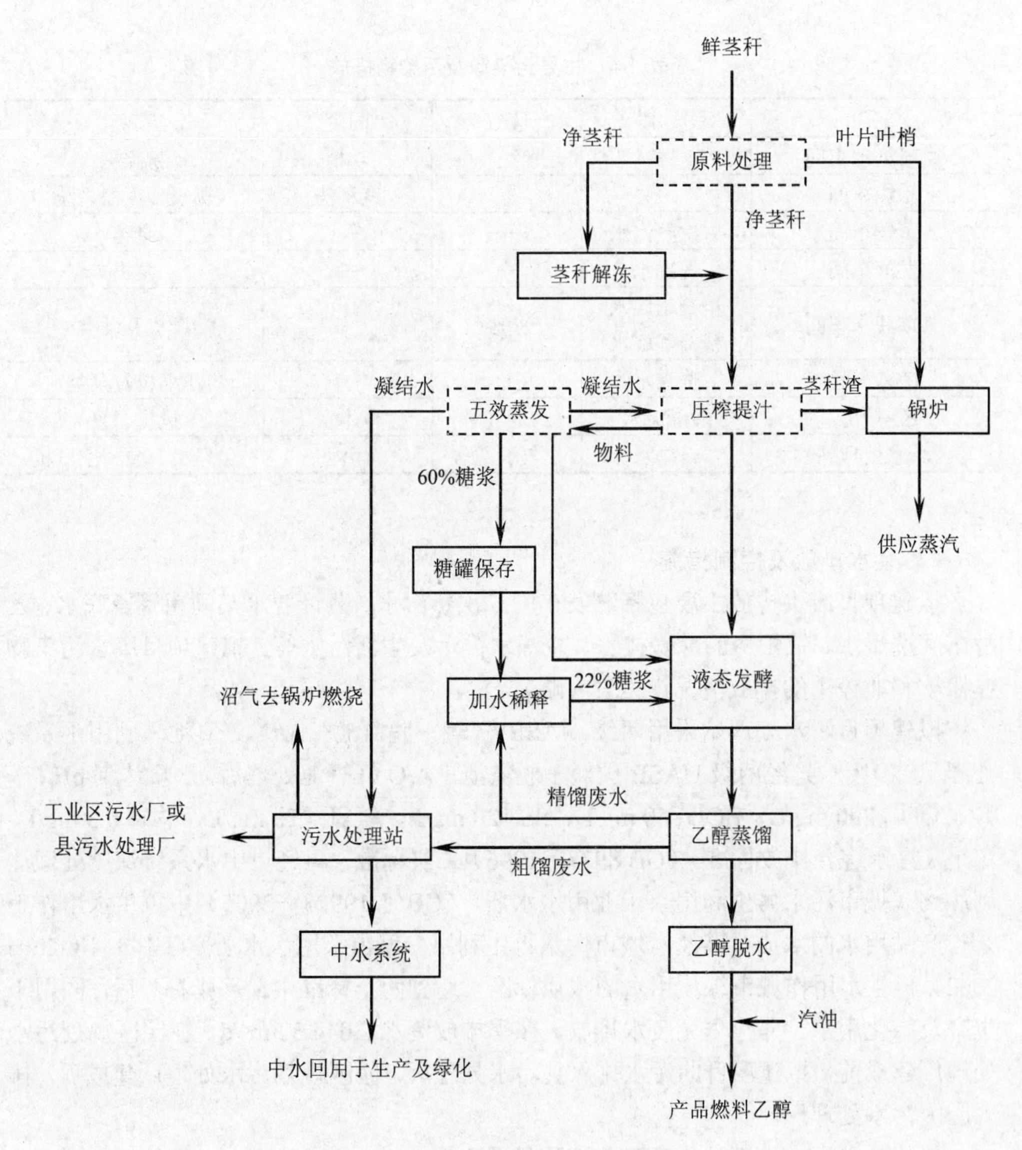

图 1-1 拟建项目主要生产工艺流程

注：原料处理、压榨提汁和五效蒸发工段只在榨季运行，非榨季原料采用贮存的糖浆。

（二）污染源及污染物排放分析

全厂主要污染源及污染物排放情况见表 1-4。本项目蒸馏脱水、五效蒸发和发酵生产车间排放废水的源强数据均来自项目中试生产的监测报告；蒸馏和发酵生产车间总烃无组织排放的源强数据来自项目中试生产的监测报告。监测报告详见附件（略）。

表 1-4 主要污染源及污染物排放

部门	废水	废气	固废	噪声
原料处理车间	—	—	叶梢	粉碎机
压榨车间	—	—	茎秆渣	撕裂、压榨系统
蒸发车间	二次蒸汽水	—	—	泵类
发酵车间	洗罐水	—	—	泵类
蒸馏脱水车间	粗馏釜底水 精馏釜底水	工艺废气	—	风机及泵类
CO_2车间	洗涤水	CO_2	—	压缩机及泵类
锅炉房	酸碱废水	烟气	草木灰	风机、泵
污水处理站	自排水	臭气、沼气	污泥	鼓风机、泵、空压机

1. 废水排放及控制措施

拟建项目废水排放主要包括蒸发车间二次蒸汽水、蒸馏脱水车间粗馏釜底水、发酵车间洗罐水、锅炉房的酸碱排水、冷却水排污及生活污水等。拟建项目废水污染物在榨季和非榨季的排放情况详见表（略）。

拟建项目污水处理站采用两级 UASB 厌氧＋脱氮池＋A/O 好氧池＋回用水系统处理工艺。废水先经两级 UASB 厌氧＋脱氮池＋A/O 好氧池处理后，水质达到 pH 6～9、COD_{Cr} 290 mg/L、BOD_5 50 mg/L、SS 120 mg/L、氨氮＜25 mg/L、总磷 0.3 mg/L，满足《污水综合排放标准》（GB 8978—1996）二级标准，再经过中水系统深度处理达到达到《城市污水再生利用　工业用水水质》（GB/T 19923—2005）中再生水用作工艺与产品用水的水质标准及《城市污水再生利用　城市杂用水水质》（GB/T 18920—2002）再生水用作城市绿化用水的水质标准（达到两个标准中最严指标）后，回用于生产及绿化用水。非榨季无废水排放，榨季排放废水 2 044.32 m^3/d，在园区规划污水处理厂建成前，拟建项目的污水排入县污水处理厂，园区规划污水处理厂建成后，排入园区污水处理厂。

拟建项目污水处理站处理工艺流程见图 1-2。

2. 废气排放及控制措施

拟建项目的废气污染源主要来源于锅炉房循环流化床锅炉排放的烟气、污水处理站产生的沼气和恶臭气体、发酵车间排放的 CO_2 气体和发酵蒸馏过程中排放的少量工艺废气。

（1）锅炉废气

本项目新建 2 台额定蒸发量 45 t/h 循环流化床锅炉，年运行 300d，采用消烟、除尘、脱硫处理一体化的麻石旋流板脱硫高效除尘器，其除尘效率按 96%计，脱硫效率按 15%计，烟尘、SO_2 排放满足《锅炉大气污染物排放标准》（GB 13271—2001）二类区Ⅱ时段标准。烟气通过 100 mH×ϕ3.0 m 烟囱高空排放。

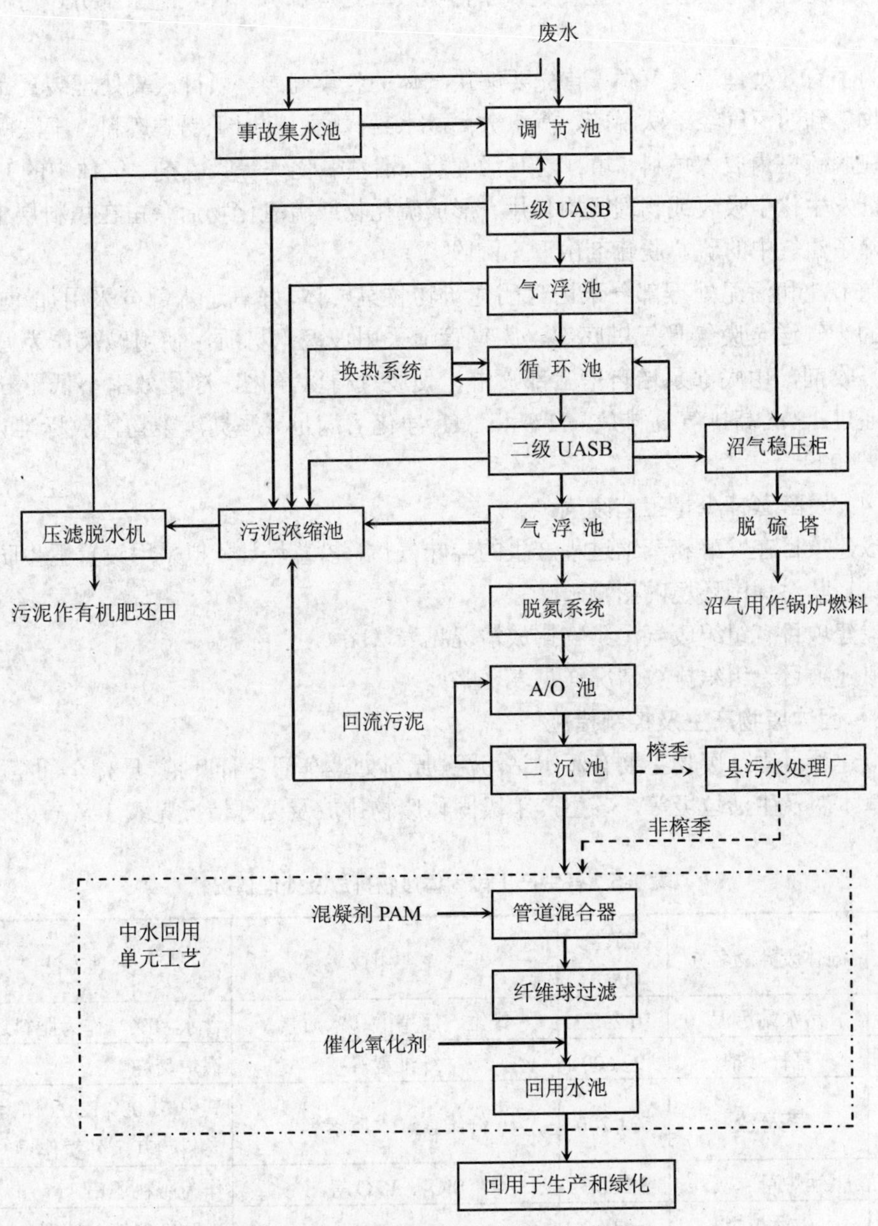

图 1-2　拟建项目污水处理站处理工艺流程

（2）CO_2 废气

乙醇发酵工段会产生 CO_2 气体，其主要是葡萄糖在发酵过程中释放出来的，拟建项目回收其中 0.5 万 t/a 生产液态 CO_2，其余发酵初期和末期的气体经洗气后排放。

（3）污水处理站恶臭气体和沼气

污水处理站恶臭发生源主要是调节池、厌氧处理部分、好氧进水部分、污泥处理部分。

为了有效处理恶臭气体，首先要解决气体的收集问题，项目厌氧处理装置完全密闭，收集到的沼气经干法脱硫、汽水分离、水封、贮柜，用于锅炉燃料。干法脱硫原理即在脱硫塔内放入填料，填料层有活性炭、活性氧化铁等吸收剂，气体中的 H_2S 与吸收剂发生化学吸收或物理吸附作用，形成硫化物或硫氧化物后余留在填料层中，从而脱除了沼气中的硫。脱硫剂由厂家回收。

调节池和污泥处理部分采用封闭建筑物收集气体，好氧进水部分采用加罩收集，收集的废气送至废气吸气塔底部，废气管道采用玻璃钢材质，使用碱液作为循环使用的吸收剂，由底部泵送自塔上部喷淋，使废气得以净化，净化效率不低于 60%，然后通过 15 m 高排气筒排放。H_2S 和 NH_3 净化后满足《恶臭污染物排放标准》（GB 14554—93）。

（4）发酵蒸馏少量工艺废气

拟建项目在发酵和蒸馏过程产生的异味气体，以总烃计，拟采用设置卫生防护距离来减轻其对周围环境的影响。

拟建项目有组织废气污染物排放情况见表（略）。

拟建项目无组织排放情况详见表（略）。

3．固体废物产生及控制措施

拟建项目固体废物主要有污水站污泥、原料处理车间茎秆叶梢、压榨车间茎秆渣、锅炉草木灰及生活垃圾等。各生产工段固体废物排放及处理情况见表 1-5。

表 1-5　各生产工段固体废物排放及处理情况

序号	固体废弃物名称	排放量/（t/a）	主要组成	处理方法
1	污水站污泥	10 290.3	纤维、腐殖酸、木质素	含水 80%，作为肥料还田
2	茎秆叶梢	99 600	纤维素等	锅炉焚烧
3	茎秆渣	531 200	纤维素、木质素等	其中 61 009.12 t/a 作为锅炉燃料，其余外卖作饲料
4	锅炉草木灰	3 206.3	SiO_2、K_2O 等	作为肥料还田
5	生活垃圾	43.5	—	市政部门统一处理
合计		644 340.1	—	—

注：①项目改由园区供热锅炉供汽后，临时锅炉取消，不会再产生草木灰，茎秆叶梢和茎秆渣全部外卖做饲料。

②注：园区供热锅炉满足拟建项目供汽要求后，项目改由园区供热锅炉供汽，临时锅炉取消，不会再产生草木灰，茎秆叶梢和茎秆渣全部外卖做饲料。

4．噪声产生及控制措施

本项目噪声主要来源于生产装置区及公用工程、污水处理站等设备噪声。产生噪声的主要设备有切秆机、风机、空压机、冷却塔、鼓引风机以及水泵等。据类比调查，设备噪声源强范围在 70～100 dB（A）。该项目产生噪声的主要设备噪声级及其控制措施详见表 1-6。

表 1-6　产生噪声的主要设备噪声级及其控制措施　　单位：dB（A）

序号	设备名称	车间	产生源强	排放源强	降噪措施
1	切秆机	原料处理车间	95	80	减振、隔声
2	空压机	空压站	90	80	隔声、消声
3	冷却塔	循环冷却水系统	70	70	—
4	水泵	糖汁提取车间 蒸发浓缩车间 动力车间	80	75	隔声
5	泵类	各个车间	75～90	75	隔声、减振
6	鼓风机	污水处理站 锅炉房	100	80	隔声、减振
7	引风机	锅炉房 原料处理车间	86	80	隔声、减振
8	风机类（其他）	各个车间	95	80	减振、隔声
9	压缩机	液态 CO_2 车间	95	82	减振、隔声、消声

点评：

本案例特点之一是工程污染分析系统、深入。详细列出了工程组成、工程污染因子、工艺流程及排污节点，污染防治对策介绍清楚，污染物源强均来源于项目中试生产的监测报告，有理有据。突出了特征污染物——恶臭源强的估算并分析了事故状态下的污染源强，数据基本可信，为国内此类项目环评提供可借鉴的工程污染因子确认和污染源强参考数据。

四、环境影响预测

（一）预测模型选择

1．大气预测模型

本项目选用《环境影响评价技术导则　大气环境》（HJ 2.2—2008）推荐的模式预

测各污染物100%保证率下最大小时浓度、最大日均浓度、年均浓度。

2. 地表水预测方法

拟建项目榨季（180 d）废水产生量为5 920.32 m^3/d，全部进入自建污水处理站处理，其中2 288.16 m^3/d的废水经深度处理后，回用于生产，2 044.32 m^3/d达标排水在工业园区污水处理厂建成之前，排入县污水处理厂；在工业园区污水处理厂建成之后，排入工业园区污水处理厂。非榨季（120 d）废水产生量为2 911.2 m^3/d，经深度处理后1 766.64 m^3/d回用于生产，无废水排放。

由于项目废水不直接排入外环境，而是进入县污水处理厂（或工业园区污水处理厂）进行进一步处理，因此本报告地表水环境影响评价重点分析县污水处理厂的服务范围、回用水水质和水量的可行性及可靠性、两个污水处理厂接纳拟建项目废水的水质和水量的可行性及可靠性，以及接纳时间的可行性。

（二）环境影响预测

1. 大气环境影响预测

评价范围内污染源计算清单主要考虑以下几个方面：

（1）项目新增污染源

① 项目新增2台45 t/h锅炉污染源，共1个烟囱，按正常排放计算；

② 项目新增2台45 t/h锅炉污染源，共1个烟囱，按非正常排放计算；

③ 项目新增污水处理站集气筒污染源，共1个烟囱，按正常排放计算；

④ 项目新增污水处理站无组织排放污染源，按正常排放计算；

⑤ 项目新增两处蒸馏及发酵车间无组织排放污染源，按正常排放计算。

（2）需叠加进行预测的相关污染源

① 酒厂2台10 t燃煤锅炉污染源，共1个烟囱，按其正常排放对项目新增污染源正常排放进行叠加计算；

② 饮料厂2台4 t燃煤锅炉污染源，共1个烟囱，按其正常排放对项目新增污染源正常排放进行叠加计算；

③ 园区2台75 t/h供热锅炉污染源，共1个烟囱，按其正常排放对项目新增污染源正常排放进行叠加计算。

根据导则要求，本项目大气预测情景组合见表1-7。

2. 地表水环境影响分析

（1）正常工况

通过对县污水处理厂和园区污水处理厂的服务范围、进水水质要求、水量保证、回用水水质和水量及实施进度等方面的分析，县污水处理厂和园区污水处理厂有能力接纳并处理本项目产生的废水，具有可行性和可靠性，拟建项目废水对外环境的影响较小。

表 1-7　常规预测情景组合

序号	污染源类别	排放方案	预测因子	计算点	常规预测内容
1	新增污染源（正常排放）	现有方案	NO_2 SO_2 PM_{10} NH_3 H_2S THC NMHC	环境空气保护目标 网格点 区域最大地面浓度点	小时浓度 日均浓度 年均浓度
2	新增污染源（非正常排放）	现有方案	SO_2 PM_{10}	环境空气保护目标 区域最大地面浓度点	小时浓度
3	叠加相关污染源（正常排放）	现有方案	NO_2 SO_2 PM_{10}	环境空气保护目标	日均浓度 年均浓度

（2）事故工况

拟建项目污水处理站发生事故时，无法对排入其中的废水进行处理，如果直接外排，将对工业园区污水处理厂及七排干产生较大影响。针对这种情况，拟建项目设置事故池容积为 1 000 m^3，但考虑消防废水、污水处理设施出现故障，不合格污水贮存等非正常工况突发事件，本次评价建议拟建项目污水事故池的有效容积增大至 4 200 m^3。此外，工业园区也建立完善的生产废水、清净下水、（初、后期）雨水、事故消防废水等切换、排放系统，分三级把关，防止事故污水向环境转移。

点评：

1．大气环境影响评价因子选取合理，评估重点关注了模型选择和参数选取的合理性。当项目所在区域大气预测结果不能满足环境功能区要求时，必须提出工程优化措施和区域削减方案。

2．地表水环境影响评价因子选择正确。本项目废水非榨季全部回用，不外排，榨季排入工业园区污水处理厂。排入江河地表水时，评估重点关注模型选择和参数选取的合理性。当纳污水体预测结果不能满足水环境功能区要求时，必须提出工程优化措施和区域削减方案，确保项目排放的有关因子满足水环境功能区要求。

3．本案例完成较早，目前要求地下水环境影响预测须按照《环境影响评价技术导则　地下水环境》（HJ 610—2011）要求开展。重点关注对下游集中饮用水水源保护区及分散式饮用水水源的影响。

> 4. 本案例完成较早，目前要求生态影响评价按照《环境影响评价技术导则 生态影响》（HJ 19—2011）要求进行。主要关注施工期对植被破坏、水土流失、生物量损失、风蚀沙化以及景观的影响分析，提出植被保护、恢复、补偿措施及水土保持措施。

五、污染防治对策措施的技术经济分析

（一）废气治理措施分析

拟建项目的废气污染源主要来源于锅炉房循环流化床锅炉排放的烟气、污水处理站产生的沼气和恶臭气体、发酵车间排放的CO_2气体和发酵蒸馏过程中排放的少量工艺废气。

1．锅炉废气

在工业园区供热锅炉建成并达到拟建项目供汽要求之前，拟建工程为满足生产工艺用汽的需要，需建设临时锅炉房一座，年运行 300 d。临时锅炉房包括 2 台额定蒸发量 45 t/h 茎秆渣循环流化床锅炉，其燃料为甜高粱叶梢、茎秆渣及沼气，项目年需燃料总量为沼气 12 464 100 m^3/a、茎秆渣及茎秆叶梢 160 609.12 t/a。

为简化烟气净化系统，又达到脱硫除尘的目的，拟建项目采用消烟、除尘、脱硫处理一体化的麻石旋流板脱硫高效除尘器，其除尘效率按 96%计，脱硫效率按 15%计。烟尘、SO_2排放达到《锅炉大气污染物排放标准》（GB 13271—2001）中第Ⅱ时段要求。达标烟气通过 100 mH×ϕ 3.00 m 烟囱高空排放。

2．污水处理站恶臭气体

污水处理站恶臭源主要是调节池、厌氧系统、好氧系统、污泥处理系统。

为了控制恶臭气体排放，首先解决气体的收集问题。调节池和污泥处理部分采用封闭建筑物收集气体，好氧进水部分采用加罩收集，收集的废气送至废气吸气塔底部，废气管道采用玻璃钢材质，使用碱液作为循环使用的吸收剂，由底部泵送至塔上部喷淋，使废气得以净化，净化效率不低于 60%，经 15 m 高排气筒排放。H_2S和NH_3净化后满足《恶臭污染物排放标准》（GB 14554—93）的相关要求。

3．废水厌氧处理产生沼气

燃料乙醇生产所产生的工艺废水经过厌氧处理将产生沼气，拟建项目废水厌氧处理一级厌氧沼气产生量为 34 301 m^3/d，二级厌氧沼气产生量为 7 246 m^3/d，沼气平均产生量为 41 547 m^3/d，厌氧处理装置完全密闭，收集的沼气经汽水分离、水封、贮柜，用于锅炉燃料。

4．CO_2气体

乙醇发酵工段会产生CO_2气体，拟建项目回收其中 0.5 万 t/a 生产液态CO_2，其

余发酵初期和末期的气体经洗气后排放。

（二）废水治理措施分析

拟建工程污水处理站采用两级UASB厌氧＋脱氮池＋A/O好氧池＋回用水系统，经类比分析，污水处理达标排放及深度处理在技术上可行。废水经污水处理站处理后，出水水质可达到《污水综合排放标准》（GB 8978—1996）二级标准和《污水排入城市下水道水质标准》（CJ 3082—1999）。再经中水处理系统处理后，可以达到《城市污水再生利用　工业用水水质》（GB/T 19923—2005）中再生水用作工艺与产品用水的水质标准及《城市污水再生利用　城市杂用水水质》（GB/T 18920—2002）再生水用作城市绿化用水的水质标准（达到两个标准中最严指标），回用于生产和绿化。

（三）固体废物处置

拟建项目产生的固体废物主要为污水站污泥、原料处理车间茎秆叶梢、压榨车间茎秆渣、锅炉草木灰及生活垃圾等（表1-5），它们均属一般固体废物，项目对各类固体废物均采取了妥善处置，做到零排放，使其对环境的影响降到最低。

点评：

1．本案例污染防治对策措施的技术经济分析较深入。

2．由于本案例为当时全国首个以甜高粱茎秆为原料生产燃料乙醇的项目，主要污染物源强均来源于项目中的监测结果，无其他可供类比借鉴的项目。因此，对于工业项目的环境影响评价，最好能够提出可供借鉴的长期稳定达标运行的实例加以说明。

六、环境风险评价

1．环境风险识别

根据工程分析，本项目的风险因素主要包括生产过程中易燃易爆物质发生火灾爆炸、危险化学品泄漏以及污染物质的事故排放，风险因素分析具体见表1-8。通过分析项目的构成，项目生产过程中涉及主要危险化学品的危害特性见表1-9，主要生产功能单元的风险识别见表1-10。

表1-8　本工程风险因素分析

风险因素	具体风险环节	可能引发风险事故的原因
危险化学品泄漏	硫酸、乙醇、沼气（甲烷）等危险化学品的泄漏	储罐破裂，生产事故或在运输过程中发生泄漏事故

风险因素	具体风险环节	可能引发风险事故的原因
污染物质的事故排放	污水处理系统	污水处理系统出现故障，处理效率下降
	发酵罐、蒸馏塔等生产装置	发生爆炸，废液流出
	成品储罐区	乙醇储罐发生泄漏，产生事故排水
	烟气处理系统	锅炉脱硫除尘设备故障，运行不稳定
火灾爆炸	成品储罐区	储罐破裂泄漏引发火灾爆炸
	沼气	沼气储柜发生火灾爆炸事故
	发酵罐区、蒸馏塔	装置异常引发爆炸事故
	甜高粱茎秆堆场	管理不善引发火灾

表 1-9 项目涉及主要危险化学品的危害特性

名称	危险化学品目录分类	风险因子	物理性质（略）			危险性描述（略）
			形态	熔点/℃	沸点/℃	
乙醇	易燃液体 32061	火灾爆炸				
甲烷	易燃气体 21007	火灾爆炸				
汽油	易燃液体 31001	火灾爆炸				
硫酸	酸性腐蚀品 81007	毒性				
氢氧化钠	碱性腐蚀品 82001	腐蚀刺激				
盐酸	酸性腐蚀品 81013	腐蚀刺激				

表 1-10 项目主要生产功能单元的风险识别

生产危险单元	涉及生产车间	危害识别	危险性分析
成品储罐区	乙醇、汽油、变性燃料乙醇储罐	储罐泄漏引发火灾爆炸	储罐泄漏引发火灾爆炸事故将可能引发人员伤亡事故，并可能对周边环境产生影响
发酵罐区、蒸馏塔区	发酵罐、蒸馏塔	爆炸后废液事故排放	装置发生爆炸事故后，废液排放，可能对水体造成影响
沼气储柜及沼气输送管道	污水处理厂	沼气泄漏产生燃烧爆炸	厌氧过程中产生的沼气（主要成分为甲烷）在输送或沼气储柜中发生泄漏引发火灾爆炸事故，对周边环境造成影响
污水处理厂生产单元	污水处理厂	废水事故排放	污水处理系统产生故障，废水发生事故排放可能对县污水处理厂产生影响。但在加强维护管理、保证事故池正常运行的基础上，能够将风险减少到最小
锅炉生产单元	热电车间	废气事故排放	脱硫除尘系统产生故障，可能对周边空气质量产生影响，但在及时采取紧急措施情况下能够将事故后果减少到最小。如果短时间无法恢复，锅炉将停止运行直至修复完成
原料库单元	原料库	火灾	发生火灾影响基本上能够控制在厂内，在加强自身管理和保障消防器材的基础上，将火灾危害减少到最小

2. 评价等级与范围

根据《危险化学品重大危险源辨识》（GB 18218—2009）的要求，对本项目可能的重大危险源进行分析。本项目主要危险源集中在乙醇、汽油以及变性燃料乙醇的成品储罐区，另外厌氧过程中产生的沼气储柜也可能产生火灾爆炸事故。各主要危险化学品重大危险源临界值情况见表 1-11。

表 1-11　主要危险化学品临界值

危险化学品	临界值/t	备注
乙醇	500	成品
汽油	200	混配剂
变性燃料乙醇	500	燃料乙醇与汽油混配体积比例为 100∶4
甲烷	50	沼气储柜

注：变性燃料乙醇的重大危险源临界值以乙醇进行计算。

本工程完成后涉及的危险化学品储存及生产量如表 1-12。

表 1-12　主要危险化学品数量

危险源单元		危险品名称	储罐个数	容量/m^3	实际数量/t
成品储罐单元	成品储罐 1 区	乙醇	3	2 000	3 780
		汽油	1	200	115
		变性燃料乙醇	3	200	374
	成品储罐 2 区	乙醇	7	2 000	8 820
		汽油	1	200	115
		变性燃料乙醇	3	200	374
沼气储柜单元		沼气	2	500	0.68

根据以上计算，按照《危险化学品重大危险源辨识》（GB 18218—2009）要求，由于成品储罐 1 区与 2 区之间距离小于 500 m，同属一危险单元，因此单元内存在多种危险化学品时，重大危险源的判别按照下式进行：

$$q_1/Q_1+q_2/Q_2+q_3/Q_3\geqslant 1$$

式中，q_1，q_2，q_3—— 分别为乙醇、汽油及变性燃料乙醇的储量；

Q_1，Q_2，Q_3—— 分别为乙醇、汽油及变性燃料乙醇重大危险源的临界量。

计算后得出，成品储罐区储量与临界量比值相加为 27.8>1，故成品储罐区属于重大危险源，对照风险评价工作级别确定原则，将本项目风险评价工作等级定为一级。大气环境敏感点的调查范围为距离成品储罐区 5 km 的范围，评价范围内主要敏感点的分布情况见图（略）。

3．源项分析

本工程风险事故主要为成品储罐区发生火灾爆炸事故。生产过程中使用的危险化学品如硫酸、氢氧化钠、盐酸等产生泄漏后若与人体接触，将对人体产生腐蚀和灼伤，但是不会加重周边环境污染；污染物质发生事故排放后，如废水事故排放、废气事故排放及发酵、蒸馏废液排放，均能通过相应的事故处理收集措施，将事故危害降低到最小；原料堆场等易引发火灾物质在加强管理、配备充足消防设施的基础上，其影响基本上将控制在厂区范围内。故从工程分析来看，本项目主要风险因素集中在重大危险源：乙醇、汽油及变性燃料乙醇储罐所组成的成品罐区发生的火灾爆炸事故。

由于成品罐区中乙醇储罐储量最大，乙醇储罐发生泄漏爆炸事故近年来时有发生，故本次风险评价重点将对乙醇储罐的火灾爆炸事故进行定量预测分析，同时对乙醇储罐泄漏后可能对大气产生的影响进行预测。

4．影响预测

经过预测分析，乙醇储罐发生池火火灾后E级危害半径为225 m，发生蒸汽云爆炸事故后死亡半径为72 m，距离北厂界最近的居民点为某村，距离为970 m，故乙醇储罐发生火灾爆炸事故下对周边居民影响很小；乙醇储罐发生泄漏对周边居民影响不大，对距离乙醇储罐最近的某村（970 m）在F稳定度下出现的浓度最大值为5.5 mg/m^3，低于前苏联车间空气中有害物质的最高容许浓度1 000 mg/m^3，远远低于半致死浓度。

企业应通过制定完善的环境管理、风险管理措施（预案），设施配备齐全，加强相关人员培训，采取适当的风险防范措施和应急措施将各种风险发生率、危害程度大大降低；事故风险要以预防为主，以自我救援和社会救援相结合的形式展开，企业须做好日常的风险排查工作，发生风险事故时，按照应急预案有序高效应对，将风险事故造成的人员损伤和环境污染减少到最小。

点评：

本案例根据《建设项目环境风险技术导则》（HJ/T 169—2004）进行环境风险预测，针对项目可能产生的突发环境事件制定相应的风险防范措施，建立全厂环境风险防范与应急管理体系。

2012年8月环境保护部颁布《关于切实加强风险防范严格环境影响评价管理的通知》（环发[2012]98号），要求进一步加强风险防范，严格环境影响评价管理。随着对环境风险评价要求深度趋严，应不断完善风险评价内容，坚持以预防为主，实现最大限度地避免事故发生或事故发生后减缓对周围环境的影响。

七、清洁生产水平分析

本次评价借鉴糖蜜为原料的相关清洁生产指标对拟建项目的清洁生产水平进行评价，见表 1-13。

表 1-13　拟建项目清洁生产分析

《清洁生产标准　酒精制造业》（HJ 581—2010）					本工程
指标		一级	二级	三级	
一、生产工艺与装备要求					
1. 发酵成熟醪酒精分/%	糖蜜	≥11	≥10	≥9	11.3（一级）
2.蒸馏设备		差压蒸馏		常压蒸馏	差压蒸馏（一级）
二、资源能源利用指标					
1.单位产品综合能耗（折合标准煤计算）/（kg/kL）	糖蜜	≤350	≤450	≤550	389（二级）
2.单位产品耗电量/（kW·h/kL）	糖蜜	≤20	≤40	≤50	297
3.单位产品取用水量/（m^3/kL）	糖蜜	≤10	≤40	≤50	榨季 0.08 非榨季 3.44 （一级）
4.糖分出酒率/%		≥53	≥50	≥48	49（三级）
三、污染物产生指标（末端处理前）					
1. 单位产品废水产生量/（m^3/kL）	糖蜜	≤10	≤20	≤30	榨季 14.04 非榨季 6.91 （榨季二级 非榨季一级）
2. 单位产品化学需氧量（COD）产生量/（kg/kL）	糖蜜	≤800	≤1 000	≤1 200	榨季 273.88 非榨季 251.94 （一级）
四、废物回收利用指标					
冷却水循环利用率/%		≥95	≥90	≥80	榨季 97 非榨季 96 （一级）

注：单位产品指折算 95%的酒精。

由以上分析可知，拟建项目多数清洁生产指标达到了一级水平，单位产品综合能耗指标达到二级水平，拟建项目清洁生产水平基本处于国内先进水平，并接近国际先进水平；糖分出酒率指标高于国内平均水平，但未达到一级、二级水平，主要是由于原料甜高粱与糖蜜的差异导致；另外，虽然拟建项目单位产品耗电量较高，但综合能耗指标可达到国内先进水平。

类比于国内其他燃料乙醇生产企业，拟建项目综合能耗较低，同时，拟建项目采用的工艺较先进，对污染物的产生从源头进行控制，减少污染物的产生量，污染物的产生量处于国内平均水平。

点评：

清洁生产水平评价是评价重点内容，本案例从清洁的能源和原料、先进的工艺技术和设备、节能、节水、污染物产生及排放控制等方面分析，项目清洁生产水平为国内先进水平。

八、评价结论

1．产业政策符合性

拟建工程以优质甜高粱茎秆为原料生产燃料乙醇，年产燃料乙醇 10 万 t，二氧化碳 0.5 万 t，配套种植甜高粱原料基地 45 万亩，项目的建设符合《促进生物产业加快发展的若干政策》（国办发[2009]45 号）；符合《国家发展改革委关于印发可再生能源中长期发展规划的通知》（发改能源[2007]2174 号）；符合《关于加强生物燃料乙醇项目建设管理，促进产业健康发展的通知》（发改工业[2006]2842 号）；同时也符合《某省生物燃料乙醇产业发展规划（2009—2015）》（修订稿）。

2．选址的环境可行性

2010 年 4 月，国家发改委办公厅同意某公司开展年产 10 万 t 甜高粱茎秆燃料乙醇项目的前期工作。

拟建工程选址位于某县工业园区，该项目的建设符合某县工业园区总体规划以及某县工业园区总体规划环境影响评价批复的要求。

（1）水资源环境承载力

目前，园区内生活用水来自市政自来水厂，工业用水来自县城污水处理厂处理的中水及劣质地下水。根据工业园区产业规划的初步预测，工业园区规划中期，工业用水量 4.32 万 m^3/d，污水处理厂中水回用量为 2.5 万 m^3/d，工业水源地可利用的水资源量为 2.7 万 m^3/d，基本能够满足园区工业用水需要。随着工业园区的发展，用水量会逐年增加，污水产生量也将逐年增多，污水处理厂的处理中水回用量将增为 6.0 万 m^3/d，在工业园区规划末期，工业水源地的供水能力也基本满足工业园区需水要求，满足本项目工业用水需要。

从水资源环境承载力来看，拟建项目的选址是合理的。

（2）大气环境承载力

根据《某工业园区总体规划环境影响报告书》，园区达到规划规模后，园区排放大气污染物中的颗粒物对工业园区周围的大气环境质量长期浓度贡献值最大为 0.001 5 mg/m^3，二氧化硫对工业园区周围的大气环境质量长期浓度贡献值最大为 0.000 7 mg/m^3，均符合《环境空气质量标准》（GB 3095—1996）中二级标准。

由于当地风沙大，颗粒物背景浓度高，现状监测期间颗粒物浓度较高，且监测点均已超过二级标准，所以叠加后颗粒物浓度超过二级标准，而其他污染因子叠加后仍符合二级标准。

由上述情况可知，拟建项目区域大气环境质量较好且有一定的环境容量。从大气环境承载力上看，拟建项目的选址是合理的。

（3）原料资源承载力

本项目甜高粱原料基地建设总面积 50 万亩，项目建成后每年实际种植面积为 45 万亩，5 万亩休整轮茬地。原料种植基地主要分布在某县的某镇、某农场……。原料基地经营方式：通过土地长期租赁建立公司自营的种植基地 15 万亩，其中有 5 万亩轮茬地；新开垦盐碱荒地落实种植基地 15 万亩；通过“订单”农业方式，建设燃料乙醇原料基地 20 万亩。

根据《某公司年产 10 万 t 燃料乙醇项目甜高粱原料基地建设规划》，本项目甜高粱基地总面积 50 万亩；建设期限为 2010—2013 年。2010 年对土地肥力状况建档，做好基地布局规划，首先落实自营基地种植 2 万亩，其中某镇 0.9 万亩，某农场 1.1 万亩；2011 年达到 6 万亩土地流转自营基地建设、种植，分布于 5 个乡镇和某农场；2012 年达到 9 万亩土地流转自营基地和 8.5 万亩新开发土地建设；2013 年完成 15 万亩土地流转自营基地，达到 15 万亩新开发土地建设。

甜高粱茎秆亩产量平均达到 4 t 计算，到 2013 年，项目实际种植的 45 万亩基地全部建设完成后，将年产甜高粱茎秆约 180 万 t，而燃料乙醇生产日需甜高粱茎秆为 9 775.56 t，年需甜高粱茎秆约 176 万 t（180 d），因此，项目种植的甜高粱茎秆可以满足燃料乙醇生产需要（在 2012 年燃料乙醇试生产阶段，根据原料供应情况，生产规模约在 6.6 万 t/a，到 2013 年基地全部建设完成后，达到 10 万 t/a 的生产规模）。

因此，从原料资源承载力方面来看，拟建项目的选址是合理的。

3．达标排放（略）

4．清洁生产水平（略）

5．环境风险评价（略）

6．污染物总量控制

拟建项目排放的 COD_{Cr} 纳入到县污水处理厂和工业园区污水处理厂总量控制范围内。拟建项目的总量控制因子为 SO_2，SO_2 的排放来自锅炉燃烧的茎秆渣和沼气，年排放量为 65.5 t，从某热力公司削减的 120 t/a SO_2 中分配而得。

7．公众参与

根据《环境影响评价公众参与暂行办法》（环发[2006]28 号），项目共在某县政府网站进行了两次公示；同时，本次针对拟建项目周边的居民发放调查表，调查结果表明，100%的公众支持该项目的建设。

案例分析

燃料乙醇作为可再生能源，是重要的石油替代产品。燃料乙醇项目具有耗水量较大和废水中有机污染物浓度高等行业特点，采用不同原料的项目其工艺技术、产污环节、清洁生产等方面均存在一定差异。因此项目建设应从选址、原料选择、工艺技术等方面评价建设项目与国家产业政策、行业发展规划、环境保护规划、资源能源利用规划和行业准入条件等方面的符合性。

一、产业政策与准入条件

目前，国家鼓励利用薯类、纤维素类等非粮作物生产燃料乙醇。《产业结构调整指导目录（2011 年本）》明确“秸秆纤维素燃料乙醇和生物质纤维素乙醇等非粮生物质原料生产技术开发与应用”属于鼓励类产业；《可再生能源发展“十一五”规划》（发改能源[2008]610 号）也明确“鼓励以甜高粱茎秆、薯类作物等非粮生物质为原料的燃料乙醇生产”。“十一五”规划将重点在山东黄河入海口地区、内蒙古的黄河沿岸地区以及黑龙江、吉林、新疆等地进行百万亩规模的甜高粱种植和生物乙醇生产试点。

本案例以优质甜高粱茎秆为原料生产燃料乙醇，年产燃料乙醇 10 万 t，二氧化碳 0.5 万 t，配套种植甜高粱原料基地 45 万亩，项目的建设符合国家产业政策和《可再生能源发展“十一五”规划》。

二、选址与布局

本项目能结合国务院发布的《全国主体功能区规划》和项目所在区域的发展规划、城镇规划、环境保护规划、环境功能区划，明确本项目选址与各项规划的符合性。新建项目原则上均应进入依法合规设立、环保和安全设施齐全的产业园区（包括工业园区、产业聚集区等），并符合园区准入条件、规划环评及其审查意见的相关要求。

燃料乙醇项目耗水量较大，本案例工程选址位于某县工业园区，项目建设符合工业园区总体规划以及工业园区总体规划环境影响评价批复的要求。园区内生活用水来自市政自来水厂，工业用水来自县城污水处理厂处理的中水及劣质地下水。根据工业园区产业规划的初步预测，项目用水对区域生活用水、农业用水、生态用水的影响基本满足县工业用水需要。从水资源环境承载力角度看，拟建项目的选址具有合理性。

三、工程分析

工程分析包括工程概况和工艺流程产污环节分析；工艺流程及产污环节是环评重点。

1. 燃料乙醇是以淀粉质、糖质或纤维质等为原料，经发酵、蒸馏制得乙醇，脱水后再添加变性剂（车用无铅汽油）制得的。

燃料乙醇生产工艺主要以发酵法为主，原料主要包括淀粉质（红薯、木薯、粉葛、芭蕉芋）、糖质（糖蜜、甜高粱茎秆糖汁）和纤维质（秸秆等）非粮作物。

以淀粉质为原料时，生产工艺主要包括原料粉碎、拌料、蒸煮、糖化、发酵、蒸馏、脱水、混配，副产糟渣可用作饲料、肥料、燃料。

以糖质为原料时，生产工艺主要包括原料压榨、稀释、发酵、蒸馏、脱水、混配，副产糟渣可用作肥料、燃料。

以纤维质为原料时，生产工艺主要包括原料准备与处理、水解、制备纤维素酶、发酵、蒸馏、脱水、混配，副产糟渣用作燃料。

2. 废水主要包括粗馏塔蒸馏发酵成熟醪生产乙醇时底部排出的酒糟废水、精馏塔蒸馏酒精时底部排出的余馏水、设备洗涤水、原料洗涤水、车间冲洗水、CO_2排气洗涤水、废气洗涤水及循环冷却排污水等。

3. 废气主要包括原料输送、预处理及粉碎过程产生的粉尘、发酵罐CO_2排放气、蒸馏不凝气、糟渣烘干尾气及无组织排放的恶臭气体等。

4. 固废主要包括原料洗涤产生的泥沙、糟渣、活性污泥及沼气净化废脱硫剂等。

5. 不同原料的产污环节主要在糟渣利用方式、原料粉碎废气和原料洗涤废水等方面有所差别。故工程分析应根据不同原料描述工艺过程、产污环节并附图，给出污染物产生量、排放量、主要污染组分、排放参数、排放规律等，列出“三废”排放一览表及污染物达标分析汇总表。

本案例工程分析基本符合上述要求，评估重点关注原料转化率，全糟发酵、滤液发酵工艺，废水源强确定的依据及其可靠性，恶臭源产生工序及源强分析与控制措施。

四、污染防治措施

本案例工程污染分析反映了行业的特点，污染防治思路清晰。燃料乙醇生产属于农产品深加工，除了产生高浓有机废水（酒糟）外，还有大量固体废物产生，这些污染物均为可利用资源，本项目产生的污染物治理措施应包括如下内容：

1. 废气

粉尘治理（一般采用除尘器处理）达标后排放。

发酵过程产生大量CO_2气体，其中夹带乙醇和其他醛、酯类等杂质，通过洗涤塔洗涤后送回收装置回收利用。

燃料乙醇、汽油储罐尽可能采用内浮顶罐，燃料乙醇装船、装车等采用密闭方式。

污水处理站、污泥处理间产生的恶臭气体采取封闭措施，集中收集后除臭处理。糟渣烘干尾气经除尘、除臭后排放。污水处理产生的沼气一般经脱硫后综合利用。

锅炉烟气经脱硫、脱硝和除尘措施处理达标后排放。

2. 废水

一般情况下，生产 1 t 燃料乙醇产生 8 ~ 12 t 酒糟废水。以淀粉质和纤维质为原料时，酒糟废水中 COD 为 40 000 ~ 70 000 mg/L，BOD_5 为 25 000 ~ 40 000 mg/L，SS 为 25 000 ~ 35 000 mg/L。以糖质为原料时，酒糟废水中 COD、BOD 更高。各种原料的酒糟废水中还含有一定量的 NH_3-N、TN 和 TP。酒糟废水部分滤液可以回用作拌料水。

酒糟废水处理主要包括固液分离（清液）和生化后固液分离（全糟）两种处理方式。全糟处理方式是酒糟废水经一级厌氧后进行固液分离，滤液与其他中、低浓度废水混合，再经厌氧、好氧工艺处理后达标排放。清液处理技术是酒糟废水固液分离后，滤液与其他中、低浓度废水混合，再经厌氧、好氧工艺处理后达标排放。

燃料乙醇项目废水处理难度较大，本项目类比了同类企业的运行实例，对废水治理措施进行技术经济比选论证。评估应高度关注污水处理工艺长期稳定达标的可行性，特别是固液分离设备分离效果（悬浮物去除率与滤渣含水分），滤液悬浮物含量是否能满足厌氧发酵工艺要求。还应重点关注厌氧—好氧工艺及其工艺的主要技术指标合理性；水污染物排放浓度应满足《发酵酒精和白酒工业水污染物排放标准》（GB 27631—2011）中表 2 规定的各项污染物和 TN、TP、NH_3-N 指标要求，论证再生水处理工艺的可行性。

废水排入园区或城镇污水处理厂的项目，评估应关注污水处理厂接纳项目废水的可行性和可靠性。

3. 固体废物

固体废物主要包括原料渣、酒糟渣、污泥和锅炉灰渣，处置方式一般为综合利用。评估应重点关注原料深加工和综合利用途径的可行性和可靠性。

固液分离后的糟渣可分离蛋白用作饲料；全糟处理及其他生化处理后的活性污泥可用作肥料；但需提供副产品的质量标准及接收协议。锅炉灰渣等一般采取综合利用方式处置。

固废临时堆场的设置应满足《一般工业固体废物贮存、处置场污染控制标准》（GB 18599—2001）要求。

五、清洁生产水平

对原料未列入清洁生产标准的项目，应与国内同类原料企业清洁生产水平进行对比分析；本案选取糖蜜原料，按照《清洁生产标准 酒精制造业》（HJ 581—2010）要求，从生产工艺及装备要求、资源能源利用指标、污染物产生指标（末端处理前）、废物回收利用指标和环境管理要求五个方面进行评估。项目清洁生产水平至少应达到国内先进水平。

六、环境风险

参照《石油化工企业环境应急预案编制指南》制定详细的应急预案，并与园区、当地有关政府应急部门区域联动。

七、案例存在的主要问题

1. 应根据《环境影响评价技术导则　总纲》（HJ 2.1—2011）相关要求开展社会环境影响评价。

2. 报告书应明确原料基地生态环境影响评价是否需纳入项目评价内容范围，并附相关批复。

八、燃料乙醇项目建设环境影响评价应特别关注的问题

1. 产业政策和行业发展规划符合性。

2. 燃料乙醇建设项目具有耗水量较大和废水中有机污染物浓度高等特点，故应高度关注污水处理工艺长期稳定达标的可行性；

3. 燃料乙醇建设项目均存在重大危险源，必须严格按照《建设项目环境风险评价技术导则》（HJ/T 169—2004）要求开展环评，特别关注结论的可靠性。

4. 报告书应明确原料基地生态环境影响评价是否纳入项目评价范围。如评价内容包含原料基地，则应重点关注原料种植基地占用土地的合理性、生态环境影响可行性等。

案例二　林浆纸一体化项目环境影响评价

一、项目概况

（1）项目名称：××林浆纸一体化项目。

（2）项目拟建地点：厂址位于我国东南沿海××省工业园区的浆纸产业园内，用地面积约 4 160 亩。项目浆厂用材量的 90%由集团国外原料林基地供给绝干木片，其余 10%由国内原料林基地供给，国内原料林基地位于该省的 24 个县（市/区），树种以桉树为主。

（3）建设规模及产品方案：

① 建设规模：建设一条年产 100 万 t 阔叶木漂白硫酸盐浆生产线、一条年产 25 万 t 化机浆生产线、两条年产 50 万 t 高档文化用纸生产线、一条年产 50 万 t 商品浆板生产线，配套建设造纸林基地 64.51 万亩。

② 产品方案：年产高档文化用纸 100 万 t，商品浆板 50 万 t。

（4）项目组成：由工艺生产车间、辅助生产车间和公用设施工程组成。工艺生产车间主要包括备料、化学浆、化机浆、造纸、浆板等车间；辅助生产车间及公用设施工程主要包括碱回收车间、自备热电站、化学品制备车间、给排水设施、污水处理站、空压站、堆场及仓库、固废填埋场、备用灰渣场、维修、运输、厂前区及生活区等。

（5）项目总投资：项目总投资约 251.4 亿元，其中，原料林基地投资约 5.5 亿元，制浆造纸工程总投资 245.9 亿元。制浆造纸工程环保总投资 55.6 亿元，占制浆造纸工程总投资的 22.64%。

（6）产业政策：

① 符合《造纸产业发展政策》中规定的“新建、扩建制浆项目单条生产线起始规模要求达到：化学木浆年 30 万 t、化学机械木浆年产 10 万 t、非木浆年产 5 万 t、文化用纸年产 10 万 t”。

② 符合《产业结构调整指导目录（2011 年本）》中鼓励类的“符合经济规模的林纸一体化木浆、纸和纸板生产”。

③ 符合《外商投资产业指导目录（2011 年修订）》中的“鼓励外商投资产业目录”中“主要利用境外木材资源的单条生产线年产 30 万 t 及以上规模化学木浆和单条生产线年产 10 万 t 及以上规模化学机械木浆以及同步建设的高档纸及纸板生产（限于合资、合作）。”

点评：

1. 该项目属外商合资合作项目，需要关注的重点是项目建设规模与相关产业政策、外商投资政策的符合性。

2. 本案例符合调整原料结构与产业结构向规模大型化、产品高档化、技术装备现代化和生产清洁化的方向发展；原料主要采用国外原料林基地的绝干木片，国内原料林基地面积较小，因此国内原料林基地建设及运营的环境影响相应减小。项目概况介绍清楚，该项目的建设符合相关规划的要求。

二、环境概况

（一）环境状况

1．地理位置

本项目厂址位于我国东南沿海××省工业园区内。

2．地形地貌

本项目所在区域地貌单元主要为堆积平原和剥蚀丘陵。堆积平原主要为海积平原，分布于沿海及山前地带，地形较平坦，自然标高一般<8 m，地表多辟为农田、村舍及养殖塘，沿海潮间带多为淤泥质海滩，局部为砂质海滩。

3．气候特征

属亚热带海洋性气候，冬无严寒，夏无酷暑，气候温和湿润，雨量充沛，日照时间长。常年主导风向为东北风，年平均气温 18～21℃，多年平均风速 7.15 m/s；台风多发生在 7—10 月。

4．海域特征

项目所在海湾为半封闭型基岩海湾，地貌类型多，形态多样。海湾潮流受地形控制，形成比较稳定的往复潮流。海湾沿岸海岸稳定，沙源数量少，海水含沙量低，是一个清水湾。

5．生态环境

项目所在地地势平坦开阔，用地为多年前的滩涂围垦区和待围垦区。该地区的植物资源种类有维管束植物 193 种，陆域生境中重要的野生动物资源基本上主要为鸟类。

（二）功能区划

本项目制浆造纸工程符合《××市城市总体规划（2008—2030 年）》《××市土地利用总体规划（2006—2020 年）》《海峡西岸经济区发展规划》《××市国民经济和社会发展第十二个五年规划纲要》《××市“十二五“环境保护与生态建设重点专项规划》及所在工业园区发展规划等地方相关规划。

（三）评价因子确定

1．环境空气

环境空气现状评价因子：SO_2、PM_{10}、NO_2、TSP、H_2S、NH_3、Cl_2、HCl。

环境空气预测因子：SO_2、PM_{10}、NO_2、TSP、H_2S、NH_3、Cl_2、HCl。

2．海水水质

海水水质现状评价因子：溶解氧、总氮、总磷、硝酸盐、亚硝酸盐、活性磷酸盐、活性硅酸盐、悬浮物、油类、砷、汞、铜、铅、镉、锌、总铬。

海水水质预测因子：COD_{Mn}、无机氮、活性磷酸盐、AOX和二噁英。

3．地下水水质

地下水水质现状评价因子：pH、硫酸盐、总硬度、溶解性总固体、氨氮、硝酸盐氮、亚硝酸盐氮、挥发酚、高锰酸盐指数、氟化物、砷、汞、六价铬、镉、铅、总氰化物、铁、锰、总大肠菌群、氯化物。

地下水水质预测因子：COD_{Cr}、石油类、总磷、氟化物。

4．声环境

等效连续A声级。

（四）环境保护目标

1．制浆造纸工程环境保护目标

制浆造纸工程主要环境保护目标的保护类型为陆域大气环境、海域生态环境和声环境，主要环境敏感点见表2-1。

表2-1　制浆造纸工程环境保护目标

<table>
<tr><th rowspan="2">环境要素</th><th rowspan="2">序号</th><th rowspan="2">敏感点名称</th><th rowspan="2">方位</th><th colspan="2">距离/m</th><th rowspan="2">人口数</th><th rowspan="2">备注</th></tr>
<tr><th>距厂界最近</th><th>距烟囱</th></tr>
<tr><td rowspan="6">大气环境</td><td>1</td><td>厂址办公区</td><td>NNE</td><td>厂界内</td><td>1 280</td><td>/</td><td>—</td></tr>
<tr><td>2</td><td>××镇</td><td>NW</td><td>990</td><td>1 780</td><td>3 476</td><td rowspan="2">—</td></tr>
<tr><td>3</td><td>××村</td><td>N</td><td>130</td><td>1 650</td><td>4 230</td></tr>
<tr><td>4</td><td>……</td><td>……</td><td>……</td><td>……</td><td>……</td><td>—</td></tr>
<tr><td>5</td><td>××庙景区</td><td>SE</td><td>9 730</td><td>10 050</td><td>—</td><td rowspan="2">××岛生态特别保护区</td></tr>
<tr><td>6</td><td>××镇政府</td><td>SE</td><td>7 910</td><td>9 050</td><td>—</td></tr>
<tr><td rowspan="3">海洋环境</td><td>1</td><td>××岛生态特别保护区</td><td>W</td><td colspan="2">9 000</td><td>—</td><td rowspan="3">为相对于排水口位置[注]</td></tr>
<tr><td>2</td><td>××海水养殖区</td><td>NW</td><td colspan="2">12 300</td><td>—</td></tr>
<tr><td>3</td><td>××海水养殖区</td><td>N</td><td colspan="2">10 500</td><td>—</td></tr>
<tr><td rowspan="2">声环境</td><td>1</td><td>××村</td><td>N</td><td>130</td><td>1 650</td><td>4 230</td><td rowspan="2">3类功能区</td></tr>
<tr><td>2</td><td>××村</td><td>SE</td><td>160</td><td>1 620</td><td>4 000</td></tr>
</table>

注：依据排污口论证报告。

2．原料林基地环境保护目标

项目区的特殊或重要生态敏感区包括生态公益林、自然保护区、森林公园、风景名胜区、地质公园、文物保护单位、集中式饮用水水源地等，见表 2-2。

表 2-2　原料林基地生态环境保护目标

类型	情况简述
生态公益林	项目区共划定生态公益林 3 388.98 万亩
自然保护区	4 个国家级，9 个省级，3 个市级，9 个县级
森林公园	8 个国家级，7 个省级
风景名胜区	3 个国家级，12 个省级
地质公园	1 个世界级，1 个国家级，2 个省级
文物保护单位	13 个国家级，55 个省级
集中式饮用水水源地	216 个集中式饮用水水源保护区
农村饮用水水源地	原料林基地附近农村饮用水源 590 个
风沙与石漠化控制区	××县部分地区以及××县东南部少部分地区
国家级水土流失重点防治区	××省仅涉及国家级重点监督区，范围包括××市、……
××省水土流失重点防治区	《××省人民政府关于划分水土流失重点防治区的通告》划分的水土流失重点预防保护区、水土流失重点监督区和水土流失重点治理区

（五）环境质量现状

1．海水环境质量现状

本次评价分别开展了海洋水文动力调查、海水水质及生态环境现状调查，并收集项目排水口东部、南部的外海海域水质监测资料。

根据 2010 年、2011 年的海洋环境质量现状调查结果，排污口附近海域水质现状总体较好，个别站位出现氮、磷超标现象，可能是由于秋末该海域受到闽浙沿岸流的影响；海洋生物生态质量现状良好，未发现敏感的珍稀保护物种。补充的 2007 年的水质现状监测数据表明外海海域的水质现状明显好于近岸海域的水质现状，主要原因为外海域水深、水动力条件好，更有利于污染物的稀释扩散。

2．环境空气质量现状

在项目厂址内及周边布设 6 个点位，选取 SO_2、NO_2、PM_{10}、TSP、H_2S、NH_3、Cl_2 及 HCl，共 8 个因子进行监测。根据监测结果，拟建项目所在区域 SO_2、NO_2、PM_{10}、TSP 监测结果均符合《环境空气质量标准》（GB 3095—1996）中二级标准要求，NH_3、H_2S、Cl_2 及 HCl 监测结果均符合《工业企业设计卫生标准》（TJ 36—79）要求。整体来看，该区域大气环境质量良好。

3. 地下水质量现状

根据导则要求及项目实际情况，共布设10个点位进行4期监测，每期监测一天，采样一次，同时记录水深。监测项目共21项。监测结果表明，10个监测点位中超标因子有溶解性总固体、总硬度、氨氮、硝酸盐氮、亚硝酸盐氮、挥发酚、氟化物、氯化物、硫酸盐、铁、锰和总大肠菌群。超标原因主要是项目所在地的水文地质条件，具体略。

4. 声环境质量现状

在项目厂界布设6个点位，进行连续两天监测，具体时间为：昼间8:00—10:00，夜间22:00—24:00，各监测一次。噪声现状监测期间，各监测点连续两天昼、夜间噪声监测值均达到《工业企业厂界环境噪声排放标准》（GB 12348—2008）中3类标准的要求。

点评：

1. 本案例评价因子确定正确全面，将化学品制备车间特征污染物 Cl_2、HCl 确定为环境空气评价因子，很好地把握了硫酸盐化学浆项目的污染特征；同时，将可能对海洋生物造成累积影响的AOX和二噁英确定为海水水质预测因子，具有较好的科学性和前瞻性。

2. 确定环境保护目标是一个项目环境影响评价的重中之重，勘查环境保护目标时，不仅要关注评价范围内的敏感目标，还要将评价范围外具有重要保护价值或意义的敏感目标纳入项目环境保护目标范围内。本案例将评价范围外的××岛生态特别保护区作为环境保护目标，并在后续进行了环境影响预测，具有可借鉴性。

3. 原料林基地生态环境保护目标分为生态公益林、自然保护区、森林公园、风景名胜区、地质公园、文物保护单位、集中式饮用水水源地、农村饮用水水源地、风沙与石漠化控制区、国家级水土流失重点防治区、省级水土流失重点防治区几个类型，分析全面。

4. 本案例结合项目污染特征，分别进行了海洋环境、大气环境、地下水环境和声环境现状调查，内容全面，尤其海洋环境现状调查中包括了海洋水质、海域底质、海洋生物和潮间带软体动物及污染现状的调查。

5. 不足之处：本项目包含 ClO_2 等危险化学品制备，需保留项目区及周边地下水、土壤环境背景值，但本案例缺少了土壤环境监测相关背景值。

三、工程分析

本项目制浆造纸工程包括主体工程、辅助工程及公用工程等。其中，主体工程包括原料场、备料车间、化学浆车间、化机浆车间、浆板车间、造纸车间；辅助工程包括化学品制备车间、碱回收车间、制氧站；公用工程包括仓库设施、自备热电站、给水净化站、循环冷却水站、污水处理站、固废填埋场及备用灰渣场。项目组成具体见表 2-3。

（一）工艺生产及污染物排放流程分析

主要生产工艺流程及产污节点见图 2-1、图 2-2。

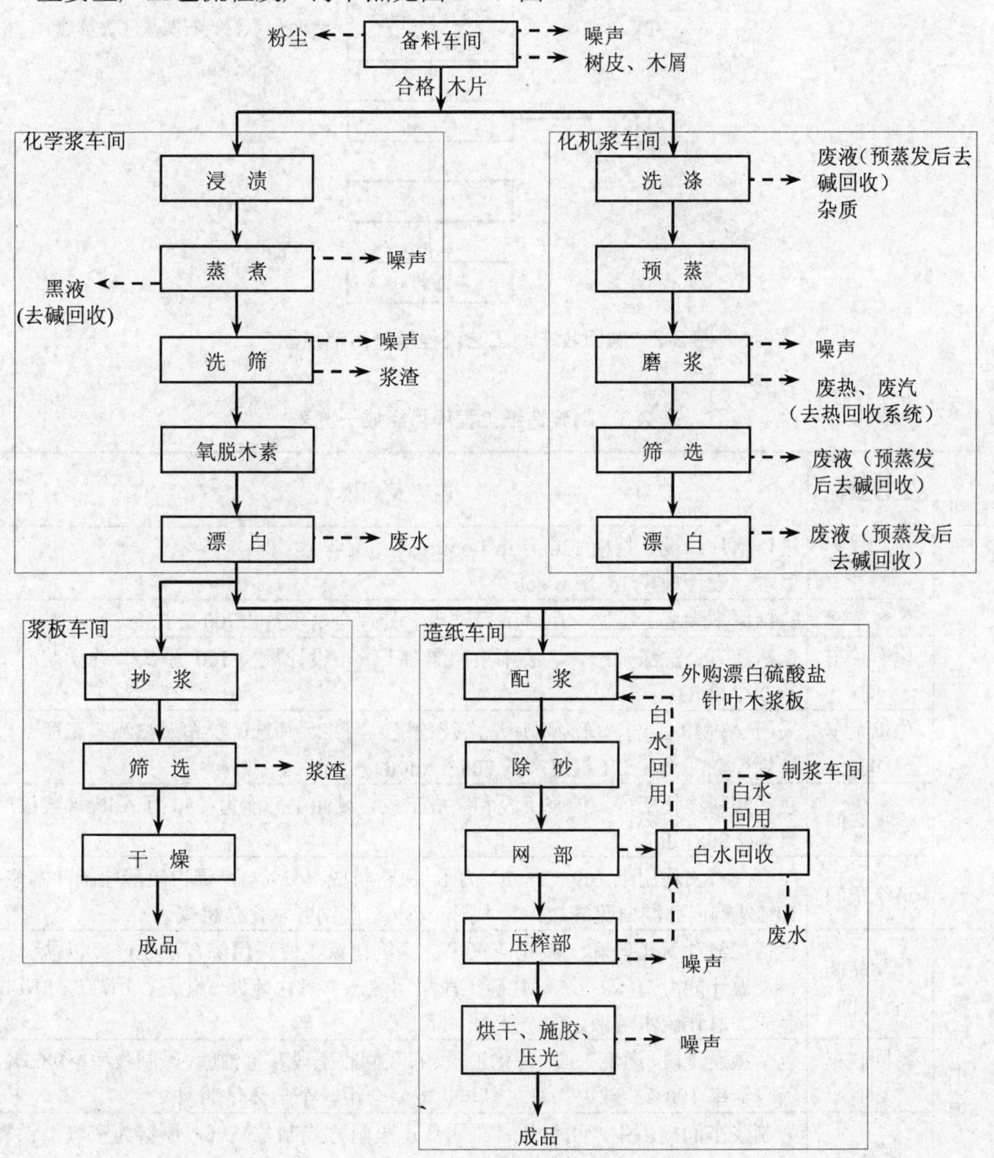

图 2-1　主要生产工艺流程及产污节点图

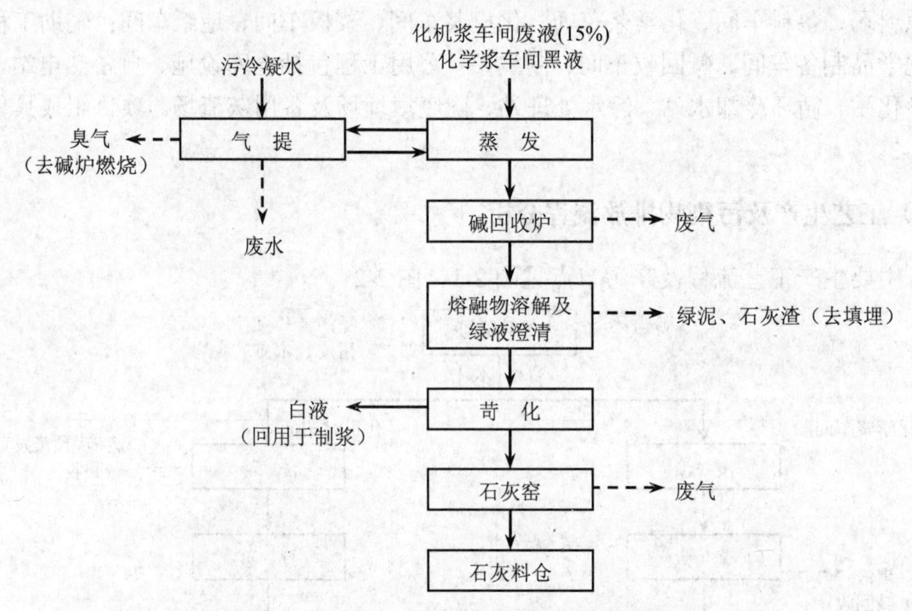

图 2-2 碱回收车间工艺流程及产污节点图

表 2-3 制浆造纸工程项目组成一览表

类别	工程名称	内容及规模
主体工程	原料场	进口木片：设计规模 120 万 m^3Loose； 原木：设计规模 15 万 m^3sob
	备料车间	包括原木剥皮、锯断、削片、筛选等，处理合格木片 1 700 m^3Loose/h
	化学浆车间	包括蒸煮、洗涤筛选、氧脱木素和漂白工段，设计规模 100 万 t/a（化学浆产量 3 000 Adt/d）
	化机浆车间	采用 APMP 工艺，分为木片洗涤及预浸、磨浆、筛选、漂白及浓缩等工序，设计规模 25 万 t/a（化机浆产量 705.6 Adt/d）
	浆板车间	包括浆料净化工段、抄浆工段和完成工段，设计生产能力：50 万 Adt/a（浆板产量 487 808Adt/a）
	造纸车间	年产高档文化用纸 100（2×50）万 t，原料组成：62%自产漂白硫酸盐阔叶木浆，10%外购商品漂白硫酸盐针叶木浆，28%自产阔叶木化学机械浆
辅助工程	化学品制备车间	包括二氧化氯工段和二氧化硫工段。二氧化氯工段采用综合法生产，以盐为原料，设计能力 70 t/d；二氧化硫工段采用液态二氧化硫经气化后，用冷冻水吸收制成二氧化硫水溶液，生产能力 16 t/d
	碱回收车间	包括蒸发工段、燃烧工段、苛化工段、石灰回收工段和重油库，碱回收率＞98.5%，碱自给率 100%；碱炉、石灰窑与热电站合用一个一体化烟囱
	制氧站	为制浆车间提供生产用氧气，采用变压吸附方式制备氧气，原料为空气，供氧气量 3 530 m^3/h

类别	工程名称	内容及规模
公用工程	仓库设施	包括外来浆板库及碎浆间、化学品库、综合仓库、成品库、外来浆板库、浆板成品库
	自备热电站	按照热电联产、以热定电原则，建设 2×410 t/h 多燃料循环流化床锅炉，配置两台 92 MW 双抽冷凝汽轮发电机组和一台 92 MW 抽汽背压汽轮发电机组。与碱炉、石灰窑合用一个一体化烟囱，热电站两台锅炉烟囱内径均为 Φ2.9 m。年耗原煤 776 130 t（以设计煤种计），831 750 t（以校核煤种计）。设置封闭式干煤棚面积 15 200 m^2
	给水净化站	设计规模 150 000 m^3/d。水源来自××水库（拟建项目 NNW 方向，40 km）。在××水库设置取水泵站，输水管道全长约为 40 km，取水泵站及供水管网由园区进行统一建设
	循环冷却水站	设计规模 53 200 m^3/h，采用钢混结构逆流冷却塔共 13 座，并分别设置循环水泵
	污水处理站	设计规模 130 000 m^3/d，采用“一级沉淀预处理＋二级生物处理＋三级芬顿氧化深度处理”工艺。废水经处理后出水水质可达到《制浆造纸工业水污染物排放标准》（GB 3544—2008）表 2 中制浆和造纸联合生产企业栏目要求，经园区污水总排口排入××湾湾外海域
	固废填埋场 备用灰渣场	厂址南端约 200 亩作为固废填埋场和备用灰渣场用地。选址符合《一般工业固体废物贮存、处置场污染控制标准》（GB 18599—2001）要求
依托工程	给水	工业用水给水泵站与供水管网依托园区，由园区统一建设；工厂生活区生活用水由市政自来水管道提供
	排水	厂外污水管网依托园区，由园区统一建设；拟建项目处理达标的废水依托园区污水总排口深海排放
	供电	项目正常运行时不需外电，当一台发电机退出运行后，需外网提供约 50 MW（合 40 800 万 kWh/a）的电力，依托园区供电系统
	运输	依托××码头通过水运的方式进行原料、燃料运入及产品运出；铁路运输依托项目场地西侧的××铁路；公路运输依托项目场地北侧规划建设的××大道

（二）污染源及污染物排放分析

项目全厂主要污染物排放情况见表 2-4。

表 2-4　项目主要污染源及污染物排放一览表

序号	生产车间/工序	主要污染物排放情况
1	备料车间	粉尘、树皮、木屑
2	化学浆、浆板车间	臭气、黑液、制浆废水、浆渣

序号	生产车间/工序	主要污染物排放情况
3	化机浆车间	废液、浆渣
4	造纸车间	多余白水、浆渣
5	碱回收车间	石灰窑烟气、碱炉烟气、臭气、绿泥、石灰渣
6	化学品制备车间	废水、盐泥
7	自备热电站	锅炉烟气、工艺排水、灰渣、脱硫石膏
8	污水处理站	臭气、达标废水、污泥
9	另外，还有设备运行产生的噪声	

1．废水排放及控制措施

项目主要废水排放源有：化学浆车间、浆板车间，化机浆车间，造纸车间，碱回收系统，化学品制备车间，自备热电站等。除化机浆车间废液与化学浆车间黑液进入碱回收系统进行处理外，其他废水 114 803.41 m^3/d 全部进入污水处理站处理。

根据各车间的排水量、污染物负荷、污染物特点，并参考国内外同类制浆项目的污水处理经验，污水处理站设计规模为 130 000 m^3/d，采用“一级沉淀预处理＋二级生物处理＋三级芬顿氧化深度处理”工艺。

废水经处理后出水水质可达到《制浆造纸工业水污染物排放标准》（GB 3544—2008）表 2 中制浆和造纸联合生产企业栏目要求，达标的废水排入园区污水管网，经园区污水总排口排入××湾湾外海域，估算拟建项目处理每吨废水的平均成本为 3.52 元（包括制造费用、管理费用、可变成本、修理折旧及工人工资等）；拟建项目单位产品排水量 32.47 t/t（浆），符合《制浆造纸工业水污染物排放标准》（GB 3544—2008）要求。

2．废气排放及控制措施

（1）正常工况下有组织废气排放

拟建工程自备热电站新建 2 台 410 t/h 多燃料循环流化床锅炉，烟气采用静电除尘器＋袋式除尘系统控制，除尘效率可达 99.8%；采用炉外石灰石-石膏湿法脱硫方法，烟道不设旁路，脱硫效率可达 95%；采用低温燃烧技术＋选择性非催化还原法脱硝（SNCR），脱硝效率＞40%。烟气通过循环流化床锅炉与碱炉、石灰窑合用的一个一体化烟囱高空排放。除原煤外，循环流化床锅炉燃料还包括拟建项目产生的树皮、木屑及污水处理站污泥等固体废物，这些固体废物主要成分是纤维、木质素及有机物，具有较高的热值。拟建项目产生的树皮、木屑及污水处理站污泥全部作为循环流化床锅炉燃料，不外排。

烟气中汞及其化合物产生浓度最大为 0.014 mg/m^3（设计煤种）、0.013 mg/m^3（校核煤种），可以达到《火电厂大气污染物排放标准》（GB 13223—2011）燃煤锅炉汞及其化合物 0.03 mg/m^3 的限值。

拟建工程新建一台 5700 tds./d 的碱回收炉，可提供蒸汽 728t/h。烟气采用三室/

四电场静电除尘器，除尘效率 99.6%。碱回收车间还配置一座石灰窑进行白泥回收，烟气采用三电场静电除尘器处理，除尘效率 99.3%。碱回收炉、石灰窑与热电站合用一体化烟囱，达标烟气经一体化烟囱高空排放。石灰窑采用重油为燃料。

化学浆生产线漂白工段产生的酸性气体经碱液洗涤后排放。

化学品制备车间二氧化氯制备工段尾气在气体收集塔加稀碱液洗涤后排空。

（2）非正常工况下废气排放

拟建项目非正常工况下废气排放工况主要考虑三种情况：

①两台循环流化床锅炉脱硫装置出现故障，脱硫效率下降至 50%。

②两台循环流化床锅炉、碱回收炉、石灰窑烟气除尘装置出现故障，除尘效率均下降至 95%。

③两台循环流化床锅炉脱硝装置出现故障，脱硝效率保守按 0 计。

（3）无组织排放分析

①污水处理站。污水处理站复合式曝气池、污泥脱水间产生一定量的 NH_3、H_2S 气体，类比目前运行的同类型企业，核定排放情况详见表 2-5。

表 2-5　项目污水处理站无组织源废气污染物排放一览表

序号	项　目	TRS（以 H_2S 计）		NH_3	
		mg/m^3	kg/h	mg/m^3	kg/h
1	污水处理站复合式曝气池	—	0.012	—	0.115
2	污水处理站污泥脱水间	—	0.011 6	—	0.005 9
合　计		—	0.023 6	—	0.120 9

②化学品制备车间 Cl_2、HCl 无组织排放分析：拟建项目化学品制备车间二氧化氯制备工段尾气在气体收集塔加稀碱液洗涤后排空，但类比同类项目实际生产情况，在生产过程中，仍可能产生 Cl_2、HCl 少量的无组织排放。类比同类项目验收监测结果可知，拟建项目化学品制备车间 Cl_2、HCl 的无组织排放对周围环境的影响不大。

（4）臭气

制浆工程产生臭气的生产环节主要有化学浆蒸煮系统、碱回收炉、石灰窑、熔融物溶解槽、蒸发站、稀黑液槽、污冷凝水槽等。

（5）拟建项目大气污染源达标排放分析汇总

拟建项目有组织、无组织大气污染源排放情况汇总详见表（略）。

3．固体废物产生及控制措施

拟建项目产生的固体废物主要有：备料车间产生的树皮及木屑；制浆、浆板、造纸车间产生的浆渣；碱回收车间苛化工段绿泥、石灰渣；自备热电站锅炉产生的燃煤灰渣、脱硫石膏；化学品制备车间产生的盐泥；污水处理站产生的污泥等。均属一般工业固体废物。此外，项目办公区还产生少量办公及生活垃圾。拟建工程固体废物产生及处理情况见表 2-6。

表 2-6 拟建项目各生产工段固体废物排放及处理情况

序号	固废名称	产生工序	产生量			主要成份	分类	处理方式
			产生量/(t/a)	含水率/%	绝干量/(t/a)			
1	树皮	备料车间	88 400	45	25 840	木片、纤维、石子等杂质	一般工业固废	锅炉焚烧
	木屑				22 780			
2	浆渣	洗选工段	19 412	75	4 853	纤维		供低档纸厂使用
3	绿泥及消化石灰渣、砾石	苛化工段	32 505	60	13 002	碳酸钙、硅酸钙等无机物及少量碱；砾石及未烧过的碳酸钙和杂物		卫生填埋
4	锅炉灰渣[注1]	锅炉	125 000	干灰渣	125 000	锅炉灰渣及除尘器灰渣		综合利用
5	脱硫石膏[注1]	锅炉	46 580	10（脱水后）	41 922	二水硫酸钙		综合利用
6	污水处理站污泥	污水处理站	88 400	60	35 360	有机物		脱水后锅炉焚烧
7	盐泥	化学品制备车间	2 127	45	1 170	氯化钠、碳酸钙		卫生填埋
回收使用率		总计产生量 402 424 t/a。折绝干量 269 927 t/a，回收利用量 255 755 t/a，回收利用率 94.75%						

注：①以设计煤种计；②办公区产生的办公及生活垃圾年产生量约 93 t，由当地环卫部门统一处理。

4．噪声产生及控制措施

拟建工程主要噪声源为：生产车间各类泵、空压机、热电站碎煤机、风机以及高压气体排空等。产生噪声的主要设备、噪声级、所在位置及数量见表（略）。

点评：

本案例最大特点之一是工程污染分析系统、深入。分主体工程、辅助工程、公用工程、依托工程详细阐述了工程组成情况，分生产线分别排查工艺流程、排污环节及工程污染因子。突出了行业特征污染物 AOX、二噁英和恶臭污染源强的分析与估算，同时分析了事故状态下的污染源强，污染治理措施与预防对策介绍清楚，可为此类项目产污环节、污染因子和污染源强的确定提供借鉴。

四、环境影响预测

（一）预测模型选择

1．大气环境影响预测

本案例选用《环境影响评价技术导则　大气环境》（HJ 2.2—2008）推荐的模式预测各污染物最大小时浓度、最大日均浓度、年均浓度。

2．海洋环境影响预测

根据浅海流体力学原理，采用数值模拟方法，重现评价海域的流场，以此为基础，预测污染物的浓度分布及其对海洋环境的影响。

3．地下水环境影响预测

本案例选用《环境影响评价技术导则　地下水环境》（HJ 610—2011）推荐的模式对项目非正常工况及风险状况下对地下水的环境影响进行预测。

（二）环境影响预测

1．大气环境影响预测

（1）大气环境影响预测

本案例大气环境影响评价等级为二级，预测方案见表 2-7，常规预测情景组合见表 2-8。

表 2-7　评价预测方案一览表

污染源类别	常规预测内容		SO_2	NO_2	PM_{10}	NH_3	H_2S	HCl	Cl_2	TSP
项目新增污染源	最大地面小时平均浓度	等效污染源[①]	√	√			√			
		二氧化氯制备						√	√	
		漂白车间							√	
		曝气池				√	√			
		污泥脱水间				√	√			
	最大地面日平均浓度	等效污染源	√	√	√					
		煤棚								√
	年均浓度	等效污染源	√	√	√					
		煤棚								√
	非正常排放最大小时浓度	等效污染源	√	√	√					
叠加已批在建	最大地面小时浓度	5 个恶臭源[②]					√			

污染源类别	常规预测内容		SO_2	NO_2	PM_{10}	NH_3	H_2S	HCl	Cl_2	TSP
污染源										
叠加已批在建污染源	最大地面日均浓度	锅炉	√	√	√					
	年均浓度	锅炉	√	√	√					

注：①项目自备热电站循环流化床锅炉两根烟囱、碱回收炉一根烟囱、石灰窑炉一根烟囱等共计4根烟囱，合为“四筒式一体化烟囱”，按一根“等效烟囱”进行预测；②大气导则并未要求对已批在建污染源叠加预测污染因子的小时平均浓度，这里由于与拟建项目紧邻的纤维厂存在生产工艺排气筒、纺练车间排气筒、污水处理站曝气废气排气筒、纺丝车间、酸站等5个恶臭（H_2S）已批在建污染源较敏感，故补充该叠加预测。③“√”表示进行计算，空白表示不进行计算。

表 2-8　常规预测情景组合

序号	污染源类别	排放方案	预测因子	计算点	常规预测内容
1	新增污染源（正常排放）	现有方案	NO_2 SO_2 PM_{10} NH_3 H_2S HCl Cl_2 TSP	环境空气保护目标 网格点 区域最大地面浓度点	小时浓度 日均浓度 年均浓度
2	新增污染源（非正常排放）	现有方案	NO_2 SO_2 PM_{10}	环境空气保护目标 区域最大地面浓度点	小时浓度
3	叠加相关常规污染源（正常排放）	现有方案	NO_2 SO_2 PM_{10}	环境空气保护目标	日均浓度 年均浓度
4	叠加相关恶臭污染源（正常排放）	现有方案	NH_3 H_2S	环境空气保护目标 网格点 区域最大地面浓度点	小时浓度

（2）烟囱高度合理性论证

通过大气污染物达标排放分析、地形对烟气扩散影响分析、大气污染物最大地面浓度计算分析、与更高烟囱的预测结果比较分析，本项目烟囱设计高度150 m是合理的。

（3）大气环境防护距离、卫生防护距离

项目不需进行无组织排放大气环境防护距离区域划定；曝气池、污泥脱水间、化学浆车间蒸煮工段、化学品制备车间主装置区无组织排放卫生防护距离分别为100 m、200 m、800 m、600 m。相应防护区域没有居民居住区，不涉及居民搬迁问题。防护距离内不再设置居民区、商场、学校等人群聚集点。

2．海洋环境影响预测

（1）海洋环境影响预测

根据《环境影响评价技术导则　地面水环境》（HJ/T 2.3—93），项目海洋环境评价等级为一级；根据《海洋工程环境影响评价技术导则》（GB/T 19485—2004），海洋生态环境影响评价等级为一级。本次评价分别预测评价海域 COD、无机氮、活性磷酸盐、AOX 和二噁英浓度的分布；排水对水生生物的影响。

（2）混合区范围确定

根据《污水海洋处置工程污染控制标准》，若污水排往面积＜600 km^2 的海湾，混合区面积必须小于按以下两种方法计算所得允许值（A_n）中的小者：

$$A_n = 2400 \times (L + 200) \text{（m}^2\text{）}$$

式中，L——扩散器长度，m。

$$A_n = (\frac{A_0}{200}) \times 10^6 \text{（m}^2\text{）}$$

式中，A_0——计算至湾口位置的海湾面积，m^2。

对于重点海域和敏感海域，划定尾水海洋处置工程污染物的混合区时还需考虑排放点所在海域的水流交换条件、海洋水生生态等。

拟建项目依据二噁英正常排放条件时超标范围并适当放大作为混合区的依据，计算混合区面积约 2.0 km^2，控制坐标（略），详见图（略）。

（3）排水对水生生物的影响（略）

（4）生物损失量及补偿（略）

3．地下水环境影响预测

（1）非正常工况

综合考虑拟建工程物料及废水的特性、装置设施的装备情况以及场地所在区域水文地质条件，本次评价非正常工况泄漏点设定为：

Ⅰ——厂区东侧中北部脱墨浆车间，污水收集池池底泄漏；

Ⅱ——厂区南侧污水处理站，氧化沉淀池池底泄漏；

Ⅲ——厂区中部，污水管线发生泄漏；

Ⅳ——厂区南侧填埋场，填埋场底部发生渗漏。

（2）风险状况

结合风险评价最大可信事故的判定，本次评价风险事故发生地点假定为原油储罐发生火灾爆炸。

预测结果略。

点评：

1．本案例根据《导则》要求开展大气环境影响预测，对各环境保护目标及项目厂界给出了最大浓度贡献值、叠加背景值的最大占标率。论证了烟囱高度的合理性，核算了大气环境防护距离、卫生防护距离，并对上述防护距离外包络线内居民区、商场、学校等人群聚集点的建设提出要求。

2．本案例工程废水排海，近岸海域的环境影响能否接受是项目选址可行性的重要内容。案例按《导则》要求较详细地介绍了评价区域海域功能区划、主要保护区位置与生态环境现状；提出了环境影响预测所选用的几种海域潮流数据模型及采用模型的方法，给出了评价海域 COD、AOX、二噁英浓度预测，增加了大潮期与小潮期 AOX 增量预测、COD 边界与初始条件参数的选取方法等，并重点分析了对海域保护目标的影响；论证了排海口位置选择与离岸深度排放方案比选；预测了非正常工况排放时对海域影响的范围与程度；给出了明确的排污方案与排污口选址的结论意见。

3．本案例根据《环境影响评价技术导则 地下水环境》（HJ 610—2011）的要求开展评价，评价等级为一级。

五、原料林基地建设生态影响

1．建设规模

本项目国内原料林基地总面积为 64.5 万亩，其中包括已造林地约 20.57 万亩（所利用地块均为宜林荒山荒地、采伐迹地、火烧迹地）、新造林地 43.93 万亩（类型包括宜林荒山、低产林采伐迹地、其他采伐迹地、火烧迹地、疏林地等）。

项目原料林基地中，桉树占 85%、相思占 10%、木荷等阔叶树占 5%。

2．林地准入条件

①保持与森林分类区划的一致性，用地符合当地商品林规划要求，严禁在生态公益林地、耕地内（尤其是基本农田）造林；

②用地应符合国家和地方相关管理部门依法规定的要求，严禁在自然保护区、森林公园、集中式饮用水水源地保护区等重点生态敏感区内造林；

③所选林地应避开强度以上土壤侵蚀区域，坡度不得超过 25°；

④用地与地方现有企业的商品林林地不重叠；

⑤为便于管理和规模经营，地块应相对集中连片；

⑥交通方便，作业条件便利；

⑦优先选择土层深厚、疏松、肥沃、排水良好的无林地、疏林地、低产低效林地及采伐迹地；

⑧当地政府重视、群众拥护、基础设施完善、林地权属明确、签订林地租赁合同

后不会产生权属争议的林地。

3．原料林基地分析

（1）经营方案（略）

（2）建设进度（略）

（3）营林工艺及营林技术方案

①营林工艺。

本项目营林工艺流程见图 2-3。

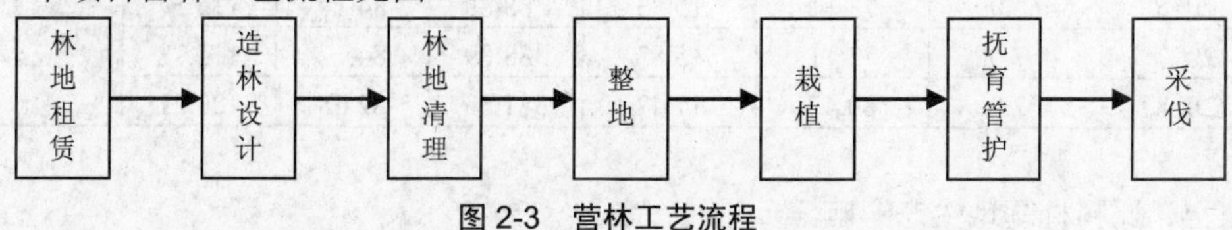

图 2-3　营林工艺流程

②造林树种、品种。

选用的造林树种、品种有：桉树为巨尾桉、尾巨桉、巨桉、邓恩桉、赤桉、尾叶桉；相思为马占相思、肯氏相思、厚荚相思、黑木相思、灰木相思；木荷为耐火性能好的阔叶树种。

③造林模式设计（略）。

④采伐与更新（略）。

⑤木材运输（略）。

⑥木材供需平衡。

根据项目进度安排，预计浆厂 2012 年开始建设，建设期 2.5 年，2014 年 7 月投产，浆厂每年纤维材用量为 462 万 m^3。国内原料林基地每年提供纤维材 41.76 万～86.04 万 m^3，国内供应率为 9.04%～23.04%，进口国外原料材 142.07 万～420.24 万 m^3，国外供应率为 76.96%～90.96%，且尚有一定的富余量，完全可满足浆厂用材需求，详见表 2-9。

表 2-9　项目原料供需平衡表　　单位：万 m^3

年份	纤维材用量	国内林基地供应		国外进口原料材			说明
		供应量	供应率/%	供应量	供应率/%	富余量	
2014	184.60	42.53	23.04	142.07	76.96	283.35	满足工厂用材需求
2015	415.30	43.46	10.47	371.84	89.53	80.42	
2016	462.00	45.85	9.92	416.15	90.08	51.89	
2017	462.00	43.62	9.44	418.38	90.56	65.62	
2018	462.00	41.76	9.04	420.24	90.96	77.10	
2019	462.00	41.76	9.04	420.24	90.96	84.43	
2020	462.00	80.47	17.42	381.53	82.58	123.21	

年份	纤维材用量	国内林基地供应		国外进口原料材			说明
		供应量	供应率/%	供应量	供应率/%	富余量	
2021	462.00	86.04	18.62	375.96	81.38	128.64	满足工厂用材需求
2022	462.00	86.04	18.62	375.96	81.38	128.50	
2023	462.00	44.28	9.59	417.72	90.41	86.95	
2024	462.00	54.69	11.84	407.31	88.16	97.43	
2025	462.00	47.33	10.25	414.67	89.75	89.93	
2026	462.00	73.11	15.83	388.89	84.17	115.57	
2027	462.00	73.11	15.83	388.89	84.17	115.78	
2028	462.00	80.47	17.42	381.53	82.58	123.21	

4．原料林基地生态影响

（1）生态影响因子识别

原料林基地建设期涉及的活动包括林地清理、造林整地、苗木运输、栽植等，营运期涉及的活动包括抚育管理、采伐、基材运输等。可能受影响的对象包括植被、动物、土壤、景观，以及大气环境、声环境等。

（2）生态影响（略）

①土地利用结构影响。

②林地资源影响。

③植被影响。

④重点保护动植物影响。

⑤土壤环境影响分析。

⑥水环境影响。

⑦景观生态环境影响。

⑧生态敏感区影响。

⑨生物多样性和森林生态影响。

⑩水土流失影响。

（3）生态环境影响避免和减缓措施

①生态环境影响避免措施：

——严禁占用基本农田；

——严禁在生态公益林区、自然保护区、森林公园、集中式饮用水源保护区内造林；

——严禁猎捕、买卖野生动物和乱采、乱挖野生保护植物；

——采伐作业严格按照《森林采伐作业规程》（LY/T 1646—2005）要求进行。

②生态环境影响减缓措施：

——合理设计施工时序，缩短施工周期，合理安排作业时间、优化运输路线，尽量减少用于作业的林道、楞场和集材道；

——林地清理采用环山带状清理，带间堆沤方式；

——采用穴状整地；

——采用表土还穴、抚育埋青作肥技术，幼林扩穴抚育和成林复垦时，用枯枝落叶覆盖地表，并保留穴内枯枝落叶，减少中耕除草、耕地开沟、削山掘土、挖除竹篱等管护措施的次数；

——选用抗病虫的苗木，对种子和苗木进行检疫；

——确定合理的施肥种类、施肥量及施肥配比，肥料施于穴中，用松土覆盖；

——选用高效、低毒、低残留的农药，限制杀虫剂、除草剂的使用；合理安排施药时间，控制施药量和施药次数，减少总用药量，回收包装袋、农药瓶等包装物；

——林道两侧混种乡土树种，形成多树种、多层次配置格局；

——采伐时尽量选用低噪声器具，采伐剩余物尽量返还林地。

（4）环境风险及防范措施

原料林基地环境风险主要包括供材风险、森林火灾风险、森林病虫害、自然灾害风险、政策风险、社会风险、管理风险、技术风险八大类，除森林火灾、森林病虫害、自然灾害风险中的台风、冰冻、干旱属于较大风险外，其余风险均属于易于控制的一般风险。通过加强管理、设置防火带等措施，根据立地和气候条件合理选用适宜品种，能够有效地防止火灾、病虫害的发生，风险事故发生时实施紧急预案，可最大限度地减少生态破坏。原料林基地的环境风险可承受。

5．原料林基地建设合理性分析

从政策和规划协调性、土地利用规划相符性、生态功能区划相符性、生态敏感区环境保护相符性、生态脆弱区保护规划相符性、流域水环境及饮用水水源保护相符性、造林树种适宜性、现有林地资源可靠性、桉树生长量可靠性、林地落实情况 10 方面进行分析。

点评：

1．本案例核算了浆材供需情况，体现了“以林定浆”、“浆材平衡”的原则；同时对项目林地是否符合国家、地方的林地准入要求一一进行了核实。这一核实、剔除工作是保障林地合法合规的前提，应在同类项目的评价过程中做实做全。

2．林基地立地条件、树种选择、清林整地方式、采伐方式及管理模式等是林基地建设生态环境影响的关键因素。本案例重点评估了生态系统稳定性、物种和生物多样性保护、树种选择与物种入侵、林地类型变化、水源涵养、水土保持、土壤退化、病虫害防治和面源污染防治等，评价内容较全面，符合《导则》要求。

3．本案例的林原料 90%由业主从国外进口，还应关注防止原料供应问题而导致当地森林乱砍滥伐等不可预见的生态环境影响。

六、污染防治对策措施的技术经济分析

（一）废气治理措施分析

1．烟气污染防治措施

拟建工程的烟气污染源主要是循环流化床锅炉、碱回收炉和石灰窑，循环流化床锅炉烟气采用静电除尘器＋袋式除尘系统除尘、采用炉外石灰石-石膏湿法脱硫方法脱硫、采用低温燃烧技术＋选择性非催化还原法脱硝（SNCR）脱硝；碱回收炉烟气采用三室/四电场静电除尘器除尘；石灰窑烟气采用三电场静电除尘器除尘。经过分析论证并类比已运行同类项目的实际监测结果，循环流化床锅炉烟尘、SO_2、NO_x 可满足《火电厂大气污染物排放标准》（GB 13223—2011）要求；碱回收炉废气控制措施合理可行，烟气中烟尘、SO_2 排放满足《火电厂大气污染物排放标准》（GB 13223—2011）要求，NO_x 排放＜250 mg/m^3，石灰窑排放的烟气满足《工业炉窑大气污染物排放标准》（GB 9078—1996）二级标准要求；碱回收炉及石灰窑 H_2S 排放达到《恶臭污染物排放标准》（GB 14554—93）表 2 要求。

2．工艺废气污染防治措施

化学浆车间漂白工段酸性气体（特征污染物 Cl_2）经碱液洗涤后排放，二氧化氯制备工段酸性尾气（特征污染物 Cl_2、HCl）在气体收集塔加稀碱液洗涤后排空。类比已运行同类项目的实际监测结果，上述污染物可满足《大气污染物综合排放标准》（GB 16297—1996）要求。

3．臭气污染防治措施

制浆工程产生臭气的生产环节主要有化学浆蒸煮系统、碱回收炉、石灰窑、熔融物溶解槽、蒸发站、稀黑液槽、污冷凝水槽等。高浓臭气收集后送碱回收炉进行焚烧处置，低浓臭气进入碱炉作为二次风的一部分。同时，高浓臭气处理设备用燃烧器，当碱回收炉不能燃烧臭气时，高浓臭气送备用燃烧器烧掉；低浓臭气设备用洗涤塔，当碱炉二次风不能燃烧低浓臭气时，以此来消除臭气。类比已运行同类项目的实际监测结果，臭气浓度可达到《恶臭污染物排放标准》（GB 14554—93）要求。

污水处理站运行时，由于污水在生化过程中繁殖分解水中有机物，会产生一定量的 NH_3、H_2S 等恶臭气体，产生这些物质的构筑物有曝气池、污泥压滤机房、污泥池等。项目采取对提升泵房进水池、污泥浓缩池加盖处理，与污泥脱水间均抽气用碱液喷淋洗气等措施降低臭气影响。

点评：

1．本案例大气污染防治措施抓住了重点污染源——碱回收炉和循环流化床锅炉，尤其针对碱回收炉、石灰窑、熔融物溶解槽、蒸发站、稀黑液槽及污冷凝水槽等排放

的恶臭气体采取了有针对性的有效治理措施，编制内容可供借鉴；

2．碱回收炉是以黑液为燃料的资源综合利用锅炉。进口、大型碱回收炉废气中NO_x产生浓度一般为250 mg/m^{3}左右，废气一般执行《火电厂大气污染物排放标准》（GB 13223—2003）中“资源综合利用锅炉”标准。但在《火电厂大气污染物排放标准》（GB 13223—2011）颁布后，标准中去掉了“资源综合利用锅炉”的相关要求，碱回收炉又不可等同于燃煤、燃油或燃气锅炉，且碱回收炉烟气脱硝不具技术可行性，因此，目前对碱回收炉的定位及应执行的排放标准不明确。本案例评价标准经项目所在省环保主管部门审批认可后，碱回收炉废气中NO_x采用＜250 mg/m^{3}限值要求。

（二）废水治理措施分析

1．废水治理措施概述

拟建项目化机浆车间废液经蒸发后与化学浆车间黑液进入碱回收系统进行处理，其他废水 114 803.41 m^3/d 全部进污水处理站处理，污水处理站设计规模130 000 m^3/d，采用“一级沉淀预处理＋二级生物处理＋三级芬顿氧化深度处理”工艺。工艺流程见图2-4。

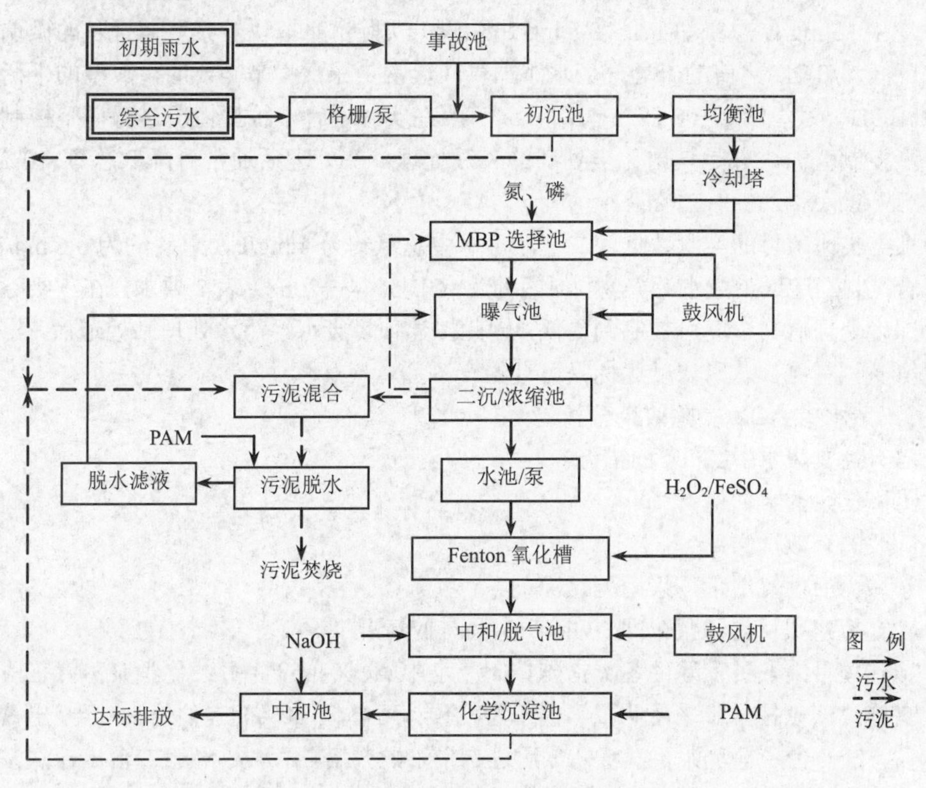

图2-4　污水处理站工艺流程图

2．废水治理达标可行性分析

（1）COD_{Cr}、BOD_5、SS达标可行性

通过对建设内容、制浆工艺、污水处理站进口水质、污水处理规模及工艺的比较（详见表，略）可知，拟建项目化学浆生产线与类比项目生产规模、工艺、产品种类基本相同，目前该项目已平稳达产运行三年多，对拟建项目污染防治对策的可行性分析具有很好的参考性，本次评价主要对比于该项目进行拟建项目污水处理措施的可行性分析。

比较可知，拟建项目污水处理站进水COD与BOD浓度均低于类比项目，SS略高，两个项目执行的排放标准一致，同时拟建项目的三级芬顿氧化处理工艺去除效率高于类比项目的气浮处理工艺，因此拟建项目污水处理达标排放具有较高的可靠性。

（2）其他污染物达标可行性分析

拟建项目原辅材料中无含氮、含磷等物料的添加，仅在污水处理过程中，为提高微生物活性，添加少量含氮、磷的微生物营养物质，在初沉池之后，对氮和磷浓度分两段控制：第一步是生物处理（二级处理），在生物处理段对氮（总氮）、磷（总磷）进行控制以维持对活性生物生长至关重要的碳-氮-磷的平衡关系，可通过测量生物处理段废水的氮、磷浓度进行，如果在未处理废水中营养物质不足以维持必要的碳-氮-磷平衡，则需要加入额外的营养物质到生物系统中，项目废水生物系统中典型的营养水平是1～5 mg/L总氮和0.1～0.8 mg/L总磷，实际水平取决于浆厂运行时的微调，对浆厂低N/BOD比值的未处理废水添加氮（通常是尿素）是必要的，典型的平衡水平为 BOD∶氮∶磷＝100∶2.5～5∶0.5～1，在实际运行中根据情况进行调整控制；第二步控制营养成分是采用化学处理的三级处理，在处理后通常可降低总氮10%～30%，降低总磷20%～50%。

根据类比项目的实测数据，二沉池出水中总氮约为4 mg/L，总磷约为0.6 mg/L，均符合《制浆造纸工业水污染物排放标准》（GB 3544—2008）表2要求，在三级芬顿氧化深度处理后其浓度可控制到更低，因此拟建项目废水经污水处理站处理后，出水实现氨氮、总氮、总磷浓度达标是可行的。

3．废水中AOX去除效果分析

（1）控制废水中AOX的措施

①降低浆的卡伯值；

②浆的有效洗涤；

③减少活性氯用量、采用无氯漂剂。

（2）拟建项目化学浆车间AOX产生及排放情况

拟建项目采取了上述的各类措施控制废水中AOX的产生量：化学浆蒸煮工段采用改良连续蒸煮技术，采用两段氧脱木素（预计可降低50%的卡伯值）；纸浆出氧脱木素后，经一台压榨洗浆机洗涤，然后进入中浓贮浆塔贮存，再经第二台压榨洗浆机洗涤后泵送漂白工段，漂白各工段间均进行了有效的洗涤，氧脱木素及漂白工段洗浆

机均由国外引进；漂白工段拟采用 A/D0-EOP-D1-D2 四段的 light-ECF 漂白技术，即在第二段采用无氯漂剂 H_2O_2，其他三段均为 ClO_2 取代 Cl_2 漂白，出车间废水中 AOX 浓度小于 12 mg/L 的标准要求。拟建项目污水处理站对 AOX 的去除率 60%。

4．废水中二噁英的分析

（1）控制二噁英产生的措施

①蒸煮深度脱木素；

②采用新的漂白工艺技术。

（2）拟建项目化学浆车间二噁英产生及排放情况

拟建项目蒸煮工段采取改良连续蒸煮方法，中浓筛选，二段氧脱木素，多段逆流洗涤，漂白工段拟采用 A/D0-EOP-D1-D2 四段的 light-ECF 漂白技术，即在第二段采用无氯漂剂 H_2O_2，其他三段均为 ClO_2 取代 Cl_2 漂白。出车间废水中二噁英浓度＜10 pgTEQ/L，满足《制浆造纸工业水污染物排放标准》（GB 3544—2008）中二噁英浓度＜30 pgTEQ/L 的限值要求。

点评：

本案例废水治理措施分析编写深入细致，废水处理采用“一级沉淀预处理＋二级生物处理＋三级芬顿氧化深度处理”工艺，类比同类项目进行达标可行性分析，论证了 AOX 去除效果，提出控制 AOX 的措施；对废水中二噁英进行了成因机理分析，提出控制二噁英产生的措施；这些治理措施和污染控制技术均为前沿技术。达标可行性分析结论可信。

七、环境风险评价

1．环境风险识别

本项目的风险因素主要包括生产过程中危险化学品的泄漏、污染物的事故排放、易燃易爆物质及装置发生的火灾爆炸事件，主要生产功能单元的风险分析见表 2-10。

表 2-10　主要生产功能单元的风险识别

生产危险单元	危害识别	危险性分析
污水处理站生产单元	污水事故排放	污水处理系统产生故障，污水发生事故排放可能对受纳水体产生影响。加强维护管理，配备事故池，能够将风险减少到最小
自备热电站生产单元	废气事故排放	脱硫及除尘系统产生故障，可能对周边空气质量产生影响。及时采取降低锅炉负荷、启动燃烧器等措施，能够将事故后果减少到最小

生产危险单元	危害识别	危险性分析
碱回收车间单元	黑液泄漏事件以及碱回收炉的爆炸事故	黑液发生泄漏将会对污水处理系统产生巨大冲击，可能造成污水处理系统的崩溃。加强管理，设置黑液槽，能够有效避免黑液直接进入水体中。碱回收炉爆炸不会污染环境，可能会造成人员伤亡
化学品制备车间单元	二氧化硫、二氧化氯、氯化氢、氯气等有毒气体发生泄漏，氢气、二氧化氯、氯酸钠等物质发生泄漏可能引发爆炸	一旦发生事故将会产生环境污染与人员伤亡。在日常的生产中，需加强设备维护以及建立相应应急预案，将事故风险减少到最低
成品纸仓库	火灾	发生火灾影响基本上能够控制在厂内，在加强自身管理和保障消防器材的基础上，将火灾危害减少到最小
原木及木片原料堆场	火灾	
重油库	火灾	可能发生火灾事故
化学品库	二氧化硫水溶液、二氧化氯水溶液发生泄漏，二氧化氯泄漏可能引发爆炸	一旦发生事故将会产生环境污染与人员伤亡。在日常的生产中，需加强设备维护以及建立相应应急预案，将事故风险减少到最低

2．源项分析

通过对本项目的危险物料以及生产功能单元的分析，本项目的主要风险源为氯气管线（项目不设液氯储罐）、液态二氧化硫管线发生泄漏后对周边环境造成的影响。

通过对历史事件的分析，氯气管线、液态二氧化硫管线发生泄漏，将是本项目对周边环境造成的主要环境风险事件。

3．评价等级与范围

通过对主要危险化学品在线量及储存量的计算分析，生产场所和储存场所每种危险化学品实际存在量与相对应的临界量比值的和为 0.941 4<1，项目不存在重大危险源；由于化学品制备车间氯气管线和液态二氧化硫管线泄漏排放的氯气和二氧化硫气体的毒性较大，周边敏感点分布较多，可能会对项目周边大气环境带来较大的环境风险，因此本项目环境风险评价等级确定为一级，评价范围为距化学品制备车间周围 5 km 的范围。

4．影响预测

经预测，当氯气管线和二氧化硫管线发生事故泄漏时，在设定事故状态下，所有敏感点均未出现在 IDLH 和 LC_{50} 的最大范围内。在氯气管线、二氧化硫管线发生泄漏时，要及时开启碱液喷淋装置，及时通知相关单位，对下风向人群及时做好疏散工作，尽量减少可能引起的危害。项目氯气管线、二氧化硫管线发生泄漏事故的环境风险是可以接受的。

点评：

本案例根据《建设项目环境风险技术导则》(HJ/T 169—2004) 进行环境风险预测，针对项目可能产生的突发环境事件制定相应的风险防范措施，建立全厂环境风险防范与应急管理体系。

2012 年 8 月环境保护部颁布《关于切实加强风险防范严格环境影响评价管理的通知》（环发[2012]98 号），要求进一步加强风险防范，严格环境影响评价管理。随着对环境风险评价要求深度趋严，应不断完善风险评价内容，坚持以预防为主，实现最大限度地避免事故发生或事故发生后减缓对周围环境的影响。

八、清洁生产水平分析

本次评价主要以《清洁生产标准　造纸工业（硫酸盐化学木浆生产工艺）》(HJ/T 340—2007)、《制浆造纸行业清洁生产评价指标体系（试行）》《造纸产业发展政策》（中华人民共和国发展和改革委员会公告 2007 年第 71 号）、《造纸产品取水定额》(GB/T 18916.5—2002）等作为依据对拟建项目的清洁生产水平进行定量评价；另外，本次评价还参照国内其他类似企业的清洁生产指标，对拟建项目的清洁生产情况进行对比分析，得出更为全面的结论；同时，从制浆造纸系统及自备热电站两方面对拟建项目循环经济理念的贯彻实施进行了分析论证。

1. 采用先进的生产工艺技术及装备（略）

2. 清洁生产评价

（1）化学浆生产线清洁生产评价

根据《清洁生产标准 造纸工业（硫酸盐化学木浆生产工艺）》(HJ/T 340—2007)，拟建项目 100 万 t 阔叶木漂白硫酸盐浆生产线各项指标的比较详见表 2-11。

该生产线清洁生产达到国际先进水平，生产线水、电、汽耗均优于国内同类企业。

表 2-11　100 万 t 阔叶木漂白硫酸盐浆生产线清洁生产评价

《清洁生产标准 造纸工业（硫酸盐化学木浆生产工艺）》(HJ/T 340—2007)				本工程
指标	一级	二级	三级	
一、生产工艺与装备要求				
1. 备料	干法剥皮，冲洗水循环利用			干法剥皮，冲洗水循环利用（一级）
2. 蒸煮	低能耗连续或间歇蒸煮			改良连续蒸煮(一级)
3. 洗涤	多段逆流洗涤			多段逆流洗涤(一级)
4. 筛选	全封闭压力筛选	压力筛选	改进传统的筛选	全封闭压力筛选（一级）

《清洁生产标准 造纸工业（硫酸盐化学木浆生产工艺）》（HJ/T 340—2007）				本工程
指标	一级	二级	三级	
5. 漂白	氧脱木素，无元素氯（ECF）或全无氯（TCF）漂白	氧脱木素，ECF或二氧化氯替代部分氯多段漂白	ECF或过氧化氢替代部分氯多段漂白	氧脱木素，无元素氯（ECF）漂白（一级）
6. 碱回收	降膜蒸发器、低臭燃烧炉、预挂式过滤机、有热电联产、松节油、罗塔油的回收	降膜蒸发器、低臭燃烧炉、预挂式过滤机、有热电联产、松节油、罗塔油的回收	碱回收设施配套齐全，运行正常	降膜蒸发器、低臭燃烧炉、盘式过滤机、有热电联产（一级）
二、资源能源利用指标				
1．取水量/（m^3/Adt）	≤50	≤70	≤90	21.37（一级）
2．综合能耗（外购能源）/[kg（标煤）/Adt]	≤500	≤550	≤650	290.63（一级）
3．纤维原料（绝干）消耗量（不带皮原木和木片）/（t/Adt）	≤2.25	≤2.35	≤2.45	1.97（一级）
三、污染物产生指标				
1．废水产生量/（m^3/Adt）	≤45	≤60	≤80	26.36（一级）
2．CODcr 产生量/（kg/Adt）	≤55	≤70	≤100	36.30（一级）
3．BOD_5 产生量/（kg/Adt）	≤20	≤25	≤35	12.23（一级）
4. SS 产生量/（kg/Adt）	≤15	≤20	≤25	10.16（一级）
5．AOX 产生量/（kg/Adt）	≤1.0	≤2.0	≤2.6	0.23（一级）
四、资源综合利用指标				
1．白泥综合利用率/%	≥98	≥90	≥85	100（一级）
2．水重复利用率/%	≥85	≥82	≥80	85.16（一级）
3．黑液提取率/%	≥99	≥96	≥95	＞99（一级）
4．碱回收率/%	≥97	≥95	≥92	＞98.5（一级）
5．备料渣（指木屑等）综合利用率/%	100	100	100	100（一级）
6．污泥综合利用率/%	100	100	100	100（一级）

（2）化机浆生产线清洁生产评价

对比《制浆造纸行业清洁生产评价指标体系（试行）》，拟建项目化机浆生产线清洁生产综合评价指数（P）为 273.41＞90，达到清洁生产先进企业要求。生产线耗水量、耗电量等指标均处于国际先进水平。

（3）造纸生产线清洁生产评价

拟建项目造纸生产线综合能耗276.90 kg（标煤）/Adt，取水量10.09 m^3/Adt，COD_{Cr}排放量0.69 kg/Adt，符合《造纸产业发展政策》对印刷书写纸综合能耗≤680 kg（标煤）/Adt、取水量≤30 m^3/Adt、COD_{Cr}排放量≤4 kg/Adt的要求。生产线各指标均达到国际先进水平。

经过分析与评价，拟建项目技术水平和生产设备居目前世界先进水平，从原材料及产品指标、资源和能源消耗指标、生产工艺与装备要求以及污染物产生指标等各方面分析、比较，拟建项目达到了国际清洁生产先进水平，同时实现了企业的循环经济发展。

点评：

1. 清洁生产水平评价是评价重点内容，本案例结合化学浆生产线、化机浆生产线、造纸生产线，从清洁的能源和原料、先进的工艺技术和设备、节能、节水、污染物产生及排放控制等方面分析，项目清洁生产水平居世界先进。

2. 我国目前相关单位各自发布的“制浆造纸行业清洁生产标准”、“清洁生产水平评估技术要求”和“清洁生产评价指标体系”等，均早于《制浆造纸工业水污染物排放标准》（GB 3544—2008），指标宽松。建议国家发改委组织对清洁生产标准进行修编。

九、评价结论

1. 产业政策符合性

拟建项目为林浆纸一体化项目，其中制浆造纸工程建设内容包括：一条年产100万t阔叶木漂白硫酸盐浆生产线、一条年产25万t化机浆生产线、两条年产50万t高档文化用纸生产线、一条年产50万t商品浆板生产线及其配套辅助和公用工程；造纸林基地建设规模为64.51万亩。拟建项目均相符《造纸产业发展政策》《造纸工业发展“十二五”规划》《产业结构调整指导目录（2011年本）》《外商投资产业指导目录（2011年修订）》等国家产业政策及相关规定。

2. 选址的环境可行性

拟建项目选址位于东南沿海××省工业园区内，属3类工业用地，选址符合《××省国民经济和社会发展第十二个五年规划纲要》《××城镇体系规划（2010—2030》《××省造纸工业“十二五”规划研究》《××省“十二五”林业发展专项规划》《××市城市总体规划（2008—2030年）》《××市土地利用总体规划（2006—2020年）》《海峡西岸经济区发展规划》《××市国民经济和社会发展第十二个五年规划纲要》《××市“十二五”环境保护与生态建设重点专项规划》及所在工业园区发展规划等地方相关规划。

本项目 COD 年排放量占园区废水排海口所在海域水环境容量的份额为 2.8%，总氮年排放量占环境容量份额为 9.3%，园区废水排海口所在海域水质好、水深条件较好、潮汐动力较强、水体的交换能力强，环境容量较大，具备支撑本项目建设及规划目标实现的水环境承载力。本项目大气污染物 SO_2、NO_x、PM_{10} 的排放量分别占园区大气污染物允许排放量的 25.2%、48.9%、39.3%，区域大气环境质量、污染物扩散条件较好，具有支撑本项目建设及规划目标实现的大气环境承载力。

本项目木材原料主要依靠集团在国外的原料林基地供应，占总需要原料近约 90%，考虑经营风险，不足部分由国内原料基地提供，经论证分析，项目国内原料林基地每年提供纤维材 41.76 万～86.04 万 m^3，国内供应率为 9.04%～23.04%，进口国外原料材 142.07 万～420.24 万 m^3，国外供应率为 76.96%～90.96%，且尚有一定的富余量，完全可满足浆厂用材需求。

商品漂白针叶木浆由集团采购渠道在市场中统一采购。

因此，本工程纤维原料有可靠的来源和供应。从原料资源承载力方面来看，拟建项目的选址是合理的。

3．达标排放

采取相应措施后，拟建项目排放的废水、废气、噪声均能达到相应标准限值要求，各生产工段产生的固体废物均得到合理有效处置，且处理处置措施可行。

4．清洁生产水平

经过分析与评价，拟建项目达到了国际清洁生产先进水平，同时实现了企业的循环经济发展。

5．环境风险评价

经预测，设定事故发生时，所有敏感点均未出现在 IDLH 和 LC_{50} 的最大范围内。通过制订完善的环境管理、风险管理措施（预案），设施配备齐全，加强相关人员培训，采取适当的风险防范措施和应急措施可以将各种风险发生率、危害程度大大降低。拟建项目的环境风险是可以接受的。

6．污染物总量控制

拟建项目 COD 总量控制指标建议为 3 300 t/a，氨氮总量控制指标建议为 240 t/a；SO_2 总量控制指标建议为 1 500 t/a，氮氧化物总量控制指标建议为 3 800 t/a。根据《××市人民政府关于“××“项目主要污染物排放总量调剂的函》《××省环保厅关于林浆纸一体化项目主要污染物排放总量调剂意见的报告》确认了拟建项目各类污染物总量指标，并制定了总量指标解决方案。

鉴于本项目依托的园区废水排海口附近水质总无机氮及活性磷酸盐两项指标超

标问题，××市人民政府通过加大城市污水处理厂建设规模、增加污水处理量来减少总氮和总磷排放，该措施在抵消本项目的入海排放量后，仍能进一步改善临近海域的水质。

7. 公众参与

根据《环境影响评价公众参与暂行办法》（环发[2006]28 号），选取政府网站、当地日报等受众广泛的媒体开展了公示，并在公示网址设链接、在指定地点存放报告书简本供公众查阅；同时发放调查表对评价范围内个人、社会团体的意见进行了调查，调查范围涉及评价范围内的所有环境保护目标，重点是距离项目厂址较近的居民区。公示期间均未收到公众来信、来电及邮件等反馈意见，被调查的全部公众及社会团体部门都对该项目有所了解，并对该项目的建设表示赞成，认为其建设对当地的经济、社会发展有利。

8. 原料林基地生态环境影响评价结论

拟建项目符合《造纸产业发展政策》《造纸工业发展“十二五”规划》等规划和政策的有关要求，与××省林纸一体化和原料林基地建设战略布局相一致。工程符合当地国民经济与社会发展、土地利用、林业等有关规划；项目建设有利于调整当地农村经济结构，促进地方经济发展，增加农民收入，优化林业产业结构，增加森林覆盖率；该项目具有明显的经济、社会效益和一定的生态效益。

拟建项目工程选址、布局和用地基本合理，经复核后的原料林基地布局方案（64.51 万亩）对项目区各生态敏感保护目标影响较小，对环境的影响从总体来看属可接受程度，工程建设具备环境可行性。原料林基地建设必须按照评价报告提出的要求，严格执行环境保护“三同时”制度（环保措施与主体工程同时设计、同时施工、同时运行），强化环境管理，将各项环境保护措施落到实处。

案例分析

一、本案例环境影响评价特点

本案例为典型硫酸盐法与化学机械法制浆的林浆纸一体化工程建设项目。该项目环境影响报告书于 2013 年 1 月获得环保部批复。随着环境保护标准、规范、技术导则的不断完善，对项目环境影响评价的要求和深度越来越严。项目的环境影响报告内容分原料林基地生态影响评价和制浆造纸工程环境影响评价两部分，内容全面、格式规范，现状描述和工程分析翔实，环境影响识别和评价因子筛选合理，环境标准适用准确，措施建议充分、合理。尤其是该环评报告书较准确提出了项目建设涉及环境影响的难点问题，如：工艺过程 AOX 产生和控制；项目区域二噁英环境本底浓度监测与调查；废水深度处理对饮用水的安全风险；超大规模原料林基地生态评价内容、方法和保护措施如何体现系统性、完整性和可信性等问题，对林纸一体化项目的热点、难点问题，报告书提出了针对性的技术解决措施，解决思路和措施可行，结论可信，体现该项目环境影响评价方法的开拓创新性。

本案例存在以下问题：

1. 本项目包含 ClO_2 等危险化学品制备，需保留项目区及周边地下水及土壤环境背景值，但本案例缺少了土壤环境监测相关背景值。

2. 碱回收炉以黑液为燃烧的资源综合利用锅炉，进口、大型碱回收炉废气中 NO_x 产生浓度一般为 250 mg/m^3 左右，废气执行《火电厂大气污染物排放标准》（GB 13223—2003）"资源综合利用锅炉"标准。但在《火电厂大气污染物排放标准》（GB 13223—2011）颁布后，标准中去掉了"资源综合利用锅炉"的相关要求，碱回收炉又不可等同于燃煤、燃油或燃气锅炉，且碱回收炉烟气脱硝不具技术可行性，因此，目前对碱回收炉的定位及应执行的排放标准不明确。碱回收炉烟气中 NO_x 执行的标准须经项目所在省环保主管部门审批认可采用。

3. 我国目前相关单位各自发布的"制浆造纸行业清洁生产标准"、"清洁生产水平评估技术要求"和"清洁生产评价指标体系"等，均早于《制浆造纸工业水污染物排放标准》（GB 3544—2008），指标宽松。建议国家发改委组织对清洁生产标准进行修编。

二、林纸一体化项目环境影响评价应特别关注的几个问题

1. 国家产业政策及相关规划的符合性

（1）林基地建设应符合《全国林纸一体化工程建设"十五"及 2010 年专项规划》与《造纸产业发展政策》。

（2）符合地方总体发展规划、环境保护规划、环境功能区划、生态保护规划。

（3）评价区域内若有特殊保护区、生态敏感与脆弱区、社会关注区及环境质量达不到或接近环境功能区划要求的地区，均应列为环境制约因素。

（4）水资源规划及项目水资源供给可靠性与环境可行性论证；合理利用地表水资源、保护好地下水，保障饮用水安全，不挤占生态用水及农业用水。

2. 选址布局要合理并符合国家相关规定

（1）浆（纸）厂选址应注意的问题。根据《关于切实加强风险防范严格环境影响评价管理的通知》（环发[2012]98 号）的要求，制浆造纸项目必须在依法设立、环境保护基础设施齐全并经规划环评的产业园区内布设。在环境风险防控重点区域（如居民集中区、医院和学校附近、重要水源涵养生态功能区等）以及因环境污染导致环境质量不能稳定达标的区域内，禁止新建或扩建可能引发环境风险的项目。

对于制浆造纸项目，尤其是新建项目，选址要保障饮用水安全的同时，区域内应

有充足的水源，缺水地区禁止开采地下水作为水源；国家重点水污染整治流域，禁止新建化学制浆企业；化学木浆厂应选址于近海地区或水环境容量大且自净能力强的大江、大河下游地区，废水要离岸排放；黄淮海地区制浆造纸工程建设必须结合原料结构调整，确保流域内污染物大幅削减。同时应论证排污口的选择合理性。

同时应主意项目选址与规划的相符性。

（2）造纸林基地建设选址应注意问题。造纸林基地建设项目必须纳入《全国林纸一体化工程建设“十五”及 2010 年专项规划》，符合《造纸产业发展政策》的布局要求，严格在 500 mm 等雨量线以东的五个地区布局。对利用退耕还林地的，必须符合国家《退耕还林条例》相关规定，保护基本农田。不得占用水土保持林地、水源涵养林地等，同时还应满足《中华人民共和国水土保持法》《中华人民共和国河道管理条例》《中华人民共和国防洪法》等文件规定要求。

禁止在下列地域划列造纸林基地：自然保护区及自然保护区之间的廊道、25°以上陡坡地（竹林基地除外）、江河故道、行洪道、分洪道、未经主管部门规划与批准的滩地、风景名胜区及其外围保护区、依《森林采伐更新管理办法》《国家林业局财政部重点公益林区划界定办法》等法规文件确定的公益林区、湿地保护区、国家级水土流失重点预防保护区，以及“天然林资源保护工程”、“三北及长江中下游等重点防护林体系建设工程”、“退耕还林工程”、“京津风沙源治理工程”、“野生动植物保护及自然保护区建设工程”等涉及土地范围。

3. 林基地立地条件、树种选择、清林整地方式、采伐方式及管理模式等是林基地建设生态环境影响的关键因素，是其工程分析的重点内容。林基地建设生态环境影响评价的重点主要包括：生态系统稳定性、物种和生物多样性保护、树种选择与物种入侵、林地类型变化、水源涵养、水土保持、石漠化治理、土壤退化、病虫害防治和面源污染防治等。

4. 制浆造纸项目属于用水和排污大户，因此要求新建、扩建、改建项目清洁生产均需应达到国内、国际先进水平。水资源是林纸一体化项目的制约因素，其用水必须进行水资源论证。

5. 重点关注特征污染物，如 AOX、恶臭、二噁英，应采用清洁生产工艺从源头控制。

6. 污染治理措施需多方案论证。废水排放口位置选择及排污方式应优先论证，项目受纳水体满足环境功能区划要求的同时，需要有接纳项目排水的环境容量。

7. 关注脱墨废渣处置，防止产生二次污染。

8. 林基地环境影响评价应有针对性提出具体防治对策与减缓、恢复及补偿措施。

案例三　煤制天然气项目环境影响评价

一、项目概况

（一）工程概况

1．基本情况

项目名称：某公司55亿m^3/a煤制天然气项目。

建设性质：新建。

建设内容及规模：$55\times10^8\ m^3/a$煤制天然气装置、热电站工程以及相应的公用工程、配套工程等。

建设地点：新疆伊犁州伊宁县伊东工业园。

运行时间：8 000 h/a。

项目总投资：264.38亿元。

建设周期：4年，分为4个生产系列，一期建成。

2．主要建设内容

项目组成包括主体工程、辅助工程、公用工程、储运工程、环保工程、厂外工程等部分，主要建设内容见表3-1。

3．主要原辅材料

拟建项目原料煤、燃料煤设计煤种均采用伊北矿区皮里青煤矿的长焰煤，校核煤种来源为伊南矿区，用量分别为1 462.4万t/a、590.4万t/a和562.4万t/a，设计煤种（校核煤种）含硫分0.44%（0.31%），灰分8.97%（3.5%），挥发分24.4%（21.5%），低位发热量18 890 kJ/kg（19 840 kJ/kg）。

表3-1　拟建项目组成（主要内容）

类别	序号	名称	备注
主体工程	1	备煤	为气化炉及热电站锅炉提供合格原燃料煤
	2	碎煤加压气化	8系列共64台炉，采用碎煤固定床干法排灰加压气化技术制备粗煤气
	3	粗煤气变换冷却	8系列，采用耐硫耐油变换工艺将粗煤气中的CO变换为H_2
	4	低温甲醇洗	8系列，除去粗煤气中大部分有害气体
	5	混合制冷	8系列，为低温甲醇洗及干燥单元提供冷量，介质为液氨
	6	甲烷化及干燥	4系列，采用镍催化剂将CO和H_2合成甲烷，甲烷合成气经干燥送输气首站

类别	序号	名称	备注
主体工程	7	煤气水分离	8系列，碎煤加压气化、粗煤气变换冷却、低温甲醇洗来自3套装置的煤气水减压膨胀分离出气体，气体送硫回收，重力沉降分离出的焦油送入罐区，煤气水去酚回收
	8	酚回收	8系列，采用二异丙基醚萃取脱酚工艺脱除煤气水中的酚，脱酚后氨水送动力站进行烟气脱硫，煤气水送至氨回收，产品粗酚送入罐区
	9	氨回收	4系列，通过汽提、精馏、提纯回收稀氨水中的液氨
	10	硫回收	4系列，三级克劳斯制硫工艺，尾气去热电站锅炉充分燃烧并经脱硫后排放
储运工程	1	原料煤、燃料煤储存	
	2	灰渣储存	
	3	其他辅材料及副产品储存	储存粗酚、焦油、石脑油、液氨、甲醇等
	4	危废暂存场	
	5	污泥暂存场	污水处理过程中产生的污泥暂存于污水处理区污泥脱水厂房内，按重点防渗区做防渗
公用工程	1	中央控制室	
	2	供水工程	生产用水来自喀什河，建设3座加压泵站和首末站，输水工程管线全长32.588 km。生活用水20 m^3/h（来自伊东工业园供水系统）
	2.1	除盐水站	为电站提供除盐水
	2.2	循环水场	气化循环水场
			净化合成循环水场
			空分电站循环水场
	2.3	给排水及消防管	
	3	供电系统	
	4	空分装置	选用螺杆式空压机，空压机2开1备
热电站	1	CFB锅炉	10×490 t/h，9开1备
	2	发电机组	4×60 MW双抽式汽轮机
			4×15 MW背压式发电机组
	3	开工锅炉	1×35 t/hCFB燃煤锅炉
	4	化学水站	
	5	CFB锅炉烟囱	2座套筒式烟囱，每座套筒内设置1根ϕ5.5 m和1根ϕ4.5 m的烟囱，高180 m
环保工程	1	污水处理装置	处理化工区生产废水、生活、冲洗等排水及初期雨水，污水处理设施出水作为循环水场补充水
	2	中水回用处理装置	处理除盐水站排水、空分电站循环水场以及净化合成循环水系统排污水
	3	高浓盐水处理系统	用于处理中水回用装置的排污水，采用过滤＋反渗透处理工艺
	4	多效蒸发	用于处理高浓盐水处理系统的浓盐水，采用三效蒸发处理工艺

类别	序号	名称	备注
环保工程	5	蒸发塘	用于蒸发处理多效蒸发处理系统的浓盐水
	6	火炬	包括4座开车火炬和2座事故主火炬
	7	事故污水储存池	消防事故水池、初期雨水池、污水事故池
厂外工程	1	输水管线及取水站	约32.588 km；设3个扬水泵站
	2	渣场	距厂区直线距离1.5 km，有效容积约6 000万 m^3，占地177.3 hm^2

4．新鲜水取水情况

拟建项目总耗水量为3 859.4万 m^3/a，其中工业用水3 843.2万 m^3/a，取自伊犁河支流喀什河下游，生活用水16万 m^3/a，由伊东工业园区提供。项目配套建设喀什河托海西干渠至拟选厂址的32.6 km输水管线，沿途设3级扬水泵站，管线工程永久占地1.3 hm^2，临时占地65.3 hm^2，不占用基本农田，沿线穿越河流3处、省道1处。

5．产业政策

拟建项目规模为年产55亿 m^3 天然气，属于《产业结构调整指导目录（2005年本）》中“煤炭气化、液化技术开发及应用”中的煤炭气化技术的应用，属国家鼓励发展的产业，符合国家产业政策。符合《国家发展改革委关于加强煤化工项目建设管理促进产业健康发展的通知》（发改工业[2006]1350号）的相关要求。2009年5月《石化产业调整和振兴规划》中明确了“重点抓好现有煤制油、煤制烯烃、煤制二甲醚、煤制甲烷气、煤制乙二醇五类示范工程，探索煤炭高效清洁转化和石化原料多元化发展的新途径。”本项目即属于煤炭高效清洁转化和石化原料多元化发展的工程。

（二）环境概况

1．自然环境概况

（1）地理位置

项目选址位于新疆维吾尔自治区伊犁哈萨克自治州的伊宁县曲鲁海乡以北、克孜布拉克村以东。

（2）地形地貌

拟建项目位于伊宁县北侧，科古尔琴山南麓的丘陵山前冲洪积扇地段，冲洪积扇的南侧为伊犁河的右岸平原区，地势北东高、西南低，海拔高程在900～1 200 m，地形坡降在2%～10%。该区段内发育的北东—南西向的冲沟，切割冲洪积扇形成起伏较大的垄岗状地形，垄岗两侧沟谷切割深度一般在2～5 m。

区内冲洪积扇表层均覆盖黄土状粉土，地表牧草茂盛，植被覆盖率为60%～70%，冲洪积扇前缘开垦种植的庄稼生长势态良好。伊犁河右岸平原区是伊宁县重要的农业生产基地，阡陌交通，村庄遍布，风景优美。

（3）气候特征

伊宁县的气候属大陆性北温带和干旱性气候，由于远离海洋，地处亚欧大陆中心伊犁河谷盆地中部，东、南、北三面有天山山脉的天然屏障，西部地势开阔，易受北冰洋气流影响，因而气候比较温和湿润，具有大陆性北温带温和干旱气候的特点。阳光充足，四季分明，夏季炎热，冬季寒冷，昼夜温差大，春末夏初多雨，冬季和初春多霜雪。

多年平均相对湿度为65%、年平均降水量为253 mm、24 h最大降水量为35.7 mm。年平均蒸发总量为1 348 mm、年最大蒸发总量为2 200 mm。

年平均风速为1.7 m/s、最大风速为18.0 m/s、最大风向为西风、次大风向为东南风。

（4）水资源

伊宁县辖区内地表水有五大水系14 条主渠道，主要是东至西向的伊犁河，人民渠系（含北支干渠、团结渠）；东北至西南向的源于科古琴山（俗称“北山”）的吉里格朗沟河、皮里青河、铁厂沟等6条北山沟及十几股泉水。伊犁河流经伊宁县，从中国流入哈萨克斯坦，最后注入巴尔喀什湖，是一条国际河流，河水有70%注入哈萨克斯坦，是哈萨克斯坦的重要水源。目前，伊宁县尚未能直接利用伊犁河水资源。

项目工业用水取自喀什河下游，喀什河为伊犁河一级支流，该河95%保证率下多年平均径流量为28.44 亿 m^3，根据《伊犁河流域灌区规划报告》，喀什河下游规划用水量为13.08 亿 m^3/a，其中生活用水量为0.79 亿 m^3/a，农业、渔业及畜牧业用水量为10.83 亿 m^3/a，工业用水量为1.15 亿 m^3/a，生态用水量为0.21 亿 m^3/a，目前区域实际工业用水量约为500万 m^3/a。

（5）水文地质条件

项目区位于伊宁县北部山前区，地下水自东北流向西南，厂区地下水位埋深40～60 m，其中东北部地区地下水为潜水，西南部地区包气带上部存在一层弱透水的黄土状土，厚度为3～26 m，由东北向西南呈增厚趋势，渗透系数为0.023～0.039 m/d。

（6）矿产资源（略）

2．生态环境

拟选厂址评价区域土地以草地和耕地为主，草地主要分布在山前丘陵地带，覆盖度不高，耕地主要分布在西南部的平原地带。拟选厂址主要为山前丘陵区，地面坡度大，地形不平整，区域内水土流失比较严重，土壤侵蚀类型主要为水力侵蚀，平均侵蚀模数为2 714 t/（km^2 • a）。输水管线沿线以耕地和草地为主，区域平均土壤侵蚀模数为766 t/（km^2 • a）。

3．社会、经济环境概况（略）

4．区域规划

伊宁县伊东工业园于2005年创立，园区管委会于2005年和2006年分别委托伊犁州城乡规划设计院和新疆环境保护技术咨询中心编制完成了《伊宁县伊东工业园区总体规划》和《伊宁县伊东工业园区总体规划环境影响报告书》，并且获得了自治区发改委的批复意见和自治区环保厅的环保审查意见。

随着伊宁县"工业强县"发展思路的实施，原有伊东工业园总体规划已不能满足伊宁县经济发展的需要，伊宁县人民政府于 2009 年 8 月委托伊犁州城乡规划设计院编制《伊宁县伊东工业园区总体规划（修编）》，同时委托新疆环境保护技术咨询中心编制《伊宁县伊东工业园区总体规划环境影响报告书（修编）》，目前该工业园区已获得新疆维吾尔自治区人民政府的批复。

5. 环境功能区划

整个工业园区全部确定为二类空气环境质量功能区。

园区范围内及周边的地表水质达到《地表水环境质量标准》（GB 3838—2002）中的Ⅲ类以上标准，《农田灌溉水质标准》（GB 5084—2005）中的二类以上标准。园区内的农灌渠水应执行 GB 3838—2002 中的Ⅲ级标准。

园区规划范围内地下水均划为Ⅲ类功能区。

园区声环境功能区为 3 类。

6. 主要环境保护目标

评价范围内的环境空气保护目标主要是拟选厂址、灰渣场周边的居民点，评价范围半径 15 km 范围内共有居民 211 502 人。

地表水保护目标是厂址西侧的巴特布拉克沟和东侧的曲鲁海沟，与伊犁河无直接水力联系。

地下水保护目标是项目所在区域的地下水资源。经对厂区周边地表水和地下水使用情况进行调查，厂址区下游村庄饮用水大多由当地自来水厂提供，个别居民以地下潜水作为生活水源。

7. 环境质量现状

（1）环境空气

采暖期和非采暖期区域的 SO_2、NO_2、CO、O_3 和氟化物的 1 h 平均浓度均满足《环境空气质量标准》（GB 3095—1996）二级标准要求，SO_2、NO_2、CO、氟化物和 PM_{10} 的日平均浓度均满足标准要求，苯并[a]芘日平均浓度未检出，TSP 在阿热博孜农场一队出现超标。硫化氢、甲醇一次浓度满足《工业企业设计卫生标准》（TJ 36—79）居住区大气中有害物质的最高容许浓度，氨、酚未检出。报告书中分析表明 TSP 超标与当地民用燃煤和气候特点有关。

（2）地表水环境

克孜布拉克河、曲鲁海沟、小人民渠、托海渠、喀什河、伊犁河 6 个断面水质监测结果表明，pH 值、COD、BOD_5、挥发酚、氨氮、高锰酸盐指数、总磷、砷、氰化物、溶解氧、硫化物、铜、锌、铅、镉、铬（六价）、汞、石油类等指标均满足《地表水环境质量标准》（GB 3838—2002）Ⅲ类标准要求。

（3）地下水

拟选厂区地下水中亚硝酸盐氮、铁和总大肠菌群超过《地下水质量标准》（GB/T 14848—93）Ⅲ类标准要求，蒸发塘地区承压水硫酸盐和大肠杆菌超标，个别村庄民用水井中氟化物、溶解性总固体、氯化物、总硬度和铁等超标。报告书分析表明大肠杆菌超标主要由放牧和居民生活污染所致，亚硝酸盐、溶解性总固体、氟化物、氯化物、总硬度、铁超标主要与地质环境有关。

（4）声环境

拟选厂址 4 个监测点昼、夜间噪声现状值均满足《声环境质量标准》（GB 3096—2008）3 类标准要求。

（5）土壤

拟选厂址和灰渣场的镍、锌、铜、铬、铅、汞、砷、镉等均满足《土壤环境质量标准》（GB 15618—1995）二级标准要求。

点评：

1. 本案例项目符合当时的国家产业政策。《产业结构调整指导目录（2011 年本）》已发布，应根据新的产业政策分析项目的相符性。

2. 煤化工项目的特点是水耗高、用煤量大，因此煤化工项目通常需要有配套的煤矿、输煤系统、取水工程、输水管线等，本案例项目概况介绍全面，工程范围界定清楚。

3. 本案例环境概况介绍全面，覆盖了项目可能影响的各方面要素。报告书关注了项目取水对区域生态、农业和生活用水的影响，明确了取水河段伊犁河支流喀什河下游的水环境功能。虽然本项目提出了废水不外排的方案，报告书仍提供了区域的水系图，明确了水体功能区划，并对区域地表水现状进行了评价，这是必要的。尽管报告书审批时《环境影响评价技术导则 地下水环境》（HJ 610—2011）尚未发布，但报告书详细调查了厂址周边特别是地下水下游居民饮用水情况，包括埋深、层位、取水量等。

4. 《关于切实加强风险防范严格环境影响评价管理的通知》（环发[2012]98 号）已发布，要求新建煤化工项目应进入合规设立、环保设施齐全、规划环境影响评价经批准的化工园区或产业园区。因此，当前此类项目环评还应在规划相符性章节充分论证项目选址与城市总体规划、土地利用总体规划等相关规划的相符性，论证项目建设与园区规划及规划环评要求的相符性。

5. 《环境空气质量标准》（GB 3095—2012）已发布，今后项目应按新标准进行评价。

二、工程分析

（一）工艺流程

原料煤破碎筛分后进入煤气化单元（采用碎煤加压气化工艺）生产粗煤气，粗煤气经变换、冷却后送入低温甲醇洗单元。用甲醇将气体中大部分有害组分脱除，脱除的含硫化氢等物料的酸性气送至硫回收装置制备硫黄，CO_2高空排放，分离出的石脑油送入罐区。低温甲醇洗出口净化合成气进入甲烷化装置生产出甲烷，经干燥压缩后输送至中石油天然气管网。

煤气化、煤气变换冷却的煤气水依次经煤气水分离单元、酚氨回收单元分离出焦油、粗酚和氨水，稀氨水一部分送热电站做脱硫剂使用，一部分送氨回收单元生产液氨。液氨、粗酚、焦油送入罐区。

总工艺流程见图 3-1。

（二）主要工艺工程分析

1．备煤

备煤系统为气化炉和锅炉提供合格的原料煤和燃料煤。备煤系统主要分为原煤卸料和贮存系统、破碎筛分系统、气化备煤系统及锅炉备煤系统。工艺流程图略。

污染源分析：

① 废气污染源。备煤单元主要的废气污染源为转运站、破碎筛分系统以及煤炭缓冲仓等处排放的含尘废气，废气经由布袋除尘器除尘后达标排放。

② 废水污染源。备煤单元生产过程中无废水排放。输煤系统不定期冲洗水送热电站的煤水处理站经沉淀处理后循环使用。

③ 噪声污染源。备煤单元的主要噪声源有破碎机、磨煤机、振动筛、驰张筛等，通过减振、加隔声罩等措施，减少噪声的影响。

备煤单元主要污染源见表 3-2。

2．煤气化

拟建项目采用碎煤加压气化工艺。其原理主要是煤在高温下受氧、水蒸气、二氧化碳的作用下发生反应，各种反应如下：

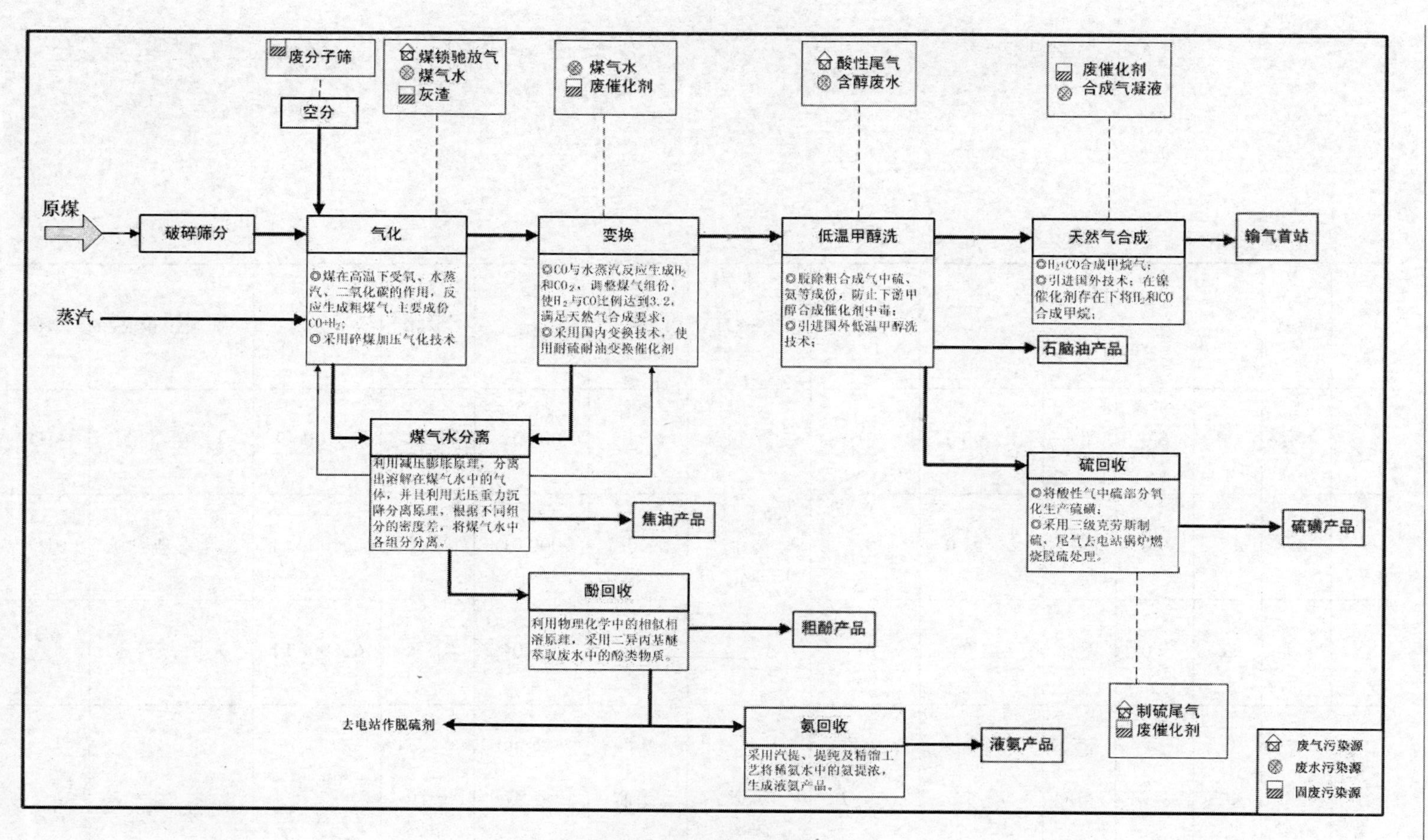
废分子筛
空分
煤锁驰放气
煤气水
灰渣
煤气水
废催化剂
酸性尾气
含醇废水
废催化剂
合成气凝液
原煤
破碎筛分
气化
◎煤在高温下受氧、水蒸汽、二氧化碳的作用，反应生成粗煤气，主要成份CO+H2；
◎采用碎煤加压气化技术
蒸汽
变换
◎CO与水蒸汽反应生成H2和CO2，调整煤气组份，使H2与CO比例达到3.2，满足天然气合成要求；
◎采用国内变换技术，使用耐硫耐油变换催化剂
低温甲醇洗
◎脱除粗合成气中硫、氨等成份，防止下游甲醇合成催化剂中毒；
◎引进国外低温甲醇洗技术；
天然气合成
◎H2+CO合成甲烷气；
◎引进国外技术：在镍催化剂存在下将H2和CO合成甲烷；
输气首站
石脑油产品
煤气水分离
利用减压膨胀原理，分离出溶解在煤气水中的气体，并且利用无压重力沉降分离原理，根据不同组分的密度差，将煤气水中各组分分离。
焦油产品
酚回收
利用物理化学中的相似相溶原理，采用二异丙基醚萃取废水中的酚类物质。
粗酚产品
硫回收
◎将酸性气中硫部分氧化生产硫磺；
◎采用三级克劳斯制硫，尾气去电站锅炉燃烧脱硫处理。
硫磺产品
制硫尾气
废催化剂
去电站作脱硫剂
氨回收
采用汽提、提纯及精馏工艺将稀氨水中的氨提浓，生成液氨产品。
液氨产品
废气污染源
废水污染源
固废污染源

图 3-1　总工艺流程示意

表 3-2 备煤单元主要污染源

序号	污染源	排气量（标态）/（m^3/h）	污染因子	污染物产生情况		治理措施	污染物排放情况		排气筒参数			排放规律	排放去向
				浓度/（mg/m^3）	速率/（kg/h）		浓度/（mg/m^3）	速率/（kg/h）	温度/℃	内径/m	高度/m		
G1～G9	转运站尾气	14 000×9	粉尘	10 000	140	布袋除尘，除尘效率为 99.9%	10	0.14	常温	0.6	25	连续	大气
G10	破碎筛分尾气	14 000×2	粉尘	10 000	140×2		10	0.14×2	常温	0.6	25	连续	大气
G11	缓冲仓尾气	6 000×4	粉尘	10 000	60×4		10	0.06×4	常温	0.8	60	连续	大气
G12	无组织排放	—	粉尘	—	5	—	—	5	面积：（113×201）m^2			连续	大气

碳与氧的反应：

$$C+O_2 \longrightarrow CO_2$$

$$2C+O_2 \longrightarrow 2CO$$

$$CO_2+C \longrightarrow 2CO$$

碳与水蒸气的反应：

$$C+H_2O \longrightarrow CO+H_2$$

$$C+2H_2O \longrightarrow CO_2+2H_2$$

$$CO+H_2O \longrightarrow CO_2+H_2$$

甲烷生成反应：

$$C+2H_2 \longrightarrow CH_4$$

$$CO+3H_2 \longrightarrow CH_4+H_2O$$

$$2CO+2H_2 \longrightarrow CH_4+CO_2$$

$$CO_2+4H_2 \longrightarrow CH_4+2H_2O$$

$$2C+2H_2O \longrightarrow CH_4+CO_2$$

加压气化装置由气化炉及加煤煤锁和排灰灰锁组成。入炉煤从煤斗充入煤锁中后，对煤锁充压至气化炉的操作压力。煤锁卸压的煤气收集于煤锁气气柜，并由煤锁气鼓风机送往变换装置。卸压后留在煤锁中的少部分煤气，用喷射器抽出，经煤尘旋风分离器除尘后排入大气，分离出的煤尘返回气化煤仓。原料煤经煤锁从气化炉上部加入，与向上的气流逆流接触。煤经过干燥、干馏和气化后，灰由气化炉中经旋转炉篦排入灰锁，再经灰斗排至水力排渣系统。离开气化炉的粗煤气以 CO、H_2、CH_4、H_2O 和 CO_2 为主要组分，还有 C_nH_m、N_2、硫化物（H_2S）、焦油、油、石脑油、酚和氨等许多气体杂质，进入洗涤冷却器，用循环煤气水加以洗涤，使煤气降温并除去夹带的大部分颗粒物。冷却后的煤气进入废热锅炉，回收一部分煤气中蒸汽的冷凝热后，进入煤气变换冷却工段。在废热锅炉下部收集到的冷凝液，一部分送洗涤冷却器，多余的煤气水送往煤气水分离装置。煤气化单元工艺流程及污染源见图 3-2。

污染源分析：

① 废气污染源。正常生产情况下，气化装置废气污染源主要为煤锁气驰放气。放空气的主要成分为粉尘和 CO。开停车和事故期间，加压气化的煤气进入火炬系统。

② 废水污染源。气化单元废水主要为含尘煤气水，送煤气水分离单元处理回用。此外，还有废热锅炉排污水。

③ 固废污染源。气化单元主要固体废物包括气化灰渣，通常可作为生产建材的原料进行综合利用。

④ 噪声污染源。气化单元的主要噪声源包括煤锁气压缩机、煤气水输送泵、气体放空等。设备选用低噪声设备，安装尽可能采用柔性连接等措施，以减少噪声的影响。

煤气化单元主要污染源见表 3-3。

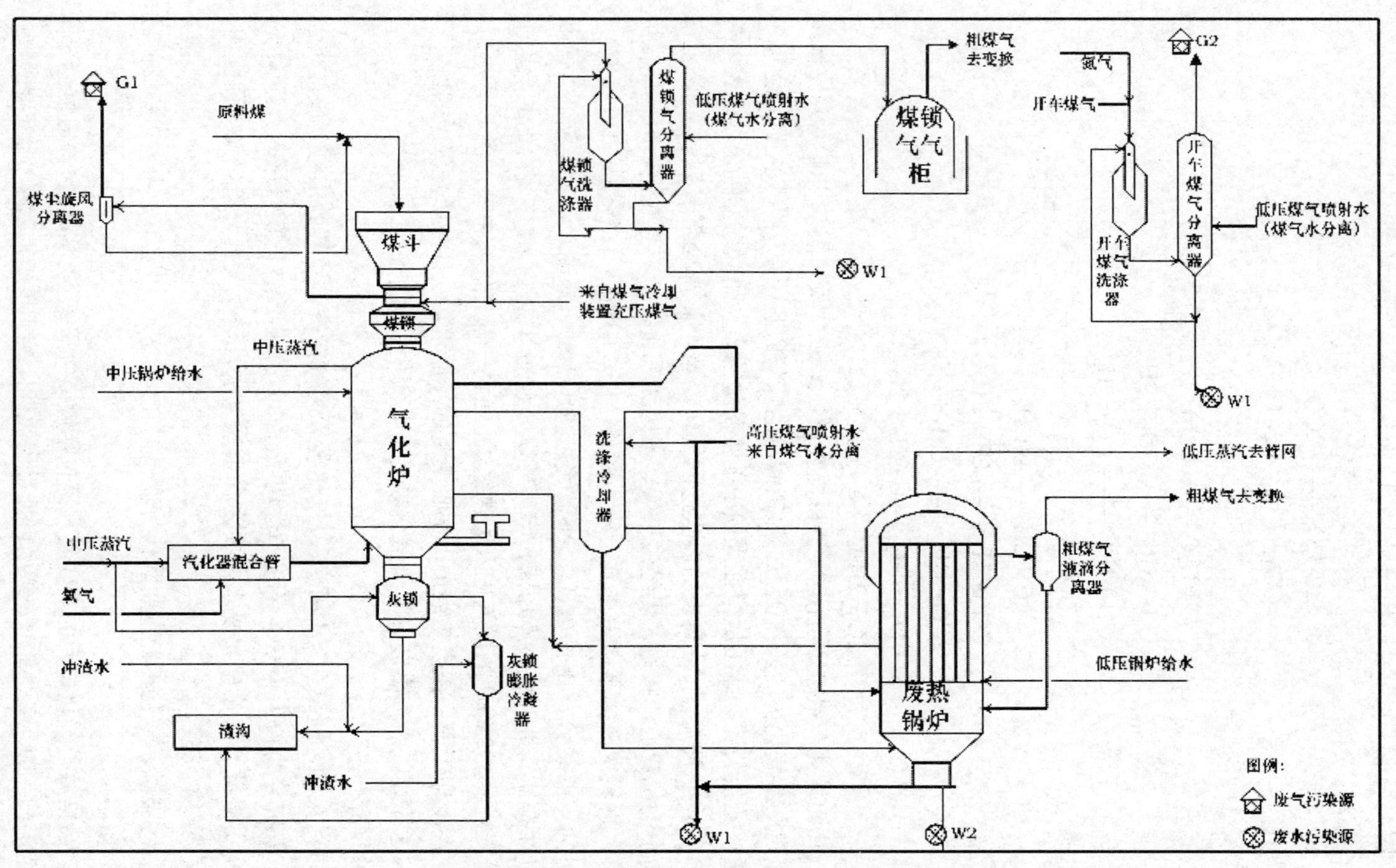

图 3-2 煤气化单元（造气）工艺流程及污染源示意

表 3-3　煤气化单元污染源

序号	污染源	排气量（标态）/（m³/h）	污染因子	污染物产生情况		治理措施	污染物排放情况		排气筒参数			排放规律	排放去向
				浓度/（mg/m³）	速率/（kg/h）		浓度/（mg/m³）	速率/（kg/h）	温度/℃	内径/m	高度/m		
G1	煤锁卸压驰放气	28 644	粉尘	1 000	28.64	旋风除尘	100	2.86	60	0.9	60	间断	大气
			CO	25 000～37 500	716.1～1 074.15		25 000～37 500	716.1～1 074.15					
			苯并[a]芘	≤1×10⁻⁴	≤2.86×10⁻⁶		≤1×10⁻⁴	≤2.86×10⁻⁶					
G2	开车煤气	4 468	CO	15V%		火炬						间断	火炬
序号	污染源	排水量/（t/h）	污染因子	浓度/（mg/L）	产生量/（kg/h）	处置措施	浓度/（mg/L）	排放量/（kg/h）				排放规律	排放去向
W1	含尘煤气水	1 896	COD	9 000～21 000	17 064～39 816	去煤气水分离回收有用组分						连续	煤气水分离
			BOD_5	4 600～10 000	8 721～18 960								
			总氨	3 008～7 000	5 704～13 272								
			总酚	3 187～7 200	6 043～13 651								
			多元酚	3 400	6 447								
			石油类	14 100～23 428	26 743～44 420								
			氰化物	40	75.9								
			硫化物	110	189.6								
			SS	510	967								
W2	锅炉排污	16	TDS	230	3.68	回收利用						连续	凝结水站
			COD	<60	0.96								
序号	污染源	产生量/（万 t/a）	类别	主要成分		处置方式						排放规律	排放去向
S1	气化灰渣（干渣）	140.36	一般固废	C≤5%，S 约 0.51%，灰分约 60%		综合利用						连续	综合利用

3. 煤气变换

变换的目的是通过变换反应，将 CO 与水蒸气反应生成 H_2 和 CO_2，对气化产粗煤气进行组分调整，使天然气合成原料气中的 H_2∶CO 达到 3.2（体积比），以满足下游天然气合成装置工艺的需要。

变换反应是在 Co-Mo 耐硫耐油催化剂的作用下进行的，催化剂的工作温度在 160～450℃，变换反应所需的水蒸气利用粗煤气中的饱和水蒸气，不需另加蒸汽。由于粗煤含有焦油等多种杂质，除了对进入装置的粗煤气进行必要的洗涤分离外，为了保护催化剂，在主变换炉之前设有预变换炉。工艺流程图略。变换化学反应式为

$$CO+H_2O=H_2+CO_2+Q$$

污染源分析：

① 废气污染源。变换单元正常生产时没有废气产生，在开车时会有开车废气产生，该股废气送火炬系统燃烧处理。

② 废水污染源。变换单元废水污染源有煤气洗涤器排水以及变换工艺冷凝液，均送至煤气水分离单元处理。

③ 固废污染源。变换单元主要固体废物为变换炉内装填的废变换催化剂。主要为钴、钼催化剂，由厂家回收利用。

④ 噪声污染源。变换单元的主要噪声源为循环硫化风机以及工艺凝液泵等。

粗煤气变换冷却单元污染源见表 3-4。

4. 低温甲醇洗

煤气化工艺生产的粗合成气中除含有效组分 CH_4、CO、H_2、CO_2 外，还有少量 H_2S、羰基硫标准气体（COS）、N_2、氨等成分，为了满足下游要求，不但要对 H/C 进行调节，还必须对变换后的煤气进行净化，除去有害物质后方可满足下游甲烷合成的要求。

利用甲醇在低温下对酸性气体溶解度极大的优良特性，采用物理吸收的方法，脱除原料气中的 CO_2、H_2S、COS、氨以及其他有机杂质。升温解析分离出 CO_2 高空排放，酸性气送至硫回收工段处理。工艺流程图略。

污染源分析：

① 废气污染源。低温甲醇洗单元主要废气污染源为热再生塔和预洗闪蒸塔顶产生的酸性气体，这两股气体送至硫回收装置处理；此外，CO_2 气体经甲醇洗涤塔洗涤后的放空尾气，由于目前拟建项目区域没有 CO_2 用户，这股废气高空排放，尾气中除 CO_2 外，还有 N_2、CO、少量 H_2S 及 CH_4。

② 废水污染源。低温甲醇洗单元有甲醇洗涤塔产生的含甲醇废水，送污水处理厂进行处理。

③ 噪声污染源。低温甲醇洗单元的主要噪声源为循环压缩机及其他机泵等。

低温甲醇洗单元污染源见表 3-5。

表 3-4　粗煤气变换冷却单元污染源

序号	污染源	排气量（标态）/（m^3/h）	污染因子	污染物产生情况		治理措施	排放规律	排放去向
				浓度/（mg/m^3）	速率/（kg/h）			
G1	开车废气	336 370	CO	12%		火炬	间断	
序号	污染源	排水量/（t/h）	污染因子	浓度/（mg/L）	产生量/（kg/h）	处置措施	排放规律	排放去向
W1	煤气洗涤器排水	860	COD	5 000～20 000	4 300～17 200	去煤气水分离回收有用组分	连续	煤气水分离
			BOD_5	3 400～7 500	2 924～6 450			
			总氨	3 008～7 000	2 587～6 020			
			总酚	3 187～7 200	2 741～6 192			
			多元酚	3 100	2 666			
			石油类	14 100～31 700	12 130～20 148			
			氰化物	30	25.8			
			硫化物	50	43			
			SS	300	258			
W2	变换工艺冷凝液	1 020	COD	4 000～11 000	4 080～11 220			
			BOD_5	1 600～5 700	1 632～5 814			
			总氨	3 008～7 000	3 068～7 140			
			总酚	3 170～7 200	3 233～7 344			
			多元酚	2 600	2 652			
			石油类	14 100～23 428	14 387～23 897			
			氰化物	20	20.4			
			硫化物	35	35.7			
			SS	120	128			
W3	锅炉排污	4.4	TDS	230	1.01	回用	连续	凝结水站
			COD	<60	0.26			
序号	污染源	产生量/（m^3/a）	类别	主要成分		处置方式	排放规律	
S1	废催化剂	90.68	危废	Co-Mo		厂家回收	2 年更换 1 次	

表 3-5 低温甲醇洗单元污染源

序号	污染源	排气量/（m^3/h）	污染因子	污染物产生情况		治理措施	污染物排放情况		排气筒参数			排放规律	排放去向
				浓度/（mg/m^3）	速率/（kg/h）		浓度/（mg/m^3）	速率/（kg/h）	温度/℃	内径/m	高度/m		
G1	热再生塔废气	18 064	CO_2	70.11%		硫回收						连续	硫回收
			H_2S	26.49%									
			C3（碳三）	1.80%									
			C4（碳四）	1.4%									
			N_2	0.20%									
G2	甲醇洗涤塔	152 615×8	CO_2	79.59%					30	1.6	150	连续	大气
			N_2	19.75%									
			总硫	8mg/m³	9.77								
			CO	0.02%									
			CH_4	0.16%									
			C2（碳二）	0.44%									
			H_2O	0.04%									
G3	预洗闪蒸塔	1 600	CO_2	86.27%		硫回收						连续	硫回收
			H_2S	8.09%									
			烃类	1.19%									
序号	污染源	排水量/（t/h）	污染因子	浓度/（mg/L）	产生量/（kg/h）	处置措施	浓度/（mg/L）	排放量/（kg/h）				排放规律	排放去向
W1	甲醇洗涤塔废水	120	COD	430～1 600	51.6～192	去污水处理厂						连续	污水场
			BOD	210～750	25.2～90								
			氰化物	0.5	0.06								
			甲醇	150	18								

5. 甲烷化

采用镍催化剂在400℃、2.4～6 MPa下，将H_2、CO和CO_2合成甲烷，工艺流程图略。反应式如下：

$$CO+3H_2 \longrightarrow CH_4+H_2O$$

$$CO_2+4H_2 \longrightarrow CH_4+2H_2O$$

污染源分析：

① 废水污染源。本装置废水污染源有甲烷化生成水、天然气干燥三甘醇精馏塔排水及锅炉排污，其中甲烷化生成水与锅炉排污送去凝结水站处理回用，三甘醇蒸馏塔底排放的废水含有微量三甘醇，水经收集后送污水处理厂处理。

② 噪声污染源。甲烷化及干燥单元的主要噪声源为机泵等。

甲烷化及干燥污染源见表3-6。

表3-6　甲烷化及干燥污染源

序号	污染源	排水量/（t/h）	污染因子	浓度/（mg/L）	产生量/（kg/h）	处置措施	排放规律	排放去向
W1	锅炉排污	24.8	COD	60	1.49	回收利用	连续	去凝结水站
			TDS	20	5.7			
W2	甲烷化凝结水	280	COD	5	1.4	回收利用	连续	去凝结水站
W3	三甘醇精馏塔排水	0.2	少量三甘醇				间断	污水厂

序号	污染源	产生量/（m^3/a）	类别	主要成分	处置方式	排放规律
S1	废催化剂	183.2	危险废物	Ni	厂家回收	2年更换1次

6. 煤气水分离

煤气水分离装置主要用来处理气化、变换等过程产生的废水。利用减压膨胀原理，分离出溶解在煤气水中的气体，并且利用无压重力沉降分离原理，根据不同组分的密度差，将煤气水中的焦油等组分分离。工艺流程图略。

污染源分析：

① 废气污染源。煤气水分离单元废气污染源主要为煤气水膨胀器的膨胀气，该股废气冷却后送热电站锅炉充分燃烧脱硫后排放。

② 废水污染源。煤气水分离单元焦油分离器和油分离器的煤气水经过滤后送酚回收单元处理。经除油后的煤气水缓冲槽内的煤气水部分送气化单元和变换冷却单元作为洗煤气用水。

来自气化单元的废水温度较高，可以用于副产低压蒸汽回收余热，副产的低压蒸汽用于本装置的伴热系统，废热锅炉处会有少量清净下水产生。

③ 噪声污染源。煤气水分离单元的主要噪声源为机泵。

煤气水分离单元污染源见表 3-7。

表 3-7 煤气水分离单元污染源

序号	污染源	排气量/（m^3/h）	污染因子	污染物产生情况		治理措施	排放规律	排放去向
				体积浓度/%	速率/（kg/h）			
G1	膨胀气	6 660	CO_2	69.18		燃烧脱硫	连续	电站锅炉
			CO	3.05				
			H_2	5.23				
			CH_4	2.71				
			H_2S	0.8				
序号	污染源	排水量/（t/h）	污染因子	浓度/（mg/L）	产生量/（kg/h）	处置措施	排放规律	排放去向
W1	煤气水去酚回收	1 744	COD	8 000～17 000	14 050～29 857	去酚回收	连续	酚回收
			BOD_5	4 200～9 500	7 376～16 685			
			总氨	5 414～6 686	9 452～11 660			
			总酚	6 472～7 140	11 287～12 452			
			多元酚	1 480～2 100	2 581～3 662			
			石油类	200	349			
			氰化物	未检出	0			
			硫化物	0.06	0.1			
			SS	72	126			
W2	锅炉排污	8	TDS	230	1.84	回用	连续	凝结水站
			COD	60	0.48			
W3	煤气水	470	COD	8 000～17 000	3 760～7 990	回用	连续	气化单元
			BOD_5	4 200～9 500	1 974～4 465			
			总氨	5 414～6 686	2 547～3 142			
			总酚	6 472～7 140	3 042～3 356			
			石油类	200	94			
W4	煤气水	1 494	COD	8 000～17 000	11 952～25 398	回用	连续	变换冷却单元
			BOD_5	4 200～9 500	6 275～14 193			
			总氨	5 414～6 686	8 088～9 989			
			总酚	6 472～7 140	9 669～10 672			
			石油类	200	298.8			

7. 酚回收

酚回收装置用物理化学中的相似相溶原理，采用二异丙基醚萃取废水中的酚类物质。工艺流程图略。

污染源分析：

① 废气污染源。酚回收单元正常生产情况下的废气污染源为脱酸塔产生的酸性气，该股废气送热电站锅炉燃烧处理脱硫后排放。

② 废水污染源。酚回收单元废水污染源有水塔排水以及氨浓缩塔排水，其中水塔排水送污水处理装置处理，氨浓缩塔排稀氨水小部分送热电站作脱硫剂使用，其余部分送氨回收单元处理。

③ 固废污染源。酚回收单元没有固体废物产生。

④ 噪声污染源。酚回收单元的主要噪声源为各类机泵等。

酚回收单元污染源见表 3-8。

表 3-8 酚回收单元污染源

序号	污染源	排气量/(m^3/h)	污染因子	污染物产生情况		治理措施	排放规律	排放去向
				体积浓度/%	速率/(kg/h)			
G1	脱酸塔废气	5 560	CO_2	77.32		燃烧后脱硫	连续	电站锅炉
			H_2S	0.42				
			NH_3	1.2				
序号	污染源	排水量/(t/h)	污染因子	浓度/(mg/L)	产生量/(kg/h)	处置措施	排放规律	排放去向
W1	水塔排水	1 626	COD	3 500～4 500	5 691～7 317	去污水处理装置	连续	污水处理厂
			BOD_5	1 150～1 500	1 870～2 439			
			氨氮	200	325.2			
			总酚	920	1 495.92			
			多元酚	420	682.9			
			石油类	200	325.2			
			异丙基醚	100	162.6			
W2	氨浓缩塔排水	97.36	氨	10.5%（质量分数）	68 560		连续	氨回收
					28 800			电站

8. 氨回收

氨回收装置是从酚回收工序产生的氨水除去酸性气体 CO_2、H_2S、氰化氢（HCN）以及非冷凝组分，进而回收无水液氨。采用汽提、提纯及精馏工艺。工艺流程图略。

污染源分析：

① 废气污染源。氨回收单元正常生产情况下不产生废气污染。

② 废水污染源。氨回收单元废水污染源有汽提塔排放的净化水、提纯塔排水以及精馏塔排放的净化废水，其中汽提塔和精馏塔排水送至污水处理厂处理回用，提纯塔排水返酚回收单元处理。

③ 固废污染源。酚回收单元没有固体废物产生。

④ 噪声污染源。氨回收单元的主要噪声源为各类机泵等。

氨回收单元污染源见表 3-9。

表 3-9　氨回收单元污染源

序号	污染源	排水量/（t/h）	污染因子	浓度/（mg/L）	产生量/（kg/h）	排放规律	排放去向
W1	汽提塔排水	38	氨	100	3.8	连续	污水处理厂
W2	提纯塔排水	2	氨	10 000	20	连续	酚回收
W3	精馏塔排水	21	氨	100	2.1	连续	污水处理厂

9. 硫回收

制硫部分采用常规克劳斯（CLAUS）工艺。酸性气中的 H_2S 燃烧氧化成克劳斯反应所需的 SO_2，然后在催化剂的作用下，使 H_2S 和 SO_2 发生克劳斯反应生成单质硫。制硫尾气送热电站锅炉充分燃烧并脱硫后外排。工艺流程图略。反应式如下：

$$2H_2S + 3O_2 \longrightarrow 2SO_2 + 2H_2O$$

$$2H_2S + SO_2 \longrightarrow 3S + 2H_2O$$

污染源分析：

① 废气污染源。硫回收单元正常生产情况下产生的废气污染源为硫回收尾气，送电站锅炉充分燃烧，经氨法脱硫后排放。

② 废水污染源。硫回收单元废水污染源为废热锅炉排放的清净下水，送凝结水站处理回用。

③ 固废污染源。硫回收单元固体废物为废催化剂，主要成分为氧化铝，送渣场填埋处置。

④ 噪声污染源。硫回收单元的主要噪声源为循环硫化风机以及工艺凝液泵等。

硫回收单元污染源见表 3-10。

表 3-10　硫回收单元污染源

<table>
<tr><td rowspan="2">序号</td><td rowspan="2">污染源</td><td rowspan="2">排气量/（m^3/h）</td><td rowspan="2">污染因子</td><td colspan="2">产生情况</td><td colspan="3">排气筒参数</td><td rowspan="2">排放规律</td><td rowspan="2">排放去向</td></tr>
<tr><td>浓度/（mg/m^3）</td><td>速率/（kg/h）</td><td>温度/℃</td><td>内径/m</td><td>高度/m</td></tr>
<tr><td rowspan="4">G1</td><td rowspan="4">制硫尾气</td><td rowspan="4">26 168</td><td>SO_2</td><td>21 468</td><td></td><td rowspan="4"></td><td rowspan="4"></td><td rowspan="4"></td><td rowspan="4">连续</td><td rowspan="4">电站锅炉</td></tr>
<tr><td>CO_2</td><td>43.48%</td><td></td></tr>
<tr><td>N_2</td><td>15.27%</td><td></td></tr>
<tr><td>H_2O</td><td>38%</td><td></td></tr>
<tr><td>序号</td><td>污染源</td><td>水量/（t/h）</td><td>污染因子</td><td colspan="2">浓度/（mg/L）</td><td colspan="3">产生量/（kg/h）</td><td>排放规律</td><td>排放去向</td></tr>
<tr><td rowspan="2">W1</td><td rowspan="2">锅炉排污</td><td rowspan="2">4.8</td><td>TDS</td><td colspan="2">230</td><td colspan="3">1.1</td><td rowspan="2">连续</td><td rowspan="2">凝结水站</td></tr>
<tr><td>COD</td><td colspan="2">60</td><td colspan="3">0.29</td></tr>
<tr><td>序号</td><td>污染源</td><td>产生量/（m^3/a）</td><td>类别</td><td colspan="5">主要成分</td><td>排放规律</td><td>排放去向</td></tr>
<tr><td>S1</td><td>催化剂</td><td>66.67</td><td>一般</td><td colspan="5">氧化铝</td><td>3 a/次</td><td>渣场</td></tr>
</table>

10. 其他装置及公辅工程（略）

（三）污染源汇总

拟建项目正常工况有组织排放源污染物产生及排放情况见表 3-11，无组织排放源污染物产生及排放情况见表 3-12。

煤气化废水产生情况见表 3-13，全厂生产废水的产生及处置情况见表 3-14。

拟建项目固体废物产生情况见表 3-15。

表 3-11 正常工况有组织排放污染物产生及排放情况

单元名称	序号	污染源	排气量（m^3/h）×排气筒个数	污染因子	污染物产生情况		治理措施	污染物排放情况		排气筒参数			排放规律	排放去向
					浓度/（mg/m^3）	速率/（kg/h）		浓度/（mg/m^3）	速率/（kg/h）	温度/℃	内径/m	高度/m		
备煤	1	第1～9转运站除尘尾气	14 000×9	粉尘	10 000	140×9	布袋除尘，除尘效率为99.9%	10	0.14×9	常温	0.6	25	连续	大气
	2	筛分除尘尾气	14 000×2	粉尘	10 000	140×2		10	0.14×2	常温	0.8	25	连续	大气
	3	气化煤缓冲仓除尘尾气	6 000×4	粉尘	10 000	60×4		10	0.06×4	常温	0.8	60	连续	大气
气化	4	煤锁卸压驰放气	28 644	粉尘	1 000	28.64（7.15×4）	旋风除尘	100	2.86	60	0.9	60	间断	大气
				CO	25 000～37 500	716.1～1 074.15		25 000～37 500	716.1～1 074.15					
				苯并[a]芘	≤1×10^{-4}	≤2.86×10^{-6}		≤1×10^{-4}	≤2.86×10^{-6}					
低温甲醇洗	5	热再生塔废气	18 064	CO_2	70.11%		硫回收制硫黄							
				H_2S	26.49%									
				C3	1.8%									
				C4	1.4%									
				N_2	0.20%									
	6	甲醇洗涤塔	152 615×8	CO_2	79.59%			79.59%		30	1.6	150	连续	大气
				N_2	19.75%			19.75%						
				总硫	8	9.77		8	9.77					
				CO	0.02%			0.02%						
				CH_4	0.16%			0.16%						
				C2	0.44%			0.44%						
				H_2O	0.04%			0.04%						

单元名称	序号	污染源	排气量（m^3/h）×排气筒个数	污染因子	污染物产生情况		治理措施	污染物排放情况		排气筒参数			排放规律	排放去向
					浓度/（mg/m^3）	速率/（kg/h）		浓度/（mg/m^3）	速率/（kg/h）	温度/℃	内径/m	高度/m		
低温甲醇洗	7	预洗闪蒸塔顶气	1 600	CO_2	86.27%		硫回收							
				H_2S	8.09%									
				烃类	1.19%									
混合制冷	8	制冷不凝气	98×8	NH_3		75.625×8	洗涤吸收		3.88×8	70	0.6	40	连续	大气
煤气水分离	9	煤气水分离膨胀气	6 660	CO_2	69.18%	9 050.23	去热电站锅炉							电站锅炉
				CO	3.05%	253.91								
				H_2	5.23%	31.1								
				CH_4	2.71%	128.92								
				H_2S	0.8%	81.03								
酚回收	10	酚回收酸性气	5 560	CO_2	77.32%	4 068.83	去热电站锅炉							电站锅炉
				H_2S	0.42%	35.45								
				NH_3	1.20%	60.38								
硫回收	11	硫回收尾气	26 168	SO_2	21 468	561.78	去电站锅炉						连续	电站锅炉
				CO_2	43.43%									
				N_2	15.27%									
				H_2O	38%									

单元名称	序号	污染源	排气量（m^3/h）×排气筒个数	污染因子	污染物产生情况		治理措施	污染物排放情况		排气筒参数			排放规律	排放去向
					浓度/（mg/m^3）	速率/（kg/h）		浓度/（mg/m^3）	速率/（kg/h）	温度/℃	内径/m	高度/m		
热电站	12	烟囱 A	2 090 961	SO_2	1 016.7	1 992.435	炉外氨法效率为90%，脱硫时脱硝效率可达30%，除尘效率为99.9%	95.29	199.243 5	50	5.5	180	连续	大气
				NO_x	200	391.93		131.2	274.35					
				烟尘	6 804	13 333		6.38	13.33					
				NH_3				5.69	11.89					
	13	烟囱 B	1 393 974	SO_2	1 016.7	1 328.29		95.29	132.829	50	4.5	180	连续	大气
				NO_x	200	261.28		131.2	182.9					
				烟尘	6 804	8 889		6.38	8.89					
				NH_3				5.69	7.93					
	14	烟囱 C	1 393 974	SO_2	1 016.7	1 328.29		95.29	132.829	50	5.5	180	连续	大气
				NO_x	200	261.28		131.2	182.9					
				烟尘	6 804	8 889		6.38	8.89					
				NH_3				5.69	7.93					
	15	烟囱 D	1 393 974	SO_2	1 016.7	1 328.29		95.29	132.829	50	4.5	180	连续	大气
				NO_x	200	261.28		131.2	182.9					
				烟尘	6 804	8 889		6.38	8.89					
				NH_3				5.69	7.93					
	16	开工锅炉烟囱 C（年运行时间 240h）	43 000	SO_2	820	35.2	脱硫效率为 90%，除尘效率为 99.9%	82	3.52	140	5.5	180	连续	大气
				NO_x	200	8.6		200	8.6					
				烟尘	8 916	383.4		8.92	0.38					
合计			小时产生量/kg		年产生量/t			小时产生量/kg	年产生量/t					
	产生量	粉尘	1 780		14 240		排放量	1.78	14.24					
		烟尘	40 000		320 000			40	320					
		SO_2	5 977.305		47 818.44			597.730 5	4 781.844					
		NO_x	1 176.038		9 408.304			823.308	6 586.464					
		H_2S	9.77		78.16			9.77	78.16					
		NH_3	640.68		5 125.44			66.72	533.76					

表 3-12　拟建项目无组织排放源污染物产生及排放情况

序号	污染源	排放源面积（长×宽）/m^2	污染物排放速率/（kg/h）					
			NH_3	H_2S	酚	TSP	甲醇	烃
1	硫回收	48×40（4 系列）		0.241 5				
2	酚氨回收	氨：8×40（4 系列） 酚：100×55（4 系列）	4.0	0.15	0.80			
3	煤气水分离	247×85（8 系列）	1.50	0.2	1.0			
4	污水处理	污水 1：120×240 污水 2：300×400	0.30	0.15	0.60			
5	备煤	113×201				5		
6	罐区	120×106			0.05		0.03	15.0
7	装卸车系统	120×60			0.01		0.1	5.5
8	热电站	89×349	2.5			5		
9	渣场	2 200×800				7.37		
	合计/（t/a）		66.4	5.932	19.68	138.96	1.04	164

表 3-13 煤气化废水产生情况

单元名称	序号	污染源	排水量/（t/h）	污染因子	浓度范围/（mg/L）	产生量/（kg/h）	处置措施	排放规律	备注
气化	1	气化含尘煤气水	1 896	COD	9 000～21 000	17 064～39 816	去煤气水分离提取焦油	连续	
				总氨	3 008～7 000	5 704～13 902			
				总酚	3 187～7 200	6 043～13 651			
				石油类	14 105～23 428	26 743～44 420			
				硫化物	110	189.6			
变换冷却	2	变换冷却煤气洗涤器排水	860	COD	5 000～20 000	4 300～17 200	去煤气水分离提取焦油	连续	
				总氨	3 008～7 000	2 587～6 020			
				总酚	3 187～7 200	2 741～6 192			
				石油类	14 105～23 428	12 130～20 148			
				硫化物	50	43			
	3	变换工艺冷凝液	1 020	COD	4 000～11 000	4 080～11 220	去煤气水分离提取焦油	连续	
				总氨	3 008～7 000	3 068～7 140			
				总酚	3 170～7 200	3 234～7 344			
				石油类	14 105～23 428	14 387～23 897			
				硫化物	35	35.7			
小计		进煤气水分离的气化水量和水质	3 776	COD		25 444～68 230			煤气水分离单元焦油产量：52 500 kg/h
				总氨		11 359～27 062			
				总酚		12 018～27 187			
				石油类		53 260～88 465			
				硫化物		518.2			

单元名称	序号	污染源	排水量/（t/h）	污染因子	浓度范围/（mg/L）	产生量/（kg/h）	处置措施	排放规律	备注
煤气水分离	4	煤气水去酚回收	1 744	COD	8 000～17 000	14 050～29 857	去酚回收提取酚	连续	
				总氨	5 414～6 686	9 452～11 660			
				总酚	6 472～7 140	11 287～12 452			
				石油类	200	349			
	5	煤气水去气化	470	COD	8 000～17 000	3 760～7 990	去气化单元做煤气洗涤水	连续	
				总氨	5 414～6 686	2 547～3 142			
				总酚	6 472～7 140	3 042～3 356			
				石油类	200	94			
	6	煤气水去变换冷却	1 494	COD	8 000～17 000	11 952～25 398	去变换单元做煤气洗涤水	连续	
				总氨	5 414～6 686	8 089～9 989			
				总酚	6 472～7 140	9 669～10 667			
				石油类	200	298.8			
酚回收	7	酚回收水塔排水	1 626	COD	3 500～4 500	5 691～7 317	去污水处理厂	连续	酚回收单元粗酚产量：12 800 kg/h
				氨氮	200	325.2			
				总酚	920	1 495.92			
				石油类	200	325.2			
	8	氨浓缩塔排水	28.8	氨	10.5%（质量分数）		锅炉烟气脱硫剂	连续	
			68.56	氨	10.5%（质量分数）		氨回收		
氨回收	9	汽提塔排水	38	氨	100	3.8	去污水处理厂	连续	
	10	提纯塔排水	2	氨	10 000	20	返酚回收单元	连续	
	11	精馏塔排水	21	氨	100	2.1	去污水处理厂	连续	
低温甲醇洗	12	甲醇洗废水	120	COD	430～1600	51.6～192	去污水处理厂	连续	
甲烷化及干燥	13	甲烷合成凝结水	280				去凝结水站	连续	
	14	干燥剂再生净化水	0.2				去污水处理厂	间断	

表 3-14　全厂生产废水的产生及处置情况

废水类别	去向	序号	污染源	排水量/（t/h）	TDS		SS						处置措施	排放规律
					浓度/（mg/L）	速率/（kg/h）	浓度/（mg/L）	速率/（kg/h）						
含盐废水	中水回用装置	1	净化合成循环水排污	545	4 400	2 398	30	16.35					超滤＋反渗透＋多效蒸发，出水去循环水场补水，少部分送电站脱硫塔使用	连续
		2	空分热电站循环水排污	185	2 700	499.5	30	5.55						连续
		3	除盐水站排水	910	2 550	2 320.5								连续
	高浓盐水处理系统	1	中水回用装置排水	574	8 950	5 137.3	30	17.22						连续
		2	气化循环水场排污	100	8 500	850								
	多效蒸发	1	高浓盐水处理系统排污	287	21 230	6 093								连续
	蒸发塘	1	多效蒸发排水	30	20 1045	6 031.35							自然蒸发	连续
小计				含盐水产生量										
			t/h	1 740										
			t/a	13 120 000										

		序号	污染源	排水量/（t/h）	SS		TDS						处置措施	排放规律
					浓度/（mg/L）	速率/（kg/h）	浓度/（mg/L）	速率/（kg/h）						
降级使用	含尘废水	1	热电站灰库渣仓冲洗水	12	500	6							煤水处理站循环	间断
		2	输煤系统冲洗水	32	500	16							煤水处理站循环	间断
		小计	含尘废水量/（t/h）			SS产生量	含尘废水量							
			44			0.022	44							
	锅炉排污、凝结水站排水	1	电站锅炉排污	88	＜50		＜500						去空分电站循环水场补水	连续
		2	凝结水站排水	64	＜50		＜500							连续
		序号	污染源	排水量/（t/h）	COD		氨氮		总酚		石油类		处置措施	排放规律
					浓度/（mg/L）	速率/（kg/h）	浓度/（mg/L）	速率/（kg/h）	浓度/（mg/L）	速率/（kg/h）	浓度/（mg/L）	速率/（kg/h）		
送至污水处理厂处理		1	酚氨回收排水	1 626	4 500	7 317	200	325.2	920	1 495.92	200	325.2	污水处理厂	连续
		2	生活及化验室污水	16	300	4.8	25	0.4			10	0.06		
		3	地面冲洗水	24	200	4.8					50	0.3		
		4	低温甲醇洗废水	120	1 600	192								
		5	氨回收汽提塔排水	38			100	3.8						
		6	氨回收精馏塔排水	21			100	2.1						
		7	天然气干燥排水	0.2	少量三甘醇									
小计			去污水处理厂水量	COD		氨氮		总酚		石油类				
		t/h	1 845.2	7.5186		0.33		1.496		0.33				
		t/a	1 4761 600	60 148.8		2 652		11 967.36		2 604.48				

表 3-15 拟建项目固体废物产生情况

单元	序号	固体废物	产生量/（t/a）	成分	排放规律	废物特性	处理方式
气化	1	气化灰渣	1 403 600	C＜5%	间断	一般固废	综合利用，灰渣场存放
变换	2	变换炉催化剂	90.68 m^3/a	Co、Mo	2 年 1 次	危险废物	厂家回收
甲烷化	3	甲烷合成催化剂	183.2 m^3/a	Ni	2 年 1 次	危险废物	厂家回收
硫回收	4	催化剂	66.67	氧化铝	3 年 1 次	一般固废	填埋
空分	5	分子筛、吸附剂	148.5	Al_2O_3	间断	一般固废	填埋
热电站	6	锅炉灰渣	532 163	灰：渣=3：2	间断	一般固废	综合利用，灰渣场存放
净水厂	7	污泥	1 000	无机盐类	连续	一般固废	填埋
高浓盐水处理	8	絮凝沉降污泥	2 560	无机盐类含水率 75%	连续	危险废物	送工业园区危废处置中心处置
污水处理厂	9	污泥	80 000	含水率 75%	连续	危险废物	
蒸发塘盐泥	10	盐泥	72 000	碳酸盐和硅酸盐类	间断	危险废物	
生活垃圾	11	—	333	—	间断	—	送工业园 A 区垃圾处理场处置

拟建项目噪声源情况（略）。

点评：

1．本案例工程分析较为全面、清晰，通过装置生产工艺流程图说明了生产工艺过程，标注了主要产污环节，提供了各装置废水、废气、固废产排污情况表，分析了主要污染因子及其浓度、排放速率等，明确了其处理情况、排放方式和排放去向等。污染源强分析包括有组织排放和无组织排放。物料衡算分析了全厂硫平衡、氨平衡等。可为此类项目环境影响评价工程分析提供借鉴。

2．煤化工项目废水水质复杂，报告书分析了全厂水质水量平衡，关注了盐平衡分析，分析了水资源使用的合理性和可靠性，可为同类项目水平衡分析提供借鉴。

3．另外，2012 年 9 月国务院批复实施了《重点区域大气污染防治“十二五”规划》，将 VOCs 和 SO_2、NO_x、工业烟粉尘一起列为“三区十群”的防控重点，虽然新疆不在“三区十群”的控制范围内，但煤化工项目仍应将 VOCs 作为控制重点之一，在工程分析、现状调查和预测中予以充分关注。在工程分析中，应通过物料衡算、类比分析等方法，分析 VOCs 的有组织和无组织排放情况。

三、环境影响评价

（一）评价因子确定

1．环境空气

环境空气现状评价因子：常规因子 SO_2、NO_2、TSP、PM_{10}、CO、O_3、氟化物、苯并[*a*]芘，特征污染因子 H_2S、NH_3、甲醇、挥发酚、总烃、非甲烷总烃。

环境空气预测因子：SO_2、NO_2、TSP、PM_{10}、CO、苯并[*a*]芘、NH_3、H_2S、甲醇、挥发酚、非甲烷总烃。

2．地表水环境

地表水水质现状评价因子：pH、COD、BOD、挥发酚、NH_3-N、高锰酸盐指数、TP、As、氰化物、DO、硫化物、Cu、Zn、Pb、Cd、Cr^6＋、Hg、石油类。

地表水环境预测因子：无（因为该项目废水不外排）。

3．地下水环境

地下水水质现状评价因子：pH、总硬度、TDS、高锰酸盐指数、挥发酚、硫酸盐、卤化物、氟化物、氰化物、NO_3^--N、NO_2^--N、NH_3-N、Cr^6＋、Hg、Mn、Fe、Cu、Zn、As、Cd、Pb、细菌总量、总大肠菌群、石油类、碳酸盐碱度、重碳酸盐碱度、K、Na、Ca、Mg。

地下水水质预测因子：无（本项目环评审批时《环境影响评价技术导则 地下水环境》（HJ 610—2011）尚未发布）。

4．声环境

等效连续 A 声级。

（二）预测模型选择

大气预测采用《环境影响评价技术导则 大气环境》（HJ 2.2—2008）中推荐的ADMS 模式预测各污染物的最大小时浓度、最大日均浓度、年均浓度。

（三）环境影响预测

大气环境影响预测结果表明：

① 本工程排出的 SO_2、NO_2、H_2S、NH_3、挥发酚、CO、甲醇、非甲烷总烃在评价区的最大增加值占各自标准限值的比例分别为 80.71%、208.38%、300.10%、292.84%、132.00%、98.86%、0.38%、21.48%。NO_2、H_2S、NH_3、挥发酚等污染因子最大浓度出现超标现象，从最大浓度出现的位置看，H_2S、NH_3、挥发酚出现最大浓度的位置均位于厂区内，但 NO_2 的超标点位于厂界外。

NO_2 最大小时浓度贡献值出现在厂界外，占标准的比例已达到 292.84%，会有超标现象出现，但出现超标现象的频率仅为 0.019%，超标率非常低，而且超标区域内没有大气敏感点，各敏感点 NO_2 的 1 h 浓度预测值占标准的比例低于 53.42%，满足环境功能区划的要求。

H_2S、NH_3、挥发酚最大小时浓度贡献值出现在厂界内，会出现超标现象，但上述污染物出现超标现象的频率均低于 0.2%，而且超标区域内没有敏感点，各敏感点 H_2S、NH_3、酚的 1 h 浓度预测值占标准的比例低于 53.42%，满足环境功能区划的要求。

本工程排出的 SO_2、NO_2、H_2S、NH_3、酚、CO、甲醇、非甲烷总烃在各敏感点的最大增加值占各自标准限值的比例分别低于 20.69%、53.42%、44.65%、52.90%、38.83%、16.07%、0.03%、3.62%。

工程投产后，各敏感点的 SO_2、NO_2、CO、甲醇、NH_3、H_2S、挥发酚、非甲烷总烃的小时预测浓度值未出现超标现象，预测值占各自标准限值的比例分别低于 31.6%、83.84%、34.77%、49.56%、8.34%、55.40%、70.10%、51.30%、38.57%。满足环境功能区划的要求。

② 本工程排出的 SO_2、NO_2、TSP、PM_{10}、CO、苯并[*a*]芘在评价区的最大日均浓度增加值占各自标准限值的比例分别低于 19.05%、29.50%、249.19%、199.37%、23.50%、0.03%。TSP、PM_{10} 占环境标准的比例出现超标现象，但超标区域均分布在厂区内。

本工程排出的SO_2、NO_2、TSP、PM_{10}、CO、苯并[a]芘在各敏感点的最大日均浓度增加值均不是很大，占各自标准限值的比例分别低于 18.03%、27.94%、3.26%、2.62%、7.84%、0.008%。

工程投产后，评价区内各评价点SO_2、NO_2、TSP、PM_{10}、CO、苯并[a]芘的日均浓度预测值占标准的比例分别低于 33.36%、58.77%、103.94%、85.31%、40.59%、0.010%，除 TSP 外不会出现超标现象，符合大气环境功能区划的要求。TSP 预测值超标的原因主要是由于背景值已经超标。

③ 工程贡献的 SO_2、NO_2 在评价区的年均浓度贡献值不会出现超标现象，占标准的比例分别低于 5.32%、4.95%；TSP、PM_{10} 在评价区的年均浓度贡献值会出现超标现象，占标准的比例分别低于 147.15%、117.74%，但 TSP、PM_{10} 年均浓度贡献值超标的区域均位于厂界内，厂界外的 TSP、PM_{10} 年均浓度最大增加值分别低于 0.05 mg/m^3、0.005 mg/m^3，远低于各自的环境质量标准。

④ 本项目投产后，本项目排放的甲醇、NH_3、H_2S、挥发酚、非甲烷总烃、TSP 在厂界上的浓度不会出现超标现象，且占标率不高。

⑤ 拟建工程污染物产生的恶臭污染对周围居民区的影响较小。

⑥ 本工程非正常火炬源排放会使评价区 SO_2 1 h 浓度出现超标现象，但出现的频率不高。

⑦ 根据各装置的卫生防护距离计算结果，拟建项目卫生防护距离内没有居民区，项目卫生防护距离满足要求。

⑧ 根据各装置的大气环境防护距离计算结果，拟建项目大气环境防护距离内没有居民区，项目大气环境防护距离满足要求。

点评：

本案例评价因子、评价方法、模式选择正确，预测结果可信。

1. 按《环境影响评价技术导则　大气环境》（HJ 2.2—2008）进行了环境空气现状及影响预测评价。评价因子包括常规因子和特征因子。预测考虑了正常工况和非正常工况，同时叠加评价范围内的在建项目。

2. 虽然本项目投产后生产废水和生活污水经污水处理厂处理后全部回用，不外排，但本项目仍按《环境影响评价技术导则　地面水环境》（HJ/T 2.3—93）进行地表水环境现状评价，这是合理和必要的。同时，由于本项目在伊犁河取水，报告书应根据水资源论证报告，分析项目取水对伊犁河生活用水、农业用水、生态用水等其他用水功能的影响，从水资源承载力角度分析项目取水方案的合理性。

3．如果项目排放废水，应按《环境影响评价技术导则　地面水环境》（HJ/T 2.3—93）进行地表水环境影响预测。应关注排污对下游最近控制断面（如有饮用功能更应特别关注）的影响，确保排污不影响下游水体的使用功能。

4．本案例环评审批较早，现在则应根据《环境影响评价技术导则　地下水环境》（HJ 610—2011）进行地下水环境影响预测，分析主要污染物对区域地下水环境的影响。

5．煤化工项目的自备热电站，通常执行《火电厂大气污染物排放标准》（GB 13223—2011），环境现状评价因子需要考虑汞及其化合物，评价中应对煤中的汞含量、流向、汞的去除等进行必要的分析。

四、环境保护措施

（一）废气治理措施

低温甲醇洗酸性气和预洗闪蒸塔排气送至硫回收装置处理。硫回收装置采用三级CLAUS工艺，总硫回收效率为94%。硫回收装置尾气、煤气水分离膨胀气和酚回收装置脱酸塔排气等低浓度酸性气均送热电站锅炉焚烧。

热电站锅炉烟气采用静电＋布袋除尘，设计除尘效率不低于99.9%，炉外氨法脱硫，设计脱硫效率不低于90%，脱硝效率为30%。烟气经两座180 m高的套筒式烟囱排放，安装连续监测系统。

污水处理设施产生的恶臭气体经收集采用活性炭吸附处理后排放。装卸区粗酚装车系统设置尾气水洗吸收处理设施，油品装车系统采用活性炭吸附的油气回收设施。

备煤系统设布袋除尘器进行除尘，除尘效率为99.9%，废气由高25～60 m排气筒排放。

拟建项目酚氨回收装置、煤气水分离装置、硫回收装置、锅炉烟气氨法脱硫装置、污水生化处理装置、罐区和装卸区分别设置400 m、300 m、400 m、400 m、500 m、300 m和150 m的卫生防护距离。

（二）废水治理措施

拟建项目废水采用分级、分质的方式处理，处理后回用不外排，仅后期雨水排入小人民渠。

煤气化废水和变换废水，送至煤气水分离装置处理。该装置设计规模为8×480 m^3/h，分离去除废水中粗焦油后，部分回用作为气化装置和变换装置洗涤用水，部分送至酚回收装置。

酚回收装置设计规模为 8×220 m^3/h，采用二异丙基醚萃取方法回收粗酚，氨浓缩塔的氨水部分送至锅炉用于脱硫，部分送至氨回收装置，采用汽提、提纯、精馏工艺生产无水液氨。氨回收装置设计规模为 4×18.75 m^3/h。

酚、氨回收装置和低温甲醇洗装置废水，以及生活污水、地面冲洗水等送至污水处理系统。污水处理系统设计规模为 4×500 m^3/h，采用隔油＋气浮＋调节＋水解酸化＋二级生化＋混凝沉淀＋臭氧氧化＋曝气生物滤池＋超滤工艺为主体的多级处理流程，处理后的水回用到气化循环水系统和净化合成循环水系统。

气化循环水系统排污水部分送至高浓盐水处理系统，其余送气化单元用于冲渣。

热电站循环排污水、除盐水站排污水和净化合成循环系统排污水送至中水回用装置处理。中水回用装置设计规模为 4×500 m^3/h，拟采用超滤＋反渗透处理工艺，处理后的清水回用于循环水系统，浓盐水送至高浓盐水处理系统。

气化循环水系统排污水和中水回用装置的浓盐水送至高浓盐水处理系统处理，该处理装置设计规模为 700 m^3/h，采用石灰软化＋多介质过滤＋反渗透处理工艺，处理后的清水回用于循环水系统，浓盐水送至多效蒸发装置。多效蒸发装置设计规模为 320 m^3/h，采用三级蒸发器，以低压蒸汽作为热源，处理后的蒸发冷凝水回用于循环水系统，高盐残液送至蒸发塘自然蒸发。蒸发塘位于厂区西北侧占地 48 hm^2，有效深度 1.25 m，容积为 60 万 m^3。

（三）地下水污染防治措施

厂区按非污染区、一般防渗区和重点防渗区划分，分别采取不同等级的防渗措施。一般污染防渗区包括热电站锅炉、输煤系统、中水回用装置、事故水池、渣场等，参照《一般工业固体废物贮存、处置场污染控制标准》（GB 18599—2001）设计，渗透系数不大于 1.0×10^{-7} cm/s。重点污染防渗区包括化工装置区、污水处理厂、罐区、蒸发塘、危废暂存场等，参照《危险废物填埋污染控制标准》（GB 18598—2001）设计，渗透系数不大于 1.0×10^{-12} cm/s。

（四）固体废物治理措施

拟建项目一般工业固体废物主要包括气化灰渣、锅炉灰渣等，大部分送至周边四家水泥厂和建材厂进行综合利用，少部分送灰渣场填埋。拟选灰渣场位于厂区北 1.5 km 处的荒沟内，占地约 1.77 km^2，容积约 6 000 万 m^3，设计贮灰能力为 37 年。灰渣场按《一般工业固体废物贮存、处置场污染控制标准》（GB 18599—2001）中Ⅱ类场要求进行防渗处理。

危险废物主要包括污水处理站污泥、蒸发塘盐泥、废催化剂等，其中废催化剂由厂家回收，其余送伊东工业园区拟建的危废处置中心处置。该危废处置中心由伊东工业园区负责建设，一期工程投资 1.79 亿元，设计处理规模为 16 万 t/a，计划于 2011 年 7 月建成投运。

（五）噪声治理措施（略）

（六）生态保护措施（略）

（七）环境风险防范措施

拟建项目建立了环境风险事故三级防控措施：一级防控措施为贮罐区、装置区的防火堤和围堰，二级防控措施为容积为 2.4 万 m^3 的事故水池和 1.2 万 m^3 的雨水收集池，三级防控措施为容积 4.8 万 m^3 的污水事故池。报告书制订了风险应急预案。

点评：

1. 本案例采用的大部分废气治理措施都是煤化工项目的常规环保措施，污染治理效果可以满足达标排放要求，总体可行。在设计和运行阶段还需关注以下问题：硫回收装置尾气送热电站锅炉焚烧的处理方案国内鲜有运行实例，应注意输送管道保温、防腐和锅炉负荷等，保证输送管道和锅炉温度不低于烟气酸露点，防止事故性泄漏。本项目废水处理系统产生的恶臭气体采用活性炭吸附处理，环评应分析该处理措施的可靠性，并明确废活性炭的处理处置方式，避免引起二次污染。还应根据国家最新要求，充分重视无组织排放污染控制措施，从物料装卸过程、物料储存与调和过程、生产设备密封处、废水收集处理过程等环节入手，充分论证污染控制措施的可行性和有效性。

2. 现阶段，煤化工项目废水实现全部回用不外排所需的废水处理技术尚不成熟，能耗代价高，且缺乏稳定运行实例，存在较大的系统风险。本案例环评中结合废水水量、水质从技术可靠性和经济可行性等多方面，对该方案进行了较为充分的论证，这是十分必要的。在设计和运行阶段还需关注以下问题：本项目所在地冬季气温低，不利于蒸发和浓盐水的输送，应结合当地气候特点，优化蒸发塘容积、深度和浓盐水输送管道的保温措施等。蒸发塘与蒸发结晶系统互为备用，对煤化工含盐废水的处置可以起到较好的作用，应关注结晶盐的处置问题。煤化工项目非正常工况下废水水质波动大，需采取有效措施对无法达标的废水进行妥善处置。废水外排蒸发塘储存、处理将可能导致蒸发塘长期处于高水位状态，无法达到蒸发的效果。蒸发塘作为大量废水的集中储存设施，存在污染物挥发、溃坝等环境风险。

3. 本案例从全过程的“跑、冒、滴、漏”控制、地下水防渗措施、地下水监测和检漏、地下水风险事故应急措施等方面，对项目提出了有针对性的、可操作性的地下水污染防治措施。

4. 本案例中项目产生的固体废物基本上得到了妥善处置。应注意的是，蒸发塘盐泥溶解性较强，应关注处置的环境可行性，避免二次污染。

5. 本案例中提出了建设完善的环境风险防范体系，制定了防止污染物向环境转移的有效措施。从应急体系、应急监测、响应级别、响应联动等方面明确了突发环境事件应急预案的制定原则。值得关注的是，本项目未设置排污口，更应充分考虑事故状况下的废水产生量，建设足够容积的事故水池，确保事故情况下，废水不进入外环境。

五、评价结论与认识

（一）评价结论

拟建项目总投资为 2 643 753.11 万元，环保投资总额为 274 078.7 万元，占总投资的 10.37%。

拟建项目位于新疆维吾尔自治区伊犁哈萨克自治州的伊宁县伊东工业园内，产品合成天然气属于清洁能源，符合化工园区规划。

拟建项目符合《产业结构调整指导目录（2005 年本）》《国家发展改革委关于加强煤化工项目建设管理促进产业健康发展的通知》等国家产业政策。

拟建项目采用碎煤固定床加压气化、低温甲醇洗、甲烷化等先进工艺，利用新疆维吾尔自治区伊犁哈萨克自治州丰富的煤炭资源生产合成天然气，产品管输送至下游城市作民用燃气。主要生产装置在能耗、水耗及设备水平方面属国内先进水平，总体上符合清洁生产要求。

拟建项目投产后废气达标排放，废水不外排，厂界噪声达标，固体废物全部合理处置。项目投产后，评价区域大气、地表水、地下水环境质量可以控制在可接受范围内。

拟建项目各项工艺比较先进，满足清洁生产的要求，污染防治措施可行，各类污染物均可达标排放，对环境影响和环境风险均在可接受程度内，因此，在落实本报告书提出的各项污染防治措施、风险控制措施和应急预案，确保生产污（废）水或污染雨水均不会排入厂外前提下，项目的建设从环境保护角度考虑可行。

（二）认识

煤气化装置是煤化工项目最主要的生产环节。大部分煤化工如煤制甲醇、合成氨等都要采用气化工艺将固态的原料煤转化为 CO、H_2 和 CO_2 等气态物质，再进行相应的后续工艺。目前国内较为先进可靠的煤气化技术主要有鲁奇固定层加压气化（碎煤加压气化）、水煤浆加压气化（德士古 Texaco、道化学 Dow Chemical、多喷嘴对置式水煤浆气化技术、多元料浆气化技术）及干煤粉加压气化（Shell、GSP）等。不同气化技术各有特点，通常根据煤种、煤源的保证性及合成气用途等确定。

由于所产合成气中含有较高浓度的甲烷，大部分煤制天然气项目倾向选用鲁奇固定层加压气化（碎煤加压气化）技术。该技术的特点是适用于弱黏结性煤，工艺工业化时间长，技术成熟、可靠，经验丰富，投资较低，但该工艺废水产生量较大，且由于气化温度低，废水中污染物成分复杂，含有焦油、酚、氨、氰化物等，需要配套复杂的废水处理工艺。因此，此类煤化工项目环评的重点是结合气化工艺的特点，充分论证废水治理措施的合理性和可靠性。

本项目采用煤气水分离、酚回收、氨回收技术对气化废水进行预处理，可充分降低后续污水处理系统的压力。尽管如此，本项目仍采用了一套包括隔油、气浮、调节、水解酸化、二级生化、混凝沉淀、臭氧氧化、曝气生物滤池、超滤等工艺在内的多级处理流程，说明煤化工废水处理难度相当大。长流程的污水处理工艺虽然可提高污水处理效率，但也降低了运行可靠性，这一点应在环评中重点关注。

此外，受区域没有纳污水体的限制，本项目提出了废水不外排的方案，设计了以反渗透、多效蒸发和蒸发塘为核心的含盐水处理系统。这样的系统虽然可以最大限度提高废水的回用率，但在反渗透膜的折旧成本、多效蒸发的能源消耗、蒸发塘的有效蒸发以及蒸发盐泥的妥善处置等方面目前仍存在较大的争议，需要在环评中特别注意。

案例分析

一、工程分析的重点

1. 拟建项目以煤为原料，采用碎煤固定床加压气化技术生产合成天然气，副产石脑油、焦油、粗酚、硫黄、液氨和硫铵。项目工艺技术以国产化技术路线为基础，关键工艺技术及设备引进国外先进技术。环评应详细阐述项目生产工艺过程，给出主要生产工艺流程的描述，物料平衡和水平衡走向情况，采用图、表、文字相对应的形式，绘制带有主要设备及“三废”排放点的工艺流程图，标注产污位置与污染物种类。煤化工项目涉及多套装置，工程分析应根据物料投入、产出情况，进行全厂总物料衡算和各装置的物料衡算，给出水质水量平衡、硫平衡、氨平衡、碳平衡、蒸汽平衡等。

2. 拟建项目主要有组织废气污染源包括：备煤单元除尘尾气、气化单元煤锁卸压驰放气、低温甲醇洗甲醇再生塔尾气、洗涤塔放空尾气、闪蒸塔顶气、混合制冷单元不凝气、煤气水分离单元分离膨胀气、酚回收单元酸性气、硫回收单元尾气以及自备热电站锅炉烟气等；主要污染物包括 SO_2、NO_x、烟粉尘、NH_3、H_2S、CO、CH_4、B[*a*]P、甲醇、挥发酚、VOCs、总烃、非甲烷总烃等。主要无组织废气污染源包括：设备、法兰等接口密封点有害气体的泄漏排放，备煤过程中产生的粉尘排放，污水收集、处理过程中有害气体释放，产品储运过程中的气体排放等；主要污染物包括 NH_3、

H_2S、挥发酚、甲醇、VOCs、总烃、非甲烷总烃、粉尘等。

拟建项目废水污染源包括：气化单元煤气水、变换单元煤气洗涤器排水、工艺冷凝液、低温甲醇洗废水、甲烷化单元凝结水、干燥剂再生净化水、锅炉排污水、脱盐水站排水等；主要污染物包括 COD、氨氮、挥发酚、石油类、硫化物、氟化物等，此外还应考虑盐类。

拟建项目固体废物中，属于危险废物的有污水处理站污泥、蒸发塘盐泥、变换废催化剂和甲烷化合成废催化剂等；属于一般工业固体废物的有气化灰渣、锅炉灰渣、硫回收废催化剂、废分子筛和吸附剂等。

二、项目环境可行性分析的重点

（一）项目建设与法律法规、相关产业政策的相符性分析

拟建项目规模为年产 55 亿 m^3 天然气，属于《产业结构调整指导目录（2005 年本）》中“煤炭气化、液化技术开发及应用”中的煤炭气化技术的应用，属国家鼓励发展的产业，符合国家产业政策。拟建项目符合《国家发展改革委关于加强煤化工项目建设管理促进产业健康发展的通知》（发改工业[2006]1350 号）的相关要求。

环评应根据国家最新的产业政策，分析项目建设与产业政策的相符性。

（二）项目选址的合理性

拟建项目位于伊东县伊东工业园。该园区规划面积为 49.2 km^2，由以矿产品加工和仓储物流业为主的 A 区和以煤化工产业为主的 B 区组成。2009 年 9 月，新疆维吾尔自治区人民政府以新政函[2009]210 号文批复设立该园区，2009 年 12 月，新疆维吾尔自治区环境保护厅以新环评函[2009]107 号文对园区总体规划环评出具了审查意见。

环评应充分分析项目选址与伊东工业园总体规划和规划环评要求的相符性，与伊宁县城镇总体规划等相关规划的相符性。

（三）清洁生产分析

拟建项目采用了先进的煤气化工艺、变换工艺、低温甲醇洗、甲烷化工艺、硫回收技术；联合发电采用循环流化床（CFB）锅炉，符合热电联产的有关规定；原料、燃料的输送系统、贮运系统符合清洁生产的要求；拟建项目产品天然气和硫黄质量满足相关质量要求；全厂用水重复利用率为 98.1%、冷却水循环率为 98.7%，均达到了国内较为先进的水平；同时，采用了必要的节能措施，实施了中水回用，凝结水尽量回收，减少了新鲜水用量，水资源利用合理。

（四）环保治理措施

拟建项目含硫化氢废气采用硫回收装置处理，锅炉烟气采用了除尘脱硫脱硝措施，污水处理站、备煤单元、储运系统等的无组织废气采取了有效的收集处理措施。酸性气体送至锅炉焚烧处理的方案在国内应用较少，对于此类运行经验少的环保措施，需要在环评中重点论证。

废水处理是煤化工项目的难点，拟建项目在建设煤气水分离、酚回收、氨回收装置

的基础上，采取了多级联合的废水处理工艺，对含盐废水设计了以反渗透、多效蒸发和蒸发塘为核心的处理系统，多环节的废水处理系统增加了发生意外状况的可能性。环评应从整体废水处理系统和各个废水处理工艺充分论证废水处理的可靠性和可行性。

环评应对各环境保护措施的技术经济可行性和达标排放可靠性进行充分论证，并确保采取各项环境保护措施后周边环境保护目标能够满足相应环境质量要求。应分析所采用环保措施预期达到的环境经济效益。

（五）环境影响识别、预测与评价

环评应在工程分析的基础上，结合环境敏感问题，识别评价因子，合理确定环境空气、地表水、地下水、声环境、生态环境等各环境要素的评价等级和评价范围。污染物控制因子和评价因子应根据项目特点确定，包括常规污染物和特征污染物。监测布点、时间、采样及分析方法应符合相关评价导则和标准要求。

在核实污染源强的基础上，开展各环境要素的环境影响预测，从资源环境承载力角度分析项目选址的可行性。由于煤化工项目新鲜水用量较大，还应根据水资源论证报告，分析项目取水对区域生活用水、农业用水、生态用水等的影响。取水量的论证要包括生态环境的需水。

必要时还应开展土壤环境的相关评价内容。

（六）环境风险评价

化工类项目涉及诸多重大风险源，一直是环境风险管理的重点。煤化工项目应从环境风险源、扩散途径、保护目标三方面识别环境风险，包括生产设施和危险物质的识别、有毒有害物质扩散途径的识别（如大气环境、水环境、土壤等）以及可能受影响的环境保护目标的识别。从大气、地表水、地下水、土壤环境等方面考虑并预测评价项目施工、营运等过程中生产设施发生火灾、爆炸以及危险物质泄漏等事故对环境的影响范围和程度，并充分考虑伴生/次生的环境影响等。结合风险预测结论，有针对性地提出环境风险防范和应急措施，并对措施的合理性和有效性进行充分论证。

（七）总量控制

拟建项目总量控制指标包括 SO_2、NO_x，环评应明确总量指标来源，说明区域总量削减措施的实施时间，做到区域“增产减污”。还应核算项目特征污染物（如 VOCs）排放总量、CO_2 等温室气体排放量。

（八）公众参与

环评应按《环境影响评价公众参与暂行办法》等文件要求，按程序开展信息公开和公众参与调查工作，公众参与调查应包括个人调查和团体调查，调查应具有真实性、广泛性和代表性。

案例四　精对苯二甲酸（PTA）项目环境影响评价

一、项目概况

1．建设地点

某公司拟新建 100 万 t/a 精对苯二甲酸（PTA）项目，选址位于四川省南充市经济开发区化学工业园区内，处于南充市中心城区下风向。

2．项目性质

本项目属于新建项目。

3．项目组成

本项目建设内容由主体工程储运工程、公用辅助工程和环保工程组成。所在南充化学工业园区对部分辅助、公用工程及储运设施进行了统一规划和建设，故本项目部分辅助、公用工程将依托南充化学工业园。项目组成见表 4-1

表 4-1　项目组成一览

工程类型	项目名称	内容及规模	备注
主体工程	生产装置	100 万 t/a PTA 装置，主要包括氧化单元、加氢精制单元、制氢单元及风送包装系统等	
储运工程	原料罐区	对二甲苯 2×20 000 m^3； 醋酸 2×1 000 m^3	
	中间罐区	对二甲苯 2×1 000 m^3； 醋酸 2×100 m^3； 甲醇 1×100 m^3； 醋酸正丙酯 20 m^3； 氢氧化钠（32%）100 m^3	
	成品库区	27 000 m^2	
	化学品库	用于储存醋酸锰、醋酸钴、催化剂回收剂等	
公用辅助工程	锅炉房	燃气锅炉，2 台×110 t/h，为项目提供蒸汽	
	循环水场	41 250 m^3/h	
	脱盐水站	600 m^3/h	
环保工程	工艺废气处理设施	催化焚烧装置	
	污水处理厂	450 m^3/h，污水处理装置； 450 m^3/h，废水回用装置	

工程类型	项目名称	内容及规模	备注
环保工程	事故水池	2 座事故水池	
	污泥焚烧炉	旋风式回转窑焚烧炉	
依托园区项目	储运系统	铁路专用线	另立项建设，铁路专运线、供水和排水项目环评已取得相关环保部门同意，计划在本项目试生产前建成
	供电	变配电站	
	供水工程	由园区净水厂供给	
	供天然气	由中石油所属油气田供给，经园区配气站接入厂区	
	排水管线	工业废水处理后依托园区污水处理厂至嘉陵江的排水管线及排污口，锅炉和除盐水站排水依托园区清净下水管网排放	

4．主要原、辅材料

项目主要原料为对二甲苯（PX）和醋酸（HAc），其他原辅材料包括天然气、甲醇、醋酸钴、醋酸锰、氢溴酸、醋酸正丙酯等。

5．项目水源

项目生产用水由园区净水厂供给，生活用水由南充市政管网供给。园区拟建净水厂近期规模为 10 万 m^3/d，取水口位于嘉陵江河道中泓线西侧。

点评：

1. 化工项目选址非常重要，须符合国家有关法律法规、规划和环境保护的要求，避让依法设立的各级各类环境敏感区。根据环保部《关于切实加强风险防范　严格环境影响评价管理的通知》（环发[2012]98 号）要求，化工石化等可能引发环境风险的项目必须在依法设立、环保基础设施齐全并经规划环评的产业园区内布设。本项目选址位于化工园区内，选址符合相关要求。

2. 项目组成应完整，包括厂内主体工程、公用辅助工程、储运工程、环保工程等。如部分设施需要依托厂外工程，报告书应说明依托工程的可行性、可靠性、与本项目的同步性及环境影响评价情况等。完整的项目基本组成表非常重要，可以清晰地看出项目基本组成、工程的先进性、产业政策符合性。本案例以列表形式给出了项目组成，部分依托工程说明了依托的可靠性，内容完整、表达清晰。

二、工程及污染源分析

（一）工程分析

1．生产技术路线

项目采用美国英威达（Invista）公司高纯度对苯二甲酸生产工艺，主要以对二甲苯（PX）为原料，在醋酸溶剂中以醋酸钴和醋酸锰为催化剂，以溴化氢为促进剂，用空气将PX氧化成粗对苯二甲酸（CTA）。CTA再经加氢、结晶、过滤、干燥等纯化过程，制得精对苯二甲酸（PTA）。

该技术成熟，产品质量高，装置国产化率高，在国内有多套运行装置。通过不断改进，原料和催化剂的消耗均大大减少。尾气预热和浆料预热均采用多级预热器，降低了超高压蒸汽的消耗量。工艺物料余热副产低压蒸汽用于驱动空气压缩机，同时氧化反应尾气经催化燃烧后进尾气膨胀机驱动空气压缩机，空气压缩机在正常运行时不仅不消耗外供电，而且还可以发电供本装置和其他装置使用，大大降低了电耗。装置内设置氢气回收单元，减少了氢气的消耗。

2．主要反应方程式

项目主要包括氧化、精制两步化学反应。

（1）氧化过程

氧化过程主化学反应机理如下：

$$C_6H_4(CH_3)_2 + 3O_2 \xrightarrow{[Co_2+Mn_2+][HBr][HAc]} C_6H_4(COOH)_2 + 2H_2O$$

PX氧化反应是比较复杂的化学反应，其分步反应过程见下述反应式。在反应过程中 $k_1 \sim k_4$ 是主过程，$k_5 \sim k_6$ 是副过程。PX氧化反应为放热反应，反应热为915.7 kJ/mol。

$$\underset{\text{对二甲苯}}{CH_3C_6H_4CH_3} \xrightarrow[k_1]{O_2} \underset{\text{对甲基苯甲醛}}{CH_3C_6H_4CHO} \xrightarrow[k_2]{\frac{1}{2}O_2} \underset{\text{对甲基苯甲酸}}{CH_3C_6H_4COOH} \xrightarrow[k_3]{O_2} \underset{\text{4-羧基苯甲醛}}{CHOC_6H_4COOH} \xrightarrow[k_4]{\frac{1}{2}O_2} \underset{\text{对苯二甲酸}}{HOOCC_6H_4COOH} + 2H_2O$$

$$\underset{\text{对甲基苯甲醛}}{CH_3C_6H_4CHO} \xrightarrow[k_5]{O_2} \underset{\text{对苯二甲醛}}{CHOC_6H_4CHO} \xrightarrow[k_6]{\frac{1}{2}O_2} \underset{\text{4-羧基苯甲醛}}{CHOC_6H_4COOH}$$

PX氧化过程的主要副反应是醋酸脱羰基羧和生成醋酸甲酯。PX与醋酸溶剂在氧的作用下燃烧，生成CO、CO_2和水。反应方程式如下：

$$CH_3COOH+HOOCH_3C \longrightarrow CH_3COOCH_3+CO+H_2O$$

$$C_6H_4(CH_3)_2 + O_2 \longrightarrow CO_2[CO]+H_2O$$

$$CH_3COOH+O_2 \longrightarrow CO_2[CO]+H_2O$$

（2）精制过程

精制过程的化学反应式如下：

$$CHO\text{-}C_6H_4\text{-}COOH+2H_2 \xrightarrow{Pd\text{-}C} CH_3\text{-}C_6H_4\text{-}COOH+H_2O$$

3．工艺过程

本项目主要工艺流程分为氧化工序、制氢工序和加氢精制工序三部分。

（1）氧化工序

在氧化工序，以醋酸为溶剂，在一定的温度、压力及催化剂作用的条件下，对二甲苯与空气中的氧气发生化学反应生成对苯二甲酸，经结晶、分离、干燥生产粗对苯二甲酸（CTA）。

① 工艺空气压缩和尾气处理单元。工艺空气经空气压缩机压缩并过滤后送氧化反应器为反应提供氧气。

从高压吸收塔顶来的尾气进入尾气气液分离罐，分离夹带的液体，经催化燃烧器预热后进入催化燃烧室，通过催化燃烧除去尾气中的有机物。催化燃烧后的尾气进入燃烧器内加热器的管程加热进料尾气。从燃烧器内加热器出来的尾气，一小部分经冷却、干燥后作为惰性气体用于CTA和PTA干燥及输送；其余的尾气进入尾气膨胀机驱动空气压缩机。从尾气膨胀机出来的尾气进入尾气洗涤塔，进一步洗涤后排放。

② 原料进料单元。对二甲苯在流量控制下用泵从储罐打入氧化反应器；醋酸溶剂（包括回收和新鲜催化剂）从母液罐用泵打入氧化反应器。

③ 氧化反应单元。压缩后的工艺空气进入氧化反应器，在氧化反应器中，对二甲苯与压缩空气中的氧气反应生成对苯二甲酸。

该氧化反应为放热反应，反应热由醋酸溶剂蒸发带走。反应产物在氧化反应器的液位控制下排入CTA第一结晶釜。氧化反应器的排气经一系列换热器冷却，将蒸发的醋酸溶剂和可凝气冷凝。大部分的冷凝液直接循环到氧化反应器，而部分含水量较高的水相从高压吸收塔塔釜送入溶剂脱水塔。从高压吸收塔顶排出的尾气送尾气处理单元。

④ CTA结晶、分离和干燥单元。从氧化反应器排出的CTA浆料经减压后析出对苯二甲酸，用脱水醋酸溶剂洗涤后送CTA干燥器，通过惰性气体加热汽化除去CTA中残留的溶剂。干的CTA粉料送入CTA进料料仓。

⑤ 催化剂配制和回收单元。母液用泵送入催化剂回收分离罐，与催化剂回收助剂混合，含有催化剂的母液密度较大，依靠催化剂回收分离罐与母液罐的位差流入母液罐。在母液罐中，补充适量钴、锰醋酸盐以及溴化氢溶液。催化剂回收单元需排放的母液送入溶剂汽提塔。

⑥ 溶剂回收、母液和排气处理单元。回收的催化剂、对苯二甲酸和其他中间产物送回PTA装置，其他有机物提纯后外售。

氧化工序的母液收集在母液罐中，与回收和补充的催化剂和回收的醋酸甲酯混合后送氧化反应器循环使用。

常压排气进入常压洗涤塔，依次用冷的醋酸和脱盐水洗涤，洗涤后的气体送尾气洗涤塔进一步洗涤后放空；洗涤后的有机相与母液混合，水相送入溶剂汽提塔。

⑦ 溶剂脱水单元。在溶剂脱水塔中，氧化反应生成的水以及洗涤加入的水与醋酸溶剂分离。为了减少分离所需能耗，在脱水塔中加入了有机共沸剂。

塔顶排气在冷凝器中冷凝，凝液进入倾析器，分离出的有机相回流到脱水塔顶；水相送醋酸甲酯回收塔回收醋酸甲酯。

塔釜出料用锅炉给水冷却后分别进入高压溶剂泵和脱水溶剂泵，为装置提供高压和低压溶剂。

溶剂脱水塔有一小股侧线采出，送吹净塔以分离对苯二甲酸，同时减少共沸剂损失。

⑧ 醋酸甲酯回收单元。醋酸甲酯回收塔进料为溶剂脱水塔倾析器分离的废水，其塔顶物料富含醋酸甲酯，该物料在塔顶冷凝器中用循环水冷凝回收醋酸甲酯，大部分醋酸甲酯被冷凝后送回氧化反应器，少量醋酸甲酯随不凝气进入常压洗涤塔。

塔釜出来的废水在废水冷却器中冷却后，送污水处理装置。回收塔侧线采出物料中含有共沸剂，送入溶剂脱水塔倾析器。

⑨ 安全排放和洗涤。在氧化工序，所有的安全阀起跳排放均用管道送入排放洗涤塔，用工业水洗涤除去气体中夹带的液体、固体以及可凝气体，尾气高空排放。

（2）制氢工序

① 甲醇裂解单元。原料甲醇在催化剂的作用下完成裂解反应，生成氢气和一氧化碳，生成的高温裂解气去PSA单元提纯。

② PSA提纯单元。来自甲醇裂解单元的裂解气经PSA单元将H_2提纯至指定的纯度，作为产品送往加氢精制工序。

（3）加氢精制工序

在加氢精制工序，在高温、高压条件下，通过有选择性的液相催化加氢，将CTA中的主要杂质对羧基苯甲醛（4-CBA）转化为对甲基苯甲酸，进而与PTA分离。

① CTA进料单元。干燥的CTA粉料计量加入进料浆料罐，与循环使用的水混合形成均匀的浆料，浆料在一系列串联加热器中预热以达到反应温度，预热后的浆料从顶部进入加氢反应器。

② 加氢反应单元。加氢反应器为填料床，装填加氢催化剂，预热后的浆料和来自制氢工序的高压氢气从顶部进入反应器，在流经催化剂床时，4-CBA发生加氢反应转化为对甲基苯甲酸。

③ PTA结晶、分离和干燥单元。从加氢反应器出来的PTA溶液进入PTA结晶釜减压闪蒸，浆料经过滤、洗涤后送PTA干燥器，PTA母液送入PTA母液分离罐。干燥后的PTA产品送PTA料仓。

④ 母液和排气处理单元。来自带压旋转过滤器的 PTA 母液在 PTA 母液闪蒸罐中闪蒸，凝液送 PTA 干燥器冷凝器排气。

来自不同设备的工艺凝液送入 PTA 母液闪蒸罐，凝液在装置内循环作为溶剂使用。

PTA 母液闪蒸罐闪蒸后的母液在排气洗涤塔中常压闪蒸，闪蒸后的浆料冷却后送 PTA 母液分离系统。

⑤ 氢气回收和压缩单元。从第一结晶釜预热器出来的排气中含有氢气和工艺蒸汽，该排气用超高压蒸汽预热后进入一氧化碳脱除反应器，反应后的气体过滤、冷却（副产低压蒸汽）后，气体中主要就是氢气，然后与外来氢混合一起进入氢气压缩机，压缩后进入加氢反应器。

4．各项平衡

（1）全厂水平衡（图 4-1）

（2）主要物料平衡（表 4-2）

表 4-2　主要物料平衡

入方			出方			
序号	物料名称	数量/（t/a）	序号	物料名称	数量/（t/a）	备注
1	对二甲苯	655 500	1	PTA	1 000 000	
2	醋酸	33 000	2	副产品	4 200	回收化学品（其中回收苯甲酸约占 70%，苯三甲酸约占 15%，邻苯二甲酸约占 15%）
3	甲醇	656	3	废气	2 294 645	
4	空气	2 858 489	4	废水	1 948 800	
5	除盐水	1 700 000				
合计		5 247 645	合计		5 247 645	

（3）对二甲苯平衡（表 4-3）

表 4-3　对二甲苯平衡

入方			出方			
序号	物料名称	对二甲苯/（t/a）	序号	物料名称	折合对二甲苯/（t/a）	备注
1	PX 进料	655 500	1	PTA 产品	638 600	
			2	副产品	4 200	回收化学品
			3	燃烧	8 893	氧化反应燃烧损耗
			4	氧化尾气	327	治理后外排 1.12 t/a
			5	无组织损失	8.22	
			6	废水	3 200	处理后排放 0.5 t/a
				固废	272	
合计		655 500	合计		655 500	

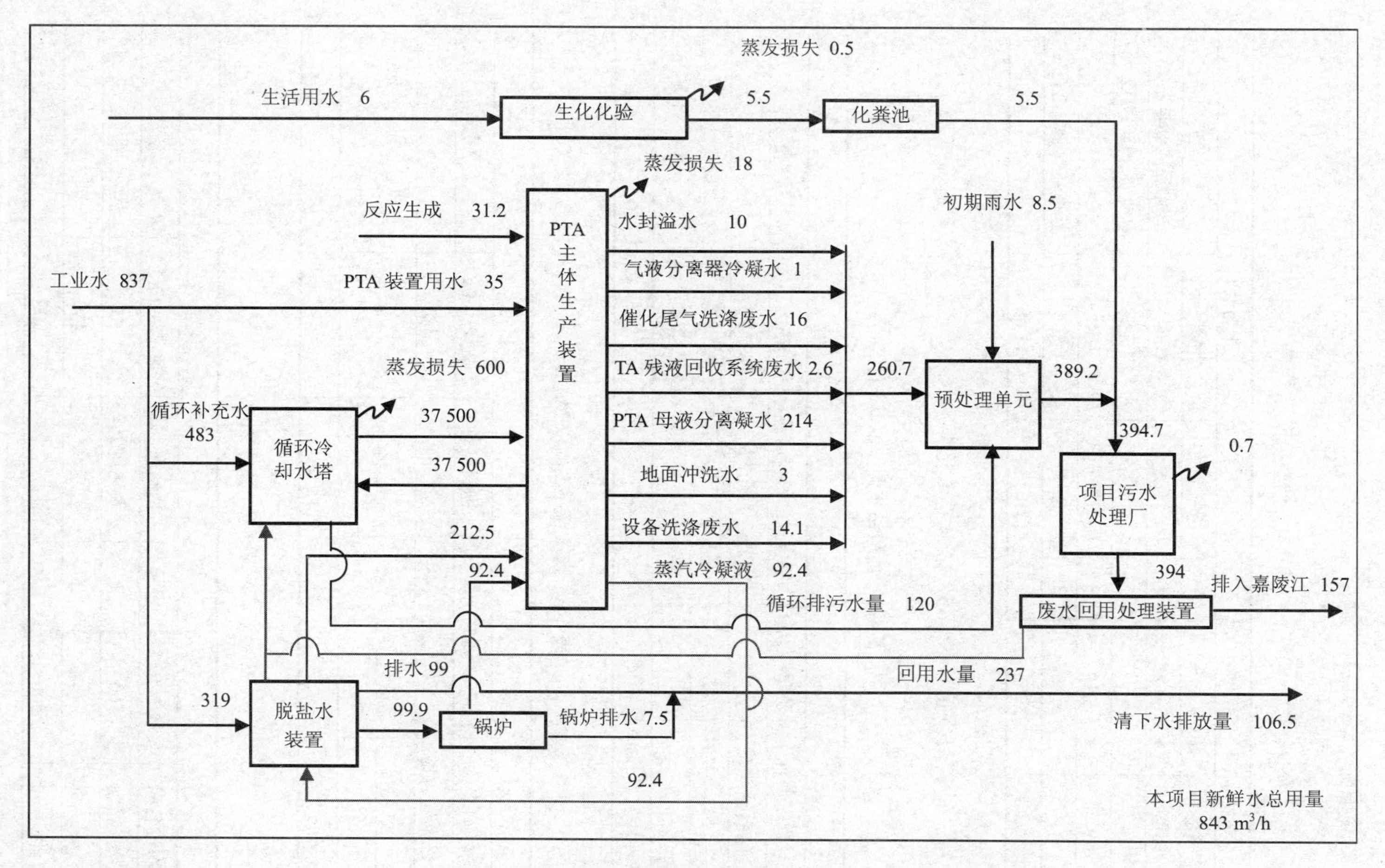

图 4-1　项目水平衡图（单位：m^3/h）

（4）醋酸平衡（表 4-4）

表 4-4　醋酸平衡

入方			出方			
序号	物料名称	醋酸/（t/a）	序号	物料名称	折合醋酸/（t/a）	备注
1	醋酸	33 000	1	燃烧	23 645	氧化反应燃烧损耗
			2	氧化尾气	7 783	治理后外排 19.12 t/a
			3	无组织损失	7.12	
			4	废水	1 565	处理后排放 1.26 t/a
合计		33 000	合计		33 000	

（5）锰、钴、溴平衡（表 4-5，表 4-6，表 4-7）

表 4-5　醋酸钴平衡（以 Co 计）

入方			出方			
序号	物料名称	数量/（t/a）	序号	物料名称	含钴量/（t/a）	备注
1	醋酸钴含钴	12	1	产品	1.5	
			2	废水	10.5	处理后排放 1.26 t/a 污泥　9.24 t/a
合计		12	合计		20	

表 4-6　醋酸锰平衡（以 Mn 计）

入方			出方			
序号	物料名称	数量/（t/a）	序号	物料名称	含锰量/（t/a）	备注
1	醋酸锰含锰	20	1	产品	2.5	
			2	废水含锰	17.5	处理后排放 2.51 t/a 污泥　14.99 t/a
合计		20	合计		20	

表 4-7　溴平衡

入方			出方			
序号	物料名称	数量/（t/a）	序号	物料名称	数量/（t/a）	备注
1	溴化氢	500	1	氧化尾气	61	燃烧后废气 5.2 t/a
			2	废水	439	
合计		500	合计		500	

（二）污染源分析

本项目污染影响因素，是按主体工程、公用辅助工程系统，逐一对所有产污环节选择主要污染因子进行分析。

1.主体工程污染源分布

（1）废气主要污染源分布

本项目主体工程废气污染源主要为氧化系统尾气、洗涤尾气、料仓尾气和无组织排放废气，其中无组织排放废气主要来自于对二甲苯、醋酸等易挥发性物料储存及装卸过程中的大、小呼吸损失及泄漏损失。按照美国 AP-42 CH7.1 标准划分，参考石脑油、汽油储存过程中储罐小呼吸、大呼吸损失量的计算方法，估算对二甲苯、醋酸储存过程中的无组织挥发损失；按照美国环保局推荐的计算储存有机液体的内浮顶罐的大、小呼吸量的经验公式，估算二甲苯、醋酸储罐的无组织挥发损失。

① G1：氧化系统尾气，包括催化燃烧洗涤尾气和常压吸收尾气。催化燃烧洗涤尾气来自高压吸收塔的高压氧化尾气，常压吸收尾气来自 CTA 结晶器上部的不凝气体及 CTA 干燥尾气和溶剂回收系统尾气等其他不凝气体等。

② G2：CTA 料仓尾气，主要包括 CTA 固体颗粒和酸性气体。

③ G3：PTA 精制洗涤尾气，主要为 PTA 母液闪蒸罐排出的不凝尾气。

④ G4：PTA 干燥洗涤尾气。

⑤ G5：PTA 中间料仓排气。

⑥ G6：PTA 成品料仓排气。

⑦ G7：制氢单元 PSA 变压吸附尾气。

⑧ G8：装置区无组织排放。

（2）废水主要污染源分布

本项目主体工程废水污染源主要有：

① W1：水封溢水，由溶剂脱水塔和醋酸甲酯回收塔排出。

② W2：气液分离器冷凝水。

③ W3：催化燃烧尾气洗涤废水。

④ W4：残液回收系统废水。

⑤ W5：PTA 母液分离废水。

⑥ W6：设备洗涤废水。

（3）固体废物污染源分布

本项目主体工程固体废物污染源主要有：

① S1：氧化废气处理催化剂，处理氧化废气时催化焚烧器产生的废铂金-钯（Pt-Pd）催化剂。

② S2：加氢精制催化剂，加氢反应器产生废钯-碳（Pd-C）催化剂。

③ S3：甲醇裂解催化剂，甲醇裂解制氢产生的 CuO、ZnO 催化剂。

④ S4：残液回收系统所产生的残渣。

⑤ S5：设备保养产生的废润滑油。

2. 辅助装置及配套公用工程污染源分析

（1）废气污染源

本项目辅助装置及公用工程的废气污染源主要有：

① G9：燃气锅炉烟气。

② G10：焚烧炉烟气。

③ G11：无组织排放废气，主要为原料罐区贮罐呼吸气。

④ G12：无组织排放废气，主要为中间罐区贮罐呼吸气。

⑤ G13：废水站恶臭处理尾气，主要为 NH_3。

⑥ G14：主要为污水处理厂无组织排放废气。

（2）废水污染源

本项目辅助装置及公用工程的废水污染源主要有：

① W7：循环水排污水。

② W8：脱盐水站排污水。

③ W9：锅炉排污水。

④ W10：地面冲洗水。

⑤ W11：初期雨水。

⑥ W12：生活化验综合污水。

（3）固体废物

本项目辅助及公用工程的固体废物污染源主要有：

① S6：污水处理装置剩余活性污泥，含 Co、Mn 等金属危险废物。

② S7：污水处理装置 TA 沉淀池产生的 TA 沉渣，含 TA、Co、Mn 等金属危险废物。

③ S8：PX 储罐排气吸附处理产生的废活性炭。

④ S9：脱盐水站产生的废树脂。

⑤ S10：焚烧炉残渣。

本项目废气、废水污染物情况分别列于表 4-8、表 4-9、表 4-10 和图 4-2、图 4-3。

表 4-8　废气有组织排放源强

单位：kg/h

装置名称	编号	污染源	排气量/（m^3/h）	污染物量										
				SO_2	NO_x	烟（粉）尘	对二甲苯	甲苯	苯	甲醇	HAc	醋酸甲酯	溴化氢	溴甲烷
氧化工段	G1	氧化系统尾气	232 344				0.14	0.42	1.28	1.16	2.30	18.7	0.65	1.9
	G2	CTA 进料仓洗涤尾气	6 755			0.68			0.003		0.08	0.011		
精制工段	G3	PTA 精制洗涤尾气	2 336			0.23			0.001		0.001	0.004		
	G4	PTA 干燥洗涤除尘尾气	2 096			0.21			0.001		0.001	0.004		
	G5	PTA 中间料仓排气	6 019			0.30			0.003		0.002	0.01		0.05
	G6	PTA 成品料仓排气	11 964			0.60			0.006		0.005	0.02		
辅助装置	G9	蒸汽锅炉	116 000	0.71	10.67	1.42								
	G10	焚烧炉烟气	10 000	0.1	3.5	0.3								
	G13	废水站恶臭处理尾气	30 000	NH_3：4.5 mg/m^3、0.135 kg/h										

表 4-9　废气无组织排放情况

污染源	污染物排放量/（t/a）			
	PX	HAc	甲醇	氨
中间罐区	1.1	0.8	0.01	—
原料罐区	7.12	3.45	—	—
污水处理厂	0.1	0.2	—	0.5
PTA 装置区	—	2.67	—	—
合计	8.32	7.12	0.01	0.5

表 4-10　废水污染物源强

单位：kg/h

装置名称	污染源名称	废水种类	排水量/（m^3/h）	pH	污染物量						
					COD_{Cr}	SS	NH_3-N	二甲苯	Co	Mn	醋酸
生产装置	水封溢水	生产废水	10	3～4	28						
	气液分离器冷凝水	生产废水	1	3～4	7						6.25
	催化燃烧尾气洗涤废水	生产废水	16	12	30.4						20.8
	残液回收系统废水	生产废水	2.6	3～6	390			0.26	0.062	0.25	169
	PTA 母液分离废水	生产废水	214	3～6	1 070			4.28	1.28	1.93	
	设备洗涤废水	生产废水	14.1	12	118.2						
	小计		257.7		1 643.6			4.54	1.34	2.18	196.05
辅助设施及公用工程	循环水排污水	生产废水	120	6～9	6	8.4					
	脱盐水装置排污水	清净下水	99	6～9	—	0.99					
	锅炉排污水	清净下水	7.5	6～9	—	0.07					
	地面冲洗水	生产废水	3	6～9	0.9	0.18					
	初期雨水	初期雨水	8.5	6～9	2.55	0.51					
	生活化验综合污水	生活污水	5.5	6～9	2.2	0.33	0.19				
	小计		243.5		19.19	12.68	0.19	0.23	0.27	0.12	
合计	处理废水	生产废水	380.7	6～9	1 658.05	11.84		4.54	1.34	2.18	196.05
		生活污水	5.5	6～9	2.2	0.33	0.19				
		初期雨水	8.5	6～9	2.55	0.51					
		小计	394.7	6	1 662.8	12.68	0.19	4.77	1.61	2.30	196.05
	外排	清净下水	106.5	6～9	—	1.06					
		处理尾水	157	6～9	7.89	1.58	0.785	0.06	0.16	0.32	0.16
	去废水回用处理	处理尾水	295	6～9	14.75	2.95	1.48	0.12	0.296	0.59	0.296
备　注		回用水	237								

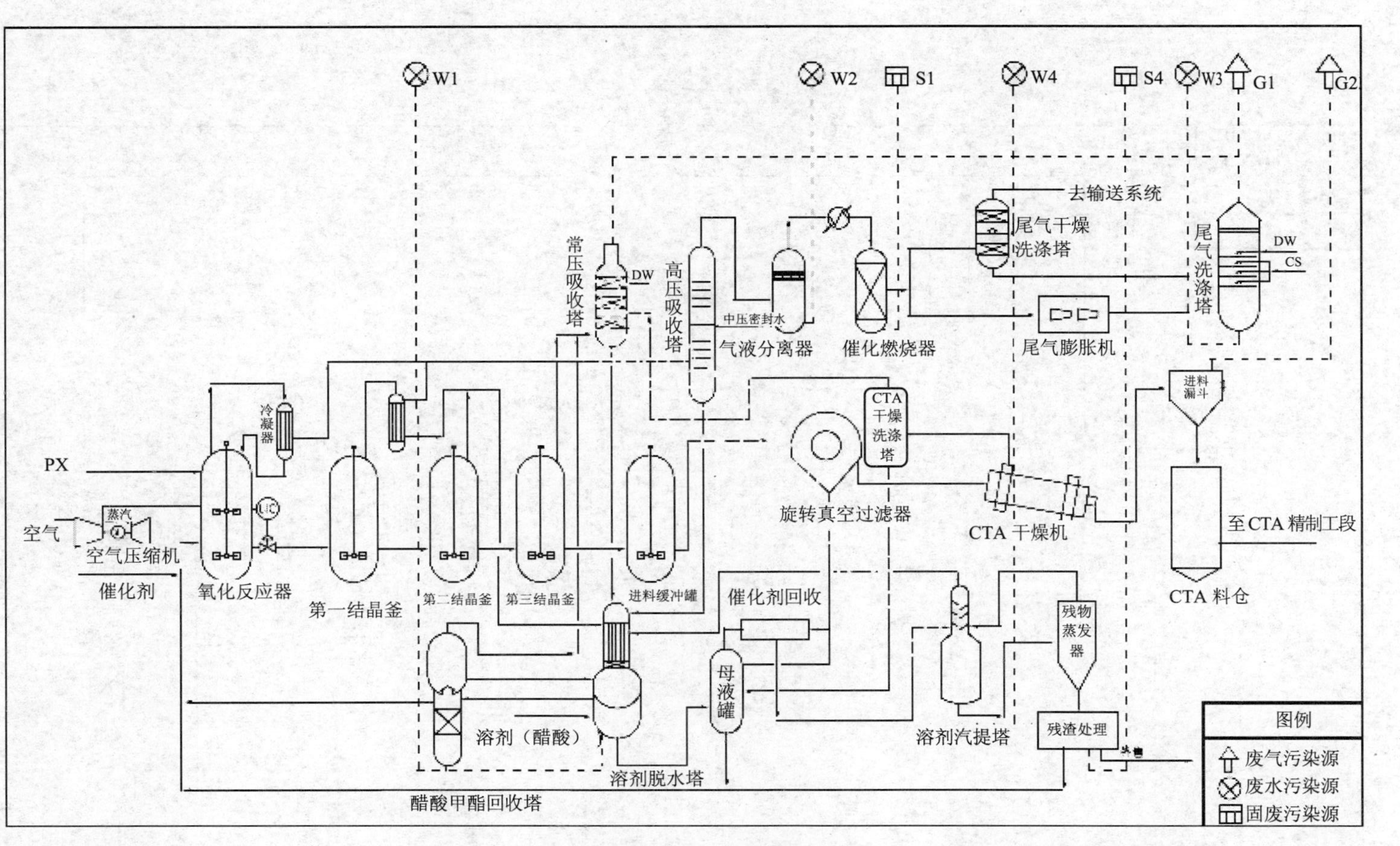

图 4-2　PTA 氧化工序污染流程

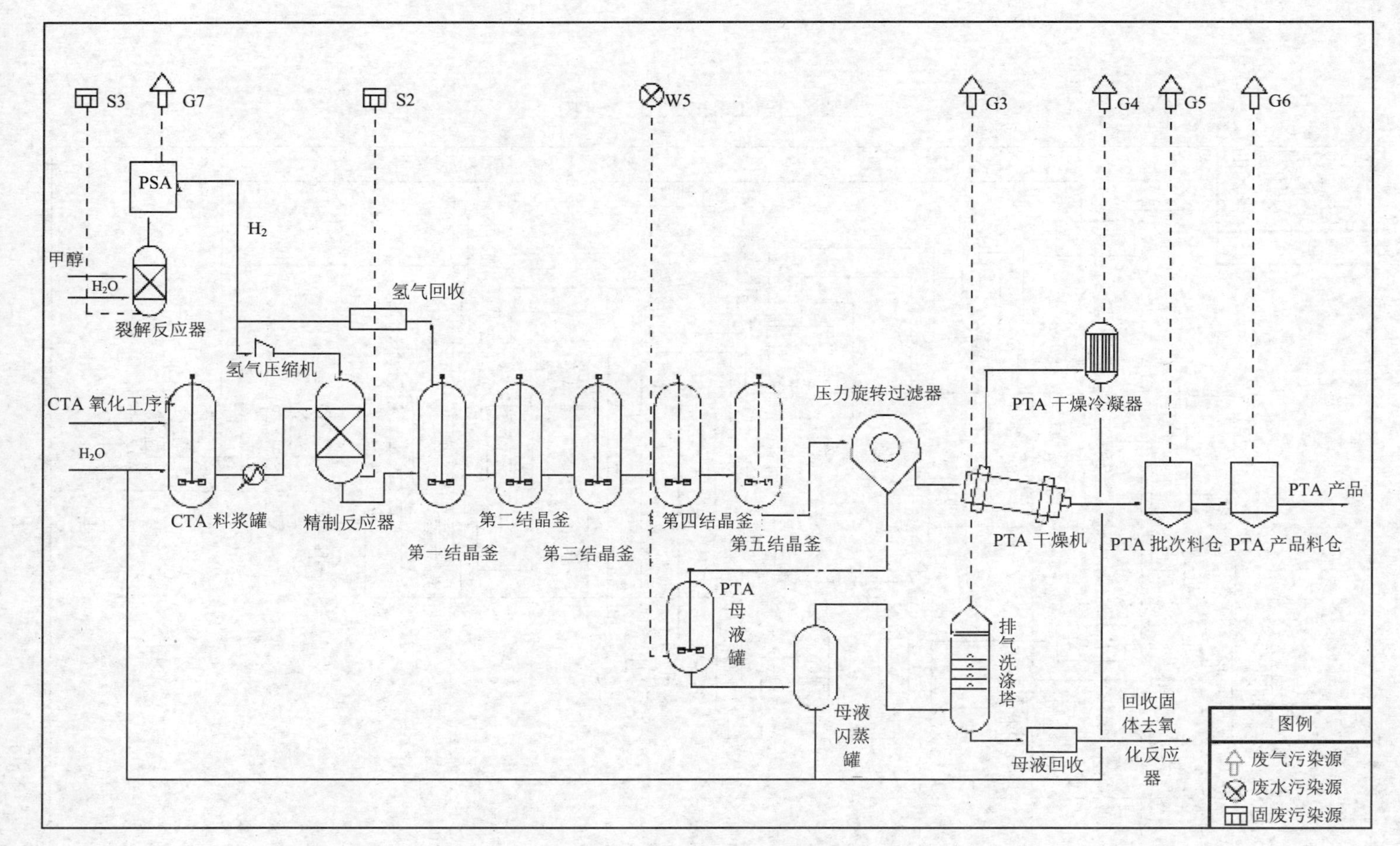

图 4-3 PTA 精制工序污染流程

3．污染物排放量

本项目污染物排放情况见表 4-11。

表 4-11　污染物排放情况　　单位：t/a

污染物类别	污染物名称	产生量	削减量	外排量
废气污染物	废气量/（$10^4m^3/a$）	334 011.2	0.00	334 011.2
	SO_2	6.48	0.00	6.48
	NO_x	113.36	0.00	113.36
	烟尘	251.36	237.6	13.76
	粉尘	847.85	831.69	16.16
	对二甲苯	11.02	1.58	9.44
	甲苯	60.80	57.44	3.36
	苯	185.60	175.28	10.32
	甲醇	2 824.01	2 814.72	9.29
	醋酸	993.88	967.65	26.23
	醋酸甲酯	6 394.9	6 244.9	150
	溴化氢	859.77	854.57	5.20
	氨	4.5	2.88	1.62
废水污染物	废水量	362.16×10^4	236.56×10^4	125.6×10^4
	COD_{Cr}	13 302.32	13 239.52	62.80
	NH_3-N	—	—	6.28
	二甲苯	36.32	35.82	0.50
	Co	10.72	9.46	1.26
	Mn	17.44	14.93	2.51
	醋酸	1 568.40	1 567.14	1.26
固体废物	危险废物	2 344.17	2 344.17	0

4．非正常工况污染物分类及排放汇总

① 非正常排放状况。非正常排放包括开停工及设备检修过程、装置非正常停车、工艺尾气和废水处理设施未开工或处理失效。

② 废气主要来源于尾气催化氧化效率下降由尾气洗涤塔排出的尾气、氧化反应器安全阀跳开时由洗涤塔排出的醋酸酸性气，主要污染物是对二甲苯、醋酸甲酯、醋酸；非正常排放的废水主要是污水处理厂厌氧单元处理效率下降排出的废水，污染物因子主要是 COD。

本项目非正常工况下废气和废水污染物排放情况见表 4-12 和表 4-13。

表 4-12 非正常工况下废气排放分类

产生位置	持续时间/h	废气量/（m^3/h）	PX		醋酸甲酯		HAC	
			mg/m^3	kg/h	mg/m^3	kg/h	mg/m^3	kg/h
尾气洗涤塔尾气	0.5	232 344	60	13.9	550	128	75	17.4
氧化反应器放空阀跳空	0.25	8 000	—	—	—	—	2 500	20

表 4-13 非正常工况下废水排放分类

产生位置	持续时间/h	排水量/（m^3/s）	污染物排放浓度/（mg/L）				
			COD_{Cr}	NH_3-N	二甲苯	Co	Mn
污水处理装置排口	1	0.108	4 200	5	11.5	3.4	5.5

点评：

1. 项目工程分析应给出清晰的生产装置及配套设施，主要生产工艺和工艺流程图，项目水平衡、主要物料平衡及各项平衡表，说明主要物料流向。PTA 项目以氧化工序为主，氧化工序工艺流程应以主要原料的流向为顺序叙述各单元的工艺过程。本案例中的工程分析比较完整，体现了此类项目特点，重点说明了生产工艺技术路线，项目涉及对二甲苯、锰、钴、溴等污染物的产生、去向和消耗量等，给出了项目水平衡、对二甲苯平衡、锰平衡、钴平衡以及溴平衡等。

2. 污染源强分析应明确“三废”污染物的产生节点及排放量，分析其主要污染因子、浓度、排放速率等。分析情景应包括正常工况和非正常工况，其中非正常工况应说明其产生原因、可能性、频率以及相应的处理处置措施。废气污染物排放分有组织排放和无组织排放，应按生产装置、储运设施等分别说明无组织排放源的产生过程和无组织排放量的估算方法。本案例分别给出了主体工程、公用辅助工程的“三废”产生环节和产生量，同时也给出了废水、废气非正常工况污染物排放情况和废气无组织排放情况，包括产生环节、排放量等，并说明了无组织排放量的估算方法，污染源强分析比较完整。

三、环境现状及保护目标

（一）环境现状

1. 区域环境功能区划

（1）环境空气质量功能区划

项目所在区域环境空气质量功能区类别为《环境空气质量标准》（GB 3095—1996）中的二类区。

（2）水环境功能区划

项目废水排放口所在水域在四川省境内执行《地表水环境质量标准》（GB 3838—2002）的Ⅲ类水域水质标准，出四川省境后水质目标执行Ⅱ类水域水质标准。

（3）声环境功能区划

项目场址为工业用地，声环境质量功能区划类为《声环境质量标准》（GB 3096—2008）中的3类区。

2. 环境质量现状

（1）环境空气

本次环境空气质量现状调查在收集南充市大气例行监测资料及南充化学工业园区规划环评已有监测资料的基础上，针对本项目特征，按规范补充开展现场调查。

根据本项目的排污特征，确定大气常规监测因子包括SO_2、NO_2、PM_{10}、臭氧、$PM_{2.5}$，特征监测因子包括VOC、苯、甲苯、二甲苯、甲醇、醋酸、溴甲烷、溴化氢、醋酸甲酯、H_2S、NH_3、二噁英、苯并[*a*]芘。

根据2009—2011年南充市城区大气例行监测表明，南充市城区近年来环境空气质量较好，SO_2、NO_x及PM_{10}污染物日均浓度超标率小，且呈现逐年下降趋势；以上大气污染物年均浓度值均能满足《环境空气质量标准》（GB 3095—1996）中的二级标准要求。

报告书引用园区规划环评环境空气监测资料，各监测点SO_2、NO_2 1 h平均浓度和SO_2、NO_2、PM_{10}日平均浓度均满足《环境空气质量标准》（GB 3095—1996）二级标准要求。特征污染物苯、二甲苯、甲醇及臭气等未检出。评价范围内臭氧1 h平均浓度和苯并[*a*]芘日平均浓度满足《环境空气质量标准》（GB 3095—1996）二级标准要求，TVOC小时浓度满足《室内空气质量标准》（GB/T 18883—2002），$PM_{2.5}$日平均浓度满足《环境空气质量标准》（GB 3095—2012）二级标准要求。特征污染物甲苯、醋酸、醋酸甲酯、溴甲烷、溴化氢等未检出。二噁英一次浓度值为0.058～0.078 $pgTEQ/m^3$。

（2）地表水

本次项目环评充分利用规划环评地表水现状监测资料，且针对特征污染物因子进行补充监测。引用资料包括2008—2010年的南充市地表水嘉陵江例行监测资料、嘉陵江四川省全江段的地表水评价结果和2009年3月、2010年2月规划环评对嘉陵江的监测结果。本次环评于2011年平水期11月和2011年枯水期12月在嘉陵江评价江段分别布设9个监测断面进行现状监测。

监测因子包括pH、BOD_5、COD_{Cr}、石油类、DO、NH_3-N、挥发酚、总磷、硫化物、氯化物、苯、甲苯、二甲苯、丙烯酸、苯酚、氰化物、镉、汞、铅、铬、砷、铜、锌、镍、钴、锰。

报告书引用了园区规划环评水质监测断面资料，并进行了水质监测。引用资料和现状监测结果表明，废水排放口附近各断面处pH、COD、BOD_5、溶解氧、石油类、氨氮、总磷、氯化物、砷、汞满足《地表水环境质量标准》（GB 3838—2002）Ⅲ类水质标准要求，挥发酚、硫化物、苯、甲苯、二甲苯、丙烯酸、苯酚、氰化物、溴化物、镉、铅、六价铬、铜、锌、镍、钴、锰等均未检出。

报告书收集了2008—2010年各月嘉陵江干流四川省广元市、南充市、广安市江段共计11个水质常规监测断面的例行水质监测资料，其中南充市各监测断面处各项监测因子均满足《地表水环境质量标准》（GB 3838—2002）Ⅲ类水质标准要求，其他各市断面均可满足相应水质标准要求，嘉陵江出省水质稳定达到Ⅱ类水质标准。

（3）地下水

项目所在区域地质构造简单，地质稳定性较好，出露的地层主要为第四系和侏罗系，含水层包括第四系潜水含水层和基岩风化裂隙孔隙含水层，包气带岩层饱和渗透系数为$3.13\times10^{-5}\sim1.22\times10^{-4}$ cm/s。

本次监测共布设地下水水质监测点22个（钻孔16个，民井6个），其中先期布设地下水水质监测点16个（含园区其他项目现有监测点4个），后期由于装置区位置进行调整，又补充地下水水质采样点6个，采样点布设充分考虑了地下水类型，项目建设区、上游背景区和下游可能影响区域。

各监测点pH、总硬度、高锰酸盐指数、铁、溶解性总固体、氯化物、硝酸盐氮、氨氮、硫酸盐、氟化物满足《地下水质量标准》（GB/T 14848—1993）Ⅲ类标准要求，亚硝酸盐氮、挥发酚、铅、砷、铜、锌、汞、镍、钴、镉、六价铬、苯、甲苯、二甲苯、石油类未检出，总大肠菌群和锰超标，报告书分析锰超标原因为受区域地球化学特征影响导致原生本底值偏高，总大肠菌群超标主要是受农村面源和人类活动影响所致。

（4）土壤环境

本次评价在充分引用已有数据的基础上开展现状监测工作。其中，引用2010年10月规划环评的现状监测资料；本次环评在项目区增加了5个点位进行补充监测，并在规划环评监测点位上，新增对部分监测因子的监测。监测因子包括pH、镉、汞、砷、铅、铬、锌、氰化物、石油类、硫化物、溴化物、有机质、二甲苯、钴、锰、镍。

各监测点镉、汞、砷、铅、铬、锌、镍等指标满足《土壤环境质量标准》（GB 15618—1995）二级标准要求。

报告书引用园区规划环评监测数据，各监测点铅、锌、汞、镉、砷满足《土壤环境质量标准》（GB 15618—1995）二级标准要求。

（5）生态环境

项目影响水域共有鱼类82种和亚种，白鲟和胭脂鱼等在嘉陵江中游已经绝迹。受东西关及上下游航电工程的影响，项目区域附近水域未发现成规模的鱼类产卵场。

本项目建设区域开发历史悠久，农业垦殖指数高，植物物种数总体较少，主要为农业栽培物种如水稻、小麦、油菜、蔬菜和农业杂草，以及人工造林物种如柑橘、枇杷、各种竹类、柏、马尾松和杂灌等。区域内未发现国家重点保护植物。

点评：

1. 环境质量现状是环境影响预测和评价的基础。环境现状评价因子的选择应充分考虑项目和区域特点。本案例监测因子的选择与项目特点紧密结合，大气和地表水考虑因子较全面，除常规监测因子外，大气现状监测考虑了苯、甲苯、二甲苯、甲醇、醋酸、醋酸甲酯、溴甲烷、溴化氢等特征因子，由于项目拟自建危废焚烧炉，现状监测因子同时考虑了二噁英；地表水考虑了石油类、苯、甲苯、二甲苯、丙烯酸、苯酚、氰化物、溴化物、钴和锰等因子。

2. 现状监测按相关导则要求开展，同时应尽可能引用区域长期监测资料，用于反映项目所在区域的环境质量现状及长期变化趋势。本案例在开展现状监测的同时，充分引用了区域例行监测和规划环评的监测资料，对于反映项目所在区域环境变化趋势起到了很好的作用。

3. 通过现状评价，明确项目所在区域是否满足相应环境功能区要求，即是否具有环境容量。如没有环境容量，应采取区域削减措施，为本项目腾出环境容量。在开展现状评价时，应注意评价标准的问题，包括不断更新的环境质量标准和部分污染因子没有环境质量标准的问题，在选取评价标准时应慎重。如《环境空气质量标准》是在本案例审查过程中发布的，本项目所在区域不属于提前执行标准范围内，不涉及标准更新问题，但本案例在编制过程中仍然考虑了$PM_{2.5}$的问题，这一点值得学习。本项目涉及的部分特征因子尚无相关的环境质量标准，如TVOC参考了《室内空气质量标准》，这点值得探讨。

4. 本案例废水最终排入嘉陵江，地表水环境敏感。环境质量现状应重点关注目前嘉陵江水质状况（特别是特征因子背景值）、排放口下游饮用水水源取水口分布（包括拟调整）和地表水系图，为制订地表水污染防治措施和应急措施提供依据。

（二）保护目标

本项目评价范围内环境空气保护目标为厂址周边居民点及森林公园等风景名胜区，地表水保护目标为嘉陵江河段及饮用水取水口，地下水保护目标为厂址周边地下水井。

四、评价思路（略）

五、污染防治措施

(一)废气

1. 有组织废气

项目产生的有组织废气主要包括氧化系统尾气、CTA 料仓洗涤尾气、PTA 精制洗涤尾气、PTA 料仓尾气、焚烧炉烟气以及锅炉燃烧烟气等有组织排放气。

本项目采用的是国内外较为成熟的废气吸收、洗涤、催化氧化组合技术。从氧化反应器顶部出来的氧化尾气首选经一系列换热器冷却并部分冷凝后，不凝尾气送高压吸收塔依次用醋酸溶剂和工业水吸收洗涤，洗掉尾气中大部分的有机组分(对二甲苯、醋酸甲酯等)及醋酸，洗涤浓缩液送反应器前配料罐回用。从高压吸收塔顶来的尾气进入尾气气液分离罐，分离夹带的液体，然后依次进入三级催化燃烧器预热器，依次用中压蒸汽、高压蒸汽和超高压蒸汽加热，用三级预热器可用中高压蒸汽替代部分超高压蒸汽，尽量减少超高压蒸汽消耗量。预热后的尾气进入催化燃烧器，在燃烧器内加热器的壳程中进一步预热，然后进入催化燃烧室，通过催化燃烧除去尾气中的有机物，尾气中的有机物被氧化成 CO_2 和 H_2O，溴甲烷氧化成溴化氢和 CO_2。催化燃烧后的尾气进入燃烧器内加热器的管程加热进料尾气，减少辅助燃料的消耗量。从燃烧器内加热器出来的尾气，大部分送入膨胀机回收能量进入尾气洗涤塔，用碱液进一步洗涤后排入大气；剩余尾气经冷却、干燥后作为惰性气体用于 CTA 和 PTA 干燥及输送，氧化低压尾气和 CTA 干燥排气经常压吸收塔洗涤后送入尾气洗涤塔处理达标后排入大气。

CTA 料仓排气属于 CTA 输送用气体，主要含 CTA 固体颗粒和酸性气体，尾气经脱盐水洗涤后经排气筒排入大气。

PTA 精制洗涤尾气来自 PTA 精制系统尾气洗涤塔，处理来自精制系统排出的不凝尾气，如结晶塔上部不凝尾气等。精制尾气洗涤塔采用脱盐水洗涤，将尾气中夹带的少量 PTA 粉尘捕集，含有 PTA 的水进入精制系统循环使用，除尘后的尾气经排气筒排入大气。

精制干燥系统尾气洗涤塔处理 PTA 干燥过程中排出的尾气。干燥尾气经脱盐水洗涤冷凝，将尾气中夹带的少量 PTA 粉尘捕集，干燥气中的有价组分全部得到回收，并避免了尾气的排放污染，水洗冷凝后的尾气经排气筒排入大气。

PTA 中间料仓和产品 PTA 料仓废气经布袋除尘器收尘后，分别经排气筒排放。

项目的污泥和部分残液采用焚烧方式处理。焚烧回转窑烟气采取“旋风除尘＋急冷＋布袋除尘”，经排气筒排入大气，并设置了在线监测。具体见图 4-4。

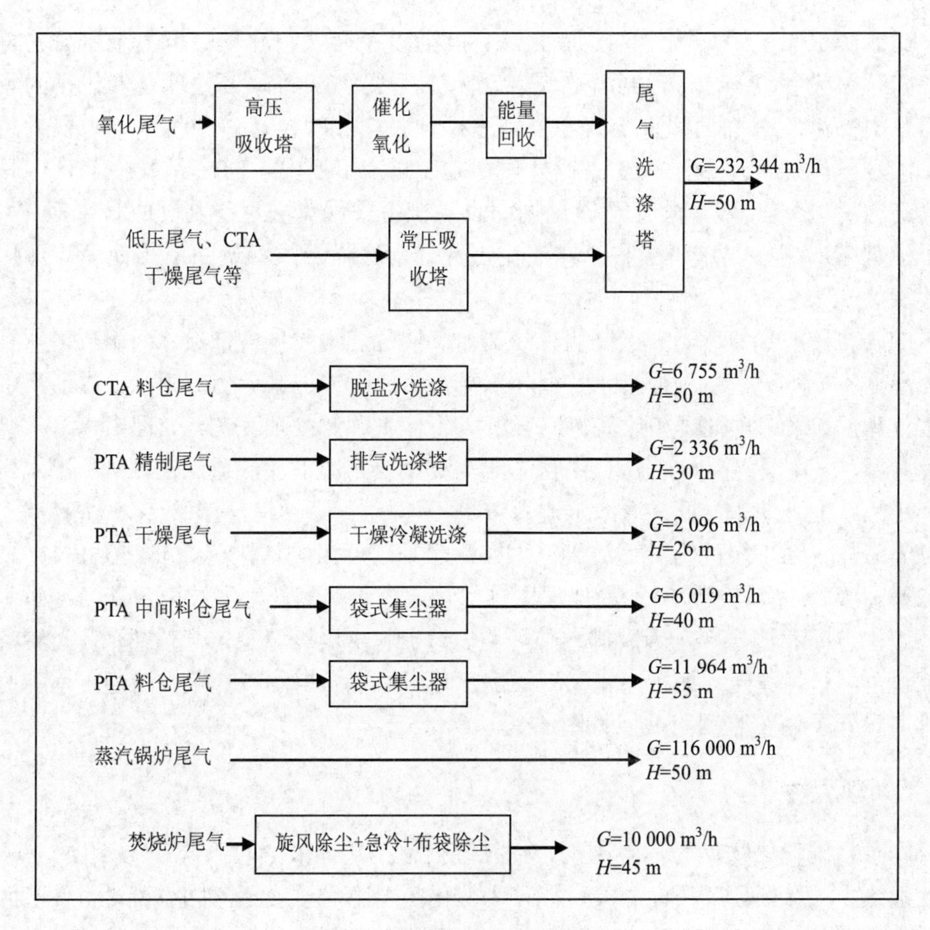

图 4-4　有组织废气处理系统

2．无组织废气

本项目无组织废气主要包括原料罐区、中间罐区、生产装置的排放气以及污水处理厂的恶臭等。PX、醋酸储存采用内浮顶罐，设置吸附法油气处理系统，醋酸储罐设置水吸收槽，进一步减少物料呼吸损失，物料采用大鹤管、密闭液下浸没式卸料方式，污水处理厂调节池、均质池、缺氧池、好氧池等均加设池盖，废气经收集后采用生物过滤法处理排放。

（二）废水

项目全厂废水污染源主要包括 PTA 精制装置工艺废水，CTA 氧化装置工艺废水，催化剂回收区工艺废水，各生产装置机泵冷却、设备和地面冲洗等排水，分析化验等辅助装置排水，生活污水，厂区初期雨水，循环水场排污以及净化水场和脱盐水站排污等。

工艺废水中的污染因子主要是PTA、醋酸以及酸性中间物等。由于污染物含量较高，项目设置PTA母液回收系统、对苯二甲酸（TA）残液处理及催化剂回收装置等，对高浓度有机物和重金属污染物进行预脱除。PTA母液回收系统主要采用降温、闪蒸气洗涤、母液洗涤过滤等处理回收PTA母液中的PTA及其他酸性中间产物等有效成分。TA残液处理及催化剂回收系统拟采用英威达专利回收技术对TA残液中的邻苯二甲酸、苯甲酸和金属催化剂等分别进行回收，返回系统使用，催化剂回收率为99%。

PTA母液分离废水、残液回收系统废水、催化燃烧尾气洗涤废水、水封溢水、气液分离器冷凝水、设备洗涤废水、循环水排污、地面冲洗水、初期雨水、生活污水送污水处理厂，采用预处理＋厌氧＋二段好氧生化＋砂滤处理工艺，处理出水进入废水回用装置，采用臭氧氧化＋曝气生物滤池＋浸没式超滤＋反渗透工艺处理，出水作为循环水系统的补充水，反渗透浓水进入浓水处理装置，采用前臭氧氧化＋生物滤池＋后臭氧氧化＋活性炭滤池处理达到《城镇污水处理厂污染物排放标准》（GB 18918—2002）一级A标准后园区污水处理厂排水管道排入嘉陵江。清洁雨水和清净下水经园区雨水管网和清净下水管网排入外环境。为了利用厌氧产生沼气的热值，设置沼气压缩机，沼气经脱硫、加压输送至锅炉房，利用沼气燃烧回收热量。清净下水和废水总排口设置了在线监测。具体见图4-5。

（三）固体废物

本项目固体废物均为危险废物，包括废催化剂、残液回收系统残渣、TA沉渣、废活性炭、污水处理厂污泥和废树脂，废催化剂全部送生产厂家回收处理，残液回收系统残渣、TA沉渣、废活性炭和污水处理厂污泥由自建的危废焚烧炉焚烧处置。焚烧炉灰渣和废树脂送四川省成都危险废物处置中心安全填埋。

（四）地下水

厂区按重点污染防治区、一般污染防治区、非污染防治区分别采取不同等级的防渗措施。公用工程区、办公区、绿化区等非污染防治区采取非铺砌地坪或普通混凝土地坪，不设置防渗层；生产装置区、中间罐区、化学品储存和装车设施、循环水场、污水处理厂、污水管线等为污染区。一般污染防治区地坪采用铺设混凝土加防渗剂，渗透系数≤1.0×10^{-7} cm/s，重点污染防治区包括物料储罐区、化学品库和液体废物暂存区、焚烧炉等，采取防渗混凝土地坪＋HDPE膜＋钢性垫层铺砌地坪，渗透系数≤1.0×10^{-12} cm/s。设置防渗膜检漏、报警系统和储罐区罐体底板液体检漏装置，在PTA项目区及下游布设地下水水质监测井，对区域地下水进行监控。

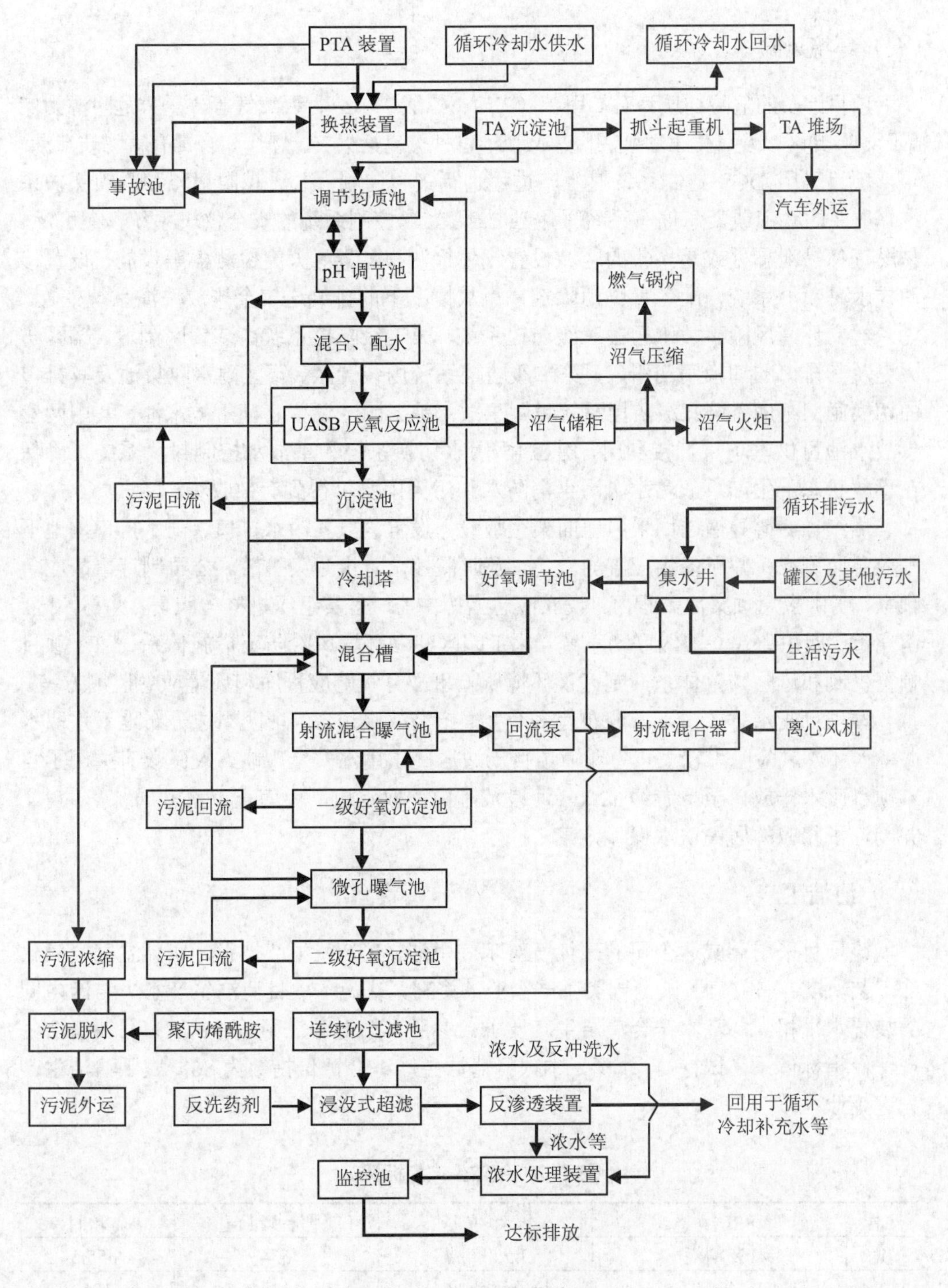

图 4-5　污水处理工艺流程

（五）环境风险

项目涉及的危险物质为对二甲苯（PX）、醋酸、甲醇、天然气等，重大危险源为储罐区、装卸区以及氧化工序装置区事故风险，种类包括火灾、爆炸和有毒有害物质泄漏。

项目采用 DCS 控制系统对生产过程进行集中控制，并设越限报警和联锁保护系统，重要的联锁或紧急停车系统采用独立于 DCS 控制系统的安全仪表系统，在可燃、易燃气体易泄漏处或易聚集的区域设置气体检测报警器、火灾探测器等设施，设置移动式水幕喷淋系统，配备毒物消除剂，事故情况下的排气送安全排放洗涤系统处置。

建立环境风险事故水污染三级防控系统，第一级防控系统由装置区围堰、罐区防火堤及其排口的切换闸门组成，第二级防控系统由装置区、罐区雨水收集池及其排口的切换闸门组成，第三级防控系统设置事故水池。园区设置 3 座事故水池，其中两座事故水池可供本项目直接利用，建立雨/污水切换系统和事故水控制封堵系统，确保在事故状态下生产事故污水、污染消防水和污染雨水可得到有效收集。

蒸汽、物料等输送均采用地面架空敷设。设置大气、污水排口、雨水排口、地下水应急监测点，并配备相应监测设备，及时监控，防止污染扩散。公司制订事故应急预案，明确应急预案启动程序，设立应急指挥中心，落实组织机构与职责，并与园区、南充市、四川省建立四级联动系统。化工园区建立环境风险防范措施体系、PTA 项目预警机制和风险防范体系，制订了环境风险事故分级响应程序和环境应急监测方案。

本项目废水排放口下游分布有多个乡、镇级取水口，厂址区周边分布地下水取水井，水环境风险隐患较大。为保障项目周边居民饮用水安全，地方人民政府关闭了自本项目废水排放口至下游约 12 km 河段范围内的取水口，由南充市水务局统一供水，并制订了相应的居民饮水保障方案。

（六）清洁生产

该项目采用英威达公司的高纯度对苯二甲酸（PTA）生产技术，属高温空气氧化法工艺。报告书收集了国内同类生产企业的资料，认为本项目清洁生产水平与国内同类装置水平相当，基本符合清洁生产要求。参照《精对苯二甲酸（PTA）行业清洁生产评价指标体系（试行）》计算，本项目清洁生产综合评价指数为 86，属于清洁生产先进企业。

表 4-14 清洁生产指标情况

序号	指标	单位	评价基准值	本项目
1	PX 消耗	kg/t 产品	654	655.5
2	综合能耗	kg 标油/t 产品	134	105
3	醋酸消耗	kg/t 产品	41.37	33.0

序号	指标	单位	评价基准值	本项目
4	取水量	t/t 产品	3.77	5.896
5	废水产生量	t/t 产品	2.35	3.15
6	COD 产生量	kg/t 产品	11.01	13.26
7	固废产生量	kg/t 产品	1.04	0.413
8	水重复利用率	%	99.01	98.3
9	残渣综合利用率	%	100	100

点评：

1. 化工石化项目“三废”处置十分重要，其治理措施应结合废气、废水、废物具体特点确定。此类项目废气处理重点是氧化废气的处置，氧化尾气中可能存在苯、溴甲烷等污染物，焚烧处理后的尾气应洗涤净化后排放，同时应关注无组织排放废气，包括原料、中间产品与成品的储存和污水处理厂等无组织排放气体的控制措施，其中醋酸、醋酸甲酯等物料的嗅觉阈值很低，应特别关注异味物质的排放扰民问题。本案例采用国内外较为成熟的废气吸收、洗涤、催化氧化组合技术，并通过流程图清晰地表达出来。

2. 废水处理应采用清污分流的原则，废水处理后尽可能回用，以减少新鲜水耗。此类项目废水中有机污染物浓度高，含 PTA、醋酸以及酸性中间物、锰、钴等，具有难降解的特点。本案例采取了清污分流，工艺废水选择预处理＋厌氧＋二段好氧生化＋砂滤处理工艺，出水进一步处理后回用做循环水系统的补充水，不能回用的废水经园区污水处理厂排水管道排入嘉陵江。同时，厌氧产生沼气经脱硫后燃烧回收热量，以实现资源、能源充分利用。本案例不足之处是未在清洁雨水送园区管网前设置在线监测或监控池。

3. 危废应送有资质的单位妥善处置，并说明该配套工程依托的可行性、可靠性及与本项目建设的同步性。本案例产生的固体废物以危废为主，经自建焚烧炉处理后依托四川省成都危险废物处置中心进行处置。

4. 地下水污染防治应坚持源头控制、分区防渗、水质监控和应急处理的防控原则，关注分区方案的合理性，防渗措施的可靠性，监控点设置的合理性（如在地下水上下游及可能受影响的区域设置）。针对此类项目生产装置区的物料特点，应同时做好管道及排水沟的防腐工作。本案例采取了分区防渗，防渗措施较严格，并设置了应急监控井。

5. 环境风险防范应坚持预防为主的原则，合理确定环境风险防范措施，制定可操作的事故应急预案，最大限度地减少事故发生及事故发生后对环境造成的影响。本案例废水排放口下游涉及多个饮用水水源，水环境风险隐患大。为避免水环境风险，需解决下游居民饮用水问题，并设置具有可操作性的三级防控体系和应急预案，并与园区等联动。同时，项目运行过程中，建立监控网络，加强环境应急监测。为保障周边居民饮用水安全，项目所在区域地方政府关闭了废水排放口至下游约 12 km 河段范围内的取水口，由市水务局统一供水，并制订了相应的居民饮水保障方案。

6. PTA项目尚无行业清洁生产标准，目前参照《精对苯二甲酸（PTA）行业清洁生产评价指标体系（试行）》进行计算。此类项目在进行清洁生产评价时，应结合国内外同行业实际情况，从生产工艺和设备先进性、能源和资源利用、污染控制、同类装置对比、循环经济等方面分析项目的清洁生产水平。本案例虽然根据《精对苯二甲酸（PTA）行业清洁生产评价指标体系（试行）》属于清洁生产先进企业，但是吨产品取水量、吨产品废水产生量、吨产品COD产生量及水重复利用率等指标与《精对苯二甲酸（PTA）行业清洁生产评价指标体系（试行）》中评价基准值尚有差距，应进一步降低消耗和污染物排放量，提升清洁生产水平。

六、环境影响评价

（一）大气环境影响

本案例预测因子包括SO_2、NO_2、PM_{10}、$PM_{2.5}$、对二甲苯、甲苯、苯、甲醇、醋酸、醋酸甲酯、溴化氢、NH_3、二噁英、溴甲烷等。

大气预测内容包括全年逐时气象条件下，关心点处、网格点的除PM_{10}、$PM_{2.5}$外各污染物最大小时（一次）浓度及各污染物最大日均浓度、年均浓度；非正常排放情况下，非正常排放的一次浓度；厂界处特征污染物的最大一次浓度；考虑叠加区域内其他拟建、在建污染排放源的影响；各种不利气象条件下，需要设置的大气环境防护距离。按照《石油化工企业卫生防护距离》等要求，确定了本项目卫生防护距离。

经预测，项目废气正常排放，各关心点处各污染物小时浓度、日均浓度、年均浓度满足标准限值要求；项目废气非正常排放时不会造成区域各大气关心点超标；叠加评价区域其他拟建项目对关心点的污染贡献，日均贡献值最大占标率低于50%。主城区位于项目北侧，项目对其大气环境影响不明显。

（二）地表水环境影响

项目在园区内排水是经园区污水处理厂排污口排入嘉陵江，长江水利委员会对排污口进行了批复。

因项目嘉陵江评价河段多年平均流量为814 m^3/s，远大于150 m^3/s，水域规模属大河；结合河流特征，考虑各水污染物水力扩散特性等，本环评在混合过程段采用平面二维紊流数学模型，在充分混合段采用河流一维稳态水质模型；分别考虑项目废水正常排放和事故排放两种情况，对研究河段内 PTA 项目排污的水动力学特性及可能带来的水质影响进行了预测和分析。同时，评价以园区全部排污量（含本项目）为源强，考虑最不利工况对区域地表水的影响情况。

根据研究河段水质现状分析及 PTA 项目特征污染物分析，研究河段水质预测因子选择 COD_{Cr}、NH_3-N、Co、Mn、二甲苯。

经预测，本项目正常排放时，排污口下游形成的各污染物超标污染带范围较小，事故排放时（含考虑园区同时排污情况）形成的超标带范围将增大，但影响范围内没有饮用水水源取水口等保护目标。项目事故排放时，锰、钴污染物在其污染带范围以外的预测值处于自然河流的背景值水平。

项目正常及事故排放不会造成项目下游各控制断面和保护目标的地表水超标，不会影响项目下游水域的饮用水水源取水安全，不会影响三峡库区的水环境、水生态服务功能，不会对下游地表水造成长期性累积性的负影响。

（三）地下水环境影响

结合评价区水文地质条件，本案例采用美国环保局（EPA）开发的 GMS 6.0 软件对本项目可能造成地下水环境影响做出预测。预测结果表明，项目按不同分区采取相应的地下水污染防渗和应急防范措施后，各种工况条件对地下水的影响均局限于厂区，不会对下游地下水及嘉陵江、羊口河地表水产生影响，也不会对周围农户安全取用井水造成影响。

（四）声环境影响（略）

（五）生态环境影响（略）

（六）环境风险影响（略）

点评：

1. 环境影响预测应根据相关导则开展，重点关注预测因子、模型选择和参数选取的合理性，大气预测时应考虑区域在建污染源增量。项目有关的排放因子应满足环境功能区要求，重点关注特征因子的环境影响。项目所在区域预测结果不能满足环境功能区要求时，必须提出切实可行的工程优化措施和区域削减方案。

2. 本案例大气环境影响预测因子、模型和参数选择基本符合导则要求，预测结果满足环境功能区要求，应进一步突出本项目非正常排放情况下的异味物质环境影响分析，提出降低异味物质扰民的措施，关注污水处理厂可能存在的硫化氢、氨、醋酸甲酯等无组织排放。

3. 防护距离的确定原则是按照《环境影响评价技术导则　大气环境》(HJ 2.2—2008）确定大气环境防护距离，按照相关法规、规范确定卫生防护距离，再根据环境保护部环函[2009]24 号文要求，附图给出两种距离的最大包络线及其范围内环境保护目标。

4. 地表水环境影响是本案例重点关注内容之一，本案例分别预测了正常和非正常两种工况下项目排水、园区排水的影响范围及对下游保护目标的影响，同时考虑了最不利工况的情景，预测内容较全面。

七、评价结论

（一）产业政策符合性

本项目年产 100 万 t PTA，对照《产业结构调整指导目录（2011 年本）》，不属于限制类中“100 万 t/a 以下精对苯二甲酸”项目，也未列入鼓励、淘汰类，该项目属于允许类，符合产业政策。

（二）相关规划的符合性

本项目位于四川南充经济开发区化学工业园区内，符合《成渝经济区区域规划》《南充市城市总体规划》《四川南充经济开发区扩区发展规划》《四川南充经济开发区化学工业园区总体发展规划》及相关规划环评审查意见要求。

（三）达标排放

在采取各项污染防治措施后，各项废气、废水污染物排放满足相应标准要求。具体见污染防治措施章节。

（四）总量控制

废气污染物总量控制因子：SO_2、NO_x、烟尘、苯、甲苯、二甲苯、醋酸、醋酸甲酯、甲醇、溴化氢、NH_3；废水污染物总量控制因子：COD、氨氮、二甲苯、钴、锰、醋酸。

上述项目的总量控制污染物因子中，废气的 SO_2、NO_x 以及废水的 COD、氨氮这 4 项污染物为国家控制的主要污染物，总量指标来源于地方关闭的工业企业，可满足项目污染物排放所需总量指标要求，且四川省环境保护厅对本项目总量指标予以了确认。

（五）公众参与

按照《环境影响评价公众参与暂行办法》（环发[2006]28 号）要求，本次环评分别在政府网站、当地报纸和园区内进行了公示，并通过召开座谈会以及组织公众填写征询表等方式征求公众意见，调查对象包括项目周边村民、城区居民、利益相关企业代表和各职能部门代表。调查结果表明，公众对项目建设普遍持支持态度。

（六）总结论

本工程为 100 万 t/a 精对苯二甲酸项目，符合国家产业政策，进入合规园区，符合相关环保规划。项目采用成熟工艺，符合清洁生产要求。总量指标来源明确，满足总量控制要求。在落实各项环境保护措施前提下，从环境保护角度分析，该项目可行。

点评：

1. 报告书应对照《产业结构调整指导目录（2011 年本）》要求，分析项目建设规模是否符合产业政策要求，如投资主体为外商投资，报告书还应对照《外商投资产业指导目录》（2011 年修订）分析项目建设是否符合要求。本案例符合相关产业政策要求。

2. 项目选址须符合全国主体功能区划、所在城市总体规划及相关控制性规划要求、园区准入条件、产业定位、规划环评及审查意见相关要求。本项目符合四川南充经济开发区化学工业园区规划及相关规划环评要求。

3. 新建项目排放的 SO_2、NO_x、COD 和 NH_3-N 四项国控污染物需有明确的总量来源，与区域“十二五”总量削减方案相一致，未列入减排计划，并获得有关部门确认。报告书同时应核算项目特征污染物的排放量。本案例总量控制指标明确，给出了国控污染物和特征污染物控制情况，其中四项主要污染物取得了相关环保部门确认。

4. 公众参与应重点关注公众参与调查是否符合《环境影响评价公众参与暂行办法》要求、是否切实反映利益相关方的环境诉求，即合法性、真实性、代表性和有效性。随着社会公众和环保部门对公众参与越来越重视，环境保护部先后出台了《关于进一步加强环境影响评价管理防范环境风险的通知》（环发[2012]77 号）、《建设项目环境影响报告书简本编制要求》（环境保护部公告 2012 年第 51 号）等文件，公众参与应按照上述文件的相关要求开展。

案例分析

一、项目分析

目前，我国 PTA 生产工艺主要有 BP-Amoco、Invista、三井油化、三菱化学和 Eastman 等。该项目采用英威达（Invista）公司工艺生产 PTA，主要工艺包括氧化和精制两步。

本案例工艺流程阐述清楚，明确了主反应、副反应。工艺流程图标示污染源清晰，各项平衡完整，特别是包括了PX、锰、钴、溴等多项平衡。“三废”治理措施有效，满足达标排放要求。项目所在区域内大气、地表水、地下水和土壤环境质量良好，具有一定的环境容量。在工程分析的基础上，结合环境敏感问题，识别评价因子，合理确定各要素环境影响评价内容。本案例厂址毗邻嘉陵江，水环境风险较大，重点强化了地表水环境风险防范和应急措施。

二、项目环评需关注的方面

（一）项目选址的合理性

选址是制约化工项目环评审批的重要因素。根据环保部相关要求，化工石化等可能引发环境风险的项目必须在依法设立、环保基础设施齐全并经规划环评的产业园区内布设。项目应符合园区产业政策、环境准入条件、规划环评等相关要求。本案例从分析论证与国家、地方相关政策及规划、规划环评的相符性入手，以保护环境和环境敏感区为目标，经过技术经济论证，提出的环保治理措施能确保项目投运后环境功能区达标。

（二）区域环境现状

环境质量现状监测是开展项目环评工作的基础，客观、准确地反映评价区域环境质量现状及变化趋势，为科学环评提供数据支撑。环评阶段的现状监测往往耗时、耗力，且客观性和代表性受限，不利于反映区域环境质量长期变化趋势。化工类建设项目主要集中在工业园区，因此应充分利用各项可用的有效数据，包括园区例行监测、规划环评及部分已有项目数据。本案例大气和地表水现状监测就充分利用了区域监测资料，这点值得借鉴。

（三）污染防治措施

此类项目的主要污染为氧化系统的有机废气和工艺废水。本项目采用废气吸收、洗涤、催化氧化组合技术使废气中的物料得以回收，并大部分返回氧化反应系统中重新参与化学反应，生产过程中回收的母液返回生产系统，较好地符合了清洁生产理念。同时，常压吸收塔排气经尾气碱洗塔二次洗涤后排放，有利于污染物稳定、达标排放，该处理工艺可行。此类项目废水中有机污染物浓度高，含PTA、醋酸以及酸性中间物、锰、钴等，具有难降解的特点。本案例废水处理工艺采用预处理＋厌氧＋二段好氧生化＋砂滤，属于国内成熟的废水处理工艺，废水处理厌氧段产生的沼气送锅炉做燃料综合利用。随着水资源日益短缺、节水意识普遍提高，企业普遍增加了废水回用。由于该项目废水中含有一定浓度的重金属和无机盐，为保证回用水水质要求，本案例采用臭氧氧化＋曝气生物滤池＋浸没式超滤＋反渗透组合流程，处理后净化水作为循环水系统补充水。

（四）环境影响识别、预测与评价

环评应在工程分析的基础上，结合项目和所在区域环境特点，识别评价因子，合理确定各环境要素的评价等级和评价范围，根据导则要求开展环境影响预测，从资源环境承载力角度分析项目的环境可行性。

（五）环境风险评价

化工类项目涉及诸多重大风险源，一直是环境管理的重点，也是环评的重点。项目应从环境风险源、扩散途径、保护目标三方面识别环境风险，包括生产设施和危险物质的识别，有毒有害物质扩散途径的识别（如大气环境、水环境、土壤等）以及可能受影响的环境保护目标的识别，开展环境风险预测评价，并确定最大可信事故，开展环境风险预测评价。根据预测结果，有针对性地提出环境风险防范和应急措施，并对措施的合理性和有效性进行充分论证。本项目所在园区排口位于嘉陵江，环境风险主要集中在地表水，应采取最严格的环保措施，加强污水处理设施的维护和管理，设置足够容积的废水事故池。出现事故时立即关闭废水出口、启用事故池，并进行相应的限产、停产，确保项目事故废水不出厂，杜绝废水事故排放对嘉陵江水质及下游保护目标产生影响。

（六）环境管理要求

目前，随着我国大气环保要求日益加严，先后发布了《重点区域大气污染防治"十二五"规划》（环发[2012]130号）、《挥发性有机物（VOCs）污染防治技术政策》（环境保护部公告2013年第31号）等相关环境管理要求，其中挥发性有机物污染控制是建设项目环境影响评价的重要内容，需全面梳理项目产生、排放的VOCs及细颗粒物潜体物的产生节点及排放量，并提出严格的污染控制措施。本案例编制及审查时间早于环发[2012]130 号文的发布，因此未涉及此项内容。后续此类项目的环境影响报告书在编制过程中，应充分考虑VOCs排放及控制问题。由于我国各项环境管理要求日趋严格，且大部分化工石化项目环境影响报告书编制时间较长，在开展建设项目环境影响评价过程中，应具有一定的前瞻性，随时关注各项最新的环境管理要求。

案例五　矿产粗铜搬迁改造和电解铜项目环境影响评价

前言（略）

一、总论

（一）环境影响评价因子

技改工程评价根据环境要素的识别和技改工程性质、生产工艺与污染物排放特点，确定本项目评价因子，具体见表 5-1。

表 5-1　技改工程评价因子

<table>
<tr><th>序号</th><th colspan="2">项目</th><th>现状评价因子</th><th>预测评价因子</th></tr>
<tr><td>1</td><td colspan="2">大气环境</td><td>SO_2、TSP、PM_{10}、NO_2、硫酸雾、As、Pb</td><td>SO_2、TSP、PM_{10}、As、Pb、硫酸雾</td></tr>
<tr><td rowspan="2">2</td><td rowspan="2">水环境</td><td>地表水</td><td>pH、溶解氧、Pb、As、Cd、Zn、Cu、Hg、NH_3-N、硫化物、石油类、COD、BOD_5、SS、Cr^6＋、挥发酚、氰化物、F^-</td><td></td></tr>
<tr><td>地下水</td><td>pH、NH_3-N、总硬度、溶解性总固体、氰化物、SO_4^{2-}、Cl^-、Fe^3＋、F^-、挥发酚、硝酸盐、亚硝酸盐、As、Hg、Cr^6＋、Pb、Cd、Cu、高锰酸盐指数、总大肠菌群</td><td></td></tr>
<tr><td>3</td><td colspan="2">声环境</td><td>$L_{eq(A)}$</td><td>$L_{eq(A)}$</td></tr>
<tr><td>4</td><td colspan="2">土壤</td><td>Cu、Pb、Zn、Ni、Cd、pH、Cr、As、Hg</td><td>Cu、Pb、Zn、Ni、Cd、Cr、As、Hg</td></tr>
</table>

（二）环境敏感点

拟建项目主要环境保护目标为厂址周边居民点等，详见表 5-2 和图 5-1。

表 5-2　主要环境保护目标

<table>
<tr><th>环境要素</th><th>保护目标名称</th><th>离厂界最近距离/m</th><th>方位</th><th>户数/户</th><th>人口/人</th><th>保护要求</th><th>备注</th></tr>
<tr><td rowspan="8">环境空气</td><td>清泉</td><td rowspan="2">600</td><td rowspan="2">南东</td><td rowspan="2">129</td><td rowspan="2">456</td><td rowspan="8">《环境空气质量标准》二级标准</td><td rowspan="3">清泉、李家、唐家、官山现全部归属官山行政村，清泉、李家、唐家拟整体搬迁</td></tr>
<tr><td>李家</td></tr>
<tr><td>唐家</td><td>680</td><td>东北</td><td>149</td><td>480</td></tr>
<tr><td>大贝村</td><td>厂址上</td><td>南西</td><td>186</td><td>417</td><td>已搬迁</td></tr>
<tr><td>官山</td><td>1 600</td><td>东</td><td>74</td><td>178</td><td></td></tr>
<tr><td>包秦村（包秦和何家）</td><td>1 700</td><td>南西</td><td>195</td><td>580</td><td></td></tr>
<tr><td>长山上藻山村</td><td>2 100</td><td>南</td><td>120</td><td>402</td><td></td></tr>
<tr><td>松溪村</td><td>2 300</td><td>南</td><td>187</td><td>595</td><td></td></tr>
<tr><td>地下水</td><td>技改工程厂区附近地下水</td><td></td><td></td><td></td><td></td><td>《地下水环境质量标准》Ⅲ类标准</td><td></td></tr>
<tr><td rowspan="2">地表水</td><td>松溪河</td><td>2 300</td><td>西</td><td></td><td></td><td>《地表水环境质量标准》Ⅱ类标准</td><td></td></tr>
<tr><td>渌渚江</td><td>3 300</td><td>西南</td><td></td><td></td><td>《地表水环境质量标准》Ⅲ类标准</td><td></td></tr>
<tr><td>声环境</td><td>包秦村</td><td>1 700</td><td>南西</td><td></td><td></td><td>《声环境质量标准》Ⅰ类标准</td><td></td></tr>
<tr><td>土壤</td><td>厂区周围土壤</td><td></td><td></td><td></td><td></td><td>《土壤环境质量标准》Ⅱ类</td><td></td></tr>
</table>

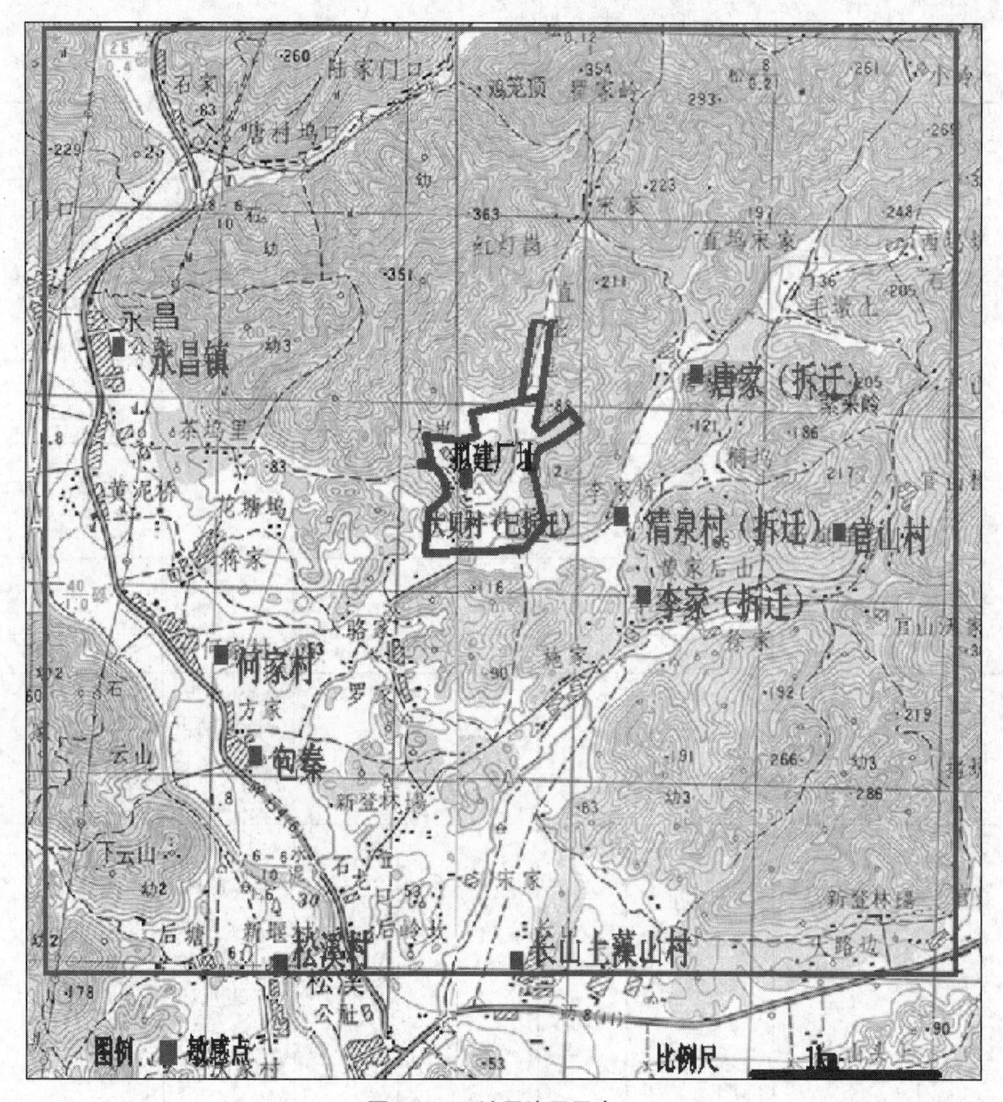

图 5-1 厂址周边居民点

点评：

1．报告中根据行业特点给出了本项目选取的评价因子，评价因子选择基本合理，满足项目当时环评需要；报告以表格的形式给出了不同环境要素的敏感目标，明确了敏感目标的位置、户数、人口，并给出了敏感点分布图。

2．对于铜冶炼项目，大气评价因子除了关注 SO_2、NO_x、TSP、PM_{10} 外，还需要关注环境质量以及排放的烟粉尘中的重金属：铅、砷、汞、镉、铬。

二、现状分析

某公司始建于 1958 年，现有杭州富春江冶炼厂鹿山厂区位于浙江省富阳市鹿山街道谢家溪村，距富阳市 7 km。技改工程将现有工程全部拆除搬迁至富阳市新登工业功能区铜工业单元用地内，并扩大建设规模，厂址位于新登镇东北部现有厂区的西偏北部，距富阳市西 17 km，两厂区相距 14.5 km。

（一）现有工程概况

现有工程经过几次技改后形成年产粗铜 2.8 万 t、电解铜 9 万 t、硫酸 7 万 t 的生产能力。生产工艺由“鼓风炉熔炼—连续吹炼炉吹炼—固定式阳极炉精炼—常规始极片法电解”等组成，主要设施包括 1 台 10.5 m^2 改进型富氧密闭鼓风熔炼炉、3 台 10.5 m^2 的连续吹炼炉、3 台 80 t 固定式阳极炉、2 套电解系统、1 套能力为 74 000 t/a 的“两转两吸”冶炼烟气制酸生产系统，以及其他相应的公用辅助设施。

现有工程 2008 年产品产量为电解铜 93 500 t/a，副产硫酸 76 028 t/a。

生产用水取自富春江，新水用量为 3 123 m^3/d；生活用水量为 130 m^3/d，由市政供水管网供给。

（二）现有工程污染物排放

污酸经污酸处理站处理后，与酸性废水排入生产废水处理站，经生产废水处理站处理达标后的废水全部回用，不外排。初期雨水、锅炉废水、地面冲洗废水等及其他废水经地面冲洗水及初期雨水处理站处理后直接外排至富春江。循环水系统排污水（1202 m^3/d）直接外排至鹿山渠，最终排往富春江，外排废水水质均达到《污水综合排放标准》（GB 8978—1996）第一类污染物最高允许排放浓度限值及其表 5 中一级标准排放限值要求。生活污水（115 m^3/d）经地埋式生活污水处理设施处理达到《污水综合排放标准》（GB 8978—1996）一级排放标准限值要求后，通过鹿山渠排往富春江。

制酸尾气经碱液吸收装置处理后由 70 m 高烟囱外排，阳极炉及环境集烟经布袋除尘后由 60 m 高烟囱排放，电解净液车间废气经碱液吸收后由 15 m 高烟囱外排，锅炉烟气经双碱法脱硫处理达标后由 35 m 高烟囱外排，原煤燃烧器燃烧产生的烟气由 15 m 高排气筒外排。阳极炉烟气满足《工业炉窑大气污染物排放标准》（GB 9078—1996）中的二级标准要求，锅炉烟气满足《锅炉大气污染物排放标准》（GB 13271—2001）中二类区Ⅱ时段标准的限值要求，其他废气均满足《大气污染物综合排放标准》（GB 16297—1996）中新污染源二级标准要求。

现有工程一般固体废物包括鼓风炉渣、煤渣、制酸尾气脱硫石膏渣，危险废物包括密闭鼓风炉电除尘灰、阳极炉除尘灰、砷渣等，所有工业固体废物全部得到综合利用。一般固体废物贮存场位于厂区西边，主要用于临时堆放熔炼炉渣等，危险废物仓库位于污酸水处理站，主要用于临时储存砷渣等危险废物。

各厂界昼间、夜间噪声均满足《声环境噪声标准》（GB 3096—2008）中2类标准要求。

现有厂区周围的环境质量现状监测结果表明：鹿山厂区周围的地表水、地下水、土壤、底泥、空气质量监测结果全部达标，厂区内表层土壤超过《土壤环境质量标准》（GB 15618—1995）三级标准要求。

（三）现有工程存在的主要环保问题

（1）粗铜冶炼采用的富氧密闭鼓风炉工艺，属于《铜冶炼行业准入条件》要求的2007年底前淘汰的落后生产装备。

（2）现有厂区位于富阳市规划新城区的边缘，距厂界最近的集中居住区仅为100 m，不符合防护距离要求。

（3）现有工程厂区污水排放口位于饮用水水源二级保护区内，不符合《中华人民共和国水污染防治法》的有关要求。

（四）针对现有工程存在问题的整改措施

（1）实施异地搬迁改造工程，在新厂建成后，将现有生产厂关闭。

（2）某公司目前已投资600万元对现有厂区的排水系统进行改造，地面冲洗水和初期雨水处理后全部回用，生活污水经处理后排入鹿山新城的城市污水管网，关闭厂区现有排污口，该项工作计划于2010年5月前完成。

点评：

1. 报告给出了现有工程主要内容、污染防治措施及污染物排放情况、现有工程存在的主要环境问题及解决措施，明确了现有工程与拟建工程的关系。

2. 对于排放重金属的项目在报告中还应明确拟建项目是否属于重点防控区，如果属于重点防控区应注意重点防控区的要求。

三、工程分析

（一）工程概况

（1）项目名称：某公司年产10万t矿产粗铜搬迁改造和27万t电解铜项目。

（2）建设性质：异地改扩建工程。

（3）建设地点：拟建厂址位于浙江省富阳市新登工业功能区。

（4）生产规模：阴极铜 27 万 t/a（其中：矿产铜 10 万 t/a，再生铜 17 万 t/a），副产硫酸约 35 万 t/a。

（5）建设投资：技改工程总投资为 273 358 万元，环保投资为 33 729 万元，占工程总投资的 12.34%。

（6）生产工艺：采用“金峰双侧吹熔池熔炼—转炉吹炼—阳极炉精炼—电解精炼”工艺系统，制酸采用“两转两吸”生产工艺。

（二）技改工程主要建设内容

技改工程主要建设内容见表 5-3。

表 5-3 技改工程主要建设内容

序号	项目	主要建设内容	主要生产设备
一、主体工程			
1	熔炼、吹炼和阳极精炼系统	熔炼车间包括金峰炉熔炼、转炉吹炼、阳极精炼、浇铸等工序 熔炼炉和贫化炉厂房，长度 30 m、跨度为 24 m；转炉、阳极炉厂房，长度 203.4 m，跨度为 24 m。第二阳极炉厂房 160 m，跨度 36 m	(1)26 m^2 的熔炼炉 1 台及其配套的余热锅炉；ϕ4 m×10 m 2 000 kW 贫化炉 1 台 （2）120 t 转炉 3 台及其配套的余热锅炉 （3）120 t 的阳极炉 2 台、150 t 阳极炉 5 台及其配套的余热锅炉，圆盘浇铸系统 4 套
3	电解精炼系统	30 m 跨的电解厂房 4 个	电解槽 2352 个，10 t 专用吊车 8 台，150 块/h 阳极整形机组 4 套，150 块/h 残极洗涤机组 4 套，400 片/h 电铜洗涤打包机组 4 套，400 片/h 始极片加工机组 4 套，400 根/h 导电棒运输机 4 台，430 m^3 普通电解液循环槽 2 个，340 m^3 普通电解液循环槽 2 个，80 m^3 普通电解液高位槽 4 个，普通电解液循环泵 10 台（150FYUA-26 型，250 m^3/h，25 m），普通电解液循环泵 6 台（400m^3/h，30 m），91m^3 种板电解液循环槽 1 个，220 m^3/h 种板电解液循环泵 4 台，40m^3 种板电解液循环槽 2 个，17 m^3 种板电解液高位槽 2 台；50 m^2 钛板换热器 6 台；100 m^2 压滤机 7 台；压滤泵 6 台
4	电解液净化系统	净液厂房 78 m×15 m，包括两段电积脱铜，真空蒸发结晶 $NiSO_4 \cdot H_2O$ 工序	电解槽 112 个；自动控制蒸发机组 3 套；不锈钢硫酸镍结晶槽 2 台
二、配套工程			
1	制酸系统	建一套设计能力为 343.2 kt/a 的硫酸生产系统（折 100%硫酸计），包括净化、干吸、转化、酸库和制酸尾气脱硫、废酸处理等工段	湍冲洗涤器 2 台，气体冷却塔 1 台，电除雾器 4 台，酸泵 10 台，圆锥沉降器 3 台；干燥塔 1 台，酸吸塔 2 台，酸泵 6 台；SO_2 鼓风机 1 台，SO_3 冷却风机 2 台

序号	项目	主要建设内容	主要生产设备
2	余热发电	利用熔炼炉、转炉、阳极炉余热锅炉产生的蒸汽发电	抽凝式汽轮机1台，发电机1台，凝结水泵2台
三、贮运工程			
1	原材料贮存及配料	（1）精矿仓、辅料及燃料仓、配料厂房连体布置，厂房为半地下式，规格252 m×33 m，总面积为8 316 m^2 （2）建 7 个配料仓，用于贮存铜精矿、石英砂、渣精矿和熔炼系统返尘	（1）精矿库设2台10 t抓斗起重机 （2）每个料仓下均配置了给出胶带和计量胶带 （3）建设精矿胶带运输机连接配料系统和熔炼系统
2	原材料输送	原辅材料运输	原辅材料厂外运输采用汽车运输，厂内输送使用密闭皮带廊完成
四、公用工程			
1	给排水	用水由新登市政自来水厂供给，外部水源接到厂区围墙外1 m处，场内供水通过事故供水系统、生产与生活供水系统、循环水供水系统、回用水供水系统4个供水系统完成；清洁下水排入新登工业功能区雨水管网，生活污水排入新登工业功能区市政污水管网	
2	供配电	松溪、大贝2个110 kV变电站双电源供电。建总降压变电站1座，10 kV配电站4座，10/0.4 kV车间变电所7个。总降压变电站设置2台110 kV/10 kV，31.5 MVA主变压器	
五、辅助工程			
1	制氧站	制氧站设计产氧气能力16 500 m^3/h（纯度70%） 制氧站1座	采用变压吸附法，主要设备：离心鼓风机（1 350 m^3/min，28 kPa）3台，真空泵（650～700 m^3/min，−80 kPa）6台，集成液压泵站（HXCB-60）1套，氧气压缩机（3 500 m^3/min，0.35～0.4 MPa）3台，脱硫槽（ϕ2 700×3 000）1台，吸附塔（ϕ6 000×6 500）6台，压氧缓冲罐（ϕ4 200×16 550）1台，氧气缓冲罐（ϕ5 000×19 862）3台，脱硫槽（ϕ2 000×3 200）1台
2	空压站	压缩空气设计能力 1 100 m^3/min	600 m^3/min、0.15 MPa离心式空压机2台（1用1备），200 m^3/min 0.06 MPa离心式空压机2台（1用1备），40 m^3/min0.8 MPa风冷螺杆空压机5台（3用2备），120 m^3/min0.4 MPa空压机1台，20 m^3/min风冷螺杆空压机1台，30 m^{3}储气罐3台，20 m^{3}储气罐1台，微热再生干燥机2台（1用1备），除油过滤器2个（1用1备），除尘过滤器2个（1用1备）

序号	项目	主要建设内容	主要生产设备
3	化学水处理站	设计规模为 150 t/h，厂房主跨 15 m×24 m，副跨 6 m×15 m	采用二级除盐加混床的除盐水制备工艺，配备再生用酸、碱储存及计量系统和加氨系统。 主要设备：无阀滤池（120 m^3/h）1 座，阳离子（双室）交换器（ϕ2 000）3 台，阴离子（双室）交换器（ϕ2 000）3 台，混合离子交换器（ϕ1 800）2 台，除 CO_2 器（ϕ1 600）2 台，清水箱（100 m^3）1 台，二级除盐水箱（100 m^3）2 台，酸碱系统 1 套，加氨系统 1 套
4	锅炉房	备用燃油锅炉	10 t/h 燃油锅炉一台及配套系统，备用锅炉年运行约 20 d
六、环保工程			
1	废气	制酸尾气：石灰石—石膏法脱硫系统 1 套，90 m 尾气烟囱 1 座 环境集烟：设熔炼炉环境集烟系统 1 套、转炉环境集烟系统 1 套、阳极炉环境集烟系统 7 套；阳极炉烟气脱硫系统 1 套；布袋除尘系统 7 套；120 m 高环保烟囱 1 座 物料贮存输送、配料、破碎废气：分别在熔炼车间铜精矿仓、配料车间、破碎车间等设布袋除尘系统，共 3 套，2 根 15 m 高排气筒，一根并入 120 m 烟囱 冶炼烟气：设 1 台熔炼炉余热锅炉，3 台转炉余热锅炉，8 台阳极炉余热锅炉，2 台 80 m^2 四电场电除尘器 电解车间废气：设 3 套酸雾净化处理设施，1 根 15 m 高排气筒 污酸处理站废气：设 1 套 H_2S 气体除害塔，15 m 高排气筒 1 根	
2	废水	污酸处理站：240 m^3/d 污水处理站：2 500 m^3/d	
3	工业固体废物	脱硫石膏渣临时堆场：2 个占地面积 600 m^2 砷渣临时仓库：占地面积 540 m^2 烟尘临时仓库：占地面积 2 500 m^2 水淬渣临时堆场：设 1 500 m^2 临时堆场，地面做防渗、混凝土浇筑，可堆放 1.5～2 月渣量，周围设集水沟，收集水至污水处理系统处理后回用 渣选尾矿临时堆场：吹炼渣选尾矿用过滤机过滤至含水＜10%临时堆放，设堆场 1 000 m^2，地面做防渗、混凝土浇筑，可堆放 1.5～2 月渣量，周围设集水沟，收集水至污水处理系统处理后回用	

生活用水由新登自来水厂（2 万 t/d）、工业用水由新建渌渚工业用水厂（4 万 t/d）

供给，新登自来水厂（2 万 t/d）及富阳自来水厂（2.5 万 t/d）可作为补充工业用水水源。

技改工程厂区内生产废水经处理后全部回用，不外排。生活污水排至新登城市污水处理厂。工业固体废物除回用于生产外，脱硫石膏、尾矿、砷渣等全部外售综合利用。

（三）原、燃料及辅助材料消耗

技改工程年耗铜精矿 427 421 t（折合铜金属量 102 581 t），废杂铜 186 720 t，煤 24 026 t、燃料油 19 452 t、柴油 1 140 t。生产新水量 5 154.5 m^3/d，生活用水量 200 m^3/d。技改工程铜精矿的成分主要见表 5-4，废杂铜的成分主要见表 5-5。燃料煤、燃料油、柴油成分见表 5-6、表 5-7、表 5-8。

表 5-4 铜精矿主要成分

元素	Cu	Fe	S	SiO_2	CaO	MgO	pb	Zn	As	Au*	Ag*	H_2O
含量/%	24.0	26.0	27.0	7.0	4.0	0.6	1.5	2.5	0.06	5.0	350.0	8.0

*Au、Ag 单位为 g/t。

表 5-5 废杂铜主要成分

元素	Cu	S	Pb	As	Zn	Au*	Ag*
含量/%	93.00	0.09	0.5	0.03	1.5	22.18	670.56

*Au、Ag 单位为 g/t。

表 5-6 燃料煤成分

成分	水分	全硫	灰分	挥发分	固体碳	焦渣特征
含量/%	3.13	0.8	＜10	6～7	＞70	1.5
成分	碳	氢	氧	氮	视比重	低位发热量
含量/%	92.41	3.28	2.94	1.37	1.1	24.37 MJ/kg

表 5-7 燃料油成分

项目	固定 C	H	S	*Q* 低/（kJ/kg）	备注
含量/%	84	10.2	0.5	41 033	

表 5-8 柴油成分

项目	固定 C	H	S	*Q* 低/（kJ/kg）	备注
含量/%	85.4	11.2	0.22	41 023	

技改工程自有矿山以及长期合作矿山提供的铜金属量为 9.77 万 t/a，占粗铜冶炼所用铜金属量的 95.2%，达到《铜冶炼行业准入条件》要求的自有矿山以及 5 年上长期合作矿山自有原料超过 40%以上的要求。

技改工程主要辅助材料的消耗情况见表 5-9。

表 5-9　技改工程主要辅助材料消耗情况

序号	项目	单位	数量	备注
1	石英石	t/a	59 942	
2	石英砂	t/a	7 000	
3	石灰石	t/a	8 400	
4	石灰石粉（脱硫）	t/a	2 040	
5	耐火砖	t/a	2 000	
6	石墨电极	t/a	100	
7	柴油	t/a	1 140	
8	煤	t/a	24 026	含硫量小于 0.5%
9	燃料油	t/a	19 452	
10	硫酸钡	t/a	50	
11	还原煤粉	t/a	4 161	
12	硫酸	t/a	1 350	
13	盐酸	t/a	162	
14	贫化剂	t/a	736	

（四）主要工艺流程

技改工程以铜精矿为原料，粗铜冶炼工艺流程为铜精矿配料—金峰双侧吹熔池熔炼炉熔炼—PS 转炉吹炼，火法精炼采用固定式阳极炉精炼工艺；以废杂铜为原料采用固定式阳极炉冶炼工艺；电解采用常规电解法精炼；冶炼烟气采用“两转两吸”制酸工艺；主要生产系统包括精矿贮存及配料系统、熔炼系统、转炉吹炼系统、阳极炉精炼系统、杂铜冶炼系统及电解精炼系统等。技改工程冶炼生产工艺流程及排污节点见图 5-2，电解生产工艺流程及排污节点见图 5-3，制酸生产工艺流程及排污节点见图 5-4。

工艺流程描述（略）。

（五）主要平衡计算

1．物料平衡

技改工程物料投入、产出情况见表 5-10。

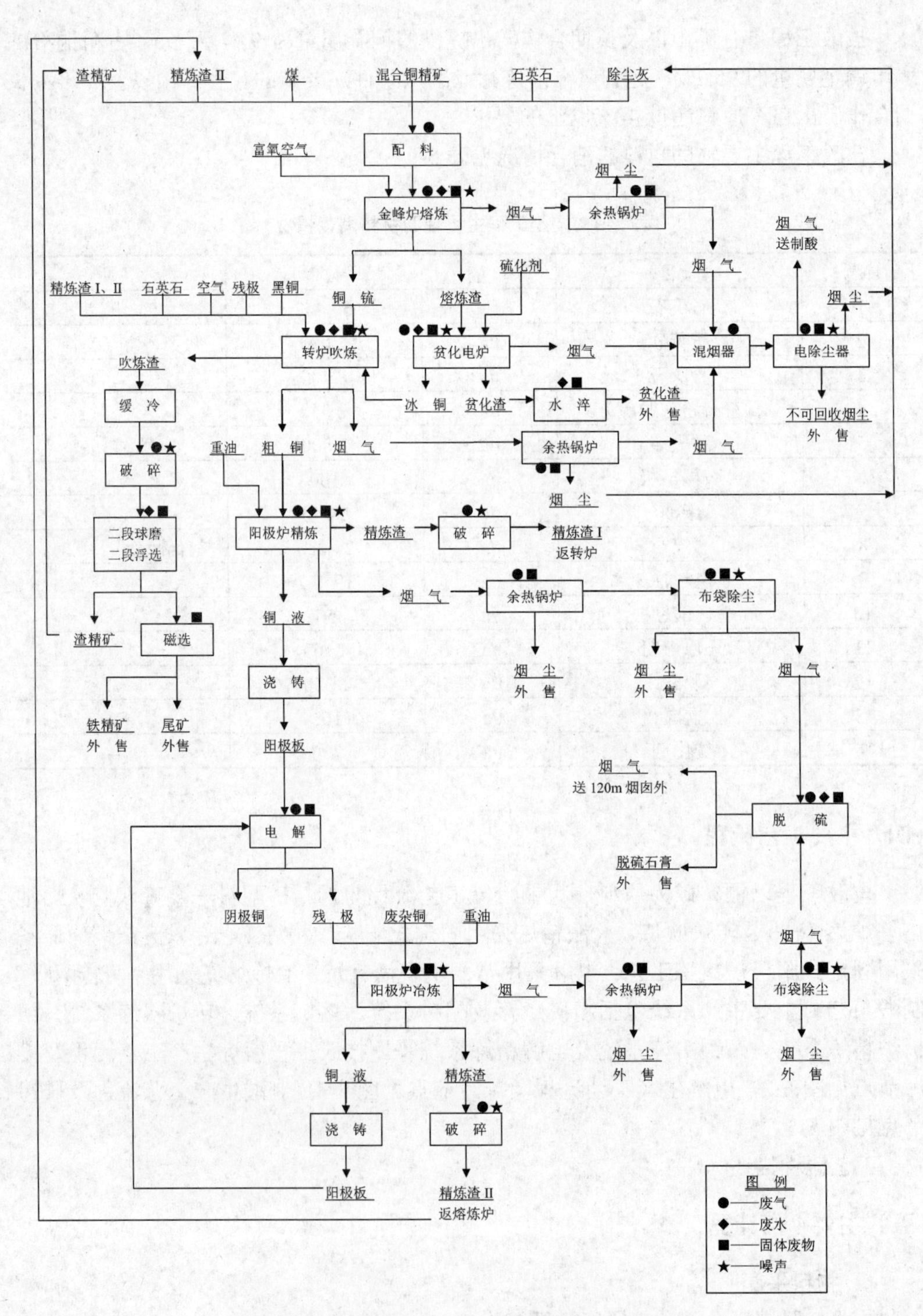

图 5-2 技改工程冶炼生产工艺流程及排污节点

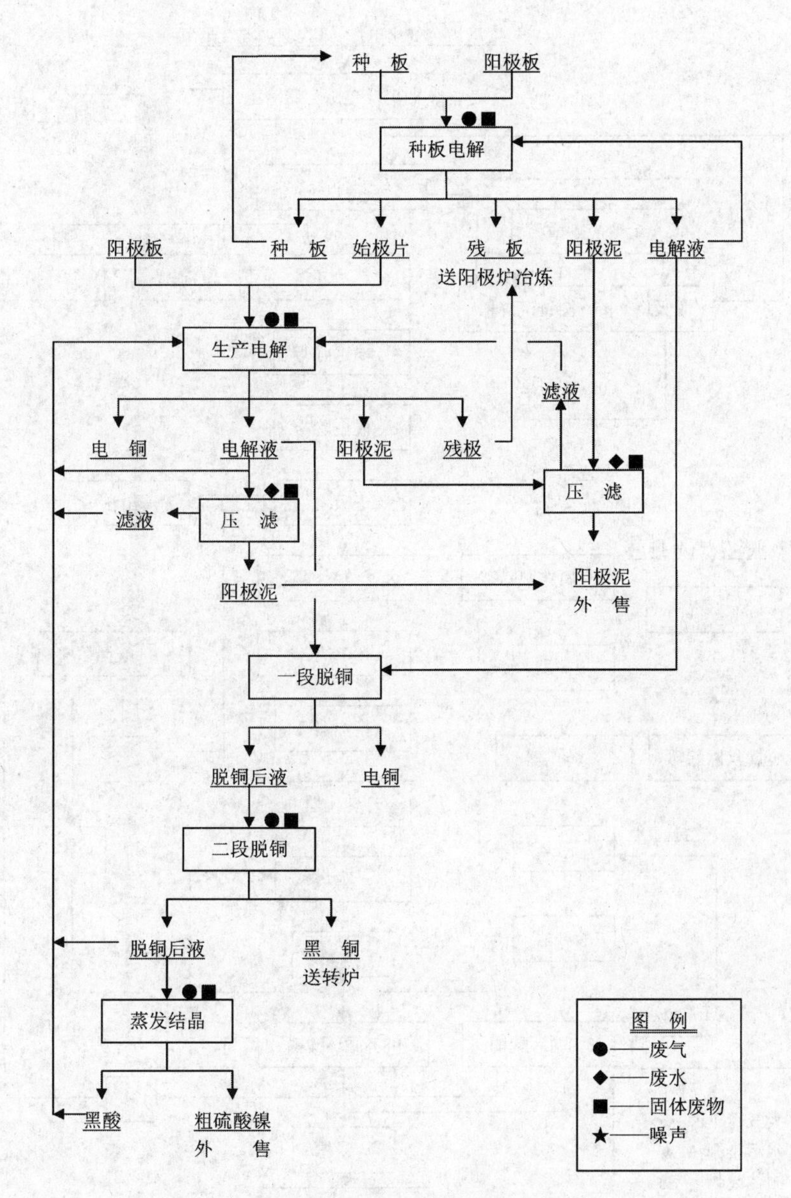

图 5-3　技改工程电解生产工艺流程及排污节点

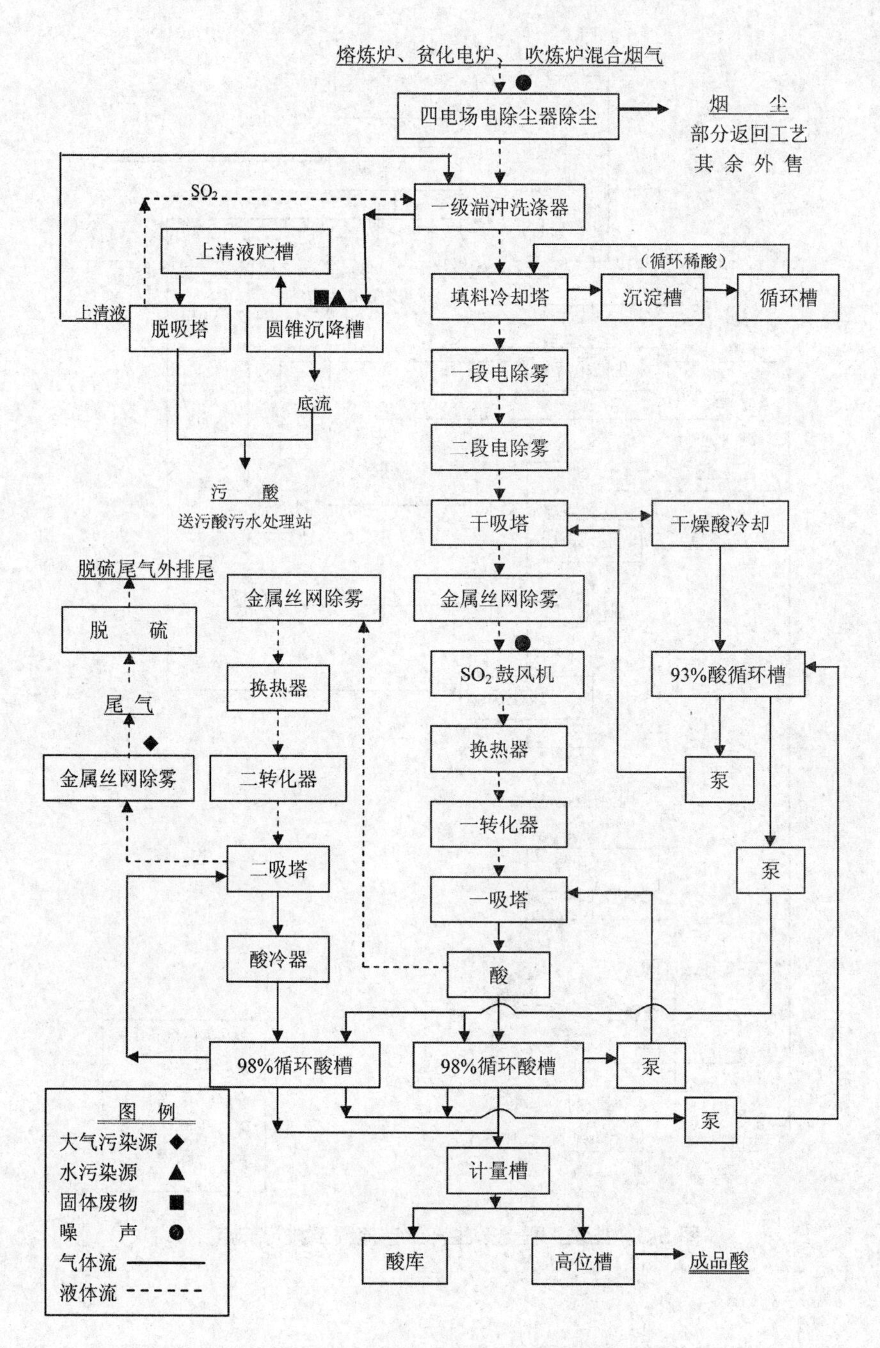

图 5-4 技改工程制酸生产工艺流程及排污节点

表 5-10　物料投入产出情况

投入		产出	
名称	数量/（t/a）	名称	数量/（t/a）
铜精矿	427 421	阴极铜	270 000
粗杂铜	186 720	1#电铜	1 539.16
盐酸	162	粗硫酸镍	2 317
块煤	24 026	H_2SO_4	343 200
燃料油	19 452	熔炼烟尘	7 680
石灰石	8 400	吹炼烟尘	7 680
贫化剂（硫铁矿）	736	精炼烟尘	2 643
硫酸钡	50	杂铜冶炼烟尘	10 912
还原煤粉	4 161	阳极泥	1 620
硫酸	1 350	铁精矿	33 344
触媒	34.32（m^3/a）	尾矿渣	26 208
化学水处理站碱	290	熔炼渣	197 478
石英砂	7 000	砷渣	832
石英石	60 000	制酸尾气脱硫石膏渣	2 417
石灰石粉	2 040	阳极炉烟气脱硫石膏渣	961
柴油	380	废触媒	34.32（m^3/a）
合　计	742 222.32	合　计	908 865.48

由表 5-10 可见，技改工程投入物料总量为 742 222.32 t/a，产出物料总量为 908 865.48 t/a。投入的物料中，煤、燃料油等大部分烧损，另外硫酸中含有 H_2O、O_2 等 168 098 t/a，总体看来，投入物料、产出物料量基本平衡。

2. 主要元素平衡

技改项目给出了硫、铜、铅、砷、锌平衡。以硫平衡为例，其他平衡图表略。

技改工程硫平衡见表 5-11 和图 5-5。

表 5-11　硫平衡

投入					产出				
项目	数量/（t/a）	含量/%	含硫量/（t/a）	比例/%	项目	数量/（t/a）	含量/%	含硫量/（t/a）	比例/%
铜精矿	427 421	27.00	115 403.67	99.07	成品酸	343 200	32.65	112 054.8	96.20
燃煤	24 026	0.800	192.21	0.17	硫酸尾气脱硫石膏	2 855	13.8	394.08	0.34
燃料油	19 452	0.500	97.26	0.08	熔炼炉渣	197 478	0.85	1 671.04	1.43
粗杂铜	186 720	0.09	168.05	0.14	选矿尾渣	26 208	0.078	20.44	0.02
硫化钠	960	24.60	236.16	0.20	熔炼、吹炼烟尘	15 360	7.2	1 105.92	0.95

投入					产出				
项目	数量/（t/a）	含量/%	含硫量/（t/a）	比例/%	项目	数量/（t/a）	含量/%	含硫量/（t/a）	比例/%
还原煤粉	4 161	0.400	16.64	0.01	精炼烟尘	13 555	2.29	310.67	0.26
柴油	380	0.22	0.84	0.001	砷渣	832	35.00	291.2	0.25
电解补充硫酸	466	31.977	149.01	0.13	铁精矿	33 344	0.06	20.01	0.02
贫化剂（硫铁矿）	738	30	221.4	0.19	粗硫酸镍	2 317	6.4	148.29	0.13
					阳极泥	1 620	2.2	35.64	0.03
					阳极炉烟气脱硫石膏	1 153	13.8	159.11	0.14
					制酸尾气排放			48.67	0.04
					冶炼炉烟气排放			218.01	0.19
					锅炉烟气排放			0.84	0.001
					外排烟粉尘			1.8	0.002
					损　失			4.72	0.004
合　计			116 485.24	100	合　计			116 485.24	100

由表 5-11 可见，技改工程投入含硫物料主要为铜精矿、粗杂铜、燃料煤、硫化钠和燃料油等，投入硫总量为 116 485.24 t/a，产出的含硫物料包括硫酸、脱硫石膏渣、熔炼烟尘、吹炼烟尘、精炼烟尘、熔炼渣、尾矿、铁精矿、阳极泥、砷渣和外排烟气等，硫的回收率为 98.20%；损失 4.72 t/a，占系统中硫总量的 0.004%，损失主要包括计量误差、冶炼喷溅及废气的无组织排放。

3．水平衡

技改工程总用水量为 420 001.9 m^3/d，其中生产新水 5 154. 5 m^3/d、生活水 200 m^3/d、循环水 411 843.4 m^3/d，二次利用水 2 199 m^3/d，回水量 605 m^3/d，工业水重复利用率为 98.73%。技改工程外排水主要为循环水系统排污水和生活污水，外排水总量为 748.5 m^3/d。技改工程水平衡见表 5-12 和图 5-6。

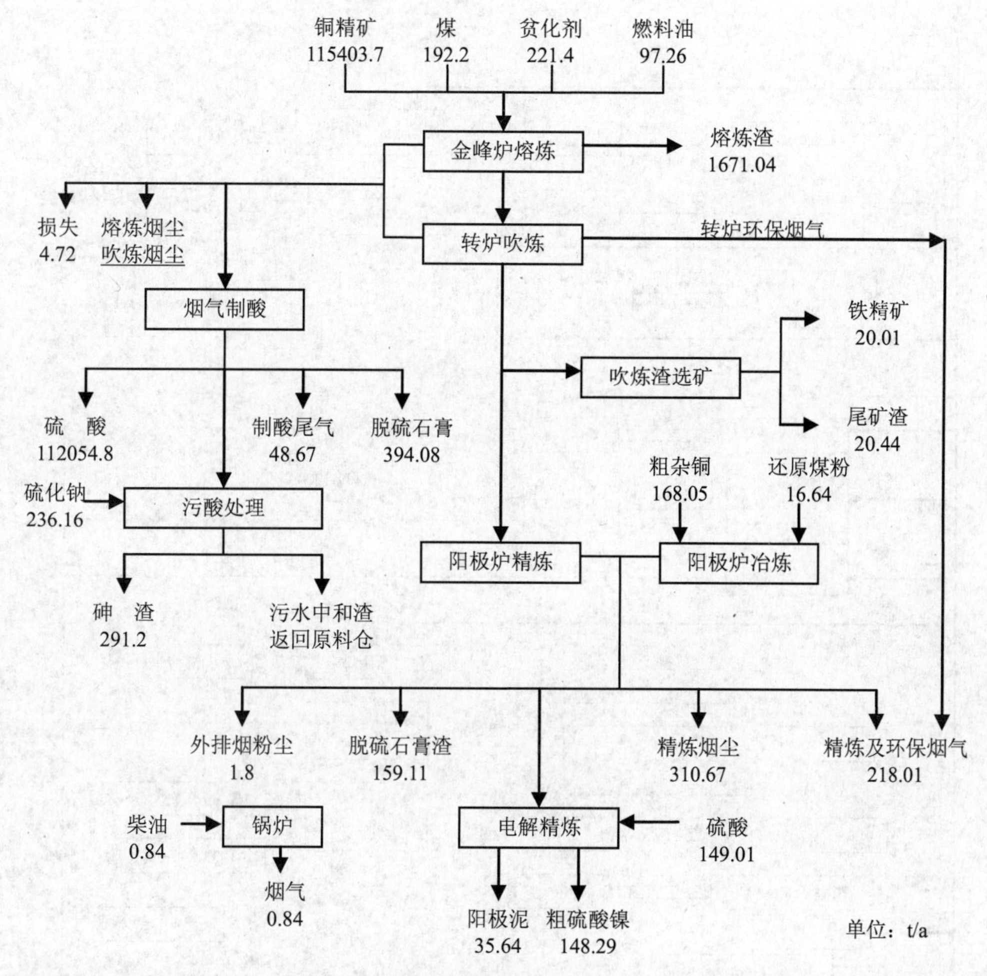

图 5-5　硫平衡

表 5-12　技改工程水平衡

序号	车间及用水设备名称	总用水量/（m^3/d）	时用水量/（m^3/h）	水质	水压/MPa	给水量/（m^3/d）						排水量/（m^3/d）						备注
						补充软水	补充普水	循环水	回用水1	回用水2	二次利用	循环水	处理后回用1	处理后回用2	二次利用	蒸发及产品带走	清水排放	
一	化学水处理站废水			普水	0.35		150							150				
二	冶炼车间																	
1	熔炼炉及附属设施冷却水	17 280	720	软化水	0.45	173		17 107				17 107			173			
2	吹炼炉烟罩冷却水	240	10	软化水	0.35	2.4		237.6				237.6			2.4			

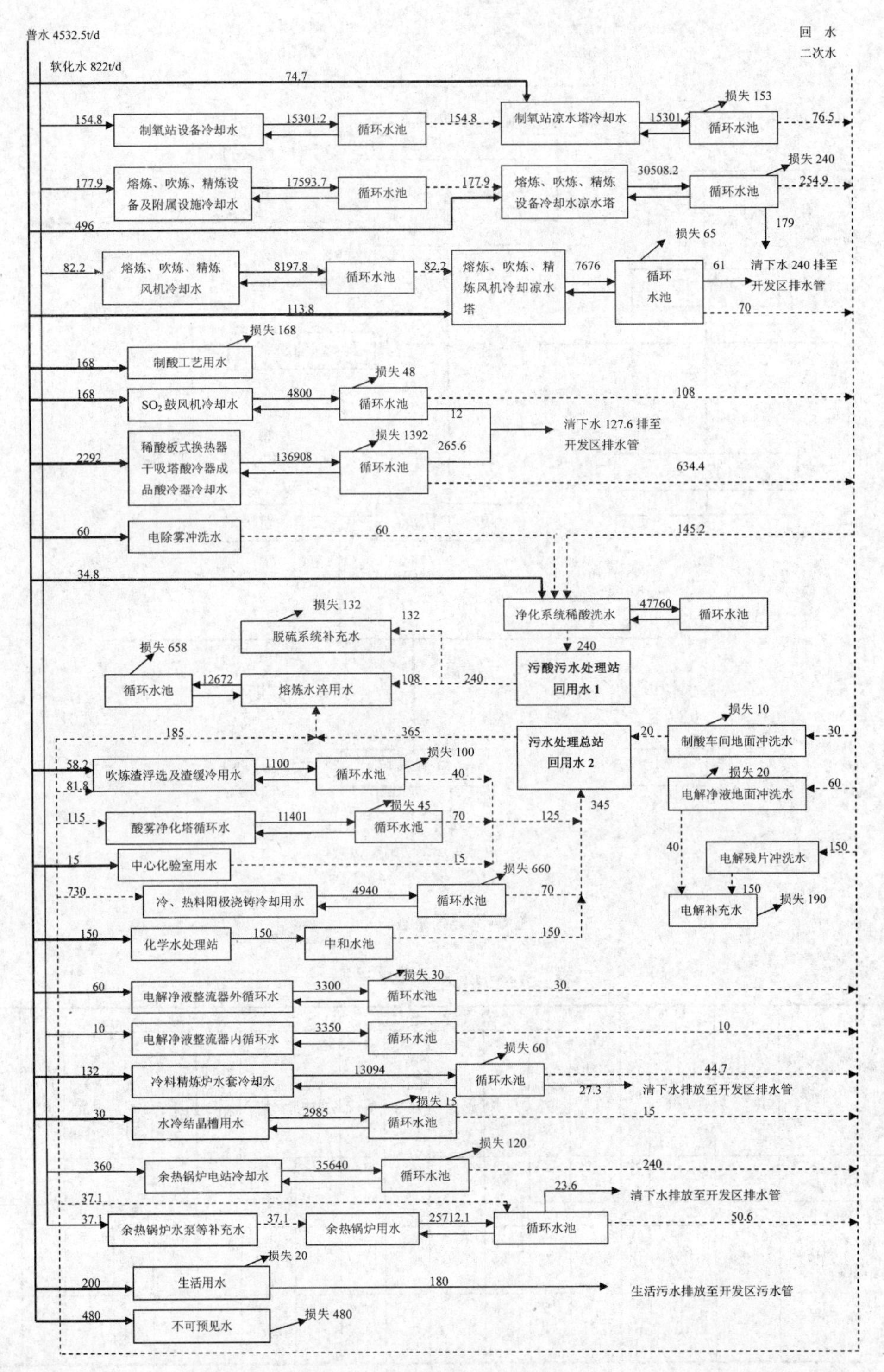
普水 4532.5t/d
软化水 822t/d
回水
二次水
74.7
154.8
制氧站设备冷却水
15301.2
循环水池
154.8
制氧站凉水塔冷却水
15301.2
循环水池
损失 153
76.5
177.9
熔炼、吹炼、精炼设备及附属设施冷却水
17593.7
循环水池
177.9
熔炼、吹炼、精炼设备冷却水凉水塔
30508.2
循环水池
损失 240
254.9
179
496
82.2
熔炼、吹炼、精炼风机冷却水
8197.8
循环水池
82.2
熔炼、吹炼、精炼风机冷却凉水塔
7676
循环水池
损失 65
61
清下水 240 排至开发区排水管
113.8
70
168
制酸工艺用水
损失 168
168
SO2 鼓风机冷却水
4800
循环水池
损失 48
108
12
清下水 127.6 排至开发区排水管
2292
稀酸板式换热器干吸塔酸冷器成品酸冷器冷却水
136908
循环水池
损失 1392
265.6
634.4
60
电除雾冲洗水
60
145.2
34.8
净化系统稀酸洗水
47760
循环水池
脱硫系统补充水
损失 132
132
240
污酸污水处理站回用水 1
循环水池
损失 658
12672
熔炼水淬用水
108
240
185
365
污水处理总站回用水 2
20
制酸车间地面冲洗水
损失 10
30
58.2
81.8
吹炼渣浮选及渣缓冷用水
1100
循环水池
损失 100
40
电解净液地面冲洗水
损失 20
60
345
115
酸雾净化塔循环水
11401
循环水池
损失 45
70
125
40
15
中心化验室用水
15
电解残片冲洗水
150
730
冷、热料阳极浇铸冷却用水
4940
循环水池
损失 660
70
150
电解补充水
损失 190
150
化学水处理站
150
中和水池
150
60
电解净液整流器外循环水
3300
循环水池
损失 30
30
10
电解净液整流器内循环水
3350
循环水池
10
132
冷料精炼炉水套冷却水
13094
循环水池
损失 60
44.7
27.3
清下水排放至开发区排水管
30
水冷结晶槽用水
2985
循环水池
损失 15
15
360
余热锅炉电站冷却水
35640
循环水池
损失 120
240
37.1
23.6
清下水排放至开发区排水管
37.1
余热锅炉水泵等补充水
37.1
余热锅炉用水
25712.1
循环水池
50.6
200
生活用水
损失 20
180
生活污水排放至开发区污水管
480
不可预见水
损失 480

图 5-6 技改工程水平衡

4．蒸汽平衡

技改工程设置了 1 台熔炼炉余热锅炉、1 台转炉余热锅炉、2 台热料阳极炉余热锅炉（1 用 1 备）、5 台冷料阳极炉余热锅炉，蒸汽产生量总计为 73.36 t/h，蒸汽压力为 0.4～4.0 MPa；产生的蒸汽主要用于电解车间硫酸镍生产、燃料油保温及生活需要，剩余蒸汽用于发电，余热发电蒸汽消耗量 40.36 t/h；另外技改工程备有 10 t/h 的燃油锅炉一台，年运行 20 天左右，用于停炉检修时生产蒸汽。技改工程蒸汽平衡见表 5-13。

表 5-13　蒸汽平衡

产出			消耗		
产汽点	压力等级/MPa	蒸汽量/（t/h）	用汽点	压力等级/MPa	用汽量/（t/h）
熔炼炉余热锅炉 1 台	4.0	28	余热发电	3.9	28
				0.8	12.36
转炉余热锅炉 1 台	0.8	12.36	电解车间（含净液工序）	0.4	29
热料阳极炉余热锅炉 1 台	0.4	3	燃料油保温	0.4	2.5
冷料阳极炉余热锅炉 5 台	0.4	30	生活等用汽及损耗	0.4	1.5
产出合计	—	73.36	消耗合计	—	73.36

（六）技改工程主要污染物排放

1．大气污染源分析

（1）制酸尾气

熔炼炉烟气、转炉烟气经余热锅炉、混烟器、电除尘器处理后送制酸；贫化炉烟气、熔炼炉环境集烟经混烟器混合、电除尘器除尘后送制酸；制酸烟气经净化、干吸、转化工序制酸。制酸尾气经石灰石—石膏法进行脱硫处理，最终脱硫尾气通过 90 m 高硫酸烟囱排放。制酸尾气脱硫效率在 90%以上，脱硫处理后尾气外排废气能够满足《大气污染物综合排放标准》（GB 16297—1996）中的标准限值（960 mg/m^3，130 kg/h）要求。

（2）冶炼烟气

转炉设环保烟罩，转炉加料口、出料口、排渣口等处逸散的烟气，经环保烟罩收集、布袋除尘器处理后通过 120 m 高吹炼环保烟囱外排。除尘系统处理除尘效率为 99%，外排烟气中 SO_2、烟尘、烟尘中的铅的排放浓度分别为 155.6 mg/m^3、20 mg/m^3、0.38 mg/m^3，排放速率分别为 23.34 kg/h、3 kg/h、0.057 kg/h。

技改工程粗铜火法精炼使用 2 台 120 t 阳极炉（1 用 1 备），杂铜冶炼使用 5 台 150 t

阳极炉。阳极炉炉膛烟气经余热锅炉回收余热、布袋除尘器除尘、石灰石—石膏法脱硫装置处理后外排，SO_2、烟尘、烟尘中的铅尘排放浓度分别为 45.4 mg/m^3、13.48 mg/m^3、0.256 mg/m^3，排放速率分别为 5.56 kg/h、1.65 kg/h、0.031 kg/h，除尘效率为 99%，脱硫效率为 90%；阳极炉环境集烟系统收集阳极炉加料口、扒渣口和铜排出口等处逸散的烟气，经布袋除尘器处理后外排，外排烟气中 SO_2、烟尘、烟尘中的铅尘浓度分别为 83 mg/m^3、16 mg/m^3、0.304 mg/m^3，排放速率分别为 29.05 kg/h、5.6 kg/h、0.106 kg/h，系统除尘效率为 99%。

配料车间密闭，料仓出料口主要落料点设集气罩，收集的废气通过布袋除尘器处理，除尘系统废气处理量 16000 m^3/h，除尘效率为 99.0%，外排废气中粉尘、铅尘排放浓度分别为 30 mg/m^3、0.45 mg/m^3，排放速率分别为 0.48 kg/h、0.007 2 kg/h。

上述转炉环境集烟、阳极炉炉膛烟气及环境集烟、配料车间废气集中一起通过 120 m 烟囱排放，排放烟气量为 638 500 m^3/h，外排烟气中 SO_2、烟（粉）尘、烟（粉）尘中的铅排放浓度分别为 90.76 mg/m^3、16.84 mg/m^3、0.32 mg/m^3，排放速率分别为 57.59 kg/h、10.76 kg/h、0.204 kg/h，外排烟气能够满足《工业炉窑大气污染物排放标准》（GB 9078—1996）表 5 和表 5 中的二级排放标准的要求[SO_2 850 mg/m^3，烟（粉）尘 100 mg/m^3、铅 10 mg/m^3]。

（3）熔炼车间、破碎车间物料输送粉尘

熔炼车间物料胶带输送机落料点等处设集气罩，废气通过布袋除尘器处理后通过 15 m 排气筒外排，除尘效率为 99.0%；返料破碎和选矿车间原料破碎放在一起，共建一个破碎车间，破碎车间密闭。破碎机上料口、出料口、给料机落料点设集气罩，收集的废气通过布袋除尘器处理后通过 15 m 排气筒外排。外排废气中粉尘、铅尘排放能够满足《大气污染物综合排放标准》（GB 16297—1996）表 5 中的浓度排放标准（颗粒物：120 mg/m^3，3.5 kg/h；铅尘：0.7 mg/m^3，0.004 kg/h）的要求。

（4）电解净液车间废气

电解净液车间的吊铜槽、浓缩槽等产生的硫酸雾分别通过二套酸雾净化处理系统进行处理。酸雾净化系统采用二级吸收净化处理工艺，先经第一级玻璃钢酸雾净化塔冷凝回收酸雾成酸水返回电解系统，再经过第二级玻璃钢酸雾净化塔用 6%的 NaOH 碱液喷淋洗涤中和，废气通过 15 m 高排气筒外排。酸雾净化系统的废气净化效率为 90%～95%，外排废气中硫酸雾浓度＜10 mg/m^3，两套系统总排放速率＜0.96 kg/h，外排废气能够满足《大气污染物综合排放标准》（GB 16297—1996）表 5 中的最高允许排放浓度（45 mg/m^3，1.5 kg/h）的要求。

（5）锅炉烟气

为解决检修时段的用热需求，技改工程建 1 座工业锅炉房，内设 1 台 10 t/h 的燃油锅炉，年运行 20 天。锅炉柴油消耗量 380 t/a，柴油含硫 0.22%，烟气通过 40 m 高排气筒外排。

锅炉烟气满足《锅炉大气污染物排放标准》（GB 13271—2001）中二类区Ⅱ时段最高允许排放浓度（SO_2：500 mg/m^3，烟囱最低允许高度 40 m）的要求。

（6）无组织排放

① 电解车间硫酸雾无组织排放量预计为 2.39 t/a（0.166 kg/h）。

② 按照可行性研究报告的物料平衡结果，技改工程 SO_2、烟尘、铅尘的无组织排放量分别为 7.9 t/a、1.84 t/a、0.034 4 t/a。

③ 技改项目的运输道路的粉尘无组织排放量为 21.5 t/a。

技改工程原、燃料堆场将采用全封闭堆场，防止原燃料堆场粉尘产生二次污染；危险废物渣场采用全封闭房间储存，预防二次污染；一般固体废物临时渣场采用有顶棚、有挡渣墙的设施堆存，并且及时清运工业固体废物；为避免二次扬尘的产生，采取洒水抑尘措施。

2．废水污染源分析

技改工程废水产生总量为 3 552.5 t/d。其中冷却循环水系统排污水产生量为 2 767.5 t/d，这类水主要为含盐、含热废水，属于较清洁废水，其中 2 199 t/d 回用于生产工艺，剩余的 568.5 t/d 外排进入新登厂区雨水管网；生活污水产生量 180 t/d，经化粪池处理后排往新登工业功能区污水管网，进而排入新登城市污水处理厂；制酸系统的酸性废水产生总量 240 t/d，废水主要含有 H_2SO_4、Pb、Zn、As、Cu 等污染物，全部进入污酸处理站处理后回用；硫酸车间地面冲洗水、吹炼渣浮选、渣缓冷循环排污水、酸雾净化塔排污水、中心化验室排水、化学水处理站废水、阳极浇铸循环排污水等废水产生量 365 m^3/d，经污水处理总站处理后全部回用做熔炼渣水淬补充水；电解、制酸、冶炼等主要生产区收集初期雨水产生量 3 300 m^3/次，经雨水处理站处理后，替代熔炼渣水淬用水、阳极铜浇铸机冷却水、吹炼渣浮选及渣缓冷用水（其中普通水 58.2 m^3/d）、硫酸净化系统封闭稀酸洗水（其中普通水 34.8 m^3/d）、电解残片冲洗与地面冲洗水等部分新水与二次利用水，全部回用。

技改工程污酸性质见表 5-14。

表 5-14　污酸性质

成分	Cu	As	Pb	Zn	H_2SO_4
含量/（mg/L）	30	2 600	320	320	6%～8%

污水处理站出水水质符合《污水综合排放标准》（GB 8978—1996）中的一级标准，全部回用生产。其主要成分如下：pH 8～9、Cu＜0.5 mg/L、Pb＜1.0 mg/L、As＜0.5 mg/L、Zn＜2.0 mg/L。

3．固体废物分析

技改工程产生的固体废物主要包括熔炼炉渣、除尘灰、精炼渣、尾矿、铁精矿、铜精矿、阳极泥、粗硫酸镍、废触媒、砷渣、中和渣、脱硫石膏渣、电解残极等。固体废物产生、排放情况见表 5-15。

表 5-15 固体废物产生、排放情况

序 号	固体废物名称	产生量/（t/a）	排放去向	备注
1	熔炼炉渣	197 478	作为建筑材料外售	一般工业固体废物
2	原料破碎粉尘	705.67	返回配料	中间产物
3	熔炼电收尘烟尘	3 754	返回配料	中间产物
4	熔吹炼烟尘	15 360	外售，执行五联单转移制度	危险废物
5	精炼烟尘	13 555	外售，执行五联单转移制度	危险废物
6	精炼渣 1	2 816	返吹炼	中间产物
7	精炼渣 2	18 212	返熔炼、吹炼	中间产物
8	渣选厂尾矿	26 208	作为建筑材料外售	一般工业固体废物
9	铁精矿	33 344	外售	副产品
10	铜精矿	13 600	返配料	中间产物
11	阳极泥	1 620	外售	副产品
12	粗硫酸镍	2 317	外售	副产品
13	黑铜	6 231	返转炉	中间产物
14	废触媒	34.32	外售，执行五联单转移制度	危险废物
15	砷渣	832	外售，执行五联单转移制度	危险废物
16	中和渣	7 128	返回配料仓	中间产物
17	电解残极	69 338	返回阳极炉	中间产物
18	脱硫石膏渣	4 008	外售做建材	一般工业固体废物
小计		416 540.99		
19	工业垃圾	212		一般工业固体废物
合 计		416 752.99		

由表 5-15 可以看出，技改工程工业固体废物产生量为 416 540.99 t/a，所有一般工业固体废物全部得到综合利用，危险废物都得到了安全处置。

技改工程熔炼炉渣组成见表 5-16。

表 5-16 熔炼炉渣组成

元素	Cu	Fe	S	SiO_2	CaO
组成/%	0.48	42.04	0.85	34.45	9.24

熔炼烟尘、吹炼烟尘、精炼烟尘均属于危险废物，各类烟尘化学组成见表 5-17。

表 5-17　烟尘化学组成　单位：%

项目	数量/（t/a）	Cu	Fe	S	SiO_2	CaO	MgO	Pb	Zn	As
熔炼烟尘	7 680	6.55	19.96	5.8	15	1.5		26.17	13.43	0.22
吹炼烟尘	7 680	6.55		5.8				26.17	13.43	0.22
精炼烟尘	2 643	16.5		2.25				18.38	31.87	0.20
杂铜冶炼烟尘	10 912	16.5		2.25				18.38	31.87	0.20

铜精矿、铁精矿、尾矿都属于一般工业固体废物，化学组成见表 5-18。

表 5-18　选矿车间固体废物化学组成　单位：%

项目	数量/（t/a）	Cu	Fe	S	SiO_2	Pb	Zn	As
铜精矿	13 600	20	42	3.39	25			
铁精矿	33 344	0.4	58	0.06	20	0.18	2.6	0.006 1
尾矿	26 208	0.34	34.47	0.06	30.8	0.21	2.77	0.007 1

阳极泥、粗硫酸镍、黑铜主要化学成分见表 5-19。

表 5-19　电解净液车间固体废物化学组成　单位：%

项目	数量/（t/a）	Cu	Au	Ag	S	Pb	Ni	As
阳极泥	1 620	21.7	0.37	16.12	2.2	15.1		2.0
粗硫酸镍	2 317	1.5			6.4	1.5	21.5	
黑铜	6 281	65						

4．噪声分析

技改工程高噪声设备主要有风机、制氧机、水泵、破碎机等，其噪声值一般在 95～120 dB（A）。

具体各个噪声源强略。

5．非正常工况污染源

若在生产过程中发生事故工况，特别是冶炼烟气的事故排放，将会对周围环境造成显著污染影响，因此，应避免硫酸系统由于各种原因致使 SO_2 的综合转化吸收利用率下降，尾气中 SO_2 的排放量增加。造成这种情况的原因主要有以下几类：

① 冶炼烟气电除尘器除尘效率降低，致使净化系统负荷增加，净化效率下降，烟气中尘、砷等杂质含量达不到制酸的净化指标要求，带入转化系统并造成触媒中毒，SO_2 转化率下降；当触媒永久性中毒后，需要更换触媒。

② 净化系统漏入大量空气，使进入转化工序的烟气 SO_2 的浓度降低，不能保持

转化自然热平衡，最终使转化率降低；随着熔炼与吹炼烟气静电除尘器性能的进一步稳定和提高，目前因烟气中尘量过大而致使触媒中毒，进而造成 SO_2 转化率降低的情况已大大减少。本评价按 SO_2 转化率下降到 99%，来考虑这种事故工况的排放情况。

③ 制酸尾气吸收系统发生故障，此时尾气脱硫效率为 0，制酸尾气由 90 m 烟囱外排。如果在生产过程中制酸系统突然出现故障，而熔炼系统未及时停炉时，将会造成高浓度 SO_2 烟气从环保集烟系统直接排放的严重事故。要采用严格的管理措施，当技改工程制酸系统突然出现故障时，熔炼炉必须立即停止生产。

表 5-20 为非正常生产状况及事故工况下污染物的排放参数。

表 5-20　非正常生产状况及事故工况下污染物的排放参数

污染源	非正常/事故状况	烟气量/（m^3/h）	污染物种类	排放浓度/（mg/m^3）	源强/（kg/h）	源高/m	排放时间/min	排放量/kg
熔炼炉	开停炉	9 000	SO_2	800	7.2	120	960	115.2
			烟尘	100	0.9			14.4
SO_2 尾气	SO_2 转化率下降到 99%	142 067	SO_2	515	73.16	90	30	36.58
	制酸系统出现故障	111 400	SO_2	112403	12 521.7	120	5	2 086.95
			As	235.19	26.20			4.37
			烟尘	40	4.46			0.74
	尾气吸收系统故障	135 302	SO_2	865	117.04	90	30	58.52
			硫酸雾	5	0.68			0.34
污酸处理气体	碱液吸收系统	4 000	H_2S	50	0.2	15	30	0.1

6. 技改前后污染源变化

（1）废气

技改工程前后大气污染物变化情况见表 5-21。

表 5-21　技改工程前后大气污染物排放变化情况

项目	烟气排放量/（万 m^3/a）	SO_2/（t/a）	烟尘/（t/a）	粉尘/（t/a）	铅尘/（t/a）	硫酸雾/（t/a）
技改工程前	94 997.52	292.38	23.86	142.5	2.35	3.49
技改工程后	572 807.4	542.91	82.76	24.83	1.59	10.45
技改前后增减量	+477 809.88	+ 250.53	+58.9	−117.67	−0.76	+6.96
技改前后增减率/%	+ 502.97	+85.69	+ 246.86	−82.58	−32.34	+ 199.43

（2）废水

技改工程前后废水污染物变化情况见表 5-22。

表 5-22　技改工程前后废水污染物排放变化情况

项目	废水排放量/（m^3/a）	污染物排放量/（t/a）							
		COD	BOD_5	NH_3-N	Cu	Pb	Zn	Cd	As
技改工程前	514 535	3.27	1.52	0.24	0.01	0.003 8	0.08	0.001 5	0.002 7
技改工程后	247 005	17.82	8.91	1.50					
技改前后增减量	−267 530	＋14.55	＋7.39	＋1.26	−0.01	−0.003 8	−0.08	−0.001 5	−0.002 7
技改前后增减率/%	−51.99	＋444.95	＋ 486.18	＋525	−100	−100	−100	−100	−100
技改工程区域削减措施后	247 005	3.56	1.19	0.48					
区域削减较技改前增减量	−267 530	＋0.29	−0.33	＋0.24					
较技改前区域削减增减率/%	−51.99	＋8.87	−21.71	＋100					

*注：技改工程后新登厂区排放的废水全部是生活污水，全部排入新登城市污水处理厂，没有直接外排废水；《城镇污水处理厂污染物排放标准》（GB 18918—2002）一级 B 标准中最高允许排放浓度：COD 60 mg/L、BOD_5 20 mg/L、NH_3-N 8 mg/L。

（3）工业固体废物

技改工程前后工业固体废物变化情况见表 5-23。

表 5-23　技改工程前后工业固体废物变化情况

项目	产生量/（t/a）	综合利用量/（t/a）	堆存量/（t/a）	综合利用率/%
技改工程前	129 852	129 852	0	100
技改工程后	416 540.99	416 540.99	0	100
技改前后增减量	＋286 688.99	＋286 688.99	0	—
技改前后增减率/%	＋ 220.78	＋ 220.78	0	—

点评：

1. 该报告以表格形式给出了拟建工程的主要建设内容：包括主体工程、配套工程、贮运工程、公用工程、辅助工程、环保工程等，并在每项建设内容后面给出了主要设备；环保设施给出主要规模、处理工艺、排放方式等，简单、清楚，使建设内容一目了然。

2．该报告给出了原料铜精矿的主要成分：铜、硫、金、银以及重金属；给出了燃料、辅助材料中的化学成分表以及硫的含量；给出了原辅料、燃料的消耗量，为后面的元素平衡提供了依据。

3．该报告中明确给出了物料平衡、元素平衡以及水平衡图表和蒸汽平衡表，清楚描述了各物料（特别是含硫以及重金属等有毒有害元素的物料）的来源、去向等，并从物料量、有害元素含量与数量等方面进行细化分析；水平衡图表根据工序给出了用排水量平衡，将用水量具体到工序。

4．该报告详细给出各个工序排出的污染物，并给出有排污节点的工艺流程图：

大气污染源强核算分项列出建设项目的污染源、污染物名称、产生量、产生浓度，污染防治措施、排放浓度、最终排放量、排放方式及去向，还包括无组织排放源强的核算内容；

废水污染源强给出了废水来源、水量、主要污染物产生浓度、污染防治措施、排放浓度、排放量以及排放去向；满足含重金属废水不外排的要求。

固废给出产生固废的化学成分、性质、产生量、综合利用率。

该报告还给出了非正常工况下废气、废水的排放情况。

四、清洁生产和循环经济分析

本技改工程采用金峰双侧吹熔池熔炼炉替代现有鼓风炉生产工艺，单位产品的主要特征污染物排放量与国内同类生产工艺企业比较属于国内领先水平，见表 5-24。对照技改工程能耗、铜回收率、水循环利用率等 28 项指标中，除熔炼工序烟气二氧化硫含量、硫的回收率、制酸工艺达二级水平外，其余 26 项指标均达到《铜冶炼业清洁生产标准》（环境保护部 2010 年 2 月发布）一级水平，本项目均具有较高的清洁生产水平，水耗和单位产品污染物排放指标在国内处于先进水平，物耗、能耗指标已达到国际先进水平，见表 5-25。

表 5-24　单位产品主要特征污染物排放量对比表

厂名 污染物	贵溪冶炼厂（闪速炉）	阳谷祥光铜业（双闪）	铜陵有色公司		杭州富春江冶炼有限公司	
			现状（奥炉）	技改工程（双闪、奥炉综合）	现状（鼓风炉）	技改工程（金峰炉）
二氧化硫/（kg/t 铜）	16.68	8.79	19.64	2.56	2.49	2.01
烟尘/（kg/t 铜）	1.71	1.12	1.39	0.99	1.78	0.40
排水量/（m^3/t 铜）	7.8	8.1	15.9	2.64	5.50	0.91

污染物	厂名	贵溪冶炼厂（闪速炉）	阳谷祥光铜业（双闪）	铜陵有色公司		杭州富春江冶炼有限公司	
				现状（奥炉）	技改工程（双闪、奥炉综合）	现状（鼓风炉）	技改工程（金峰炉）
废水中	铜/（g/t 铜）	23.7	0	3.0	0	0.029	0
	铅/（g/t 铜）	2.36	0	3.2	0	0.011	0
	锌/（g/t 铜）	16.5	0	4.3	0	0.024	0
	镉/（g/t 铜）	0.24	0	0.3	0	0.005	0
	砷/（g/t 铜）	18.3	0	2.4	0	0.008	0

表 5-25　铜冶炼业清洁生产技术指标对比表

清洁生产指标等级		一级	二级	三级	技改项目	等级
1．生产工艺与装备要求						
1.1 工艺选择						
1.1.1 主体冶炼工艺		采用国际先进冶炼工艺	采用国内先进的冶炼工艺	采用不违背《铜冶炼行业准入条件》的冶炼工艺	采用国际先进冶炼工艺	一级
1.1.1.1 熔炼工序	废渣含铜/%	≤0.6	≤0.7	≤0.8	0.48	一级
	烟气二氧化硫（二氧化硫）含量/%	≥20	≥10	≥6	19.63	一级
1.1.1.2 吹炼工序	粗铜含硫/%	≤0.1	≤0.2	≤0.4	0.02	一级
1.1.2 制酸工艺		二转二吸，转化率≥99.8% 不需要尾气吸收可达到排放标准	二转二吸，转化率≥99.6%	单次接触、二转二吸或其他符合国家产业政策的工艺，转化率≥99.5%	两转两吸，转化率 99.6%	二级
1.2 装备						
1.2.1 废气的收集与处理		炉体密闭化，具有防止废气逸出措施。在易产生废气无组织排放的位置设有废气收集与净化装置			满足	一级
1.2.2 备料		采用封闭式或防扬散贮存，贮存仓库配通风设施；采用带式输送机传输，全封闭式输送廊道			满足	一级
2．资源能源利用指标						
2.1 单位产品综合能耗	粗铜工艺（折标煤）/(kg/t)	≤340	≤430	≤530	211.2	一级
	阳极铜工艺（折标煤）/(kg/t)	≤390	≤480	≤580	245.2	一级

清洁生产指标等级		一级	二级	三级	技改项目	等级
2.2 铜回收率	铜冶炼系统回收率/%	≥97.5		≥97	98.26	一级
	粗铜冶炼回收率/%	≥98.5		≥98	99.2	一级
2.3 硫的回收	硫的总捕集率/%	≥98.5		≥98	99.76	一级
	硫的回收率/%	≥97	≥96.5	≥96	96.81	二级
2.4 镁砖单耗/（kg/t）		≤10	≤15	≤50	10	一级
2.5 新水耗量/（t/t）		≤20	≤23	≤25	11.4	一级
3．产品指标						
标准铜/%		≥99.95			99.95	一级
4．污染物产生指标（末端处理前）						
4.1 废水	废水产生量/（m^3/t）	≤15	≤18	≤20	9.5	一级
4.2 废气	二氧化硫（二氧化硫）产生量（制酸后）/（kg/t）	≤12	≤16	≤20	8.98	一级
	烟尘产生量/（kg/t）	≤50	≤60	≤80	28.6	一级
	工业粉尘产生量/（kg/t）	≤7	≤9	≤10	2.72	一级
5．废物回收利用指标						
5.1 水的循环利用率/%		≥97	≥96	≥95	98.73	一级
5.2 固体废物综合回收利用率/%		≥95	≥90	≥85	99.8	一级
5.3 熔炼弃渣		水淬渣多作为水泥的配料、道渣和地下开采矿井的充填料，鼓励开发新用途			符合	一级
5.4 炉渣		仍含有一定品位的铜，在各冶炼厂或返回熔炼炉，或送选矿厂选铜精矿			符合	一级
5.5 烟尘		回收治理			符合	一级
5.6 废水处理沉淀渣		交有资质的厂家进行无害处理，不得与其他一般废渣堆放，不得擅自填埋			符合	一级
5.7 生产作业面废水		处理后回用	进入废水处理系统		处理后回用	一级
5.8 生产区初期雨水		处理后回用	进入废水处理系统		处理后回用	一级

点评：

该报告明确所采用的主要生产工艺的优缺点，与其他生产工艺相比所具有的主要特点。明确了拟采用工艺的先进性、主要特点及环保优势，并对照《清洁生产标准 铜冶炼业》（HJ 558—2010）、《清洁生产标准 铜电解业》（HJ 559—2010）的有关要求，逐项比较建设项目相关指标；给出了能耗、物耗、水耗、单位产品的污染物产生量及排放量等指标，并与国内外先进生产工艺进行比较，明确建设项目清洁生产水平所处的地位，并说明各指标之间差异的原因；明确了拟建项目完成前后全厂主要清洁生产指标变化对比，通过对比使拟建项目的清洁生产水平一目了然。

五、工程建设地区环境概况（略）

六、施工期环境影响分析（略）

七、环境空气质量现状及影响评价

（一）环境空气质量现状

评价区域内各监测点的二氧化硫、二氧化氮、总悬浮颗粒物和可吸入颗粒物的日平均浓度最大值占标率分别为 63%、66%、100%、99%，二氧化硫、二氧化氮 1 小时平均浓度最大值占标率分别为 17%和 25%，满足《环境空气质量标准》（GB 3095—1996）二级标准要求。各监测点特征污染物硫酸雾、砷化物和铅及其无机化合物的日平均浓度最大值占标率分别为 66%、33%、27%，其中硫酸雾 1 小时平均浓度最大值占标率为 25%，均满足《工业企业设计卫生标准》（TJ 36—79）中的标准要求。

（二）大气预测及评价

预测采用 EIAProA2008 大气预测软件。

确定大气评价范围是以环境集烟系统东南方某点为中心，边长为 5 km 的正方形。

预测情景见表 5-26。

表 5-26　项目常规预测情景

序号	污染源类别	预测因子	计算点	预测内容
1	新增污染源（正常排放）	所有预测因子	环境空气保护目标 网格点 区域最大地面浓度点	小时浓度 日平均浓度 年均浓度
2	新增污染源（非正常排放）	所有预测因子	环境空气保护目标 区域最大地面浓度点	小时浓度

对于技改工程而言，评价区域内各污染物的叠加浓度为：

新增污染源预测值＋现状监测值＝项目建成后最终的环境影响

其中，对于环境空气现状监测点的背景浓度，由于缺少年均的背景浓度值，因此采用现状监测的浓度最大值（其中 SO_2、NO_2 及硫酸雾包括小时浓度与日均浓度，而 TSP、PM_{10}、As 与 Pb 只为日均浓度）。另外，对于没有现状监测值的环境空气敏感点，其背景浓度由插值得出；对于地面最大浓度值点的背景浓度，则利用已有监测点相应数值取平均得出。

对于环境空气敏感点，考虑预测值与同点位处的现状背景值的最大值的叠加影响；对最大地面浓度点的环境影响应考虑预测值和所有现状背景值的平均值的叠加影响。

另外，由于技改工程设计的锅炉房用于熔炼系统停工时向电解车间供热，即锅炉烟囱排放时熔炼系统与制酸系统均不运行，因此本评价预测了锅炉烟囱单开时对评价区域 SO_2 与 PM_{10} 的浓度贡献情况。考虑到锅炉每年运行时间很短，因此预测时只关注污染物的小时浓度与日均浓度影响。

预测结果表明，正常工况下，本项目大气污染物对周边环境空气敏感目标的 SO_2、TSP、PM_{10}、硫酸雾、As 与 Pb 的 1 小时浓度、日均浓度及全时段浓度贡献值均达标且较小；就浓度叠加值来看，包秦村 TSP 的日均最大浓度存在超标，主要是由于其现状监测值已超标造成的，其他各污染物在各敏感点的浓度叠加值均达标。各污染物对于周边环境空气的地面最大浓度值点的叠加浓度均达标；非正常排放情况下，SO_2、As、Pb 和硫化氢对环境空气敏感目标以及地面最大浓度值点的浓度贡献值存在显著的超标现象，有些极端的事故排放情况下超标现象非常严重。

依照《铜冶炼行业准入条件》（发改委公告[2006]第 40 号）及《硫酸厂卫生防护距离标准》（GB 11663—89）中硫酸厂卫生防护距离的要求，报告书确定技改工程的环境防护距离为 1 km，见图 5-7。目前，技改工程厂址周边 1 km 范围内有清泉村、唐家村、大贝村和李家，按照《富阳市人民政府关于对某公司项目征地拆迁的承诺函》（富政函[2009]145 号文）的承诺，在某公司项目建成投产前完成该项目周边 1 km 范围内共278户农户的拆迁工作，上述几个村庄拟全部搬迁。

图5-7　环境防护距离包络线示意图

点评：

1．该报告根据行业特点对评价范围内的大气环境质量现状进行了监测，监测布点合理、监测因子选择恰当，准确地反映了当地的环境质量现状，满足项目建设要求。

2．报告结合环境空气预测结果，对比《硫酸厂卫生防护距离标准》（GB 11663—89）、《铜冶炼行业准入条件》等法规文件对铜冶炼厂防护距离的设置提出了要求，并将上述三种结果叠加绘出包络线图，明确了建设项目的环境防护距离。

八、地表水质量现状评价及影响分析

（一）地表水环境质量现状监测

评价区内主要地表水体为富春江的二级支流松溪及一级支流渌渚江，松溪为Ⅱ类水体，渌渚江为Ⅲ类水体。松溪位于技改工程厂址以西 2.3 km 处，渌渚江距技改工程西南 3.3 km，富春江距技改工程南 15 km。

2009 年 7 月 29～31 日监测数据表明，松溪河各监测断面除化学需氧量超标外，pH、溶解氧、汞、硫化物、六价铬、悬浮物、BOD_5、氨氮、砷、石油类、铜、铅、镉、锌、氰化物、氟化物、挥发酚均满足《地表水环境质量标准》（GB 3838—2002）Ⅱ类标准要求，化学需氧量最大超标倍数为 0.1。超标原因可能是与附近城镇居民生活污水以及一些企业外排废水有关。渌渚江各监测因子均满足《地表水环境质量标准》（GB 3838—2002）Ⅲ类标准要求。

（二）地表水预测及评价

由于技改工程生产废水处理后全部循环利用；生活污水经化粪池处理后排入新登污水处理厂，循环水系统排污水排入新登工业功能区雨水管网。根据项目所在区域环境状况，按《环境影响评价技术导则　地面水环境（HJ/T 2.3—93）》中的有关规定，地表水环境影响评价等级不足三级，所以对地表水进行现状及环境影响分析。

由于技改工程对污废水均采取了有效的治理回用措施，生产废水全部回用，生活污水初步处理后通过新登工业功能区污水管网排往新登城市污水处理厂，少量外排水为循环水系统排污水，因而不会对周边环境造成不利影响。

九、地下水环境现状调查及影响分析

（一）地下水环境质量现状监测

监测数据表明，各监测点 pH、总硬度、溶解性总固体、氰化物、硫酸盐、氯化物、铁、氟化物、挥发酚、硝酸盐、砷、汞、铬（六价）、铅、镉、铜、高锰酸盐指数均满足《地下水质量标准》（GB/T 14848—93）中Ⅲ类标准要求。厂址、清泉村、包秦村和桥头各监测点的亚硝酸盐和大肠杆菌均超标，亚硝酸盐最大超标倍数分别为 0.55、0.3、0.9 和 1.4 倍，大肠杆菌最大超标倍数分别为 10.7、1.33、2.78 和 5 倍，厂址、包秦村和桥头的氨氮超标，最大超标倍数分别为 0.255、4.05 和 8.85 倍。清泉村和桥头的铁超标，最大超标倍数分别为 0.23 和 1.3 倍。因项目附近村民用水井基本为浅层水，因此各监测点超标主要原因是生活污水及农业污染源进入浅层含水层中导致的浅层地下水污染。

（二）地下水预测

本次环评主要依靠现有水文地质资料、地下水监测结果及工程自身特点对本工程建设对项目所在区域地下水环境的影响作出分析。

技改工程设计电解车间为防渗地面，跑、冒、滴、漏的含酸废液、废水均自流至废液收集池，并送净液工段回收利用；中和渣、选矿厂尾矿渣临时堆场按第Ⅱ类一般工业固体废物贮存场的防渗要求施工防渗层；砷渣库、烟尘库按照危险废物贮存场的防渗要求施工防渗层；废水处理站废水池为防渗漏水池；故本项目在正常生产情况下，对周围地下水环境不会产生明显影响。

点评：

该报告书对现状地下水环境进行了现状调查以及水质监测，对于地下水的影响进行了简单分析并提出了防范措施，满足当时的评价要求。

对于铜冶炼行业的地下水评价应按照《环境影响评价技术导则　地下水环境》（HJ 610—2011）的要求进行。

十、固体废物影响分析

技改工程产生的固体废物绝大多数在厂内回用于生产工艺，脱硫石膏、尾矿等一般工业固体废物全部外售给水泥厂综合利用，砷渣等危险废物外售给有资质的单位综合利用，生活垃圾由新登工业功能区统一处理，工业固体废物临时堆场严格按照《危险废物贮存污染控制标准》和《一般工业固体废物贮存、处置场污染控制标准》的要求建造。因此，在严格落实处理措施与管理制度的情况下，不会对外环境产生影响。

十一、声环境质量现状及影响分析

（一）噪声环境质量现状监测

2009 年 8 月 29～30 日监测数据表明，技改工程厂界各测点昼间、夜间噪声最大值分别为 52.1 dB（A）和 45.2 dB（A），项目周围敏感点昼间、夜间噪声最大值分别为 51.7 dB（A）和夜间 43.8 dB（A），满足《声环境质量标准》（GB 3096—2008）中的1类标准要求。

（二）噪声预测

噪声预测采用无指向性的点源几何发散衰减模式（点源衰减模式）对厂界现状监测点的影响值进行预测。预测内容为技改工程主要高噪声设备对厂界四周和敏感点的噪声贡献值。

经预测技改工程对厂界噪声贡献值较大的车间和设备为吹炼渣浮选车间和余热锅炉排气管，本次评价提出加强降噪措施建议后，各厂界昼夜噪声预测值均能达到《工业企业厂界环境噪声排放标准》（GB 12348—2008）中的3类标准要求。

技改工程周围的两个声环境敏感点中，官山行政村的清泉自然村在本项目搬迁计划中，距本项目最近距离为0.6 km；包秦村距离厂区最近距离1.7 km，经噪声预测后，官山行政村的清泉自然村和包秦村两个敏感点的噪声预测值均能满足《声环境质量标准》（GB 3096—2008）1类标准要求。

十二、土壤、生态及水土保持环境影响分析

（一）土壤环境质量现状

2009年7月17日土壤监测数据表明，评价区域内土壤中砷、铅、锌、铜、镉、镍、铬（六价）、汞等各项监测因子均满足《土壤环境质量标准》（GB/T 15618—1995）中二级标准限值要求，最大值占标率分别为49.4%、14.64%、59%、46%、93.3%、95%、26.4%、42.7%。

2009年7月17日底泥监测数据表明，松溪河与渌渚江交界各监测断面底泥砷、铅、镉、镍、铬（六价）、汞均满足《土壤环境质量标准》（GB/T 15618—1995）中二级标准限值要求。锌和铜含量超标，锌、铜的最大超标倍数分别为0.16、0.38，底泥现状超标原因主要是松溪下游以前较多的电镀厂和马铁厂的外排废水累积造成的。

经实地查勘，项目区内植被覆盖度高，对水土保持起着积极的作用。项目区水土流失不明显，现状土壤侵蚀强度为微度。

项目所在区域无珍贵野生动植物。

（二）土壤、生态及水土保持环境影响分析

本项目通过废气排放途径排放出的重金属污染物，在大气评价范围内土壤重金属累积污染影响在未来20年内均处于《土壤环境质量标准》二级标准范围内。

综合考虑本项目施工区、野生动物、占用土地、SO_2对农作物的影响、生态系统的完整性以及景观影响等因素，评价认为本项目不会对周边的生态系统环境造成较大

影响。

根据本工程水土保持方案，本工程施工扰动、破坏原地表面积治理率达 95%，植被恢复系数 99%，林草覆盖 33.83%，水土流失治理度为 97%，减少水土流失 5 639 t，控制率达 95%以上。可有效地防治建设过程中新增水土流失，保护和改善工程生态环境，促进区域可持续发展。

> 点评：
>
> 该报告利用土壤中污染物累积模式，计算了土壤中铅、砷等重金属污染物的 20 年累积性影响结果，分析了含重金属的烟粉尘沉降对项目周边土壤的影响。

十三、环保措施技术经济可行性论证

（一）废气

技改工程外排废气中大气污染物主要有二氧化硫、烟（粉）尘、铅尘、硫酸雾等。

熔炼炉烟气、转炉烟气经余热锅炉回收余热、电除尘器处理后送制酸系统。贫化炉烟气、熔炼炉环境集烟烟气经电除尘器除尘后送制酸系统。制酸尾气经石灰石—石膏法脱硫处理后，由 90 m 高硫酸烟囱排放，脱硫效率大于 90%，脱硫处理后的制酸尾气二氧化硫排放浓度满足《大气污染物综合排放标准》（GB 16297—1996）中的标准限值要求。

转炉环保烟气、阳极炉环境集烟烟气、配料车间料仓出料口废气经布袋除尘器处理，阳极炉炉膛烟气经余热锅炉回收余热、布袋除尘器除尘、石灰石—石膏法脱硫装置处理，除尘效率为 99%，脱硫效率为 90%。混合烟气由 120 m 高环保烟囱排放，外排烟气中二氧化硫、烟（粉）尘、烟（粉）尘中铅的排放浓度均满足《工业炉窑大气污染物排放标准》（GB 9078—1996）表 5 和表 5 中二级排放标准的要求。

备用工业燃油锅炉烟气通过 40 m 高排气筒外排，外排烟气排放浓度满足《锅炉大气污染物排放标准》（GB 13271—2001）中二类区Ⅱ时段最高允许排放浓度的要求。

熔炼车间物料输送废气、破碎车间废气分别经布袋除尘器处理后，电解净液车间的酸雾经二套二级酸雾净化处理系统处理后分别经集中式排气筒排放，外排废气中粉尘、铅尘、硫酸雾排放浓度满足《大气污染物综合排放标准》（GB 16297—1996）表 5 中排放标准的要求。

（二）废水

技改工程废水产生量 3 552.5 t/d，其中冷却循环水系统污水 2 767.5 t/d，制酸系统净化工序的污酸废水 240 t/d，其他生产废水（包括硫酸车间地面冲洗水、吹炼渣浮选、渣缓冷循环排污水、酸雾净化塔排污水、中心化验室排水、阳极浇铸循环排污水、化学水处理站排污水等）365 t/d，经处理后全部回用，不外排。生活污水 180 t/d 排至新登城市污水处理厂。冷却循环水系统污水中的 2 199 t/d 回用于生产工艺，568.5 t/d 循环水系统排污水通过厂区雨水管网直接外排。

污酸废水经污酸处理站硫化、铁盐—石灰处理工艺处理，达到《污水综合排放标准》（GB 8978—1996）一级标准后，全部回用于脱硫系统和熔炼冲渣循环池补充用水。其他生产废水和初期雨水经污水处理总站石灰中和混凝沉淀处理工艺处理后，全部回用做熔炼渣水淬补充水。生活污水经化粪池处理排入新登城市污水处理厂，再经深度处理达到《城镇污水处理厂污染物排放标准》（GB 18918—2002）一级 B 标准要求后，排入渌渚江，最终进入富春江。

（三）地下水

设计电解车间为防渗地面，跑、冒、滴、漏的含酸废液、废水均自流至废液收集池，并送净液工段回收利用；中和渣、选矿厂尾矿渣临时堆场按第Ⅱ类一般工业固体废物贮存场的防渗要求施工防渗层；砷渣库按照危险废物贮存场的防渗要求施工防渗层；废水处理站废水池为防渗漏水池。

为了进一步减缓或避免项目建设对区域内地下水的影响，需采取的措施如下：

① 针对厂区各功能区特点和岩土层分布情况，采取相应的防渗措施；

② 在临时堆场、电解车间、砷渣库、污水处理站等场地的上、下游设地下水监测井，对厂区地下水实行动态监测，监控防渗设施的效果；

③ 一旦出现含酸废液、污酸以及含重金属离子的废液泄漏对地下水造成影响的意外情况，应采取局部抽排地下水使地下水形成局部降落漏斗，以避免对周围地下水的影响，抽排的废水进废水处理站处理达标后回用，不能外排。

（四）噪声

高噪声设备设置减振基础并配置消声器或隔声罩，厂房和设备间采取隔声降噪措施，对吹炼渣浮选厂专门设计隔声厂房、加大墙壁厚度等措施。

（五）固体废物

技改工程产生的工业固体废物总量为 416 540.99 t/a，除回用于生产外，脱硫石膏、尾矿、砷渣等全部外售综合利用。其中属于一般工业固体废物的熔炼炉水淬渣、渣选厂尾矿、脱硫石膏渣等 227 694 t/a，定期外售给建材公司用于生产水泥。危险废物中冶炼烟尘（28 915 t/a）售给无锡江丰资源再生有限公司进行综合利用，废触媒（34.32 t/a）由湖北省晶洋实业有限公司回收利用，砷渣（832 t/a）由湖南祁东县黎达冶炼有限公司作为生产原料。铁精矿、阳极泥、粗硫酸镍作为副产品外售。

技改工程在厂区内东北部的电收尘库、选矿车间及尾气脱硫系统旁分别设四个一般固体废物临时堆场，严格按照《一般工业固体废物贮存、处置场污染控制标准》（GB 18599—2001）Ⅱ类场的要求建设，底部设高密度聚乙烯（HDPE）膜防渗，确保其渗透系数≤10^{-7}cm/s，顶部加盖雨篷，四周设围墙。其中熔炼炉水淬临时渣场面积为 1 500 m^2，尾矿临时渣场面积为 1 000 m^2，两个脱硫石膏渣场面积分别为 300 m^2。

在厂区内污酸处理站内和酸库的东北侧分别设两个危险废物临时仓库，用于存放砷渣和冶炼烟尘，严格按照《危险废物贮存污染控制标准》（GB 18597—2001）的要求建造，地面、墙裙铺设 2 mm 厚度高密度聚乙烯（HDPE）膜防渗，确保渗透系数≤10^{-10}cm/s。砷渣库占地面积 540 m^2，冶炼烟尘仓库占地面积 2 500 m^2。

（六）非正常工况下

报告书提出设置监测报警系统，一旦发生管线泄漏，在 15～20 s 内作出反应，关闭应急阀，隔绝生产装置以及制酸系统同管线的联系，减少烟气的泄漏，硫酸储罐区设置 3 956 m^3 的围堰和 20 m^3 的事故应急池。

技改工程考虑了停电、检修、故障停车或由于污水处理系统泵机出现短时故障而致使系统无法正常处理污水时的事故排放，此外，还考虑了由于各车间因事故而造成排水。因此，技改工程在电解车间底部和净液车间内部建有足够容量的事故集液池，收集后返回生产系统；在成品酸罐区内设置了围堰及收集池，回收事故状态漏酸；在制酸车间设计了容积 1 200 m^3 的水池以收集污水处理系统及制酸事故状态下的排水，事故排水都进入污水处理站进一步处理回用；事故水池要求防渗、防腐（图 5-8）。

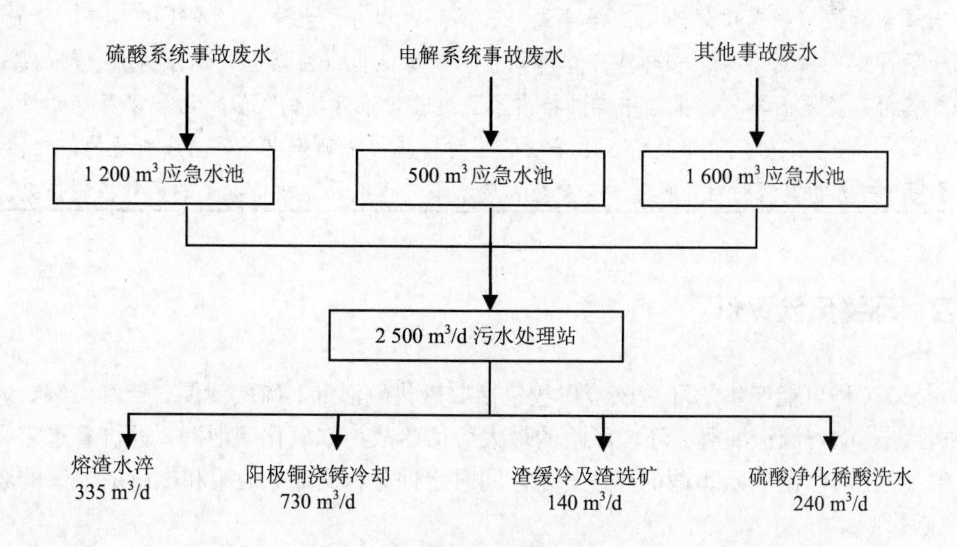

图 5-8　拟建项目事故污染控制

说明：硫酸系统事故废水可能产生的原因主要是净化工序稀酸管道破裂、稀酸冷却器泄漏导致循环水含酸需处理等，其废水量小于系统贮存量约200 m^3；电解系统事故废水可能产生的原因主要是电解液加热器泄漏后导致蒸汽冷凝水污染后排放、净液系统酸雾净化塔上水管破裂等，其废水量不大于100 m^3；其他事故废水产生的可能性更小，量也不会很大。因此，用初期雨水集水池代替应急水池是完全可行的。

生产厂区各车间按要求设计防渗保护层，防止各类废水及油类物质进入地下水。确保事故状态下废酸及含重金属离子废水不排入外环境。厂区设置地下水长期观测井，一旦发现重金属污染物进入地下水，立即采取抽水应急措施，防止污染物扩散。危险化学品的经营、运输、储存过程中严格执行《危险化学品安全管理条例》等有关规定。报告书制定了风险应急预案。

点评：

1．报告中给出了铜冶炼行业的一般污染物治理措施：

废气治理措施：在原料转运过程中多采用布袋收尘；熔炼炉、吹炼炉炉膛烟气一般经过余热锅炉回收余热和降尘、电收尘收集后送去制酸；制酸尾气需要经过脱硫装置处理；熔炼炉、转炉环境烟气经布袋收尘后再经脱硫处理以进一步减少硫的排放；精炼炉产生的烟气应设置除尘脱硫设施。

废水治理措施：制酸产生的污水经过污酸处理站处理后回用或者排入污水处理站进一步处理；酸性废水、车间冲洗废水以及初期雨水进入污水处理站进一步处理；污水处理站一般采用石灰中和处理法。确保含重金属废水不外排。

固废治理措施：铜冶炼产生的大部分固废均可返回生产系统，需要处理的渣主要为冶炼水淬渣（或选矿尾渣）、含砷渣、石膏、中和渣。水淬渣（或选矿尾渣）一般为一般固废在渣场堆存，含砷渣、熔炼烟尘、吹炼烟尘（白烟尘）作为提炼含砷的原料外售给有资质的单位；报告中详细给出了固废临时堆存场的位置、面积以及存贮量。

2．报告中给出风险事故情况下采取的应对措施；明确给出了风险应急池的位置、容量等，并分析其可行性，明确了含重金属废水不外排以及事故情况下的废气控制措施。

十四、环境风险评价

技改工程可能产生的环境风险事故包括二氧化硫泄漏、硫酸泄漏、柴油泄漏、燃料油泄漏、电解液泄漏等。环境风险的最大可信事故为二氧化硫泄漏，评价着重定量预测二氧化硫泄漏风险事故的环境影响，同时定性分析酸罐、油罐和电解液泄漏的环境风险影响。

技改工程环境风险的最大可信事故为二氧化硫泄漏。报告书预测，泄漏事故发生后本工程下风向轴线最大落地浓度为 58.91 mg/m^3，小于半致死浓度。以泄漏源强为中心，周围 2 400 m 范围内的地面浓度均超过《环境空气质量标准》(GB 3095—1996)二级标准要求，对周围环境及居民生活产生一定的影响。

点评：

报告中识别了风险物质，给出了风险事故情况下二氧化硫、硫酸、电解液等泄漏的影响范围以及影响程度，满足行业特点。

十五、环境影响经济损益分析（略）

十六、环境管理与监测计划（略）

十七、公众参与

通过公告栏公示、网站公示、发放调查问卷等公众参与形式，广泛征求关心技改工程建设的团体、个人的意见，结果显示技改工程的建设受到公众的普遍关注，公众普遍同意技改工程的建设。

十八、产业政策符合性及厂址选择合理性分析

通过对某公司异地改扩建项目产业政策的符合性分析以及厂址选择的合理性分析，本项目在产业政策以及厂址选择上符合《产业结构调整指导目录（2005 年本）》的相关要求，符合《铜冶炼行业准入条件》，符合《有色金属产业调整和振兴规划》《杭州市国民经济和社会发展第十一个五年规划纲要》《富阳市国民经济和社会发展第十一个五年规划纲要》《富阳市发展战略规划（2007—2030）》《富阳市域总体规划（2007—2020）》《富阳市工业循环经济规划（2006—2010）》《富阳铜及再生铜产业发展及布局专项规划》《富阳市新登工业功能区总体规划》《杭州市环境保护“十一五”规划》《富阳市生态环境功能区规划》《富阳市新登镇生态镇建设规划》《富阳市新登工业功能区总体规划》以及规划环评的相关内容。

技改项目由于采用先进的金峰双侧吹熔池熔炼工艺，与 6.6 万 t 落后产能相比，其污染物排放量与能源消耗有了较大幅度的降低，其中 SO_2 每年减少排放 653.775 t，烟粉尘每年减少排放 394.234 t，铅尘每年减少排放 5.5 t，每年减少能源消耗 21 380 t 标煤。技改项目的污染物排放量远小于《富阳市新登工业功能区总体规划》中预计的污染物排放量，采取的各项环保措施满足规划环评的要求。

从产业政策的符合性及厂址选择的合理性上考虑，本项目的建设是合理、可行的。

点评：

该报告清楚地阐述了项目所在地的总体发展规划、环境保护规划、环境功能区划中与项目有关的内容，分析了项目建设与规划的符合性，明确选址符合规划要求。

同时，报告中还分析了技改项目与所在园区的规划环评的相符性，为项目审批奠定了前提条件。

十九、总量控制分析

技改工程完成后，二氧化硫、化学需氧量污染物排放总量分别为 542.91 t/a、17.82 t/a（纳管量），与现有工程相比，分别增加 250.53 t/a 和 14.55 t/a。根据杭州市环境保护局杭环函[2009]134 号文核定的总量指标，二氧化硫、化学需氧量排放总量分别为 524.91 t/a、3.35 t/a，详见表 5-27。技改工程生产废水不外排，生活污水排入新登城市污水处理厂处理，化学需氧量总量控制指标纳入新登城市污水处理厂统一考核。技改工程新增二氧化硫量通过与富阳市关停的小冶炼企业进行排污权交易获得。

表 5-27　技改工程污染物排放量与总量控制指标

项　目	二氧化硫/（t/a）	化学需氧量/（t/a）
技改工程前	292.38	3.27
技改工程后	542.91	17.82
技改前后增减量	＋250.53	＋14.55
总量控制指标	524.91	3.35

技改工程通过关停富阳市 19 家粗铜冶炼企业 3.8 万 t 产能和本企业现有粗铜 2.8 万 t 产能，使区域铅尘污染物排放量降低 5.5 t/a。

点评：

报告中技改项目污染物的排放遵循了“增产减污”的原则，新增的 SO_2、COD、氨氮等污染物得到了环保行政部门的审批。

“十二五”之后该类项目还应关注 NO_x 的排放。

二十、现有企业退役后环境影响分析（略）

二十一、新登工业功能区居民搬迁

技改项目所在地以及周围 1 km 范围内的居民均在新登工业功能区规划搬迁范围内，本项目不新增搬迁居民，富阳市政府承诺在本项目建成前周围 1 km 内范围内居民全部搬迁。

二十二、评价结论与建议

某公司年产 10 万 t 矿产粗铜搬迁改造和 27 万 t 电解铜项目符合国家产业政策，工艺技术先进合理，生产过程平均达到了清洁生产国内先进水平，部分指标达到国际先进水平，厂址位置符合当地发展规划和环保要求。工程建成后，具有良好的社会、经济和环境效益。本工程在采取本评价报告所提出的各项环保措施与方案后，可实现大气污染物的稳定达标排放以及生产废水、生活污水循环利用不外排，同时对各类固体废物均采取了合理可靠的处理处置措施。工程各类污染物的排放总量满足当地环保部门下达的总量控制指标的要求，工程正常运行时所造成的大气、水体、噪声环境影响均不超标，对周边环境影响较小。综上所述，本项目从环保角度分析是可行的。

案例分析

该报告评价因子选择正确，工程分析清晰，环境保护目标调查清楚，污染防治措施可行，环境影响在可接收范围内，评价结论可信。该报告作为一个早期的铜冶炼项目环评（2009 年编制），在编制过程中注意到行业特征——重金属的污染，在废气、废水、固体废物以及土壤等方面都对重金属进行了监测以及预测，符合行业特点。

但由于编制较早，该报告在地下水、公众参与等章节的编制深度不能满足后来新颁布的导则要求。在类似的铜冶炼项目环评中应着重注意以下方面。

一、项目建设相关产业政策分析

针对铜冶炼行业投资盲目快速增长等问题，我国采取了一系列宏观调控和加快产业结构调整的措施。通过实施严格市场准入控制新上项目、强化产业政策导向、加强信贷管理、环境保护监督管理和淘汰落后产能等政策，以遏制铜冶炼行业盲目投资无序建设势头。2006 年以来，国家颁布了关于铜冶炼行业的政策文件有：《铜冶炼行业准入条件》（国家发展改革委公告 2006 年第 40 号）、《国家发展改革委关于进一步贯彻落实加快产业结构调整措施遏制铜冶炼投资盲目过快增长的紧急通知》（2006 年 11 月 24 日）、《产业结构调整指导目录》（2011 年）、2009 年 5 月 11 日国务院办公厅发布的《有色金属产业调整和振兴规划》《铜、镍、钴工业污染物排放标准》（GB 25467—2010）、《清洁生产标准 铜冶炼业》（HJ 558—2010）和《清洁生产标准 铜电解业》（HJ 559—2010）、2011 年 2 月 18 日国务院批复的《重金属污染综合防治“十二五”规划》等。

二、执行的排放标准

① 特征生产工艺和装置废气执行《铜、镍、钴工业污染物排放标准》（GB 25467—2010），附属的非特征生产工艺和装置废气执行相应标准。

② 对于外排废水，执行《铜、镍、钴工业污染物排放标准》（GB 25467—2010）。

③ 施工期噪声执行《建筑施工场界噪声限值》（GB 12523—90），运营期噪声执行《工业企业厂界环境噪声排放标准》（GB 12348—2008）。

④ 固体废物性质按照 GB 5085—2007 进行鉴别；固体废物执行《国家危险废物名录》（国环、国发改令 2008 年第 1 号）、《危险废物鉴别标准》（GB 5085—2007）、《一般工业固体废物贮存、处置场污染控制标准》（GB 18599—2001）、《危险废物贮存污染控制标准》（GB 18597—2001）和《危险废物填埋污染控制标准》（GB 18598—2001）。

三、其他需要关注的问题

① 在国家法律、法规、行政规章及规划确定或县级以上人民政府批准的饮用水水源保护区、自然保护区、风景名胜区、生态功能保护区等需要特殊保护的地区，大中城市及其近郊，居民集中区、疗养地、医院和食品、药品、电子等对环境质量要求高的企业周边 1 km 内，不得新建铜冶炼企业及生产装备。

② 工程分析除了案例中满足的要求外，还应特别注意给出原料中有毒有害元素（特别是铅、砷、汞、镉、铬等）的含量，并附具有相应资质单位的检测报告；原料来源符合准入条件要求。

③ 改扩建项目应列出现有及在建工程内容、建设情况、环评审批情况，明确各工程之间的联系，分析现有及在建工程原料、辅料和燃料使用情况、污染防治情况、存在的主要环境问题及解决措施，计算项目完成前后污染物排放量的变化。对于与改扩建项目在污染物排放、工程内容等方面联系紧密的现有及在建工程，其工程分析深度应同等要求。

④ 在论证含重金属离子废水处理措施技术可行性和经济合理性的基础上，重点关注经处理后废水的回用途径，核算回用水的消耗量，切实提高废水不排入外环境的可行性和可靠性。

⑤ 按照《国家危险废物名录》（国环、国发改令 2008 年第 1 号）判别有关固体废物属性，若有异议，应按照《危险废物鉴别标准》（GB 5085—2007）的要求鉴别。对于熔炼渣，可以通过类比使用同种工艺而且使用的铜精矿中有毒有害元素种类及含量相近的相关工程，确定其属性；对于各类水处理渣，如作为一般工业固体废物进行处置，应要求在项目试生产阶段严格按规范要求进行浸出毒性鉴别。由于砷产品市场的原因，其回收利用途径受到严重影响，大量含砷废渣（冶炼烟气制酸系统烟气净化工段废酸/污酸处理产出的含砷滤饼）堆存可能产生的次生污染问题值得高度关注。

⑥ 外排废气中应重点关注 SO_2、NO_x、烟粉尘以及烟粉尘中重金属（铅、砷、汞、镉、铬）的量。

对于含重金属烟粉尘等废气，应在细化产污环节分析的基础上，详细论证具体去向及处理措施，并明确排入外环境的方式、种类、浓度、数量等。除冶炼主系统外，还应关注阳极泥处理系统等配套工程。

⑦ 从实际情况来看，无组织排放造成的污染往往比有组织且采取有效治理措施的排放源造成的污染严重。应关注无组织排放预测计算中无组织排放源强的确定是否合理，强化环境管理及日常监测要求。

⑧ 对于异地改扩建项目应注意原有厂区如何处置、土地的使用功能等问题。

⑨ 如果现状环境质量超标，需要针对超标的现状制定详细的环境治理改善方案，明确治理的责任权限。

案例六　汽车技改项目环境影响评价

一、总则

（一）项目由来

某汽车有限公司 1993 年经批准实施中外合资生产轻型货车项目，具备年 303 日生产整车 6 万辆的生产能力。2004 年经股权变更后，成为中外合资企业。

2008 年在某经开区实施第二工厂项目，一期工程已通过环保验收。环评文件提出的对某工厂实施“以新带老”环保改造内容，也已通过竣工环保验收。

某工厂建设于 20 世纪 90 年代初，工艺、生产设备落后，难以适应东风集团规划及某中期事业计划中到 2012 年投产六个新品种及逐年提高产量的要求。为此，决定投资 27.58 亿元，对某工厂进行技术改造，使其生产能力从年产 6 万辆整车提升到年产 18 万辆整车。项目采取一次规划、分期实施的原则。

（二）编制依据

与拟建工程有关的法律法规、政策及规划、导则与技术规范、技术文件与工作文件，以及引用的资料。（略）

（三）评价因子与评价执行标准

1．评价因子

（1）环境空气

现状评价：SO_2、NO_2、PM_{10}、苯、甲苯、二甲苯、非甲烷总烃（NMHC）。

预测评价：二甲苯、NMHC。

（2）地表水（略）

（3）地下水（略）

（4）噪声（略）

（5）固体废物（略）

（6）土壤（略）

2．评价执行标准

质量标准、排放标准、其他有关标准和具体限值（略）。

（四）评价目的（略）

（五）评价对象

某汽车有限公司某工厂 18 万辆汽车技改项目整体工程。经征求管理部门意见，将已实施的采用天然气锅炉替代燃煤锅炉的改造工程一并纳入评价内容。

（六）评价原则（略）

（七）评价工作等级和评价重点

各环境要素评价工作等级见表 6-1。

表 6-1　各环境要素评价工作等级及评价范围

序号	环境要素	工作等级	评价范围
1	环境空气	三级	以新涂装车间喷漆室排气筒为中心，直径 5 km 的圆形区域，总评价范围约 19.6 km^2
2	地表水	三级	某县市政污水管网入小清河上游 100 m 至小清河汇入贾鲁河下游 500 m
3	地下水	三级	重点评价范围为现有和拟扩建厂区，一般评价范围为厂址四周 1.5 km 共约 15 km^2 范围
4	噪声	二级	厂界外 1 m 及声环境保护目标
5	环境风险	二级	风险源周围 3 km 范围内

评价重点为工程分析、污染防治措施及技术经济论证、清洁生产及总量控制分析。

（八）评价范围与环境敏感区

评价范围见表 6-1，环境空气、环境风险、地下水评价范围见图 6-1，地表水评价范围见图 6-2。

（九）相关规划及环境功能区划（略）

根据规划，某县饮用水水源一级保护区保护范围为第二水厂各井口外半径 100 m 范围内和第三水厂各井口外半径 50 m 范围内；二级保护区为一级保护区外，贾鲁河东南岸—中万路—310 国道—中东路以内的整个区域，总面积为 7.13 km^2。项目拟建厂址位于规划水源地下游，距二级保护区边界最近相距 3.4 km。

根据当地环境功能区划和环保部门关于执行标准的意见，评价区域规划目标环境空气质量为二类，声环境为 2、4 类，地表水为Ⅳ类，地下水为Ⅲ类。

（十）控制污染与保护环境目标

控制污染对象及控制污染目标（略）。评价范围内环境保护目标规模及其分布情况见表 6-2、图 6-1、图 6-2、图 6-3 所示。

表 6-2　评价区内主要环境保护目标（摘录）

环境要素	保护目标	方位	距项目厂界最近距离/m	距新建涂装车间最近距离/m	功能区	保护级别
环境空气，声环境	尚庄村	E	306	472	村庄，1 200 人	环境空气二类区，声环境 2 类区
	儿童医院	NNE	73	630	医院，医护人员 17 人	
	实验中学	NW	570	1 121	师生 3 200 余人	
	七里岗村	S	1 285	1 696	村庄，1 300 人	
地表水	小清河	—	在现有厂区和新征地之间穿过		泄洪	Ⅳ类
	……					

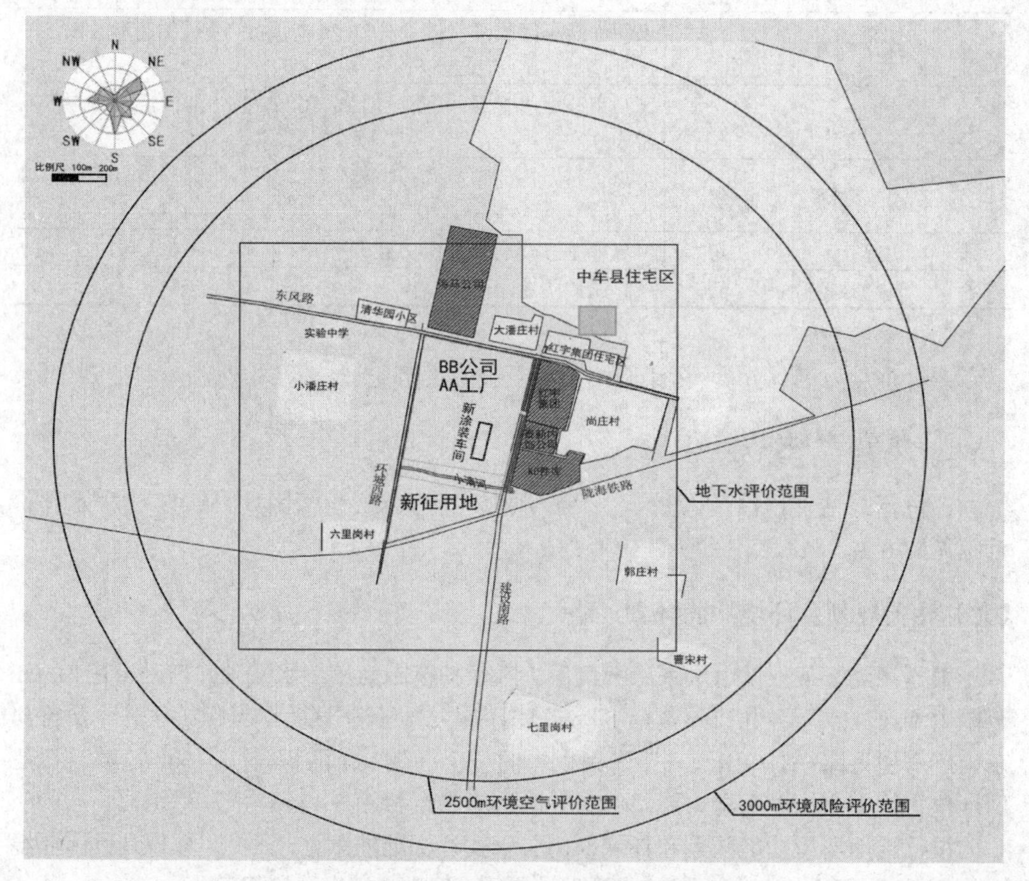

图 6-1　环境空气、环境风险、地下水评价范围

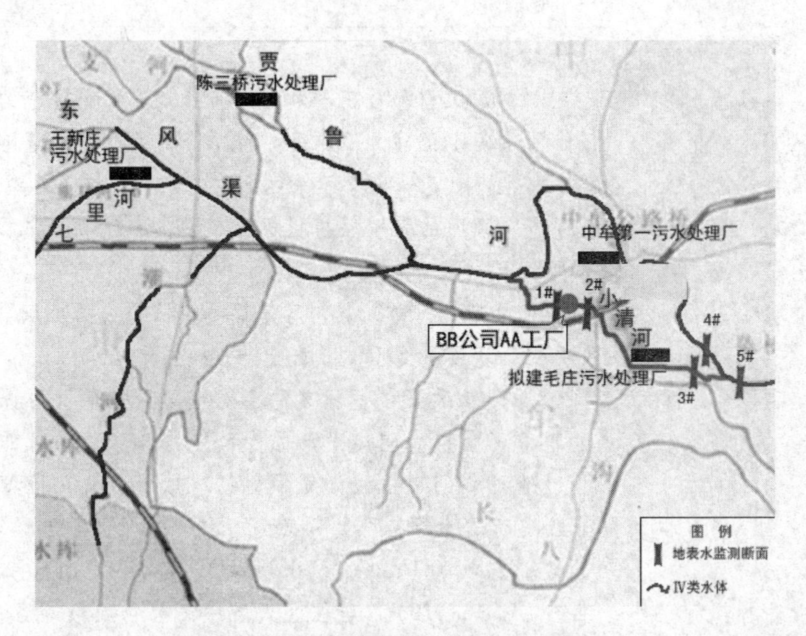

图 6-2　区域地表水系及地表水评价范围

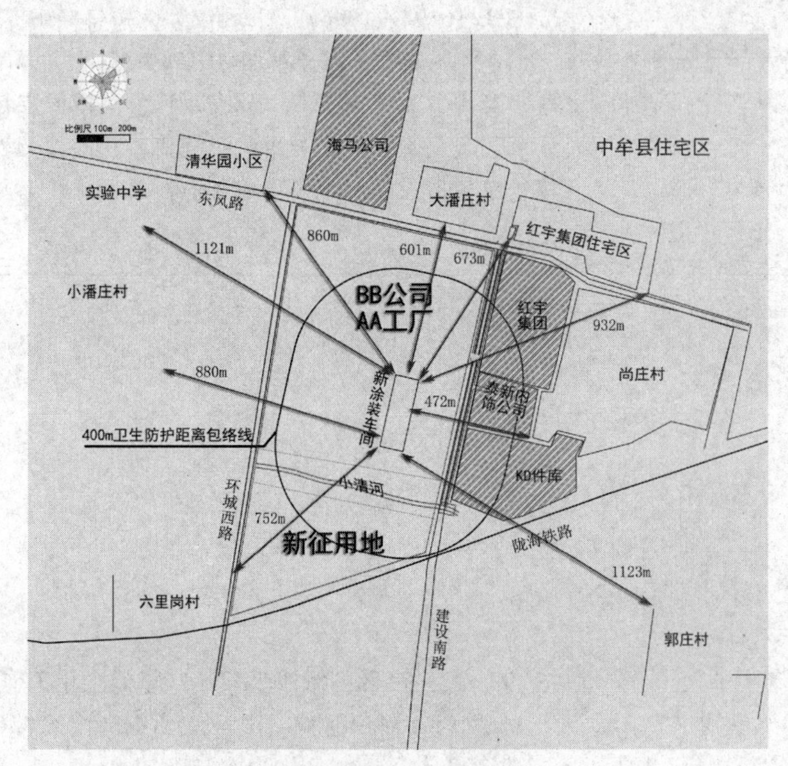

图 6-3　主要环境保护目标

点评：

项目建设背景、项目由来，在建工程验收工作和“以新带老”环保措施的落实情况介绍清楚。评价标准、评价因子确定正确、工作等级、评价重点及评价范围确定正确。环保目标调查、介绍清楚，图示涂装车间与环保目标的关系（方位、距离）较好。给出了环境空气、环境风险评价范围内的环境保护目标分布图，清楚地反映了项目与保护目标的关系。

根据 HJ 2.1，总则之前应增加前言一章，其内容是简要说明项目的特点、环境影响评价的工作过程、关注的主要环境问题及环境影响报告书的主要结论。

作为环评工程师，应能依据产业政策和管理文件，确定项目性质及环保管理要求。该项目为现有汽车企业自筹资金扩大同类别产品生产能力和增加品种的技改项目，其环评文件由省环保行政管理部门审批。如氮氧化物排放量较大，应增加氮氧化物预测因子。环境质量标准没有的指标，可参考《大气污染物综合排放标准详解》一书，苯、甲苯、非甲烷总烃分别取 0.1 mg/m^3、0.6 mg/m^3、2.0 mg/m^3；二甲苯参照《工业企业设计卫生标准》（TJ 36—79）“居住区大气中有害物质最高容许浓度”（以下简称 TJ 36）取 0.3 mg/m^3；当焊接烟气经收集、净化后排入车间时，应执行《车间空气中电焊烟尘卫生标准》（GB 16194—1996）。采用估算模式确定评价等级时，应考虑挥发性有机物 VOCs（对应的环境质量因子是 NMHC）的影响，同时还应给出各因子的最大落地浓度及与污染源的距离一览表。地表水评价范围图应标出厂址与饮用水水源地的关系。对于天然气锅炉，应适当增加排气筒高度，以减缓局部氮氧化物的污染问题。地表水评价范围图应注明地表水的流向，及项目厂址与地下水饮用水水源保护区的关系。

二、项目概况

（一）建设单位概况（略）

（二）现有工程概况

1. 项目组成

现有工程即某工厂占地 66.29 hm^2。生产部门组成见表 6-3（略）。全年工作日 303 d，两班制生产。设备、工人年时基数分别为 4 545 h 和 1 810 h。主要生产设备 456 台（套）。总平面布置见图 6-4。职工人数 2 700 人。

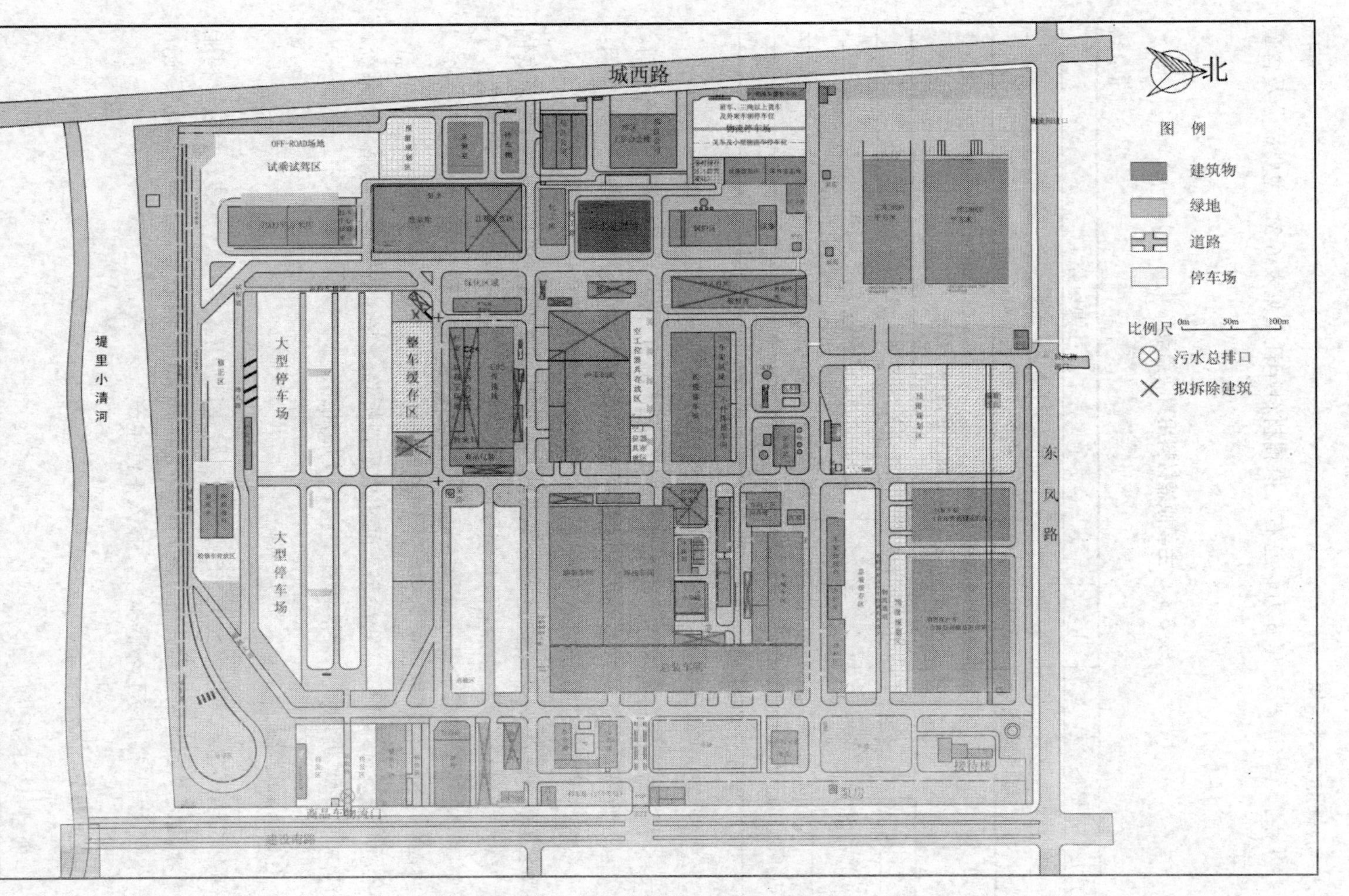

图 6-4　现有工程某工厂总平面布置

2. 原辅助材料耗量

近几年整车产量稳定在 6 万辆左右，原辅材料年耗量见表 6-3，主要成分及含量见表 6-4。

表 6-3　主要原辅材料用量（摘录）

单位：t/a

序号	材料名称	用量	主要组分
1	脱脂剂	78.00	钾离子、磷酸盐、LAS
2	磷化剂	90.00	磷酸、硝酸、锌盐、镍盐、锰盐

表 6-4　主要化学原材料主要成分（摘录）

原料名称	成分（除注明外，均为 mg/L）					
磷化剂	Zn^{2}＋	PO_4^{3-}	K^-	HNO_3	Ni＋	LAS
	＜1 500	＜18 000		＜10 000	＜1 500	
中涂漆	饱和聚酯、树脂、颜料		二甲苯	正丁醇	石脑油	酯类
	60%		5%	5%	20%	10%

3.公用系统

给水水源为 5 口自备水井，供水能力为 260 m^3/h。厂区排水采用雨、污分流制。生产废水、废液和生活污水均经处理达标后由总排口排入建设南路的市政污水管网；循环水系统、纯水站的清洁废水和浓盐水直接由厂区管网经总排口排放。

涂装车间烘干室、职工食堂均采用天然气。燃煤锅炉房有 20 t/h 和 10 t/h 蒸汽锅炉各 2 台，配套麻石水磨除尘器和喷雾吸收脱硫除尘装置。根据集团公司要求，于 2010 年底，在锅炉房北面新建一燃气锅炉房，设 1 台 20 t/h 和 2 台 10 t/h 燃气锅炉。现场调查时，燃气锅炉已投运，燃煤锅炉已停用。

全厂现有冷冻站 1 座，新涂装车间建成后拟拆除。综合站房有 2 套循环水系统。现有油库（10 m^3 埋地汽、柴油罐各 1 座）及加油站。

（三）在建工程概况

即第二工厂建设项目，2008 年通过批复，建设冲压、焊接、涂装、总装、树脂等生产车间，及公用环保设施等，生产纲领为年产 20 万辆整车。工程分二期实施，其中一期工程已通过竣工环保验收，投入正常生产。

（四）拟建项目概况

1. 项目基本概况

项目名称：某汽车有限公司某工厂 18 万辆汽车技改项目

项目性质：技术改造

建设单位：某汽车有限公司

用地范围：东风路以南，建设南路以西，小清河以北，西环路以东的地块

项目投资：26.19 亿元，其中建设投资 14.51 亿元；流动资金 11.68 亿元

产品方案见表 6-5。

表 6-5　生产纲领及排产计划（摘录）　单位：万辆/a

车型	2010	2011	2012	2013	2014	2015
X11 M（新增车型）	0.77	1.17	1.57	2.96	5.55	6.16
合计产量	6.00	6.00	6.00	9.00	16.00	18.00

项目产品为 C16A、X11 M 等系列车型的新品种，起步国产化率 40%，以后逐步提高到 60%以上。代表车型主要技术指标如表 6-6 所示。

表 6-6　代表车型主要技术指标

车　型	C16A（MPV）	X11 M（小型商务 MPV）
长×宽×高/mm	4 420×1 700×1 825	4 394×1 690×1 800（~1 850）
整备质量/kg	1 480	1 450
发动机	1.6L/2.0L 汽油机	1.6L 汽油机
百公里油耗/L	6（60 km/h 等速）	6（60 km/h 等速）
排放标准	国 IV	国 IV

2. 主要建设内容

见表 6-7。

表 6-7　技改项目主要建设内容及任务（摘录）

序号	部门名称	改扩建内容	承担任务及纲领	备注
一、主要生产部门				
1	冲压车间	一期拆除部分厂房，在现冲压车间北、东部扩建厂房，新建废料房和办公辅房；二期再扩建部分冲压车间	C16A 系列大型覆盖件及关键冲压件生产；模具维修。其他车型在现车间生产	改扩建
2	新焊接车间	一期在现有涂装、总装及车身等车间改造。二期在底盘小件车间和底盘焊接车间改造	所有产品车身焊接	利旧改造
3	新涂装车间	在厂区东南部新建，土建工程一次完成。一期产能 9 万辆，二期产能达到 18 万辆。新车间建成后，改现涂装车间为新焊装车间	LCV 系列、皮卡系列、SUV 车型车身前处理、电泳底漆、涂胶、中涂、面漆等	新建

序号	部门名称	改扩建内容	承担任务及纲领	备注
4	新总装车间	（略）	（略）	新建
二、仓库运输部门				
1	板材库	在冲压车间内	半成品贮存、入库和发放等	新建
2	冲压件库	在冲压车间内	配套件贮存、配送	新建
3	总装缓存库	在厂区西南新建	配套件的贮存、配送	新建
4	新化工库	在现有化工库南面新建，1 200 m^2	油漆、化工材料存放、管理	新建
5	成品停车场	在现有厂区以南新征地 291 亩建设	成品车存放、管理和发送	新建
三、公用站房				
1	综合房	总建筑面积 2 400 m^2（略）		新建
2	锅炉房及热水供应	拆除燃煤锅炉房，燃气锅炉房设 20 t/h 和 10 t/h 燃气蒸汽锅炉各 2 台。新涂装车间设 2 台 1.4 MW 燃气热水锅炉	供车间采暖所需蒸汽和工艺生产所需热水	
3	天然气调压柜	分别在燃气锅炉房、新涂装车间和新食堂外新建 3 个天然气调压柜	对新建用气点进行天然气调压和分配	新建
4	变配电	新建 10 座变配电间	配电与照明	新建
四、全厂管理及服务设施				
1	新食堂	新建面积 4 680 m^2	供职工就餐（含厨房）	新建

3.总平面布置

技改项目完成后总占地 95.05hm^2，建筑面积 32.33 万 m^2，详见表 6-8、图 6-5。

表 6-8　技改项目总图主要数据（摘录）

序号	名称	单位	数据				备注
			现有	拆除	新增	技改后	
1	厂区总用地面积	hm^2	66.2927		28.7606	95.0533	合 1 425.80 亩
2	厂区净用地面积	hm^2	66.2927		19.4183	85.711	合 1 285.67 亩
3	建构筑物占地面积	m^2	181 663	26 708	146 472	301 427	
4	绿地面积	m^2	84 075		8 925	93 000	

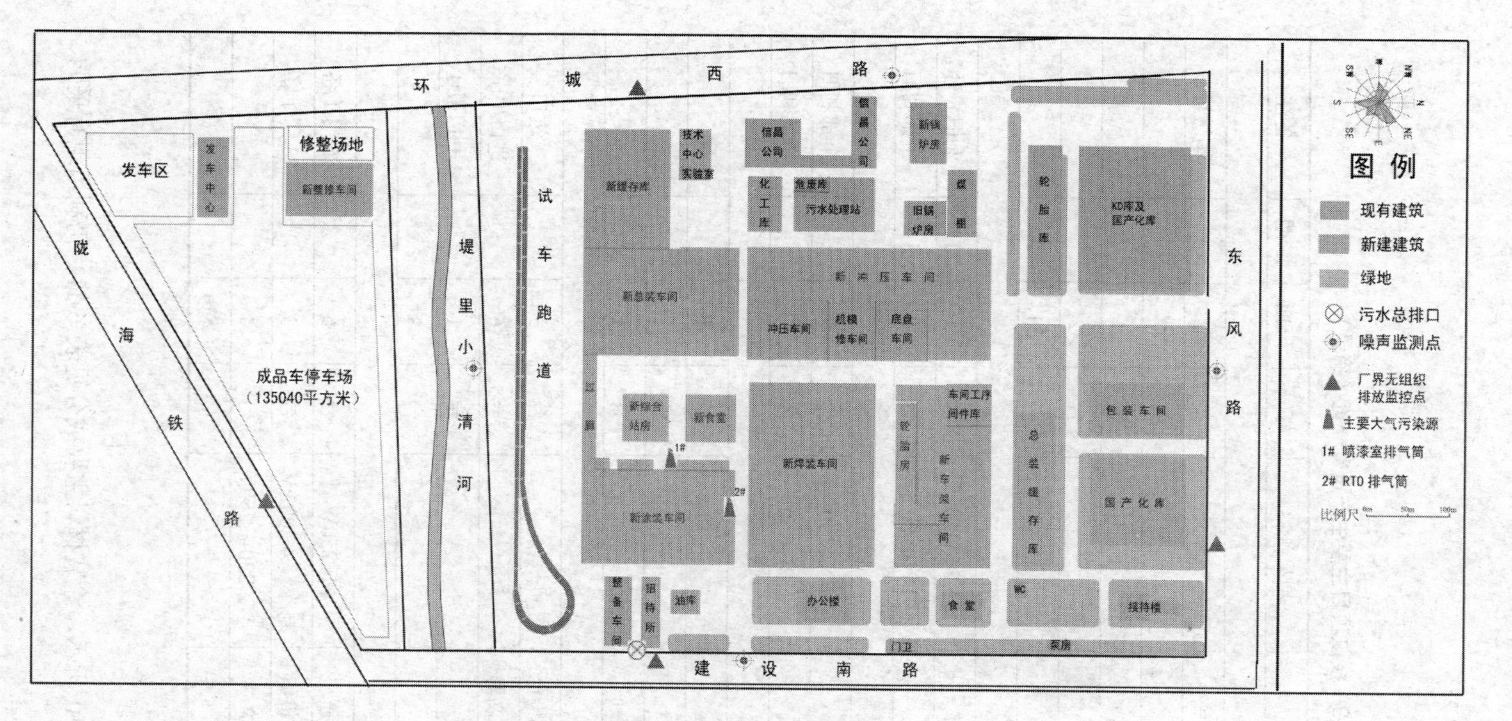

图 6-5　技改项目总平面布置

4．主要生产设备

见表 6-9 所示。

表 6-9 技改项目主要生产设备一览（摘录）

序号	设备名称	型号规格	单位	一期	二期	备注
一、冲压车间						
1	5400 t 机器人冲压生产线		条	2		国产/进口
2	废料输送线		条	7		
3	废料分流装置		台	1		
4	模具清洗系统		台	2		
	小计			31		
二、新车身焊装车间						
1	CO_2气体保护焊机	NBC-350	台		12	利旧 8 台
2	固定点焊机	DN_2-100	台		14	全部利旧
三、新车架车间						
1	固定点焊机	DN_2-100	台	9		全部利旧
2	CO_2气体保护焊机	NBC-350	台	52		全部利旧
四、新涂装车间						
1	前处理电泳线		条	1		
2	电泳生产线		条	1		
3	中涂喷漆生产线		条	1		
五、新总装车间						
1	侧滑、转鼓、制动试验台		台	3		进口
2	废气分析、烟度计等仪器		台	6		进口/国产
3	检测线		台	1		利旧搬迁
4	淋雨试验室		台	3		
六、公用动力部门						
1	空压站：水冷螺杆空压机	ML250W	台	6		5 用 1 备
2	制冷站：离心式冷水机组	制冷量 4 200 kW	台	3	1	3 用 1 备
3	锅炉房：燃气锅炉	WNS20-1.25-Q	台	4		
	合计			1 449		

5．原辅材料及能源消耗

原辅材料耗量如表 6-10 所示，涂装材料主要成分见表 6-11。仍利用现有采购、供应体系。

表 6-10　技改项目原辅材料消耗（摘录）　单位：t/a

序号	原辅材料名称	现有工程	技改工程达产后全厂	技改前后增加量
1	焊丝	27.37	82.11	54.74
2	脱脂剂	78.00	225.00	147
3	表调剂	24.00	69.00	45

表 6-11　技改工程中涂漆、面漆及稀释剂主要成分及含量（摘录）

原料名称	成　份				
中涂漆	饱和聚酯、树脂、颜料	二甲苯	正丁醇	石脑油	酯类
含量	78%	5%	5%	8%	4%
水性面漆	树脂	颜料（铝粉）	2-乙基已醇	添加剂	纯水
含量	43%	4.5%	5%	9.1%	38.4%
水性面漆稀释剂	2-乙基已醇	纯水			
含量	15%	85%			

6. 主要公用设施改造情况

改用市政供水，改造全厂给水管网。厂区设加压泵站和备用水池。厂区消防水池有效容积 2 250 m^3。排水体制同现有。

扩建厂区燃气管网，新增 5 台燃气调压柜。再增加 1 台 20 t/h 燃气锅炉。拆除现有冷冻站，在综合站房新设 1 座制冷站，一期采用 3 套 1 200RT 型离心式冷水机组，二期再增 1 套冷水机组。综合站房设空压站，总装机容量 495.10 m^3/min。

依托现有油库及加油站，为总装车间产品加油。

技改前后能源消耗情况见表 6-12。

表 6-12　技改项目能源耗量

序号	动能名称	单　位	现有工程	技改后全厂	变化量
1	电	MWh/a	37.68	81.00	43.32
2	新鲜水	万 m^3/a	68.62	79.92	11.30
3	天然气	万 m^3/a	216.35	1 638	1 421.65
4	压缩空气	万 m^3/a	5 581.44	10 855	5 273.56

7. 原材料的贮运方式（略）

8. 职工人数、工作制度及年时基数

现有职工共 2 700 人。两班工作制。所需人员内部调剂，不新增。

9. 主要零部件的供应（略）

10. 设计划及投产年限

拟分步建设。其中一期于 2011 年开始建设，计划于 2012 年 12 月投产；二期拟

于2014年12月建成试生产，2015年4季度达产。

点评：

拟建工程介绍基本清楚。

建设时序上，一、二期的界面介绍不够清楚。应给出各车间、设施的建设时序详表即建设详细计划。

国内目前乘用车涂装主流工艺是阴极电泳底漆、水性中涂漆、面漆（水性色漆+溶剂性罩光漆）。本项目中涂漆及罩光漆为溶剂性漆、色漆为水性漆。主要生产设备、设施一览表应给出主要设备的参数，如：前处理各槽体的体积、漂洗水量、排放水量与排放方式等，喷漆室循环水池容积、循环水量，喷漆室内部尺寸、排风量，烘干室内部尺寸、循环风量、排风量，这是工程分析的基础资料。涂装车间所用物料有前处理脱脂剂、表调剂、磷化剂、电泳漆、中涂漆、面漆、罩光漆、稀释剂、溶剂、硝酸、PVC胶等，应逐一落实。

三、工程分析

（一）现有工程污染因素分析

全厂生产工艺流程及产污环节见图6-6。

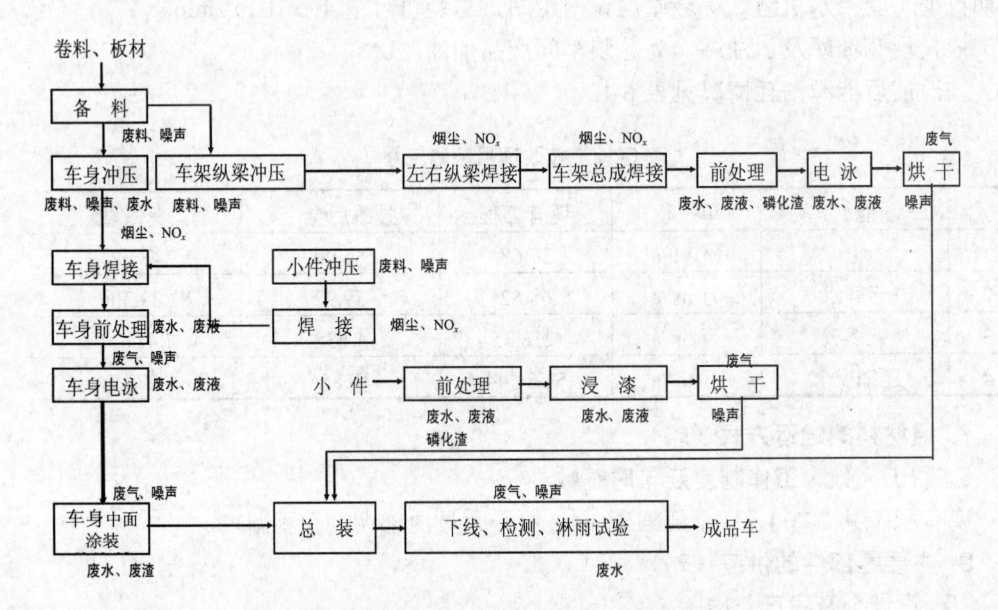

图6-6 现有工程全厂生产工艺流程及产污环节

（二）拟建工程污染因素分析

1．冲压车间

如图 6-7 所示。边角料由输送带送至集中点后外售。污染因子是设备噪声、冲压废料和模具定期清洗的废水。

2．车身焊装车间

如图 6-8 所示（略）。

污染因子：CO_2 气体保护焊机的焊烟、有害气体（NO_x、O_3）及打磨粉尘。

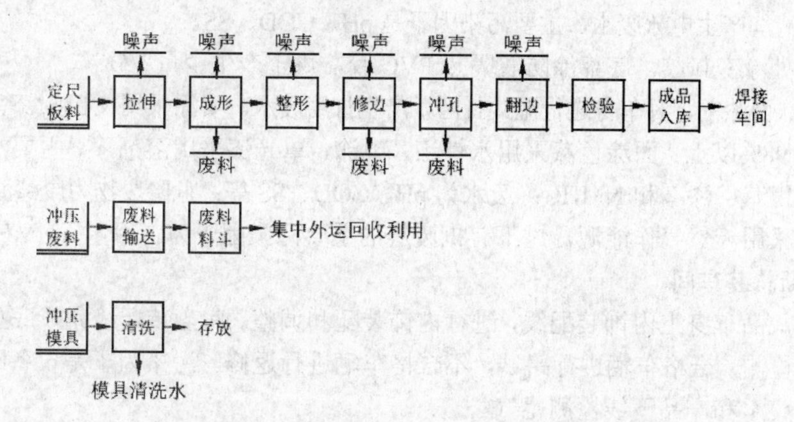

图 6-7　冲压车间生产工艺流程及产污环节

3．涂装车间

如图 6-9 所示。

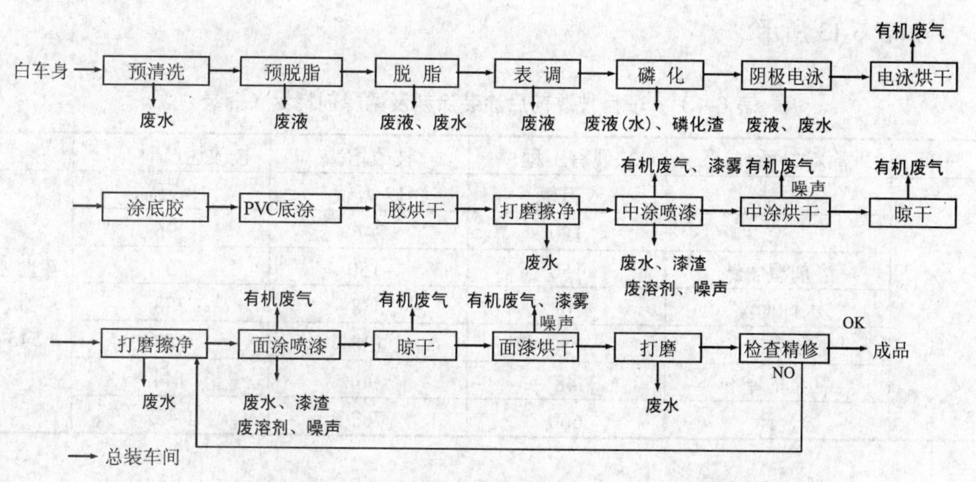

图 6-9　新建涂装车间生产工艺流程及产污环节分析

预清洗、预脱脂、脱脂各槽定期排放的废水，预脱脂、脱脂废液，工件清洗连续及定期排放废水。脱脂槽的油水分离及磁性分离装置产生废油、铁屑。主要污染因子为pH、COD、石油类、磷酸盐、SS等。

表面调整采用磷酸钛胶体溶液，定期排放表调槽液。主要污染因子为磷酸盐。

磷化采用镍锌系磷化剂，磷化液定期补充。磷化槽自动除渣系统产生磷化渣，滤液回槽复用。磷化槽及管网定期清洗产生磷化废液和废硝酸。工件浸洗、淋洗产生磷化废水。主要污染因子为pH、总Zn、总Ni、磷酸盐及亚硝酸盐。

阴极电泳槽定期清洗产生洗槽废液即电泳废液。工件漂洗水设超滤装置回收电泳漆。工件清洗产生电泳废水，主要污染因子是pH、COD、SS。

焊缝处涂密封胶，底部涂防震隔热PVC胶，烘干产生少量VOC。

中涂、面漆前，对车身进行湿式打磨，产生打磨废水。喷涂采用文氏喷漆室，漆雾去除效率98%以上。面涂色漆采用水性漆，中涂、罩光漆采用溶剂漆。主要污染因子废气为二甲苯、漆雾和NMHC；废水为pH、COD、SS等；危险废物为废漆渣。

烘干采用天然气作能源，烘干有机废气的主要污染因子为二甲苯、NMHC等。

4．新总装车间

涂装成品车身上内饰装配线，进行内饰装配和调整。底盘装配线完成底盘部件装配。整车检测，合格车辆进行路试，不合格车辆进行返修。污染因子是设备噪声、淋雨间含油废水和产品下线检测尾气。

5．其他公用、动力、环保部门（略）

（三）技改前后涂料物料平衡

1．技改前后物料消耗分析

如表6-13所示。

表6-13　项目技改前后涂装涂料及稀释剂耗量（摘录）　单位：t/a

车间	涂料、稀释剂	现有工程	技改增减	技改达产时全厂	备注
涂装线	产能	6万辆	12万辆	18万辆	年时基数4 545 h
	中涂漆	150	246	396	
	溶剂型面漆	150	-150	0	
	水性面漆	0	288	288	
	罩光漆	150	138	288	
	中涂稀释剂	48	96	144	
	合计	660	762	1 422	

2．涂料物料平衡

现有工程见图6-10（略），技改工程见图6-11。

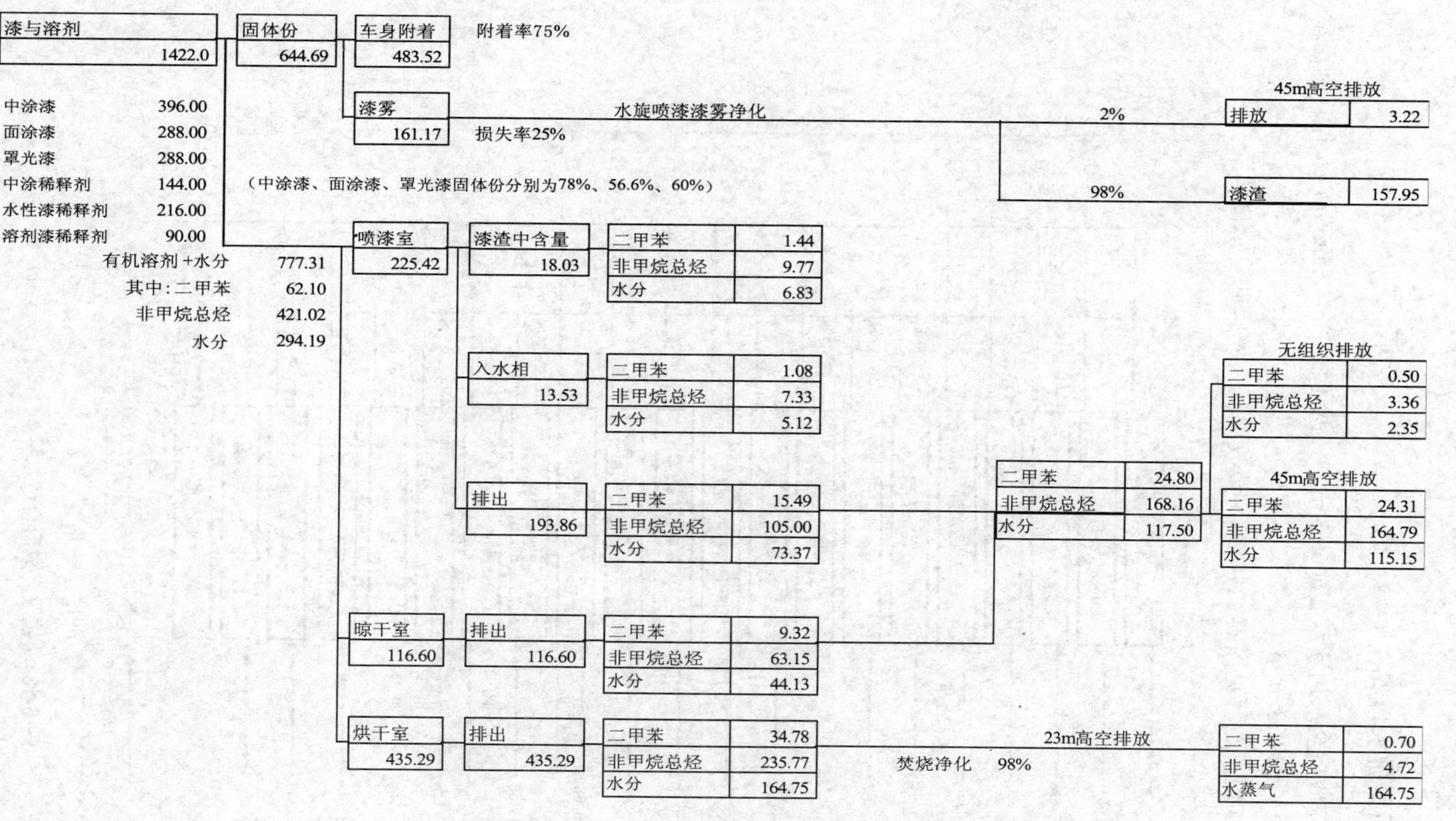

图 6-11　技改后全厂达 18 万辆/a 时涂料物料平衡（单位：t/a）

（四）技改前后给排水情况

技改项目完成后全厂用新水 2 666.63 m³/d，循环水 72 432.5 m³/d，水循环利用率 96.4%。排放废水 829.23 m³/d。

全厂水平衡现有工程见图 6-12（略），技改项目完成后见图 6-13。

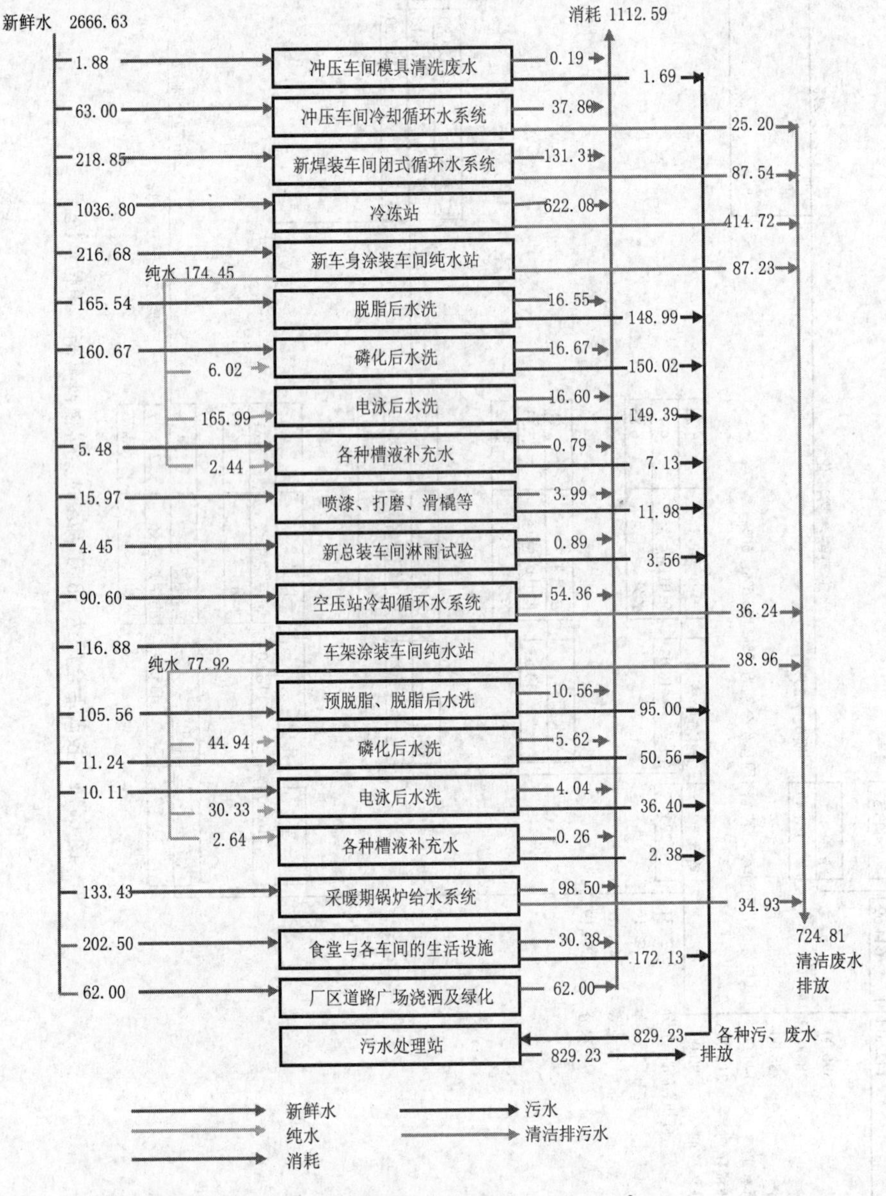

图 6-13 技改完成后全厂水平衡（单位：m³/d）

注：图中给排水数据均按采暖期计算

（五）现有工程整改落实情况

"以新带老"环保改造内容及完成情况见表 6-14。

表 6-14　整改内容及完成情况（摘录）

序号	整改措施内容	完成情况
1	各烘干室有机废气经 1 台 RTO 废气燃烧装置净化后，由 18 m 高排气筒排放	已完成
2	污水处理站设单独磷化废水废液和表调废液处理系统，增加生化处理，将生活污水全部引入污水处理站处理	已完成

（六）主要污染源的污染物削减、排放情况

1．现有工程

（1）废气

废气污染物排放及达标情况如表 6-15（略）所示。

对厂界无组织排放的监测结果表明，各点位苯、甲苯、NMHC 一次浓度最大值均满足 GB 16297 中表 6 新污染源大气污染物排放限值无组织排放监控浓度限值的要求。

（2）废水

各种废水产生情况见表 6-16。废水处理工艺流程如图 6-14 所示。

表 6-16　各种废水（液）产生情况（摘录）

生产车间	废水类型	废水、废液排放量与特点		折合（m^3/d）
冲压车间	模具清洗废水	定期排放	6 m^3/周	1.00
车身涂装车间	脱脂废液	定期排放	99.2 m^3/月	3.93
	脱脂废水	连续排放	274.8 m^3/d	274.8
	磷化废液	定期排放	99.2 m^3/月	3.93
	磷化废水	连续排放	274.8 m^3/d	274.8
总装车间	淋雨试验废水	定期排放	84 m^3/7 天	12
生产废水、废液合计		1 016.67		
生活污水		172.13		
清洁废水		424.21		

污水处理站各系统设计处理能力：磷化废水系统为 25 m^3/h，综合废水系统为 45 m^3/h，生化、过滤系统为 90 m^3/h，均为两班制运行。目前实际处理水量 65 m^3/h。污水处理站及全厂总排口出水水质如表 6-17 所示。

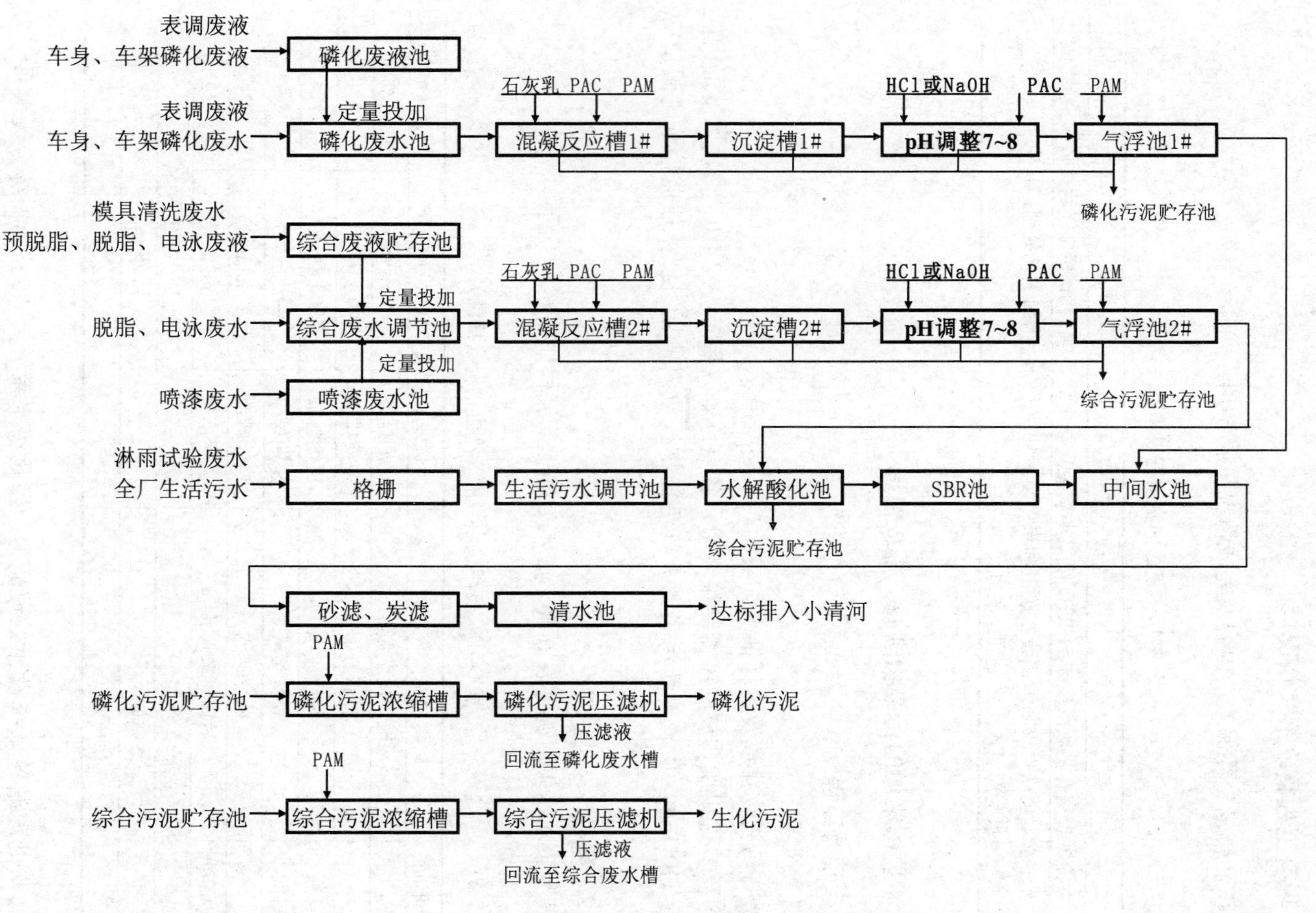

图 6-14 污水处理站工艺流程

表 6-17　磷化废水处理系统、全厂废水处理站、全厂总排放口水质监测结果

监测点位	排放水量			pH	SS	COD	BOD_5	石油类	总 Zn	总 Ni	磷酸盐	氨氮
	m^3/d	m^3/a										
磷化废水处理设施	334.54	101 365.6	范围	—	—	—	—	—	0.017～0.025	0.19～0.21	0.18～0.30	—
			均值	—	—	—	—	—	0.02	0.20	0.22	
污水处理站出口	1 176.8	356 570.4	范围	6.18～6.87	42～51	27～48	5～9	<0.02	0.214～0.233	<0.01	0.14～0.20	0.21～0.25
			均值	—	48	41	7	<0.02	0.222	<0.01	0.17	0.24
全厂污水总排放口	1 613.01	488 742.0	范围	6.50～6.67	40～49	42～48	8～12	<0.02	0.170～0.189	<0.01	0.15～0.21	2.63～2.79
			均值	—	47	45	11	<0.02	0.178	<0.01	0.18	2.70
年排放量/（t/a）					23.95	23.46	5.86	0.010	0.092	0.021	0.103	1.36
GB8978 表 1 及表 6 一级标准				6～9	70	50	20	5	2.0	1.0	0.5	5

注：年工作 303 天。各污染物排放量按照最大浓度计算。

磷化废水单独处理，总镍排放满足 GB8978 表 1 标准要求。其他生产废水经物化处理后进入综合废水池，与生活污水一起经水解酸化、SBR 生化、砂滤和炭滤，出水满足 GB8978 表 6 一级标准要求。循环水系统、纯水站产生的清洁废水和浓盐水以及淋雨试验废水直接排入厂区总排口。COD 总排放量 23.46 t/a，未超过当地环保部门下达的 COD 总量指标 52.5 t/a。

（3）噪声

监测结果表明，各厂界昼、夜间噪声均满足 GB12348 中 2 类、4 类标准要求。

（4）固体废物（略）

2．技改工程

（1）废气

新增的 4 台 CO_2 气体保护焊机烟气，采用 1 套焊接烟尘净化系统。

中涂、面漆及罩光漆喷漆采用文氏喷漆室，漆雾净化效率 98%。喷漆室废气与晾干室废气共用一座 45 m 高排气筒排放。三个烘干室有机废气采用 1 套 RTO 热力焚烧炉净化，净化效率 98%以上。

总装车间产品下线及检测处汽车尾气。采用局部收集后由 15 m 高排气筒排放。车间采取全面通风。

锅炉房燃气 2 台 20 t/h，2 台 10 t/h 锅炉烟气由 25 m 高排气筒排放。

新涂装车间热水锅炉及烘干室热源采用天然气，烟气排气筒高度 15 m。

技改项目达产后，废气污染物产、排情况见表 6-18。

表 6-18　各废气污染源及污染物排放情况

<table>
<tr><th rowspan="2">污染源</th><th rowspan="2">产污环节</th><th rowspan="2">废气量/（万 m³/h）</th><th rowspan="2">排气筒高度/内径/（m/m）</th><th rowspan="2">污染物</th><th colspan="2">排放浓度及排放速率</th><th colspan="2">排放标准（GB 16297）二级</th><th rowspan="2">达标情况</th></tr>
<tr><th>浓度/（mg/m³）</th><th>速率/（kg/h）</th><th>浓度/（mg/m³）</th><th>速率/（kg/h）</th></tr>
<tr><td rowspan="2">新建焊装车间</td><td>新车身焊接车间</td><td>—</td><td>—</td><td>烟尘
NOx</td><td>—
—</td><td>0.0001
0.0003</td><td colspan="2" rowspan="2">无组织排放监控浓度烟尘 1.0，NOx0.12</td><td rowspan="2">达标</td></tr>
<tr><td>车身打磨</td><td>—</td><td>—</td><td>粉尘</td><td>少量</td><td>少量</td></tr>
<tr><td rowspan="3">新建涂装车间</td><td>中、面涂喷漆及晾干室</td><td>190</td><td>45/8×7</td><td>漆雾
二甲苯
NMHC</td><td>0.37
2.82
19.08</td><td>0.71
5.35
36.26</td><td>120
70
120</td><td>49.5
12.6
126</td><td>达标</td></tr>
<tr><td>中涂、面涂、电泳烘干室</td><td>2.1</td><td>23/1.5</td><td>二甲苯
NMHC</td><td>7.29
49.40</td><td>0.15
1.04</td><td>70
120</td><td>2.96
27.8</td><td>达标</td></tr>
<tr><td>新建涂装车间无组织排放</td><td colspan="2">276×91×18</td><td>二甲苯
NMHC</td><td>—
—</td><td>0.11
0.74</td><td colspan="2">无组织排放监控浓度二甲苯 1.2，NMHC 4.0</td><td>达标</td></tr>
<tr><td>锅炉房、涂装车间</td><td>燃气锅炉</td><td>5.95</td><td>8/0.8</td><td>SO₂
NOx</td><td>5.6
175.96</td><td>—</td><td>100
400</td><td>—</td><td>达标</td></tr>
</table>

（2）废水

技改项目完成后，全厂生产废水、废液水质指标见表 6-19 所示，各生产线废水排放情况见表 6-20。

表 6-19　技改项目新建生产线废水、废液水质指标（摘录）

除 pH 外，均为 mg/L

废水种类	排放方式	pH	SS	COD	石油类	总 Zn	总 Ni	磷酸盐
预清洗废水	定期	9～11	1 500	4 000	500			
脱脂废水	定期、连续	9～10	350	500	40			40
磷化废液	定期	4～6	1 000	250		400	200	1 700
磷化废水	定期、连续	4～6	60	80		20	10	150
淋雨试验水	定期	6～9	200	40				
全厂清洁废水	定期			40	全盐量 650			

表 6-20　技改项目涉及车间废水类型及排放情况（摘录）

序号	生产车间	废水类型	废水、废液方式与排放量		折合/（m^3/d）
1	冲压车间新冲压线	模具清洗水	定期	4 m^3/周	0.69
2	新建涂装车间	脱脂废液	定期	80 m^3/a	0.26
		脱脂废水	连续	9.6 m^3/h	144.00
		脱脂废水	定期	100 m^3/月	3.96
3	新总装车间淋雨线	淋雨试验废水	定期	90 m^3/月	3.56
4	清洁废水		724.81		

技改工程完成前后废水排放量见表 6-21。

表 6-21　技改项目完成前后全厂废水排放量变化情况（摘录）

序号	生产部门		现有工程	技改完成后全厂	技改项目增减
1	生产生活废水	m^3/a	360 206.4	251 256.69	−108 949.71
		m^3/d	1 188.8	829.23	−359.57
2	清洁废水	m^3/a	128 535.63	219 617.43	91 081.8
		m^3/d	424.21	724.81	300.6
3	合计	m^3/a	488 742.03	470 874.12	−17 867.91
		m^3/d	1 613.01	1 554.04	−58.97

各种废液、废水处理依托现有污水处理站处理。预计磷化废水处理系统、全厂污水处理站及全厂总排放口出水水质见表 6-22（略）。

（3）噪声

各种设备噪声源强及治理措施见表 6-23（略）。

（4）固体废物

项目技改前后固体废物产生量如表 6-23（略）。处理处置情况同现有工程。

（七）技改项目污染物产生和排放情况核算

见表 6-24。

表 6-24 技改项目污染物产生及排放情况（摘录） 单位：t/a

种类	污染物名称	产生量	削减量	排入环境量
废气	SO_2	0.94	0	0.94
废水	废水量/（m^3/a）	251 256.7	0	251 256.7
	清洁废水/（m^3/a）	219 617.4	0	219 617.4
	COD	255.96	234.62	21.34
固废	危险固废	307.47	307.47	0
	一般工业固废	27188	27188	0

（八）技改项目实施前后全厂污染物排放变化“三本账”

见表 6-25。

表 6-25 技改项目实施前后全厂污染物排放变化（摘录）

类别	污染物	单位	现有工程排放量	技改项目排放量	以新带老削减量	技改完成后全厂排放量	增减量
废气	SO_2	t/a	22.37	0.94	22.37	0.94	-21.43
废水	废水	m^3/a	488 742.0	313 916.1	321 784.0	470 874.1	17 867.9
	COD	t/a	23.46	14.23	16.35	21.34	-2.12
固废	危险固废	t/a	408.4	307.47	254.67	461.21*	52.81

注：表中*为安全处置量。

点评：

工艺污染因素分析按生产单元给出，做法正确。物料用量分析清楚。水平衡表示方法基本规范，单位取 m^3/d 符合规范。给出了废气一般污染物（烟尘、二氧化硫、氮氧化物）和特征污染物（漆雾、二甲苯、非甲烷总烃），废水量及一般污染物（COD、氨氮）和特征污染物（石油类、总 Zn、总 Ni、磷酸盐）的产、减、排情况，做法正确。污染物浓度类比现有工程，结论可信。废水污染物核算既包括生产、生活废水，也包括清洁废水，考虑全面。

报告书还应介绍辅助生产单元和公辅设施的污染因素分析，给出不同品种产品的涂装面积及单位涂装面积涂料用量和物料主要成分。应在水平衡图中标明污水处理站排放废水与清洁废水均经总排放口排入市政污水管网。

所用涂料成分应满足《汽车涂料中有害物质限量》（GB 24409—2009）。物料平衡应按废气污染物排放系统或生产单元进行划分。物料平衡应给出二甲苯和 NMHC，元素平衡应给出重金属镍的平衡。厂区露天料场、污水处理站周围、固体废物转运站等易污染的局部厂区，应考虑对其初期雨水进行收集、处理。焊接烟气经净化后排入车间的前提条件是其有害物质浓度满足车间卫生标准。

四、项目所在区域环境现状调查（略）

五、环境现状监测与评价

（一）环境空气（略）

（二）水环境（略）

（三）土壤（略）

（四）声环境（略）

（五）历史监测数据对比

与2006年相比，区域环境空气质量变化不大；地表水贾鲁河某河段 BOD_5、氨氮浓度下降均在50%以上。说明通过综合整治，贾鲁河水质有所改善。

（六）小结

评价范围内环境空气 SO_2、NO_2 的日均值和小时值及二甲苯小时值均不超标。SO_2、NO_2 日均单因子指数最大值为0.49，0.48；SO_2、NO_2 小时单因子指数最大值为0.17，0.30。PM_{10} 日均浓度均存在超标现象，超标率62%，最大超标倍数0.47。二甲苯、苯、甲苯、NMHC 一次浓度最大值为 0.011 mg/m^3、0.005 mg/m^3、0.007 mg/m^3 和 1.34 mg/m^3，均较低。

……

综上所述，评价范围内除地表水环境质量受自然条件和生活排污影响低于功能区划要求外，其余环境要素质量监测期间现状良好。

六、环境影响预测与评价

（一）环境空气影响预测与评价

利用估算模式进行预测分析，结果为：

二甲苯最大小时浓度贡献值占标率4.19%，与现状叠加后占标率8.76%，满足TJ 36要求。NMHC最大贡献值0.10 mg/m^{3}与现状叠加后为1.44 mg/m^3。

厂界无组织排放监控点二甲苯、NMHC浓度预测分别为0.005 mg/m^{3}和0.034 mg/m^3，满足GB16197厂界无组织排放监控浓度限值要求。二甲苯最大落地浓度低于TJ 36中的0.3 mg/m^3，无须设置大气环境防护距离。

采用GB/T 3841规定的公式，计算涂装车间二甲苯卫生防护距离为8 m，按级差确定卫生防护距离为50 m。项目所在地近5年平均风速2.1 m/s，根据GB18705涂装车间卫生防护距离为400 m，北、西、南向均在厂区内，东向超过厂界232 m，卫生防护距离内现状没有敏感点，最近敏感点距新涂装车间472 m。

根据规划，卫生防护距离内均为工业用地，无规划保护目标，符合卫生防护距离要求。

（二）地表水环境影响分析（略）

技改完成后，全厂排放废水1 551.12 m^3/d，均由总排放口经市政管网排入小清河，最终汇入贾鲁河。

小清河、贾鲁河的COD、BOD_5、氨氮、磷酸盐等因子现状超标。技改完成后，全厂外排废水与主要污染物均有削减。总体上，通过工艺水平提高和实现“以新带老”，主要污染物外排量有所降低，不会加重地表水的污染负荷。

（三）地下水环境影响分析

项目场地地形平坦，标高78.87～79.50 m，地貌单元属于黄河冲积平原。

根据工程地质勘察报告，场址地基土主要由冲洪积作用沉积的粉土和粉细砂组成。各地层的分布及特征由上至下分别为：

（1-1）粉土（新近沉积）：褐黄土，稍湿～很湿，稍密，硬塑～可塑，局部因泡水呈软塑。含浅棕色粉质黏土及少量植物根、云母碎片，局部夹粉砂薄层，属中等压缩性土。该层顶部有0.3 m厚的表耕土。层底标高76.91～78.97 m。

……

（3-1）粉土：黄褐色，饱和，可塑～软塑，含贝壳碎屑及氧化铁条纹，该层以透镜体的形式存在于③层之中，一般厚度0.8 m。

③粉土；④粉土夹粉细砂；⑤粉土与粉细砂互层：……最大揭露厚度3.5 m。

工程地质剖面图（略）。

根据水文地质资料，场址区域地下水类型为潜水，静水位埋深 10～10.5 m，稳定水位标高 69.01～68.50 m，含水层③～④层粉土，补给源主要为大气降水。

经调查，县城供水水源为深层承压水。厂区周边村庄生活用水为自备水井，井深在 100 m 以上。

地下水评价范围内没有集中式饮用水水源。根据监测报告，区域浅层地下水和承压水中各监测因子均满足Ⅲ类标准要求。

技改项目改用市政给水，改造给水管网，可保护区域地下水资源。

全厂废水集中收集后排入市政管网。厂内危险固废临时贮存库房地面及内墙采取防渗措施，地沟及集水池做防腐处理，暂存期间，不会对地下水造成影响。

综上所述，项目减少了新水用量和外排废水量，对地下水资源及水质保护不会产生负面影响。

（四）声环境影响预测与评价（略）

项目高噪声设备所在构筑物参数及距厂界、敏感目标距离见表 6-27。

表 6-27　各构筑物参数及距厂界、敏感目标距离（摘录）　单位：dB（A）

车间名称	构筑物参数	源强/dB（A）	距各厂界及敏感目标距离/m					
			东	西	南	北	儿童医院	大潘庄
冲压车间	263×200×15	80～95	—	190	—	—	—	—

注：表中“—”表示距离太远（＞200 m）或被其他厂房阻挡，不再统计。

采用 Noise System 软件预测昼间各噪声源对厂界及各敏感点的噪声贡献等值线预测结果见图 A（略）。项目达产后，对东、南、西厂界昼间噪声的贡献满足 GB12348 中 2 类标准，对北厂界的贡献满足 4 类标准。周围各保护目标贡献满足 4a 类标准。

（五）固体废物影响分析（略）

（六）小结（略）

点评：

废水依托现有排污口排放，项目通过提高工艺水平，未增加区域地表水的污染负荷，这一思路是正确的。地下水专题现状调查清楚。噪声预测方法正确，预测工作考虑了试车跑道的影响是适宜的。

本项目试车跑道位于厂区的中间，总平面布置合理。

报告书应给出各噪声源强及其距厂界的距离和与环境保护目标的关系。如试车跑道位于厂址边界，其影响必须给予足够重视。必要时应采取隔声措施。

七、施工期环境影响分析（略）

八、环境风险评价（略）

九、清洁生产及总量控制分析

（一）企业研发能力

1．现有研发机构概况（略）

2．研发中心建设（略）

（二）产品的先进性

主要代表车型为 C16A，产品定位为家用 MPV 多功能汽车，兼顾城市物流商用车需求。可选配 1.6L 或 2.0L 汽油机，排放达到国Ⅳ排放限值。

（三）生产工艺的先进性

1．冲压车间

采取自动化上下料装置及废料地下输送方式，自带隔声罩，废料自动收集。

2．焊装车间

以点焊为主。全部采用“硬规范”的焊接工艺，具有加热范围小、焊接变形小、生产效率高等特点；部分采用机械化运输；总体机械化和自动化水平较高。

3．涂装车间

前处理、电泳采用摆杆＋滑橇吊具输送系统和电泳超滤水逆流清洗。喷漆采用静电旋杯喷涂机器人，面涂、色漆采用水性涂料，中涂线预留水性漆改造空间。采用自动输调漆涂料输送系统。烘干采用横向式车体进入方式，及 RTO 热力焚烧炉废气净化系统。对照 HJ/T 293，主要结论如下：

脱脂设油水分离装置。磷化设自动除渣设施及温度自控装置；电泳漆采用三级超滤回收，达到二级水平，中涂、面漆指标满足一级指标要求。

满足基本要求；前处理采用低磷、低温脱脂剂，达到二级水平；采用低温、低锌、低渣磷化液，达到二级水平。面涂漆使用水性涂料，基本达到一级水平。罩光漆工艺漆含固体分含量 60%，接近欧洲水平。

采用三涂层三烘干（3B3C）工艺，单车涂装面积电泳 90 m^2、中涂 15 m^2、色漆与罩光漆均为 20 m^2。单位面积新水耗量、循环利用率、耗电量均达到一级水平。

单位面积废水产生量及 COD、总磷、废漆渣、有机溶剂产生量（34.94g/m^2）均达到一级水平。

技改工程符合环境法律法规及排放标准要求，各污染物排放量满足总量控制指标和排污许可管理要求；生产过程环境管理及环境管理有关指标达到国内先进水平，清洁生产审核和 ISO14001 环境管理体系待实施。

4．新总装车间

车间布置做到物流距离最短。选用柔性生产线，适应多品种产品组装。

5．选用清洁能源和节能措施（略）

（四）清洁生产评述及建议

项目符合汽车产业发展政策，产品尾气排放指标达到国Ⅳ标准要求，生产工艺和技术装备先进，采用的污染防治措施技术成熟可靠，清洁生产指标整体处于国内先进水平。建议尽快进行清洁生产审核并建立 ISO14001 环境管理体系。

（五）循环经济分析（略）

（六）污染物排放总量控制分析

技改前后污染物排放总量变化情况见表 6-28 所示

表 6-28 技改前后污染物总量变化情况汇总（摘录）

序号	项目	现有工程	拟建工程达产	总量控制指标	备注
1	SO_2	22.37	0.94	58.49	
2	NO_x	92.04	28.93		
3	二甲苯	37.69	25.51		
4	COD	23.46	21.34	52.5	排入环境数据

点评：

清洁生产分析内容全面。

清洁生产指标中，关于溶剂漆固体分含量，应进行同行业类比；关于能耗指标，建议增加包括电、气等各种能源及耗能工质在内的综合能耗指标；还应给出单位产品或万元工业增加值的资源能耗利用指标（如土地利用指标）和污染物产生指标。

涂装面积指单位产品白车身内、外总表面积，即电泳面积，计算公式如下：

单台产品电泳面积=2×白车身重量/（钢材密度×钢板平均厚度）

十、环境污染防治措施技术经济论证

（一）废气污染防治措施

1．焊接烟气

对 CO_2 气体保护焊机的烟尘，采用高效除尘器净化。

设计采取滤筒式袋式除尘器净化，净化效率 99%以上。措施可行。

2．新涂装车间工艺废气

（1）喷漆室废气

采用文氏喷漆室去除漆雾。工艺路线成熟，漆雾去除率可达 98%以上。

面涂色漆采用水性漆后，中涂和罩光清漆及其稀释剂采用低二甲苯（含量分别为 5%、15%）溶剂漆。

喷漆废气风量大、苯系物和漆雾浓度低。中、面涂喷漆室采用 1 套排风系统，排气筒高度 45 m，排风量总计 190 万 m^3/h。漆雾和二甲苯、NMHC 的排放速率和排放浓度均满足 GB 16297 表 6 新污染源二级标准。

（2）烘干室废气污染防治措施

三个烘干室有机废气采用 1 套 3 室 RTO 热力燃烧装置净化。二甲苯、NMHC 的排放速率、浓度均满足 GB 16297 二级标准要求。

3．新总装车间废气（略）

（二）技改项目依托现有污水处理站处理可行性分析

1．依托现有污水处理站处理的可行性分析

技改前后，废水种类与废水量变化情况与污水处理站处理能力对比如表 6-29 所示。与现有工程相比，技改工程废水量有所减少。能够满足技改后废水处理的需要。

表 6-29　技改前后污水处理站处理废水种类、处理量

处理系统	废水、废液排放种类	排放量（m^3/d）		处理能力	
		技改前	技改后	m^3/h	m^3/d
磷化废水	车身、车架磷化废水（液）、表调废液	334.78	203.3	25	400
其他废水	车身、车架脱脂、电泳废水（液）、喷漆废水	669.89	454.07	45	720
生化	预处理后的其他生产废水、生活污水	842.02	626.2	65	1 040
过滤、炭滤	经生化处理后的综合废水	1 176.8	829.23	90	1 440

2．废液、废水收集、处理系统介绍

各废液、废水池体积见表 6-30。

表 6-30　废液、废水池容积（摘录）

序号	名　称	容积/m^3	备　注
1	综合废水调节池（电泳、脱脂废水）	450	二班制运行
2	综合废液池（电泳、预脱脂、脱脂废液）	640	间歇运行
3	磷化废液池（表调、磷化废液）	253	间歇运行，定量加入磷化废水池

磷化废水、废液通过管道入磷化废水池，经提升入、投加 $Ca(OH)_2$，使镍、锌等形成沉淀物析出，再投加混凝剂进行回液分离；调整上清液 pH=7～8，投加混凝剂反应，再进入气浮池进一步分离，出水进入混合废水池。污泥进入物化污泥池。

脱脂、电泳工件清洗废水进入混合废水池。预脱脂及脱脂废液、电泳废液、喷漆废水进入各自贮存池，水泵定量添加至混合废水池，与其他废水混合后进行处理。

混合废水经提升，投加石灰乳、PAC、PAM 混凝反应，沉淀后出水再进入二级混凝反应池，调整 pH，投加 PAC、PAM 混凝反应，气浮后上清液进入综合污水池。污泥进入物化污泥池。

综合污水池污水与生活污水一起进入水解酸化池，再经提升进入 SBR 反应池进行生化处理、脱氮除磷。出水经砂滤、活性炭（保安措施）过滤进一步处理达标后，经厂区总排放口排放。

物化污泥设单独压滤系统，干污泥作危废处理。生化污泥设单独压滤系统，干污泥作一般固废处理。

3．废水处理措施技术论证

采取的污水处理工艺已在多个项目中使用，是成熟稳定工艺。

污水处理站设计已考虑事故排放时各废液、废水的贮存。针对磷化废水，另外设置容积 430 m^3 事故池，可容纳磷化废水 1 天量和磷化废液一次排放最大量。其他生产废水事故池总容积 1 106 m^3。

厂区总排口和污水处理站出口已经设置 COD、氨氮等在线监测仪器。

因此，评价认为采取的污水处理方案是可行的。

（三）噪声、固体废物污染防治措施（略）

（四）项目竣工环境保护验收一览表

见表 6-31。

表 6-31　工程环保分项投资及“三同时”验收　万元

项目	污染源	环保设施及处理规模	数量	投资	效　果	验收时间
（一）一期工程						
废气处理	中涂、面漆喷漆室	净化系统风量 190 万 m^3/h	2	1500	二甲苯、NMHC 排放浓度及排放速率达 GB 17297 表 6 二级标准	与主体工程同时验收
	烘干室	RTO 焚烧装置＋23 m 排气筒，风量 2.1 万 m^3/h	1	400		
废水处理	磷化废水	25 m^3/h，pH 调节、混凝、沉淀池、气浮	1 套	/	一类污染物总 Ni 在磷化处理设施出口处满足 GB 8978 表 1 标准，其余污染物排放浓度满足表 6 二级标准	依托现有，验收时同时监测出水水质
	混合废水	45 m^3/h，pH 调节、混凝、沉淀池、气浮	1 套	/		
	综合污水	90 m^3/h，水解酸化、SBR 池、斜管沉淀池	1 套	/		
	合　计			2 314		
（二）二期工程						
废气治理	1．车身焊装车间					
	CO_2 焊机	焊接烟尘净化机组，风量 0.16 万 m^3/h	1	4	无组织排放周界外浓度满足 GB 16297 表 6 二级标准要求	与主体工程同时验收
	总　计			2 373		

点评：

污泥处理设 2 个系统是合适的，物化污泥作危废处理，生化污泥作一般固体废物处理。验收清单正确。

十一、产业政策及相关规划的相符性分析（略）

十二、环境经济损益分析（略）

十三、公众参与（略）

十四、环境管理及监测计划

（一）环境管理（略）

（二）环境监测计划建议

见表 6-32。

表 6-32　环境监测计划

类别	监测位置	监测项目	监测频率	备　注
废气	喷漆室、烘干室排气筒	二甲苯、NMHC	1 次/a	委托当地环境监测单位
废水	全厂污水处理站进出口	pH、磷酸盐、氨氮	1 次/天	COD、氨氮为在线监测
	含一类污染物废水处理站进出口	总镍	1 次/班	
噪声	四周厂界	噪声	2 次/a	委托当地环境监测单位
土壤	厂区绿地	pH、总锌、总镍	1 次/2 年	

十五、评价结论与对策建议

（一）评价结论

1．建设项目概况

某公司拟在某工厂现有整车产能 6 万辆基础上投资 27.58 亿元进行产能提升改造，其中一期达到 12 万辆，2012 年底投产；二期达到 18 万辆，2015 年投产。

2．产业政策的符合性

拟建工程产品不属于《产业结构调整目录》（2011 年本）中“限制类”和“淘汰类”行业，为“允许类”。

项目符合《汽车产业发展政策》、符合《河南省汽车产业调整振兴规划》中“支持某加快改造优化某厂区和……，到 2012 年形成 30 万辆产能”的要求。

3．拟选厂址与某县及环境功能区划的符合性

现有厂区及其南面新征用地为《某市某县城市总体规划（2010—2030 年）》的工业用地，涂装车间 400 m 卫生防护距离内没有规划的敏感点。项目所在区域环境功能区划为环境空气二类、噪声 2 类、地表水Ⅳ类。区域环境空气质量较好，基本满足规划的环境功能要求。

4．项目建设符合清洁生产原则

涂装生产工艺与装备、中面涂喷漆室和烘干室各项指标、原材料指标及污染物产生指标、资源能源利用指标均达到国内先进水平。新增冲压线采用全自动生产线；焊装采用以接触焊为主的生产工艺；总装采用柔性生产线，适应多品种车型装配；生产及生活所用能源为清洁能源。总体清洁生产水平达到国内先进水平。

5．污染物做到稳定达标排放或有效处置

通过采取污染防治措施，污染物排放浓度、速率满足 GB 16297 表 6 二级标准及 GB 13271 表 1、表 6Ⅱ时段标准要求。

全厂生产、生活废水依托现有污水处理站，采取物化＋生化工艺处理。含镍废液（水）单独处理，出水达到 GB 8978 表 1 标准。废水处理站出口水质满足表 6 一级标准，其中COD、氨氮浓度分别满足50 mg/L、5 mg/L的地方环保部门要求。清洁废水直接排入厂区污水总排口。

采取隔、消声措施后，厂界噪声满足GB 12348中2类、4类标准要求。

各种固体废物做到安全处置或综合利用。

6．满足总量控制要求

项目实施后，全厂 SO_2 排放0.94 t/a，不超过58.49 t/a的总量控制指标。NO_x 减少63.11 t/a，降为28.93 t/a。二甲苯排放量25.51 t/a，减少12.18 t/a；全厂COD排入环境21.34 t/a，减少2.12 t/a，不超过52.5 t/a的总量控制指标。氨氮减少0.73 t/a，降为0.63 t/a。总镍减少0.007 t/a，降为0.014 t/a；总锌减少0.022 t/a，降为0.070 t/a。

7．区域环境质量现状

评价区域环境空气 SO_2、NO_2 小时与日均浓度符合GB 3095二级标准；PM_{10} 日均浓度各点位存在超标现象。苯、二甲苯一次浓度范围、污染指数满足TJ 36要求。甲苯、NMHC一次浓度最大值分别为0.006 7 mg/m^3 和1.34 mg/m^3。厂界无组织排放监测点一次浓度最大值二甲苯、苯、甲苯、NMHC分别为0.019 mg/m^3、0.009 5 mg/m^3、0.0072 mg/m^3、2.40 mg/m^3，满足GB 16297中表6无组织排放监控浓度限值的要求。

小清河、贾鲁河等地表水体呈有机类污染，主要原因是无天然地表径流。由历史数据来看，经过综合整治，贾鲁河COD、氨氮水质改善取得一定效果，实现阶段目标。在某县毛庄污水处理厂建成后，将大大削减小清河的污染负荷。

地下水质满足GB/T 14848中Ⅲ类标准。

厂界及周围敏感点噪声昼间及夜间满足GB 3096中2类、4a类标准要求。

现有厂址及新征用地各土壤监测点背景浓度满足GB 15618二级标准。

总体除地表水外，区域环境质量尚好。

8．环境影响预测结论

项目实施后二甲苯贡献值与现状值叠加后占标率8.76%，满足TJ 36要求。无组织排放二甲苯、NMHC最大落地浓度分别为0.006 mg/m^3、0.041 mg/m^3，厂界监控点浓度满足GB 16197要求。

新建涂装车间卫生防护距离内均为工业用地，无规划敏感点，符合GB 18705二甲苯卫生防护距离400 m的要求。

技改项目完成后，外排废水减少17 867.91 m^3/a，主要污染物减少COD 2.12 t/a、BOD_5 3.86 t/a、氨氮0.73 t/a、磷酸盐0.013 t/a，未增加区域地表水污染负荷。

评价范围内无集中式饮用水水源。项目外排废水量有所减少。危废暂存库房地面、内墙、地沟及集水池采取防渗、防腐措施后，不会对地下水造成影响。

东、南、西厂界昼间噪声贡献值满足GB 12348中2类标准要求，北厂界昼间噪声贡献值满足4类标准要求。各敏感点噪声基本维持现状。

9. 公众参与调查结果

通过二次公示、座谈会和公众问卷调查征求公众意见。共随机发放210份调查表，收回201份，收回率95.71%。结果表明，公众对项目建设持支持态度，同时要求企业注重效益与生态和谐，加大环保投入，建设绿色工厂；严格执行国家规范，加强污染控制，切实做到达标排放。对公众意见，建设单位承诺全部采纳。

10. 建设项目环境可行性结论

项目符合国家产业政策和地方发展规划，选址符合《某市某县城市总体规划》(2010—2030年）和环境功能区划，满足卫生防护距离要求。产品性能先进，尾气排放满足国Ⅳ标准。采用低毒原料，工艺和先进设备，符合清洁生产要求。污染防治措施先进可靠，能够达标排放，经实施“以新带老”后，满足总量控制要求。经预测，对环境影响程度较小。环境风险可以接受。公众对项目建设持支持态度。

综上所述，拟建工程是评价区域整体环境可以承纳的，具备环境可行性，该项目建设可行。

（二）对策建议

建议全厂实施中水管网改造；厂区污水处理站周围预留重金属深度处理位置。

东风路车流量较大，建议规划部门对道路进行调整，减少对城市交通的影响。

案例分析

一、项目实施与国家相关产业政策的相符性

汽车产业政策文件有：《汽车产业发展政策》（国家发展改革委令第8号）、《工业和信息化部关于加强汽车生产企业投资项目备案管理的通知》（工信部装[2009]93号）、《新能源汽车生产企业及产品准入管理规则》（工产业[2009]第44号公告）、《商用车生产企业及产品准入管理规则》（工产业[2010]第132号）、《乘用车生产企业及产品准入管理规则》（工信部公告2011年第37号）、《国务院关于印发节能与新能源汽车产业发展规划（2012—2020）的通知》（国发[2012]22号）。

此外，还有《汽车产品回收利用技术政策》（国家发展改革委等2006年第9号公告）、《国家发展改革委关于汽车工业结构调整意见的通知》（发改工业[2006]2882号）、《关于办理三轮汽车、低速货车生产企业<公告>变更有关事项的通知》（工信部产业[2010]588号）等。

汽车制造建设项目管理文件繁多，应在明确项目性质、类型及审批管理要求后，做好前期策划工作。

二、项目概况与工程分析

工程概况介绍应全面，包括主体、辅助、公用、环保、储运及依托等内容。依托工程包括供水、供汽、供气、废水输送与处理、固体废物处理与处置等工程的规模、能力及可依托性分析等。

工程污染分析，应根据生产工艺和原料在工艺过程中的化学反应进行情况和程度一一进行分析，通过物料平衡或类比同类工程分析确定排放方式和排放源强。

对于现有工程（已通过竣工环保验收）和在建工程（环评已经批复，尚未完成竣工环保验收），应通过污染源监测和现场实际调查，明确有无环保问题。环保问题包括排放超标、总量超标、存在尚未完成的环境搬迁、使用淘汰工艺设备和使用不允许采用的原辅材料，清洁生产水平落后等。

对于拟建工程涉及现有和在建工程存在的环境保护问题，应提出“以新带老”环保整改方案，纳入竣工环保验收内容，并按整改计划提出单独提前验收建议。

三、厂址合理性分析

相关规划应重点介绍与项目有关的规划，如城市总体规划、环境功能区划、产业发展规划、基础设施规划、环境综合整治规划等，还要介绍其落实情况与环境改善的效果。

项目用地应符合土地利用总体规划、产业发展规划、城市总体规划、环保规划和环境功能区划的要求。针对项目选址对环境条件的要求，应以得到主管部门批复的规划为基础，结合规划环评文件及其审查意见，提出规划控制或调整建议。

正确处理项目环评与规划环评的关系。新建的大型机械工业项目所在区域应当编制区域和行业规划环评文件，并得到行政主管部门的批复。项目所在区域应有集中污水处理厂、集中供热和危废处置中心等配套措施。

选址应考虑卫生防护距离要求及与周围企业的相容性。如《乳制品工业产业政策（2009 年修订）》规定“环境功能符合食品加工环境要求，周围 3 km 范围内没有粉尘、有害气体、放射性物质和其他扩散型污染源……；合理设置防护距离……。”

四、总论

评价范围应兼顾区域重要的环保目标，如自然保护区、饮用水水源地。

全面调查评价范围内的所有环保目标的性质、规模及与厂址和存在污染物无组织排放车间的方位、距离关系，给出环保目标一览表和环保目标分布图。环保目标包括现有的环保目标、规划拟搬迁的环保目标、项目环境搬迁对象及规划的环保目标等。

五、评价因子

1. 整车厂

环境空气：二甲苯、NMHC、SO_2、NO_2、PM_{10}、O_3、CO 等。

地表水：pH、COD、SS、石油类、磷酸盐、氨氮、硝酸盐、亚硝酸盐、挥发酚、LAS、总镍、总锌、总锰、总锡、总铅等。

地下水：色度、嗅和味、pH、总硬度、溶解性总固体、硫酸盐、磷酸盐、硝酸盐、亚硝酸盐、高锰酸盐指数、氨氮、挥发酚、氟化物、氯化物、镍、锌、铅、铬、镉、铜、锰、全盐量等指标，一般不应低于20项。

2. 发动机厂

环境空气：NMHC、SO_2、NO_x、PM_{10}、CO等。如存在铸铁车间，则会有氨、氯化氢、酚、醛、三乙胺、烟（粉）尘、苯、苯乙烯等。如存在铸铝车间，还会有氯化氢、氟化物等。

地表水：pH、COD、SS、石油类、磷酸盐、氨氮、硝酸盐、亚硝酸盐、LAS等。

地下水：同整车。

六、区域环境现状与现状评价

环境概况介绍要从大到小。给出厂址经、纬度坐标，四周边界及与周围地形、地物的相关关系。现状监测应考虑时间、空间的代表性。应给出监测统计结果和评价结论。超标因子应给出超标率、最大超标倍数，未超标因子应给出位于前几位的标准指数。对于达不到环境功能区划要求的，应结合区域环境质量的历史资料分析，说明区域的环境问题及环境质量变化趋势。对于区域的环境问题，应说明当地政府是否制订了区域环境综合整治方案，并说明其实施情况和所取得的效果。

七、污染防治措施经济技术论证

应优先提高清洁生产水平，避免在生产工艺落后的前提下采取严格的环保措施。应从经济、技术、管理多方面进行论证，提出合理、优化的污染防治方案。

喷漆室废气量大（$>10^5\ m^3/h$），VOC浓度低、湿度大且含有漆雾，直接采用活性炭吸附效果较差。采用水性漆及干式喷漆室，可削减大量的VOC。采用干式喷漆室时，喷漆废气经净化（石灰石粉吸附除去漆雾）、过滤、调节（温度、湿度）后循环使用，仅部分引出经沸石分子筛吸附浓缩、再直接燃烧或催化燃烧做进一步净化，可节约大量能源，VOC去除率可以达到85%以上。

中水可用于循环水系统、喷漆室补水及生活杂用水，经超滤、反渗透处理后可用涂装前处理脱脂工序补充水和工件清洗水，在确定厂址水文地质条件良好且不会对地下水造成影响的前提下方可用于绿化和道路降尘。

八、清洁生产分析

应体现产品生命周期理念，内容应包括产品、建设项目规划、建设、服役期及服役期满后场地的再利用。汽车制造项目可选取下述清洁生产指标。

清洁生产分析指标建议

序号	项目	评价指标
1	整车	尾气排放指标、百公里油耗、噪声、绿色或环境友好材料的应用等
2	发动机	尾气排放指标、升功率指标等

序号	项目	评价指标
3	冲压车间	工艺装备自动化率、材料利用率、成品率。单位（吨）冲压件成品的综合能耗、水耗
4	车身车间	工艺装备自动化率、单位产品的综合能耗与水耗。 非乘用车企业增加 CO_2 焊机烟尘收集净化率和单位生产面积能耗
5	发动机车间	产品热试率，切削液是否采用了集中配制、供应和收集系统，废切削液及废清洗液安全处理率，单位产品切削液耗量，危险废物、废水、污染物产生量
6	涂装车间	在 HJ/T 293 标准基础上，增加单位产品综合能耗
7	整体项目	单位生产车间建筑面积的材料消耗，单位产品生产能力的土地利用指标，单位产品的能耗、物耗或单位运输量的能耗、物耗

九、环境影响预测

应考虑在建项目的污染物排放源。厂址周边现状及规划居住区等环保目标较多，特别是高层建筑多的情况下，应结合规划方案（建筑物参数，间距等）按工作等级二级开展工作。对于没有质量标准的污染物，可直接给出贡献值和叠加值。对不能满足环境功能质量要求的，应提出综合整治方案。大气环境防护距离和卫生防护距离均需计算，防护距离应在同一幅图上标明，绘制其外包络线，并视情况提出相应解决方案。对于未规定防护距离的行业项目，应通过同类工程调查进行确定。

依托市政污水处理设施的，应调查其建设运行情况、出水水质及其接纳能力。依托能力分析包括水量的接纳性、水质的可接受性及市政管网的配套建设及建设时序等。同时还应核实区域环境综合整治方案、计划的落实情况，在此基础上，再提出区域污染物排放总量平衡方案。

地下水专题应调查区域和拟建厂址地质条件，从建设方案及生产工艺环节分析地下水污染的可能途径，提出预防的工程措施和管理措施。重点是预防措施。

十、公众参与

应符合程序。公示要以当地报纸、网站和相关基层组织信息公告栏三种方式进行，公众与社会团体问卷调查的对象要有代表性。

应制订工作计划。首次即将整个工作计划公示予众，使公众知晓评价程序，何时通过何种方式途径表达他们的想法、意见和建议。计划变化时，应及时告知。问卷调查应涵盖评价范围内所有的保护目标，并关注最大利益攸关方。

对于公众关注的环境问题，业主应与当地环保主管部门共同协商，就公众的合理诉求提出解决办法。对于土地、工程拆迁等问题，业主应协助当地政府做出让公众满意的解决方案。

十一、报告书结论

报告书结论要高度概括、简明扼要。

案例七　水泥生产线项目环境影响评价

一、工程概况

（一）项目工程概况

1．项目背景

2010 年 9 月 30 日，唐山冀东水泥股份有限公司兼并重组哈尔滨泉兴水泥有限责任公司后，组建了某公司，拟利用当地丰富的水泥用大理岩矿，建设某公司 7 200 t/d 熟料新型干法水泥生产线（带余热发电），该项目已列入《黑龙江省建材工业“十二五”发展规划和 2020 年远景规划》，并取得国家发展改革委员会同意开展前期工作的函。

唐山冀东水泥股份有限公司是冀东发展集团控股的、以水泥生产为主业的上市企业。冀东发展集团是国家建材行业大型骨干企业、国家重点支持的 12 家大型水泥集团之一，是集水泥生产、装备制造、工程建设、混凝土、骨料生产、房地产等多种经营为一体的大型综合性企业集团。

哈尔滨泉兴水泥有限责任公司位于哈尔滨市阿城区玉泉镇，其前身是国有企业哈尔滨第二水泥厂，2003 年改制为哈尔滨泉兴水泥有限责任公司，拥有两台机立窑和一台 $\Phi3$ m×45 m 三级旋风预热器窑，年产熟料 35 万 t、年产水泥 100 万 t。

2．项目名称及性质

项目名称：某公司 7 200 t/d 熟料新型干法水泥生产线（带余热发电），以下简称“拟建项目”；

项目性质：新建。

3．建设地点

项目建设地点：黑龙江省哈尔滨市阿城区玉泉街道。

4．项目组成及建设内容

拟建项目的建设范围为：从大理岩矿开采至水泥成品发运为止的一条 7200 t/d 新型干法水泥生产线、配套建设一组 12 MW 纯低温余热发电机组及必要的辅助生产设施。

工程组成包括：

① 大理岩矿开采及矿石输送；

② 厂区主体工程，主要包括生料制备、煤粉制备、熟料煅烧、水泥粉磨及外运、

纯低温余热发电工程；

③ 相应的辅助生产及环保设施等。

拟建项目项目组成及工程内容见表 7-1。

表 7-1 拟建项目组成及工程内容

<table>
<tr><th colspan="2">项目组成</th><th>工程内容</th></tr>
<tr><td colspan="2">1. 大理岩矿开采及输送</td><td>拟开采阿城区玉泉水泥大理岩矿，矿山建设内容包括大理岩开采、爆破、采装、破碎以及皮带输送系统，采矿规模为 287.05 万 t/a。接续矿山为交界水泥大理岩矿，开采前单独环评</td></tr>
<tr><td rowspan="6">2. 主体工程</td><td>生料制备系统</td><td>建设原料配料站、内设 5 座配料库；设置 2 套辊式磨用于原料粉磨。</td></tr>
<tr><td>煤粉制备系统</td><td>建设煤粉制备车间，内设 1 套辊式磨</td></tr>
<tr><td>熟料烧成及储存系统</td><td>建设一套 7 200 t/d 熟料烧成系统，包括：五级双系列旋风预热器、Ø8.64 m 在线旋流喷腾式分解炉、Ø5.8 m×88 m 回转窑和第四代充气梁式篦冷机；
建设 2 座Ø22 m×48 m 熟料库、一座储量 100 万 t 的 140×300 m 全封闭熟料冬储大棚</td></tr>
<tr><td>水泥配料、粉磨系统</td><td>建设 2 座水泥配料站、各设 4 个配料库；
建设水泥粉磨车间，配置 6 台辊式磨</td></tr>
<tr><td>水泥储存、包装及散装</td><td>建设 8 座Ø18×48 m 水泥圆库、5 座Ø8×20.5 m 水泥散装库；每座设两套水泥散装机，4 台水泥包装机</td></tr>
<tr><td>余热发电系统</td><td>熟料生产线窑头设 1 台 AQC 余热锅炉，窑尾布置 2 台 PH 余热锅炉，建设汽轮发电机房，配备 1 套 12 MW 汽轮发电机组</td></tr>
<tr><td colspan="2">3. 公用及辅助工程</td><td>空压机站、给排水系统、供配电设施、中控及化验室等</td></tr>
<tr><td colspan="2">4. 环保工程</td><td>设 98 台高效除尘器；1 套 SNCR 脱硝装置；
建设两套生活污水处理装置、1 套生产废水处理装置及废污水回用设施；高噪声设备的消声、隔声等噪声防治设施</td></tr>
<tr><td colspan="2">5. 办公生活设施</td><td>办公楼，宿舍等生活设施依托原哈尔滨泉兴水泥有限责任公司的原有设施</td></tr>
</table>

5. 投资规模及产品

总投资为 135 655.86 万元人民币，建设一条 7 200 t/d 新型干法水泥熟料生产线，配套建设一组 12 MW 纯低温余热发电工程。

年产水泥 319 万 t；年发电量 7 920 万 kWh、年供电量 7 317 万 kWh。

产品方案：PO42.5 普通硅酸盐水泥、PC32.5 复合硅酸盐水泥各 159.5 万 t/a。水泥散袋装比例为 70∶30。

（二）依托矿山及厂区概况

1. 依托矿区生产历程及现状

玉泉水泥大理岩矿于1901年开始开采，已持续开采百余年，开采方式为露天凹陷开采，目前已形成东西两个采坑，东采坑面积9.4 hm^2，深度70 m，西采坑面积12.37 hm^2，深度40 m。

该矿山在1957年以后由原哈尔滨第二水泥厂（后更名为哈尔滨泉兴水泥有限责任公司）开采，于2008年4月停止开采。

2. 目前储量状况

2006年，哈尔滨第二水泥厂为满足采矿权出让要求，对玉泉水泥大理岩矿原采矿证范围进行了储量核实，核实储量2 139.79万t。

2009年，哈尔滨泉兴水泥有限责任公司于原采矿证范围外扩大采矿权，对扩大后的范围进行了地质详查，探明储量5 467.44万t。

矿区总资源储量7 607.23万t，自2006年以来，在原采矿证范围内又开采矿石约40万t，目前储量共7 567.23万t，本次设计利用储量为7 500万t。

3. 现有矿区存在的环境问题及“以新带老”措施

现有矿区存在的环境问题主要是废土石随意堆置。矿山在长期开采过程中，剥离物随意堆置在采坑周边，形成历史堆积区约3.2万 m^2，累积堆积废土石约50万 m^3，大部分区域已自然沉积压实，并恢复了植被。

“以新带老”措施：在拟建厂区平整过程中将部分原有剥离物移至原料库附近的废土石临时堆场，拟建项目运行中就近搭配利用，其他区域的废土石将逐步综合利用于水泥生产。

4. 现有厂区生产历程

现有厂区始建于1901年，主要生产建筑石灰；1957—1966年起采用2台土立窑生产水泥；1966年将土立窑改建为半机立窑，年产水泥3.2万t；1980年半机立窑停产拆除。

1969年、1981年分别建设一座Φ2.5 m×10 m机械化立窑，1977年建设1座Φ3.0 m×45 m带立筒预热器回转窑，全厂生产水泥能力达38万t/a。

1994年对回转窑进行改造、将立筒预热器改为旋风预热器，1992年对2台机立窑分别进行扩径为2.8 m×10 m，3.0 m×10 m。

2008年原有水泥厂停产。2011年10月公司拆除了两台立窑、1台立筒预热器窑，目前仅有一台直径3.2 m的水泥磨从事水泥粉磨生产，其他设备均已停用，预计2012年底拆除。对拆除生产设备后的现有厂区暂时无具体规划。

企业1946年称“玉泉石灰厂”，1958年改名为“阿城县玉泉建筑材料厂”，1991年更名为“哈尔滨第二水泥厂”，2004年注册名称为“哈尔滨泉兴水泥有限责任公司”，

2011年由冀东水泥股份有限公司收购，组建了“A公司”。

5．环境守法情况

2012年3月30日，我们现场走访了阿城区环保局监察大队和厂区及矿区周边的部分村民，证明矿山开采及厂区生产期间没有发生过污染事故和环境纠纷。

（三）等量淘汰情况

2012年1月21日，黑龙江省工业和信息化委员会以黑工信产业呈[2012]35号文向工业和信息化部做出请示：“经我委研究，按‘等量置换’的原则，拟从我省2010年淘汰落后水泥（熟料）总量指标中拿出223.38万t，用于某公司日产7 200 t熟料带低温余热发电新型干法水泥生产线项目建设，以保证该项目建设顺利进行”，拟置换的淘汰落后产能企业概况见表7-2。

表7-2　拟置换的淘汰落后产能企业概况

序号	企业名称	已淘汰产能/万t	备注
1	哈尔滨兴亚路桥水泥有限责任公司	17	Φ2.5 m×60 m；Φ2.4 m/Φ3.0 m×50 m中空窑
2	哈尔滨小岭水泥有限责任公司	35	Φ2.5 m×50 m两条中空窑
3	哈尔滨吉华水泥有限公司	15	Φ3.0 m×11.5 m机立窑
4	亚泰集团哈尔滨水泥有限公司	100	Φ3.4 m×60 m；Φ3.0 m/2.8 m×42 m；Φ4.0 m×60 m回转窑
5	哈尔滨呼兰水泥制造有限责任公司	8	Φ2.5 m×8 m机立窑
6	哈尔滨帽儿山暖气片有限责任公司	8	Φ2.5 m×10 m机立窑
7	哈尔滨市五常市拉林建材有限责任公司	15	Φ2.5 m×40 m预热器窑
8	依兰县鸿源建筑材料有限责任公司	10	Φ2.8 m×12 m机立窑
9	哈尔滨铁路局工业总公司昂昂溪水泥厂	7	Φ1.9 m×40 m中空窑
10	海伦市振兴水泥厂	8.8	Φ2.5 m×10 m机立窑
合计		223.8	—

点评：

1. 该案例工程概况介绍清楚：

对产能过剩产业的建设项目从区域规划和落后产能“等量置换”等先决条件做了符合性分析；项目工程组成、建设内容介绍清楚，对现有工程的依托关系介绍明确。

2. 不足之处：

(1) 应进一步说明现有厂区与新建厂区的位置关系，以及现有厂区的环保处置方案。

(2) 依托的大理岩矿区开采时间百年之久，应对其产生的环境影响做回顾性评价。

3. 该类项目环评的关注点：

水泥生产项目建设类型包括石灰石矿山开采建设项目、水泥熟料生产线建设项目、水泥粉磨站建设项目、水泥生产线建设项目。目前多采用靠近石灰石矿山建设水泥熟料生产线，靠近市场建设水泥粉磨站的模式。

(1) 应明确项目工程组成和建设内容，明确主体工程、辅助工程和环保工程的规模和建设内容。

(2) 若是扩建或技术改造工程项目应明确依托现有工程的建设历程，应说明企业环境影响评价和“三同时”制度的执行情况，阐明现有工程的内容和规模，查找现有工程存在的环境问题，提出整改方案，明确“以新带老”措施等。

(3) 水泥工业属于产能过剩行业，根据现行的产业政策，本着“减量淘汰”原则，应给出拟建项目建设应予关停的落后企业和淘汰的落后生产线。

二、污染因子和环境影响识别

(一) 污染因子识别

1. 通过对物料的成分分析识别污染因子

拟建项目水泥生产采用大理岩、黏土、粉煤灰、铁矿废渣四组分配料，水泥混合材料采用粉煤灰和矿渣，缓凝剂为脱硫石膏和石膏。通过对其化学成分的分析识别出有影响的因素，如煤中含有硫和氮、石灰石含有少量的硫等。

2. 通过工艺分析识别污染因子

氮氧化物主要是水泥熟料在回转窑煅烧时产生的，窑系统内煅烧温度和煅烧环境是其生成的主要条件。

SO_2主要是燃煤中的硫，在窑内燃烧过程中生成SO_2，与燃煤含硫率有关。

生产设备产生的噪声类型和声源强度，如物料破碎、粉磨产生的机械性噪声，空压机和风机运转产生的空气动力性噪声，高压输气管道产生的管线噪声等。

通过分析各生产环节，确定废水排放量及水质污染因子。

3．通过污染特征分析识别污染因子

通过污染物的排放形式（有组织排放、无组织排放、连续性排放、间断性排放），污染物的排放浓度和排放量以及污染源强度等，来识别污染因子。

依据前面分析，结合生产工艺过程中原料使用量、燃煤消耗量、设备的机械功率等诸多因素，通过识别分析确定主要的污染因子。施工期主要的污染因子为扬尘、噪声、固废等；运行期主要的污染因子为颗粒物、废气、噪声、废水。石灰石矿山开采的主要污染因子为生态环境破坏、颗粒物、噪声、固废和爆破振动等。

（二）评价因子的筛选

根据污染因子的性质、污染机理和污染方式等综合考虑，判别并筛选出对环境产生显著影响、造成环境危害的主要污染因子作为评价因子。

拟建工程施工期的主要污染因子和环境影响是扬尘、噪声、固体废物及植被破坏、水土流失等对生态环境的非污染影响；评价因子为扬尘、噪声和生态环境影响评价内容。

厂区运行期的主要污染因子为环境空气中的颗粒物和废气（SO_2、NO_2、氟化物），声环境中的噪声；评价因子为颗粒物（TSP、PM_{10}），SO_2，NO_2，氟化物，噪声和废水中的 pH、SS、石油类（如果生产原料中氟含量很低，且厂址区域处于非氟化物敏感区，氟化物可不作为评价因子）。

矿山开采的主要污染因子为颗粒物、噪声、爆破振动和植被破坏、水土流失、工程占地等生态环境影响。如果矿区处于景观敏感区域，景观影响也应作为评价内容。

（三）环境敏感点及环境特征

根据拟建工程不同的工程区域，结合评价区内环境特点，周边敏感点及环境特征见表 7-3。

表 7-3 评价区内主要环境敏感点及环境特征

区域	环境要素	主要敏感点	相对方位	与工程边界距离/km	基本概况	保护级别
厂区	环境空气	玉泉街道	N	0.88	27 000（人）	2 类环境功能区
		亚沟镇	NE	5.6	6 066（人）	
		兴隆乡	SW	9.5	2 366（人）	
		阿城交界古人类洞穴遗址	SW	6.4	文物保护单位	区级
		亚沟石刻图像	N	9.6		国家级

区域	环境要素	主要敏感点	相对方位	与工程边界距离/km	基本概况	保护级别
矿区	爆破噪声及振动	玉泉街道	N	0.3	27 000（人）	2类环境功能区
评价区	地表水	玉泉河				Ⅱ类
	地下水	矿区周边25 km^{2}地下水环境				Ⅲ类
	生态	厂区、大理岩矿区及周边120～610 m以内的生态环境				

点评：

1．该案例污染因子识别、筛选全面。

2．该类项目环评的关注点：

(1) 完整的水泥生产建设项目工程组成分别在矿区和厂区不同的区域，具有环境影响特点不同、涉及的环境敏感多的特点，环境影响的识别和评价因子的筛选是评价工作中的重要环节。

(2) 一条完整的水泥生产线可包括石灰石矿山开采、水泥熟料生产线、水泥粉磨站三大主体工程以及余热发电等辅助工程；影响特点厂区以工业污染类为主，矿区则以生态破坏类为主。

(3) 根据不同的工程区域、环境影响特点，应分别明确各工程区域不同的环境保护目标。

三、工程分析

（一）厂区生产工程分析

1．工程技术经济指标

拟建工程水泥生产线主要技术经济指标见表7-4。

表7-4　水泥生产线主要技术经济指标

序号	指标名称		单位	指标	备注
1	建设规模	熟料	t/d	7 200	回转窑年运转310天
		水泥	万t/a	319.1	
		余热发电	MW	12	年运行7 200h
2	全厂装机容量		kW	64 500	
3	年耗电量		kWh	27 505×10^4	未扣除余热发电
4	日耗水量		m^3/d	2 750	新水耗量
	其中：生活用水量		m^3/d	90	

序号	指标名称		单位	指标	备注
5	总平面图指标	（1）占地面积	$\times10^4$ m^2	31.333	
		（2）绿化面积	$\times10^4$ m^2	2.973 5	
		（3）绿化系数	%	9.49	
6	项目总投资		万元	135 655.86	
	其中：环保投资		万元	10 200	占总投资的 7.5%

2．厂区总平面布置

厂区东西长 1 315 m、南北宽 210 m，整体规划为 4 个大的区域：原料、燃料准备区；熟料烧成区；水泥制成及发运区；熟料冬储区。

3．生产原料、燃料

拟建项目水泥生产采用大理岩、黏土、粉煤灰、铁矿废渣四组分配料，水泥混合材采用粉煤灰和矿渣，缓凝剂为脱硫石膏和石膏。烟煤作为燃料，汽车运输进厂。原料、燃料用量及运输方式见表 7-5。

表 7-5 拟建工程原料、燃料用量

序号	名称	年用量/（万 t/a）	运输方式	序号	名称	年用量/（万 t/a）	运输方式
1	大理岩	287.05	皮带传输	6	矿渣粉（混合材）	28.25	汽运
2	铁矿废渣	29.61	汽运	7	粉煤灰（混合材）	53.92	
3	粉煤灰（生料配料）	27.64		8	石膏（天然）	8.48	
4	黏土	16.40		9	脱硫石膏	10.97	
5	燃煤	34.54		—	—	—	

4．主机设备

拟建项目水泥生产线主机设备见表 7-6，发电工程主机设备见表 7-7。

表 7-6 拟建项目水泥生产线主机设备

序号	车间名称	主机名称	生产能力	数量/套	年运转率/%
1	煤预均化	堆料机	300 t/h	1	13.1
		取料机	200 t/h	1	19.7
2	大理岩破碎	破碎机	1 200 t/h	1	27.3
3	大理岩均化	堆料机	1 200 t/h	1	27.3
		取料机	600 t/h	1	54.6
4	原料粉磨	辊式磨	300 t/h	2	68.6
5	煤粉制备	辊式磨	50 t/h	1	78.9
6	烧成系统	双系列五级旋风预热器、分解炉、回转窑、篦式冷却机	7 200 t/d	1	85.0

序号	车间名称	主机名称	生产能力	数量/套	年运转率/%
7	石膏破碎	破碎机	80 t/h	1	12.1
8	水泥粉磨	辊式磨	150～170 t/h	6	37.9
9	水泥包装	包装机	90 t/h	4	30.4
10	水泥汽车散装	散装机	200 t/h	10	12.8

表 7-7　发电工程主机设备表

序号	系统名称	主机名称	数量/套
1	余热利用部分	PH 锅炉	2
		AQC 锅炉	1
2	汽轮发电机系统	多级混汽凝汽式汽轮机	1
		发电机	1
		凝汽器	1
		凝结水泵	2（1 备）
		锅炉给水泵	2（1 备）
		射水泵	2（1 备）
		PH 锅炉强制循环泵	2（1 备）

5. 水泥生产工艺

生产厂区内水泥生产过程可概括为三个阶段：生料制备、熟料煅烧和水泥粉磨。

（1）生料制备

自卸汽车将开采后的大理岩运入卸车坑，由破碎机破碎后，经带式输送机送到厂区大理岩预均化库，预均化后经带式输送机送至大理岩库。黏土、铁矿废渣及粉煤灰等辅助原料均由汽车运输进厂，卸入辅助原料储库中储存，再经输送机送至原料配料站相应的辅料库。配料站定量给料机将四种原料按配比要求准确卸料，后送入原料磨中进行粉磨。

（2）熟料煅烧

拟建项目熟料煅烧采用一台Φ5.8 m×88 m 的回转窑，窑尾带双系列五级旋风预热器和在线旋流喷腾式分解炉，日产熟料 7 200 t。生料在水泥窑内煅烧至部分熔融得到以硅酸钙为主要成分的硅酸盐水泥熟料。熟料冷却采用第四代充气梁式篦冷机，冷却后熟料经破碎后送入熟料库。

（3）水泥粉磨

天然石膏经破碎后由胶带输送机送至水泥调配库。粉煤灰、矿渣粉由罐车经管道送入相应库中，通过库底计量系统按比例计量控制卸出，经由空气输送斜槽和斗式提升机输送至立磨粉磨为水泥。水泥生产工艺设备连接流程见图 7-1。

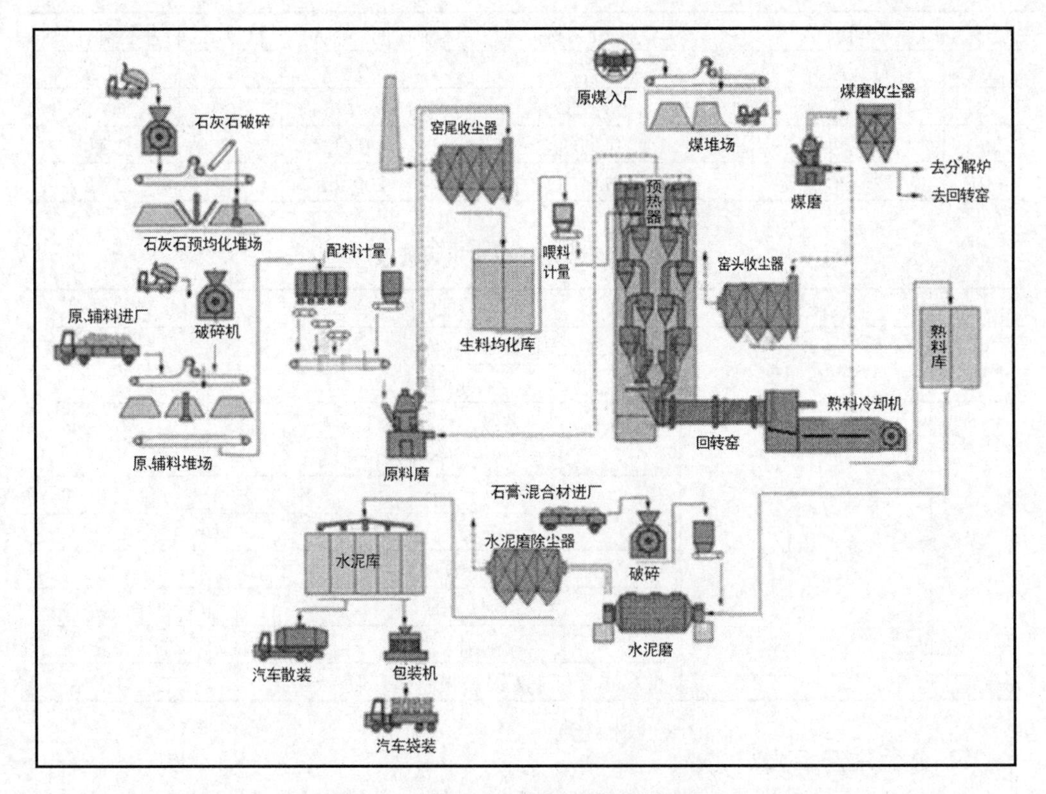

图 7-1 水泥生产工艺设备连接流程

6. 余热发电工程生产工艺

余热发电工程是在 7 200 t/d 水泥熟料生产线上，分别建设 3 台余热回收利用锅炉，配 1 台额定功率为 12 MW 的凝汽式汽轮发电机组。

在窑头篦冷机旁就近露天布置 1 台 AQC 余热锅炉；在窑尾预热器旁就近露天布置 2 台 PH 余热锅炉。各余热锅炉产生的蒸汽分别通过蒸汽母管并列后送入 1 台多级混汽凝汽式汽轮机；在汽轮机中热能转化为动能，驱动发电机发电，电能送至厂区新建的总降 10.5 kV 母线上，与厂区供电系统并网。

余热发电工艺流程见图 7-2。

7. 污染源分析

（1）施工期污染源分析

拟建厂区施工期挖方量 110 万 m^3、填方量 120 万 m^3，土方工程量较大，施工期共 16 个月，其中土建施工 7 个月。

扬尘是拟建项目施工期的主要大气污染物，主要来源于建筑场地的平整清理，土方挖掘填埋，物料堆存，建筑材料（尤其是袋装水泥）的装卸、搬运、使用，以及运料车辆的出入等。

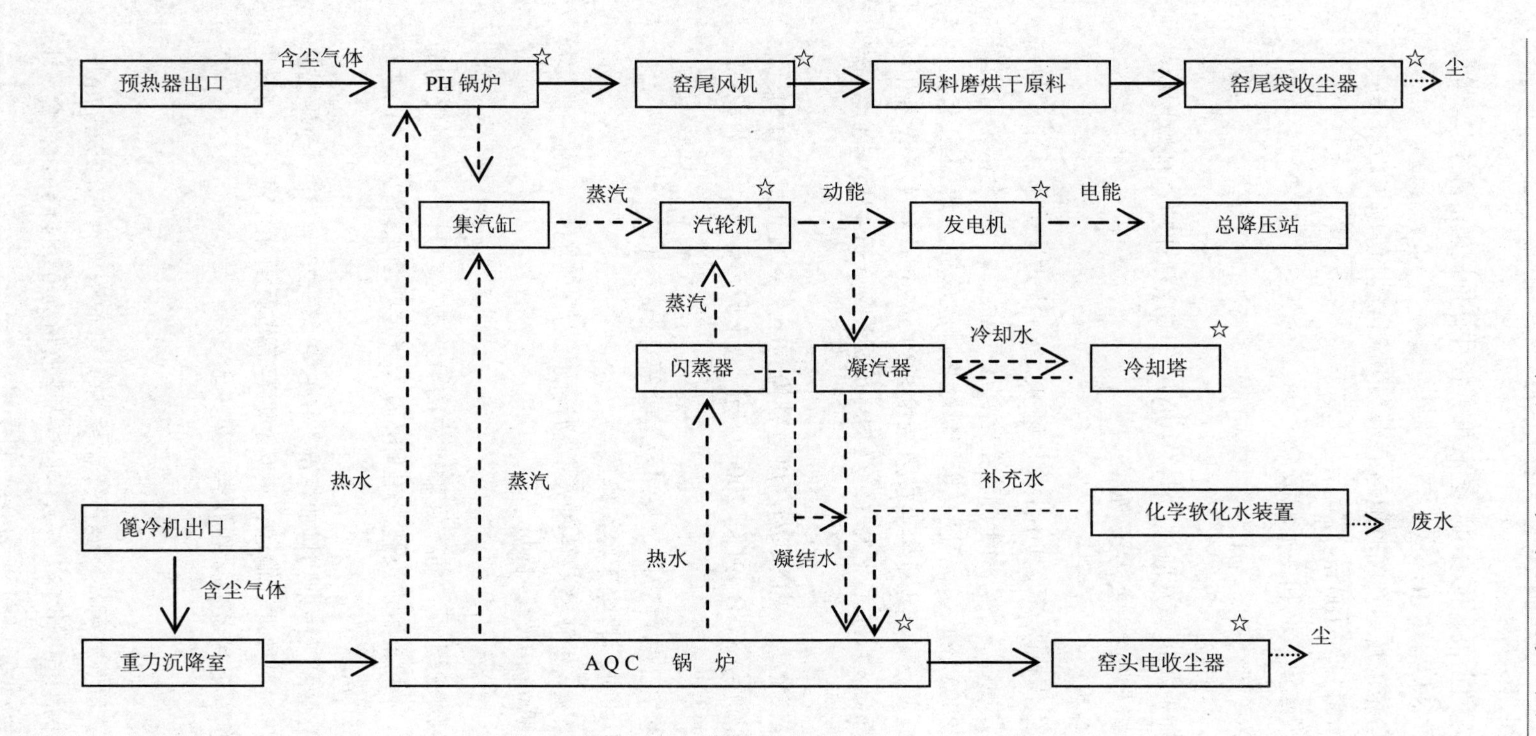

图 例：——实线为气流方向；----虚线为水汽流向；☆：表示噪声

图7-2　拟建项目余热发电工艺流程及主要污染物排放点示意

施工期间主要噪声源为推土机、挖掘机、装载机、各种打桩机、混凝土搅拌机、振捣机、电锯等。噪声级在 80～110 dB（A）。

施工期废污水主要来自施工场地及临时道路洒水、混凝土搅拌等施工用水和施工人员生活用水，最高用水量每日约 100 m^3。

施工期固体废物主要为建筑垃圾和生活垃圾。

（2）运行期污染源分析

①颗粒物污染源分析

从大理岩原料的开采到水泥包装及散装，生产中的每个工序都伴随有颗粒物的产生和排放，颗粒物为水泥生产中的主要污染物。

Ⅰ.有组织排放污染源分析

拟建项目共有 98 个有组织排尘点，其中生产厂区 96 个、大理岩矿山 2 个，共安装 98 台收尘器，其中静电收尘器 1 台，用于回转窑窑头废气除尘；其余全部采用袋式除尘器。废气排放总量为 2800295m^3/h，厂区有组织颗粒物排放总量为 483.14 t/a。

有组织排尘系统汇总见表 7-8，各排尘点排放浓度≤30 mg/m^3，各生产设备相应的吨产品颗粒物排放量均符合《水泥工业大气污染物排放标准》（GB 4915—2004）排放限值要求。

窑尾烟囱高度为 120 m，窑头、煤磨烟囱高度分别为 40 m。各排尘点高度均符合《水泥工业大气污染物排放标准》（GB 4915—2004）最低高度限值。

Ⅱ.无组织排放污染源分析

粉尘无组织排放主要发生在物料储存、装卸及运输等环节：

a.物料储存、输送及装卸过程粉尘无组织排放

拟建项目的原煤、粉煤灰、铁矿渣等各种发散物料的堆存采取封闭措施，可大大减少物料堆存和装卸时的颗粒物无组织排放。

b.道路扬尘无组织排放

颗粒物无组织排放主要来源于厂内汽车运输产生的道路扬尘。厂区内的道路均为混凝土路面，路况较好，厂区配备洒水设施，在非降雨天气定期洒水降尘。类比估算厂区路面扬尘排放量约为 2.0 t/a。

拟建项目按照《水泥工业大气污染物排放标准》（GB 4915—2004）中对于颗粒物无组织排放控制的要求，在物料处理、输送、装卸、贮存等过程封闭，对块石物料也采取了有效的抑尘措施，估算各类物料无组织排放量见表 7-9。

②废气污染源分析

Ⅰ.SO_2 污染源分析

根据水泥生产线燃煤量和生料用量，经计算窑尾 SO_2 排放浓度为 30.25 mg/m^3，源强为 7 004.97 mg/s，年排放量共计 187.77 t，吨产品排放量为 0.084 kg/t，符合《水泥工业大气污染物排放标准》（GB 4915—2004）的要求。

表 7-8 拟建项目除尘设施汇总

序号	系统名称	风量/(m^3/h)	风 量/(m^3/h)	产尘点/个	运转率/%	排气温度/℃	排气筒		除尘器					颗粒物	
							内径/m	高度/m	台数	入口浓度/(g/m^3)	名称	出口浓度/(mg/m^3)	效率/%	排放量/(t/a)	吨产品排放量/(kg/t)
1	大理岩破碎及输送（矿山）	40 000	39 451	1	28	常温	1.2	16	1	≤30	袋式	≤30	99.90	2.90	0.001
		6 696	6 604	1	28	常温	0.40	16	1	≤30	袋式	≤30	99.90	0.49	0.000 2
2	大理岩预均化及输送	6 696	6 604	1	54.6	常温	0.40	16	1	≤30	袋式	≤30	99.90	0.95	0.000 3
3	燃煤预均化及输送	6 696	6 604	2	13.1	常温	0.40	16	2	≤30	袋式	≤30	99.90	0.45	0.001
		6 696	6 604	2	19.7	常温	0.40	25	2	≤30	袋式	≤30	99.90	0.68	0.002
4	原料配料站	6 696	6 604	7	68.6	常温	0.40	45（33）	7	≤30	袋式	≤30	99.90	8.33	0.002
5	原料粉磨及废气处理	8 900	6 883	2	85	80	0.5	43（20）	2	≤30	袋式	≤30	99.90	3.08	0.000 9
		4 000	3 093	1	85	80	0.35	16	1	≤30	袋式	≤30	99.90	0.69	0.000 2
		1 200 000	833 588	2	85	120	5.0	120	2	≤80	袋式	≤30	99.96	186.21	0.083
6	生料均化库	13 390	13 206	4	85	常温	0.55	66（30）	4	≤30	袋式	≤30	99.90	11.80	0.003
		6 696	6 604	2	85	常温	0.4	20	2	≤30	袋式	≤30	99.90	2.95	0.000 8
7	烧成窑头	860 000	476 227	1	85	220	4.0	40	1	≤30	静电	≤30	99.90	106.38	0.048
8	熟料储存及输送	26 700	21 889	2	90	60	0.8	63	2	≤30	袋式	≤30	99.90	10.35	0.005
		13 390	10 977	2	90	60	0.7	20	2	≤30	袋式	≤30	99.90	5.19	0.002
9	煤粉制备	200 000	154 674	1	78.9	80	2.0	40	1	≤700	袋式	≤30	99.99	32.07	0.10
10	石膏破碎	13 390	13 206	1	12.1	常温	0.4	16	1	≤30	袋式	≤30	99.90	0.42	0.005
11	水泥调配	8 900	6 883	6	60	80	0.55	36	6	≤30	袋式	≤30	99.90	6.51	0.002
		8 900	8 778	6	37.9	常温	0.4	16	6	≤30	袋式	≤30	99.90	5.25	0.002

序号	系统名称	风量/（m^3/h）	风 量/（m^3/h）	产尘点/个	运转率/%	排气温度/℃	排气筒		除 尘 器					颗粒物	
							内径/m	高度/m	台数	入口浓度/（g/m^3）	名称	出口浓度/（mg/m^3）	效率/%	排放量/（t/a）	吨产品排放量/（kg/t）
12	水泥用粉煤灰库	17 800	17 556	2	37.9	常温	0.6	40	2	≤30	袋式	≤30	99.90	3.50	0.007
13	矿粉库	13 390	13 206	2	37.9	常温	0.55	55	2	≤30	袋式	≤30	99.90	2.63	0.010
		6 696	6 604	2	37.9	常温	0.4	20	2	≤30	袋式	≤30	99.90	1.32	0.005
14	水泥粉磨及输送	8 900	6 883	6	37.9	80	0.5	43	6	≤30	袋式	<30	99.90	4.11	0.001
		104 000	80 431	6	37.9	80	2.0	45	6	≤30	袋式	≤30	99.90	48.07	0.015
		4 600	4 537	6	37.9	常温	0.35	16	6	≤30	袋式	≤30	99.90	2.71	0.000 8
15	水泥储存	13 390	10 355	8	60	80	0.55	65	8	≤30	袋式	≤30	99.90	13.06	0.004
		6 696	6 604	3	60	常温	0.4	20	3	≤30	袋式	≤30	99.90	3.12	0.001
16	水泥散装	8 900	8 778	5	12.8	常温	0.55	65	5	≤30	袋式	≤30	99.90	1.48	0.000 7
17	水泥包装	26 700	26 333	4	30.4	常温	0.8	35	4	≤30	袋式	≤30	99.90	8.42	0.009
		6 696	6 604	4	30.4	常温	0.4	35	4	≤30	袋式	≤30	99.90	2.11	0.002
18	熟料冬储大棚	8 900	8 778	2	85	常温	0.55	50（10）	2	≤30	袋式	≤30	99.90	3.92	0.002
19	其他转运点	8 370	8 255	4	85	常温	0.4	25	4	≤30	袋式	≤30	99.90	7.38	0.002
	合 计	3 813 514	2 800 295	98	—	—	—	—	98	—	—	—	—	486.53（全厂）483.14（厂区）	—

表 7-9　拟建项目粉尘无组织排放汇总

产尘工序	物料储存及输送							道路扬尘
产尘量/（t/a）	大理岩	黏土	铁矿废渣	粉煤灰	矿渣粉	石膏	燃煤	
	3.0	1.0	0.3	0.5	0.3	0.4	1.0	2.0
合计/（t/a）	8.5							

Ⅱ.氮氧化物污染源分析

根据工信部发布的《水泥行业准入条件》（工原[2010]第 127 号）的有关要求，拟建项目在回转窑生产工艺上采取窑头低氮燃烧器＋新型脱氮型分解炉技术，并在末端采用选择性非催化还原方法（SNCR），以尿素作为还原剂进行脱硝，总体脱硝效率不低于 60%。NO_2 排放浓度≤320 mg/m^3。

经计算 NO_2 源强为 74 097 mg/s，排放量为 1 986.21 t/a，吨产品排放量为 0.89 kg/t，符合《水泥工业大气污染物排放标准》（GB 4915—2004）要求。

Ⅲ.氟化物污染源分析

拟建项目采用窑外分解生产工艺，不添加矿化剂，其配料所用的黏土及燃料中会含有少量氟成分，致使窑尾废气中有少量氟化物排放。参照《污染源普查产排污系数手册》（中国环境科学出版社）中“水泥制造业”的有关参数，经计算拟建项目的氟化物排放浓度为 0.92 mg/m^3，年排放量为 5.70 t/a，单位产品排放量为 0.002 6 kg/t，符合《水泥工业大气污染物排放标准》（GB 4915—2004）的要求。

Ⅳ.大气污染物排放量汇总

拟建项目大气污染物排放量统计见表 7-10。

表 7-10　拟建项目大气污染物排放量汇总

污染物名称	颗粒物	SO_2	氮氧化物	氟化物
排放量/（t/a）	491.64	187.77	1 986.21	5.70

③水污染源分析

拟建项目用水包括生产用水和生活用水。

生活用水由玉泉镇自来水公司供给。

生产用水以大理岩矿的矿坑涌水以及玉泉河漫滩区的第四系孔隙潜水为供水水源。生产用水首先采用矿坑涌水，不足部分（1 666 m^3/d）由深井水补足。

拟建项目给、排水情况见平衡图 7-3。

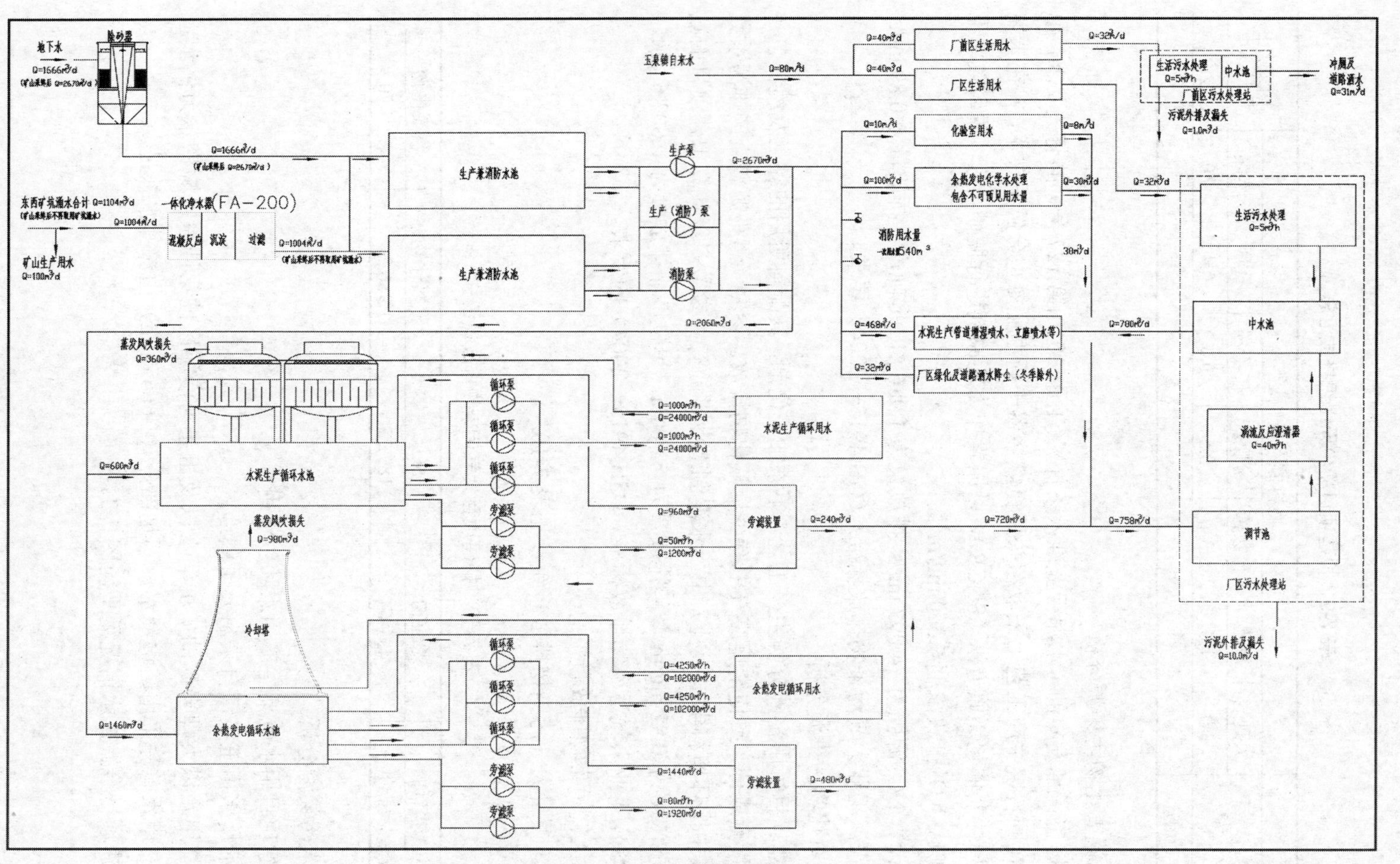
地下水
Q=1666m³/d
除砂器
东西矿坑涌水合计 Q=1104m³/d
Q=1004m³/d
一体化净水器(FA－200)
混凝反应
沉淀
过滤
矿山生产用水
Q=100m³/d
Q=1666m³/d
Q=1004m³/d
生产兼消防水池
生产兼消防水池
生产泵
生产（消防）泵
消防泵
Q=2670m³/d
Q=2060m³/d
玉泉镇自来水
Q=80m³/d
Q=40m³/d
Q=40m³/d
厂前区生活用水
厂区生活用水
Q=32m³/d
生活污水处理
Q=5m³/h
中水池
厂前区污水处理站
冲厕及
道路洒水
Q=31m³/d
污泥外排及漏失
Q=1.0m³/d
Q=10m³/d
化验室用水
Q=8m³/d
Q=100m³/d
余热发电化学水处理
包含不可预见用水量
Q=30m³/d
消防用水量
540m³
30m³/d
Q=32m³/d
Q=468m³/d
水泥生产管道增湿喷水、立磨喷水等)
Q=780m³/d
Q=32m³/d
厂区绿化及道路洒水降尘（冬季除外）
生活污水处理
Q=5m³/h
中水池
涡流反应澄清器
Q=40m³/h
调节池
厂区污水处理站
污泥外排及漏失
Q=10.0m³/d
蒸发风吹损失
Q=360m³/d
循环泵
循环泵
循环泵
Q=1000m³/h
Q=24000m³/d
Q=1000m³/h
Q=24000m³/d
水泥生产循环用水
Q=600m³/d
水泥生产循环水池
旁滤泵
旁滤泵
Q=960m³/d
Q=50m³/h
Q=1200m³/d
旁滤装置
Q=240m³/d
Q=720m³/d
Q=758m³/d
蒸发风吹损失
Q=980m³/d
冷却塔
循环泵
循环泵
循环泵
Q=4250m³/h
Q=102000m³/d
Q=4250m³/h
Q=102000m³/d
余热发电循环用水
Q=1460m³/d
余热发电循环水池
旁滤泵
旁滤泵
Q=1440m³/d
Q=80m³/h
Q=1920m³/d
旁滤装置
Q=480m³/d

图 7-3 拟建项目水平衡

④噪声污染源分析

拟建项目生产过程中各种磨机（包括生料磨、煤磨、水泥磨）、风机（包括窑尾高温风机、窑头一次风机、罗茨风机、排风机以及配料、输送及散装等处的风机）、水泵、空压机以及余热发电设备等工作时产生噪声，根据设计资料以及同类厂噪声源强的实测资料，声压级一般在 75～115 dB，采取降噪措施后，声级可下降 10～30 dB。

⑤固体废物污染源分析

拟建项目产生的固体废物包括：生活垃圾、一般工业固体废物和废机油等危险废物。

⑥水泥生产线污染物排放量汇总

拟建项目主要污染物排放量汇总情况见表 7-11。

表 7-11　拟建项目主要污染物排放量汇总　单位：t/a

污染物名称	大气污染物			
	颗粒物	SO_2	NO_x	氟化物
水泥生产线（厂区）	491.64	187.77	1 986.21	5.70
大理岩矿山	8.71	—	—	—
合计	500.35	187.77	1 986.21	5.70

（二）矿山开采工程分析

1．矿山概况

拟建项目配套的大理岩原料矿山为哈尔滨市阿城区玉泉水泥用大理岩矿，该矿的资源量可满足水泥生产线 26.2 年的原料需求，接续矿山为哈尔滨市阿城区交界水泥用大理岩矿，该矿的资源量可满足水泥生产线 4.7 年的原料需求。

2．矿山开采范围及规模

宽为 220～600 m，最低开采标高＋70 m 形成的采坑长度为 97～333 m。矿山采矿规模为 287.05 万 t/a，矿山年采剥总量为 350.2 万 t。

3．开采方法与工艺

大理岩矿赋存于丘陵地区，开采标高为＋280 m～−70 m，地面标高为＋250 m，根据地形地貌，本工程采用露天凹陷开采方式。矿山采用自上而下水平分层露天开采方法。为便于矿石质量搭配，开采工作面斜交或垂直矿层走向布置。

4．废石临时堆场

根据项目申请报告，剥采比为 0.22∶1。剥离的废弃物主要为矿体上部的覆盖层及夹石，岩性为花岗斑岩、闪长玢岩、矽卡岩和砾石，岩石完整、坚硬，破碎后可作为建筑石料，矿山产生的废石全部用于碎石加工，不外排，在尚未综合利用的情况下，临时堆存在废石堆场。

废石临时堆场利用采矿场西南侧原有堆场，占地 6.2 hm^2，废石运输距离短、容量满足要求。堆场采用单段推排作业，废石排弃高度 20 m，排弃标高＋260 m。

5．开采工程污染源

矿山开采在剥离、钻孔、爆破、采装、运输及破碎过程中，会产生颗粒物、废气、噪声及振动等。

（三）淘汰落后产能取得的区域环境效益

为支持拟建项目建设，2012 年 1 月 21 日，黑龙江省工业和信息化委员会以黑工信产业呈[2012]35 号文："拟从我省 2010 年淘汰落后水泥（熟料）总量指标中拿出 223.38 万 t，用于某公司日产 7 200 t 熟料带低温余热发电新型干法水泥生产线项目建设，以保证该项目建设顺利进行"。项目建设前后"三本账"见表 7-12。

表 7-12　项目建设前后"三本账"

项目名称	污染物排放量/（t/a）			
	颗粒物	二氧化硫	氮氧化物	氟化物
拟置换的落后产能	1 070.75	597.6	3 148.89	9.95
拟建项目	500.35	187.77	1 986.21	5.70
拟建项目建设后的变化量	−570.40	−409.83	−1 162.68	−4.25

由表 7-12 可见，拟建项目的实施，淘汰落后产能后，有利于改善区域内的环境空气质量，区域环境效益显著。

点评：

1．工程分析内容全面，污染源分析透彻，突出了水泥生产的污染特征，污染物排放强度计算较为准确。

2．不足之处：

(1) 应结合本项目厂区选址的情况说明土石方开挖量较大的原因。

(2) 应进一步完善废石堆场选址的合理性分析。

3．该类项目环评的关注点：

(1) 工程分析是水泥项目环评的重点之一，本章不仅要明确建设项目主体工程、辅助工程、环保工程建设规模和建设内容，更要说明采用的生产工艺、使用的原料和燃料，给出原料和燃料的化学成分，这是核算污染物排放源强的基础。

(2) 污染物排放源强的确定

a. 颗粒物

本项目颗粒物有组织排放量可根据不同生产设备通风量、颗粒物产生浓度、收尘效率、排放浓度，计算某个点的产污源强和排放源强；结合该点通风设备的运转时间等，计算某污染源的排放量，进而核算整条生产线有组织颗粒物排放量。

b. 废气污染物源强

(a) SO_2主要来源于水泥生产使用的含硫原料、燃料，根据建设项目的燃煤量、生料用量及其含硫率，通过物料衡算，计算出回转窑窑尾废气SO_2的排放源强。

(b) NO_x产生于窑内高温燃烧过程，其排放量与燃烧温度、过剩空气量、反应时间有关。在实际的评价工作中，可根据拟建项目的生产工艺装备水平，结合现有同水平生产线污染源的实测数据核算确定。

c. 废、污水

水泥生产项目废水主要是设备循环冷却废水、辅助生产废水，水质中污染物较为简单，一般为pH、SS、油类等，经处理后，能够回用于生产系统，可以做到不外排。

生活污水在采取成熟的工艺处理后能够达标排放。

d. 噪声

水泥生产项目不仅噪声源数量多，而且各类噪声源的噪声级值比较高，是近几年环保投诉的热点之一，在环评工作中应引起足够重视。

(3) 核算“三本账”

针对拟建工程若有区域替代工程，应核算拟建工程实施前后污染物排放量“三本账”，为总量控制分析和环境损益分析提供基础数据。

(4) 矿山开采评价

水泥生产工程组成包括两大部分：一是水泥生产厂区的工程建设；二是原料矿山建设。前者属工业污染影响类型，后者属于非污染生态影响类型，所以水泥工业建设项目的环境影响评价应包括这两部分内容。

四、清洁生产与总量控制

(一) 清洁生产

拟建项目各项清洁生产指标均为《清洁生产标准　水泥工业》(HJ 467—2009)的一级水平，因此综合评价拟建项目清洁生产水平为“国内清洁生产先进水平”。

(二) 总量控制

1. 拟建项目的污染物排放总量

拟建项目采用当今先进的窑外分解生产工艺，SO_2的排放量为187.77 t/a，NO_2的排放量为1 986.21 t/a。

2．拟建项目的总量控制指标及来源

拟建项目的主要污染物总量指标解决方案：

（1）某公司通过对收购的哈尔滨泉兴水泥有限责任公司落后水泥生产线予以淘汰的方式解决部分二氧化硫和氮氧化物排放总量。

（2）该项目二氧化硫和氮氧化物总量指标缺口在哈尔滨市阿城区政府做出相应承诺的前提下，分别通过排污权交易和减排项目预借的方式解决。

拟建项目采用当今先进的窑外分解生产工艺，采取切实可靠的污染防治措施，污染物总量控制指标（SO_2：187.77 t/a；氮氧化物：1 986.21 t/a），能够满足黑龙江省环保厅、哈尔滨市环境保护局下达的污染物总量指标要求。

点评：

1．报告书依据《清洁生产标准　水泥工业》（HJ 467—2009），从拟建项目生产工艺装备水平、物耗能耗水平、资源综合利用指标、污染物产排指标、产品特征指标、环境管理水平六方面分析拟建项目清洁生产水平，分析评价定位准确。

2．本章既要明确拟建工程污染物总量控制指标，也要充分分析地方总量控制现状，说明本工程总量控制指标来源，分析总量控制的可达性，并附地方行政职能部门批复文件。本项目总量控制指标 SO_2 的排放量为 187.77 t/a、NO_2 的排放量为 1 986.21 t/a，污染物排放总量控制指标及其来源明确。

五、环境影响预测

（一）环境空气影响预测

1．预测因子

拟建项目大气环境影响预测因子为 TSP、PM_{10}、SO_2、NO_2。

2．预测范围

根据区域地理条件，结合气象特征和敏感点的分布情况，确定拟建项目环境空气影响预测与评价范围为半径 10 km、面积为 314 km^2 的圆形区域。本次预测建立的坐标系以窑尾烟囱为中心、E 向为 X 轴、N 向为 Y 轴。

3．预测与评价内容

（1）全年逐时小时气象条件下，环境空气保护目标、网格点处的地面浓度和评价范围内的 SO_2、NO_2 最大地面小时浓度，并绘制评价范围内出现最大地面小时浓度时所对应的质量浓度等值线分布图。

（2）全年逐日气象条件下，环境空气保护目标、网格点处的地面浓度和评价范围内的 TSP、PM_{10}、SO_2、NO_2 最大地面日均浓度，并绘制评价范围内出现最大地面日均浓度时所对应的质量浓度等值线分布图。

(3)全年气象条件下，环境空气保护目标、网格点处的地面浓度和评价范围内的TSP、PM_{10}、SO_2和NO_2最大地面年均浓度，并绘制评价范围内的年均质量浓度等值线图。

（4）叠加环境空气现状监测值的浓度。

（5）环境防护距离的计算。

4．预测结果

（1）典型小时气象条件小时地面质量浓度

评价区内SO_2、NO_2最大地面小时质量浓度分别占二级标准的2.08%和55.09%，均出现在距窑尾烟囱6 400 m远的东南东的山体上。

SO_2、NO_2在网格点处前十位一小时最大落地浓度占标率范围分别为1.85%～2.08%、48.82%～55.09%。

评价区内环境空气保护目标接受到SO_2、NO_2最大地面小时质量浓度分别为2.462μg/m^3、26.037μg/m^3，分别占二级标准的0.49%、13.02%，出现在玉泉街道处。

（2）典型日气象条件日平均地面质量浓度

SO_2、NO_2、TSP、PM_{10}最大地面日平均质量浓度分别占《环境空气质量标准》（GB 3095–2012）二级标准的0.95%、18.81%、56.63%、67.45%。

SO_2和NO_2、TSP、PM_{10}最大地面日平均质量浓度分别出现在距窑尾烟囱西北500 m、东南540 m、东南670 m的山体上。

SO_2、NO_2、TSP、PM_{10}在网格点处前十位最大地面日平均质量浓度值占标率范围分别为0.79%～0.95%、15.63%～18.81%、31.74%～56.63%、44.24%～67.45%。

评价区内环境空气保护目标接受到SO_2、NO_2、TSP、PM_{10}最大地面日平均质量浓度分别占二级标准的0.35%、6.86%、1.91%、3.25%，SO_2和NO_2、TSP、PM_{10}最大地面日平均质量浓度分别出现在中和屯、磨盘村、玉泉街道处。

（3）长期气象条件下年平均地面质量浓度

SO_2、NO_2、TSP、PM_{10}最大地面年平均质量浓度分别占二级标准的0.23%、3.61%、3.87%、8.15%，SO_2和NO_2、TSP、PM_{10}最大地面年平均质量浓度分别出现在距窑尾烟囱北1 000 m、东南540 m、西北280 m的山体上。

SO_2、NO_2、TSP、PM_{10}在各网格点处最大地面年平均质量浓度的前十位浓度值占标率范围分别为0.21%～0.23%、3.27%～3.61%、2.74%～3.87%、6.72%～8.15%。

评价区内环境空气保护目标接受到SO_2、NO_2、TSP、PM_{10}最大地面年平均质量浓度分别占二级标准的0.122%、1.930%、0.616%、1.541%，均出现在玉泉街道处。

（4）叠加影响分析

SO_2、NO_2最大地面小时质量浓度叠加值分别占二级标准值的3.98%、60.09%，日均最大地面浓度叠加值分别占标准的6.7%、31.46%，均符合《环境空气质量标准》（GB 3095—2012）中二级标准限值要求。

TSP、PM_{10}日均最大地面浓度点叠加值超标概率均为 0.27%；TSP 超标值出现在距窑尾烟囱东南 540 m、东南 670 m、西 300 m 的山体上；PM_{10}超标值出现在窑尾烟囱西、南和东南侧等共计 25 个预测点上，均落在山体上，对环境影响可接受。

SO_2、NO_2在各监测点小时浓度叠加值，SO_2、NO_2、TSP、PM_{10}在各环境空气保护目标日均浓度叠加值均符合《环境空气质量标准》（GB 3095—2012）二级标准限值要求。

（5）环境防护距离

依据《爆破安全规程》《非金属矿物制品业卫生防护距离 第 1 部分：水泥制造》（GB 18 068.1—2012）和大气环境防护距离模式计算结果，拟建项目玉泉水泥用大理岩矿山开采境界线外设置 200 m 的爆破安全距离；拟建项目厂区产生有害物质的车间或作业场所边界外设置 500 m 的卫生防护距离，项目开工前，玉泉街道办事处落实好哈尔滨市阿城区水泥用大理岩国有工矿棚户区改造工程后，环境防护距离内没有居民住宅。

（二）声环境影响预测与评价

1．预测内容

（1）绘制噪声预测等声级图。

（2）厂界噪声预测：预测拟建项目厂界环境噪声值，分析运行期厂界环境噪声达标情况。

2．预测公式的选用

根据拟建项目水泥生产线的分布情况，预测模式选用《环境影响评价技术导则 声环境》（HJ 2.4—2009）推荐的公式。

3．预测结果

工程投产后，东厂界、北厂界环境噪声值和南、西厂界昼间环境噪声值均符合《工业企业厂界环境噪声排放标准》（GB 12348—2008）中的 2 类标准限值要求；南、西厂界夜间环境噪声值超标，分别超标 2.0 dB（A）、0.5 dB（A）。南厂界最大超标距离为 127 m，西厂界最大超标距离 120 m，超标范围位于拟建项目卫生防护距离内，该范围内没有环境保护目标，不会造成噪声污染。

（三）地下水环境影响预测

1．矿区地下水环境影响预测

（1）矿坑涌水量计算

依据黑龙江省第四地质工程勘察院编制的《黑龙江省哈尔滨市阿城区玉泉水泥大理岩矿详查报告》中的勘查成果，采用大井法计算矿坑涌水量为 1 104 m^3/d。

（2）矿体开采对含水层的影响分析

基岩裂隙—孔洞含水层为矿体充水的直接含水层，是矿体充水的主要来源。矿体开采过程中该含水层会被直接疏干，其地下水水位下降明显，形成以矿区为中心的地下水降落漏斗，最大影响范围为 348.8 m。矿体开采对基岩裂隙—孔洞含水层影响较大。

（3）矿体开采对周边居民饮用水水源的影响分析

居民饮用水井大部分距离矿区均超过 1 500 m，且开采矿体不在其补给范围之内，矿体开采对其无影响。

玉泉镇供水井位于矿区东南侧，距离矿区约 2 150 m，距离厂区约 2 100 m，其补给来源主要为地表水的入渗补给，其次为大气降水的入渗补给。矿山开采不会对供水井所在区域地下水的补给、径流和排泄条件造成影响，矿山开采对玉泉镇供水井无影响。

2．项目取水对地下水环境影响分析

（1）项目取水概况

拟建项目取水地点位于阿城区玉泉镇董家油坊附近的玉泉河漫滩区，距离本建设项目厂区 6 km，取水构筑物为 3 眼大口井，沿玉泉河傍河取水，井深 20 m，井径为 3 m，井间距约 1 000 m，取水层位为第四系孔隙潜水含水层，设计取水规模为 2 850 m^3/d，年取水量为 88.35 万 m^3。

（2）对区域地下水资源的影响分析

根据《A 公司 7200 t/d 熟料新型干法水泥生产线（带余热发电）水资源论证报告》，本项目取水区域地下水年可开采资源量为 1.267 4 亿 m^3，地下水实际开采量为 9 290 万 m^3，地下水资源开采率为 73.3%，加上本项目年地下水取水量 88.35 万 m^3，地下水资源开采率为 74%，区域地下水资源开采利用程度进一步提高。但就本项目水源地所在的玉泉河漫滩来说，其地下水可开采量为 11 882.55 m^3/d，加上本项目的取水量 2 850 m^3/d，规划水平年规划开采量为 4 890 m^3/d，地下水开采利用率为 41.2%，地下水资源尚有一定的开采潜力，本项目取水会进一步提高区域地下水资源的开采利用程度。

（3）对周边居民饮用水水源的影响分析

根据《A 公司 7 200 t/d 熟料新型干法水泥生产线（带余热发电）水资源论证报告》，取水井的最大影响半径为 138 m，经实地调查，拟建项目取水井影响范围内无居民饮用水水源井分布。

拟建项目取水井周边居民饮用水井距离取水井距离远大于其影响半径，取水层位主要为风化基岩裂隙含水层，与拟建项目取水井的取水开采层位不一致，且位于取水井地下水径流的上游方向，拟建项目取水不会对居民饮用水井的补给条件造成影响。

3．厂区地下水环境影响分析

拟建项目产生的废污水有生产废水、辅助生产废水和生活污水。生产废水采取原废水→调节池→涡流反应澄清器（加药）→过滤器→中水池（加氯）→中水回用的处理流程，不外排；生活污水采取原污水→污水调节池→一沉池→曝气池→二沉池→过滤调节池（加药）→V 型反应过滤器→中水池（加氯）→中水回用的处理流程，不外排。

废污水在处理及输送过程中的跑、冒、滴、漏，会使废污水进入地下水环境，此时应立即采取封堵、检修等措施，减少废污水渗漏量。通过厂址区水文地质勘查，厂址区包气带上部为1～6 m的黄色黏土、粉质黏土，包气带渗透系数2.35×10^{-5} cm/s，包气带防污性能中等，可以有效阻止或减少渗漏水进入地下水环境。另外，拟建项目废污水主要污染因子为COD、BOD_5、氨氮和pH值，无重金属和有机物等污染物，且污水中污染物的浓度较低。因此，非正常工况下少量渗漏的废污水对地下水环境的影响可接受。

点评：

1．大气影响评价是水泥生产区环境影响的重点，本案例按照《导则》要求对大气的环境影响做了详尽的预测；大理岩矿区地下水环境影响评价关注了周边区域的饮用水水源的影响；噪声是水泥生产中的特征污染源之一，该案例噪声污染源确定准确，预测结果可靠。

2．该类项目环评的关注点：

（1）确定大气预测因子

水泥生产建设项目的预测因子一般情况下应为TSP、PM_{10}、SO_2和NO_x，在茶树种植区、桑蚕养殖地等对氟化物因子敏感的地区，也应把氟化物选为预测因子。

（2）大气预测内容

按照《导则》要求，给出全年逐时、逐日、长期气象条件下，各预测点的浓度值，尤其是环境空气保护目标地面质量浓度和叠加浓度。在拟建项目预测工作的基础上，注意预测叠加在建或已批同类项目的影响。

（3）噪声预测

在实际环评过程中，要按生产工序分别给出噪声源的数量、强度和位置分布，不应有遗漏。生产厂区的平面布置，应考虑生产噪声对厂界的影响程度，做好优化设计，尽量把高噪声设备布置在厂区中心区域，以减轻对厂界的影响。

（4）环境防护距离

依据《导则》中大气环境防护距离模式计算结果，结合《非金属矿物制品业卫生防护距离 第1部分：水泥制造》（GB 18 068.1—2012）等，划定拟建项目的环境防护距离。由于拟建项目生产车间或作业场所一般不是规则的圆，其环境防护距离应是不规则的包络线图。

需要指出的是《非金属矿物制品业卫生防护距离　第1部分：水泥制造》（GB 18 068.1—2012）适用于平原地形，处于复杂地形的水泥制造企业的卫生防护距离的确定方法，仍参照GB/T 3840—1991中的7.6规定执行。

（5）地下水影响分析

水泥生产废水经处理后可回用于生产系统，生活污水处理后达标排放或综合利用，只要对废污水处理设施采取有效的地下水污染防治措施，工程运行对地下水的影响可接受。

拟建工程用水取自地下水，地下水影响评价应通过影响预测，明确给出取水影响半径和影响程度，调查清楚影响半径内的集中水源井或分散水源井的分布情况，若工程取水影响到居民供水，则必须提出减缓或补救措施，并提出完善的供水方案（预案）。

六、矿山开采的生态环境影响与恢复措施

（一）矿区生态现状

1．动物调查

大理岩矿区已开采近百年，人类生产活动较为频繁，野生动物种类相对较少，调查发现有草兔、松鼠、田鼠、普通燕、灰喜鹊、环颈雉等，无珍稀动物资源。

2．植物现状

通过资料收集、遥感调查和现场勘查相结合的方法对矿区内的植被类型及其分布进行调查，调查范围内以森林生态系统、草地生态系统为主。森林生态系统植被以樟子松、落叶松、杨树群落，乔木以樟子松、落叶松、山杨树为主；草地生态系统以羊胡子草群落为主，草类优势种为羊胡子草，伴生的有黄蒿、雉子延、小叶樟、三楞草、节骨草、谷莠子等。

选取有代表性的典型地段进行样方调查，以评价矿区内的植被现状。

（二）矿山开采影响的方式、强度和持续时间

影响方式及强度：表土剥离、矿石开采、矿石运输，将造成植被破坏、地形改变以及水土流失，破坏野生动物的生存环境等。

影响范围：矿区开采范围及废石临时堆场、运输道路两侧等区域，面积为 62.1 hm^2。

持续时间：整个运营期间，共 26.2 年。

（三）主要生态影响

1．对土地利用的影响

矿区占地面积 62.10 hm^2，其中：原有采区占地 27.88 hm^2；新增占用一般农用地 0.86 hm^2、林地 5.13 hm^2、荒草地 18.70 hm^2、城镇建设用地 7.86 hm^2、交通用地 1.67 hm^2，共计新增占地 34.22 hm^2。

2．对植被的影响

矿区包括采场、破碎站及运输道路、废石临时堆场，总占地面积 62.1hm^2。占地范围内的植被以草地为主，分布有少量零散的林地。估算开采所造成的植被生物量损失约为 90.42 t。

3．对野生动物的影响

矿区范围内矿石开采已存在多年，在此区域内生活的野生动物早已适应矿山开采等人类活动，或已在矿区周边形成了新的栖息地。

（四）对矿区生态系统及景观格局的变化

1．生态系统的变化

由于矿区周边原有的生态系统较为稳定，而矿区的占地面积相对较小，随着开采工程的实施，在矿区开采的中后期基本不会再对周边的生态系统造成影响，矿区周边的生态系统会逐渐建立新的平衡。

2．景观格局的变化

矿山开采期，地表植被被清除，出现裸露地面，改变原有的地貌，在一定程度上对区域的景观产生差异影响。随着矿区生态植被的恢复，矿区景观与周边景观存在的差异会趋于减小。

（五）生态保护与生态恢复措施

1．施工期生态保护措施

①合理划定施工区域，施工活动严格控制在划定范围内，减少影响范围。

②清表活动应合理安排作业时间，并采取单边、逐步推进方式，给开采区内的野生动物留有足够的迁徙时间，减少对野生动物的伤害。

③矿山削顶剥离的表土单独存放在废石临时堆场的上游，并建设防排水设施，减少流失。

④采区稳定边坡、运输道路两侧及矿山工业场地等区域，选择乡土树种，做到“边开采边恢复”。

2．运营期生态保护措施

①爆破控制

爆破作业采用先进的微差爆破工艺，减少对周边环境的影响。

②采取必要的抑尘措施

表土剥离、钻孔、爆破、采装、运输及破碎的各环节采取必要的抑尘措施，以降低扬尘的影响。

③对采终后的稳定边坡采取植被恢复措施。

④加强对工作人员的生态环境保护教育，严禁对周围林、灌木进行滥砍滥伐，破坏野生动物的栖息环境。

3．矿区采终后的生态恢复措施

①生态恢复原则

a. 符合边坡稳定要求，自上而下逐阶修整成缓降阶台，使最终残壁整体坡面达到稳定；

b. 对残壁平台及坡面配合妥善的植树绿化设计予以整修；

c. 矿区排水系统设施与整地及道路坡度相符合，排水沟尽量采用明沟设计，易于清理，其断面以不冲刷、不淤积、经济安全及施工方便为原则；

d. 矿区景观绿化与美化并重，植被恢复以每公顷至少 2 000 株造林树种，并栽植多种树种、草种，使矿区达到自然与美观。

② 生态恢复方案

矿区采掘迹地拟采用客土回填法，栽植（播种）树草种，以达到景观恢复目的，台阶回填客土分为平台客土及边坡客土，主要是根据采掘迹地的地形而定，生态恢复时对于植物的选择，主要把握四个原则：适应当地环境；繁殖及移植容易；管理及维护容易；适应景观设计及要求。

4. 废石临时堆场的土地复垦与生态恢复

废石临时堆场在采终期已形成台段边坡，其植被恢复按平台边坡进行。运行期对堆土体进行压实，边缘及台段硬化，期满后原表土用于采终区生态复垦，主要是对压占地进行植被恢复。

5. 加强矿山的管理

矿山的生态恢复是水泥工业环境保护工作的重要内容之一，建设单位要制定出详细的设计方案、实施计划和进度安排，并给予资金上的保证。同时，建立相应的监督管理制度，负责计划的落实，对生态恢复和水土保持的效果及时进行检查和总结。

点评：

1. 生态影响内容分析全面，从施工期、运营期、采终后各个时段并依据不同生态影响因素分析了矿山工程对植被、野生动物生境和景观的影响；生态恢复措施具有针对性和可操作性。

2. 该案例不足之处：依托的大理岩矿区开采时间百年之久，案例应对产生的生态环境影响做回顾性评价，指出目前存在的生态环境问题，并提出“以新带老”措施。

3. 该类项目环评的关注点：

(1) 生态环境背景

根据生态影响的范围和矿山服务期，以及拟采灰岩矿山的生态影响特点，调查影响区域内涉及的生态系统类型、结构、功能和过程，以及相关的非生物因子特征，重点调查受保护的珍稀濒危物种、关键种、土著种、建群种和特有种，天然的重要经济物种等。

(2) 主要生态问题

调查影响区域内已经存在的制约本区域可持续发展的主要生态问题，如水土流失、沙漠化、石漠化、盐渍化、自然灾害、生物入侵和污染危害等，指出其类型、成因、空间分布、发生特点等。

(3) 生态恢复和补偿

矿区在开采阶段，要根据工程进展情况适时对可能绿化的地段、边坡进行绿化、美化；矿石采终后要因地制宜地进行生态建设。

七、运行期污染防治措施

(一) 颗粒物污染防治措施

拟建项目共有有组织颗粒物排放点98个（包括大理岩矿山和厂区），各排放点均设有收尘效率高、技术可靠的收尘器，共有98台收尘器，其中窑头采用静电除尘器，其余各点全部采用袋收尘器；各扬尘点颗粒物排放浓度≤30 mg/m^3，各排尘点的排尘浓度、单位产品排放量均符合《水泥工业大气污染物排放标准》(GB 4915—2004）中的限值要求。

拟建项目设计大理岩由封闭的皮带输送，进厂后直接卸入预均化库，预均化库采取封闭措施并设有袋式除尘器；铁矿废渣、黏土、粉煤灰等辅助物料进厂后卸入辅助原料储库，卸车过程在设有活动门（或卷帘门）的车间进行；燃煤进厂后直接倒入受料斗，由胶带输送机送入封闭的预均化库堆存。

(二) 氮氧化物污染控制措施

拟建项目采取低氮燃烧器＋选择性非催化还原方法（SNCR）＋空气分级燃烧技术进行脱硝。

1. 窑头用低氮燃烧器

回转窑中的热力型 NO_x 主要是由窑头燃烧器产生，窑头采用低 NO_x 燃烧器，使燃料可以在低含氧量条件下进行燃烧，并提高火焰空间的温度分布均齐性，从而有效地降低热力 NO_x 形成。

2. 选择性非催化还原（SNCR）技术

以尿素为还原剂，将尿素颗粒溶解制备成约50%（质量分数）的溶液，尿素在一定温度条件下热分解生成 NH_3，并与烟气中的 NO_x 进行 SNCR 反应生成 N_2。

3. 空气分级燃烧技术

改造分解炉装置，使生产中分解炉下部形成还原气氛，从而在分解炉内将氮氧化物部分还原，降低氮氧化物的排放。

（三）噪声污染控制措施及效果

首先选用低噪声设备，其次是在噪声传播途径上采取措施，把高噪声设备安装在车间或厂房内，减少噪声对外环境的影响。同时在车间及厂界外的空地实施绿化工程，减小噪声污染。

（四）废、污水污染防治措施

拟建项目产生的废污水包括：水泥生产及余热发电系统的循环冷却废水（旁滤排水）、辅助生产废水和生活污水。拟建项目在厂区和厂前区分别新建污水处理站，根据水质不同，本着经济、高效的原则，采取不同的污水处理工艺处理废污水。

1．生产废水及辅助生产废水的污染防治措施

辅助生产废水与循环冷却系统的废水一并排入调节池，再经涡流反应澄清器进行加药沉淀、过滤等措施处理后，补充至中水池，经加氯消毒达标后回用于熟料生产系统的管道增湿喷水、立磨内喷水等生产设备喷水。

处理后的水质符合《城市污水再生利用 工业用水水质》（GB 19923—2005）中的“工艺与产品用水”标准要求。处理后的水储存于800 m^3中水池里，用于管道增湿喷水、立磨内喷水等，不外排。

2．生活污水污染防治措施

厂区的生活污水经处理后，出水水质符合《城市污水再生利用 工业用水水质》（GB/T 19923—2005）中的“工艺与产品用水”水质标准，补充至中水池，经加氯消毒达标后回用于熟料生产系统的管道增湿喷水、原料磨内喷水等生产设备喷水，全部消耗，不外排。

（五）绿化设计

拟建项目设计充分考虑了绿化措施，主要绿化在厂前区、道路两侧、厂界以及厂区中间的空地上。在厂区道路两侧种植行道树、绿篱及铺设草皮，对于产生噪声、颗粒物较大的车间周围种植高大乔木，对废气颗粒物起阻挡、吸附、过滤作用，并能减噪和美化环境。

（六）环保投资

拟建项目可研报告中环保投资为10 200万元，占项目总投资的7.5%，主要用于购买除尘设备、噪声防治设备、建设污水处理站、厂区绿化等，能够满足污染防治措施的资金需求。

八、评价结论

（一）产业政策符合性

拟建项目的建设符合国务院国发[2009]38 号文件精神、工信部颁布的《水泥行业准入条件》（工原[2010]第 127 号），不属于《产业结构调整指导目录（2011 年本）》限制类和淘汰类项目。

（二）规划符合性

拟建项目的建设符合国家《建材工业“十二五”发展规划》《黑龙江省建材工业“十二五”发展规划和 2020 年远景规划》《哈尔滨市水泥工业“十二五”发展规划》《哈尔滨市矿产资源规划》等规划，已取得了国家发展和改革委员会同意开展前期工作的函。黑龙江省哈尔滨市工业和信息委员会编制了《哈尔滨市水泥工业“十二五”发展规划》，并委托黑龙江省环境保护科学研究院编制完成了《哈尔滨市水泥工业“十二五”发展规划环境影响报告书》，黑龙江省环境保护厅黑环函[2012]164 号文件对该报告书出具了审查意见，拟建项目的建设符合规划环评审查意见中的要求。

拟建项目用地符合玉泉镇土地利用总体规划，已取得中华人民共和国国土资源部《关于 A 公司日产 7200 t 新型干法水泥熟料生产线及配套低温余热发电项目建设用地预审意见的复函》（国土资预审字[2011]287 号）。

（三）区域环境质量

评价区内各监测点 SO_2、NO_2、TSP、PM_{10} 和氟化物均符合《环境空气质量标准》（GB 3095—2012）二级标准限值要求；玉泉河监测断面各项评价因子均符合《地表水环境质量标准》（GB 3838—2002）的Ⅱ类水质标准要求；厂区环境噪声符合《声环境质量标准》（GB 3096—2008）2 类标准；环境影响预测结果表明：SO_2、NO_2、TSP、PM_{10} 在各环境空气保护目标浓度叠加值均符合《环境空气质量标准》（GB 3095—2012）二级标准的限值要求。

（四）污染物达标排放

拟建项目颗粒物有组织排放源安装有技术可行、性能可靠的除尘器，物料储存采取封闭的储库，均能做到达标排放；水泥窑窑尾废气采用“低氮燃烧器＋选择性非催化还原方法（SNCR）＋空气分级燃烧技术”，脱氮效率在 60%以上，窑尾 NO_2 排放浓度≤320 mg/m^3。生产废水、生活污水经处理达标后综合利用，不外排。各噪声源均采取有效的降噪措施，不会造成噪声污染。

（五）清洁生产水平

拟建项目采用当今国际上先进的生产工艺，从拟建项目生产工艺装备水平、物耗能耗水平、资源综合利用指标、污染物产排指标、产品特征指标、环境管理水平等六方面考量，属于《清洁生产标准　水泥工业》（HJ 467—2009）中的一级水平。

（六）总量控制

拟建项目污染物总量控制指标 SO_2 为 187.774 t/a、氮氧化物为 1 986.21 t/a，符合哈尔滨市环境保护局下达的污染物总量指标要求，取得了黑龙江省环境保护厅关于拟建项目的总量批复。

（七）公众参与

严格按照原国家环保总局《环境影响评价公众参与暂行办法》（环发[2006]28 号文）的要求，通过个人问卷、团体问卷、公众参与座谈会、意见反馈等形式，开展了公众参与工作。公众参与结果表明：个人问卷 180 人，有 177 人支持项目的建设，3 人有条件支持项目的建设；团体调查 7 个单位，均支持项目的建设；共邀请 30 名公众代表参加座谈会，与会代表均支持项目建设。

综上，拟建项目的建设符合《水泥行业准入条件》要求，建成投产后各污染源能够做到达标排放，能够实现污染物总量控制和清洁生产，从环境保护的角度衡量项目建设是可行的。

点评：

1．从产业政策与相关规划符合性、区域环境容量、拟建项目达标排放、清洁生产水平、污染物总量控制、公众参与等多方面分别进行叙述，本着科学、认真、实事求是的原则，综合得出明确的评价结论，评价结论可信。

2．公众参与中应关注受影响人群调查样本的比例。

3．关注点：

（1）在行业产能过剩的大背景下，充分分析项目建设的必要性；

（2）项目建设应采用低氮氧化物燃烧器技术和分解炉分级燃烧技术；窑尾配套烟气脱硝装置，采用窑尾烟气末端治理技术，确保氮氧化物达标排放并符合准入条件的要求。

案例分析

一、本案例环境影响评价特点

A公司利用自备的大理岩矿，依托哈尔滨泉兴水泥有限责任公司现有厂区，建设7200 t/d熟料新型干法水泥生产线（带余热发电），按照“等量置换”的原则，淘汰黑龙江省内的落后水泥（熟料）总量223.38万t，这符合国家水泥行业产能过剩条件下的“等量替代”或“减量替代”产业政策，并对黑龙江省水泥工业的结构调整有着积极的意义。

该案例从项目概况、工程分析、环境影响预测、污染物控制、清洁生产、产业政策等方面对水泥生产建设项目做了全面的评价。报告书编制规范，数据充实可信，污染因子识别、筛选和预测符合其项目特点，各环境要素评价内容符合相关导则和规范要求，污染防治对策、生态恢复措施可行有效，评价结论明确可信。当前水泥行业是严重的产能过剩产业，国家出台了一系列的调控政策，要求环评工作应贯彻执行，该案例在此有较好的体现。

该报告书紧紧抓住项目运行产生的环境污染影响和大理岩矿凹陷开采引起的生态环境影响，是水泥生产建设项目环境影响评价中较好的范本，可供水泥生产建设项目环评中借鉴。

二、水泥行业环境影响评价关注的重点问题

水泥生产是自然资源、能源消耗密集型的产业。原料开采矿区范围大，开采周期长，生态环境影响持续时间长，不可逆的生态影响横跨施工期、运行期和服务期满后，造成矿区的植被破坏，水土流失严重。具有典型工业污染特点的水泥生产涉及的污染因子多，污染物产生和排放量大，环境影响范围大，环境污染重。兼有生态影响型和环境污染型双重环境影响特点，在评价过程中以工程分析、大气环境影响评价、地下水环境影响评价、清洁生产、污染物总量控制分析、污染防治措施、矿山生态影响与恢复、公众参与等为重点，对项目建设可行性应做全面的分析论证。

水泥生产工艺和设备具有协同处理工业固废和生活垃圾的功能及优势，在环评中应有充分体现；回转窑系统余热的综合利用（余热发电）节能减排效果显著，在环评中也应大力提倡和肯定，这样才能使水泥工业得到可持续发展。

案例八　电厂扩建项目环境影响评价

一、前言（略）

二、编制依据

（一）项目的基本组成、规模及基本构成

项目基本构成见表 8-1。

表 8-1　项目基本组成

项目名称		某电厂“上大压小”扩建项目		
建设性质		扩建		
建设地点		浙江省长兴县吕山乡杨吴村		
建设单位		华能国际电力股份有限公司长兴电厂		
总投资额		489 259 万元（静态）		
计划投产时间		2014 年		
工程规模/MW	项目	单机容量及台数	总容量	备注
	现有	135＋125	260	两台机组分别于 1992 年 1 月和 8 月投产，容量原为 2×125 MW，后第一台 125 MW 机组通流改造成 135 MW 机组。两台机组已于 2010 年 8 月 8 日停运，并于 9 月 16 日对冷却塔实施了不可恢复性的爆破拆除，完成了老厂关停
	本期	2×660	1 320	预计 2014 年投产
	“上大压小”关停容量	599		关停浙江省小火电机组 59.9 万 kW，并相应占用浙江省火电建设规模 46.4 万 kW
	全厂	2×660	1 320	预留扩建余地
主体工程		锅炉：2×2 060 t/h 超超临界、一次中间再热、变压运行燃煤直流锅炉； 汽轮机：2×660 MW 超超临界、一次中间再热、单轴、四排汽凝汽式汽轮机； 发电机：2×660 MW、水—氢—氢冷却、静态励磁汽轮发电机		
辅助工程	水源	生产用水为厂址南侧吕山港地表水，生活用水为自来水		
	循环水供水系统	循环水供水系统采用冷却塔二次循环供水系统，浓缩倍率为 5.0		
	化学水处理系统	锅炉补给水采用超滤反渗透装置，选用 2×65 t/h 的反渗透装置，其后续处理采用离子交换化学除盐系统		
	厂内除灰渣系统	锅炉排渣采用湿排渣系统，排灰系统采用浓相气力系统将干灰输送至灰库。灰渣拟全部综合利用，综合利用受阻时由汽车运至灰场碾压堆放		

项目名称		某电厂“上大压小”扩建项目
贮运工程	燃煤及运输	略
	码头	略
	灰场及运灰	略
	石灰石	直接外购石灰石粉，采用密闭罐车经公路运输到达
	液氨	脱硝剂液氨外购，由专用车辆运输进厂，在厂区设液氨罐区，共设置两个 70 m^3 的液氨罐
主要环保设施		见表 8-3

（二）评价依据

主要包括和建设项目有关的环境保护法规和文件，采用的规范、导则及标准，以及项目取得的支持性附件等。

（三）环境敏感区和保护目标

厂址和灰场周围环境状况见图 8-1，厂址区域主要环境保护目标见表 8-2。

表 8-2　主要环境敏感区域和保护目标

<table>
<tr><th>环境类别</th><th colspan="2">敏感目标</th><th>方位</th><th>距离</th><th>区域功能</th><th>规模</th><th>备注</th></tr>
<tr><td rowspan="12">环境空气</td><td colspan="2">环太湖农业对外综合开发区</td><td>NE</td><td>8.0 km</td><td>环境空气一类区</td><td>—</td><td>执行《环境空气质量》一级标准</td></tr>
<tr><td colspan="2">李家巷镇</td><td>NNE</td><td>4.5 km</td><td>集镇</td><td>4230 户，1.6 万人</td><td rowspan="11">执行《环境空气质量》二级标准</td></tr>
<tr><td colspan="2">湖州市委党校</td><td>E</td><td>5 km</td><td>文教区</td><td>113 人</td></tr>
<tr><td colspan="2">塘口村</td><td>SE</td><td>3.4 km</td><td>农村</td><td>42 户，164 人</td></tr>
<tr><td colspan="2">许家村</td><td>SW</td><td>3 km</td><td>农村</td><td>112 户，500 人</td></tr>
<tr><td colspan="2">孙家湾</td><td>SW</td><td>6 km</td><td>农村</td><td>226 户，850 人</td></tr>
<tr><td colspan="2">吕山乡</td><td>NW</td><td>3.5 km</td><td>集镇</td><td>1406 户，0.7 万人</td></tr>
<tr><td colspan="2">施家门村</td><td>E</td><td>350 m</td><td>居民点</td><td>192 户，743 人</td></tr>
<tr><td colspan="2">施家门村木桥头</td><td>SE</td><td>150 m</td><td>居民点</td><td>48 户，184 人</td></tr>
<tr><td colspan="2">杨吴村北杨</td><td>S</td><td>110 m</td><td>居民点</td><td>35 户，145 人</td></tr>
<tr><td colspan="2">金村村高家庄</td><td>SW</td><td>400 m</td><td>居民点</td><td>72 户，302 人</td></tr>
<tr><td colspan="2">金村村座山湾</td><td>NW</td><td>380 m</td><td>居民点</td><td>89 户、490 人</td></tr>
<tr><td rowspan="3">噪声</td><td rowspan="2">厂区（码头）</td><td>施家门村木桥头</td><td>SE</td><td>150 m</td><td>居民区</td><td>48 户、184 人</td><td rowspan="3">《声环境质量标准》（GB 3096—2008）2 类区</td></tr>
<tr><td>杨吴村北杨</td><td>S</td><td>110 m</td><td>居民区</td><td>35 户、145 人</td></tr>
<tr><td>运灰道路</td><td>金村村高家庄</td><td>W</td><td>100 m</td><td>居民区</td><td>72 户，302 人</td></tr>
</table>

环境类别	敏感目标	方位	距离	区域功能	规模	备注
灰场扬尘	陈桥村	N	610 m	居民区	170 户，980 人	离事故备用灰场堆灰边界的最近距离
	秀岩寺	S	200 m	宗教	—	仅祭祀日有少许香客，平常无人，长兴县宗教事务局明确秀岩寺进行拆除
地表水	长湖申航道及其支流茅柴园港，紧邻厂址南侧，水体功能为工业和航运					
	太湖，位于电厂厂址 NE 方向，其岸线距厂址最近直线距离约 13 km；位于灰场 NE 方向，其岸线距离灰场最近直线距离约 5 391.24 m					
	西苕溪饮用水水源保护区，位于电厂厂址 SE 方向，距厂址最近直线距离约 6 km；长兴县洪桥自来水厂饮用水水源保护区，位于灰场 NW 方向，距灰场最近直线距离 4.2 km					

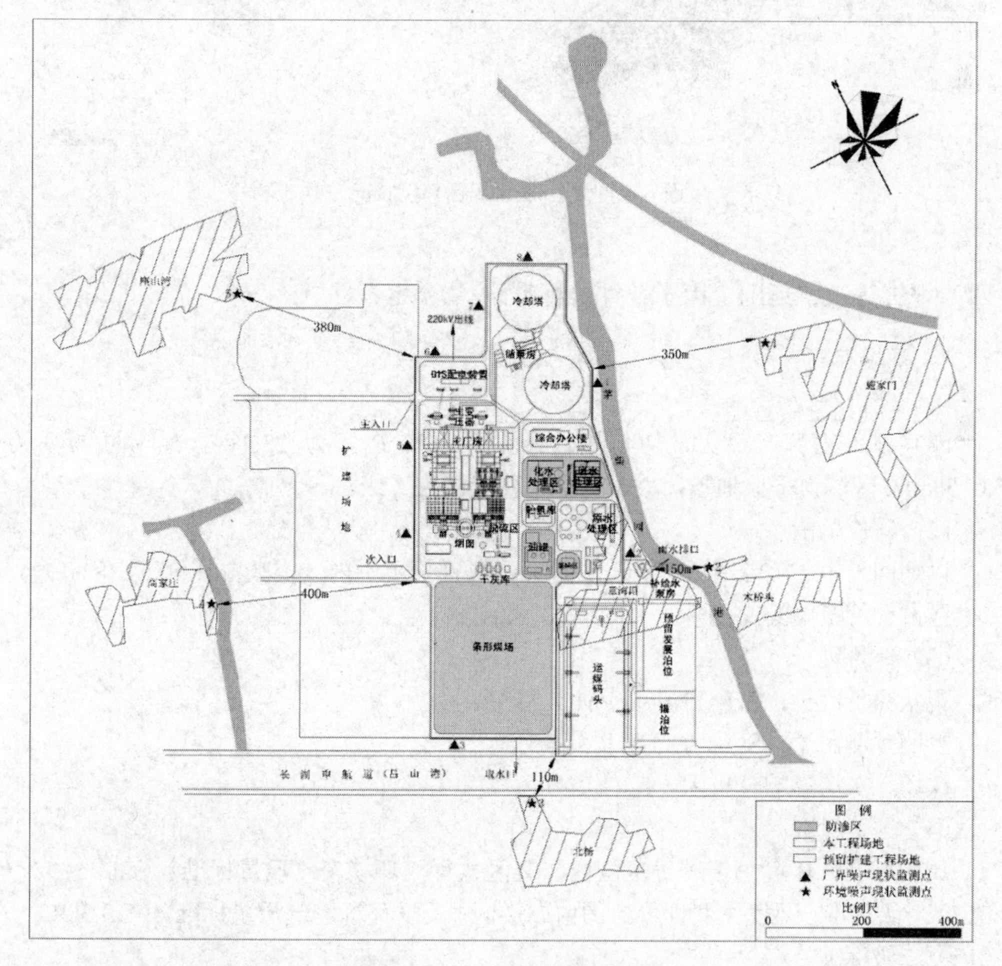

图 8-1（a）　厂址周围环境状况

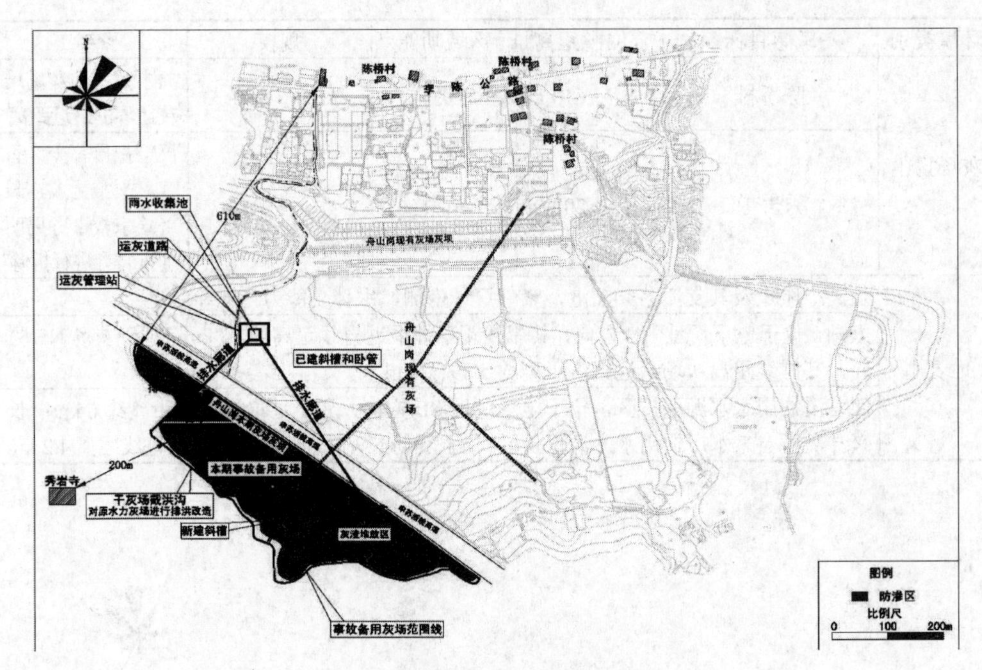

图 8-1（b） 灰场周围环境状况

（四）评价等级、范围、因子及评价标准

1．环境空气

（1）评价等级

NO_2 排放占标率最大，NO_2 排放最大占标率 P_{max} 为 23.4%，对应的 $D_{10\%}$ 为 5.035 km，区域为平原地形，大气评价工作等级为二级。

（2）评价范围

以烟囱为中心 12 km×12 km 正方形区域。评价范围内一类区占评价范围的 0.1%，二类区占评价范围的 99.9%。

（3）评价因子

现状评价因子：SO_2、NO_2、PM_{10}、TSP。

影响预测因子：SO_2、NO_2、PM_{10}。

煤场、灰场影响分析因子：TSP。

（4）评价标准

质量标准：环境空气评价范围内一类区执行《环境空气质量标准》（GB 3095—2012）一级标准；环境空气评价范围内二类区执行《环境空气质量标准》（GB 3095—2012）二级标准。

排放标准：SO_2、NO_x、烟尘排放浓度按《火电厂大气污染物排放标准》（GB

13223 —2011）表 1 要求执行。对于灰场等无组织排放的源，执行《大气污染物综合排放标准》（GB 16297—1996）新污染源无组织排放颗粒物监控标准。

2．地表水

（1）评价等级

影响分析。

（2）评价范围

长湖申航道吕山港段茅柴园港汇入处的西侧和东侧各 500 m。

（3）评价因子

pH、COD、石油类、挥发酚、高锰酸盐指数、氨氮、BOD_5、Pb、Cd、As、Hg、Cr^{6+}。

（4）评价标准：

质量标准：《地表水环境质量标准》（GB 3838—2002）Ⅲ类标准。

排放标准：《污水综合排放标准》（GB 8978—1996）的一级标准。

3．地下水

（1）评价等级

根据《环境影响评价技术导则　地下水环境》（HJ610—2011），确定地下水评价等级为厂址三级、灰场二级。

（2）评价范围

厂址和灰场均为 20 km^2 的区域。

（3）现状评价因子

pH、F^-、总硬度、溶解性总固体、氯化物、Cr^{6+}、As、Cd、Pb、Hg、挥发酚、硫酸盐、高锰酸盐指数、氨氮、硝酸盐、亚硝酸盐。

（4）评价标准

《地下水质量标准》（GB/T 14848—93）Ⅲ类标准。

4．声环境

（1）评价等级

二级。

（2）评价范围

厂界外 200 m。

（3）评价因子

等效连续 A 声级。

（4）评价标准

质量标准：电厂南侧临近长湖申航道的区域执行《声环境质量标准》（GB 3096—2008）4a 类标准，其他区域执行《声环境质量标准》（GB 3096—2008）2 类标准。

排放标准：南侧厂界执行《工业企业厂界环境噪声排放标准》（GB 12348—2008）

的4类标准，其他厂界执行《工业企业厂界环境噪声排放标准》（GB 12348—2008）的3类标准。

5．灰场

执行《一般工业固体废物贮存、处置场污染控制标准》（GB 18599—2001）II类场要求。

浙江省环境保护厅以浙环建函[2011]109号文对本项目的环评执行标准进行了批复。

点评：

1．根据火电项目污染类型特点，以列表形式给出了各环境类别的环境敏感目标的基本情况，结合环境保护目标分布图，介绍清晰。

2．按导则要求及环境特点正确地确定了环境影响评价范围、评价因子、评价等级、评价标准。

3．根据GB 13223—2011，缺少汞排放限值要求。

4．环境敏感目标对于项目环境影响评价至关重要，尤其是特别需要关注的环境敏感目标，如本案例确定了太湖和本项目的关系。

5．评价标准应以批复的当地环境功能区划为依据，未划定环境功能区划的，应请当地环保部门确认。

6．应注意：须根据项目所处区域的特点，合理划定项目具体的执行标准，如本案例南侧厂界紧邻航道，厂界噪声执行GB 12348—2008的4类标准。

三、电厂概况及工程分析

（一）厂址比选

华能长兴电厂老厂位于长兴县城建成区内，且场地较小，已不适合作为扩建两台660 MW机组的厂址。因此，本工程分别从工程方面和环境方面出发，就吕山厂址和和平厂址进行了比选，未选择老厂厂址进行比选。

此处介绍略。

（二）现有工程概况

老厂135 MW＋125 MW机组已关停，此处介绍略。

（三）本期工程概况

1．厂址地理位置

厂址位于浙江省湖州市所辖的长兴县。

推荐的吕山厂址位于长兴县吕山乡杨吴村，隶属长兴城南片，西北距长兴县城建成区约 9.5 km，距长兴县县城中心约 11.5 km，东南距湖州市建成区约 10.5 km，距湖州市市中心约 13.5 km。厂区西北为乌龟山，厂址位于铁路宣杭线和吕山港之间场地上。场地自然平均标高在 2.35 m。

备选的和平厂址位于长兴县和平镇石泉村西侧，隶属长兴城南片，距长兴县城建成区 16 km 左右，距长兴县县城中心约 18 km，距湖州市建成区 17 km，距湖州市市中心约 20 km，距安吉县建成区 26 km。厂址南临杨府庙、吴山，北面和东面分别为沈家里、章家里以及钱家坞口，西侧为西苕溪。场地自然平均标高在 3.0 m。

灰场拟利用现有的舟山岗灰场已征地未堆灰的区域。灰场位于长兴县东部的洪桥镇与横山乡交界处的陈桥村南面山谷中，属洪桥镇陈桥村管辖。舟山岗灰场距厂址直线距离约 7.5 km，运输道路长度约 15 km。灰场占地 7.6 hm^2，总有效库容 67.7 万 m^3，可贮存灰渣及石膏 70.58 万 t 约 1.2 年。

厂址地理位置见图 8-2。

2．占地概要

工程厂区占地 30.11hm^2，码头工程占地 6.2hm^2，灰场占地 7.6hm^2。

3．设备概况及工艺流程

（1）主要发电设备及环保设施

该工程主要发电设备及环保设施见表 8-3。

表 8-3　主要发电设备及环保设施概况

项目			单位	华能长兴 2×660 MW“上大压小”工程
出力及开始运行时间		出力	MW	2×660
		时间		拟于 2014 年投产
锅炉		种类		超超临界变压直流炉、单炉膛、平衡通风
		蒸发量	t/h	2×2 060
汽机		种类		超超临界、一次中间再热、凝汽式汽轮机
		出力	MW	2×660
发电机		种类		水—氢—氢冷却方式
		容量	MW	2×660
烟气治理设备	烟气脱硫装置	种类		石灰石－石膏湿法烟气脱硫（不设旁路，不加 GGH）
		设计效率	%	≥97
	烟气除尘装置	种类		双室六电场静电除尘器（前两个电场配置高频电源，最后一个电场为旋转电极）除尘效率≥99.84%的除尘器、湿法脱硫除尘
		效率	%	总效率≥99.92 （除尘器效率≥99.84，湿法脱硫除尘效率 50.0）

项	目		单位	华能长兴 2×660 MW“上大压小”工程
烟气治理设备	烟囱	型式		双管烟囱
		高度	m	240
		出口内径	m	6.5（每管）
	NO_x控制措施	方式		低氮燃烧的基础上，进行 SCR 脱硝
		效果	mg/m^3	≤70
冷却水方式				二次循环冷却
排水处理方式		种　类		工业废水处理站、中和池、隔油池、油水分离器、沉煤池、脱硫废水处理站、二级生化处理站
		外排量	t/h	废污水处理后全部回用，不外排
灰渣处理方式		种　类		灰、渣分除，干出灰、湿排渣，干灰粗、细分排
		处理量	10^4 t/a	22.13（设计煤种），57.65（校核煤种）
石膏处理方式		种　类		二级脱水处理
		处理量	10^4 t/a	10.56（设计煤种），12.93（校核煤种）
灰渣、石膏综合利用		处理量	10^4 t/a	32.69（设计煤种），70.58（校核煤种） 拟全部装车外运综合利用

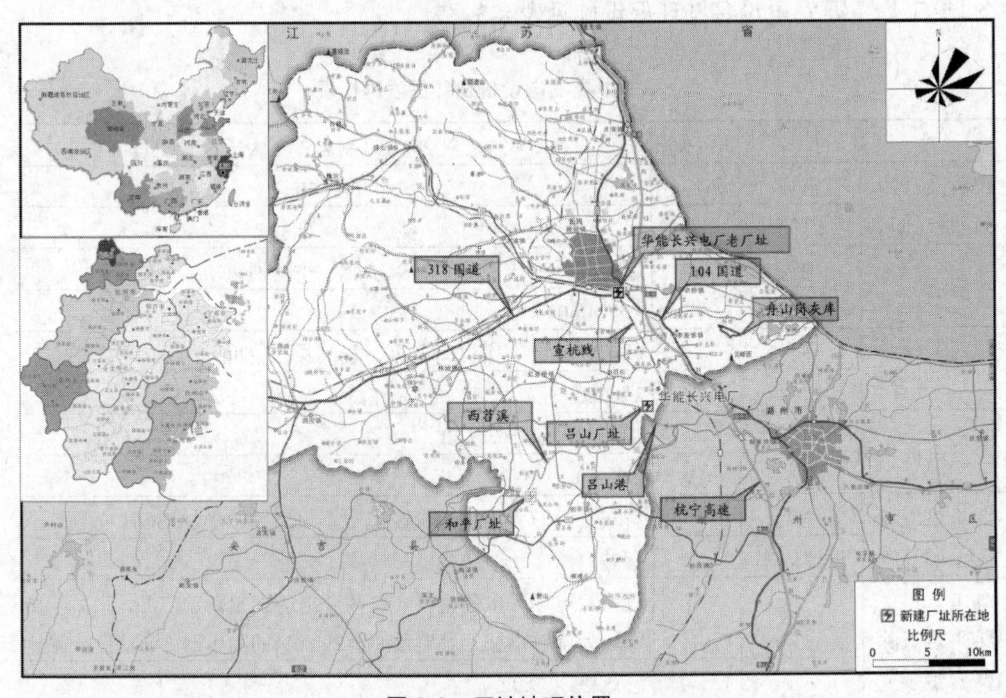

图 8-2　厂址地理位置

（2）工艺流程

生产工艺流程示意图见图 8-3。

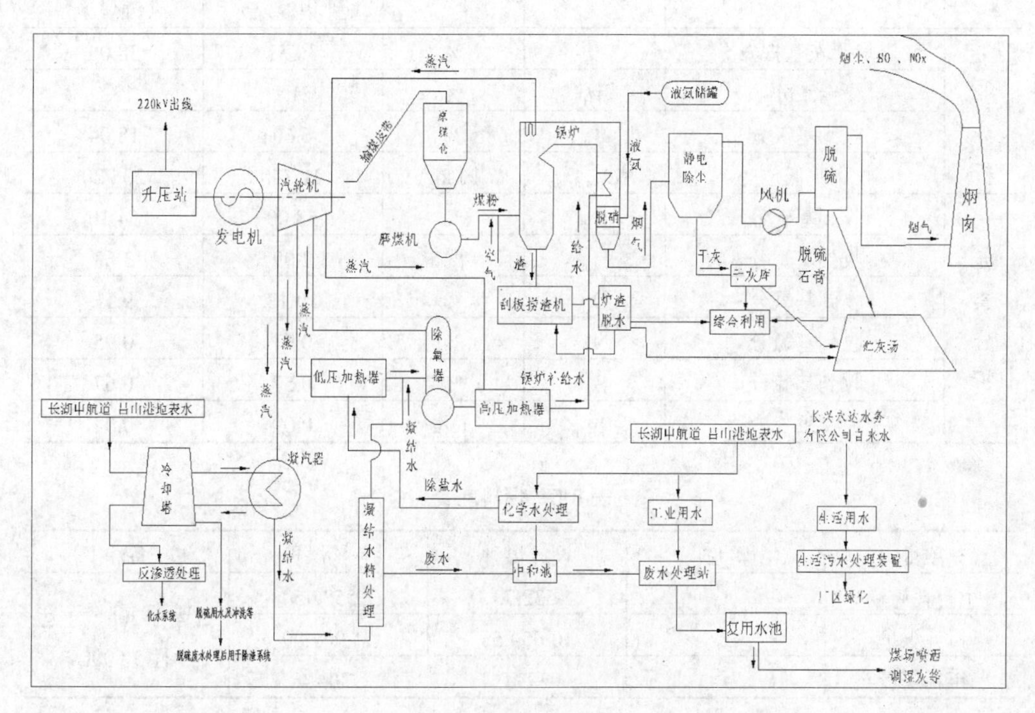

图 8-3 生产工艺流程

（3）厂区总平面布置

厂区总平面布置见图 8-1（a）。

4．燃料、脱硫剂和脱硝剂

（1）燃煤

①来源及运输方式

燃煤由华能呼伦贝尔公司煤炭销售分公司和大同煤矿集团煤炭运销朔州有限公司供给。设计煤种由铁路从神华煤矿运至北方港口，在北方港口下水后，至华能太仓煤炭码头或上海港（罗泾码头或朱家门码头）转泊内河船，经黄浦江、再经长湖申航道（在长兴境内被称作长兴港，在吕山乡境内，即本工程吕山厂址处，被称作吕山港）运至电厂码头；校核煤种从秦皇岛港装船发运，水路运输路径与设计煤种一致。

②煤质及耗煤量

设计煤种为神华混煤，由神华煤和扎赉诺尔煤矿褐煤按 4∶1 比例掺配；校核煤种由大同煤矿集团煤炭运销朔州有限公司负责在秦皇岛港区进行掺混配煤后提供。设计煤种和校核煤种的工业分析和元素分析结果见表 8-4，耗煤量见表 8-5。

表 8-4 燃料工业分析和元素分析

	项 目	符 号	单位	设计煤种（神华混煤）	校核煤种（混煤）
工业分析	干燥无灰基挥发分	V_{daf}	%	36.51	38.00
	全水分	M_t	%	21.1	13.5
	收到基灰分	A_{ar}	%	6.60	18.04
	收到基低位热	$Q_{net.ar}$	kJ/kg	21 710	20 920
元素分析	收到基碳分	C_{ar}	%	58.00	54.10
	收到基氢分	H_{ar}	%	2.99	3.63
	收到基氧分	O_{ar}	%	10.13	9.11
	收到基氮分	N_{ar}	%	0.61	0.95
	收到基硫分	S_{ar}	%	0.57	0.67
	汞	Hg_{ar}	μg/g	0.09	0.04

表 8-5 燃料耗量

项目	单位	设计煤种	校核煤种	备注
小时耗煤量	t	532.73	553.45	日运行 20h，年运行 5 500h
日耗煤量	t	10 654.55	11 069.09	
年耗煤量	万 t	293.0	304.4	

③厂内贮存方式

厂内采用条形煤场贮煤。

（2）脱硫剂

采用石灰石－石膏湿法烟气脱硫，烟气脱硫过程中以石灰石为脱硫剂，脱硫后生成副产品石膏。工程采用外购成品石灰石粉，石灰石粉由长兴华业化工有限公司提供。

脱硫设施钙硫比取 1.03，石灰石消耗量见表 8-6。

表 8-6 石灰石消耗量

项目	单位	2×660 MW 机组	
		设计煤种	校核煤种
石灰石消耗量	t/h	11.3	14.0
	t/d	226	280
	10^4 t/a	6.22	7.70

注：年利用小时按 5 500 h 计，日利用小时按 20 h 计。

（3）脱硝剂

采用选择性催化还原法（SCR）脱硝技术，还原剂（液氨）用密闭罐装卡车（槽车）运输至厂内，储存于氨罐中。液氨耗量见表 8-7。

表 8-7　液氨耗量

消耗品（两台机组）	单位	设计煤种	校核煤种
液氨（规定品质）	t/h	0.60	0.61
	t/a	3 300	3 330

建设单位已与湖州三晶气体有限公司签订了液氨供应协议，湖州铭啸货物运输有限公司负责将液氨运至厂内，液氨运输距离约 15 km。

5．水源

采用带冷却塔的二次循环冷却系统。生产用水为厂址南侧吕山港地表水，最大取水量约 2 967 m^3/h（0.824 m^3/s），平均取水量为 2 411 m^3/h（0.669 m^3/s），机组年利用小时数按 5 500 h 考虑，年均取水总量为 1 326.05 万 m^3，取水保证率为 97%。生活用水为自来水，生活用水量约为 20 m^3/h。取水已得到水利部太湖流域管理局的行政许可（行政项目许可编号 012011001 和 072010003）。

6．煤码头

厂址紧靠长湖申航道，码头拟新建 6 个 1 000 t 级泊位和 1 个 500 t 级装灰泊位，回旋水域、锚泊区尺度按设计船型疏浚。

码头占地面积 6.2 hm^2，码头总平面布置采用挖入式港池，开挖面积为 4.134 hm^2，船舶在港池水域内回旋、掉头，不占用主航道。码头布置 6 台出力为 300 t/h 的桥式抓斗卸船机作为卸船设备，综合考虑电厂码头年作业天数为 320 d，码头的年设计通过能力为 348 万 t，满足本工程建 2 台 660 MW 机组所需燃煤量要求。

7．贮煤场

贮煤场采用并行的双条形煤场布置型式，设 2 个条形煤场，设计堆煤高 12 m，设计储量约 20 万 t；内设一座干煤棚，设计储量约 3 万 t，满足 2 台炉设计煤种 3 天用量。煤场安装 2 台臂长为 38 m 的斗轮堆取料机，额定堆料出力为 2 200 t/h，额定取料出力为 1 000 t/h。

煤场四周设置防风抑尘网。

8．主要技术经济指标

主要经济技术指标见表 8-8。

9．工程环保概况

（1）大气污染物

大气污染物排放状况见表 8-9。

表 8-8 主要经济技术经济指标

序号	指标名称	单位	指标值	备注
1	年发电量	GW·h	6 600	
2	年利用小时	h/a	5 500	
3	厂用电率	%	5.1	
4	全厂热效率	%	44.8	
5	发电标煤耗	g/（kW·h）	274.5	
6	供电标煤耗	g/（kW·h）	289	
7	总投资	万元	514 195	3 895 元/kW
	其中：发电工程静态投资	万元	489 259	3 707 元/kW
8	定员	人	380	

表 8-9 大气污染物排放情况

项目			符号	单位	设计煤种	校核煤种
烟囱		型式			双筒烟囱	
		高度	H	m	240	
		出口内径	D	m	6.5（每筒）	
烟气排放状况		干烟气量	V_g	m^3/s	1 136.38	1 145.49
		湿烟气量	V_0	m^3/s	1 231.79	1 241.40
		烟气含氧量	O_2		6.0	6.0
		过剩空气系数	α		1.4	1.4
烟囱出口参数		排烟温度	t_s	℃	45	45
		排烟速度	V_s	m/s	21.61	21.77
烟囱出口处大气污染物排放状况	SO_2	排放量	M_{SO_2}	t/h	0.1615	0.197 2
		排放量	M_{SO_2}	t/a	889	1085
		排放浓度	C_{SO_2}	mg/m^3	39.5	47.8
	烟尘	排放量	M_A	t/h	0.0290	0.075 6
		排放量	M_A	t/a	160	416
		排放浓度	C_A	mg/m^3	7.1	18.3
	NO_x	排放量	M_{NO_x}	t/h	0.2864	0.288 7
		排放量	M_{NO_x}	t/a	1 432	1 444
		排放浓度	C_{NO_x}	mg/m^3	≤70	≤70
	汞	排放量	M_{Hg}	g/h	14.38	6.64
		排放量	M_{Hg}	kg/a	79.09	36.52
		排放浓度	C_{Hg}	mg/m^3	0.003 5	0.001 6

（2）废水

厂区排水采取清污分流方式，分别设置生活污水排水系统、工业废水排水系统及雨水排水系统。生活污水、工业废水分别处理后全部回用，不外排。其中，冷却塔排水一部分经超滤、反渗透处理后用于化水系统，一部分作为烟气脱硫用水，还有一部分作为煤场喷淋用水以及各种冲洗用水等，不外排。雨水通过雨水管网排出汇入长湖申航道吕山港段，煤场雨水通过煤场两侧的雨水沟道汇集至煤场雨水沉淀池沉淀后回用于煤场喷洒降尘等。脱硫废水经处理后回用于除渣系统。

废水排放量及污染防治措施见表 8-10。

表 8-10　废水排放量及去向一览表

序号	类别	废水排放量/（t/h）	主要污染物	拟采取的防治措施	去　向
1	脱硫废水	10	pH、SS、COD、重金属等	脱硫废水处理装置	除渣系统用水
2	含煤废水	24	SS	含煤废水处理系统	输煤系统的地面冲洗和除尘等用水
3	工业废水（包含含油废水和化学水）	83.2	pH、油类等	废水集中处理	煤场喷洒等
4	生活污水	12	COD、BOD_5等	A/O 接触氧化法	主要用于绿化
5	厂区雨水	—	—	—	排向长湖申航道吕山港段
合　计		129.2	—	—	—

（3）噪声

主要噪声源设备噪声水平见表 8-11。

表 8-11　主要噪声源设备噪声水平及防治措施　　单位：dB（A）

设　备	设备台数	安装位置	采取措施前单个声源噪声级	拟采取措施	降噪量	采取措施后噪声级
冷却塔	2	室外	82	消声导流	20	62
引风机（进风口前 3 m 处）	4	室外	90	消声器	20	70
送风机（吸风口前 3 m 处）	4	室外	95	消声器	25	70
发电机	2	汽机房	90～95	隔声罩、厂房隔声	30	65
汽轮机	2	汽机房	90～95	隔声罩、厂房隔声	30	65
励磁机	2	汽机房	90～95	隔声罩、厂房隔声	30	65
磨煤机	10＋2	锅炉房	105	隔声罩、厂房隔声	35	70
空压机	4	空压机房	90	消声器、厂房隔声	25	65
主变压器	2	室外	70	—	—	70

设备	设备台数	安装位置	采取措施前单个声源噪声级	拟采取措施	降噪量	采取措施后噪声级
脱硫系统氧化风机	4	风机房	95	厂房隔声	25	70
汽动给水泵	4	汽机房	95	厂房隔声	25	70
真空泵	4		95	厂房隔声	25	70
浆液输送泵	4	泵房	85	厂房隔声	15	70
浆液循环泵	8		95	厂房隔声	25	70
浆液排出泵	4		85	厂房隔声	15	70
锅炉排汽			110～130	消声器	30	80～100

注：锅炉排气为偶发噪声；采取措施前设备噪声级的测量除送、引风机是在进风口前 3 m、主变压器在距中心点 2 m 之外，其余均是在设备前 1 m 处；采取措施后设置在各类厂房（泵房）内的设备噪声级测量按厂房外 1 m 处噪声级要求。

（4）固废

工程排放的固体废物主要是锅炉灰渣和脱硫石膏，其排放情况见表 8-12；粉煤灰成分见表 8-13。

表 8-12　固体废物排放量

名称		固体废物排放量			
		设计煤种		校核煤种	
		t/h	t/h	万 t/a	万 t/a
灰渣	粉煤灰	36.20	94.32	19.91	51.88
	渣	4.03	10.50	2.22	5.77
	小　计	40.23	104.82	22.13	57.65
脱硫石膏		19.10	23.50	10.56	12.93
合　计		59.33	128.32	32.68	70.58

表 8-13　粉煤灰成分分析

项目	符号	设计煤种	校核煤种
二氧化硅	SiO_2	42.98	45.80
三氧化二铝	Al_2O_3	27.92	37.17
三氧化二铁	Fe_2O_3	8.61	7.09
氧化钙	CaO	11.75	4.98
氧化镁	MgO	2.05	0.70
氧化钾	K_2O	0.94	0.39
氧化钠	Na_2O	2.98	0.38
二氧化钛	TiO_2	0.78	1.18
三氧化硫	SO_3	2.70	1.50
五氧化二磷	P_2O_5	0.12	0.10
游离氧化钙	—	0.53	0.28

10．灰渣及石膏综合利用（略）

11．区域污染物变化情况

长兴电厂现有 135 MW＋125 MW 机组已于 2010 年 8 月 8 日关停，本期“上大压小”工程建成后，区域 SO_2、烟尘、NO_x 排放量均大幅削减，以设计煤种为例，SO_2、烟尘、NO_x 排放量较现状分别减少 1 821 t/a、764 t/a、4 174 t/a；全厂废污水处理后全部回用，不外排；灰渣和脱硫石膏全部综合利用。因此，本工程建成后将实现区域污染物“增产减污”。

点评：

该案例工程分析清楚，能反映此类项目的特点。

1．以列表形式给出了项目基本组成，包括主辅助工程、环保工程等。完整的项目基本组成表非常重要，可以清晰地看出项目基本组成、工程的先进性、产业政策符合性及应开展的环评专题。

2．项目工艺流程、燃煤和其他使用物料（水、石灰石、液氨等）来源、消耗量、贮运方式分析清楚。原辅材料中最重要的是燃煤，主要关注燃煤的硫分、灰分、干燥无灰基挥发分和低位发热量；其次是冷却方式及水源，主要关注冷却方式的合理性、取水及排水去向。

3．厂区平面布置的合理性很重要，特别是冷却塔、主厂房、各类风机及水泵的布置对厂界外居民影响较大，对高噪声设备需采取相应的噪声治理措施；液氨罐区应尽量远离厂外居民区。

4．由于厂址靠近太湖，考虑到《太湖流域管理条例》等相关法规、条例的要求，本工程进行全厂水平衡优化，厂区废水经处理达标后全部回用，不外排，厂区不设排污口。

5．按《火电厂建设项目环境影响报告书编制规范》（HJ/T 13—1996）要求进行了采取污染防治措施后的污染源强分析和计算，还按照 GB 13223—2011 要求计算了烟气中汞的达标排放结果。

6．项目厂址所在地属于《国务院办公厅转发环境保护部等部门关于推进大气污染联防联控工作改善区域空气质量指导意见的通知》(国办发[2010]33 号)的重点区域(长三角地区）。报告书审查期间《重点区域大气污染防治“十二五”规划》尚未颁布实施，根据地方环保部门批复的环评执行标准，本工程大气污染物排放浓度执行 GB 13223—2011 表 1 要求，但实际上大气污染物排放浓度已达到 GB 13223—2011 表 8“大气污染物特别排放限值”的要求，符合目前已实施的《重点区域大气污染防治“十二五”规划》对重点控制区内火电项目实施特别排放限值的要求。环境影响报告书是指导项目开展前期工作及投产运行的重要文件，一旦批复即成为法规性文件，因此，在环境影响报告书的编制过程中，前瞻性和预判性很重要。

7. 注意新建项目环评还需进行厂址比选，特别是环境比选很重要，包括环境功能区划、环境敏感区、气象条件、环境影响等方面。

8. 飞灰的比电阻特性对除尘器选型及电除尘是否需要采用高频电源、低温省煤器等新型实用技术的判断很重要，比电阻是烟尘排放浓度达标论证的重要基础。本案例的工程分析应在表8-13后面增加不同温度条件下飞灰比电阻测试值。

9. 煤中汞的含量是烟气中汞达标分析的基础，而通过灰中的三氧化硫、游离氧化钙含量可以初步判断粉煤灰综合利用途径是否合理，是火电厂环评应关注的问题。本案例中有煤种汞含量及灰中的三氧化硫、游离氧化钙含量数据。

四、受拟建项目影响地区区域环境状况

（一）地形

1. 厂址地区地形特征

厂区地形为诸水系下游的平原地区，濒临太湖，地势低洼，地面高程为 3.54 m 左右，河网密布。

2. 灰场地区地形特征

舟山岗贮灰场属山前洪积坡地，场址地面高程为 26～40 m。

（二）陆地水文状况

1. 地表水

评价区内的主要河流为吕山港，吕山港西起长兴县吕山，东至湖州的霅水桥，河长约 11 km，河道底宽 30 m，河宽为 45～55 m，河底高程为 0.041 m 左右。吕山港水深条件较好，西端是张王塘港、横山港、九里塘港等长兴平原主要河道交结点，通过这些河流与长兴平原河网沟通，是长兴平原河网与西苕溪之间主要的连接通道，以及长兴平原东南部主要的引排水通道。

2. 地下水

长兴县境内地下水主要受大气降水补给，主要为松散岩类孔隙水、红层孔隙裂隙水、碳酸盐岩类裂隙溶洞水及基岩裂隙水。年平均天然资源量为 2.20 亿 m^3，其中地下水资源与地表水资源量间的重复计算量为 1.78 亿 m^3，潜水蒸发量（平原区地下水与河川径流不重复量）为 0.42 亿 m^3。

（三）气候特征

地面气象历史资料来源于位于长兴县西北面约 10 km 的长兴县气象站观测资料。

区域年主导风向为 NE，静风频率为 7.3%，最大风速 14.4 m/s，年均风速 2.0 m/s。长兴县地处浙江西北部，常年平均气温 16.8℃，属亚热带季风气候区，全年季节变化明显，以温和、湿润、多雨为主要气候特征。

（四）污染源调查与评价

根据对湖州市环保局、长兴县环保局等相关单位的走访和对评价区域的调查，截至报告书审查时，大气评价范围内没有环评已批复的在建、待建相关大气污染源。

（五）环境空气质量现状

收集了近三年湖州市和长兴县环境空气例行监测点数据（略）。

共布设 9 个环境空气质量现状监测点，具体监测点位置及监测因子见表 8-14。

表 8-14　各监测点相对于本工程烟囱的方位、距离

监测点	方位	距离/km	功能	监测内容
李家巷镇	NNE	4.5	主导风向上风向，集镇	SO_2、NO_2、PM_{10}日均浓度和SO_2、NO_2小时浓度
湖州市委党校	E	5	文教区	
塘口村	SE	3.4	农村	
许家村	SW	3	主导风向下风向，农村	
孙家湾	SW	6	主导风向下风向，农村	
吕山乡	NW	3.5	集镇	
环太湖农业对外综合开发区	NE	8.2	主导风向上风向，大气一类区	
厂址	—	—	工业用地	TSP 日均浓度
灰场	NE	7.5	工业用地	

根据长兴县环境监测站 2012 年 1 月 1 日至 1 月 7 日对 8 个监测点连续 7 天的监测结果（与 GB 3095—2012 二级标准对比）：SO_2、NO_2小时浓度最大值占标率分别为 18.0%、27.0%；SO_2、NO_2、PM_{10}日均浓度最大值占标率分别为 27.3%、47.5%、82.7%；厂址 TSP 的日均浓度最大值占标率为 62.0%；灰场 TSP 的日均浓度最大值占标率为 49.7%。

其中环太湖农业对外综合开发区（环境空气一类区域）监测点的SO_2、NO_2小时浓度最大值占标率分别为 46.7%、27.5%；SO_2、NO_2、PM_{10}日均浓度最大值占标率分别为 66.0%、40.0%、86.0%。

（六）水环境质量现状

1．地表水

长兴县环境监测站于 2010 年 12 月 22—24 日（枯水期三天）对长湖申航道吕山港段及其支流茅柴园港地表水三个监测断面的监测结果表明：各项监测指标都能达到《地表水环境质量标准》（GB 3838—2002）中Ⅲ类水质的要求。

2．地下水

在厂址及舟山岗灰场附近各布设了 5 个地下水取样点，监测地下水本底水质状况。监测因子有 pH、F^-、总硬度、溶解性总固体、氯化物、Cr^6＋、As、Cd、Pb、Hg、挥发酚、硫酸盐、高锰酸盐指数、氨氮、硝酸盐、亚硝酸盐等。

长兴县环境监测站分别于丰水期（2011 年 7 月 4—6 日）和枯水期（2012 年 1 月 5—7 日）对本工程厂址及舟山岗灰场所在区域的地下水潜水进行监测，监测结果表明：丰水期和枯水期各监测点各监测因子均符合《地下水质量标准》（GB/T 14848—93）Ⅲ类地下水水质标准。

（七）声环境质量现状

长兴县环境监测站于 2012 年 1 月 4 日和 1 月 5 日对本工程厂址区（厂界）八个监测点和厂区周边的 5 个村庄（施家门村、施家门村木桥头、杨吴村北杨、金村村高家庄和金村村座山湾）进行了昼间和夜间噪声监测，监测结果表明：厂址区域和周边村庄噪声现状昼、夜间均达到《声环境质量标准》（GB 3096—2008）2 类标准。

（八）相关规划和要求

1．城市总体规划

浙江省人民政府以浙政函[2009]65 号文批复了《长兴县域总体规划（2006—2020）》。本项目厂址位于《长兴县域总体规划（2006—2020）》规划的长兴县城建成区之外的建设用地，灰场在原舟山岗灰场已征地未堆灰的区域内建设，位于《长兴县域总体规划（2006—2020）》的长兴县城建成区以外。浙江省住房和城乡建设厅颁发了《建设项目选址意见书》（浙规选字第规[2011]084 号），明确本项目符合城乡规划要求，符合《长兴县域总体规划（2006—2020）》。

2．浙江省电力规划环评

浙江省人民政府于 2004 年 11 月 14 日制订并颁布了《浙江省 2010 年电力发展规划及 2020 年展望》。为了预防本规划实施后对环境造成的不良影响，促进经济、社会和环境协调发展，编制完成了《浙江省 2010 年电力发展规划及 2020 年展望环境影响报告书》，于 2006 年 8 月 19 日通过了浙江省环保局组织的审查。该项目已纳入《浙江省 2010 年电力发展规划及 2020 年展望环境影响报告书》中浙江省 2010 年以后新增火电项目。

3. 太湖流域管理条例

根据《太湖流域管理条例》（中华人民共和国国务院令第 604 号）：

“第二十九条：新孟河、望虞河以外的其他主要入太湖河道，自河口 1 万 m 上溯至 5 万 m 河道岸线内及其岸线两侧各 1000 m 范围内，禁止下列行为：新建、扩建污水集中处理设施排污口以外的排污口，”本工程无废水外排，不设排污口，仅设雨水排口。

“第三十条：湖岸线内和岸线周边 5000 m 范围内，……，禁止下列行为：设置剧毒物质、危险化学品的贮存、输送设施和废物回收场、垃圾场，”本工程委托有测量资质的单位对灰场与太湖的距离进行了测量。舟山岗干灰场距太湖的最近直线距离为 5 391.24 m，符合《太湖流域管理条例》的要求。

点评：

1. 案例按有关环评导则要求进行了自然环境、相关规划等资料的收集和调查，调查了评价范围内有无环评已批复的在建、待建相关大气污染源，并进行了气、水、声的环境质量现状监测。环境现状调查和监测内容全面，重点突出。

2. 规划环评对于项目环评越来越重要。该案例强调规划环评对单个火电项目的指导作用，从区域环境影响的角度说明项目建设的环境可行性。

3. 考虑到灰场距离太湖较近，项目委托有资质的单位精确测量了灰场与太湖的距离，明确灰场选址与《太湖流域管理条例》的符合性，这一点值得学习。

4. 类似项目环评还应注意优化监测布点，若评价范围外较近距离内有环境敏感区或保护目标，应适当扩大评价范围或将其作为关心点，在监测布点时应予以考虑。

5. 在《环境空气质量标准》（GB 3095—2012）已经执行或即将执行的区域，类似项目环评环境空气质量现状监测还应按照该标准相关要求执行。如环境空气污染物的取样时间增加的要求应在委托环境空气现状监测时向监测单位提出；根据环境保护部关于环境空气质量执行新标准的时间要求确定是否需要进行 $PM_{2.5}$ 的现状监测。

五、环境影响预测及评价

（一）环境空气

预测模式与方法

（1）预测模式

采用 HJ 2.2—2008 推荐的 AERMOD 模式进行本工程评价区域 SO_2、NO_x 和烟尘地面浓度的预测计算（包括小时平均浓度、日平均浓度和年平均浓度）。

（2）地表参数

根据现场调查，拟建厂址周围 3 km 范围内，以农田与农村居民为主。地表参数（地面反照率、波文比和地面粗糙度）见表 8-15。

表 8-15　本工程所在区域地表参数表

项目		冬季	春季	夏季	秋季
耕地	地面反照率	0.6	0.14	0.2	0.18
	波文比	1.5	0.3	0.5	0.7
	地面粗糙度	0.01	0.03	0.2	0.05

（3）气象数据

气象数据选用长兴县气象台的 2009 年全年逐次地面气象数据和高空气象数据。

（4）污染源参数表

根据工程分析，本次环评环境空气影响预测的污染源参数列于表 8-16。

表 8-16　环境空气影响预测的污染源参数

序号	机组	烟囱高度/m	排烟温度/K	烟囱等效内径/m	烟气实际排放量/（m^3/s）	SO_2 排放量/（g/s）	NO_x 排放量/（g/s）	烟尘排放量/（g/s）
1	2×660 MW	240	318	9.2	1 446.7	54.8	80.2	21.0
2	135 MW＋125 MW	180	353	5.5	395.1	−122.2	−252.8	−41.7

（5）预测情景表

表 8-17　预测情景表

序号	污染源类别	预测因子	计算点	常规预测内容
1	新增污染源	SO_2、NO_2、PM_{10}	环境空气保护目标 网格点 区域最大地面浓度点	小时浓度 日平均浓度 年均浓度
2	替代老机组的环境效益	SO_2、NO_2、PM_{10}	环境空气保护目标	小时浓度 日平均浓度 年均浓度

（6）预测结果

造成的 SO_2、NO_2 小时最大网格浓度分别占二级标准的 18.8%和 60.5%；造成的 SO_2、NO_2 和 PM_{10} 日均最大网格浓度分别占二级标准的 4.9%、11.9%和 1.8%。

造成的 SO_2、NO_2 小时最大网格浓度叠加本底值后，评价区各关心点的 SO_2、NO_2

最大小时占标率分别为 54.0%和 40.5%；造成的 SO_2、NO_2、PM_{10} 日均最大网格浓度叠加本底值后，评价区各关心点 SO_2、NO_2 和 PM_{10} 日均浓度最大值分别占二级标准的 28.2%、50.0%和 83.2%。

环太湖农业对外综合开发区的 SO_2、NO_2 小时平均浓度最大贡献值分别占一级标准的 7.3%、7.0%，叠加本底值后，SO_2、NO_2 小时平均浓度最大值分别占一级标准的 54.0%、34.5%；环太湖农业对外综合开发区 SO_2、NO_2、PM_{10} 日平均浓度最大贡献值分别占一级标准的 2.2%、1.8%、0.8%，叠加本底值后，SO_2、NO_2、PM_{10} 日平均浓度最大值分别占一级标准的 68.2%、41.8%和 86.8%。

预测结果表明，本工程通过“上大压小”关停老厂 135 MW＋125 MW 机组后，对长兴县城的环境空气质量改善明显。

（二）地表水

为便于分类收集和处理排水，厂区排水采用分流制，即分设生活污水排水系统、生产废水排水系统及雨水排水系统。本期工程主机冷却采用二次循环冷却系统，厂区各项废污水分别经厂内生活污水处理系统和工业废水处理站处理后排入复用水池，回用于输煤系统、煤场喷洒、灰场喷洒等补充水，脱硫废水经处理后回用于除渣系统。

设置 4 座 1 000 m^3 废水贮存曝气池和 3 台 500 m^3 综合利用贮水箱，收集事故状态时的废水，处理后回用，确保事故状态时废水不外排。

坚持“清污分流，一水多用”的原则，无废水外排，不会对厂区附近的长湖申航道吕山港段水体产生影响。

（三）地下水

预测了运行期事故风险状态下对项目所在区域潜水含水层的影响。预测结果表明：在电厂生产周期（按 30 年考虑），厂址和灰场对潜水含水层影响较大，因此，需要在厂址和灰场分区铺设防渗膜，其中，重点防渗区（如各污水处理装置区、各储罐区和灰场等）铺设渗透系数小于 1.0×10^{-10}cm/s 的防渗膜，一般区域（如煤场）铺设渗透系数小于 1.0×10^{-7}cm/s 的防渗膜。

预测了运行期事故风险状态下对周边敏感目标的影响。运行期事故风险状态下灰场对下游最近的陈桥村和距离灰场最近的太湖水体底部地下水含水层的环境影响较小。

（四）噪声

1. 预测模式与方法

（1）噪声户外传播 A 声级衰减模式

$$L_{A(r)} = L_{Aref(ro)} - (A_{div} + A_{ber} + A_{atm} + A_{exc})$$

式中：$L_{A(r)}$ ——r 处的噪声级，dB（A）；

$L_{Aref(ro)}$ ——参考位置 r_0 处的噪声级，dB（A）；

A_{div} ——声波几何发散引起的 A 声级衰减量，dB（A）；

A_{ber} ——遮挡物引起的 A 声级衰减量，dB（A）；

A_{atm} ——空气吸收衰减量，dB（A）；

A_{exc} ——附加衰减量，dB（A）；

（2）室内声源在预测点的声压级计算

①首先计算出室内靠近围护结构处的倍频带声压级：

$$L_{oct,1} = L_{woct} + 10\lg\left(\frac{Q}{4\pi r_1^2} + \frac{4}{R}\right)$$

式中：$L_{oct,1}$ ——某个室内靠近围护结构处产生的倍频带声压级；

L_{woct} ——某个声源的倍频带声压级；

r_1 ——某个声源与围护结构处的距离；

R ——房间常数；

Q ——方向性因子。

②计算出所有室内声源靠近围护结构处产生的总倍频带声压级

$$L_{oct,1}(T) = 10\lg(\sum_{i=1}^{n} 10^{0.1L_{oct,1(i)}})$$

③计算出所有室内声源在靠近围护结构处产生的总倍频带声压级

$$L_{oct,2}(T) = L_{oct,1}(T) - \left[TL_{oct}(T) + 6\right]$$

④将室外声级 $L_{oct,2}(T)$ 和透声面积换算成等效的室外声源，计算出等效声源第 i 个倍频带的声功率级 L_{woct}：

$$L_{woct} = L_{oct,2}(T) + 10\lg S$$

式中：S—— 透声面积，m^2。

⑤等效室外声源的位置为围护结构的位置，其倍频声功率级为 L_{woct}，由此按室外声源方法计算等效室外声源的预测点产生的声级。

（3）总声压级的计算

设第 i 个室外声源在预测点产生的 A 声级为 $L_{Ain,I}$，在 T 时间内该声源工作时为 $t_{in,i}$；第 j 个等效室外声源在预测点产生的 A 声级为 $L_{Aout,j}$，在 T 时间内该声源工作时为 $t_{in,j}$，则预测点的总声压级为：

$$L_{eq}(T) = 10\lg\left(\frac{1}{T}\right)\left[\sum_{i=1}^{n} t_{in,i} 10^{0.1L_{Ain.i}} + \sum_{j=1}^{m} t_{out,j} 10^{0.1L_{Aout.j}}\right]$$

式中：T——计算等效声级的时间；

n ——室外声源的个数；

m ——等效室外声源的个数。

2．预测结果

（1）本工程建成投运后，昼间，南厂界噪声满足《工业企业厂界环境噪声排放标准》（GB 12348—2008）4 类，其余厂界噪声满足 3 类标准；夜间主厂房附近的西厂界超标，最大超标 4.3dB（A），最大超标距离约 40 m，其余厂界满足相应的标准要求。

拟建西厂界外西侧 200 m 范围内为电厂扩建用地，噪声超标范围内无声环境敏感区。长兴县规划局、吕山乡人民政府已出文将厂址以西、以北 200 m 范围内设定为噪声防护区，在此防护区内不再规划建设居民住宅、学校和医院等噪声敏感建筑物。

（2）对冷却塔加装消声导流装置并采取噪声防治措施后，本工程建成投运后厂区附近的居民区噪声能满足《声环境质量标准》（GB 3096—2008）2 类标准。

（3）锅炉排汽安装消声器，消声量不低于 30dB（A），控制其噪声等级在 100dB（A）以内；电厂应尽量减少夜间排汽次数，系统吹管应提前公示，并安排在白天进行；吹管排口朝向噪声不敏感区域。

（五）灰场

1．对灰场附近地表水和地下水的影响

采用干出灰系统，灰渣全部综合利用。不能及时利用的灰用密闭罐车运至灰场碾压堆放，渣用汽车运至灰场贮存。灰场无灰水外排，不影响地表水环境。

灰场底部及坝体铺设防渗膜，避免灰场对周围地下水的影响。

2．灰场扬尘影响分析

灰场灰渣分块堆放，堆灰作业面积控制在 50 m×50 m 的区域，存灰及时碾压。为防止灰场扬尘对灰坝下游处于环境空气一类区的陈桥村居民的影响，灰场配备蓄水池、喷洒水设备，定期喷洒保持灰场湿度，防止起尘。同时灰场配备碾压设备，对灰面进行碾压，不仅能提高灰体的密实度和强度，也可以起到抑制扬尘的目的。灰场运行达到最终堆灰高度时，覆土绿化，从而防止舟山岗灰场扬尘污染灰场周边的村庄。

3．灰场选址的合理性分析（略）

（六）生态（略）

（七）码头（略）

单独立项的码头，环评需由有资质的单位另行开展。

（八）煤场

电厂所在地区长兴县年平均风速为 2.0 m/s，本次环评在平均风速（2 m/s）及大风（5 m/s）条件下分析煤场起尘对周围环境的影响。利用 AERMOD 模式模拟计算了风速 2 m/s、5 m/s，含水率 3%、8%情况下本期工程煤场起尘对下风向不同距离环境空气质量的影响。

根据预测，当风速 2 m/s 时，煤尘影响的最大值出现在 60 m 以内；当风速 5 m/s 时，煤尘影响的最大值出现在 100 m 以内，主要影响范围依然在煤场周围的电厂厂区内。保持煤堆表面含水率大于 8%时，厂界煤尘的浓度可以满足《大气污染物综合排放标准》（GB 16297—1996）的要求。

为防止煤尘污染环境，煤场四周设 14 m 高的防风抑尘网，同时在煤场四周和斗轮堆取料机上设有喷水雾装置，在斗轮堆取料机堆料时喷水雾防止煤尘飞扬，从而防止煤尘飞扬，减少对环境的污染。

（九）220 kV 升压站（略）

一般采用类比分析方法。

（十）运灰公路（略）

（十一）施工期环境影响分析（略）

点评：

评价方法、模式选择正确，预测结果可信。

1. 按导则要求开展环境空气影响预测评价，并评价了本工程对一类功能区的影响。本工程烟气排放浓度达到了“特别排放限值”要求，烟气污染物排放对地面造成影响较小。由于是“上大压小”工程，关停老厂两台机组后，对长兴县城的环境空气质量改善明显，并对此进行了预测评价。目前已对重点区域、省会城市及 113 个国家环境保护重点城市中的部分燃煤电厂环评项目中开展 $PM_{2.5}$ 的预测评价工作，火电环评单位应加大技术储备，根据要求适时开展相关工作。

2. 从节约用水、保护环境角度，目前火电行业总体上均可做到正常工况下基本不排放废污水。有特别要求的地区和项目应该并可以做到废污水的厂内梯级利用、深度处理、不外排。本工程将冷却塔排水作为脱硫系统补充水，脱硫废水经处理后回用于除渣系统补充水，设置废水贮存曝气池和综合利用贮水箱，确保正常状态和事故状态废水不外排，符合《太湖流域管理条例》。此外，火电类项目地表水影响还要关注取水方案的合理性，若取排水管线较长，还应关注其生态影响。

3．按照导则要求进行了电厂运行期事故风险状态下对地下水环境及敏感目标的影响预测。

4．火电项目噪声影响与预测的关注点主要有：厂内关注主厂房噪声、脱硫系统噪声、水泵噪声、风机噪声、锅炉吹管噪声、排汽噪声和冷却塔淋水噪声等，厂外主要关注运煤、运灰交通噪声影响等。冷却方式与噪声影响的关系最大，如直接空冷平台的噪声比湿冷却塔噪声更难于治理，而间接空冷塔（干冷却塔）则基本不需考虑其设备噪声问题。此外，应特别关注室外噪声源的布置与厂外声环境敏感区的位置关系。

5．根据《粉煤灰综合利用管理办法》（国家发展和改革委员会令第19号）要求，火电厂灰渣应立足于综合利用，纯凝电厂灰场库容不超过 3 年。厂址位于东部发达地区，灰渣综合利用状况较好，本工程灰场库容按照1.2年设计，符合要求。

6．火电项目灰渣综合利用要结合粉煤灰成分，按照《用于水泥和混凝土中的粉煤灰》（GB T1596—2005）、《硅酸盐建筑制品用粉煤灰》（JC 409—91）要求和综合利用对象的情况，分析综合利用的可行性。

7、该案例的环境影响与预测适用于该项目的工程特点和区域环境特征，针对不同项目与区域，其他电厂环评还可能涉及温排水、生态、景观评价等方面的影响预测内容。

六、烟气脱硫方案选择与环境影响分析（略）

七、烟气脱硝系统环境影响分析（略）

八、环境风险评价与应急预案（略）

九、水土保持（略）

十、污染防治对策

（一）大气污染防治措施

1．脱硫

采用托盘技术石灰石－石膏湿法烟气脱硫工艺，设置四层喷淋层，不设烟气旁路，不加装 GGH，在效率 95%的空塔脱硫系统基础上采用托盘技术，使入塔烟气均匀分布，改善气液传质条件，脱硫效率不低于 97%，为实现稳定的高脱硫效率提供了可靠的保证。脱硫系统主要设计性能与脱硫效率 95%的脱硫系统主要设计性能对比见表8-18。

表 8-18 与脱硫效率 95%的脱硫系统主要设计性能对比表

序号	项目名称	单位	脱硫效率 95%	脱硫效率 97%
1	浆液循环停留时间	min	4.37	4.68
2	液/气比（L/G）（入口湿烟气，标况）	L/m^3	8.53	11.6
3	对应空塔液/气比（L/G）（入口湿烟气，标况）	L/m^3	10.92	14.85
4	烟气流速	m/s	3.72	3.72
5	烟气在吸收塔内停留时间	s	3	3.5
6	钙硫比	mol/mol	1.03	1.03
7	吸收塔吸收区直径	m	16.2	16.2
8	吸收塔吸收区高度	m	11	13
9	浆池区直径（或长×宽）	m	16.2	16.2
10	浆池高度	m	10	12
11	浆池容积	m^3	2 060	2 472
12	吸收塔总高度	m	33	38.8

由表 8-18 可知，与脱硫效率 95%的脱硫系统相比，脱硫效率 97%脱硫系统，在设置 4 层喷淋并采用托盘技术的基础上，液气比由 10.92 L/m^3 提高到 14.85 L/m^3，烟气停留时间由 3 s 提高到 3.5 s，吸收塔吸收区高度由 11 m 提高到 13 m，浆池高度由 10 m 提高到 12 m，浆池容积由 2 060 m^3 提高到 2 472 m^3，吸收塔总高度由 33 m 提高到 38.8 m，投资相应增加 527 万元。本工程带有托盘吸收塔石灰石－石膏脱硫系统，环保投资为 17 050 万元。

采用托盘技术，可以使气流均布，延长反应时间、降低装置消耗，不仅提高了浆液对 SO_2 的吸收效率，托盘处的液膜还可起到一定的缓冲作用：当烟气负荷有所变化时，能使吸收塔的操作平稳，不会因为锅炉运行的波动而引起 SO_2 脱除率的波动，为实现稳定的高脱硫效率提供了可靠的保证。

2．除尘

脱硫系统附带的除尘效率按 50%考虑；双室六电场静电除尘器除尘（前两个电场配置高频电源，最后一个电场采用旋转电极），除尘效率不低于 99.84%。

采用静电除尘器的可行性分析：

（1）煤灰的比电阻：在 120～150℃时，设计煤种为 1.38×10^{11}～2.02×10^{11} Ω·cm、校核煤种为 0.3×10^{11}～1.15×10^{11} Ω·cm。

（2）灰分特点：$SiO_2+Al_2O_3$ 含量不高，设计煤种 Na_2O 含量较高，适合电除尘。

（3）技术保证措施：合理选型，增加除尘器的比集尘面积；采用每炉配两台双室六电场静电除尘器（最后一个电场为旋转电极），且前两个电场配置高频电源，后四个电场采用常规工频电源及节能智能型控制器，能保证本工程除尘器比集尘面积达到

130 m^2/（m^3·s）以上。

3．脱硝

采用低氮燃烧技术，控制锅炉出口处 NO_x 小于 350 mg/m^3，并进行 SCR 脱硝，NO_x 排放浓度小于 70 mg/m^3。

4．高烟囱排气

新建 1 座 240 m 高、单管出口内径为 6.5 m 的双管钢制烟囱。通过预测，烟气排放对评价区 SO_2、NO_2、PM_{10} 地面浓度的影响满足《环境空气质量标准》（GB 3095—2012）中相应的一级和二级标准要求。

5．烟气监控

在烟囱上装设烟气连续监测装置，并符合《固定污染源烟气排放连续监测技术规范》（HJ/T 75—2007）的要求。

（二）废水污染防治措施

厂区排水采取清污分流方式，分别设置生活污水排水系统、工业废水排水系统及雨水排水系统。生活污水、工业废水分别处理后全部回用，不外排。其中，冷却塔排水一部分经反渗透处理用于化水系统，一部分作为烟气脱硫用水，还有一部分作为煤场喷淋用水以及各种冲洗用水等，不外排。雨水通过雨水管网排出汇入长湖申航道吕山港段，煤场雨水通过煤场两侧的雨水沟道汇集至煤场雨水沉淀池沉淀后回用于煤场喷洒降尘等。脱硫废水经处理后回用于除渣系统。

设置了 4 座 1 000 m^3 废水贮存曝气池和 3 台 500 m^3 综合利用贮水箱，因此当处于“事故状态”时：

① 假如机组事故状态排水，则每次发生量约小于 1 000 m^3，只需占用一座废水贮存曝气池即可，其余贮水池（箱）不影响另外机组发电所需；

② 假如是废水处理设备事故状态，则 4×1 000 m^3 废水贮存曝气池容积已能满足非经常性废水的一次最大贮水量（约 54.2 m^3/h）3 天不外排，因此，有足够时间对设备进行修复；

③ 假如是废水处理设备事故状态，而需接纳经常性废水，本工程经常性废水量约 77.2 m^3/h，厂区废水池能支撑 3 天不外排；

④ 氨罐消防水量共约为 1 000 m^3，用泵打入厂区废水池。废水池容量为 4×1 000 m^3，正常运行时存储的废水量约 2 000 m^3，因此能够接纳液氨罐泄漏风险事故工况下的 1 000 m^3 水。

本工程在正常工况下和事故状态下都能保证废污水不外排。

（三）噪声防治措施

锅炉对空排汽、安全阀排汽等安装消声器，送风机进口装设消声器，采用低噪声设备，空压机、循环水泵室内布置，空压机外壳装设隔声罩；汽轮机、励磁机外壳装设隔声罩，氧化风机安装隔声罩，并在风机吸风口安装消声器，设隔音值班室、控制室等，冷却塔外加装消声导流装置；电厂尽量减少夜间排汽次数，系统吹管安排在昼间进行。

（四）固体废物处置措施

采用“干湿分排、粗细分排和灰渣分除”的原则，为综合利用创造条件。采用正压浓相气力除灰系统输灰，湿式机械除渣。飞灰的收集系统拟采用正压气力输送方式，将电除尘器、省煤器和空气预热器灰斗收集的飞灰送入灰库内，供综合利用，不能综合利用的灰经调湿后由汽车送入灰场碾压后贮存。电厂年产灰渣量为 57.65 万 t，年脱硫石膏产生量为 12.93 万 t，已与当地建材公司签订灰渣及石膏综合利用协议，本期工程灰渣及石膏综合利用率为 100%。湖州市经济和信息化委员会以湖市经信函[2011]7 号文《关于华能长兴电厂 2×660 MW 燃煤机组“上大压小”工程固废综合利用专题报告审核意见的函》进行了确认。

（五）地下水污染防治措施

按照《环境影响评价技术导则　地下水环境》（HJ 610—2011）进行了厂址分区防渗和灰场铺设防渗膜。厂区分区防渗见图 1。其中，重点防渗区（如各污水处理装置区、各储罐区和灰场等）铺设渗透系数小于 1.0×10^{-10}cm/s 的防渗膜，一般区域（如煤场）铺设渗透系数小于 1.0×10^{-7}cm/s 防渗膜，以避免厂址和灰场运行期事故风险状态对所在区域潜水含水层的不利影响。

灰场铺设渗透系数小于 1.0×10^{-10}cm/s 的防渗膜，即灰场防渗层渗透系数小于 1.0×10^{-7}cm/s，满足《一般工业固体废物贮存、处置场污染控制标准》（GB 18599—2001）Ⅱ类场要求。

（六）煤场污染防治措施

条形煤场四周设置 14 m 高的防风抑尘网并配备喷淋装置，煤堆表面不定期喷淋，煤场地面用水冲洗，输煤系统各转运点均设有除尘设施。

（七）码头污染防治措施（略）

（八）施工期污染防治对策（略）

点评：

工程的各项污染防治措施到位，污染治理措施分析论证内容全面，环评阐述具体翔实，可操作性强。

1. 项目位于重点区域，拟采取环境保护措施到位，采用的脱硫、除尘、脱硝等烟气防治措施使得烟气排放浓度不仅满足环评标准批复时要求的 GB 13223—2011 中表 1 的要求，而且在《重点区域大气污染防治“十二五”规划》出台后仍满足特别排放限值要求，体现了工程建设的前瞻性、预判性。

2. 对脱硫效率和除尘效率进行了技术比较和论证，特别是常规的 95%脱硫效率与本工程所需的 97%脱硫效率的技术措施比较，以及除尘器选型及达标论证很全面。在除尘方面，从配置高频电源、旋转电极、增加比集尘面积等方面进行了深入技术论证。

3. 采取了相应的噪声防治措施。湿冷却塔噪声影响是国内大型火电厂较为普遍的问题，该案例提出了具体的降噪措施，如安装消声导流装置，可为同类电厂冷却塔噪声治理提供经验。此类电厂还应根据环境特征对冷却塔采取安装消声导流装置或隔声屏障措施。

4. 灰渣全部综合利用，编制完成固废综合利用专题，并且当地主管部门进行了确认。此举也超出了环评当时的常规要求。本案例在灰渣综合利用方面的论证内容和深度能够满足《粉煤灰综合利用管理办法》（国家发展和改革委员会令第 19 号）颁布后对粉煤灰综合利用的相关规定要求。

5. 按《环境影响评价技术导则　地下水环境》要求，进行了分区防渗。即区别了重点防渗区和一般防渗区，并采取了不同的防渗措施。

6、随着环保治理措施的不断进步，以及湿式电除尘器、低温省煤器等新技术的逐步应用，今后火电项目环评应根据环境要求和工程特点，有针对性地选择合适的环保治理措施。目前对重点区域的一般控制区要预留湿式电除尘器装置空间，对重点控制区要求同步上湿式电除尘器。

十一、清洁生产

（一）清洁生产指标

1. 原料与产品

设计煤种和校核煤种的含硫率为 0.57%和 0.67%，属低硫煤。

2. 生产工艺及设备

采用国产燃煤超超临界二次循环冷却发电机组，加装了烟气脱硫装置、脱硝装置和电除尘器，其生产工艺及主要设备满足清洁生产要求。

3．污染物排放绩效与废物综合利用

发电标准煤耗 274.5g/（kW·h），设计煤种单位电量 SO_2、烟尘、NO_x 排放量分别为 0.122g/（kW·h）、0.022g/（kW·h）、0.217g/（kW·h）。耗水指标为 0.511 m^3/（s·GW）。废水重复利用率为 100%，灰渣和石膏的协议综合利用率为 100%。

（二）清洁生产水平分析

对照《火电行业清洁生产评价指标体系（试行）》（国家发展和改革委员会公告 2007 第 24 号）的清洁生产定量评价指标和定性评价指标，将两项指标考核得分按权重（定量和定性评价指标各占 70%和 30%）予以综合，得出本工程的清洁生产综合评价指数为 103.7，属于清洁生产先进企业。

点评：

1．结合工程本身的工艺、设备、产品利用、资源利用、节约用水及固废综合利用等清洁生产特点，以及单位发电量的煤耗、水耗、污染物产生量和排放量、工业水重复利用率、灰渣综合利用率等指标，对照《火电行业清洁生产评价指标体系（试行）》，明确工程达到的清洁生产水平。

2．与相关规范要求水平比较，本工程清洁生产水平各项指标均满足相关要求。

十二、污染物排放总量控制

根据国家“十二五”期间总量控制的有关政策与要求，该工程总量控制指标为 SO_2 和 NO_x。

燃用设计煤种，全年 SO_2 和 NO_x 排放量分别为 899 t 和 1 432 t。根据浙江省环境保护厅和中国华能集团公司确认，本工程总量指标从已关停的华能长兴电厂 135 MW ＋125 MW 机组腾出的 SO_2 总量指标 1 812 t/a 和 NO_x 总量指标 4 912 t/a 中解决，满足《浙江省建设项目主要污染物总量准入审核办法（试行）》（浙环发[2012]10）对电力行业 SO_2、NO_x 削减替代量的比例要求。

点评：

本案例的主要污染物总量控制因子选择正确，排放总量计算方法正确，总量指标来源落实。

1．对本案例而言，有关火电项目污染物总量控制的相关要求有：

（1）《关于发布火电项目环境影响报告书受理条件的公告》（国家环保总局公告 2006 年第 39 号）明确，“新建、扩建、改造火电项目必须按照‘增产不增污’或‘增产减污’的要求，通过对现役机组脱硫、关停小机组或排污交易等措施或‘区域削减’措施落实项目污染物排放总量指标途径，并明确具体的减排措施。”“属于六大电力集团的新建、扩建、改造项目，二氧化硫排放总量指标必须从六大集团的总量控制指标中获得，并由所在电力集团公司和所在地省级环保部门出具确认意见。”

(2)《浙江省建设项目主要污染物总量准入审核办法（试行）》（浙环发[2012]10号）指出：“电力、水泥、钢铁等二氧化硫主要排放行业新增二氧化硫排放总量与削减替代量的比例不得低于 1：1.2；“电力、水泥、钢铁等氮氧化物主要排放行业新增氮氧化物排放总量与削减替代量的比例不得低于 1：1.5”。

(3) 该案例 SO_2 和 NO_x 排放总量指标均由关停的华能长兴电厂 135 MW＋125 MW 机组削减的 SO_2 和 NO_x 总量指标替代，实现“增产减污”，满足国家和浙江省总量控制的相关要求。

(4) 总量来源企业与工程本身须满足《二氧化硫总量分配指导意见》(环发[2006]182号）文件中绩效总量的要求。

2. 对今后火电厂环评中的污染物总量控制论证工作还应符合下列要求：

(1)《重点区域大气污染防治“十二五”规划》（国函[2012]146 号）明确：“把污染物排放总量作为环评审批的前置条件，以总量定项目。新建排放二氧化硫、氮氧化物、工业烟粉尘、挥发性有机物的项目，实行污染物排放减量替代，实现增产减污；对于重点控制区和大气环境质量超标城市，新建项目实行区域内现役源 2 倍削减量替代；一般控制区实行 1.5 倍削减量替代。”

(2)《国务院关于印发大气污染防治行动计划的通知》（国发[2013]37 号）已颁布执行，其中第十七条指出：将二氧化硫、氮氧化物、烟粉尘和挥发性有机物排放是否符合总量控制要求作为建设项目环境影响评价审批的前置条件。今后火电项目环境影响评价在落实总量控制相关要求方面应在报告书报审前向有环评审批权的环保主管部门汇报总量控制方案。

十三、环保投资与效益简要分析（略）

十四、环境管理与监测计划（略）

十五、公众参与

根据《环境影响评价公众参与暂行办法》（环发[2006]28 号）和浙江省环境保护局文件（浙环发[2008]55 号）《关于切实加强建设项目环境影响评价公众参与工作的实施意见》的具体要求，公众参与调查包括项目信息公开、征询意见、意见反馈与处理三个阶段。

项目采取媒体公示、网站公示、现场张贴和发放公众调查表等形式；调查共发放问卷 271 份，调查对象主要为厂址和灰场附近的村民，以及部分人大代表、政协委员等。

发放调查表结果表明：被调查的 228 名个人和 43 个社会团体对本项目均持支持或无所谓态度，其中团体 100%和个人 98.7%支持本项目建设，个人 1.3%持无所谓态度，无人反对；公示期间（2011 年 1 月 28 日至 4 月 3 日），没有收到反馈意见。

点评：

按照环发[2006]28 号文件和浙江省环境保护局有关要求开展了公众参与工作。调查方法规范、调查内容较全面，调查结果代表性较好。

火电厂环评公众参与工作还应满足以下要求：

1. 按照《关于进一步加强环境影响评价管理防范环境风险的通知》（环发[2012]77 号）、《关于切实加强风险防范严格环境影响评价管理的通知》（环发[2012]98 号），公众参与还应按照上述文件的相关要求开展工作：公众参与工作应体现“四性”，即程序合法性、形式有效性、对象代表性、结果真实性。

2. 针对项目和环境特点开展公众参与，对公众关心的问题和提出的意见进行调查、说明和归纳，对提出反对意见的公众应回访，对未采纳的意见要说明原因。

3. 类似项目公众参与除了按照国家有关要求执行，若地方有相关要求，还应按照地方要求执行。

4. 从 2014 年开始，环境保护部将对环境影响报告书实行详本公开（涉密内容除外），这将大大提高公众参与工作的重要性。

十六、项目建设的必要性和政策的相符性分析（略）

十七、结论与建议

（一）主要评价结论

1. 产业政策符合性

本工程“上大压小”异地建设 2×660 MW 超超临界燃煤发电机组，属于《产业结构调整指导目录（2011 年本）》中鼓励类项目。

本工程实现重点污染物 SO_2 和 NO_x 增产减污，符合《国务院办公厅转发环境保护部等部门关于推进大气污染联防联控工作改善区域空气质量指导意见的通知》（国办发[2010]33 号）中“严格控制重点区域新建、扩建除上大压小和热电联产以外的火电厂”的优化区域产业结构和布局、加大重点污染物防治力度等要求。

工程建设符合国家产业政策。

2．规划符合性

厂址和灰场位于《长兴县域总体规划（2006—2020）》（浙政函[2009]65 号）规划的长兴县建成区之外，浙江省住房和城乡建设厅颁发了《建设项目选址意见书》（浙规选字第规[2011]084 号），明确本项目符合城乡规划要求，符合《长兴县域总体规划（2006—2020）》要求。工程建设符合当地规划要求。

3．达标排放

燃用设计煤种（校核煤种）SO_2、NO_x 和烟尘的排放浓度分别为 39.5 mg/m^3（47.8 mg/m^3）、70 mg/m^3（70 mg/m^3）和 7.1 mg/m^3（18.3 mg/m^3），均满足《火电厂大气污染物排放标准》（GB 13223—2011）相应的要求。废污水经处理后回收利用，不外排。

4．清洁生产

项目煤耗、水耗、工业水重复利用率、灰渣综合利用率均符合国家相关要求，单位发电量的污染物产生量和排放量低，对照《火电行业清洁生产评价指标体系（试行）》，属于清洁生产先进企业。

5．总量控制

总量来源于已关停的华能长兴电厂 135 MW＋125 MW 机组的污染物削减，符合当时国家和当地总量控制要求。

6．环境功能区符合性

现状监测表明：评价区环境空气、水、噪声现状均能满足相应功能区要求。关停老厂 135 MW＋125 MW 机组后，长兴县城的环境空气质量改善明显，工程建设满足当地水、大气、声和生态环境功能区划的要求。

7．公众参与

公众参与程序、方法与内容符合《环境影响评价公众参与暂行办法》（环发[2006]28 号）和浙江省对公众参与具体形式的相关规定，发放调查表与公示均未收到反对意见。

8．风险分析

在采取风险防范措施后，本项目的环境风险可以接受。

（二）评价总体结论

该工程符合国家有关产业政策，选址符合当地总体规划和环境功能区划要求，污染物均达标排放，固废全部综合利用，满足总量控制要求，主要指标达到国内清洁生产先进水平。因此，从环境保护角度考虑，该项目建设是可行的。

（三）主要建议（略）

点评：

结论及建议章节是环评报告的精华和总结。本案例从项目的产业政策符合性、厂址的合理性和规划符合性、达标排放、清洁生产、总量控制、环境功能符合性、环境风险、公众意见等方面进行论述，最后形成评价总结论。简明扼要、重点突出、观点明确。

对于一个火电环评报告书详本而言，还应包括项目建设的必要性、主要工程组成、环境现状、环境影响预测、主要污染治理措施、灰渣综合利用等内容。并在评价总结论中明确，从环境保护角度考虑，该项目建设是否可行。

案例分析

政策、法规和相关规划是制约火电项目环评审批的重要因素，也是指导项目开展环评的重要依据。本项目从分析论证与国家、地方相关政策及规划的相符性入手，以保护环境和环境敏感区为目标，经过技术经济论证，提出的环保治理措施能确保项目投运后环境功能区达标。

本项目工程分析清晰，环境保护目标调查清楚，根据项目运行特点分析产污环节，提出的环保治理措施到位、可操作性强。

该案例是《重点区域大气污染防治“十二五”规划》等重点区域相关政策出台前审批的火电建设项目。工程厂址所在地浙江省湖州市长兴县属于长三角重点地区，且位于太湖流域，项目建设区域甚为敏感，该案例从厂址比选到环保治理措施的选取、从满足一般火电项目审批要求到满足重点区域的火电审批要求方面做了充分的比较、论证，引领脱硫、除尘等高效集成烟气治理措施的技术创新，为新形势下火电建设项目，特别是重点区域和重点流域火电建设项目的环境影响评价审批提供了借鉴。

与常规火电环境影响评价项目相比，本项目主要特点有：

1. 采用托盘技术石灰石－石膏湿法烟气脱硫工艺，设置四层喷淋层，不设烟气旁路，不加装 GGH，在效率 95%的空塔脱硫系统基础上采用托盘技术，均布入塔烟气，改善气液传质条件，脱硫效率不低于 97%，为实现稳定的高脱硫效率提供了可靠的保证。

2. 采用双室六电场静电除尘器除尘（前两个电场配置高频电源，最后一个电场采用旋转电极），除尘效率不低于 99.84%，从煤灰比电阻、成分特点进行技术论证，并通过除尘器合理选型、增加除尘器的比集尘面积等技术保证措施确保烟尘排放浓度稳定小于 20 mg/m^3。

3. 该工程将冷却塔排水作为脱硫系统补充水，脱硫废水经处理后回用于除渣系统补充水，设置废水贮存曝气池和综合利用贮水箱，确保正常状态和事故状态废水不外排，电厂不设置排污口，符合《太湖流域管理条例》。

4. 厂址、灰场的选址符合相关规划和《太湖流域管理条例》。

案例九　医院改扩建项目环境影响评价

某医院创建于 1958 年，是一所中西医结合集医疗、教学、科研于一体的现代化三级甲等综合性大型医院。现状总建筑面积 49 520 m^2，设有 6 个国家重点专科，27 个临床科室，7 个医技科室，病床数 574 张。门诊量近 5 000 人次/d。为缓解基础设施长期超负荷运转的困境，改善医疗环境，拟对医院进行扩建改造。

一、现有工程、拟建工程及工程分析

（一）现有工程

1．规模

医院现有主要建筑情况见表 9-1。医院现状总平面布置图见附图（略）。

2．科室设置、设备与公用设施（略）

（二）现有工程污染源及主要环境问题

1．现有污染源及污染物

（1）废气污染源及污染物

①食堂烹饪间排放的大气污染物：现有职工食堂和清真食堂。基准灶头数分别为 10 个、6 个，每个灶头风机排风量为 2 000 m^3/h，年工作 360 天，日工作约 5 h。食堂烹饪油烟的产生浓度约为 12 mg/m^3，经净化器净化处理后排放，净化效率大于 85%，排放浓度约为 1.8 mg/m^3，符合《饮食业油烟排放标准（试行）》（GB 18483—2001）的规定。年油烟排放量为 0.1 t。

表 9-1　医院现状构筑物使用功能

序号	房屋建筑物名称	层数	结构形式	拟在本次扩建时
1	门诊楼	5	砖木结构	拟拆除
2	住院楼	5	砖木结构	
3	科研楼	2	砖木结构	
4	急诊楼	4	钢结构	
5	制剂楼	2	砖木结构	
6	职工食堂	1	砖木结构	

序号	房屋建筑物名称	层数	结构形式	拟在本次扩建时
7	药学部	3	砖木结构	拟拆除
8	锅炉房	3	—	
9	车库	2	混凝土结构	
10	门卫收发室	1	砖木结构	
11	污水处理站、太平间	1	砖木结构	
12	草药房	5	砖木结构	
13	行政办公室	1	砖木结构	
14	洗衣房	1	砖木结构	
15	教学楼	5	砖木结构	改造
16	办公小院	1	砖木结构	保留

②污水处理站废气：现有污水处理站位于医院东南角，污水池采用地埋式。该污水处理站会产生含病毒、细菌的废气，并有部分恶臭气体排入大气中。恶臭气体中主要含有硫化氢、氨等污染物。

③地面停车场废气：现有地面停车场停车位 102 个。

（2）废水污染源及污染物

现有工程用水量为 697 m^3/d（250 920 m^3/a）。现有废水污染源主要为医疗机构废水和非病区产生的生活废水，总排放量为 622.8 m^3/d、224 208 m^3/a。供排水平衡见表（略），水平衡图（略）。

①非病区生活污水：食堂餐饮废水经隔油池预处理后，与行政办公区、职工家属区、学生公寓等一般生活污水一起进入防渗化粪池，然后排入市政污水管网，最后进入城市污水处理厂。生活污水水质为 COD 400 mg/L、BOD_5 220 mg/L、NH_3-N 25 mg/L、SS 200 mg/L，排水水质能够达到市《水污染物排放标准》（DB11/307—2005）中排入城镇污水处理厂的水污染物排放限值。

②医疗废水：医疗污水处理采用“预处理—混凝沉淀—消毒”的工艺进污水处理，达到《医疗机构水污染物排放标准》（GB 18466—2005）后，纳入市政污水管网（处理工艺流程图略）。现有污水处理站出水水质监测结果见表（略）。

根据监测结果，现状污水处理站出水 2011 年总余氯排放浓度不能达标，其余各项因子均可以达到《医疗机构水污染物排放标准》（GB 18466—2005）和市《水污染物排放标准》（DB11/307—2005）中的要求。但氨氮、粪大肠菌群和总余氯浓度不稳定。

（3）噪声源

噪声主要来自空调、通风、泵、鼓风机等机械设备，源强 70～100 dB（A），均采取消声、减震、降噪等措施。

（4）固体废物及处置

①医疗废物：主要是临床感染性废物等，属于《国家危险废物名录》中的危险废物。医疗废物产生量为 20.85 t/a。目前各科室分类收集本单元产生的医疗废物，储存在专用的医疗废储存桶内，运到医院东北侧医疗垃圾暂时贮存处后，由专业公司进行无害化处理。

②污水处理站污泥：现污水处理站规模为 500 m^3/d，采用一级强化加接触消毒工艺，污泥产生量约为 41 t/a（含水率 97%），根据《医疗机构水污染物排放标准》（GB 18466—2005）中有关污泥控制与处置的规定：栅渣、化粪池和污水处理站污泥属危险废物，按危险废物进行处理和处置。现状污泥经消毒处理后，定期委托环卫部门统一清淘、处理。

③生活垃圾：现生活垃圾产生量为 2 650.5 kg/d，即 967.4 t/a。集中定点暂存，统一由当地环卫部门消纳处理。

（5）现有工程污染物排放汇总

现有工程污染物排放情况汇总见表 9-2。

表 9-2 现有工程污染物排放量汇总

<table>
<tr><th>类别</th><th>污染物</th><th colspan="2">排放量/（t/a）</th><th>排放去向</th></tr>
<tr><td>废气</td><td>食堂油烟</td><td colspan="2">0.1</td><td>大气</td></tr>
<tr><td rowspan="4">废水</td><td rowspan="4">废水排放量
224 208 m³/a</td><td>COD</td><td>44.80</td><td rowspan="4">经院内污水处理站处理后通过市政管网排入污水处理厂</td></tr>
<tr><td>BOD_5</td><td>24.48</td></tr>
<tr><td>氨氮</td><td>3.25</td></tr>
<tr><td>SS</td><td>20</td></tr>
<tr><td rowspan="3">固体废物
（产生量）</td><td>医疗废物</td><td colspan="2">20.82</td><td>委托有资质的北京某专业公司进行处置</td></tr>
<tr><td>污水处理站污泥</td><td colspan="2">41</td><td>城区环卫部门清掏</td></tr>
<tr><td>生活垃圾</td><td colspan="2">967.4</td><td>城区环卫部门收集、处置</td></tr>
</table>

2．现主要环境问题及需“以新带老”措施

（1）现有工程存在问题

①现污水处理站工艺比较简单，出水水质不稳定，存在超标排放。

②污水处理站污泥属于危险废物（废物类别：HW01 医疗废物，代码 851-001-01），未按照危险废物处置的相关要求进行处置。

（2）“以新带老”环保措施

①对现有污水处理站进行改造，采用“水解酸化＋接触氧化＋消毒”工艺。

②改扩建项目完成后，按照《关于危险废物转移联单管理办法》《危险废物贮存污染控制标准》及市环境保护局“关于执行《危险废物转移联单管理办法》的通知”中的有关规定，做好污水处理站污泥的处置工作，将污泥委托专业公司统一处置，禁止危险废物的随意处置和排放。

（三）拟建项目概况及工程分析

1．建设地点及周边环境关系

本次改扩建项目在医院现有用地范围内进行。项目东侧为某部招待所；南侧为海云胡同，南侧 30 m 为海云小区；西侧为一条小街，西侧 30 m 为临街商店，西侧 50 m 为一平房居民区；北侧为一个研究所。项目周边关系图（略）。

2．建设内容、规模及总图布置

（1）建设内容、规模

在本次改扩建中，保留办公小院，改造教学楼，拆除其他建筑，新建住院综合楼、门急诊综合楼、锅炉房、污水处理站等工程。改造后的总建筑面积 157 648 m^2，绿化面积 7 950 m^2，设置 800 张床位，门诊量达到 8 000 人/d。上级核定其床位数为 1 060 张，但是由于用地条件限制，本次按 800 床设置建设。工程经济技术指标列表（略），改造后各建筑单层平面布置情况见表 9-3。

表 9-3　建筑各层平面布置

建筑名称	建筑面积/m^2	单元	使用功能	备注
综合住院楼	35 730	一层	住院部大厅及其用房	
		二层	介入中心、重症监护、日间医疗体系	ICU：40 床
		三层	手术中心	
		四至九层	普通病区	每层 3 个病区
		设备管道夹层	管道转换、净化机组	
	24 475	地下一层	医技用房、药剂用房、院内生活服务	
		地下二层	医技用房、院内生活服务、食堂	
		地下三层	车库辅助、保障系统、医技用房	
		地下四层	车库辅助、保障系统	
		地下五层	机械车库、保障系统	
门急诊综合楼	35 050	一层	门急诊、120 急救站、预防保健	
		二至三层	门诊用房	
		四至五层	教学用房、阶梯教室	
		六层	行政管理用房	
	53 565	地下一层	门急诊用房、医技用房、健康体检	
		地下二层	医技用房、药剂用房	
		地下三层	平层车库、院内生活服务、医技用房	
		地下四层	车库辅助、保障系统、院内生活服务	
		地下五层	机械车库、人防工程	
教学楼	7 828	一层	科研教学用房	改造
		二至四层	科研教学用房	
原办公小院	700	一层	办公区	保留
污水站	300	地下	医疗废水处理	新建

（2）平面布置

综合住院楼位于院区东部，门急诊综合楼位于院区南部，保留办公小院位于院区北部，改造教学楼位于院区中部，污水处理站位于院区西南角，锅炉房位于综合住院楼内地下室。另外，东塔楼位于院区东南角，为职工楼。本项目用地范围东侧边界为一“文物”，属于市文物保护单位。

根据有关部门要求，东侧建筑物退让“文物”不小于 20 m，南侧建筑物退让东南角的东塔楼住宅 20 m，建筑物退让规划用地边界南侧和西侧道路红线不小于 10 m。

本项目平面布置图见图（略）。

（3）医疗设备

现有设备仍然使用，同时为了适应医院规模扩大的需要，需新增部分设备。新增大型设备情况见表 9-4。

表 9-4　本项目新增设备情况

序号	项目名称	现有台数	需求台数	新增台数
1	医用磁共振成像设备（MRI）	2	3	1
2	X 线电子计算机断层扫描装置	2	3	1
3	数字减影血管造影 X 线机	1	3	2
4	血液透析设备	22	50	28
5	体外震波碎石机	1	2	1
6	ECT 装置	1	2	1

（4）公用工程

①给排水：

A. 给水。新鲜水：给水水源来自市政自来水管网；热水：本项目锅炉房安装一台 2 t/h 的燃气热水锅炉，为全院提供生活用热水。

B. 排水。非病区生活污水：经院内化粪池预处理后通过市政污水管网排入污水处理厂，食堂废水经隔油池预处理后通过市政污水管网排入污水处理厂；医疗机构废水：由院内自建污水处理站处理达标后通过市政管网排入污水处理厂。拟建污水处理站位于院区西南角，处理规模为 1 000 m^3/d，处理工艺为“水解酸化＋接触氧化＋消毒”；清净下水：锅炉排污水和制冷系统排污水属于清净下水，排入市政雨水管网。

②采暖、制冷及蒸汽。冬季供暖采用市政热力集中供热；制冷设五台螺杆式冷水机组为空调提供冷源，冷水供回水温度为 7/12℃，空调冷却水采用机械循环方式，根据冷水机组形式相应配置超低噪音机械通风冷却塔，冷却塔设在综合住院楼屋顶；蒸汽供应由安装三台 2 t/h 燃气蒸汽锅炉，用于全院消毒。

③锅炉房。本项目用地范围内现有锅炉房隶属于某研究所，为研究所和该医院现

有工程提供蒸汽和热水。本项目改扩建后将增大供热面积，冬季供暖将采用市政热力集中供热。研究所目前也处于扩建阶段，扩建完成后现有锅炉房将不能满足规划供热需求，故本次建设拆除现有锅炉房，新建一座锅炉房。

新建锅炉房位于综合住院楼内北侧地下室，拟安装三台 2 t/h 的燃气蒸汽锅炉，用于全院蒸汽消毒；安装一台 2 t/h 的燃气热水锅炉，为全院提供热水。锅炉软化水由阳离子交换树脂软水器提供。锅炉房设置一根烟囱，高度为 42 m，内径 1 m。

④食堂。拟拆除现有职工食堂和清真营养食堂，新建职工食堂和营养食堂，均布置于综合住院楼地下二层。

⑤燃气供应。该医院东北角已有天然气管线。

（5）人员

项目建成后，医院职工总人数增加 108 人，增加后为人员编制为 1 177 人。另外有学生 1 500 名。

3. 拟建项目运营期主要污染源分析

拟建项目主要的产污环节见表 9-5。

表 9-5　医院产污环节分析

种类			来源
废气	SO_2、NO_x		锅炉房
	油烟		项目食堂
	CO、NO_x 及 THC		地下车库废气
	NH_3、H_2S		污水站废气
废水	含废弃药物污水		化验室、检验室等排放的实验废水
	含菌废水		诊疗室、检验室等排放的医疗废水
	含重金属废水		病理、血液检查、化验
	其他废水		盥洗间、厕所以及办公等产生的污水
固体废物	医疗废物	感染性废物	被病人血液、体液污染的物品；病原体培养基、标本、菌种、菌种保存液；各种废弃的医学标本；废弃的血液、血清；使用后的一次性医疗用品及一次性医疗器械
		病理性废物	手术及其他诊疗过程中产生的废弃的人体组织、器官以及病理切片后废弃的人体组织、病理蜡块等
		损伤性废物	废弃的医用针头、缝合等、解剖刀、手术刀、手术锯、载玻片、玻璃试管、玻璃安培瓶等
		药物性废物	过期、淘汰、变质或者被污染的废弃的药品
		化学性废物	医院影像室、检验化验室废弃的化学试剂；废弃的过氧乙酸、戊二醛等化学消毒剂；废弃的汞血压计、汞温度计
		污泥	医疗污水处理站产生的污泥
	一般性固体废物		非病区普通生活垃圾
噪声			扩建项目内新装动力设备、风机、水泵等

（1）废气

①锅炉烟气。锅炉房设置一根烟囱，烟囱高度为 42 m，内径为 1.0 m。天然气用量为 87.6 万 Nm^3/a，高峰小时用气负荷为 2 000 Nm^3/h。锅炉房污染物排放情况见表 9-6。

表 9-6 高峰期锅炉房大气污染物源强及排放浓度

项目		本项目锅炉房情况	标准值
燃气量/（Nm^3/h）		2 000	—
排气量/（Nm^3/h）		24 620	—
源强/（kg/h）	NO_x	3.52	—
	SO_2	11.42×10^{-3}	—
排放浓度/（mg/m^3）	NO_x	143.1	150
	SO_2	0.46	20

由表 9-6 可见，本项目锅炉房烟囱大气污染物的排放可以达到市《锅炉大气污染物排放标准》（DB11/139—2007）中的要求。

经核算，本项目锅炉房废气中各污染物的年排放总量见表 9-7。

表 9-7 锅炉房大气污染物年排放量

年耗气总量/（万 Nm^3/a）	年排气总量/（万 Nm^3/a）	NO_x总量/（t/a）	SO_2总量/（t/a）
87.6	1 078.4	1.54	0.005

②地下停车场汽车尾气。地下停车场全部以小型车计，规划停车位 920 个，其中综合住院楼 50 个、门急诊综合楼 870 个。综合住院楼地下车库位于地下五层，高 3.8 m，面积 1 000 m^2；门急诊综合楼地下车库位于地下五层，高 3.8 m，面积 10 713 m^2。

工程拟对地下停车场采用机械式集中送排风系统进行排气通风，地下车库排风口位于建筑首层侧墙，排风口窗体中心线距地面 2.5 m，住院楼、门急诊楼分别设置 2、10 个排风口。地下车库的设计技术指标见表 9-8。

表 9-8 地下车库主要设计技术指标

项目	建筑面积/m^2	停车位/辆	排气口个数	换气次数
综合住院楼地下车库	1 000	50	2	6 次/h
门急诊综合楼地下车库	10 713	870	10	6 次/h

地下车库中汽车尾气主要有害成分为 NO_x、CO 和非甲烷总烃。

A. 汽车废气排放源的有关参数确定。

车流量：车辆进出流量及其相应时间：一般来说，最大车流量按车位利用系数 0.8 计，每天早晚进出车库高峰时段约 4 个小时，其余时间车流量按最大车流量的 20%计。

车库每小时换气量：按地下停车库体积及小时换气次数（6 次），计算单位时间废气排放量，再按照污染物排放速率，计算停车库的污染物排放浓度。

B. 汽车废气中污染物源强计算。由上述有关汽车废气的排放参数和污染物源强计算公式，计算本项目地下车库的汽车废气排放源强，结果见表 9-9。

表 9-9 地下车库污染物排放情况

项目	排放形式	排放时段	排放指标	每个排风井污染物排放情况		
				CO	非甲烷总烃	NO_x
综合住院楼地下车库	排气筒高度为地面以上 2.5 m，两个排风口	高峰时段	浓度/（mg/m^3）	0.484 2	0.042 1	0.031 6
			排放速率/（kg/h）	0.005 52	0.000 48	0.000 36
		平均时段	浓度/（mg/m^3）	0.121 1	0.010 5	0.007 9
			排放速率/（kg/h）	0.001 38	0.000 12	0.000 09
门急诊综合楼地下车库	排气筒高度为地面以上 2.5 m，10 个排风口	高峰时段	浓度/（mg/m^3）	0.786 5	0.068 4	0.051 2
			排放速率/（kg/h）	0.019 21	0.001 67	0.001 25
		平均时段	浓度/（mg/m^3）	0.196 6	0.017 1	0.012 8
			排放速率/（kg/h）	0.004 80	0.000 42	0.000 31
	排放标准：参照执行《大气污染物综合排放标准》（DB11/501—2007）中对新污染源的规定		排放浓度/（mg/m^3）	15	10	0.6
			排放速率/（kg/h）	0.076 5	0.043 75	0.003 25
	年排放总量/（t/a）			0.080 1	0.007 0	0.005 2

可见，本项目住院综合楼和门急诊综合楼地下车库污染物的排放可以达到市《大气污染物综合排放标准》（DB11/501—2007）中的要求。

③食堂油烟。本次新建食堂规模与原食堂规模一致。按就餐人数约为 2 600 人，人均食用油消耗量以 30 g/人·d 计（指三餐），油烟挥发一般为用油量的 1%～3%，油烟的产生浓度约为 12 mg/m^3。新建食堂分别安装油烟净化器，净化效率大于 85%，排放浓度约为 1.8 mg/m^3，年排放量约为 0.104 t/a。符合《饮食业油烟排放标准（试行）》（GB 18483—2001）中的有关规定。

④污水处理站恶臭。污水处理站投入运行后，会产生一定量的恶臭气体（主要污染因子为 NH_3 和 H_2S）。参照有关研究，每处理 1 g 的 BOD_5 可产生 0.003 1 g 的 NH_3、0.000 12 g 的 H_2S。本污水站削减 $BOD_5$37.01 t/a，则产生的 NH_3 和 H_2S 总量分别为 0.115 t/a、0.004 t/a。

本项目污水处理站规模为 1 000 m^3/d，位于地下。类比相同规模污水处理站可知，臭气强度约为 1 级。H_2S 的排放浓度约为 0.000 7 mg/m^3，NH_3 的排放浓度约为 0.07 mg/m^3。本项目污水处理站中的 NH_3 和 H_2S 的排放量及排放浓度见表 9-10。

表 9-10 恶臭污染物 NH_3、H_2S 的排放情况

项目	污染物名称	污染物浓度/（mg/m³）	污染物排放量/（t/a）	标准限值/（mg/m³）	是否达标
污水处理站	NH_3	0.07	0.115	1.0	达标
	H_2S	0.000 7	0.004	0.03	达标

由上表可知，本项目恶臭污染物 NH_3 和 H_2S 的排放浓度可以满足《大气污染物综合排放标准》（DB11/501—2007）中的要求。

（2）废水

①用水量估算。拟建项目用水量及排水量情况见表（略），水平衡图见图 9-1。

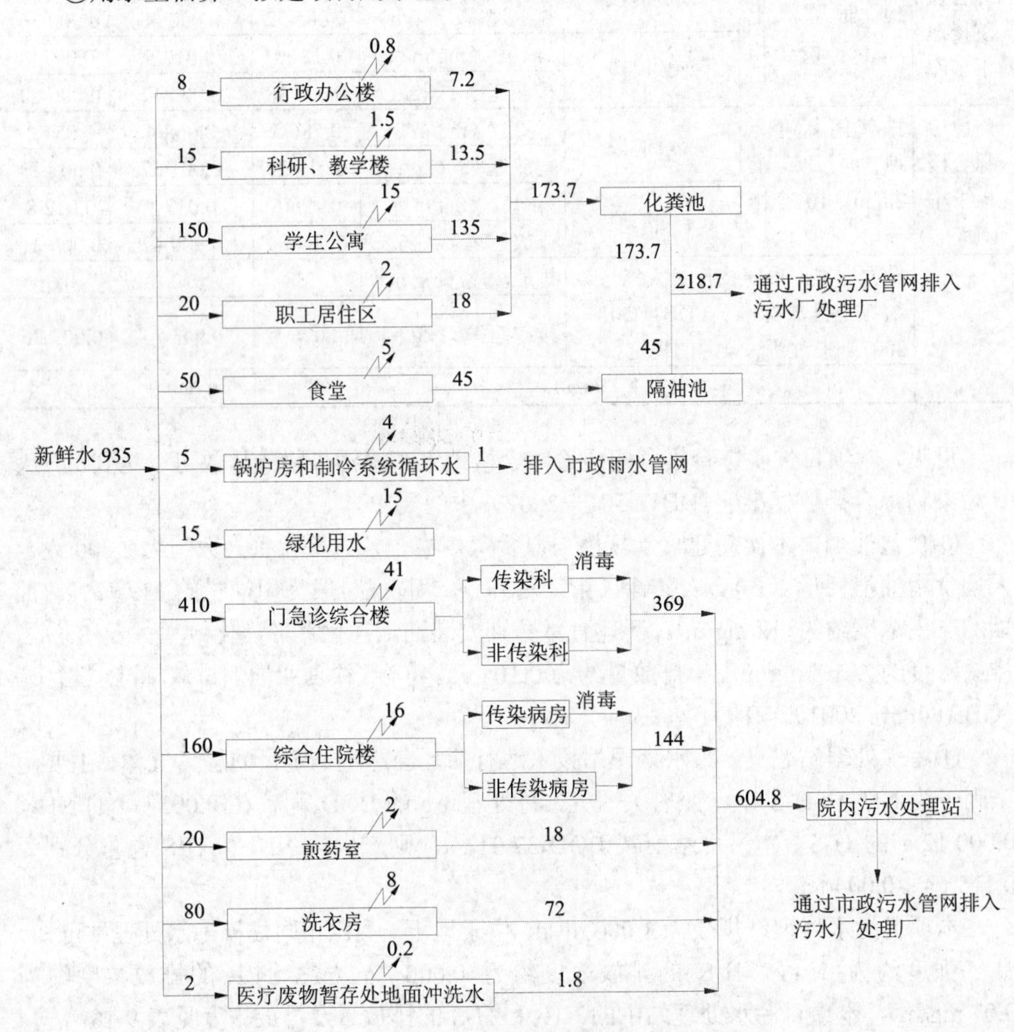

图 9-1 拟建项目水平衡

本次改扩建工程完成后新鲜水总用量为 935 m^3/d（336 600 m^3/a），比改扩建前新增新鲜水用量为 85 680 m^3/a。

②废水分类及水质分析。

非病区生活污水：来源于教学楼、学生公寓、办公楼等非病区产生的生活污水和餐饮废水。生活污水污染物主要为：COD、BOD_5、NH_3-N、SS。餐饮废水来自内部食堂，其特点是水中含有较多的油脂，主要污染因子为 COD、BOD_5、NH_3-N、SS 和动植物油。生活污水和餐饮废水排放量为 218.7 m^3/d（78732 m^3/a），通过市政污水管网排入污水处理厂。

医疗机构废水：包括门诊化验废水、手术时产生的废水、洗衣房废水和实验室废水，主要污染因子为 COD、BOD_5、NH_3-N、SS、粪大肠菌群等。医疗机构废水中的传染病房废水需专设化粪池，并经过消毒后方可与其他污水合并处理。废水总排放量为 604.8 m^3/d（217 728 m^3/a），经院内污水处理站处理后通过市政污水管网排入高碑店污水处理厂。

③锅炉房排污水和循环水站排污水。

锅炉排污水：锅炉会定期排放一定量的废水来降低循环水中的硬度和含盐量，并且补充一定量的新鲜水。软化水系统排污水：本项目软化水站采用离子交换树脂工艺，离子交换树脂需要定期反冲洗，会排出一定量的反冲洗水。制冷系统冷却循环排污水：制冷系统循环水需要不定期排放，以降低其中悬浮物含量。废水排放量平均为 1 m^3/d（360 m^3/a），排入市政雨水管网。

本项目废水产生及排放情况见表 9-11。

表 9-11　废水产生及排放情况

废水来源	废水量/（t/a）	组成特征					排放方式及去向
		污染因子	产生浓度/（mg/L）	产生量（t/a）	排放浓度/（mg/L）	排放量/（t/a）	
非病区生活污水	78 732	COD	400	31.49	400	31.49	污水处理厂
		BOD_5	220	17.32	220	17.32	
		NH_3-N	25	1.97	25	1.97	
		SS	200	15.75	200	15.75	
医疗机构废水	217 728	COD	400	87.09	92.85	20.22	经院内污水处理站处理后排入高碑店污水处理厂
		BOD_5	220	47.90	50	10.89	
		NH_3-N	25	5.44	3	0.65	
		SS	200	43.55	30	6.53	
		粪大肠菌群数（MPN/L）	1.6×10^8	——	＜3	——	
		总余氯	——	——	7.34	——	
锅炉房及循环水站排污水	360	清净下水					市政雨水管网

由表 9-11 可见，本项目排放废水中各污染物均能达到《医疗机构水污染物排放标准》（GB 18466—2005）及市《水污染物排放标准》（DB11/307—2005）中的要求。

（3）噪声

本项目主要噪声源有锅炉房站水泵、风机，污水处理站水泵和污泥泵、污水处理站鼓风机以及油烟净化设施排风机等。主要噪声源及治理措施见表 9-12。

表 9-12 主要噪声源及治理措施

<table>
<tr><th>序号</th><th>设备名称</th><th>位置</th><th>台数</th><th>源强/dB（A）</th><th>降噪措施</th><th>降噪后噪声值/dB（A）</th></tr>
<tr><td>1</td><td>锅炉水泵</td><td rowspan="2">锅炉房，位于地下</td><td>3</td><td>90</td><td rowspan="2">位于地下泵房内，设备加减振基础，泵房墙壁安装吸声材料</td><td>≤65</td></tr>
<tr><td>2</td><td>锅炉风机</td><td>3</td><td>95</td><td>≤70</td></tr>
<tr><td>3</td><td>空调水泵</td><td rowspan="2">地下设备间</td><td>2</td><td>90</td><td rowspan="2">位于地下设备间、设备加减振基础</td><td>≤65</td></tr>
<tr><td>4</td><td>冷却塔风机</td><td>2</td><td>95</td><td>≤70</td></tr>
<tr><td>5</td><td>污水处理站水泵</td><td rowspan="3">污水处理站泵房，位于地下</td><td>3</td><td>90</td><td rowspan="3">位于泵房内，设备加减振基础，泵房墙壁安装吸声材料</td><td>≤65</td></tr>
<tr><td>6</td><td>污水处理站污泥泵</td><td>1</td><td>90</td><td>≤65</td></tr>
<tr><td>7</td><td>污水处理站鼓风机</td><td>1</td><td>95</td><td>≤70</td></tr>
<tr><td>8</td><td>地下车库换气风机</td><td>地下设备间</td><td>6</td><td>90</td><td>位于地下设备间、设备加减振基础</td><td>≤65</td></tr>
<tr><td>9</td><td>油烟净化器风机</td><td>地下二层</td><td>2</td><td>90</td><td>设备装减振基础，风道位置安装吸声材料</td><td>≤70</td></tr>
<tr><td>10</td><td>冷却塔</td><td>综合住院楼楼顶</td><td>4</td><td>80</td><td>选用低噪声冷却塔，冷却塔加装消音棉</td><td>≤65</td></tr>
</table>

（4）固体废物

①生活垃圾

产生量约为 1 000 t/a，进行分类收集，由环卫部门统一清运处理。

②危险废物

a）医疗废物：包括感染性废物、损伤性废物、病理性废物、药物性废物和化学性废物。

感染性废物：指携带病原微生物具有引发感染性疾病传播危险的医疗废物，包括被病人血液、体液、排泄物污染的物品，传染病病人产生的垃圾等。

损伤性废物：指能够刺伤或者割伤人体的废弃的医用锐器。主要包括医用针头、缝合针、手术刀、备皮刀、载玻片、玻璃试管。

病理性废物：包括手术及其他诊疗过程中产生的废弃人体组织、器官等；实验动物的组织、尸体、培养基（含菌种）等。

药物性废物：主要是药房的过期药物。

化学性废物：实验室产生的废有机溶剂及医疗过程中产生的消毒剂等，包括乙醇、过氧乙酸等。

医疗废物属于危险废物（废物类别：HW01，代码851-001-01），产生量约为29.2 t/a，交给专业公司统一处置。本项目医疗废物暂存场地位于综合住院楼北部，地下三层。医疗废物通过专用车辆和专用电梯运输，危险废物在地下三层装入专用车辆，车辆通过电梯运至地面，然后交给专业公司。

b）污水处理站污泥。污水处理站污泥产生的量约为222 kg/d，即80 t/a。这部分污泥属于危险废物（废物类别：HW01，代码851-001-01），交给专业公司统一处置。

本项目固体废物产生情况见表9-13。

表9-13　固体废物产生情况及治理措施

序号	名称	产量	固废性质	废物代码	拟采取的处置措施
1	医疗废物	29.2 t/a	危险固废	851-001-01	分置于防渗漏、防锐器穿透的专用包装物或者密闭的容器内，暂存于医院医疗垃圾存放点，最终由专业公司统一消纳处理
2	污泥	80 t/a		851-001-01	
3	生活垃圾	1 000 t/a	一般固废	——	送往环卫部门处置

4．本项目建成后污染物排放“三本账”统计

本项目实施后，污染物排放变化情况见表9-14。

表9-14　拟建项目运行后污染物排放“三本账”　单位 t/a

污染物		单位	现有工程排放量	拟建工程排放量	“以新带老”削减量	全院排放总量	排放增减量
废气	SO_2	t/a	0	0.005	0	0.005	+0.005
	NO_x	t/a	0	1.545 2	0	1.545 2	+1.545 2
	CO	t/a	0	0.080 1	0	0.080 1	+0.080 1
	非甲烷总烃	t/a	0	0.007	0	0.007	+0.007
	食堂油烟	t/a	0.1	0.104	0.1	0.104	+0.004
废水	废水量	10^4 t/a	22.420 8	29.646 0	22.420 8	29.646 0	+7.225 2
	COD	t/a	44.80	51.71	44.80	51.71	+6.91
	BOD_5	t/a	24.48	28.21	24.48	28.21	+3.73
	NH_3-N	t/a	3.25	2.62	3.25	2.62	-0.63
	SS	t/a	20	22.28	20	22.28	+2.28
固体废物	医疗废物	t/a	20.82	29.2	20.82	29.2	+8.38
	污泥		41	80	41	80	+39
	生活垃圾		967.4	1 000	967.4	1 000	+32.6

由表9-14可知，改扩建完成后，由于医院规模的扩大并新建锅炉房，其他污染

物的排放量均有所增加。

点评：

本案例工程和污染源分析翔实，“三本账”清晰明确，做得较好。并且对原环境问题进行归纳，如污水站存在超标排放、污泥未按危废处置，提出以新带老措施。但不足之处是原环境问题归纳不全，如遗漏了污水站含病毒与细菌废气及臭气未经处理就排放的问题。

对于改扩建项目，工程分析的一个重要方面就是“以新带老”，即以本次新建的工程来带动解决原工程存在的环境问题或以新建项目替代原有工程的污染源而解决其原有的环境问题。因此，应重点分析原有污染源、污染物及源强，以及采取的环境保护设施的运行与处理效果等情况。对于废气、废水的排放须明确是否符合现行达标排放与总量控制的要求；固体废物的处理处置是否满足现行环保要求；噪声控制是否达标，是否影响周边居民等。

工程地理位置图及平面布置图是一个十分重要的图件，是工程建设内容的体现。环境影响评价工作中应高度重视此图。

在对新建工程进行影响因素分析时，应分析新建工程与原有工程的关系，特别是在环境污染治理方面的相互依托关系。本案例不足之处是，在新建工程分析中未明确新增设备的显影定影及漂洗废水中是否涉及重金属，X 光片机及核磁共振未提出建议由有资质的机构另行进行环境影响评价。

通过对原有工程和新建工程的工程分析以及对“三本账”的核算（列出“三本账”核算结果一览表），提出采取严格的环境保护措施。这也是环评的重要内容。

二、环境影响分析与评价

（一）施工期

1. 施工扬尘

扬尘主要产生于土方阶段。该阶段挖土、土方装车、运输车辆行驶、小型混凝土搅拌、建筑材料的现场搬运及堆放等都将带来扬尘污染。其扬尘量的大小与施工现场条件、机械化程度、管理水平、土质及气象条件等诸多因素有关。一般影响范围可达 150～300 m。

施工期间建筑材料的运入及部分弃土的临时堆存和运出，将会产生一定量的二次扬尘。另外，工程需要的水泥、白灰、石料等建筑材料，在场地内暂时堆存，若采取控制措施不当，将引起二次扬尘，影响周围环境空气。有关单位对建筑施工工地的扬尘进行了实际监测，见表 9-15 和表 9-16。

表 9-15　建筑施工工地扬尘监测结果（类比）　单位：mg/m³

监测位置 监测结果	工地上风向 50 m	工地内	工地下风向 50 m	工地下风向 100 m	工地下风向 150 m	备注
范围	0.303～0.328	0.409～0.759	0.434～0.538	0.356～0.465	0.309～0.336	平均风速
平均值	0.317	0.596	0.487	0.390	0.322	2.5 m/s

表 9-16　建筑施工工地洒水前、后扬尘监测结果（类比）　单位：mg/m³

距工地距离/m	10	20	30	40	50	100	备注
洒水前	1.75	1.30	0.780	0.365	0.345	0.330	春季
洒水后	0.437	0.350	0.310	0.265	0.250	0.238	监测

由表 9-15 和表 9-16 可以看出，距离施工场地越近，空气中扬尘浓度越大，当风力条件在 2.5 m/s 时，150 m 以外的环境受影响程度较低。但是，施工现场采取场地洒水措施后，可以明显地降低施工场地周围环境空气的粉尘浓度。

东塔楼、海云小区和研究所距离本项目较近，施工扬尘会对其产生影响。

2．施工噪声

噪声源主要有土方阶段的推土机、挖土机、运输车辆和大型装载，基础阶段的打桩机、空压机，结构阶段的塔式吊车、电锯和振捣棒，以及装修阶段的砂轮机、切割机等。声源一般均高于 80 dB（A）。运输车辆的交通噪声可达为 85～90 dB（A）。

施工噪声可近似视为点声源处理，其衰减模式（略）。

噪声级的叠加公式（略）。

施工期各种噪声源多为点声源，根据点声源衰减公式计算机械噪声随着距离的增大而衰减的情况，估算出主要施工机械噪声随距离的衰减结果，见表（略）。

由预测结果可知，在没有其他防护和声障的情况下，昼间距施工现场噪声源 25 m 处和夜间距施工现场噪声源大于 100 m 处符合标准限值。施工期噪声可能对距离项目较近的东塔楼、海云小区及研究所产生噪声影响。

3．废水

（1）生活污水

施工人员生活污水每日排放量在 3 m³ 左右，通过市政污水管网排入污水处理厂，施工人员产生的生活污水对环境影响不大。

（2）施工废水

本项目施工期使用商业混凝土，废水主要来自混凝土养护过程，主要污染物为 SS；动力、运输设备的清洗废水主要含石油类和 SS。施工场地需设置简易沉淀池和隔油池，施工含油废水与混凝土养护废水经沉淀、隔油后上层清水回用于洒水抑尘。

4．固体废物

主要是建筑垃圾和少量的生活垃圾。对施工期产生的固体废物如不及时清理和清运，或在运输时产生遗撒现象，这些都将对市容卫生、公众健康及道路交通产生不利影响。

（二）运营期

1．大气环境影响预测与分析

（1）锅炉烟气

新建锅炉房拟布置于住院综合楼北侧，设三台 2 t/h 燃气蒸汽锅炉和一台 2 t/h 燃气热水锅炉，设一根 42 m 高的排气筒。废气排放情况见表 9-17。

表 9-17　燃气锅炉污染物排放源强

污染源名称	污染源参数				污染物排放源强/（kg/h）	
	烟气量/（m^3/h）	高度/m	直径/m	温度/℃	SO_2	NO_x
燃气锅炉排气筒	24620	42	1.0	91	0.011 42	3.52

依照《环境影响评价技术导则　大气环境》（HJ 2.2—2008）中对三级评价的要求，使用 SCREEN3 估算模式对主要大气污染物排放浓度进行估算。估算结果见表（略）。

由估算结果可知，锅炉房大气污染物最大浓度值出现在下风向 426 m 处，SO_2 最大一次落地浓度为 0.000 179 mg/m^3，占标率为 0.04%；NO_x 最大一次落地浓度为 0.015 66 mg/m^3，占标率为 7.83%。本项目锅炉房大气污染物最大落地浓度较小，对环境影响较小。

（2）食堂油烟

职工食堂和清真食堂共设置一个烟道，排放口位于综合住院楼楼顶。油烟排放口与周边居民楼及门急诊综合楼的距离大于 20 m，满足《饮食业环境保护技术规范》（HJ 554—2010）的要求。本项目餐饮油烟产生的废气对周围环境影响不大。

（3）地下停车场尾气

地下停车场共设停车位 920 个，其中综合住院楼 50 个、门急诊综合楼 870 个。工程拟对地下停车场采用机械式集中送排风系统进行排气通风，在综合住院楼、门急诊综合楼建筑侧墙壁分别设置 2、10 个排风窗口，设计高度距地面高度 2.5 m。地下车库所排废气中主要污染因子为 NO_x、CO 和非甲烷总烃。本项目污染物排放源强及参数具体见表 9-18。

表 9-18　地下车库排气口大气污染物排放参数

污染源	污染物	源强性质	排放参数			C_{0i}/（mg/m^3）
			排气筒	源强/（kg/h）	烟气量/（m^3/s）	
综合住院楼地下车库	CO	点源	2.5 m（高）/1 m（直径）	0.005 52	3.17	10
	非甲烷总烃	点源		0.000 48		2.0
	NO_x	点源		0.000 36		0.25
门急诊综合楼地下车库	CO	点源	2.5 m（高）/1 m（直径）	0.019 21	6.78	10
	非甲烷总烃	点源		0.001 67		2.0
	NO_x	点源		0.001 25		0.25

使用 SCREEN3 估算模式对地下车库主要大气污染物排放浓度进行估算。估算结果见表（略）。

根据估算结果，地下车库废气污染物 CO、非甲烷总烃和 NO_x 最大落地浓度占标率分别为 0.3%、0.14%和 0.86%，均小于 10%。对环境影响不大。

（4）污水处理站恶臭

新建污水处理站污水池为地埋式，处理设备均位于地下，污水消毒处理设施位于污水处理间内。

污水处理站排放的臭气与水流速度、温度、含污染物的浓度及水处理设施的形状尺寸、密闭方式、当时的气温、日照、气压等多种因素有关。

臭气物质中主要含有 NH_3、H_2S 等。臭气在水底大部分转化为氨盐，只有少数通过液面排溢出来。根据工程分析计算结果，本项目污水处理站 H_2S 和 NH_3 的排放浓度分别为 0.000 7 mg/m^3 和 0.07 mg/m^3，满足《大气污染物综合排放标准》（DB11/501—2007）中的要求。

2．地表水环境影响分析

非病区生活污水排放量为 218.7 m^3/d，通过市政污水管网排入污水处理厂。

医疗废水排放量为 604.8 m^3/d，传染科废水经消毒预处理后与其他医疗废水排入院内污水处理站，污水处理站采用“水解酸化＋接触氧化＋消毒”工艺，出水水质满足《医疗机构水污染物排放标准》（GB 18466—2005）及市《水污染物排放标准》（DB 11/307—2005）中的要求，最终排入污水处理厂。

本项目废水不直接外排地表水体，项目对当地地表水无直接影响。

（1）市政污水管网接纳本项目排水的可行性

本项目最大排水量约 823.5 m^3/d，可被城市污水管接纳。从水质方面看，院区医疗废水经过污水处理站消毒处理后与生活污水一并排入市政管网，符合市排入城镇污水处理厂的浓度限值。因此，市政污水管网接纳本项目排水是可行的。

（2）污水处理厂接纳本项目的可行性

污水处理厂处理能力为 100 万 m^3/d。本项目废水中主要污染物浓度可满足污水处理厂的进水要求。因此，不论从水量或水质上均不会给污水处理厂的正常运行和最终受纳水体造成不良影响。污水处理厂可以接纳本项目废水。

3. 地下水环境影响分析

（1）区域地下水概况

项目所在区域的各层地下水水位情况见表 9-19。

表 9-19　地下水综合情况

地下水类型	埋深/m
上层滞水	0.90～7.30
层间潜水	15.70～17.00
承压水～潜水	20.90～23.30

工程场区上层滞水主要接受大气降水入渗及管道渗漏等方式补给，以蒸发方式排泄，天然动态类型属渗入—蒸发类型，其水位动态受多种因素影响，变化复杂。

工程场区层间潜水主要接受地下水侧向径流等方式补给，以地下水侧向径流及越流等方式排泄，天然动态类型属渗入—径流类型，其水位年变幅度一般为 1～2 m。

工程场区层间承压水～潜水主要接受地下水侧向径流及越流等方式补给，以地下水侧向径流及人工开采为主要排泄方式，其水位年变化幅度一般为 4～5 m。

区域环境变化对场区第 1、2 层地下水水位、水量均影响很大。工程场区历史最高地下水位标高为 40.10 m 左右（含上层滞水）。

（2）包气带防污性能

本项目建筑物地下基础之下第一土层为第四系沉积的粉质黏土层，渗透系数为 5.0×10^{-7}～5.0×10^{-6} cm/s，项目场地包气带防污性能为中级。

（3）地下水环境影响识别

根据《环境影响评价技术导则　地下水环境》（HJ 610—2011），本项目“I 类”项目，对地下水的影响主要在生产运行阶段，但影响不大；建设阶段对地下水的影响短暂，随施工的结束而停止。

本项目废水排放量较小，水质简单，污染物对地下水的影响主要是由于降雨或废水排放等通过垂直渗透进入包气带，进入包气带的污染物在物理、化学和生物作用下经吸附、转化、迁移和分解后输入地下水。因此，包气带是连接地面污染物与地下含水层的主要通道和过渡带，既是污染物媒介体，又是污染物的净化场所和防护层。一般说来，土壤粒细而紧密，渗透性差，则污染慢；反之，颗粒大松散，渗透性能良好则污染重。

（4）地下水环境影响分析

①污染途径：本项目不直接向外环境排放废水，废水经污水处理站处理后排入污水处理厂。本项目运营期主要污染途径为：污水管线及设备跑、冒、滴、漏造成污水泄漏，可能会通过包气带污染地下水；污水处理站污水漫流及渗漏后通过包气带污染地下水。

②影响分析：拟建项目给水系统、排水系统、自建的污水处理站各工艺单元排水系统均按国家规范采取防渗措施，并加强管理、维护，废水经处理后达标排放，污水下渗的可能性较小。本项目废水主要污染物为有机物，微量下渗污水经过包气带拦截、净化和吸附作用，影响不明显。

4．噪声影响预测

（1）医院内部噪声影响分析

①主要声源及降噪措施。由工程分析可知，本项目主要噪声源有锅炉房水泵和风机、污水处理站水泵和污泥泵、污水处理站鼓风机、油烟净化设施排风机等。噪声源强情况见表9-20。

表9-20　噪声源强情况　　单位：dB（A）

序号	设备位置	设备	台数	坐标		降噪措施	地面以上1 m处噪声值
				X	Y		
1	锅炉房	水泵	3	185	91	位于地下泵房内，设备加减振基础，泵房墙壁安装吸声材料	65
		风机	3				70
2	综合住院楼地下设备间	地下车库换气风机	4	182	82	位于地下设备间、设备加减振基础	70
		冷却塔风机	2				70
		空调水泵	2				65
3	门急诊综合楼地下设备间	地下车库换气风机	2	122	33	设备装减振基础，风道位置安装吸声材料	70
4	污水处理站	水泵	3	25	7	位于泵房内，设备加减振基础，泵房墙壁安装吸声材料	65
		污泥泵	1				65
		鼓风机	1				70
5	厨房	油烟净化器	2	168	92	设备装减振基础，风道位置安装吸声材料	70
6	综合住院楼楼顶	冷却塔	4	171	78	选用低噪声冷却塔，冷却塔加装消音棉	65

②噪声影响预测。

- 预测模式。本次环境影响评价采用《环境影响评价技术导则 声环境》（HJ 2.4—2009）中推荐的模式—工业噪声预测计算模式进行预测（预测公式、参数等略）。
- 预测结果。在所有高噪声机械设备同时运转情况下，考虑各种降噪措施以及隔声、消声作用，厂界噪声影响评价结果见表 9-21，敏感点噪声影响评价结果见表 9-22，噪声贡献值等值线分布图见图（略）。

表 9-21 厂界噪声影响评价结果 单位：dB（A）

测点名称	贡献值/ dB（A）	昼间	夜间
东厂界	44.2	55	45
南厂界	41.9		
北厂界	36.1		
西厂界	22.3	70	55

表 9-22 敏感点噪声影响评价结果

预测点位	昼间/ dB（A）			夜间/ dB（A）		
	现状值（平均值）	贡献值	叠加值	现状值（平均值）	贡献值	叠加值
东塔楼	52.1	34.8	52.2	43.5	34.8	44.1
海云小区	64.9	34.6	64.9	47.0	34.6	47.2
平房居住区	53.5	28.9	53.5	43.7	28.9	43.8
研究所	62.2	34.0	62.2	44.8	34.0	45.2
标准值	55			45		

由表 9-21 可以看出，拟建工程投产后，即使在所有产噪设备同时运转情况下，厂界噪声贡献值亦能满足《工业企业厂界环境噪声排放标准》（GB 12348—2008）中的要求。由表 9-22 可以看出，本项目建成后对各敏感点的噪声贡献值较小，各敏感点声环境基本维持现状。东塔楼和平房居住区可以满足《工业企业厂界环境噪声排放标准》（GB 12348—2008）1 类标准，研究所和海云小区由于分别受到施工噪声影响和交通噪声影响，不能满足《工业企业厂界环境噪声排放标准》（GB 12348—2008）1 类标准。

（2）外部交通噪声影响分析

①项目周边道路车流量统计。本项目建设后周边道路高峰期间车流量统计见表 9-23。

表 9-23 规划道路交通量高峰值

序号	道路名称	道路等级	规划红线宽度/m	车道数	与项目关系		项目建设后	
							交通量/（pcu/h）	负荷度
1	西侧A街	城市主干路	40	4	项目北侧，机动车道距离门急诊综合楼 12 m	南→北	1252	0.89
						北→南	1183	0.85
2	海云胡同	城市次干路	25	2	项目南侧，机动车道距门急诊综合楼 12 m	东→西	1195	0.85
						西→东	1245	0.89

②预测模式（略）。

③预测结果。交通噪声对临街高层建筑各楼层的影响是不同的，先随楼层升高而升高，达到最大值后，再随楼层升高而下降。本项目门急诊综合楼共 6 层，具体交通噪声对本项目住宅楼的噪声预测结果见表 9-24。

表 9-24 交通噪声对本项目影响预测结果 单位：dB（A）

预测位置	临近道路	预测层数	预测值	标准限值		超标量	
				昼间	夜间	昼间	夜间
科研综合楼	西侧××街	首层	73.6	70	55	3.6	18.6
		6 层	74.5			4.5	19.5
	海云胡同	首层	71.2	55	45	16.2	26.2
		6 层	71.9			16.9	26.9

由表 9-24 的预测结果可知，本项目周边道路实现规划后，高峰车流量期间门急诊综合楼声环境不能达到《声环境质量标准》（GB 3096—2008）中的标准。

5. 固体废物环境影响分析

（1）一般固体废物

包括医院职工、学生及住院病人日常生活产生的垃圾，产生量约为 1 000 t/a。生活垃圾有机物含量高，如处置不及时，易腐败，引来蚊蝇，产生恶臭，对环境产生不利影响。

（2）危险废物

本项目危险废物包括医疗废物和污水处理站污泥，均委托专业公司统一处置。

①医疗废物处置措施。本项目所产生的医疗废物主要包括感染性废物（纱布、棉球、手纸、手术服等各类受污染的纤维制品）、病理性废物（各类手术残余物等）、损伤性废物（各类金属毁形物等）、药物性废物（一次性针头、玻璃器皿、一次性输液管、注射器及相关的塑料制品等）。委托有危废处理资质的专业公司进行无害化处理。

环评对医疗废物的收集、暂存、运输及交接提出如下要求：

A．医疗废物收集采取的措施：医疗废物必须按照《医疗废物分类目录》进行分类，并按照类别分置于防渗漏、防锐器穿透的专用包装物或者密闭的容器内，其专用包装袋、容器应符合《医疗废物专用包装袋、容器和警示标志标准》规定。

医院应当建立医疗废物的暂时贮存设施、设备，不得露天存放医疗废物；医疗废物暂时贮存的时间不得超两天；医疗废物暂时贮存设施、设备，应当远离医疗区、食品加工区和人员活动区以及生活垃圾存放场所，并设置明显的警示标识和防渗漏、防鼠、防蚊蝇、防蟑螂、防盗以及预防儿童接触的安全措施；医疗废物的暂时贮存设施、设备应当定期消毒和清洁。

B．医疗废物暂存设施：项目医疗废物暂存设施位于综合住院楼地下三层，专门用来储存医疗废物。暂存设施应有封闭措施，避免阳光直射，有良好的照明设备和通风条件，明显处须同时设置国家规定的危险废物和医疗废物警示标识，同时库房内应张贴“禁止吸烟、饮食”的警示标识。暂存库房的存放区应建设耐腐蚀、防渗的地面和墙群，暂时贮存柜（箱）应采取固定措施，防止移动、丢失。

C．医疗废物运输相关要求

a．医疗废物运输工具选择符合《医疗废物转运车技术要求》（GB 19217—2003）的专用医疗废物运输车；

b．在载运的过程中，采取专车专运方式，禁止将医疗废物与旅客或是其他类型货物、垃圾在同一车上载运；

c．需配合《道路危险货物运输管理规定》《汽车危险货物运输规则》《道路运输危险货物车辆标志》等相关道路运输法规来规划；

d．在运输车上须配置有橡胶手套、工作手套、口罩、消毒水、急救医药箱、灭火器、紧急应变手册等工具；

e．医疗废物收集、运送、贮存、处置等工作的人员和管理人员，配备必要的防护用品，定期进行健康检查，必要时，对有关人员进行免疫接种，防止其受到健康损害；

f．医疗废物运输工具应当采取有效措施，防止医疗废物流失、泄漏、扩散；

g．运输车管理方面，必须备有车辆里程登记表，车辆驾驶人员每日要做里程登记，并且定期进行车辆维护检修。

D．医疗废物交接。危险废物暂存场地位于综合住院楼地下三层，通过专用车辆和电梯运至地面，在地面转运点交给专业公司。医疗废物转交出去后，应对转运点及时进行清洁和消毒处理。

交予处置的医疗废物采用危险废物转移联单管理。《危险废物转移联单》（医疗废物专用）一式两份，每月一张，由处置单位医疗废物运行人员和医院医疗废物管理人员交接时填写，医院和处置单位分别保存，保存时间为5年。每车每次运送的医疗废物采用《医疗废物运送登记卡》管理，一车一卡，由医疗卫生机构医疗废物管理人员交接时填写并签字。

当医疗废物运至处置单位时，处置单位接收人员确认该登记卡上填写的医疗废物数量真实、准确后签收。

②污泥处理措施。根据《医疗机构水污染物排放标准》（GB 18466—2005）中有关污泥控制与处置的规定：栅渣、化粪池和污水处理站污泥属危险废物，应按危险废物进行处理和处置。本项目污水站的污泥应污泥经消毒处理后，委托有危废处理资质的专业公司进行无害化处理。

综上所述，采取相应管理措施后，本项目产生的各类固体处置去向明确，不会对环境产生二次污染。

点评：

位于城市市区的社会区域类建设项目，施工期一般关注其扬尘污染、施工废水、施工噪声、施工垃圾造成的不利影响。营运期则按照工程产生的废水、废气、噪声、固体废物等有针对性地进行影响分析与评价，特别是应通过评价明确对周边环境保护目标的影响情况。本案例在这方面做得较好。不足之处是：地下车库排风口的具体位置及与所附的侧墙壁情况、排风口是否面向人群、排放的速率及污染物浓度是否达标等未交代清楚；危险废物的分析中缺失了化学性废物，即化验室、实验室的酸、碱液、溶剂、药物等；对污水处理站的恶臭气未说明排气筒是否高空排放，以及排气筒的高度、位置等情况。

对于锅炉房，应关注烟囱高度、消烟除尘设备、燃料等，并对其环境影响进行必要的预测分析；对于食堂需特别关注含油废水和油烟。

地下车库所排废气中主要污染因子为 NO_x、CO 和非甲烷总烃。一般均建有集中送排风系统，通常每小时换风 6 次，但目前大多数地下车库未对其排气系统采取净化措施（尚无成熟的净化设备）。环评应要求其排气口不应朝向人群或居民窗口。

关于固体废物，医院建设尽管在建设中有施工垃圾、生活垃圾等，但环境影响评价中特别关注其营运中的医疗废物和污水处理站的污泥。

三、环境保护措施

（一）施工期

1．扬尘控制

（1）拆除原有建筑物过程中，采取边拆除边洒水的方式。

（2）施工场地上设置专人负责弃土、建筑垃圾处置、清运，及时清理场地。

（3）运输车辆密闭运输，减少抛洒，车辆进出限速行驶；及时清扫路面，保持路面清洁；定时洒水降尘。

（4）工地道路要全部硬化，运输车辆进入施工场地应低速或限速行驶，以减少产尘量；工地出入口处设置冲洗车轮的设备，确保出入工地车轮不带泥；运送土石方、渣土的车辆应按照《市人民政府关于禁止车辆运输泄露遗撒的规定》，防止车辆运输泄露遗撒。

（5）为防止垃圾料堆的二次污染，建筑垃圾必须做到日产日清，运输车辆驶出施工现场时，装载的垃圾渣土高度不得超过车辆槽帮上沿，装卸渣土严禁凌空抛撒。

（6）遇有4级以上大风天气应停止土石方施工。

（7）施工料具应当按照建设工程施工现场平面布置图确定的位置码放。水泥等可能产生扬尘污染的建筑材料应当在库房内存放或者严密遮盖。

（8）清理施工垃圾，必须搭设密闭式专用垃圾道或者采用容器吊运，严禁随意抛撒。建设工程施工现场应当设置密闭式垃圾站用于存放施工垃圾。施工垃圾应当按照规定及时清运消纳。

（9）施工现场管理必须执行《市建设工程施工现场管理办法》《关于加强春季施工工地扬尘管理的紧急通知》《市人民政府禁止车辆运输泄露遗撒的规定》、《市建设工程施工现场扬尘污染防治现场检查标准实施细则》《市绿色施工管理规程》（DB 11/513—2008）中的有关环境保护的规定。

2．废水处理处置

（1）施工现场因地制宜，建造简易沉淀池、隔油池等污水临时处理设施，对施工废水进行初步处理，不得随意漫流。砂浆和石灰浆等废液及沉淀池的泥沙宜集中处理，干燥后与建筑固体废物一起处置。

（2）管道铺设前需做好地下水防渗措施；做好接驳管道的设计、施工工作，对于管道接驳过程中的污水溢流要做好疏导引流工作。

（3）对于施工车辆和设备，必须严格管理，防止发生漏油等污染事故。

（4）施工人员产生的生活污水通过现有污水管网排入污水处理厂；拆迁期产生的机械清洗废水经隔油沉淀后用于拆除现场洒水降尘。

3．噪声防治

（1）拆迁噪声

①优先选用低噪声机械进行作业。

②推土机、装载机和挖掘机作业在短期内完成。

③禁止夜间施工。

④合理安排施工工序，避免在同一时间集中使用推土机、装载机和挖掘机作业；在靠近东塔楼一侧设置临时隔声屏障，并积极与附近居民进行沟通和协调。

⑤严格禁止进、出项目区的所有运输车辆鸣喇叭。

⑥在面向东塔楼一侧设置临时隔声屏，以减小对居民的影响。

（2）作业噪声

①从声源上控制。使用低噪声机械设备，例如选液压机械取代燃油机械。设专人对设备进行定期保养和维护，对现场工作人员进行培训，严格按操作规范使用各类机械。

固定机械设备与挖掘、运土机械，如挖土机、推土机等，可通过排气管消声器和隔离发动机震动部件的方法降低噪声。对动力机械设备进行定期的维修、保养。

运输车辆通过噪声敏感点或进入施工现场时应减速，并尽量减少鸣笛，禁用高音喇叭鸣笛。

②合理安排施工时间。严格遵守相关规定，合理安排施工时间，严禁在夜间 22:00 至凌晨 6:00 期间施工。

③使用商品混凝土，避免混凝土搅拌机等噪声的影响。

④采用声屏障措施。对位置相对固定的机械设备，能于棚内操作的尽量进入棚操作，不能入棚的可适当建立临时声障。在面向东塔楼一侧设置临时声屏障，以减小施工噪声对其的影响。

⑤施工场地的施工车辆出入地点应远离东塔楼，车辆出入现场时应低速、禁鸣。

⑥建设管理部门应加强对施工场地的噪声管理，施工企业也应对施工噪声进行自律，文明施工。

⑦降低人为噪声。按规定操作机械设备。模板、支架拆卸过程中，遵守作业规定，减少碰撞噪声。应少用哨子、钟、笛等指挥作业，而代以现代化设备。

⑧与施工场地周围居民建立良好的关系，及时让公众了解施工进度及采取的降噪措施，并取得大家的共同理解。若因工艺或特殊需要必须连续施工，施工单位应在施工前报环保局批准，并向施工场地周围的居民等发布公告。

4．固体废物

①施工人员产生的生活垃圾经收集后，委托当地环卫部门清运处理；禁止利用生活垃圾和废弃物回填沟、坑等，对现场垃圾堆放做好防渗处理。

②拆迁过程中的建筑垃圾分类处理。分拣出具有回收价值的废钢筋、废木材、废塑料、废包装材料等，可送废品收购站回收利用；不能回收的运送至垃圾填埋场进行安全处置。

③原医疗垃圾暂时贮存场及污水站设施的底部的防渗层、污泥等建筑垃圾，因接触医疗垃圾、医疗废水和污泥，可能含有病菌和寄生虫，属危险废物，应按危险废物进行处理和处置，经消毒处理后委托有资质的单位进行处置。

④根据《城市市容环境卫生条例》的要求，产生的普通建筑垃圾、渣土的建设单位应当持施工许可证、工程图纸等有关材料，向审批部门市垃圾渣土管理处提出申请并填写渣土消纳登记表并办理渣土消纳许可证；获得批准后进行处置，并签订环境卫生责任书。

⑤水泥、砂石、石灰类的建筑材料需集中堆放，并采取一定的防雨淋措施，及时清扫施工运输过程中抛洒的上述建筑材料。

⑥施工过程中有效控制弃土，施工单位应配备管理人员对渣土垃圾的处置实施现场管理；运输车辆在运输建筑垃圾、工程渣土时应随时携带处置证，接受渣土管理部门的检查；运输线路由渣土管理部门会同公安交通管理部门规定；渣土砂石运输车辆应能满足审验检查标准。

施工产生的泥浆须经沉淀池沉淀干涸后方可远弃。弃土运输车辆应做到不超载，施工现场采取封闭式管理，场内设置洗车槽，保证车辆外皮、轮胎冲洗干净。

施工过程中遇到有毒有害废物时，应暂停施工并及时与环保、卫生部门联系，经采取措施后再继续施工。

⑦施工后的场地清理。工程竣工后，应及时将工地的剩余建筑垃圾、工程渣土处置干净。

（二）营运期

1. 大气污染防治措施

（1）燃气锅炉（略）

（2）食堂油烟的净化处理措施

本项目新建的营养食堂和职工食堂均位于综合住院楼地下二层，经高效静电油烟净化器处理后通过专用管道排放，营养食堂和职工食堂共用一个烟道，排放口位于综合住院楼楼顶。本项目采用高效静电油烟净化器处理厨房油烟，能够满足《饮食业油烟排放标准（试行）》最高允许排放浓度 2.0 mg/m^3 的要求。

（3）地下车库废气的治理措施

工程拟对地下停车场采用机械式集中送排风系统进行排气通风，地下车库排风口位于建筑首层侧墙，住院楼、门急诊楼分别设置 2、10 个排风口，排风口窗体中心线距地面 2.5 m，保证每小时换风 6 次，可有效减少地下车库排气对周围人群的影响。通过核算，本项目地下车库大气污染物能够达到市地方标准《大气污染物综合排放标准》（DB11/501—2007）标准限值要求。

（4）污水处理站废气治理措施

医疗机构废水中含有大量的病原性微生物、有毒有害的物理化学污染物，为防止病毒、有毒物质在曝气时随空气四散与人体接触，本工程污水处理站采用固态消毒剂对处理污水处理站气体进行除臭和杀菌，且进一步完善了处理工艺，实现了“以新带老”。污水处理站采用地埋式，各设施加盖密闭，在盖板上设置进、出气口，将处于自由扩散状态的气体进行收集，避免了恶臭气体的外逸，也可防止恶臭气体的排放。本次评价要求为：

①采用固态二氧化氯消毒处理，其杀菌能力强、作用快，可有效杀死致病菌，再

通过引风机引风排放。

②污水管设计流速应尽量避免产生死区，导致污染淤积腐败产生臭气。

③污水处理站四周建绿化带，池体上方做绿化。

2. 水污染防治措施

（1）污水特点

生活污水主要成分有机物、悬浮物、油脂、pH 等，门诊和病房排水含有病人的血、尿、便而具有传染性，有些污水还含有某些有毒化学物质和多种致病菌、病毒和寄生虫卵。必须经消毒灭菌后方可排放。

（2）污水处理站处理工艺选择

本项目新建污水处理站采用“水解酸化＋接触氧化＋消毒”工艺，具体工艺流程见图 9-2。

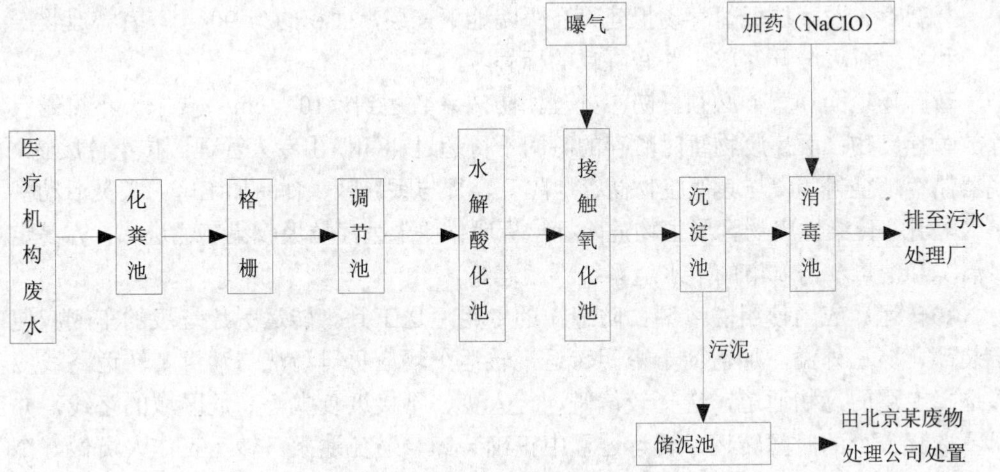

图 9-2　本项目污水处理站工艺流程

该工艺成熟稳定，在国内废水处理中应用广泛，该工艺出水水质中 COD＜100 mg/L、BOD_5＜80 mg/L、SS＜50 mg/L，次氯酸钠具有高效杀菌作用，出水水质可以达到《医疗机构水污染物排放标准》（GB 18466—2005）及市《水污染物排放标准》（DB 11/307—2005）中的要求。

（3）地下水污染防治措施

①源头控制。确保污水管道质量，应用新型防渗性能良好的管材，如高密度聚乙烯管，增加管段长度，减少管道接口，避免废水的跑、冒、滴、漏现象的发生。

项目运行期、员工日常生活过程中应加强管理，节约用水；设专人定期检查污水设施及排污管道，加强维护。

②防渗措施。根据该项目建设特点，公用设施、综合住院楼、门急诊综合楼为一般污染区，医疗废物暂存场地和污水处理站为重点污染区。

一般污染区采用常规防渗工程作为主防渗层，并增设防渗保险层，防渗工程采用成熟可靠的技术、工艺、材料。在生活污水排水管与构筑物连接的地方，采用防渗漏的套管连接，管道与管道的连接采用柔性的橡胶圈接口。

重点污染区按照《危险废物储存场污染控制标准》（GB 18597—2001）要求和拟建项目的实际情况进行防渗，防渗系数小于 10^{-10} cm/s。

3. 固体废物处置措施

（1）医疗废物

①分类收集。产生医疗废物的部门及时收集医疗废物，并按照类别分置于防渗漏、防锐器穿透的专用包装物或者密闭的容器内，在基本收集点提供垃圾收集的指导或警示信息。分类收集医疗垃圾的塑料袋或容器的材质、规格均应符合国家有关规定的要求。不应随地放置或丢弃医疗垃圾。

②暂存。医疗垃圾暂存场拟建设在医院地下三层，面积约为 90 m^2，有害废物一定要和普通垃圾分开存放，并有醒目的标牌。

暂存场地面和墙群必须做防渗处理，防渗系数达到 $<10^{-10}$ cm/s 要求。不得露天存放医疗废物；医疗废物暂时贮存的时间不得超过 48 h，由专人管理；传染性废物、锐器储存地全封闭，与其他废物储存地隔开，且与医疗区、食品加工区、人员活动密集区隔开；传染性废物区用生物危险标志标明；便于医疗垃圾收集车辆进入；容易定时清洗和消毒，与城市的下水道系统不相连等。

③转运。应当使用防渗漏、防遗撒的专用运送工具。转运医疗垃圾的车辆应便于装卸、防止外溢，加盖便于密闭转运，转运车辆应每日清洗与消毒。转运路线应该选择专用的污物通道，选择较偏僻、行人少、不接近食堂等高危区域的路线，并尽量选择人少的时间转运，转运过程中正确装卸，避免遗撒。转运工作人员做好个人保护措施。

④处置。感染性废物、病理性废物、锐器、药物性废物、化学性废物委托专业公司进行无害化处理。

（2）污水处理站污泥处理措施

本次改扩建工程完成后新增污泥产生量 39 t/a（含水率 97%），医院污泥产生总量约为 80 t/a。根据《医疗机构水污染物排放标准》（GB 18466—2005）中有关污泥控制与处置的规定：栅渣、化粪池和污水处理站污泥属危险废物，应按危险废物进行处理和处置。这些污泥经消毒处理后由专业公司处置。

（3）生活垃圾处置措施

医院内设置生活垃圾收集站，生活垃圾应及时收集、及时清运，由环卫部门统一收集处置。

4. 噪声防治措施

（1）合理布局风机、水泵、冷却塔等高噪声设备，冷却塔应远离环境敏感点布置，生活水泵、消防泵、抽排风机等高噪声设备应布置在地下设备间内，泵类和风机采用基础减振，风机进出口管道加装消音器等；

（2）选用低噪声设备，并采取基础减振；

（3）在门急诊综合楼临路一侧的建筑均安装隔声窗，隔声量大于 30 dB（A），能使室内达到《民用建筑隔声设计规范》（GB J118—88）中室内居住噪声级的标准限值。

（4）在地下车库出入口增设透明隔声罩，切断汽车进出地下车库产生的噪声传播途径，保护医院就医环境。同时，加强进出车辆的管理，如限速在 30 km/h 以内；保证院内外道路畅通，禁止鸣笛；合理设置进出通道，降低车辆拥挤程度等。

点评：

本案例环境保护措施主要分施工期和营运期，应分别针对环境影响分析与评价的不利影响提出有具体的污染防治措施。

对于施工期，除废水、噪声及固体废物外，应根据国发[2013]37 号《大气污染防治行动计划》及六部委联合发布的环发[2013]104 号《京津冀及周边地区落实大气污染防治行动计划实施细则》等有关规定的要求，对大气污染防治措施应予特别重视。

营运期环境保护措施一个重要方面就是危险废物的处理处置。本项目所产生的医疗废物主要包括感染性废物、病理性废物、损伤性废物、药物性废物等以及病患生活垃圾，必须委托有危废处理资质机构进行专门处理处置。本案例提出的环保措施实用性强，“以新带老”解决原遗留的环境问题，做得比较到位。不足之处是危险废物处置中未考虑化学性废物；对环保措施中的二氧化氯消毒器等设施未明确具体设备。

关于医疗废物，作为一种危险废物，需要进行全过程环境管理，即从收集、贮存、运输、处置等全过程严格按执行《中华人民共和国固体废物污染环境防治法》及《医疗废物集中处置技术规范》等。

关于医疗机构污水处理站污泥，根据《医疗机构水污染物排放标准》(GB 18466—2005)中有关污泥控制与处置的规定：栅渣、化粪池和污水处理站污泥属危险废物，应按危险废物进行处理和处置。

四、环境管理与监测计划

（一）环境管理

1．环境管理机构的设置

该医院已经建立三级环境管理机构。环境管理网络见图（略）。

2．环境管理机构的职责与制度（略）

（二）环境监测计划

根据项目情况，拟订以下监测计划，见表 9-25。

表 9-25 环境监测项目及监测频次

类别	监测点	监测项目	监测频次
废水	污水处理站进出口	pH、SS、COD、BOD_5、氨氮、粪大肠菌群数、总余氯	pH 2 次/日，COD 和 SS 1 次/周，粪大肠菌群数、余氯 1 次/月，其他污染物 1 次/季
	总排污口	pH、SS、COD、BOD_5、氨氮	1 次/季
废气	厂界	恶臭气体	1 次/季
	油烟净化器出口	油烟	2 次/年
	锅炉排气筒	SO_2、NO_x	2 次/年
噪声	厂界	L_{eq}dB（A）	2 次/年

（三）"三同时"验收清单

项目"三同时"验收监测建议清单见表 9-26。

表 9-26 "三同时"验收监测建议清单

对象	验收内容	规模	验收标准
医疗机构废水	污水处理站	规模为 1 000 m^3/d，采用"水解酸化＋接触氧化＋消毒"工艺	出水水质达到《医疗机构水污染物排放标准》（GB 18466—2005）及北京市《水污染物排放标准》（DB11/307—2005）中的要求
非病区生活污水及食堂废水	化粪池、隔油池	——	污染物排放达到北京市《水污染物排放标准》（DB11/307—2005）
燃气锅炉	烟囱高 42 m	一根烟囱	《锅炉大气污染物排放标准》（DB11/39—2007）中Ⅱ时段标准
地下车库废气	排风口	门急诊综合楼 2 个，综合住院楼 10 个	各污染物排放达到《大气污染物综合排放标准》（DB11/501—2007）中的要求
食堂油烟	油烟净化器	净化效率≥85%，油烟净化浓度≤2 mg/m^3	《饮食行业油烟排放标准（试行）》（GB 18483—2001）
各种产噪设备	设备减振、隔声	——	西侧厂界噪声达到《工业企业厂界环境噪声排放标准》（GB 12348—2008）中 4 类标准要求，其他厂界达到 1 类标准
医疗废物	医疗废物暂存场地	符合环保要求，采取防渗措施	执行《关于危险废物转移联单管理办法》、《危险废物贮存污染控制标准》及北京市环境保护局有关规定
污水处理站污泥	储泥消毒池	符合环保要求，采取防渗措施	
生活垃圾	存放实施及处置去向	及时收集、及时清运、统一管理	《中华人民共和国固体废物污染环境防治法》（2005 年 4 月 1 日修订版）及北京市的有关规定
绿化	厂区及污水处理站周围绿化	绿化面积 7 950 m^2	《北京市绿化条例》

点评：

为实施“三同时”制度，落实环境保护措施，实施全过程管理，建设单位均应建立健全相应的机构和管理制度，形成长效机制。要有专业人员和工作经费保障，有工作计划，有规范的工作流程和明确的工作重点，档案管理规范。其中，环境监测是环境管理的重要手段，环评阶段应编制环境监测计划，监测计划要有针对性。针对项目实际污染物产生与排放情况，以及环境保护要求，列出详细的监测计划。包括废水、废气、噪声、固体废物，以及可能受影响的周边敏感保护目标等的监测。监测必须符合监测规范的要求。建设单位应在实际工作中不断完善监测计划。

本案例“三同时”验收表较为完整，个别地方还可细化，如餐厅油烟排气筒的高度和位置、污水处理站臭气排放前的处理等应明确，污水处理站应安装在线监测仪较妥。

五、评价结论

（一）项目概况（略）

（二）产业政策符合性

项目建设属于国家《产业结构调整指导目录（2011 年本）》和《北京市产业结构调整指导目录（2007 年本）》中的“鼓励类”，符合国家和地方产业政策。

（三）环境质量现状（略）

（四）主要环境影响及防治措施

1. 环境空气

（1）燃气锅炉废气

锅炉房使用天然气为燃料，属于清洁能源，污染物主要为 SO_2 和 NO_x，废气通过 42 m 高烟囱排放，根据预测，燃气锅炉房大气污染物最大浓度值出现在下风向 426 m 处，SO_2 最大一次落地浓度为 0.000 179 mg/m^3，占标率为 0.04%；NO_2 最大一次落地浓度为 0.015 66 mg/m^3，占标率为 7.83%，最大落地浓度较小，其排放浓度可以达到北京市《锅炉大气污染物排放标准》（DB11/39—2007）中的要求对环境影响较小。

（2）地下车库废气

地下车库废气通过排风井集中收集后排放，在综合住院楼、门急诊综合楼建筑侧墙壁分别设置 2 个、10 个排风窗口，设计高度距地面高度 2.5 m，其排放的 CO、非甲烷总烃、NO_x 浓度和速率满足市《大气污染物综合排放标准》（DB11/501—2007）中的要求。

（3）食堂油烟

本项目食堂属于“大型”规模食堂，安装油烟去除效率大于 85%以上的净化设施，油烟的排放满足《饮食业油烟排放标准》（GB 18483—2001）中的有关规定，处理达标后的油烟通过位于综合住院楼楼顶的排放口排放。

（4）污水处理站恶臭

污水处理站采用地埋式，各设施均加盖密闭，盖板上预留进、出气口恶臭气体经二氧化氯消毒处理后再通过引风机引风排放，并在污水处理站周围进行绿化，可有效控制污水处理站恶臭气体的排放。

2. 地表水

本项目产生的医疗废水分别经预处理后排入自建的污水处理站进行处理，污水处理采用“水解酸化＋接触氧化＋消毒”的处理工艺，处理后的出水水质满足《医疗机构水污染物排放标准》（GB 18466—2005）中综合医疗机构和其他医疗机构水污染物排放限值（日均值），这些废水与非病区产生的生活污水一同排入市政污水管网，最终汇入污水处理厂。不直接外排至地表水体，对地表水环境影响较小。

3. 地下水

本项目不直接向外环境排放废水，其给水系统、排水系统、自建的污水处理站各工艺单元排水系统均按国家规范采取防渗措施，医疗废物暂存场所按照《危险废物储存场污染控制标准》（GB 18597—2001）要求和拟建项目的实际情况进行防渗，防渗系数小于 10^{-10} cm/s。采取相应防渗措施并对废水管道、污水处理设备加强维护后，对地下水影响较小。

4. 声环境

拟建工程生活水泵、消防泵、抽排风机等高噪声设备应布置在地下设备间内，泵类和风机采用基础减振，风机进出口管道加装消音器等，在此基础上对噪声源进行减振、隔声等降噪处理，厂界噪声贡献值均能满足《工业企业厂界环境噪声排放标准》（GB 12348—2008）中的要求。

5. 固体废物

本项目运营后，医疗垃圾产生量 29.2 t/a，污水站污泥 80 t/a，生活垃圾 1 000 t/a。其中医疗垃圾和污水处理站污泥由专业公司统一处置，生活垃圾纳入医院生活垃圾处理系统由环卫部门定期清运。

（五）公众参与

通过以网站媒体公示、张贴公示、发放调查问卷的形式获得的公众参与调查结果显示，94.9%的公众持支持本项目建设，5.1%的公众无意见，无不支持者。

（六）总结论

某医院改扩建工程符合国家和地方产业政策，采取相应污染物防治措施后，可实现各类污染物达标排放，对区域环境质量影响较小。建设单位应严格执行“三同时”制度，认真实施环评中的各项污染防治措施，投产后强化管理措施，确保各项污染物达到国家和地方环保相关规定的要求，从环境保护角度看，项目建设可行。

点评：

环评报告的评价结论应该是整个报告的“精华”所在，应反映环境影响评价的全部工作。结论既要完整，又要明确，突出重点，即将环境影响评价的主要结论或解决主要问题的措施予以明确。另外，编写结论时应做到严谨、规范，包括各小标题的设置和语言表述一定要准确。

在实际环境影响报告编写中，在高度浓缩、提炼的基础上将分别将工程概况、法律法规及产业政策符合性、相关规划的符合性、环境质量现状及问题、主要环境影响及措施、主要污染物达标排放情况及总量控制指标、清洁生产、公众参与等分析、评价结论逐一给出。最后给出总的评价结论。

本工程原环评报告尽管做到了逐项分别总结，但总结的有些烦琐，表述也不够规范，这是在结论中应予避免的。

案例分析

随着医疗卫生事业的发展，此类项目，特别是改扩建项目日益增多，其环境影响值的关注。

一、本案例环境影响评价的特点

（1）除具有一般医院的特点外，本项目还建有地下车库，而且有食堂，设有锅炉房、污水处理站等，综合了多个工程，比较复杂，具有一定的代表性。

（2）本项目为改扩建工程，需要考虑“以新带老”问题。

（3）涉及危险废物，对于医院，环境影响评价应特别关注医疗废物的环境影响及其处理处置。

二、本案例环境影响评价应特别关注的几个方面

（一）工程分析

在工程分析中，应根据项目建设性质及组成等，全面识别各环境影响因素。对于污染影响，应明确影响源及其排放的主要污染物、源强等。对于改扩建工程，应对既有工程进行分析，并诊断其环境问题，结合对新建工程的分析，通过“以新带老”解决既有环境问题，并核算“三本账”，进而确定主要污染物排放总量控制指标。

（二）影响评价与环境保护措施

根据工程分析结果，本案例环境影响评价时可分施工期和营运期，分别进行影响评价。评价时应根据项目特点，突出重点，且一定要说明对其影响范围内的保护目标（对象）是否会造成不利影响。针对不利影响，提出具体的避免或减缓不利影响的措施。

对于本项目，应主要关注以下几个方面:

1. 固体废物

尽管在建设中有施工垃圾、生活垃圾等，但环境影响评价中特别关注其营运中的医疗废物和污水处理站的污泥。根据本项目情况，所产生的医疗废物除了感染性废物（纱布、棉球、手纸、手术服等各类受污染的纤维制品）、病理性废物（各类手术残余物等）、损伤性废物（各类金属毁形物等）、药物性废物（一次性针头、玻璃器皿、一次性输液管、注射器及相关的塑料制品等）、化学性废物（废弃的化学试剂、药品等）外，要特别注意病患生活垃圾，要将传染性病患垃圾（属于危险废物）与普通病患垃圾应分清。必须委托有危废处理资质机构进行专门处理处置。

医疗废物作为一种危险废物，需要进行全过程环境管理，即从收集、贮存、运输、处置等全过程严格按执行《中华人民共和国固体废物污染环境防治法》及《医疗废物集中处置技术规范》等。

2. 污水处理站的污泥

根据《医疗机构水污染物排放标准》（GB 18466—2005）中有关污泥控制与处置的规定：栅渣、化粪池和污水处理站污泥属危险废物，应按危险废物进行处理和处置。本项目污水站的污泥应污泥经消毒处理后，委托有危废处理资质的专业公司进行无害化处理。

3. 本项目为综合性大医院，涉及面广，在分析和评价时，尽量全面，避免有遗漏，本项目在“以新带老”分析中有遗漏，还遗漏了电磁辐射的影响，地下车库的排口是否达标，危废中遗漏了化学性废物，措施上遗漏了污水在线监测等等，说明在环评中细心全面是非常重要的。

案例十　商务广场建设项目环境影响评价

一、总论

某市根据城市发展及其旧城改造规划，对其原体育场进行拆迁后，拟将拆迁后的地块开发新建为“商务广场”项目。工程主要为一栋独体建筑，地上七层、地下三层。地上部分拟设置有时装及名牌店、专卖店、餐饮及美食广场、休闲活动区、电影院等；地下一层为商业及餐饮功能，并设有溜冰场，地下二层、地下三层、夹层及地下三层为停车库等。建成后全部采用对外招商租赁的经营方式。总建筑面积为 37.19×10^4 m^2。

（一）评价依据（略）

（二）评价目的（略）

（三）评价等级和评价范围

1. 环境空气

大气污染物主要是地下车库汽车尾气。采用《环境影响评价技术导则　大气环境》（HJ 2.2—2008）中估算模式计算得的结果见表 10-1。

表 10-1　各污染物的最大地面浓度占标率统计结果

评价参数	地下停车场废气		
	CO	NO_x	HC
C_i/（mg/m^3）	0.012	0.407×10^{-3}	1.92×10^{-3}
C_{0i}/（mg/m^3）	10	0.25	5
P_i /%	0.12	0.16	0.04
$D_{10\%}$/m	-	-	-

经估算，NO_x 最大落地浓度占标率最大，P 中的最大值 P_{max} 为 0.16%，对照大气环境影响评价技术导则（HJ 2.2—2008）中表 1 可以得出，$P_{max}\leqslant10\%$，本项目运营期环境空气影响评价等级为三级。

评价范围为以项目场地为中心，半径 2.5 km 范围的区域。具体见图（略）。

2. 地下水

根据《环境影响评价技术导则 地下水环境》Ⅱ类建设项目地下水环境影响评价工作等级划分依据，确定本项目评价工作等级的依据见表 10-2。

表 10-2 地下水环境影响评价工作等级确定

<table>
<tr><th colspan="2">等级划分判据</th><th>情况概述</th><th>类别</th><th>等级</th></tr>
<tr><td>1</td><td>建设项目施工阶段抽水规模</td><td>项目基坑开挖，日排水量约为 50 m^3</td><td>小</td><td rowspan="4">Ⅲ级</td></tr>
<tr><td>2</td><td>地下水位变化区域范围</td><td>据《环境影响评价技术导则 地下水环境》中附录公式 $R=2S\sqrt{HK}$（C.6）、公式 $r_0=\eta\dfrac{a+b}{4}$（C.16）和 $R_0=R+r_0$（C.22）确定影响半径，项目基坑大致为 300 m×200 m 的矩形，最终开挖深度约为 20 m。项目场地地下水埋深约为 5 m，渗透系数约为 4 m/d，η 值为 1.18，最终确定影响半径约为 380 m</td><td>小</td></tr>
<tr><td>3</td><td>地下水环境敏感程度</td><td>浅层地下水不作为生活用水</td><td>不敏感</td></tr>
<tr><td>4</td><td>环境水文地质问题大小</td><td>不会引起环境水文地质问题</td><td>弱</td></tr>
</table>

根据建设项目施工阶段抽水规模、地下水位变化区域范围、地下水环境敏感程度、环境水文地质问题大小等指标综合判定，建设项目地下水环境影响评价工作等级为Ⅲ级。本次地下水环境评价工作以项目区域为中心周边约 20 km^2 的范围。

3. 地表水

本项目废水中主要污染因子为 COD、BOD_5、NH_3–N 等，污水经化粪池、隔油池等预处理后排入市政污水管网，最终进入马兰河污水处理厂进行处理。根据《环境影响评价技术导则 地面水环境》（HJ/T 2.3—93），并结合本项目营运期污水的排放情况，确定本项目地表水环境评价等级为三级。

4. 声环境

建设过程中噪声主要为施工噪声，建成后主要为配套设施的运行噪声，具体为供排水系统各类泵、空调系统、通风系统等设备噪声。项目建设前后对评价范围内敏感目标噪声级增高量在 3 dB（A）以下，且受影响人口数量基本不变，根据《环境影响评价技术导则 声环境》（HJ 2.4—2009）中的相关规定，本项目噪声环境影响评价等级为三级。评价范围为厂界外 100 m。

（四）评价标准（略）

（五）环境保护目标

1. 环境空气

以本项目中心为圆点半径 2.5 km 范围内的居民、学校、医院等。由于本项目的废气污染源主要为机动车尾气、餐饮油烟等生活污染源，影响范围主要集中在与项目相邻的周边区域。

2. 声环境

为边界外 100 m 内的住宅小区等。

环境保护目标及与本项目的相对位置关系见表 10-3，分布见图（略）。

表 10-3　环境保护目标

序号	名称	行政区划	与项目相对位置	与项目红线的最近距离/m	与冷却塔及风机房的最近距离/m	户数/（教师人数/病床数）	备注
一、环境空气敏感点，环境空气质量执行《环境空气质量标准》（GB 3095—1996），以及 2000 年修订标准的二级标准，参考执行《环境空气质量标准》（GB 3095—2012）的二级标准。敏感对象均为居民区及学校							
1	教师大厦	民运街道、民运社区	西侧	25	/	1 320	住宅
2	亿达新世界	白云街道、拥警社区	西北	50	/	306	住宅
3	优·豪斯	中山公园街道、天兴社区	西北	335	/	400	住宅
4	万达华府	人民广场街道、长春路社区	北侧	377	/	1 800	住宅
5	胜利花园	民运街道、民运社区	西南	175	/	224	住宅
6	教育学院	/	西	165	/	348	学校
11	南侧拆迁住宅	民运街道、民运社区	南侧	32	/	150	住宅，共计 50 栋楼，从 2008 年开始拆迁。目前有 15 栋楼未拆除完成，均无人居住。该地块拆除完成后规划建设住宅小区
12	某部医院	/	南侧	255	/	800	医院
13	水仙名苑	人民广场街道、五四社区	东南侧	250	/	320	住宅
14	三星公寓	白云街道、拥警社区	西侧	290	/	700	住宅
15	新华公寓	白云街道、拥警社区	西侧	290	/	360	住宅
16	汇丽嘉园	白云街道、拥警社区	西北侧	327	/	410	住宅

序号	名称	行政区划	与项目相对位置	与项目红线的最近距离/m	与冷却塔及风机房的最近距离/m	户数/（教师人数/病床数）	备注
二、声环境保护目标为边界外 100 m 内的居民区、办公楼等，声环境质量执行《声环境质量标准》中的 1 类、4 a 类标准，敏感对象为居民及办公楼上班的工作人员							
1	教师大厦	民运街道、民运社区	西侧	25	95	1 320	住宅
2	亿达新世界	白云街道、拥警社区	西北	50	205	306	住宅
7	民运街道派出所	民运街道、民运社区	西侧	25	80	30	办公
8	嘉汇大厦	/	西侧	25	155	500	办公
9	星海商城	/	东北	55	85	900	办公
10	香洲花园酒店	/	东	25	70	900	办公及酒店
11	南侧规划住宅	/	南	32	60	/	住宅
三、地下水环境保护目标为评价范围内的浅层地下水							

（六）评价重点

1．施工期

施工扬尘、噪声的影响分析。

2．运营期

工程分析，环境空气、声环境影响分析，环保措施及其技术经济论证，公众参与。

（七）评价方法与技术路线（略）

点评：

在环境影响评价报告的“总论”或“总则”这一章中，包含的内容较多。除项目由来、评价依据、评价目的、评价等级与范围、环境保护目标、评价重点、评价方法与工作程序外，有时将“评价因子与评价标准”也放在这一章中。

本案例给出的各环境要素评价等级与评价范围的确定有理有据，是合理可行的。但要注意各环境要素的评价范围均应在图中标示出来，本报告不足之处是仅给出一个环境要素的评价范围图（如大气影响评价范围）是不够的。

环境影响评价的内容非常多，但一定要突出重点，抓住主要环境影响进行分析、预测、评价。根据工程特性及环境的敏感性确定评价重点，才能使环境影响评价更有针对性，使环境保护措施的落实更能解决主要或重要、重大环境问题。

本报告确定的评价重点基本体现了工程特性，特别是将公众参与作为重点，是合理的。鉴于本项目工程较大，地下水影响亦应作为重点评价内容。

二、项目概况

（一）项目用地

本项目总用地面积为 63 400 m^2，用地北至五四路，东至大同街，南至新华街，西至民运街。项目用地平衡表见表 10-4。

表 10-4 项目用地

用地类别	面积/m^2	比例/%
总用地	63 400	100
道路、停车场用地	9 510	15
购物广场用地面积	44 380	70
绿化面积	9 510	15

建设单位在获得用地时，场地已基本完成平整。

（二）项目规模

规划建设为一栋独体建筑，地上部分为七层高的综合商业楼，建筑高度不高于 60 m，布置有时装精品店、名牌旗舰店、专卖店、餐饮及美食广场、休闲活动区、电影院等；地下室共三层，另在地下二层与地下三层中间设置一夹层，其中地下一层为商业及餐饮功能，并设有溜冰场，地下二层、地下三层夹层及地下三层为汽车停车库、设备用房和少量储物室，制冷站、水泵房、换热站及变配电房等均设在地下室。项目总建筑面积为 371 900 m^2，其中地上总建筑面积为 190 200 m^2，地下总建筑面积为 181 700 m^2。项目综合技术经济指标见表 10-5。

（三）各楼层组成及平面布置（略）

（四）绿化

项目绿化面积合计为 11 150 m^2。其具体分布及各区块面积情况见表（略）。

（五）墙体

本项目外墙采用复合幕墙系统，复合幕墙主要选用高透安全玻璃。

表 10-5 项目综合技术经济指标

<table>
<tr><th colspan="3">项 目</th><th>数量</th><th>单位</th><th>备注</th></tr>
<tr><td colspan="3">规划总用地</td><td>63 400</td><td>m²</td><td>-</td></tr>
<tr><td colspan="3">总建筑面积</td><td>371 900</td><td>m²</td><td>-</td></tr>
<tr><td rowspan="4">其中</td><td colspan="2">商业</td><td>217 000</td><td>m²</td><td>-</td></tr>
<tr><td rowspan="2">其中</td><td>地上商业建筑面积</td><td>190 200</td><td>m²</td><td>共七层</td></tr>
<tr><td>地下商业建筑面积</td><td>31 700</td><td>m²</td><td>地下一层</td></tr>
<tr><td colspan="2">地下车库配建面积</td><td>150 000</td><td>m²</td><td>地下二、三层及之间夹层，含设备机房</td></tr>
<tr><td colspan="3">容积率</td><td>3.5</td><td>/</td><td>-</td></tr>
<tr><td colspan="3">建筑密度</td><td>65</td><td>%</td><td>-</td></tr>
<tr><td colspan="3">绿地率</td><td>15</td><td>%</td><td>-</td></tr>
<tr><td colspan="3">机动车停车位数目</td><td>1 210</td><td>辆</td><td>-</td></tr>
<tr><td colspan="3">装卸货区车位数目</td><td>38</td><td>辆</td><td>-</td></tr>
<tr><td colspan="3">商业标准层层高</td><td>6.08～6.72</td><td>m</td><td>-</td></tr>
<tr><td colspan="3">建筑限高度</td><td>60</td><td>m</td><td>-</td></tr>
</table>

（六）配套工程

1．给排水

（1）给水

水源包括市政自来水及自建中水站处理后的中水，日总用水量为 4 322.8 t。

①市政自来水：生活用水水源由市政供水管网提供，日用量为 3 908.7 t。

②中水：在地下三层设两个处理规模为 150 t/d 的中水处理站，收集各个楼层产生的盥洗废水，进行深度处理。处理后的中水经由各自的变频水泵组向地上、地下中水用水点供水。中水用于各楼层冲厕，日用水量为 228.5 t。

（2）排水

主要为生活污水，包括冲厕废水、盥洗废水、餐饮废水、冷却塔排水、地下车库冲洗水等，采取清污分流的方式对废水进行收集处理。

盥洗废水经收集后进入位于地下三层东侧、西侧的两个自建中水站进行处理，处理后的出水达到《城市污水再生利用 城市杂用水水质》（GB/T 18920—2002）中关于冲厕用水标准回用于项目各楼层的冲厕。

冲厕废水收集至位于地下三层的化粪池进行预处理，共设置 3 个规模为 100 m^3 的化粪池；餐饮废水先经位于厨房操作台下独自设置的一级隔油池处理，后收集至位于地下三层的六个 9 m^3 的二级隔油池处理；预处理后的冲厕、餐饮废水以及地下车库冲洗水、冷却塔排水等由污水泵排入位于市政污水管网，汇入马兰河污水处理厂进行处理。本项目日污水排放量为 2 732.3 t。

2. 雨水系统

建筑屋面、屋顶雨水采用虹吸式排放，室外道路及外围雨水采用重力排放，地下车库出入口车道起端及末端加设雨水截水沟。雨水经雨水斗、雨水管、检查井等收集后排入市政雨水管网。

3. 供电

(1)正常供电:由市政电网提供10 kV进线,经10 kV主配电屏分配至各10/0.4 kV变电站。10 kV变电房设置于地下二层，全部为干式（浇注树脂封装）变压器。

(2) 备用电源：设7台应急发电机，在市政供电系统出现故障时使用。

4. 供气

餐饮用气采用市政管道煤气。煤气耗量约为23 406 m^3/d，8 543 190 m^3/a。

5. 供暖

建成后冬季供暖采用市政集中供热。经项目设置的板式换热器以及二次水泵输配至各采暖供热终端设备。热负荷为28 900 kW。

6. 通风

所有设备房、配电房、地下车库、储藏室、卫生间、垃圾房、厨房、后勤用房均设有机械排送风系统。

厨房排风系统由排风机、补风机以及厨房排风净化设备组成。厨房产生的废气经静电除尘器处理后，再经排风机排至建筑物顶排风百叶排放。在楼梯间两旁预留多根连接到排风百叶的独立排风竖管，并在每层预留排风水平接口供餐饮租户接驳。

在地下车库设置机械送排风系统，地下车库废气经独立竖井引至建筑顶层百页排放。

化粪池、中水机房、餐饮隔油池、垃圾房均通过机械抽排风系统进行排风，排风口位于建筑物顶层的排风百叶。

7. 制冷

制冷系统由制冷机组、双工况制冷机组、地源热泵机组、一次及二次冷冻水泵、冷却水泵、板式热交换器及冷却塔组成。中央制冷机房位于地下三层西北角和东北角，冷却塔位于建筑顶层冷却塔台。

8. 土石方清运

基坑开挖产生的废弃土石方合计约为117万 m^3。全部清运至东港填海区进行填海。

9. 项目与规划、用地等的相符性（略）

点评：

在工程概况中，应对工程名称、建设地点、建设性质、规模及工程组成具体、翔实地予以说明。一般应包括主体工程、辅助工程、配套工程或公用工程、环保工程、工程土石方量（挖方、借方，石方、土方）等。某些工程还应说明工程所使用的原辅材料、工程投资、环境保护投资及所占比例。对工程产生的土石方应尽最大可能就地互相填补平衡，确实不能就地消纳的，应考虑外运处理处置，本环评报告做的较好之处是对土石方填海进行了行政许可性、合法性、可行性等的说明。

工程概况说明中应给出地理位置图和平面布置图、设计效果图等图件。另外，一定要分析说明项目与规划、用地等的相符性（实际工作中可以单独设章或设节，也可以在工程概况中予以分析、说明）。本项目这方面做得较好。

三、工程分析与环境影响因素识别

（一）施工期

1．大气污染源

表层土方清理、土石方开挖、爆破等施工活动，以及渣土清运等作业，破坏了地表结构，造成土壤疏松，产生施工扬尘。

2．水污染源

项目土方开挖过程中区内汇集浅层地下水，日均排出水量约为 50 m^3/d，最大涌水量为 1 607.8 m^3/d。；围护桩施工阶段，导管清洗产生废水；施工车辆驶出施工场地时进行冲洗，产生冲洗废水；高峰期施工人员数量约为 1 000 人，按平均每人每天 20L 的生活污水排放量计算，施工期生活污水日排放量约为 20 t/d。

3．噪声源

施工机械主要包括挖掘机、推土机、装载机、油锤、自卸车、旋挖钻机、商品砼运输车、钢筋切割机、钢筋弯曲机、木工切割机、电焊机、发电机、冲击钻、电锯等，各施工器械噪声源强汇总见表 10-6。

4．固体废物

施工期产生的固体废物主要来源于土石方挖掘过程中产生的弃方，总挖方量为 130 万 m^3，填方量为 13 万 m^3，弃方量为 117 万 m^3；建筑施工中产生的废钢筋、模板、涂料和包装材料等施工垃圾；施工人员产生的生活垃圾约为 0.2 t/d。

表 10-6　主要施工机械的声压级

施工器械名称	测点与施工机械距离/m	噪声源强/声压级
铲车	1	72
装载机	1	73
挖机（带破碎锤）	1	101
挖掘机	1	75
自卸车（商品砼运输车）	1	80
喷锚钻机	1	97
钢筋切割机	1	75
钢筋弯曲机	1	70
木工加工棚	1	75
抽水泵	1	65
电焊机	1	80
冲击钻	1	80
电锯	1	80
汽车吊	1	85

（二）运营期

1. 大气污染源

（1）汽车尾气

机动车地下停车位为 1 210 个，货车卸车位为 38 个。一般机动车车位的周转次数约 4 次/天，货车卸车位的周转次数约 8 次/天，汽车在车库内的行驶距离按平均 800 m 计，总行驶距离为 4 115.2 km/d。

排放的主要大气污染物是 NO_x、HC 和 CO，排放系数按照单车 CO 71.95 g/km、HC 11.44 g/km、NO_x 2.37 g/km；车库每小时换气 6 次，换气量约 253 万 m^3/h。根据计算，车库污染物排放情况见表 10-7。

表 10-7　地下车库汽车尾气污染物排放情况

污染物	排放因子/（g/km 辆）	总排放量		单个排气口排放速率/（kg/h）	排放浓度/（mg/m^3）
		kg/d	t/a		
CO	71.95	296.1	108.1	7.40	11.69
HC	11.44	47.1	17.2	1.18	1.86
NO_x	2.37	9.8	3.6	0.245	0.39

（2）餐饮废气及油烟

①燃气燃烧废气。餐饮煤气耗量约为 23 406 m^3/d，8 543 190 m^3/a。计算得废气中各污染物的排放情况见表 10-8。

表 10-8 厨房燃气燃烧污染物排放量

污染物	燃烧每 $100\times10^4\ m^3$ 燃料气排放的各污染物量/（$kg/10^6\ m^3$）	排放量/（t/a）
氮氧化物（以 NO_2 计）	1 843.24	15.7
二氧化硫（SO_2）	630	5.4
烟尘	302	2.6

②餐饮油烟。每日运行时间约 6 h，排风量为 60 000 m^3/h，油烟净化效率按 90%考虑，油烟的排放浓度为 1.8 mg/m^3，年排放量约为 0.648 t。

2. 水污染源

主要包括盥洗、冲厕、餐饮废水及停车场冲洗废水等。日排水量为 2 732.3 t，经过化粪池、隔油池预处理后各污染物的排放浓度分别为 COD 300 mg/L；BOD_5 250 mg/L；SS 300 mg/L；NH_3-N 30 mg/L，各污染物的排放量为 COD 277.5 t/a，BOD_5 231.2 t/a，SS 277.5 t/a，NH_3-N 约 27.8 t/a。

3. 噪声源

噪声源有地下停车库汽车噪声；各类水泵，包括生活用水泵、污水泵、中水泵、消防水泵等；空调系统，噪声源包括制冷机组、冷却塔、水泵、风机等；通风系统，主要包括地下室的通风、影院的通风、厨房的通风等，主要噪声源为风机房内的风机；备用发电机噪声。噪声源种类及源强见表 10-9。

表 10-9 噪声源种类及源强

序号	噪声源种类	声压级（声源外 1 m 处）/dB（A）	噪声源位置	使用时间
1	机动车	60～65	地下车库出入口、地下二层、地下三层夹层、地下三层	全年昼间使用
2	各类水泵	70～75	地下三层	全年间断使用
3	空调冷却塔	83	西侧 7 层的楼顶、东侧 6 层楼顶	夏季使用，年使用时间约为 90 天
4	制冷机组	70～80	地下三层	夏季使用，年使用时间约为 90 天
5	风机	70～80	地下三层、地下二层、地下一层、一层、五层	连续使用
6	发电机	85～95	地下一层、二层、三层	间断使用，年使用约 14 个小时

4．固体废物

主要来源于工作人员、顾客生活垃圾，厨余垃圾。产生量见表 10-10。

表 10-10　固体废物种类、产生量及处置措施

种类	产生量	处置措施
生活垃圾	5 467.7	环卫部门收集至垃圾填埋场
餐饮垃圾	756	环卫部门收集至垃圾填埋场，远期市政建成专门餐厨垃圾处理厂时运至专门餐厨垃圾处理厂处置

（三）环境影响因子识别与评价因子的筛选

1．环境影响因子识别

根据工程分析，环境影响因子识别结果见表 10-11。

表 10-11　环境影响因子识别结果

工程阶段	环境因子	大气环境	地表水环境	土壤及地下水	声环境	社会环境与经济
施工期	基础施工	○	×	△	○	○
	建筑施工及装修	△	×	×	○	○
运营期		△	×	×	△	○

备注：×无影响；△稍有影响；○有较大影响。

2．环境影响评价因子筛选

筛选出的环境影响评价因子见表 10-12。

表 10-12　评价因子

时段	环境要素	现状评价因子	影响评价因子
施工期	环境空气	SO_2、NO_2、PM_{10}、TSP	施工扬尘（TSP）
	地表水	/	pH、BOD_5、COD 和 SS
	固体废物	/	施工弃土和垃圾
	声环境	等效连续 A 声级 L_{Aeq}	等效连续 A 声级 L_{Aeq}
运营期	环境空气	SO_2、NO_2、PM_{10}、TSP、CO、THC	SO_2、NO_2、TSP、CO、THC、油烟
	地表水	/	COD、BOD_5、SS、氨氮
	固体废物	/	生活垃圾、餐饮垃圾
	声环境	等效连续 A 声级 L_{Aeq}	等效连续 A 声级 L_{Aeq}

点评：

1. 工程分析

环境影响评价工程分析的实质是判定环境影响的源和强度，以及影响环境的途径(包括施工方式、营运方案，以及工业类项目的工艺过程等）。特别是对重点工程应深入进行分析（包括其位置、规模、组成、施工工艺及营运方案，可能产生的环境影响性质、方式与程度，周边可能涉及的环境保护目标等）。这是环境影响评价非常重要的内容，是确定评价等级、范围，以及进行影响预测、分析和提出针对性的环境保护措施的基础。

工程分析的基本要求是工程组成完全、重点工程明确、全过程分析、污染源分析以及其他分析要充分，这在实际环评工作中应充分重视，在工程分析中，还需注意物料平衡分析（土石方平衡、水平衡，某些工业类项目还需要分析特定的元素平衡等）。

本案例染源分析还是比较全面的。但需要补充说明土石方平衡、水平衡等内容。

2. 环境影响因素识别与评价因子筛选

环境影响识别一般采取列表法，本报告在列表之前对可能发生的影响做了说明，更有助于初学者或不了解本项目影响因素的人，能够更容易地识别。实际环评报告编写中，可以只列表给出即可，不必予以说明。因为在后面的工程分析中是会具体说明的。

影响识别要充分体现工程特征和环境敏感性特征等因素，如本工程除考虑其拆迁、施工时的扬尘、噪声、废水以及景观影响外，对其营运期的汽车尾气、噪声等影响也需特别关注。此外，还应关注其餐饮可能发生的各类污染。

影响识别也应充分体现工程特点，对于本项目而言，应对大型购物广场、停车场、大型餐饮店、溜冰场等在建设及营运过程中可能产生的不利环境影响进行重点识别。

在社会生活中，很多餐饮店是单独进行环境影响评价的，这类项目环境影响主要是油烟污染、生活污水、生活垃圾和噪声，以及异味、卫生健康等方面的问题，对周边居民的影响较为突出，应提出严格的污染防治措施。油烟应经净化设备后通过专用烟道达标排放，生活污水应经适当处理后排入市政管网，进行城市污水处理系统，生活垃圾应分类，交由环卫部门及时处理处置，严格控制使用高噪声音响等设备招揽顾客。

关于评价因子的筛选，还需注意现状评价因子与预测评价因子的不同，以及常规因子与特征因子的识别与选择。本项目在环境影响因子识别环节做得较为全面，既有常规环境因素，也有社会环境因素；但在环境影响评价因子筛选环节中遗漏了社会环境影响评价因子如交通堵塞，城市生态等，这是其不足之处。

四、环境现状

（一）环境功能区划

1．环境空气

根据大政办发[2005]42 号，本项目拟建地为二类环境功能区，具体功能区划图见图（略）。

2．声环境

根据大政办发[2006]190 号，本项目拟建地为 1 类标准适用区，具体功能区划图见图（略）。本项目北侧与五四路相邻，五四路属于城市交通干线。交通干线两侧建筑若以高于 3 层楼以上（含 3 层）的建筑为主，则将第一排建筑物面向道路一侧的区域划为四类标准适用区域，余下路段（含开阔地），将道路红线外 45 m 内的区域划为 4 类标准区域（相邻区域为 1 类标准适用区）。

（二）环境空气

项目所在区域的 SO_2、NO_2、NO_x、CO 的小时值、日均值均能满足《环境空气质量标准》（GB 3095—1996）以及《环境空气质量标准》（GB 3095—2012）的二级标准的要求；TSP、PM_{10} 的日均值能满足《环境空气质量标准》（GB 3095—1996）以及《环境空气质量标准》（GB 3095—2012）的二级标准的要求；总烃的小时值能够满足以色列总烃小时浓度标准要求，环境空气质量较好。

（三）声环境

项目东、南、西三个边界的昼间、夜间的等效连续 A 声级均超出了《社会生活环境噪声排放标准》（GB 22337—2008）中 1 类区标准要求，昼间最大值为 65.8 dB（A），夜间最大值为 53.3 dB（A），出现在西侧边界，昼间、夜间超标分别为 10.8 dB（A）、9.7 dB（A）；北侧边界等效连续 A 声级均超出了《社会生活环境噪声排放标准》（GB 22337—2008）中 4a 类区标准要求，昼间、夜间超标分别为 1.5 dB（A）、9.5 dB（A），主要原因是临近道路，交通噪声影响所致。

（四）地下水

项目所在地地下水监测指标中，除了亚硝酸盐、氨氮和总大肠菌群满足《地下水质量标准》（GB/T 14848—9）中的Ⅴ标准外，其余指标都达到了Ⅲ标准。

点评：

给出环境功能区划的目的主要是为了确定评价标准，而评价标准在一定程度上也反映了环境保护目标（注意这里的“目标”与前面提到的受影响的“环境保护目标”不是一回事儿，即这里所说的“目标”不是对象——学校、医院、居民区或党政机关等，而是环境保护应达到的目标——标准）。建设项目应符合政府颁布的环境功能区划的要求，是环境影响评价的“目标”之一。

涉及各类环境功能区划时一般应给出环境功能区划图。本报告给出环境空气和声环境功能区划，是比较好的。

环境现状调查与评价亦是环境影响评价的基础。现状调查应全面、详细和具体，特别要突出敏感保护目标的调查，在现状调查的基础上，再进行必要的现状监测，根据监测数据进行质量评价以确定环境质量水平。

环境监测时一定要遵循导则或技术规范的要求。在监测之前，环评人员须编制具体、详细的监测方案（包括监测点位的布设、监测指标与频率、监测时间、监测方法、监测结果、监测时的环境条件以及全过程质量控制要求等），应委托具有资质的监测机构实施监测，确保监测结果的真实性。大气、噪声、地下水的监测应给出监测布点图，河流地表水监测应给出监测断面图，湖库监测应给出取样点位图。

此外，现状调查与评价应指出项目所在区域或评价范围内的主要环境问题，并对环境问题进行必要的分类，分析产生环境问题的原因。而且在其后的环境影响评价中也应对项目建设是否会导致环境问题进一步加剧或使既有环境问题得到解决或缓减等进行必要的分析与说明。此外，本项目应对周边社会环境进行全面的调查。

五、环境影响评价

（一）施工期

1. 废气

施工期环境空气影响主要为施工扬尘对靠近施工场地周围各环境保护目标的影响。做好防尘网铺设、现场洒水降尘、道路洒水降尘等措施后，影响较小，且项目施工为短期行为，施工结束后影响也随之结束。

施工器械燃料燃烧烟气对周边环境影响较小。装修阶段的装修废气均在建筑物室内进行，对外环境影响较小。

2. 废水

施工废水经沉淀池沉淀后回用于场地洒水降尘、周边道路冲洗等，剩余部分排入雨水管网，对外环境影响较小。

施工人员生活污水经场地内厕所收集后，经化粪池预处理后排入市政污水管网，污水量较小，对周边环境影响较小。

3．噪声

根据《环境影响评价技术导则　声环境》（HJ 2.4—2009）推荐的方法，采用无指向性点声源几何发散衰减模式（略）进行预测。

根据预测，本项目主体建筑施工及装饰、装修阶段仅在A楼一层及B楼有0.1 dB（A）的噪声增量，其余各点预测值均为背景值；夜间在A楼有0.1～ 0.4 dB（A）的噪声增量，本项目主体建筑施工及装饰、装修阶段昼间施工时对周边敏感点影响较小，夜间有一定增量。

4．地下水

本项目建筑主体包含三层地下室，建设施工过程中需要进行基坑的开挖，开挖深度为 20～30 m。本项目施工部分地下水类型为潜水，基坑开挖过程中会有浅层地下水涌出，项目的建设扰动了浅层地下水。

本工程采用止水帷幕＋坑内明排的方式进行土石方开挖阶段降排水。在整个基坑止水帷幕封闭之前随土方开挖进度进行明排降水施工。同时，为保证坑外水位不随基坑内明排降水而下降，结合基坑监测施工图纸布置坑外水位监测孔，对坑外水位进行观测，若坑外水位下降高度满足要求，则可以继续开挖，若坑外水位下降高度不满足要求，则停止坑内降水及开挖，待止水帷幕封闭后才继续。如下图示意（图 10-1）：

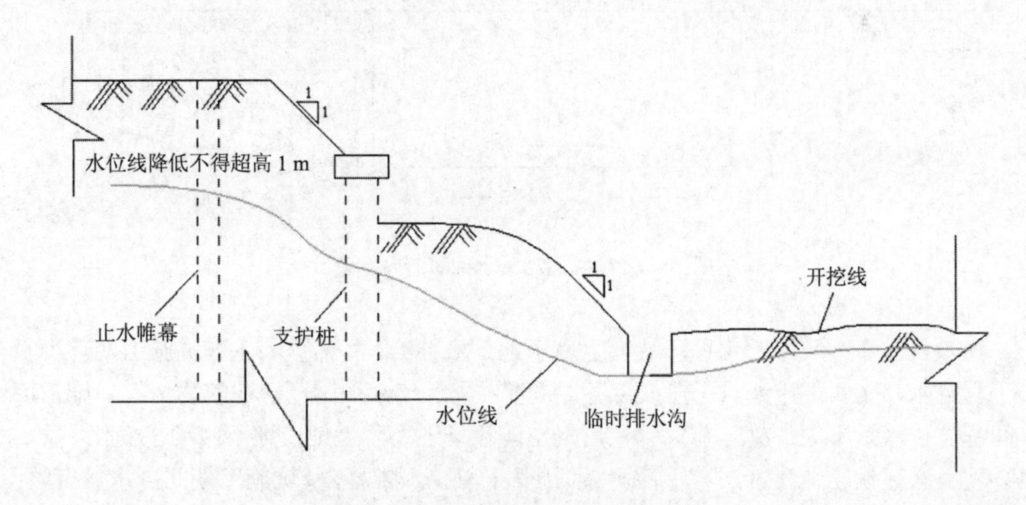

图 10-1　止水帷幕封闭前降水示意

根据对项目施工区块地下水位的跟踪监测，项目区地下水位自 2010 年 3 月份开始上升，至 9 月份以后，地下水位趋于平稳，变幅不大；第二年 7 月以后，地下水位又开始上升。枯水期、平水期水位相比较，丰水期水位变化大。区块地下水位变化趋势与区域的地下水动态变化同步。

在地下水流场的上游区（项目区块南侧），即新华街方向，由于基坑帷幕起到隔水层的作用，地下水水位略有上升，但幅度不大，对整个地下水流场的影响不大。在下游区（项目区的北侧），即五四路方向，地下水水位略有下降，地下水径流量有所减少。东西两侧的地下水水位略有上升，地下水径流量稍有增加。项目区径流方式不变，见图 10-2、图 10-3。

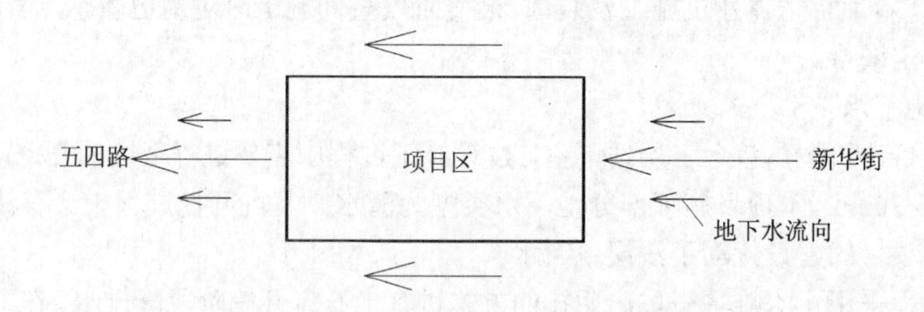

图 10-2 项目区地下水平面流向示意

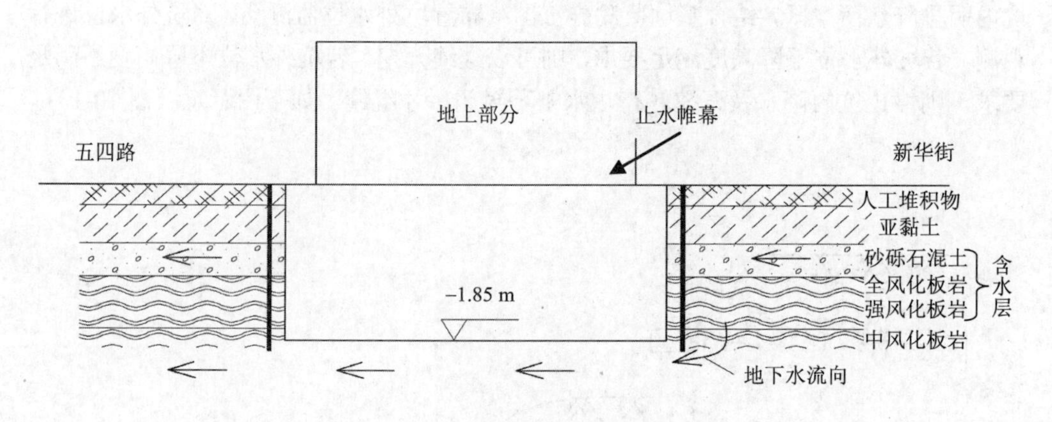

图 10-3 项目区地下水剖面流向示意

项目区在区域地下水循环特征上属于地下水补给、径流区，在基坑施工期有少量工程排水，又属于排泄点。在项目区，根据：①近年来周围已建建筑物情况，施工期间基坑排水量不大，施工前、中、后期，建设场地及附近地段地下水动态变化不大；②项目区建设场地含水层富水性弱，四周又采取止水帷幕，基坑施工期间排水量有限；③基坑施工结束后，人为排泄停止，项目区恢复为补给、径流区。所以，项目区内基坑施工期及施工完成后期，对区域地下水流场影响较小。

（二）运营期

1．废气

地下车库尾气下风向下各距离的浓度贡献值均低于《环境空气质量标准》的二级标准要求；各污染物的最大落地浓度分别为 CO 11.98 μg/m^3，占到标准的 0.12%；NO_x 0.407 μg/m^3，占到标准的 0.16%；HC 1.919 μg/m^3，占到标准的 0.04%。浓度均较小。燃料燃烧烟气及油烟等达标排放，对外环境影响较小。

2．废水

本项目污水不直接向外环境排放，经预处理后排入位于五四路的市政污水管网最终进入马兰河污水处理厂进行处理。废水排放量为 2 732.3 t/d，仅占马兰河污水处理厂处理水量的 1.37%，对污水处理厂的负荷增加较小，对外环境影响较小。

3．噪声

采用无指向性点声源几何发散衰减公示对本项目的各噪声源对周边敏感点产生的影响进行预测。结果表明，本项目运营期冷却塔、风机对项目边界的影响较小，声环境影响是可以接受的。

4．光污染影响

本项目建筑外部大部分采用玻璃幕墙的设计，选用中空 Low-E 玻璃为主要采用，反射率为 8%～14%，属于低反射材料。

根据所在城市太阳光照最强时为夏至日，太阳光照最弱时为冬至日，选定春分、夏至、秋分和冬至四天为典型天，再根据太阳运转轨迹推算一年的影响情况。对于每个典型天，以 1 小时为单位分别选定春秋分、夏至日以及冬至日为典型日，预测一天的反射光影响情况。本项目玻璃幕墙春分、夏至、秋分和冬至四天中各型幕墙表面的最大亮度均小于 3 400 cd/m^2，项目外部幕墙的主体部分表面的最大亮度均小于 2 000 cd/m^2，反射光对周边建筑的影响属于可接受范围；墙型-E 秋分 10：00 最大亮度值为 3 353.662 000 cd/m^2，但由于该墙型所处的高度较低，位于一、二层，反射光影响距离较短，不会对周边建筑产生影响。对教师大厦 10 号楼、香洲花园酒店北塔的影响程度属于“有轻微影响”和“可接受”的范围，香洲花园酒店南塔和商务办公楼、教师大厦其他住宅楼基本不受影响。本项目玻璃目前产生的反射光与西边道路的夹角较大，同时幕墙表面亮度较低，不会对过往车辆产生眩光影响，属于“可接受”的影响。

点评：

影响评价必须全面（全部工程活动及全过程）、具体（较为详细的过程。预测包括预测模式、选取的参数，预测的结果等），突出重点（抓住重点工程和敏感保护目标）。环境影响评价技术人员须对大气、噪声、地表水、地下水等常规的、成熟的预测模型及参数选取条件等充分熟悉。

本项目分施工期和营运期进行环境影响评价是适宜的。施工期影响突出扬尘和噪声影响是合适的。本项目的特点是：①针对本工程地下工程量较大的特点，评价中也突出了对地下水的影响，这是本项目做得较好的一个方面。地下水影响评价应根据《环境影响评价技术导则　地下水环境》，实事求是地进行评价，并针对可能产生的影响提出可行、实用的措施；②本项目根据采用玻璃幕墙的实际情况，针对其光污染进行了必要的分析、评价，做得深入详细，这也体现了项目特点。

本项目不足之处是：①未回答地下车库排气口污染物可否达标排放，②未提出排气口不能朝向人群集聚区。

鉴于本项目组成较为复杂，规划建设内容包括大型高级购物中心，内部功能包括商铺、餐饮、电影院、溜冰场、停车场等。在环境影响评价中有必要针对这些具体的建设项目的施工期和营运期环境影响进行有针对性的影响分析或评价。除此之外，作为大体量建筑还有必要进行景观影响或景观协调性的分析。此外，还应关注城市生态和社会环境影响，包括拆迁、交通、休闲绿地影响等，本项目在这些方面尚显得简单薄弱。

此外，由于本项目是以对外招租的方式进行营运的，其环境影响有不确定性。这是本项目环境影响评价有必要进行分析的内容之一。

六、环境保护措施

（一）施工期

①采取封闭式施工，施工期在现场设置 6 m 高的密闭围挡；硬化施工现场运输道路路面，每天在施工活动的区域、物料运输道路至少洒两遍水，运输路面要有专人清扫。土石方作业挖掘的土方每日清运，不在施工作业现场堆存，遇特殊情况不能清运的，土方表面应采用苫布覆盖并洒水等措施；裸露的施工作业场地及时平整夯实，并用密布网覆盖。使用商品砼，不在现场进行混凝土搅拌作业。

②运输车辆、施工场地内运输通道及时清扫、冲洗；车辆出工地前设置车轮冲洗设备，尽可能清除表面黏附的泥土；运输砂石料、水泥、渣土等易产生扬尘的车辆上采用覆盖苫布。

③对施工场地收集的雨水、地下涌水进行收集，回用于车辆车轮冲洗、施工器械的清洗。

④生活污水由施工区域的厕所进行收集，收集后进化粪池处理，处理后的出水排入市政污水管网。

⑤除在施工场地边界设置 6 m 高的密闭施工围栏外，在临近民运街和大同街侧，围栏采用吸音、隔音材料制成，隔音效果能达到 17 dB（A）。

⑥钢筋切割机、弯曲机等设备设置于钢筋制作棚内。

⑦废弃土石方清运至东港填海区。

⑧生活垃圾设立桶装生活垃圾桶，集中收集后交由当地环卫部门处理处置，不随意丢放。

⑨在基坑开挖前在场地四周建设止水帷幕，减少地下水的渗出。

⑩大风日尽量避免土方施工作业，并适当增加施工作业场地和运输道路路面的洒水次数；主体建筑施工时，建筑外围安装防尘网。

⑪运输车辆进入施工场地应减速或限速行驶，减少产尘量；建筑材料轻装轻卸等。

⑫严格工程施工中的用水管理，对车辆冲洗废水设置沉淀池，进行沉淀后回用，不直接排放。

⑬避免在同一地点安排大量动力机械设备，以避免局部累积声级过高；各高噪声机械尽量置于地块较中间位置工作。

⑭制订施工计划时，应尽可能避免大量高噪声设备同时施工；除施工工艺要求必须连续作业的情景，禁止夜间施工；夜间施工必须报请有关部门批准，并将夜间作业时间安排公告公众。

⑮施工机械选型时尽量选用可替代的低噪声的设备，对动力机械设备进行定期的维修、养护，避免设备因松动部件的振动或消声器的损坏而增加其工作时的声压级；设备用完后或不用时应立即关闭。

⑯在操作中尽量避免敲打砼导管；搬卸物品应轻放，施工工具不要乱扔、远扔；运输车辆进入现场应减速慢行，严禁鸣笛等。

⑰施工期进行环境监理。

（二）运营期

①加强地下车库管理，对进出的车辆应减速或限速行驶；

②地下车库采用抽排风系统，通过抽排风系统将尾气送至建筑物楼顶排放。

③煤气燃烧废气经排烟管道收集至建筑物楼顶排放。

④餐饮油烟采用油烟净化器进行处理后至建筑物楼顶排放。

⑤备用发电机燃气燃烧烟气通过烟道引至建筑物楼顶排放。

⑥盥洗废水进入自建于地下三层的两个中水站进行处理后回用于冲厕；餐饮废水经隔油池预处理，冲厕废水进入化粪池预处理，同冷却塔排水、地下车库冲洗废水排入位于五四路的市政污水管网，最终进入马兰河污水处理厂进行处理。

⑦加强机动车辆的管理，限制进入地下车库的车辆行驶速度，以控制在 5 km/h 为宜，尽量降低噪声源强。

⑧将各类泵设于泵房内，采取基础减振措施。

⑨高噪声的风机房、制冷机组等均设置于地下室，并采取减震降噪。

⑩冷却塔安装在最少 75～100 mm 的变形量减震弹簧上，排风口加装消声器，并

设置在浮动底座上；四周搭建有吸音材料的隔音墙（顶部为露天）。

⑪中水站设置于地下，各设备选用低噪设备，并进行基础减振。

⑫生活垃圾由设置于商场的垃圾箱分类收集后，由保洁人员通过货梯运至地下三层干垃圾分类整理、暂存，每天由环卫部门进行清运处理。

⑬餐饮垃圾由各餐饮单位通过货梯运至地下三层湿垃圾收集中心暂存，每天由环卫部门进行清运处理。

点评：

环境保护措施主要是针对不利环境影响提出的，特别是对敏感保护目标的不利影响，是环境保护措施是环境影响评价的重要成果。根据预测、分析评价的结果，提出有针对性的保护措施是整个环境影响评价工作中最重要的内容，应针对各期各工程施工及营运产生的不利环境影响，特别是对保护目标的影响，分别提出相应的环境保护措施。

纳入本案例教材的只是本项目环评报告的“简本”，其不足之处是：虽然分期提出了环境保护措施，但并未针对不同环境影响因素（废气、废水、噪声、固体废物、地下水污染、光污染等），分类且有针对性地提出环境保护措施，特别是针对敏感保护目标的措施，也未针对本项目中的重点工程（大型高级购物中心、餐饮、电影院、溜冰场、停车场等）的不利环境影响提出有针对性的、具体的环境保护措施要求。光污染除在玻璃材质方面考虑外，应结合绿地建设，特别是高大乔木栽植来减缓其污染；油烟排放口应背向居民区并在楼顶排放。

环评工作中要注意，所提措施一定要成熟、切实可行，确实能够达到保护环境，避免或解除、减缓不利环境影响的效果。某些措施可以通过优选、比较来说明其可行性。重要的是，作为环境影响评价技术人员，既应对一些常见的环境污染治理措施有一定的掌握，如施工期污水的处理与回用、生活污水的处理、噪声污染治理、扬尘污染控制、生活垃圾的处理处置等，也应对自己从事的行业类别的污染治理与控制技术有所掌握，如本项目所涉及的危险废物处理与处置要求等，而且要对其处理工艺有一定的了解。

另外，环境保护措施之后，应给出“三同时”验收一览表。

七、公众参与

（一）调查方法、对象和步骤

1．调查方法（略）

2．调查对象（略）

3．调查步骤

（1）第一次公告（略）

（2）第二次公告（略）

（3）补充公示

根据环保部2012年发布的第51号公告"关于发布《建设项目环境影响报告书简本编制要求》的公告"的要求，重新编制了项目报告书简本，并进行补充公示。

（二）公众参与结果

1. 团体问卷调查结果

2012年10月8日至13日及10月29日至11月1日期间，共发放团体表10份，收回团体表10份。77.8%的单位表示支持项目的建设，22.2%的单位有条件支持项目的建设，没有不支持项目建设的单位。

2. 个人问卷调查结果

2012年9月29日至10月13日及10月29日至11月1日期间，开展了公众问卷个人调查。共发放400份，有效问卷388份，有效率为97%，有效问卷调查对象的数量分布情况见表（略）。调查的388名受访者，均为本项目敏感目标内居住和工作的公众，直接受本项目施工期和运营期影响的占80.9%，间接受影响的占19.1%。根据统计分析结果，80.4%的受访者支持本项目的建设，17.5%的人有条件支持本项目的建设，2.1%的人不支持本项目的建设。通过电话回访，以及面对面的沟通，和受访者耐心交流和解释，8名不支持项目建设的受访者表示有条件支持，所以最终本次调查的结果是80.4%的人支持项目的建设，19.6%的人有条件支持本项目。

（三）公众意见反馈及采纳与否说明

1. 团体意见

根据对项目周边9家单位进行的调查，具体意见及采纳说明见表10-13。

表10-13　有关部门意见和建议的采纳情况说明

部门	针对项目的意见	采纳与否	说明
区环保局	①施工期间进行环境监理，监理合同及设计方案、监理报告上报西岗区环保局 ②施工前进行排污申报 ③夜间施工需要上报西岗区进行审批 ④餐饮油烟的排气筒需要单独设置	采纳	本项目严格按照国家有关标准和要求执行，办理相关手续；餐饮油烟排气筒单独收集经油烟净化装置后排放
社区居委会	尽量降低噪声	采纳	项目施工期在场地四周建设6 m高的施工围栏，且靠近教育大厦、香洲花园酒店侧围栏安装有隔音材料；运营期各类风机、制冷机组等均设置于地下
街道派出所	扬尘、噪音扰民应该给予经济补偿	采纳	建设方将与物业、居民协商补偿措施，按照国家和地方的补偿标准进行合理补偿

2．个人意见

受调查的388人中，共有116人对本项目建设和发展提出了意见和建议，经沟通，具体采纳情况及说明见表10-14。

表10-14　个人意见采纳情况及说明

序号	要求与建议	采纳与否	具体说明	结果
1	做好环保措施，不影响老百姓正常生活	采纳	降噪：场地四周建设6 m高的施工围栏，且靠近教育大厦、香洲花园酒店侧围栏安装有隔音材料；抑尘：及时清运场地内的渣土，并及时在场地及周边道路进行洒水降尘，临时堆土采用苫布进行覆盖；固废：生活垃圾每天由环卫部门清运，建筑垃圾每天清运至东港填海区；废水：施工生产废水经沉淀后回用，生活污水经厕所收集化粪池预处理后排入市政污水管道； 运营期：餐饮油烟经油烟净化器处理后收集建筑物楼顶排风百页排放；生活废水经预处理后排入市政污水管网；高噪声设备安放于地下室；生活垃圾、餐饮垃圾及时由环卫部门清运	满意
2	减低噪音，尽量避免夜间施工	采纳	场地四周建设6 m高的施工围栏，且靠近教育大厦、香洲花园酒店侧围栏安装有隔音材料。夜间禁止施工，如由于工艺要求需夜间施工时，向环保局进行申请，并进行公示	满意
3	施工噪声影响生活，需要给予一定经济补偿	采纳	建设方将与物业、居民协商补偿措施，按照国家和地方的补偿标准进行合理补偿	满意
4	营运期应加强治安卫生管理	采纳	项目建成后，将形成完善的物业管理及安保管理工作，配合政府做好区域的治安、卫生管理工作	满意
5	教师大厦周边地区道路交叉纵横，来往车辆乱鸣笛现象严重，希望政府部门切实严格管理，勿再扰民	采纳	运输、施工车辆，将严格按照相关规定，按照审批的路线进行渣土清运，禁止在居民区侧鸣笛	满意
6	依据市政府有关施工规定，建设及完善好此项目，使人民群众满意为宜	采纳	严格按照政府有关规定，完成项目建设的同时，尽量不影响居民的正常生活	满意
7	商场东西太贵，买不起，与我无利	不采纳	与环境保护无关	—
8	加强排放监控	采纳	本项目制定了施工期和运营期的监测计划，将对各污染物的排放进行监控管理	满意

序号	要求与建议	采纳与否	具体说明	结果
9	做好停车管理，减少光污染	采纳	本项目设置了地下停车库，地面不设置停车位，运营后做好地下停车库的进出管理，减小对周边居民的影响；本项目采用低反射率的玻璃，减小光污染对周边居民的影响	满意
10	施工方尽可早完成建筑施工任务	采纳	建设方将严格管理施工单位，按照施工计划进行施工	满意
11	对项目西侧摊点，加强管理	采纳	项目建成运行后，将不允许四周有散乱的摊贩	满意
12	施工车辆坏了不能在小区附近进行维修	采纳	建设方将严格管理施工单位，对于需要维修车辆尽量送至维修厂进行修理，减小对周边居民影响	满意
13	控制施工时间	采纳	建设方将严格管理施工单位，按照国家规定的施工时间进行施工	满意
14	运营设施考虑便民	采纳	项目建成后，内部安排为商铺、电影院、溜冰场、餐饮等，均为便民服务	满意
15	商场建成运营后，不能采用高音喇叭进行宣传	采纳	项目建成后，将通过各种媒体进行广告宣传，不会采用高音喇叭宣传	满意
16	施工车辆杂乱停放，占用了人行道，要求解决	采纳	施工过程中做好施工计划，尽量减小施工车辆在周边道路杂乱停放，减小对周边居民的影响	满意
17	减少野蛮施工，杜绝噪音污染，保护碧海、蓝天、净土	采纳	建设方将严格管理施工单位，减小施工过程中由于施工人员人为产生的噪音污染，施工材料、器械轻拿轻放	满意
18	解决停车问题，多绿化	采纳	本项目设置有地下停车库，提供 1 210 个停车位；项目采用屋顶绿化及周边绿化结合的方式，绿化率达到 30%	满意
19	大车压路严重	采纳	以后施工过程中严格管理施工单位，严禁超载，对已损坏公路，将按照相关部门的要求进行修补和赔偿	满意
20	垃圾及时清理	采纳	本项目运营后垃圾暂存于地下三层的垃圾间内，每天由环卫部门进行清运	满意
21	运输废渣时考虑环境，不要漏渣	采纳	严格对施工车辆的管理	满意
22	进行国际化管理，周边多高绿化，使之更美丽	采纳	建设运行后，将按照恒隆的管理模式进行国际化管理，绿化采用屋顶绿化及周边道路绿化相结合的方式，考虑美观	满意
23	运营期间夜间照明考虑周边居民	采纳	项目建成运行后，夜间将关闭不必要的灯光，减小对周边居民的影响	满意
24	加强管理，多沟通，有力监管，定期公示	采纳	施工期间委托环境监理，对施工期的环境保护措施进行监管；夜间施工上报当地环保部门审批，并进行公示	满意

序号	要求与建议	采纳与否	具体说明	结果
25	项目建成后，招商过程中考虑本市市民	采纳	本项目建成运营后，将公开进行招商引资	满意
26	该项目的建成将为本市商业格局的变化带来“鲶鱼”作用，同事也提高了服务业的档次，希望施工进度加快，尽量避免一些影响市民生活的项目的拖沓和违建产生，并在开业后做好各项维护和服务	采纳	本项目将建成高档的大型商场；严格按照施工计划进行施工，不拖沓；运行后严格管理	满意

3. 不支持意见的反馈与处理

被调查对象中不支持的公众有 8 人。针对不支持的意见，具体处理办法及反馈的意见汇总见表 10-15。

点评：

除国家规定的保密项目外，公众参与是各类开发建设项目以及规划环境影响评价的重要内容。环境影响评价技术人员必须高度重视，在环境影响评价中依法、依规进行公众参与调查。可以采取多种多样的方法和途径进行公众参与调查，并要在环境影响报告中充分体现公众参与的过程和结果。重视反对意见，对反对意见有回访或反馈。对于本项目而言，公众参与也是整个环境影响评价的重点工作，必须做实。本项目公众参与的整个过程是具体的、详细的，总体较好。

公众参与调查必须满足“四性”要求，即合法性、代表性、真实性、有效性。

八、结论

该项目为商场建设项目，建成后使用功能包括购物商场、餐饮、电影院、溜冰场等，总建筑规模为 37.19 万 m^2。建成后全部采用对外招商租赁的经营方式。不属于国家《外商投资产业指导目录》（2011 年本）中限制和禁止类产生，符合国家产业政策。本项目建设于原城市体育场拆迁后的用地，符合“城市总体规划”的要求，被列为省及市重点项目。项目排放的废气、废水和噪声均能做到达标排放，对环境质量影响较小，在严格执行“三同时”制度和省、市各项环保法规，落实本次评价提出的各项环保措施，可有效控制项目建成后的污染影响前提下，本项目建设是可行的。

表 10-15 个人意见采纳情况及说明

姓名（字母）	所属社区	不支持理由	处理办法	说明内容	最终反馈
A	教师大厦	商场东西太贵，买不起	面对面沟通、电话回访	运行后招商引资会综合考虑市民的消费水平，将采用各项废水、废气、噪声的处理措施，达到国家相关标准要求	在了解项目采用的设备标准及安装位置后，认为如果能够达到设计标准，则可以认为该项目是对百姓生活带来便利，是支持的
B		自施工以来机械、排渣噪声特别大，严重影响居民生活，未采取消音设施，使市民休息、睡眠受到了很大影响；施工时间不按要求，晚上很晚还在施工，违反了施工时间和规定；道路破坏严重，行人不便通行，铁板铺设不平，汽车走过声音很大，尤其是晚上更大，影响睡眠和休息	面对面沟通、电话回访	项目在施工场地的边界设置了 6 m 高的施工围栏，且临近教师大厦侧使用隔音材料；后续施工过程中将严格管理施工单位，按照规定的施工时间施工作业；合理安排周边道路的铺板	施工时间未满足地方政府要求，在满足相关要求的同时做好施工期间噪音控制，除此之外无条件支持
C		对周边环境治安有影响	面对面沟通、电话回访	施工期和运行期将严格管理现场，减小治安的影响；同时说明了本项目采取的各项环保措施	经过对项目建设期间各环保设施的了解，认为在达到国家相关标准要求的同时，对该项目是支持的

姓名（字母）	所属社区	不支持理由	处理办法	说明内容	最终反馈
D	教师大厦	根本做不到以上规定，环境基本达不了标	面对面沟通、电话回访	运营期餐饮油烟经油烟净化器处理后收集建筑物楼顶排风百页排放；生活废水经预处理后排入市政污水管网；高噪声设备安放于地下室；生活垃圾、餐饮垃圾及时由环卫部门清运。定期监测，保证做到达标排放。施工期场地四周建设 6 m 高的施工围栏，且靠近教育大厦、香洲花园酒店侧围栏安装有隔音材料；及时清运场地内的渣土，并及时在场地及周边道路进行洒水降尘，临时堆土采用苫布进行覆盖；生活垃圾每天由环卫部门清运，建筑垃圾每天清运至东港填海区；施工生产废水经沉淀后回用，生活污水经厕所收集化粪池预处理后排入市政污水管道。尽量做到达标排放，施工噪声和扬尘对距离较近的教师大厦产生了影响，将采用经济补偿	尽量降低噪声和扬尘的影响，认为项目建设投产后的影响较小，认为达到国家标准及政府要求，无意见
E	教师大厦	太乱	面对面沟通、电话回访	本项目将加强运营期的管理。同时说明项目的各项环保措施	主要是施工期间噪声和扬尘的影响较重，建议采用低噪声的设备及合理工序安排的同时进行施工，能提供一定的舒适环境，项目投入运行后，能满足国家标准要求的同时，支持项目的建成
F	教师大厦	传统的体育活动场所被破坏，严重影响青年和老年人锻炼	面对面沟通、电话回访	项目符合市及区的城市发展规划，根据市整体规划，在项目的西北侧将建设一个便民的体育场馆，解决周边居民健身、锻炼的要求	在满足各项环保措施实施的前提下，认为应服从规划的要求，虽然项目建成后周边车多繁华，但经济高速发展的年代应给予支持
G	教师大厦	感觉达不到所提措施，当初不应该拆	面对面沟通、电话回访	（解释基本同 D）	针对项目进展过程中各项环保措施均实施，支持
H	嘉汇大厦	因为废弃了老体育场，不支持。支持环保措施	面对面沟通、电话回访	（解释同 F）	虽然项目建设过程中有一定的影响，扰乱了生活，但影响期较短。在满足国家相关环保标准的前提下，能对当地经济增加起到带头作用，认为还是支持本项目的

点评：

环境影响评价结论应充分反映整个报告的评价成果，应是环评报告的“结晶”，提炼出来的“精华”。一般内容应包括：工程概况（工程名称、建设地点、建设性质、工程规模与组成等，以及工程投资、环境保护投资及所占比例）、产业政策与相关规划的符合性、环境质量现状、主要环境影响及措施、清洁生产、主要污染物达标排放与总量控制、公众参与等，对于某些项目，还应给出循环经济、节能减排，以及环境风险预测分析的结论。

案例分析

近年来，全国各地房地产开发及大型综合商场建设项目骤增，是环境影响评价社会区域类项目中较多的类型。由于此类建设项目的形式、规模、内容多种多样，其环境影响也是复杂多样，且既有共性也有个性。这类项目既有简单的只需编制环境影响报告表的，也有较复杂需编制在编制的“报告表”中附专题进行评价的，也有的很复杂需要编制报告书的。由于此类项目多位于城市市区内或划定的开发区域内，一般生态影响不是环境影响评价的重要内容（除非涉及特殊或重要生态保护目标）。但其施工期复杂的环境影响却不容忽视。

一、本项目特点及工程分析

本项目既有地上工程，也有地下工程。而且既有广场、停车场，还有商场、餐饮、娱乐等，是一个比较复杂的、有一定代表性的社会区域类建设项目。对相关单独项目的环评也有指导意义。

本项目在施工期对地下水的影响分析及其防护措施、运营期对玻璃幕墙的环境影响分析、公众参与这三个方面做得详细、认真、深入，有特色，做得较好，为类似的工作提供了一个较好的实例。

工程分析应在“工程概况”总结的基本上，分析、识别影响各环境要素的“源”，并判断其产生的主要污染物及排放的强度，即源强。基本要求就是工程组成完全、重点工程明确、全过程分析、污染源分析以及其他分析（视工程特性而定）。在环境影响因素或因子识别的基础上筛选评价因子，这是环境影响评价的基础。对于评价因子，除常规因子外，一般还应特别注意特征因子。另外，还应注意影响评价因子与现状评价因子。尽管现状评价因子与影响评价因子并无截然的区别，且往往有相同者。但现状因子一般为环境质量标准中的指标，而影响评价因子更关注工程产生的污染物因子。本项目环境空气评价因子选取了 THC 和油烟是合适的。

二、关于环境保护目标

环境影响评价特别关注对项目周边评价范围内的环境保护目标（对象）的影响。因此，环境影响保护目标的识别也是很重要的工作。在环境影响预测、分析和评价中必须明确对评价范围内的保护目标的影响性质与程度，这也是提出环境保护措施的依据。环评技术人员须对评价范围内的各类环境保护目标全部识别、调查清楚，包括其名称、类型（学校、医院、党政机关、村庄或居民住宅、河流或饮用水源、自然保护区、风景名胜区等）、规模、布局，以及与项目的距离等，应列表分类一一给出，最好附图件或照片给出实际情况。地下水的保护目标除须考虑区域水文单元外，很重要的是影响范围内的居民饮用水井。

对于“导则”规定的评价范围以外的重要环境敏感保护目标，应进行初步分析、判断对其是否会造成一定的影响，如有不利影响，也有必要进行调查，并给出评价范围图与敏感保护目标分布图。

三、影响评价与保护措施

在工程分析和环境现状调查、评价的基础上，确定敏感保护目标，然后分别针对各环境影响因素选择合适的预测评价模式或其他方法，对工程建设的“全过程”进行全面的影响预测、分析或评价，并明确对敏感保护目标造成的影响性质、程度，为有针对性地提出环境保护措施提供科学依据。有什么不利影响，就应针对不利影响有相应的措施。本案例对地下水影响提出的保护措施有一定的针对性。

案例十一　铜镍矿采选项目环境影响评价

一、建设项目概况

（一）项目概况

1. 项目地理位置

周庵铜镍矿矿区位于河南省南阳市唐河县湖阳镇，采选区及工业场地位于湖阳镇叶山村西，尾矿库位于湖阳镇下付田村西北 600 m 处的沟谷中，与选矿厂直线距离 8.8 km，尾矿输送距离 13 km。地理位置见图 11-1。

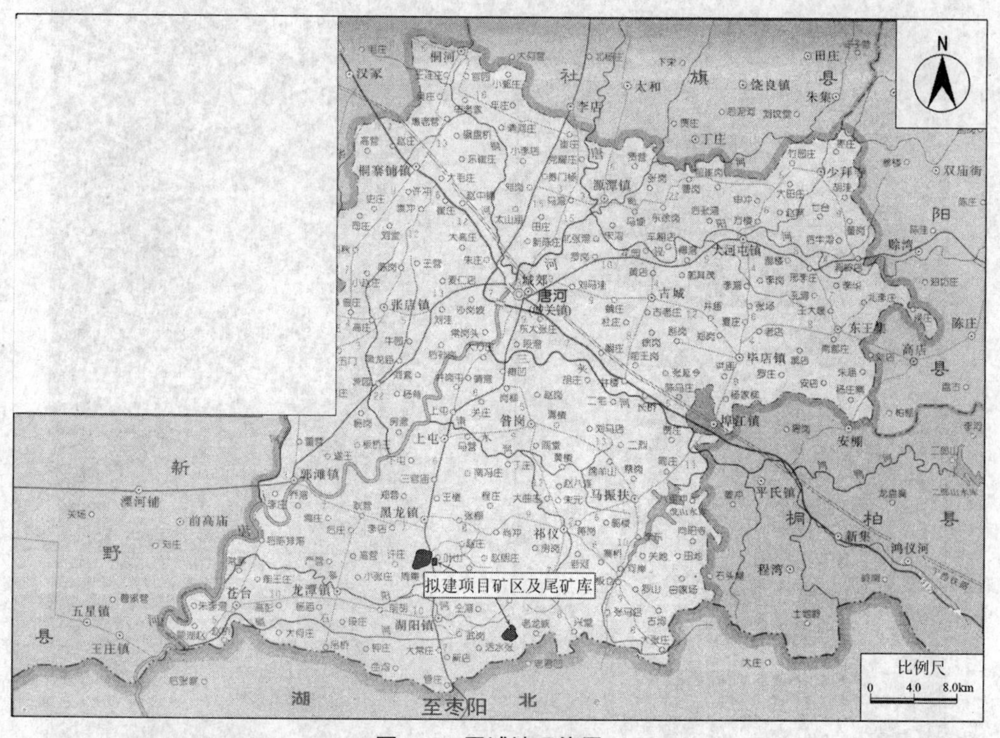

图 11-1 区域地理位置

2. 项目基本情况

矿区范围及资源储量：矿区范围由 8 个拐点圈定，面积为 2.608 8 km^2，资源储量为 4 669.18 万 t，Ni、Cu 平均品位分别为 0.32%、0.11%，Ni、Cu 金属量分别为 149 408 t、

51 359 t。

建设性质：新建。

建设规模：年采选原矿 330 万 t。

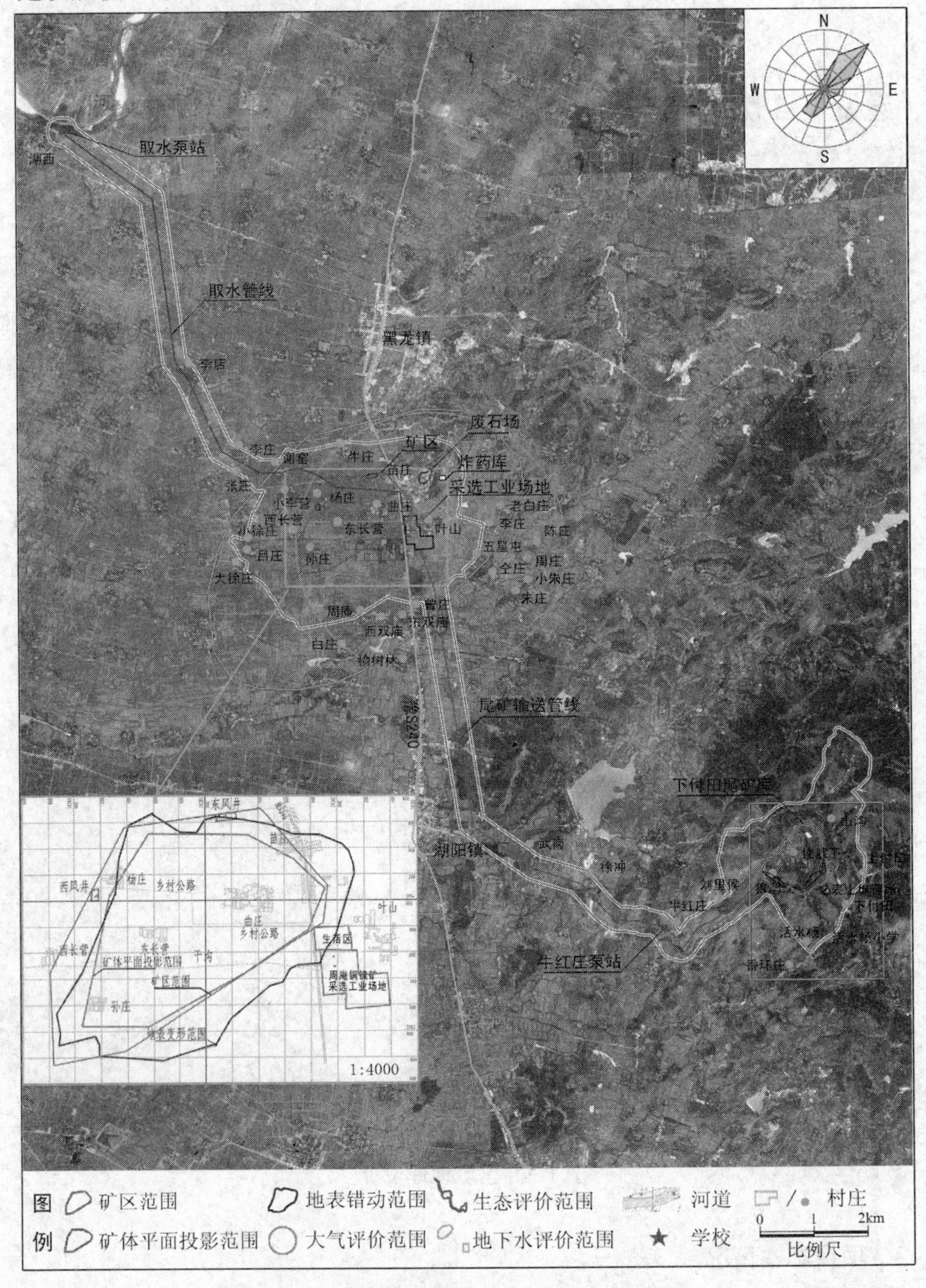

图 11-2 项目总体布置、评价范围及保护目标

采矿方法：地下开采，采用浅孔房柱采矿嗣后充填法和中深孔空场采矿嗣后充填法采矿。

选矿工艺：采用三段一闭路碎矿＋浮选工艺。

产品方案：铜镍混合精矿，产量 9.24 万 t/a。

建设内容及占地：采选工程由主井、副井、东西回风井、采选工业场地、废石临时堆场、尾矿库、生活区、取水地等组成，总占地面积为 113.47 hm^2。项目总体布置、评价范围及保护目标见图 11-2。

服务年限：矿山服务期 12 年。

劳动定员及工作制度：职工总人数为 1 223 人；矿山采用连续工作制，年工作 330 天。

总投资及环保投资：总投资为 144 585 万元，环保投资为 15 951 万元，占总投资的 11.0%。

（二）矿产资源专项规划及规划环评

周庵铜镍矿位于河南省南阳市唐河县湖阳镇，《唐河县有色金属矿产开发利用规划（2012—2025 年）》于 2012 年 9 月通过审查，规划有色金属开发利用区在唐河县南部低山丘陵区，共计 347.37 km^2。规划产业定位为有色金属矿采选业，规划开发利用重点工程——周庵铜镍矿采选工程、冻沟金矿采选工程，其中，周庵铜镍矿规划分两期建设，服务年限 24 年，一期规划区面积 2.6 088 km^2，采选规模为 330 万 t/a，服务年限为 12 年。

周庵铜镍矿开发范围、时序、规模、产业定位（采选）、服务年限、各项资源综合利用指标和污染物控制指标等均符合《唐河县有色金属矿产开发利用规划（2012—2025 年）》要求。

点评：

1．该案例从行业专项规划及规划环评等角度分析了项目的符合性，分析较全面。

2．还应补充项目与土地利用规划、城镇规划等的符合性分析。

3．该类环评的关注点：

（1）按照《关于学习贯彻〈规划环境影响评价条例〉加强规划环境影响评价工作的通知》（环发[2009]96 号）、《尾矿库环境应急管理工作指南（试行）》《矿山生态环境保护与污染防治技术政策》（环发[2005]109 号）等要求，应将规划环评作为该类项目环评的前置条件。按照《重金属污染综合防治“十二五”规划》，涉及重金属的，应组织好重点行业专项规划的环境影响评价，将其作为受理审批区域内重金属行业相关建设项目环境影响评价文件的前提。

(2) 该类项目应根据矿区所在区域矿产资源开发利用规划环境影响报告书编制与审查情况，站在矿区所在区域环境整体高度，从区域环境承载能力、资源开发利用、生态环境保护、风险防范与应急预案、水土保持、废弃地复垦等方面，量化说明区域及周庵矿区矿产资源开发利用存在的环境、资源制约条件，拟采取的对策措施，对本工程提出的要求以及本工程的落实情况。

(三) 工程组成

采选工程由主体工程、公辅工程（略）和环保工程组成。具体见表 11-1、表 11-2。

表 11-1 主体工程主要内容

工程名称		工程内容
采矿工程	主立井	井口标高＋129.0 m，井深 600 m，井筒净直径 5.6 m，采用钢丝绳罐道，内配 33 t 双箕斗。下层矿开采时，新掘盲主井与主井形成接力提升系统，盲主井为–280～–970 m 标高，井筒净直径 5.6 m，井深 690 m，盲主井箕斗、提升机等设置与上部主井相同。主井负责提升矿石和废石
	副立井	井口标高＋129.5 m，井深 1 021.5 m，井筒净直径 7.5 m，采用刚性罐道，内配两套提升系统。副井负责提升人员、材料和设备等，兼作进风井
	东回风井	东回风井设在矿体北侧，井口标高＋126.0 m，井深 431 m，井筒净直径 4.0 m，倒段风井落底标高–810 m
	西回风井	西回风井设在矿体西侧，井口标高＋120.8 m，井深 422 m，井筒净直径 4.0 m，倒段风井落底标高–810 m
	巷道硐室	主要包括中段巷道、水泵房及中央变电所、各类硐室、采切工程等
	通风系统	采用三级机站进行压抽结合通风，总的通风网络为副井进风，东、西回风井回风
	排水系统	上层矿体水泵房设在–310 m 中段，安装 4 台 MD300-80×6 型多级泵，下层矿体泵房设在–810 m 中段，安装 4 台 MD155-67×8 型多级水泵
	井下粗破碎	坑内破碎站设在-357 m 水平，粗破碎后的矿石直接落入下部成品矿仓。井下破碎站选用 C125 型颚式破碎机 2 台
选矿工程	原矿仓	Φ15 m×38 m，有效贮量为 4 500 t，可以满足 10 h 的贮量
	矿石仓、废石仓	位于主井井口，尺寸：8 m×8 m×25 m，矿石仓、废石仓有效容积均为 960 m^3，用于周转主井提升出地面的废石、矿石
	破碎厂房	外形尺寸 42 m×19.5 m×29.5 m，配备 H7800 EC 中碎圆锥破碎机 1 台，H7800 EF 细碎圆锥破碎机 2 台
	筛分厂房	外形尺寸 48 m×19.5 m×29.5 m，配备 2YKR3 052 重型圆振动筛（双层）1 台，YKR3052 圆振动筛 3 台
	粉矿仓	1 座 Φ22 m×42 m，有效贮量为 10 000 t，可以满足 24 h 的贮量
	主厂房	总建筑面积 12 285 m^2。磨矿部分配备 Φ5 030 mm×7 300 mm 溢流型球磨机 4 台，选矿部分配备 130 m^3 浮选机 11 组、16 m^3 浮选机 14 组，C200-1.7 鼓风机 3 台（2 用 1 备）
	精矿浓缩	1 座浓密池 Φ30 m，泵房 Φ7.5 m×11 m
	精矿过滤厂房	建筑面积 1 296 m^2，采用 2 台陶瓷过滤机，规格为 45 m^2

工程名称		工程内容
尾矿库	下付田尾矿库	距采选工业场地直线距离 8.8 km，为山谷型尾矿库，尾矿坝为不透水均质土石坝，主坝坝高 65 m，副坝坝高 43 m，总库容 1 720 万 m^3，占地面积 85 hm^2，满足 12 年的尾砂堆存量
	尾矿输送	尾矿管线全长约 13 km，采用 1 条管道输送，利用回水管作为备用管
	回水系统	尾矿坝前设自吸式回水泵将回水压力输送至尾矿库附近的高位水池，自流回厂区重复利用。回水管为 1 条 DN600 钢管，长 13 km，埋地敷设
	截渗坝	尾矿坝后设截渗坝一座，截渗坝后设回水泵房一座，采用 65WFB-C 型自吸式回水泵 1 台，将尾矿渗透水返回至尾矿库中
地面充填搅拌站		包括充填搅拌站、尾矿分配泵站、尾矿分级泵站等。充填搅拌站设 6 套充填料浆系统，其中 4 套作为胶结充填使用，2 套作为非胶结充填使用
废石暂存场		以采选工业场地北 800 m 的废弃采坑作为废石暂存场，废石临时堆场占地面积 3 hm^2，废石临时堆场容积约 60 万 m^3，可满足 3.2 年废石贮存要求
表土堆存场		表土堆存场占地面积约 2 hm^2，用于堆存尾矿库剥离的部分表土

表 11-2　环保工程主要内容

工程名称		主要内容
废水	井下涌水利用	井下涌水抽排至地表，经集成式净化器（4 台）处理后，进入生产消防储水池，供采矿及选厂作为生产用水
	选厂循环水系统	由浊循环系统、净循环系统组成。设备冷却水进入净循环系统。精矿浓缩、尾矿浓缩溢流水、冲洗废水等进入浊循环系统循环利用
	尾矿库回水	尾矿坝前设自吸式回水泵将尾矿库流域面积内降雨汇水和尾矿澄清水回水压力输送至尾矿库附近的高位水池，自流回厂区重复利用
	生活污水	生活污水在经隔油池、化粪池初步处理后排入生活污水站处理（A/O＋过滤＋消毒工艺），绿化、浇洒、回用于选矿生产，不外排
废气	凿岩、爆破、铲装、运输防尘	采用湿式作业、洒水抑尘、局部通风、系统通风
	井下破碎站除尘	2 台 CJ2316 型湿式除尘器，除尘效率 98%
	中细碎厂房除尘	2 台 CJ1217、1 台 CJ1220、1 台 CJ1223 湿式除尘器，除尘效率 98%
	筛分厂房除尘	1 台 CJ1223、3 台 CJ1226、1 台 CJ1228 湿式除尘器，除尘效率 98%
	粉矿仓除尘	两条皮带上共设 8 个除尘点，振动给料机开机时各除尘点同时除尘，选用 1 台 CJ1220 湿式除尘器，除尘效率 98%
	锅炉烟气防治	锅炉房 2 台 SZL10-1.25-AII 型锅炉，冬季运行 2 台，其他季节不运行。每台锅炉各配备 1 台湿式喷雾旋流塔板脱硫除尘器，配备 1 套 SCR 脱硝装置，除尘效率 95%，脱硫效率 60%，脱硝效率 70%。净化后烟气通过一座高 55m 的烟囱排放
	废石仓	设置洒水设施，减少废石下料过程的扬尘
	充填站除尘	1 台 CJ1211 湿式除尘器，风量 6 000 m^3/h，除尘效率 98%
	尾矿库扬尘	多管放矿、及时播撒草籽进行生态恢复
噪声	设备降噪	隔声、减振、吸声、消声、厂房封闭等
生态	绿化	采选工业场地、办公生活区绿化面积 9.94 hm^2，绿化率 40%
	水土保持	挡墙、护坡、截水沟、植被措施等

（四）工程分析

1．资源特征及储量

周庵铜镍矿由 K1-Ⅰ、K2-Ⅰ、K3-Ⅰ共 3 个矿体组成。K1-Ⅰ矿体呈中间宽两端窄的板状（层状）体，赋存标高为–168.24～–425.59 m，平均厚度 10.97 m；K2-Ⅰ矿体呈中间宽、两端窄的不规则板状体，赋存标高为–328.77～–872.59 m，平均厚度 28.22 m；K3-Ⅰ矿体埋深 469.56～874.41 m。矿石以金属硫化物为主，其次为金属氧化物。金属硫化物以磁黄铁矿、镍黄铁矿为主，其次为黄铜矿、方黄铜矿、黄铁矿、马基诺矿以及少量紫硫镍矿；金属氧化物主要有磁铁矿、铬尖晶石、钛铁矿、褐铁矿等。矿石中有益元素为镍、铜、钴、铂族元素等。

本次设计利用 K1-Ⅰ、K2-Ⅰ探明和控制的资源储量，共 4 669.18 万 t，Ni、Cu 平均品位分别为 0.32%、0.11%，设计 Ni、Cu 金属量分别为 149 408 t、51 359 t。

2．化学成分分析、主要金属平衡及硫平衡分析

本次评价对尾矿和废石的化学成分和微量元素进行了全分析，结果表明：尾矿和废石中主要成分为 SiO_2、Al_2O_3 等，微量元素含量很低，总量在 0.16%～0.19%，其中重金属元素的含量也很低。

3．地下开采工程分析

（1）开采工艺流程及采矿方法

开采工艺流程：穿孔→爆破→通风→铲装→运输→井下破碎→提升→地面原矿仓→选矿厂。

采矿方法：根据矿体的赋存条件，矿岩稳固性条件以及地表不容许陷落等原则，选择两种采矿方法：浅孔房柱采矿嗣后充填法和中深孔空场采矿嗣后充填法。浅孔房柱嗣后充填采矿法占 20%，中深孔空场采矿嗣后充填采矿法占 80%。

（2）开拓运输系统（略）

（3）井下防排水系统（略）

（4）充填系统

充填材料为选矿厂分级尾砂，胶结材料为普通硅酸盐水泥。日平均充填料浆需用量为 4 329 m^3/d（1369170 m^3/a），灰砂比为 1∶4 和 1∶10。充填接顶率不小于 90%。

充填设施主要包括地面充填制备站、充填钻孔和输送管路等设施。

（5）采矿原辅材料消耗表（略）

4．选矿工程分析

（1）选矿工艺流程

周庵铜镍矿选矿由下列工艺组成：

①碎矿采用三段一闭路碎矿＋球磨流程，其中粗粉碎在井下；

②选别流程采用连续磨矿选别流程，流程结构为一粗二扫四精；

③精矿采用浓缩、陶瓷过滤的两段脱水流程。

（2）选矿厂总平面布置

选厂包括中细碎厂房、筛分厂房、粉矿仓、主厂房、浮选过滤车间及皮带机通廊。选厂平面布置见图 11-3。

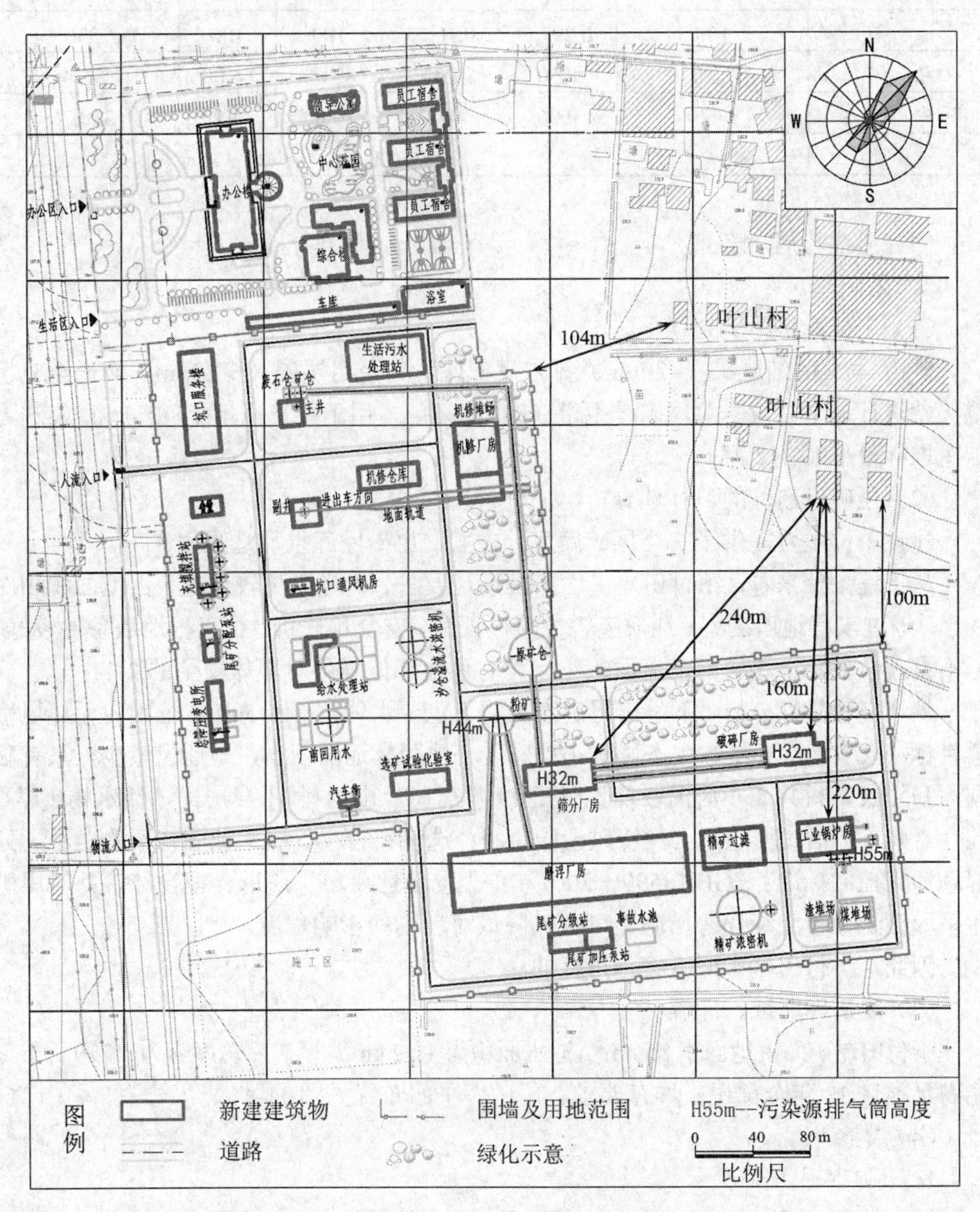

图 11-3　采选工业场地平面布置及边际关系

（3）选矿工艺主要技术指标（表 11-3）

表 11-3 选矿厂主要技术指标

产品名称	产率/%	品位/%		回收率/%		产量/（万 t/a）
		Ni	Cu	Ni	Cu	
原 矿	100	0.297 6	0.102 3	100	100	330
精 矿	2.80	8.50	2.41	80.00	66.00	9.24
尾 矿	97.20	0.06	0.04	20.00	34.00	320.76
选矿比	35.71					

（4）浮选药剂（略）

5. **尾矿库**

（1）尾矿量与尾矿处置

矿山 47%的细尾矿（–20μm）排入尾矿库，其余粗尾矿（＋20μm）输送至充填搅拌站进行地下充填。总尾矿产生量 3 849.12 万 t，用于井下充填 1 885.4 万 t，送尾矿库堆存量 1 963.72 万 t。

（2）尾矿库选址的可行性分析

建设单位主要提供了 3 个尾矿库库址方案，尾矿库库址比选见表 11-4。

从工程条件来看，下付田尾矿库库容满足要求、输送距离较适宜，占地面积相对较小，通过工程地质勘察、地质灾害危险性评估、安全预评价，且工程地质条件较好，无不良地质现象，尾矿库汇流面积小，可有效地降低降雨对坝体安全的影响。

从环境敏感性分析，下付田尾矿库周边无重要水体，周围 500 m 范围内无环境敏感目标；大气、水环境、生态影响小；库区耕地和林地面积小，搬迁量较少，只有狼洞沟和楼底下村共 8 户居民以及下付田 19 户居民、山沟村 11 户居民、活水杨小学，社会影响小；居民搬迁后，环境风险隐患小；选址符合《一般工业固体废物贮存、处置场污染控制标准》（GB 18599—2001）Ⅰ类场选址要求，通过合理设计，并对尾矿库采取截洪、覆土绿化等措施，可大大降低对环境的影响程度。

因此，下付田尾矿库方案是可行的。

（3）尾矿库库址、库容

下付田尾矿库占地面积 85 hm^2，汇水面积为 1.12 km^2，尾矿库总库容为 1 720 万 m^3，能满足项目 12 年全部尾矿堆存要求。尾矿库平面布置见图 11-4。

（4）尾矿坝

1）尾矿库主坝

①初期坝。设计坝高为 35 m，坝顶高程 275 m，顶长 409 m，上下游坡度均为 1∶2，初期坝为碾压堆石坝，可满足选厂全尾矿 1 年的堆存要求。

表 11-4　尾矿库库址比较

类型			大、小虎沟尾矿库	蚂蚁山尾矿库	下付田尾矿库
工程条件	位置		位于选矿厂偏南方向的岩屋沟尾矿库以东，在临泉水库上游	位于选矿厂东南方向蚂蚁山附近	位于选矿厂东南方向，距选矿厂 8.8 km 的山沟内
	输送距离/km		9	13	13
	库容/万 m^3		2 500	2 000	1 720
	占地面积/hm^2		110	172	84.48
	工程地质条件		不合理，有断层穿过库址	不合理，有断层穿过库址	合理，无断层和环境地质问题
环境敏感性	地表水环境		尾矿库下游 1.1 km 为有供水、旅游、灌溉功能的临泉水库	尾矿库下游 1.9 km 为有供水和旅游双重职能的山头水库	无重要地表水体
	大气环境	尾矿库下风向 500 m 内村庄	上棚村	朝阳沟	无
	生态环境	破坏植被面积/ hm^2	104.8	162.9	52.03
		占用耕地面积/ hm^2	5.2	7.7	10.97
	环境风险		尾矿库坝下最近村庄为马庄村，路由距离为 1 300 m，环境风险小	尾矿库坝下最近村庄为桃园村，路由距离为 800 m，环境风险小	尾矿库坝下最近村庄为活水杨村，路由距离为 1 500 m，环境风险小
	社会环境	搬迁居民	库内需搬迁大虎沟、小虎沟和三吊湾村，库外搬迁上丁沟村，搬迁量适中	库内需搬迁冻沟、后王田，库外需搬迁蔡庄和桃园村，搬迁量适中	库内搬迁楼底下和狼洞沟村，库外搬迁下付田村、山沟村，搬迁量小

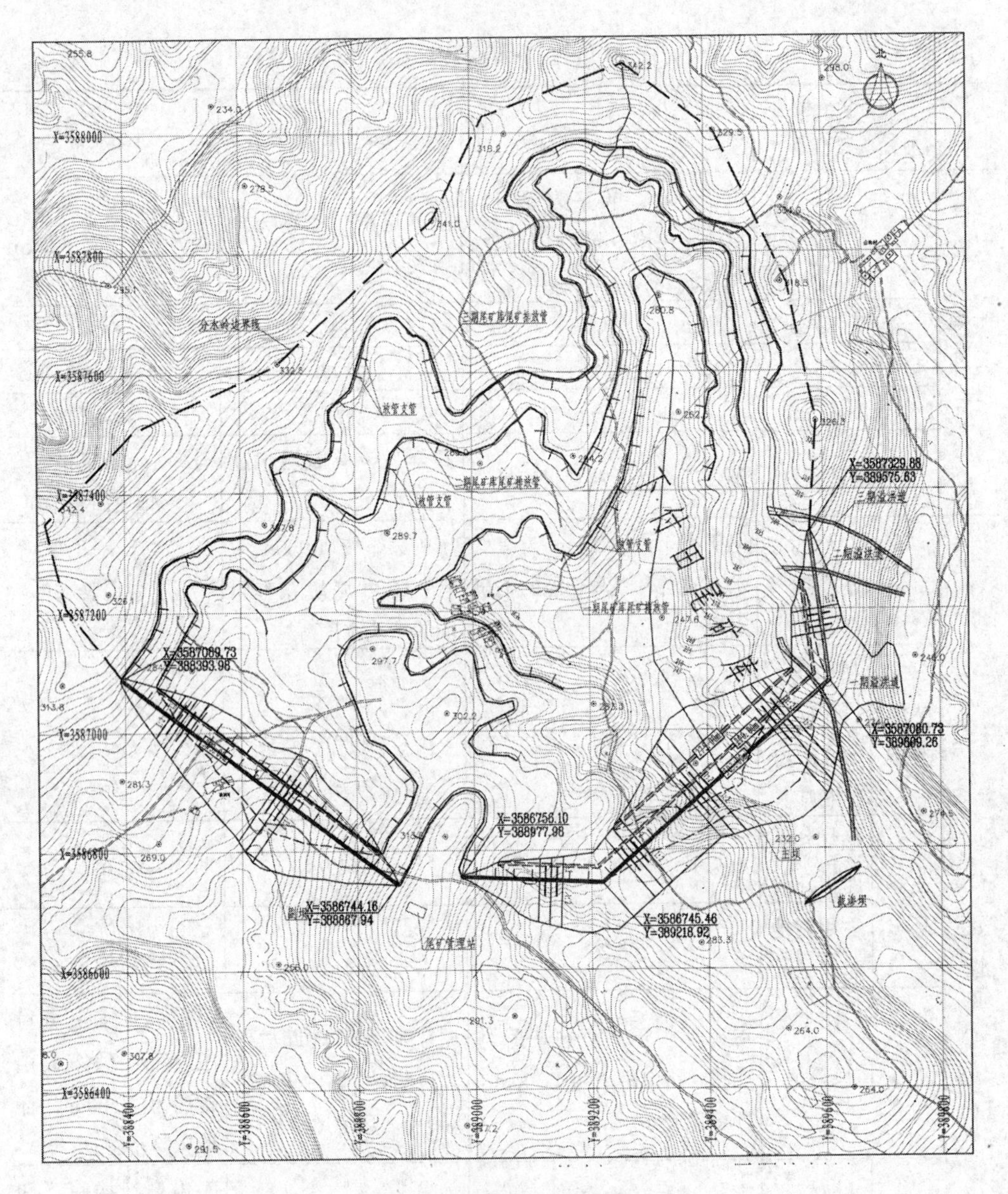

图 11-4　尾矿库平面布置

②尾矿坝后期加高。尾矿坝采用堆石筑坝，下游式筑坝，分期施工加高。

第二期筑坝加高 15 m，坝顶高程 290 m，坝顶长 819 m，上下游坡度均为 1∶2，可增加库容 514 万 m^3，可满足增加选厂尾矿 4 年的堆存要求。

第三期筑坝加高 13 m，坝顶高程 303 m，坝顶长 1 007 m，上下游坡度均为 1∶2，可增加库容 936 万 m^3，可满足增加选厂尾矿 7 年的堆存要求。

2）尾矿库副坝

当尾矿主坝加高到 290 m 高程（第二期）时，在尾矿库右岸地势较低处修建 1 座副坝，采用堆石碾压筑坝。与尾矿主坝的筑坝工艺相同，分两期建设，一期坝顶高程 290 m，与二期主坝加高同时建设；二期坝顶高程 303 m，与三期主坝加高坝同时建设。

3）尾矿坝筑坝工程量及土石方平衡（略）

（5）尾矿库防渗

综合考虑规划环评要求、项目特点（铜镍采选）、环境特点（周边以农业种植业为主）及尾矿砂浸出毒性试验结果，本项目尾矿库按照《一般工业固体废物贮存、处置场污染控制标准》（GB 18599—2001）中的Ⅱ类一般工业固体废物贮存、处置场要求对库底、边坡（含尾矿坝迎水坡面）进行防渗，确保渗透系数≤1×10^{-7} cm/s。

尾矿库区沟谷地带部分区域水位埋藏深度小于 1.5 m，在铺设防渗材料前，需先施工导流盲沟导排地下水，再覆盖 1.5 m 厚的黏土层，使地下水水位埋深超过 1.5 m 后，再铺设防渗膜。

（6）尾矿库排洪系统（略）

（7）尾矿库回水系统（略）

（8）尾矿输送系统

①尾矿输送概况。从选厂尾矿砂泵房至尾矿库管线全长约 13 km，全部为压力输送。矿浆质量分数为 23%，矿浆流量为 0.4 m^3/s。设 2 座泵站加压输送，第 1 座在厂区，第 2 座在厂区和尾矿库之间的牛红庄。

②尾矿输送管线敷设形式。尾矿输送管线 1 根，规格为 DN550。采用埋地敷设形式，开挖断面为梯形，上口宽 3.8 m、底宽 1.8 m，深 1.7 m，临时开挖边坡 1∶0.5。

底部处理：管底底部铺设 200 mm 厚的砂卵石垫层。

管顶回填：采用开挖的表土回填至设计标高，管顶最小覆土厚度 1 m。

6．废石场

（1）废石产生量与废石处置

运营期废石量 1 500 t/d（49.5 万 t/a）。

废石处置：运营期废石 500 t/d 不出井，直接充填井下采空区。废石约 1 000 t/d 出井，外售尚冲石子加工厂加工石料，未及时利用时，排入废石临时堆场暂存。

（2）废石场选址的可行性分析

废石临时堆场距离最近敏感点叶山村约 520 m，场址选择可行性见表 11-5。

表 11-5 废石临时堆场选址可行性分析

序号	《一般工业固体废物贮存、处置场污染控制标准》(GB 18599—2001) Ⅰ类场选址要求	废石临时堆场实际情况	符合与否
1	应选在工业区和村民集中区主导风向下风侧，厂界距村民集中区 500 m 以外	废石临时堆场距最近村庄叶山村 520 m，不在其上风向	符合
2	应选在满足地基承载力要求的地基上，以避免地基下沉的影响，特别是不均匀或局部下沉的影响	地基承载力良好	符合
3	应避开断层、断层破碎带、溶洞区，以及天然滑坡或泥石流影响区	场址不在断层、断层破碎带、溶洞区，不属于天然滑坡或泥石流影响区	符合
4	禁止选在江河、湖泊、水库最高水位线以下的滩地和洪泛区	场址不在江河、湖泊、水库最高水位线以下的滩地和洪泛区，唐河对场址区无影响	符合
5	禁止选在自然保护区、风景名胜区和其他需要特别保护的区域	场址周边无自然保护区、风景名胜区和其他需要特别保护的区域	符合
6	应避开地下水主要补给区和饮用水源含水层	所在地不属于地下水主要补给区和饮用水源含水层	符合
7	应优先选用废弃的采矿坑、塌陷区	场址利用露天采坑作为废石临时堆场	符合

综上，废石临时堆场选址符合《一般工业固体废物贮存、处置场污染控制标准》（GB 18599—2001）Ⅰ类场选址要求，通过合理设计、有序排弃措施，并对废石临时堆场采取拦挡、淋滤液集排、覆土绿化等措施，可大大降低对环境的影响程度。

（3）废石场工程概况

废石临时堆场位于采选工业场地北 800 m，占地面积 3 hm^2，库容约 60 万 m^3，现状为废弃的矿山采坑，坑深 20～30 m。

废石采用汽车运输、推土机逆排工艺，废石堆高 20 m，每 10 m 一个台阶，边坡坡度 40°。

采坑下坡向设拦挡坝，坝高 5 m，坝长约 40 m。坝下设集水池（3 500 m^3），淋溶水收集后，用管线输送至选厂回用水池，供生产用。

废石临时堆场四周设截洪沟，不防渗。

7．公辅工程

（1）供排水及水平衡分析（略）

（2）供电（略）

（3）采暖供热

在选厂建一座锅炉房，内设 2 台 SZL10-1.25-AII 型蒸汽锅炉，供采矿副井井口送风加热室用热。冬季（134 天/年）2 台同时运行，日运行 20 h，其余时间（231 天/年）不运行。

8．污染源分析

（1）施工期（略）

（2）运营期

采选工艺流程及主要产污节点见图 11-5。

1）废水

废水污染源包括：井下涌水、设备冷却水、选矿厂浓缩池溢流水、充填站废水、除尘废水及冲洗地坪水、锅炉排污水、生活污水、尾矿库澄清水等。

①井下涌水。在探矿期对钻孔涌水进行了水质监测，监测项目包括 pH、COD、SS、硫化物、氟化物及重金属等，以该监测结果作为项目井下涌水水质（表 11-6），各因子均满足《铜、镍、钴工业污染物排放标准》（GB 25467—2010）中表 11-10 中的排放限值。

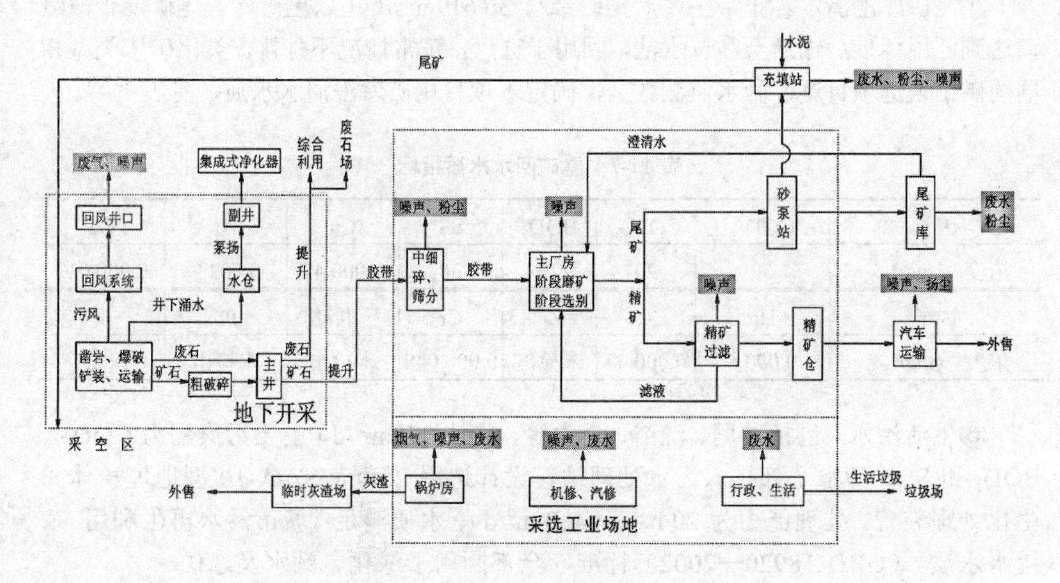

图 11-5　采选工艺流程及主要产污节点

设计中选用集成式净化器进行絮凝、沉淀、过滤、消毒一体化处理，矿井水中污染物主要为 SS 和少量的 COD，处理后矿井水中 COD 和 SS 浓度分别为 15 mg/L 和 30 mg/L，处理效率分别为 25%、70%。经处理后作为生产新水全部用于选矿过程，不外排。

表 11-6 矿井涌水水质及达标情况 单位：mg/L（pH 无量纲）

项目	pH 值	COD	SS	硫化物	氟化物	全盐量	Cr^{6+}	Fe
矿井水产生	7.13～7.38	20	100	未检出	0.78	214	0.002	0.089
矿井水处理后排放	7.13～7.38	15	30	未检出	0.78	214	0.002	0.089
项目	Cd	Pb	Ni	Cu	Zn	As	Hg	-
矿井水产生浓度	0.002	0.002	0.005	0.078	未检出	0.003	未检出	-
矿井水处理后排放浓度	0.002	0.002	0.005	0.078	未检出	0.003	未检出	-

②选矿废水。包括浓缩池溢流水（尾矿浓缩、精矿过滤）、充填站废水及冲洗地坪水，主要污染物为 SS。收集后进入选厂浊循环水蓄水池，回用于选矿生产，不外排。

③设备冷却水（略）。

④尾矿库澄清水。正常生产后尾矿带水 36 619 m^3/d 进入尾矿库。尾矿混合液澄清达到回用标准后输送至高位水池，回用于选厂，正常情况不外排。类比矿床类型相同的矿山采选项目尾矿回水监测数据，确定本项目尾矿库澄清水水质，见表 11-7。

表 11-7 尾矿回水水质指标

因子	COD_{Cr}	COD_{Mn}	BOD_5	SS	Cu	Ni	Cd
浓度/（mg/L）	50	20	20	30	0.000 42	0.002 9	0.000 012
因子	Hg	As	Zn	Cr	六价铬	Pb	——
浓度/（mg/L）	0.000 6	0.000 47	未检出	0.000 048	未检出	未检出	——

⑤生活污水。包括冲厕、洗浴、食堂等，共计 378 m^3/d，主要污染物为 COD_{Cr}、BOD_5 和 SS。污水全部排入污水处理站，设计选用 2 套 WSZ-A-10 型地埋一体式生化处理装置，处理能力为 20 m^3/h（480 m^3/d），水质满足《城市污水再生利用 杂用水水质》（GB/T 18920—2002）标准，全部回用于绿化、洒水及选矿。

2）废气

废气包括井下废气、胶带输送和破碎过程中的粉尘、充填站粉尘、锅炉房烟气、尾矿库扬尘、废石临时堆场的风蚀扬尘等。

3）固体废物

运营期的固体废物主要是采矿废石、尾矿、工业场地产生的生活垃圾及锅炉灰渣。

①废石。处置方式及处置量见表 11-8。

根据废石浸出毒性试验，废石属于第Ⅰ类一般工业固体废物。

表 11-8　废石处置方式及处置量　　单位：万 m^3/a

时　间	产生量/万 m^3	井下充填量/万 m^3	尾矿筑坝量/万 m^3	综合利用或暂存/万 m^3
基建期	64	0	56	8 *
第 1 年	28.3	9.5	18.8（二期筑坝）	0
第 2～5 年	28.3	9.5	18.8（三期筑坝）	0
第 6～12 年	28.3	9.5	0	18.8**
12 年合计	403.6	114	158	—

注：*暂存于废石临时堆场，全部用于尾矿库二期筑坝。**外售厂加工石料，未及时利用时，排入废石临时堆场暂存。

②尾矿。产生量 9 720 t/d（320.76 万 t/a），合计 4 526 m^3/d。尾矿总产生量 3 849.12 万 t，用于井下充填 1 885.4 万 t，送尾矿库堆存量 1 963.72 万 t（1 678.39 万 m^3）。

根据尾矿浸出毒性试验，尾矿属于第Ⅰ类一般工业固体废物。

③锅炉灰渣。产生量 1 572 t/a，建设单位与唐河泰隆水泥有限公司签订供销协议，运营期产生的锅炉灰渣作为生产水泥的原料，全部综合利用，不外排。

④生活垃圾（略）。

4）噪声（略）

5）生态环境的影响因素、途径（略）

点评：

1. 该案例项目概况介绍较清楚，按照采矿场、选矿厂、尾矿库及尾矿输送管线、废石场等工程单元介绍了工程组成，主体工程、公辅工程和环保工程组成完善、内容全面，工程分析突出了废石场、尾矿库等重点工程，通过类比同类型矿山监测数据确定污染源强，源强确定较合理，突出了有色金属采选项目的特点。

2. 应注意标准的更新

根据 2013 年最新颁布的《关于发布〈一般工业固体废物贮存、处置场污染控制标准〉(GB 18599—2001) 等 3 项国家污染物控制标准修改单的公告》(公告 2013 年第 36 号)的规定，与本案例类似的建设项目环评，即应依据修订后标准的要求，通过环境影响评价确定尾矿库、废石场等与周围居民区等敏感点的合理距离，分析其选址的环境可行性。

3. 该类环评工程分析的关注点

(1) 尾矿库、废石场是该类项目工程分析的重点之一

尾矿库：应从尾矿库选址、库容及服务年限、尾矿库设计等级及防洪标准、尾矿坝工程、防渗工程、排洪和回水系统、渗水处理措施、尾矿输送等方面进行尾矿库工程分析，为后续选址的合理性分析、地下水影响评价、环境风险评价、尾矿库环境影响评价提供基础资料。

废石场：应从选址、库容及服务年限、废石排弃方式、工程及环保措施等方面进行废石场工程分析。按《一般工业固体废物贮存、处置场污染控制标准》(GB 18599—2001）要求，废石场应设置导流渠（截洪沟）、渗滤液集排水设施，应构筑堤、坝、挡土墙等设施。对于废石为第Ⅱ类一般工业固体废物的，废石场还应进行防渗，确保渗透系数≤1.0×10^{-7}cm/s。

(2) 废污水源强确定

废污水源强确定的原则：①对改扩建项目，监测现有工程生产废水水质作为源强；②类比矿床类型相同的矿山采选项目的矿井涌水、选矿水、尾矿回水等监测数据；③对于新建项目，监测钻孔水、选矿试验水水质作为源强，或者参考浸出毒性试验结果作为源强。

(3) 用、排水平衡分析

水平衡分析应按照工程单元及用水环节逐项分析，优化设计的用、排水方案，提高水的重复利用率；该类项目废石场、尾矿库等占地面积大，受气象条件（降雨、蒸发）等影响较显著，因此，水平衡中应予以考虑。同时，应考虑绿化季节和非绿化季节（旱季和雨季）分别做水平衡图。

(4) 该类项目应结合工程建设、运营时序，绘制土石方平衡和固体废物综合利用方案。

二、评价等级、范围及评价重点

1．评价等级

（1）环境空气评价等级（略）

（2）地表水环境评价等级（略）

（3）地下水环境评价等级

根据《环境影响评价技术导则　地下水环境》(HJ 610—2011)，项目属于对地下水水质和地下水水位造成影响的Ⅲ类建设项目。

1）Ⅰ类建设项目地下水评价等级

项目对地下水水质的影响区域为采选工业场地、废石临时堆场、尾矿库。根据《环境影响评价技术导则　地下水环境》（HJ 610—2011）中Ⅰ类建设项目地下水评价等级的确定原则，确定采选工业场地地下水评价等级为三级，废石临时堆场的地下水评价等级为二级、尾矿库区地下水评价等级为一级。

2）Ⅱ类建设项目地下水评价等级

矿体开采过程中疏干排水，会对地下水水位和水资源量产生影响，根据《环境影响评价技术导则　地下水环境》（HJ 610—2011）中的Ⅱ类建设项目地下水评价等级的确定原则，矿区地下水的评价等级为二级（判定依据见表 11-9）。

表 11-9　矿区地下水评价等级的判定

划分依据	项目的实际情况	等级划分
排水量/（m^3/d）	2 982	中
地下水水位变化影响半径/m	1 684	大
地下水环境敏感程度	地下水评价范围内无集中供水水源地，没有与地下水环境相关的保护区，仅有分散的村民供水水井	较敏感
可能造成的环境水文地质问题	项目影响含水层为变质岩类基岩裂隙含水层，该含水层埋藏很深，富水性差，不作为村民饮用水源，无供水意义。另外，项目疏干排水的影响半径相对于该含水层的分布范围很小	弱

（4）声环境评价等级（略）

（5）生态环境评价等级

项目属于矿山开发类项目，总占地面积约为 3.74 km^2（矿区面积为 2.608 8 km^2，尾矿库、工业场地及生活区等占地面积为 1.134 7 km^2），项目影响区域内无特殊生态敏感区和重要生态敏感区，生态敏感性属于一般区域。

按照《环境影响评价技术导则　生态影响》(HJ 19—2011)，确定生态影响评价工作等级定为二级。

2．评价范围

（1）环境空气（略）

（2）地表水环境（略）

评价区域内地表水体为北河和唐河。项目废污水经处理后全部回用于选矿生产，不外排，本次评价范围为选矿工业场地所在地北河上游 0.5 km 至北河汇入唐河后下游 0.5 km，共 13.5 km。

暴雨时尾矿库排洪水经 600 m 山谷进入活水杨沟，本次尾矿库区地表水评价范围为尾矿坝至下游 2 km 的沟谷河段。

（3）地下水环境

根据矿体的分布特征、地下水的补给、径流和排泄条件，以及地下水敏感点的分布情况，确定矿区地下水调查评价范围：东北侧边界为地表分水岭，西北侧和东南侧边界平行于地下水流向，面积为 22 km^2 的区域。尾矿库区地下水调查评价范围：尾矿库区为一相对独立的小的水文地质单元，单元北边界为尾矿库北侧山脊，南侧为活水杨沟谷，东、西侧为尾矿库两侧山脊，区域面积约 3 km^2，考虑单元边界及周边居民饮用水源的分布状况并进行外扩，确定面积为 8 km^2 的长方形区域。

（4）声环境

项目声环境评价范围为工业场地厂界外延 200 m 以内范围。

（5）生态环境

项目直接生态影响范围为实际占地范围，面积为 3.74 km^2；间接生态影响范围为采选工业场地、尾矿库、矿区等边界外延至周边河流、山脊、道路等自然边界，面积为 22.91 km^2；总评价范围 26.65 km^2。

3．评价因子（略）

4．评价时段

环境影响评价时段分为施工期、运营期和采终期三个时段。

5．评价重点

根据环境影响识别结果，确定本次评价重点为：

（1）工程分析

（2）地下水影响评价

（3）生态环境影响评价

（4）固体废物环境影响分析

（5）环境保护措施分析

（6）环境风险评价

三、环境现状

（一）自然环境概况

1．地形地貌

唐河县地貌由桐柏山脉向西延伸的低山丘陵和南阳盆地东部的湖积平原、冲积河谷带状平原及洪积坡积缓倾斜平原所构成。全县地势东高西低、东北高西南低。最高点海拔 660 m，最低点海拔 72.8 m。

矿区位于冲积河谷带状平原向洪积坡积缓倾斜平原过渡带。地形总体呈东部高、西部低的趋势，矿区最高＋130 m，最低标高＋120 m，相对高差 10 m。

2．地质构造与地震（略）

3．水文水系

（1）地表水（略）

（2）地下水（略）

唐河县县城地下水供水水源地主要是自来水公司的陈庄水源地和即将建设的小罗湾水源地，距项目区最近距离为 34 km。

4．气候气象

区域气候温和湿润，日照充足，雨量充沛集中，无霜期长，属北亚热带季风型大陆性半湿润气候。年平均气温 15.0℃，年平均气压 1 004.2 hPa。多年平均降水量

904.5 mm。年平均蒸发量 1 564.2 mm，年平均相对湿度为 72%。年平均风速 2.5 m/s。常年主导风向为东北风，西北风和西风最少。

5. 土壤及水土流失

（1）土壤

唐河土壤类型分为黄棕壤土、砂礓黑土、潮土、水稻土 4 个土类，6 个亚类，16 个属，68 个土种。

（2）水土流失

当地水土流失形式主要为水力侵蚀，主要侵蚀类型为面蚀、沟蚀、雨滴溅蚀、山洪侵蚀等。根据河南省水土流失重点防治区划分图和唐河县水土保持“三区”划分通告，矿区所在区域不属于水土流失防治区；尾矿库区属于重点治理区，属中度侵蚀。

6. 植被（略）

7. 矿产资源（略）

（二）社会经济状况（略）

（三）土地利用状况（略）

（四）环境功能区划（略）

（五）环境现状监测与调查（略）

1. 地表水及底泥环境质量现状（略）

2. 地下水环境质量现状（略）

3. 环境空气质量现状（略）

4. 声环境质量现状（略）

5. 土壤环境质量现状（略）

6. 生态环境质量现状

（1）依据《南阳市生态功能区划分报告》《唐河县生态功能区划分报告》，评价区属于土壤保持生态功能区。

（2）评价区共有农田、森林、草地、村落、水域 5 个生态系统类型，其中以农田生态系统为主。

（3）评价区的土地利用现状分为旱地、果园、有林地、其他草地、采矿用地、农村宅基地、公路用地、河流水面、坑塘水面、沼泽地 10 个二级地类类型。

（4）评价区内植被主要有马尾松林、杉木林、毛白杨林、刺槐、苹果林、梨树林、白草群落、黄背草群落、农田作物 9 种植被类型。

（5）评价区人为活动强烈，野生动物较少，根据调查和资料记载，评价区共有陆生脊椎动物 60 余种。

7．环境保护目标

评价范围内无自然保护区、风景名胜区和水源地等环境敏感目标。在对工程特点、厂址周围环境情况分析调查后，确定项目的环境保护目标为村庄、地表水、地下水、生态环境等，见表 11-10 及图 11-2。

表 11-10　主要环境保护目标与各工程相对位置关系

环境要素	保护目标					
	行政村	自然村	户数	人数	方位	与工程边界距离/m
环境空气	叶山村	叶山村	146	507	采选工业场地东侧	100
		曲庄	134	560	采选工业场地西北侧	440
		东长营	38	280	采选工业场地西侧	1 100
		五星屯	160	570	采选工业场地东侧	720
		李庄	83	330	采选工业场地东侧	970
		老白庄	78	350	采选工业场地东侧	1 260
		杨庄	31	190	采选工业场地西侧	1 500
	周庵村	周庵	322	1 288	采选工业场地西南侧	1 400
		曾庄	97	386	采选工业场地南侧	930
		东双庙	128	387	采选工业场地南侧	1 140
	石灰窑	苗庄	97	273	采选工业场地北侧	600
声环境	叶山村	叶山村	146	507	采选工业场地东侧	100
		杨庄	31	190	西风井工业场地东北侧	120
地表水	北河		唐河支流		采选工业场地西	2 200
	唐河		Ⅲ类水体		采选工业场地西北	9 300
	活水杨沟		唐河支流		尾矿库下游	600
地下水	矿区		叶山村、周庵村村民饮用水井		矿区周边村民供水水井、泉概况（略）	
	尾矿库区		活水杨村等饮用泉水		尾矿库区周边村民供水水井、泉概况（略）	
生态环境	矿区、尾矿库、道路及管线影响范围内的土地利用、水土流失、植被、动物、土壤、景观等					
取水管线	李店、李庄、张庄、谢窑、苗庄		51	220	距管道 20～200 m	
尾矿输送管线	武岗、徐冲、牛红庄、刘里侯等		23	70	距管道 20～200 m	
环境风险	活水杨	活水杨	40	154	尾矿坝下游 1 500 m	
		香环庄	20	81	尾矿坝下游 2 000 m	
工程搬迁	活水杨	楼底下*	5	17	尾矿库内	
		狼洞沟*	3	11	尾矿库内	
环保搬迁	活水杨	下付田*	19	59	尾矿坝下游 600 m	
		山沟村*	11	46	尾矿库东侧 220 m	
	活水杨小学*		师生 22 人		尾矿坝下游 1 000 m	

注：*下付田、狼洞沟、山沟村、楼底下四个自然村和活水杨小学搬迁后就近并入活水杨村。

点评：

1. 该案例结合环境要素和工程单元进行环境敏感保护目标及环境现状的调查，图表一一对应，现状调查内容全面，符合项目实际。

2. 环评关注点

(1) 按环境要素——空气、地表水、地下水、声环境、生态环境，同时考虑环境风险、社会影响（搬迁）等因素，开展环境现状调查；地下水环境保护目标应调查可能受到影响的供水井（泉）、集中水源地等，对供水井（泉）应调查供水对象的数量、供水方式、井深、水位、水量、取水层位及成井历史、使用功能等。

(2) 对涉及地表沉陷的，还应调查沉陷影响范围内的道路、桥梁、输电线路等。

(3) 对周边涉及自然保护区、风景名胜区和水源保护区等的，应明确项目与其位置关系及距离，明确保护对象、保护级别及保护要求。

(4) 对尾矿库环境防护距离范围内及下游可能影响的环境风险敏感点，炸药库防护距离内的敏感点进行调查，提出相应的措施。

四、环境影响预测与评价

(一) 地表水环境影响分析（略）

1. 唐河取水对地表水资源的影响分析（略）

2. 唐河取水对其他地表水用户的影响（略）

3. 地表水环境影响分析（略）

4. 尾矿库排洪环境影响分析（略）

5. 尾矿库蓄水调洪分析

根据近 30 年逐月降雨量和蒸发量数据，考虑尾矿库汇水面积和库内水面蒸发面积，分别计算逐月降雨汇流入库量和库面蒸发量。

综合考虑来水（矿浆带入水量、降雨径流）和损失及回水（蒸发、渗漏、尾矿空隙水、尾矿库回水），计算正常生产情况下，尾矿库逐月蓄泄水量。尾矿库一期、二期对蓄水调洪影响较小，本次评价主要分析三期尾矿库的蓄水调洪分析，具体见表 11-11。

表 11-11 尾矿库逐月调洪蓄水分析 单位：万 m^3

月份	天数	来水量 W_1			损失水量及回水量 W_2					W_1-W_2		蓄泄水量	
		矿浆带入水量	降雨径流量	合计	蒸发	渗漏	尾矿空隙水	回水	合计	+	—	蓄存	排泄
6	30	109.86	12.76	122.62	4.00	0.00	5.76	108.82	118.57	4.04		4.04	
7	31	113.52	17.03	130.54	3.48	0.00	5.95	112.45	121.87	8.67		12.71	
8	31	113.52	14.67	128.19	3.03	0.00	5.95	112.45	121.43	6.76		19.47	
9	30	109.86	8.20	118.05	2.40	0.00	5.76	108.82	116.98	1.07		20.54	
10	31	113.52	6.08	119.60	1.94	0.00	5.95	112.45	120.34		0.74	19.80	
11	30	109.86	3.17	113.03	1.30	0.00	5.76	108.82	115.88		2.85	16.95	
12	31	113.52	1.27	114.79	0.99	0.00	5.95	112.45	119.38		4.59	12.36	
1	31	113.52	1.47	114.98	0.86	0.00	5.95	112.45	119.26		4.28	8.08	
2	28	102.53	1.98	104.51	1.16	0.00	5.38	101.56	108.10		3.59	4.49	
3	31	113.52	3.75	117.27	1.75	0.00	5.95	112.45	120.14		2.88	1.61	
4	30	109.86	5.63	115.49	2.39	0.00	5.76	108.82	116.97		1.48	0.13	
5	31	113.52	7.88	121.40	3.14	0.00	5.95	112.45	121.54		0.13	0.00	
小计/（m^3/d）		36 619	2 298		724		1 920	36 273					

尾矿库最大蓄水库容为 35.42 万 m^3，逐月累计蓄水量最大为 20.54 万 m^3，调洪蓄水库容可满足蓄水要求。尾矿库逐月调洪蓄水库容见图 11-6。

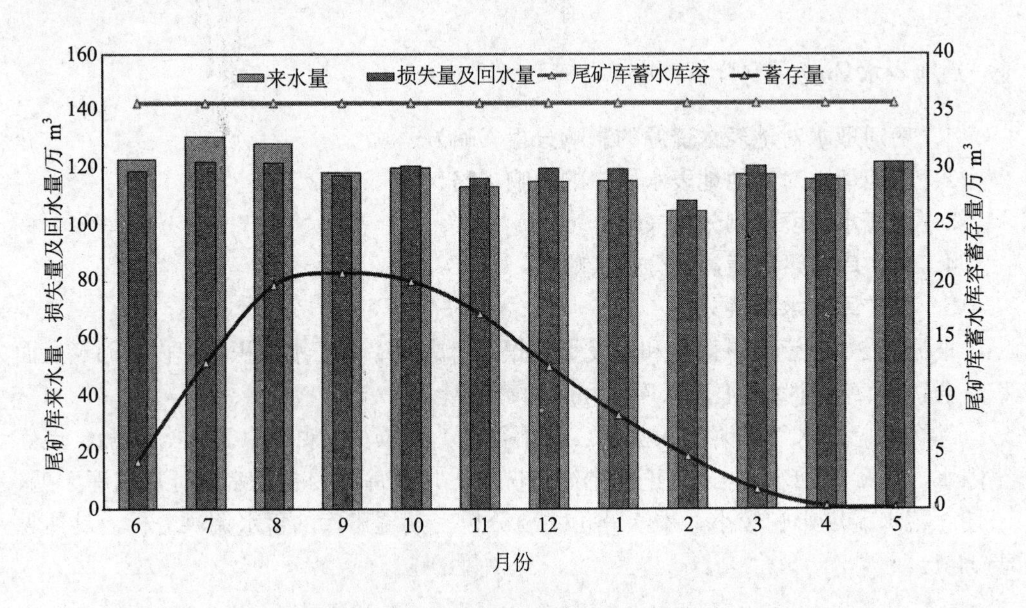

图 11-6 尾矿库逐月调洪蓄水库容趋势

点评：

1．该案例从取水对地表水资源和周边水用户的影响、排污和排洪对地表水环境的影响、尾矿库调蓄洪影响分析等方面进行了地表水环境影响分析，地表水影响评价内容全面。

2．环评关注点

尾矿库蓄水调洪分析是分析正常工况下尾矿库能否做到零排放的关键。环评中应收集多年逐月降雨量、蒸发量数据，考虑尾矿库汇水面积和库内水面蒸发面积，分别计算逐月降雨汇流入库量、库面蒸发量；同时考虑矿浆带入水量、尾矿库渗漏量、尾矿空隙水，通过调节尾矿库回水，控制尾矿库逐月蓄水量，实现正常工况下尾矿库水零排放。调洪蓄水分析表应与水平衡图中的逐日用排水数据对应一致。

（二）地下水环境影响评价

1．矿区地下水环境影响预测

（1）矿区水文地质条件

①矿区地下水类型及含水层（略）。

②地下水补给、径流、排泄条件（略）。

③地下水动态特征。矿区范围内村民饮用水井开采层位主要为第四系孔隙潜水含水层，其补给来源为大气降水入渗补给。根据周庵铜镍矿区地质勘探阶段民井调查资料，民井水位与降雨量呈正相关关系，1～3 月份地下水水位较低，为枯水期；6～9 月份地下水水位较高，为丰水期。

（2）矿区地下水环境影响预测与评价

1）矿井涌水量计算（略）

引用《河南省唐河县周庵铜镍矿水文地质补充报告》中涌水量的计算过程及结果。

①–310 m 段开采层段涌水量预测。根据钻孔 SZK2005、SZK2 807 抽水试验资料，按“大井法”承压转无压公式求坑道涌水量 Q，$Q=1.366\dfrac{KM(2H-M)}{\lg R_0-\lg r_0}$

式中各符号含义及各参数取值范围略。

②–810 m 段开采层段涌水量预测（略）。矿井涌水量和影响半径结果如表 11-12 所示。

表 11-12　矿井涌水量预测

排水中段/m	Q/（m^3/d）	影响半径/m
–310	2 158	1 684
–810	824	1 321

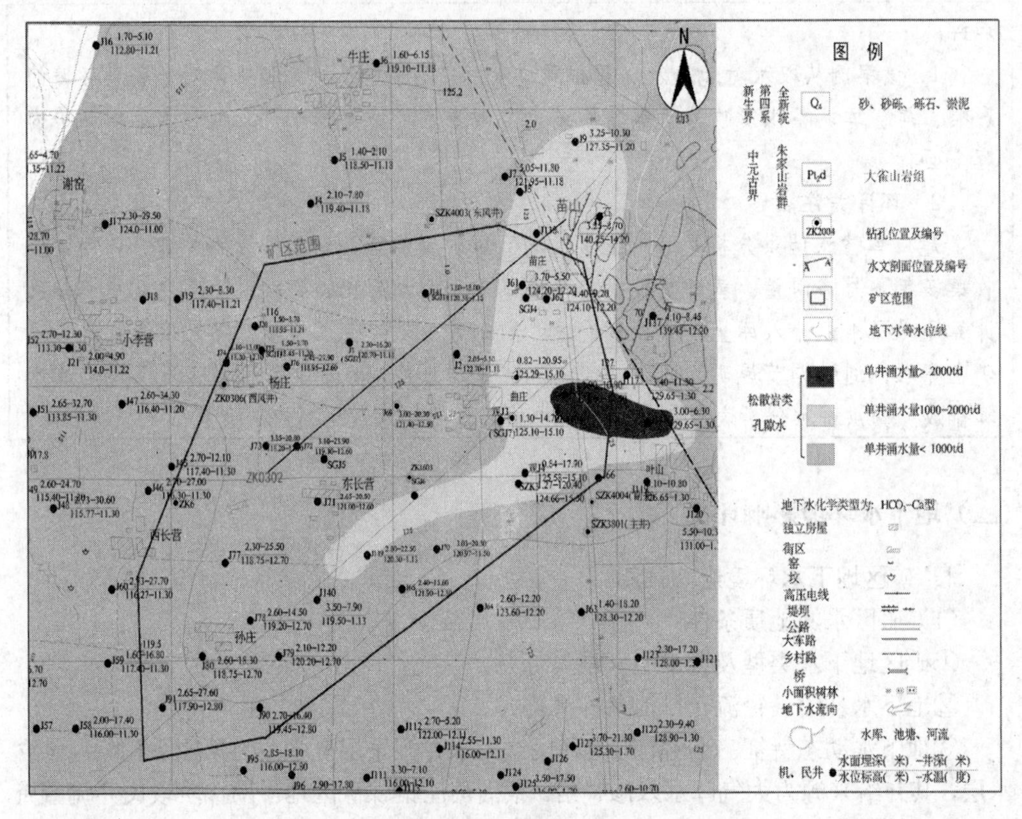

图 11-7 矿区水文地质图（原图比例尺 1：10 000）

2）矿体开采对各含水层的影响分析

①矿坑疏干排水对第四系潜水含水层的影响。第四系潜水含水层主要接受大气降水的补给，该含水层下普遍有第四系黏土、上第三系泥岩、泥灰岩及中元古界大雀山岩组白云石英片岩、二云石英片岩等隔水层阻隔，且厚度大，分布连续稳定，因此第四系孔隙潜水含水层与矿体直接充水含水层变质岩类基岩裂隙水含水层之间无水力联系。另外，矿床采用充填法采矿，矿体开采引起的岩移很小，不会增强第四系孔隙潜水含水层和下伏含水层的水力联系。因此，矿体开采过程中对第四系潜水含水层没有影响。

②对上第三系含水层和大理岩裂隙含水层的影响。矿体与上覆上第三系含水层和大理岩岩溶裂隙含水层之间有厚度 200～300 m 的隔水层存在，二者之间无水力联系；矿区断裂构造不发育，无大的构造断裂通过，勘探期间发现的构造破碎带内有断层泥、角砾岩等充填，呈闭合状，不会增加开采矿体与上覆第三系含水层和大理岩岩溶裂隙含水层之间的水力联系；矿坑涌水主要来自变质岩基岩裂隙含水层的侧向径流补给，消耗含水层的静储量。因此，矿体开采对该含水层无影响。

③对变质岩类基岩裂隙含水层的影响分析。变质岩类基岩裂隙含水层为矿体充水的直接含水层，是矿体充水的主要来源。矿体开采过程中该含水层会被直接疏干，形成以矿区为中心的地下水降落漏斗，地下水水位下降明显，影响半径为 1 684 m，地下水的储存资源量相应减少。

3）矿体开采对区域地下水补给、径流和排泄条件的影响（略）

4）矿体开采对周边村民饮用水源的影响分析

①矿区周边村民饮用水现状。矿区周边村庄村民饮用水源主要取自第四系松散岩类孔隙含水层，少部分取自上第三系碎屑岩类裂隙及孔隙含水层，上述含水层为具有供水意义的含水层。

②对村民饮用水井的影响分析。矿区周边村民饮用水井的主要取水层位为第四系松散岩类孔隙潜水含水层，少数村民取水井取水层位为上第三系含水层，矿体排水对第四系孔隙含水层和上第三系含水层无影响，不会对村民饮用水井造成影响。

③供水预案。矿体开采过程中，建设单位应对周边村民的饮用水井的水位、水量和水质进行跟踪监测，一旦发现村民的饮用水井受到矿体开采活动的影响，建设单位承诺将受影响村民纳入矿区生活用水供水范围之内，通过铺设管道为受影响村民供水，相关费用由建设单位承担。

2．采选工业场地区地下水影响分析（略）

3．尾矿库区地下水影响分析

（1）尾矿库区水文地质条件（略）

尾矿库区域水文地质见图 11-8。

①含水层分布（略）。

②地下水补给、径流、排泄条件（略）。

③地下水动态特征。尾矿库区地下水类型主要为基岩裂隙水和松散岩类孔隙水，地下水补给来源主要为大气降水，且径流途径较短，所以地下水动态受季节影响变化较小，尾矿库区地下水丰水期一般在 6～9 月，枯水期为 1～3 月。

④尾矿库区断裂构造和岩溶发育情况（略）。

（2）尾矿库对地下水环境影响预测与评价

①正常工况下尾矿库对地下水的影响分析。尾矿库采取了全库底和库周防渗措施，正常工况下基本没有尾矿库渗漏水的产生。尾矿库下游设置浆砌石截渗坝，防止尾矿库渗漏水进入坝外含水层，因此，正常工况下，尾矿库对周边地下水水质不会造成影响。

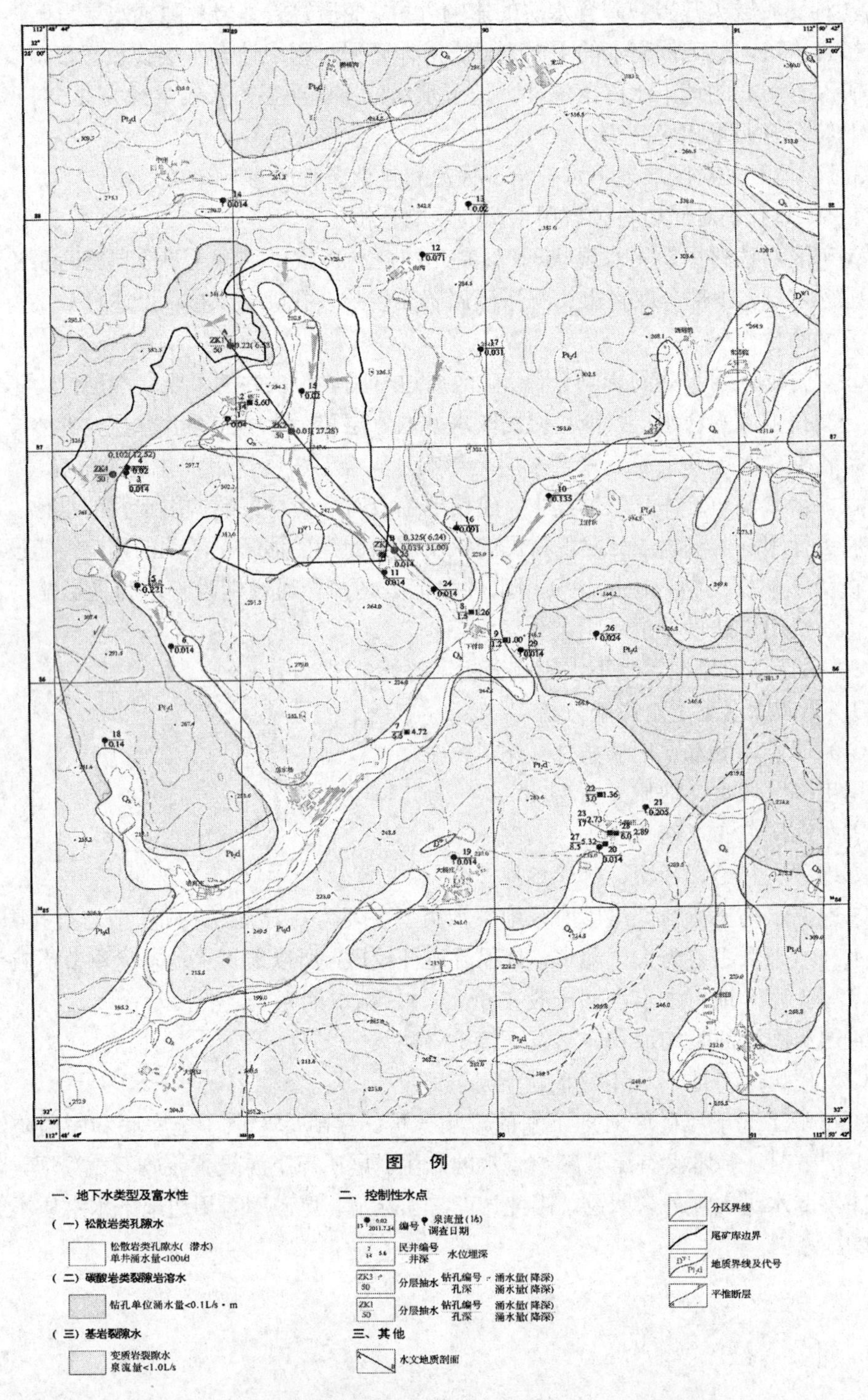

图 11-8　尾矿库区域水文地质（原图比例尺 1：10 000）

②非正常工况下尾矿库对地下水的影响预测。在尾矿库防渗材料破损的非正常工况下，尾矿库渗漏水进入尾矿库坝外含水层，从而对坝外地下水环境造成影响。由于尾矿库坝脚下游 120 m 处设置了截渗坝，可以有效阻止渗漏水对截渗坝下游地下水的影响，本次评价通过数值模拟的方法，模拟预测尾矿库渗漏水对区域地下水环境的影响，共分为两种预测情景。（以下略）

综上所述，在尾矿库防渗材料部分破损、失去防渗效果的情况下，尾矿库渗漏水会对下游的地下水水质造成一定影响，但截渗坝可以阻止污染物的扩散，使污染物主要集中在尾矿坝与截渗坝之间的沟谷地带。当截渗坝不能有效截渗时，随着时间的增长，污染羽的范围逐渐增大，影响距离增长，COD_{Mn} 污染羽最大影响距离为 386 m（距尾矿坝轴线）。

（3）尾矿库对周边村民饮用水源的影响分析

①尾矿库周边村民饮用水现状及影响分析。尾矿库周边有狼洞沟、楼底下、活水杨、上付田和下付田村，村民饮用水主要为泉，楼底下和狼洞沟搬迁至活水杨村后由活水杨村统一供水。地下水各保护目标饮用水源的现状和影响情况如表 11-13 所示。

表 11-13　尾矿库区村民饮用水现状和影响分析

保护目标	保护目标概况	饮用水现状	饮用水补给来源	影响分析
上付田	25 户 88 人	沟谷山泉自流供给，泉距离上付田约 500 m，水量除满足上付田村民饮用需要外有流出量约 0.3L/s	主要来自其北侧和东侧山体的大气降水入渗补给	尾矿库不在泉的补给范围内，距离尾矿坝直线距离约 300 m，且有山体阻隔，地势高于尾矿坝处地下水位，所以其流量和水质不会受到影响
活水杨	49 户 166 人	活水杨北侧、狼洞沟西南侧泉水，距离活水杨约 1 000 m，除供活水杨饮用外，流出量为 1L/s	主要来自西侧、北侧以白云岩为主的山体的大气降水入渗补给	泉距离尾矿库约 500 m，泉的补给来源为大气降水的入渗补给，其主要补给区为西侧、北侧和东侧山体
下付田	19 户 59 人	下付田村北侧沟谷中泉水，距离下付田约 500 m，雨季旱季均可以保证供给	主要来自地形作用下含水层的径流补给	尾矿库运行后下付田搬迁，由活水杨村统一供水
狼洞沟 楼底下	8 户 28 人	村内自备饮用水井，单井涌水量小，旱季水不能满足村民饮用需求	大气降水入渗补给，补给范围小	两村搬迁至活水杨村
山沟村	11 户 46 人	山沟村东北侧约 250 m 的山泉水（下降泉）自流供给，泉水量受降水影响较大，天气干旱时也能满足村民饮用需求	主要来自其北侧和东侧山体的大气降水入渗补给	尾矿库运行后山沟村搬迁，由活水杨村统一供水

通过上述分析可见，尾矿库周边饮用水源分布在地势相对较高的山沟地带，尾矿库渗漏水影响范围内无地下水敏感点，不会对村民饮用水源造成影响。

②村民用水供水预案。建设单位承诺对村民供水泉的水质、水量进行定期监测，一旦发现水量和水质受到影响，建设单位应立即启动供水预案，负责为村民打井供水，在此过程中产生的包括打井、提水泵、泵房、输水管线等全部费用由建设单位承担。

4．地下水污染监控（略）

点评：

1．该案例分矿区、采选工业场地、尾矿库开展地下水环境调查、预测、分析并提出污染防治措施，内容全面，重点明确。

2．环评关注点

地下水环境影响评价应在充分调查区域及矿区水文地质条件的基础上，根据工程确定的污染源及污染特征，选择导则推荐的公式和模型进行水环境影响预测，同时要重点关注和详细调查评价范围内饮用水源，根据对饮用水源影响的预测结果，提出有针对性的防护措施，落实供水应急预案。

（三）环境空气环境影响评价

1．锅炉烟气的环境影响预测（略）

2．选厂颗粒物排放的环境影响预测（略）

3．风井污风的环境影响预测（略）

4．大气环境防护距离

尾矿库区在尾矿堆存过程中产生颗粒物无组织排放，本次环评通过类比同类尾矿砂的风洞试验，选用风速为 6.0 m/s 时的输送量，输砂量为 0.01 kg/（m·h），估算尾矿库扬尘源强为 5 kg/h（取尾矿库干滩长 500 m）。按照《环境影响评价技术导则　大气环境》（HJ 2.2—2008）推荐的环境防护距离估算模式，估算最大落地浓度为 0.154 mg/m^3，出现在下风向 350 m 处，浓度不超过《铜、镍、钴工业污染物排放标准》（GB 25467—2010）中企业边界大气污染物浓度限值 1.0 mg/m^3 的要求，尾矿库不需设置大气环境防护距离。

（四）噪声环境影响评价（略）

（五）固体废物环境影响分析

1．危险废物判定

根据《危险废物鉴别标准　浸出毒性鉴别》（GB 5085.3—2007）和《危险废物鉴

别标准　腐蚀性鉴别》（GB 5085.1—2007），对周庵铜镍矿探矿期废石和选矿试验的尾矿进行了毒性浸出试验和腐蚀性试验，废石选取5个样，尾矿选取8个样进行试验，各指标均符合《危险废物鉴别标准　浸出毒性鉴别》（GB 5085.3—2007）和《危险废物鉴别标准　腐蚀性鉴别》（GB 5085.1—2007）标准，尾矿和废石不属于危险废物。

2．一般工业固体废物类别判定

为了鉴别项目尾矿和废石的一般工业固体废物类别，按《固体废物浸出毒性浸出方法　水平振荡法》（HJ 557—2010）进行了6组尾矿和废石的一般工业固体废物浸出试验，尾矿和废石各浸出因子均符合《污水综合排放标准》（GB 8978—1996）一级限值要求，属于第Ⅰ类一般工业固体废物。

点评：

1．该项目属于新建项目，环评过程中，对探矿期废石和选矿试验尾矿按照《危险废物鉴别标准　浸出毒性鉴别》（GB 5085.3—2007）、《危险废物鉴别标准　腐蚀性鉴别》(GB 5085.1—2007)以及《固体废物浸出毒性浸出方法 水平振荡法》(HJ 557—2010)进行固体废物属性鉴定，判定废石和尾矿属于第Ⅰ类一般工业固体废物。同时提出对尾矿暂按《一般工业固体废物贮存、处置场污染控制标准》（GB 18599—2001）中的Ⅱ类一般工业固体废物贮存、处置场要求管理，处理方式合理。

2．对建设单位，报告书应提出：在试生产期间，按《工业固体废物采样制样技术规范》（HJ/T 20—1998）中的采样要求，重新进行固体废物属性鉴定，以采取有针对性的防护措施。

3．环评关注点

有色金属采选项目的尾矿、废石应进行工业固体废物属性鉴定，其采样、制样须符合《工业固体废物采样制样技术规范》（HJ/T 20—1998）的规定，根据判定的固体废物属性提出相应措施。

3．固体废物贮存处置场环境影响分析

（1）尾矿库环境影响分析（略）

（2）废石临时堆场环境影响分析（略）

（六）生态环境影响评价

1．生态影响预测与评价

（1）地表变形环境影响分析

①周庵铜镍矿采取尾砂充填工艺，地表最大下沉量变化范围为8.2～11.1 cm，主要为纵5线、纵7线与24线、36线围成的区域，下沉量自中间向四周逐渐变少，直到下沉量变为零。水平变形最大值0.32 mm/m，倾斜最大值为0.69 mm/m，水平变形

值和斜率值都较小。

②采空区充填后，覆岩出现整体下沉，其影响波及地面，充填体上方地表形成一个大于充填区的沉陷区域。覆岩整体变形特征是，靠近上盘位置的地表变形范围较小，下盘影响范围较大。垂直方向最大下沉量为 11.1 cm，局部会出现排水不畅等不良地质现象。但是破坏仅限于局部顶板，地表不会发生整体塌陷和错动，不会形成移动带，地表是稳定的。

（2）对土地利用的影响

①施工期（略）。

②运营期。采选工业区（含生活区）、爆破材料库、东西风井、道路、废石临时堆场、供水管线（含取水地）、尾矿输送管线（含泵站）均不新增占地。

项目运营期尾矿库新增占用土地面积 63.18 hm^2，其中旱地 10.98 hm^2、有林地 11.91 hm^2、其他草地 40.29 hm^2，运营期后将全部恢复为草地。

（3）对植被的影响

①施工期（略）。

②运营期。项目运营期新增破坏植被面积 63.18 hm^2，根据各种植被类型的生物量及损坏面积，估算年生物损失量为 1 327.8 t。

（4）对野生动物的影响（略）

（5）对矿区生态系统及景观格局的变化影响分析

①生态系统的变化。矿区周边原有的生态系统较为稳定，矿区的占地面积相对于评价区较小，往外迁移的野生动物量较小，只要经过对矿区前期开采的适应，矿区周边的生态系统会逐渐建立新的平衡，在矿区开采的中后期基本不会再对周边的生态系统造成影响。

②景观格局的变化。施工期及运营期，项目挖损和压占地表植被，出现裸露地面，在一定程度上对区域的景观产生差异影响。植被恢复后，由于项目建设改变原有的地貌，也会使恢复绿化后的景观与现有景观存在差异。

农田斑块的优势度值为 66.4%，相对其他斑块具有绝对的优势，是评价区内的基质，该斑块植物生长状况好、分布广、面积大且连通性高，评价区生态系统较稳定。

2．生态保护措施及生态恢复

（1）生态环境保护措施

①施工期生态环境保护措施（略）。

②运营期生态环境保护措施。

a．未及时综合利用的废石必须堆放在废石临时堆场内，禁止随意排弃，避免增加新的地表扰动和水土流失；

b．对矿区开采可能引发的地表错动范围进行地表变形观测，如发现地表变形时，应及时采取防治措施，防治水土流失；

c．尾矿库及废石临时堆场到位边坡、平台应及时覆土绿化；

d．按照水保方案实施水土保持措施，重点对废石临时堆场、尾矿库等区域采取水保工程措施，防治水土流失。

③服务期满后环境保护措施。服务期满后，废气、废水、废石、噪声等均不再产生和排放，污染影响大部分消失，残余的影响以生态环境影响为主。生态保护措施主要是对采选工业场地、废石临时堆场、尾矿库等地的生态复垦工程。

（2）生态恢复措施

项目总扰动面积为 142.97 hm^2，生态复垦总面积为 138.32 hm^2，土地复垦率为 96.7%，满足工程总体土地复垦率＞85%的生态恢复目标。生态恢复投资 2 375 万元，建设单位应按照生态恢复计划，依据实际资金需求，制定吨矿提取复垦资金、缴纳生态环境恢复治理保证金，确保资金得到落实。

点评：

1. 生态环境影响评价是该类建设项目评价的重点，报告书以矿区规划及规划环评、水土保持方案、水资源论证报告、地质灾害危险性评估报告、安全预评价报告、水文地质勘察报告等及其审查意见为依据，依据充分。在此基础上，对于生态环境及水环境相对敏感的区域，开展的植物、动物、生物多样性和水生生态专题调查全面，使提出的生态恢复措施更具有指导意义。

2．还应补充

(1) 区域水生生态调查，分析对水生生态的影响。

(2) 矿山地下开采疏干地下水对地表植被的影响。

3．环评关注点

(1) 根据矿区及周围区域的生态功能区划，说明其主体生态功能与辅助生态功能，分析项目建设对该区域生态功能可能造成的影响，提出不降低工程所在区域、流域生态功能的有针对性的生态恢复、补偿措施与具体实施方案。

(2) 调查评价区保护性动、植物的存在及分布状况，提出可行的保护措施。

(3) 对生态补偿应提出具体方案，并分析其可行性。

（七）搬迁安置

项目涉及的搬迁对象为尾矿库占地范围内的村庄以及通过选址合理性分析、环境风险评价后确定应该搬迁的尾矿库周边的村庄、学校等，共有楼底下、狼洞沟、下付田、山沟村 4 个自然村和活水杨小学。

搬迁工作由村庄所在县、镇两级政府统一组织安排，实际搬迁过程中，建设单位应当依靠当地政府组织落实，当地政府可结合当地的新农村建设规划对村庄搬迁做出统一规划。

（八）重金属环境影响分析

2011 年 2 月，国务院批复了《重金属污染综合防治“十二五”规划》，规划中重点防控的重金属污染物为铅、汞、镉、铬、砷。重点防控区域是重金属污染物排放相对集中的区域，重点防控行业是重有色金属矿（含伴生矿）采选业、重有色金属冶炼业、含铅蓄电池业、皮革及其制品业、化学原料及化学制品制造业。

唐河县不属于重金属重点防控区域，目前尚没有重金属重点防控行业的相关企业。周庵铜镍矿采选项目涉及重金属污染防控。

周庵铜镍矿开发过程中重金属污染源为：矿石破碎、尾矿的堆存产生粉尘，粉尘中含有重金属元素；尾矿渗漏水中含有重金属元素。

1. 粉尘中的重金属含量及环境空气影响分析

从矿石及脉石矿物组成看，重金属元素均赋存于矿物晶格中，不呈离子态或吸附态存在，不会释放到环境空气中。

本次评价对选矿试验过程中产生的尾矿和废石进行了全成分分析，并对重金属元素含量进行了分析，尾矿和废石中主要成分为 SiO_2 和 CaO。尾矿和废石中重金属元素含量很低。

矿山开采与选矿破碎、筛分等工艺过程中，所产生的粉尘中将含有少量重金属。这些重金属元素均在粉尘颗粒中呈矿物态存在，不会对环境造成影响。

根据工程分析源强，代入大气预测模式计算，得出本项目所产生粉尘中的重金属对评价区域的最大日均浓度贡献值及占标率，贡献值和占标率均较小，对环境空气影响小。具体见表 11-15。

表 11-15 重金属排放情况及环境空气影响分析

名称	排放量/t	排放速率/(kg/h)	贡献值/(mg/m^3)	日均浓度标准值/(mg/m^3) *	占标率/%
Cr	0.44	7.4×10^{-2}	2.7×10^{-4}		
Pb	0.039	6.6×10^{-3}	2.4×10^{-5}	0.000 7	3.4
As	0.015	2.5×10^{-3}	9×10^{-6}	0.003	0.3
Cd	3.85×10^{-5}	6.5×10^{-6}	0		
Hg	3.11×10^{-7}	5.2×10^{-8}	0	0.000 3	0
Cu	0.13	2.2×10^{-2}	7.9×10^{-6}		
Ni	0.39	6.6×10^{-2}	2.4×10^{-4}		

注：《工业企业设计卫生标准》（TJ 36—79）中居住区大气中有害物质的最高容许浓度（日均值）。

根据上表计算的重金属排放量，确定本项目重金属控制建议指标。

2．废水中的重金属元素及地表水环境影响分析

由于本工程采取浮选工艺，铜镍矿石经过破碎后被选矿药剂吸附，再经过收集使含金属的矿物富集到精矿里，不产生溶解作用，很难使重金属及伴生金属元素溶解成离子状态留在溶液中，因此废水中重金属含量很低，生产废水全部处理、不外排，不会造成重金属污染。

根据尾矿浸出试验数据可知，各检测元素（包括重金属）均低于地下水III类水质标准限值，因此，尾矿库澄清水中的重金属不会对下游地下水和土壤产生不利影响。

点评：

1．项目是涉及重金属影响的建设项目，报告书结合本项目矿石组成及重金属赋存形态、浸出试验特点，在工程分析专题进行了重金属平衡分析，在环境影响评价专题进行了重金属影响分析，在总量控制专题核算了总量指标。分析内容全面、预测结果准确可信、所提措施和要求合理可行，符合国家相关要求。

2．建议环评报告进一步关注项目排放的涉及重金属粉尘、废水对环境的累积影响。

3．环评关注点

(1) 有色金属采选项目属于涉及重金属排放的项目，应分析重金属排放对环境的影响。

(2) 核算重金属排放量，根据《重金属污染综合防治“十二五”规划》，重点区域重点重金属污染物排放量比2007年减少15%，非重点区域重点重金属污染物排放量不超过2007年水平。

（九）环境风险评价及人群健康风险分析

1．环境风险评价

项目主要环境风险为尾矿库溃坝风险。

项目尾矿坝分主坝和副坝。尾矿库主坝二期时，一期副坝建成，通过控制放矿方式，在副坝坝前集中放矿，尽快使尾矿在副坝前沉积，并形成干滩，依次形成副坝至主坝前的坡降，使后续尾矿随坡度逐步汇至主坝前，使副坝前不汇（积）水，溃坝的风险主要在主坝。

（1）主坝环境风险

①尾矿坝渗流分析。本次以最终坝高时尾矿坝最大横剖面为模型进行坝体内的渗流场分析，通过渗流场分析定性判断尾矿坝的渗流稳定性，同时为尾矿坝的稳定计算提供坝体浸润线。

根据调洪演算结果，尾矿库在后期洪水情况下，库内最高洪水位为301.54 m，下游水位计算中假定为239.00 m。洪水工况下，尾矿坝的渗流计算见图11-9。

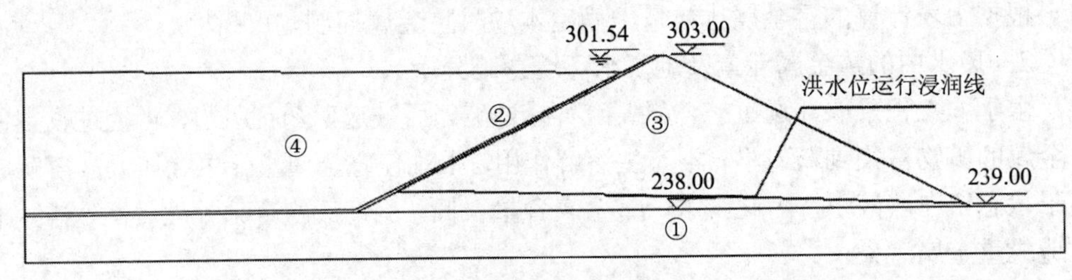

图 11-9 尾矿坝渗流场 单位：m

从渗流计算分析可以看出：由于坝坡及库底的防渗层渗透系数很小，浸润线在坝体中的埋深很低。

②尾矿坝稳定性分析。利用北京理正边坡稳定性分析软件，进行特殊运行情况下（发生洪水和 6 级地震的工况时）尾矿坝的抗滑稳定计算。根据《选矿厂尾矿设施设计规范》（ZBJ1—90），尾矿库正常运行时，抗滑稳定最小安全系数为 1.2；尾矿库在洪水运行时，抗滑稳定最小安全系数为 1.1；特殊工况运行时，抗滑稳定最小安全系数为 1.05。本项目尾矿坝在特殊运行情况下抗滑稳定系数为 1.776，远远大于规范规定的允许值，尾矿坝能满足坝坡抗滑稳定的要求。

③尾矿库溃坝可能性分析（略）。

（2）环境风险防范措施

为确保尾矿库的安全运行，应该重点做到以下几点：

①严格按国家有关规定对尾矿坝进行勘察、设计和施工。

②严格执行各项工艺排放要求，加强尾矿库的日常观测维护工作，包括坝体位移、坝体浸润线的观测。

③建立巡坝护坝制度，发现坝体局部隆起、坍塌、流土、管涌、渗水量增大或渗透水浑浊等异常情况时立即采取处理措施，并报告有关部门。

④建立健全尾矿库安全生产管理机构，配备专职管理人员，加强人员的日常培训和教育，树立牢固的安全责任意识。

⑤每年组织对尾矿坝进行 1～2 次安全专业鉴定，在发生特大洪水、暴雨、强烈地震及重大事故后，应组织对尾矿坝进行特别检查，以消除隐患。

（3）尾矿库三级防控体系

第一级防控：车间级

尾矿库规范设计、施工，采取防渗措施，定期巡检，以消除隐患。

第二级防控：厂区级

尾矿坝下设截渗坝，在发生事故后将泄漏废水收集，打回尾矿库。

第三级防控：流域级

尾矿库下游活水杨沟建设应急物资储备场（库），并储备砂袋、水泥管、活性炭网箱及吸附物资等。

2．人群健康风险分析（略）

点评：

1．该案例从尾矿坝渗流、尾矿坝稳定性、尾矿库溃坝可能性、防洪能力（调洪演算）、排洪构筑物过水能力等方面分析尾矿库的环境风险，估算尾矿溃坝泄砂量、泄砂流量、溃坝影响范围，分析溃坝后对地表水、村庄等环境保护目标的影响，并提出环境风险防范措施和应急预案，内容完善，重点突出。

2．建议细化副坝的环境风险分析内容。

3．环评关注点

尾矿库环境风险评价是该类项目环境风险评价的重点，应按照《尾矿库环境应急管理工作指南（试行）》（环办[2010]138 号）、《关于进一步加强环境影响评价管理防范环境风险的通知》（环发[2012]77 号）、《关于切实加强风险防范严格环境影响评价管理的通知》（环发(2012)98 号文）、《关于进一步加强尾矿库监督管理工作的指导意见》（安监总管[2012]32 号）、《关于印发深入开展尾矿库综合治理行动方案的通知》（安监总管[2013]58 号）等文件要求，开展环境风险评价，切实加强尾矿库风险防范和管理，建立三级防控体系，制定行之有效的应急预案。

五、环保措施投资估算

项目环保投资为 15 951 万元，占总投资 144 585 万元的 11.0%，环境保护措施及“三同时”验收情况见表 11-16。

表 11-16　环境保护措施及“三同时”验收

工程项目		环保措施	验收标准或要求	环保投资/万元
废污水	井下涌水	4 台处理能力 150 m^3/h 的集成式净化器，处理后作为生产新水回用	出水 SS≤30 mg/L、COD≤15 mg/L。全部综合利用，不外排	686
	循环水及厂前回水系统	2 座循环水池（冷水池、热水池）；1 座 Φ18 m 钢筋混凝土浓密池	全部综合利用，不外排	
	工业场地防渗	采选工业场地各车间地面采用水泥硬化防渗，并在表面刷涂环氧自流平，车间设置围堰；生活污水处理站底部和边壁用混凝土结构，池体内表面刷涂水泥基渗透结晶型防渗涂料	渗透系数≤1.0×10^{-7} cm/s	

工程项目		环保措施	验收标准或要求	环保投资/万元
废污水	尾矿库水	澄清水回用于选矿用水和充填站高压用水	全部回用，不外排	1 166.0
		尾矿坝下游设置截渗坝，坝下设回水池，采用混凝土结构，池体内表面刷涂水泥基渗透结晶型防渗涂料	防止选矿澄清水渗漏	178.0
	生活污水	采选工业场地建选用 A/O＋过滤＋消毒工艺处理装置（处理能力 20 m^3/h）	出水满足《污水综合排放标准》（GB 8978—1996）中一级标准和《城市污水再生利用 杂用水水质》（GB/T 18920—2002）标准。不外排	502.0
废气	锅炉烟气	湿式喷雾旋流塔板脱硫除尘器 2 套，SCR 脱硝装置 1 套，除尘效率 95%，脱硫效率 60%，脱硝效率 70%，55 m 高烟囱排放	烟尘≤173 mg/m^3 和 SO_2 ≤284 mg/m^3，氮氧化物 ≤100 mg/m^3，满足《锅炉大气污染物排放标准》（GB 13271—2001）二类区Ⅱ时段的要求	435.0
	井下凿岩废气	防尘洒水，井下破碎系统除尘设 2 台 CJ2 316 型湿式除尘器，除尘效率 98%	污染物排放满足《铜、镍、钴工业污染物排放标准》（GB 25467—2010）中表 10 中的排放限值：企业边界颗粒物浓度≤1.0 mg/m^3	197.5
	废石临时堆场	配置人工洒水装置，定时洒水		547.6
	储煤场	储煤场周围设 3 m 高挡墙，煤场上部设遮雨棚，人工洒水		
	皮带廊及料仓	皮带廊封闭及料仓加盖		
	选矿、充填区除尘	充填站、中细碎车间、筛分车间、粉矿仓产尘点采用 CJ 系列湿式除尘器（共 11 套），除尘效率达到 98%	颗粒物排放浓度为 40～60 mg/m^3，满足《铜、镍、钴工业污染物排放标准》（GB 25467—2010）表 5 限值	1 050.0
固废	废石	废石 33%用于井下充填，剩余部分用于尾矿库筑坝及加工石子	废石综合利用，废石临时堆场满足《一般工业固体废物贮存、处置场污染控制标准》（GB 18599—2001）	551.5
	锅炉灰渣	运往唐河泰隆水泥有限公司作为生产水泥的原料	综合利用	
	尾矿及尾矿库	尾矿库库底、边坡防渗，确保渗透系数≤1×10^{-7} cm/s。	尾矿库满足《一般工业固体废物贮存、处置场污染控制标准》（GB 18599—2001）中Ⅱ类工业固体废物贮存场的要求	5 860
	生活垃圾	工业场地设置垃圾垃圾桶	运至唐河县生活垃圾处置场	57.5

工程项目	环保措施	验收标准或要求	环保投资/万元
噪声防治	采取减振、隔音、消声等措施	厂界噪声满足《工业企业厂界环境噪声排放标准》（GB 12348—2008）中的2类标准限值要求	984.9
生态环境	尾矿库、废石临时堆场、工业场地绿化（40%），分区进行生态恢复		2 375
环境风险	事故池、应急物资储备场（库）		260
环境监测	购置常规监测设备，废气、废水、噪声污染源日常监测	常规监测达标排放	300
设环境保护图形标志	在废气、废水排口、高噪声源、尾矿库等设环境保护图形标志、排放口规范化管理	满足《排污口规范化整治技术要求（试行）》	20
跟踪监控地下水位	叶山、曲庄等村庄水井、泉作为长期观测井，尾矿库截渗坝下游30 m、100 m设监测井	—	300
地表岩移观测	设置地表变形观测点，跟踪观测地表变形位置、范围、深度，及时采取控制措施	—	180
不可预见费	—	—	300
合计			15 951

六、公众参与

项目公众参与调查根据原国家环保总局《环境影响评价公众参与暂行办法》（环发[2006]28号文）和原河南省环境保护局“关于贯彻实施《环境影响评价公众参与暂行办法》的通知”（豫环文[2006]2号文）中的要求进行。

1. 公开环境信息的次数、内容、方式

共开展两次信息公告，方式为：项目附近的村庄公告栏张贴公告、唐河县人民政府网站公示、《南阳日报》公示。第一次和第二次信息公告内容参见《环境影响评价公众参与暂行办法》（环发[2006]28号文）（此处略）。

2. 征求公众意见的范围、次数、形式

在两次信息公告完成后，采取两种方式进行公众参与调查：

（1）公众代表座谈会。第一次座谈会主要针对项目的可能受影响村民代表，第二次座谈会主要针对搬迁安置对象。

（2）问卷调查。调查对象包括项目矿区、采选工业场地和尾矿库周边的村民问卷调查、唐河县政协及人大代表问卷调查、专家问卷调查和团体问卷调查4种类型。

3. 公众意见归纳分析

共发放村民调查问卷161份，人大代表、政协委员、环保专家调查问卷14份，唐河县政府、环保局、国土局、湖阳镇政府、所在村村委会等社会团体问卷15份，

并召开座谈会两次（第一次针对可能受影响村民代表，第二次针对搬迁安置对象），调查对象具有很好的代表性。

4．公众参与结论

本次公众参与采取信息公告（张贴公告、网站公示、报纸公示）、座谈会、问卷调查（村民、人大代表、政协代表、专家、团体问卷）等形式，100%的被调查者支持项目建设，无人反对。

5．公众参与的合法性、有效性、代表性、真实性说明（略）

七、评价结论

（1）项目符合《产业结构调整指导目录（2011 年本）》《矿山生态环境保护与污染防治技术政策》《有色金属工业“十二五”发展规划》《金属尾矿综合利用规划（2010—2015）》中的相关要求。

（2）项目符合河南省、南阳市、唐河县各级矿产资源总体规划、国民经济和社会发展规划纲要、环境保护规划、土地利用规划等以及《唐河县有色金属矿产开发利用规划（2012—2025 年）》和规划环评要求。

（3）现状监测表明：环境空气质量符合《环境空气质量标准》（GB 3095—1996）中二级标准；声环境质量符合《声环境质量标准》（GB 3096—2008）的 1 类、2 类标准；土壤和底泥均符合《土壤环境质量标准》（GB 15618—1995）中的二级标准；地下水基本符合《地下水质量标准》（GB/T 14848—93）中的Ⅲ类标准；地表水不符合《地表水环境质量标准》（GB 3838—2002）Ⅲ类水质标准。

（4）项目清洁生产水平达到国内先进水平。

（5）项目采取相应的污染防治措施后，废气、废水、噪声均能达标排放，固体废物合理处置，生态环境最大限度得到保护和恢复。

（6）项目最大限度地减少了总量控制污染物的排放量，二氧化硫总量指标满足河南省环境保护厅核定的总量控制指标要求。

（7）在项目尾矿库采取相应的风险防范措施，并制定相应的应急预案后，环境风险可接受。

某公司周庵矿区 330 万 t/a 铜镍矿采选项目符合产业政策和相关规划要求，工程选址合理，污染物能够做到达标排放，符合清洁生产和总量控制要求。在认真落实环评报告提出的各项污染防治措施、生态保护及生态恢复措施后，从环保角度分析，项目建设是可行的。

案例分析

一、本案例环评特点

周庵铜镍矿是较为典型的、有代表性的有色金属矿采选业项目。该报告书对生态现状及影响、生态整治与恢复、地下水影响、重金属污染防治与总量控制、尾矿库与环境风险等金属矿重点内容进行了深入细致的调查、监测、预测和评价。主要体现在以下几个方面:

1. 报告书对项目在采矿方法（充填法采矿）和选矿工艺（浮选）的选择，粉尘、矿井水和重金属污染防治，水文地质勘察和地下水污染防控，固体废物综合利用，尾矿库选址及尾矿库防渗工程，人群健康调查，锅炉烟气脱硝，生态环境保护与恢复治理等方面进行评价，突出了环评重点，体现了清洁生产和绿色矿山理念。

2. 本项目包括采矿场、选矿厂、尾矿库及尾矿输送管线、废石场等，工程组成较复杂。报告书工程分析分单元进行，并突出了尾矿库、废石场等重点工程。据此识别、分析工程各单元污染源、污染物产生量或强度、处理措施及效果、排放量及排放去向，条理清晰，体现了项目建设兼具环境污染和生态影响的双重特点。

3. 报告书分工程单元、分时段、分工况（正常工况、非正常工况或事故工况）进行地下水影响分析，水质预测因子确定合理，预测模型根据水文地质勘察成果或者查阅参考资料建立，更具有合理性。综合分析了工程建设对水资源量、含水层、水用户、水源地等地下水环境保护目标的影响，内容全面。按照“源头控制、分区防治、污染监控、应急响应”相结合的原则，制定地下水环境保护措施，可操作性强。

4. 项目是涉及重金属影响的建设项目，报告书从工程分析专题重金属平衡分析、环境影响评价专题重金属影响分析、总量控制专题核算总量指标等方面着手分析内容全面、预测结果准确可信、所提措施或要求合理可行，符合国家相关要求。

5. 该类项目工程复杂、涉及专业广，报告书以矿区规划及规划环评、水土保持方案、水资源论证报告、地质灾害危险性评估报告、安全预评价报告、水文地质勘察报告等及其审查意见为依据，依据充分。在此基础上，对于生态环境及水环境相对敏感的区域，开展的植物、动物、生物多样性和水生生态专题调查全面，使提出的生态恢复措施更具有指导意义。

周庵矿区 330 万 t/a 铜镍矿采选项目具有大型现代化有色金属矿采选环境影响的典型性和代表性。报告书重点突出、内容全面、措施可行，符合最新的法律法规、政策、标准及导则要求，对今后有色金属采选类项目环评报告书的编制具有示范作用，是一本质量较好的环境影响报告书。

二、该类项目环评关注点

有色金属采选项目兼具环境污染和生态影响双重特点，项目周期长，环境影响持续时间长，影响范围大，公众关注度高。环评过程中应关注以下几点：

1. 有色金属矿采选项目工程单元包括采矿场、选矿厂、尾矿库及尾矿输送管线、废石场等，工程组成应完善，工程分析应分单元进行，突出尾矿库、废石场等重点工程。据此识别、分析工程各单元污染源、污染物产生量或强度、处理措施及效果、排放量及排放去向。

2. 污染源强的确定是工程分析的关键，特别是生产废污水的源强。对改扩建项目，以现有工程生产废水监测数据作为源强；对于新建项目，以监测钻孔水、选矿试验水水质作为源强，或者参考浸出毒性试验结果作为源强。也可类比同类型矿山采选项目的矿井涌水、选矿水、尾矿回水等监测数据。

3. 地下水环境影响预测及污染防治措施

合理确定常规因子和特征污染物等水质预测因子及预测模型参数，按《环境影响评价技术导则　地下水环境》（HJ 610—2011）要求，建立预测模型，分析地下水影响。同时分析工程开发建设可能对水资源量、含水层、水用户、水源地等地下水环境保护目标的影响，提出相应的保护措施及监控计划。按照“源头控制、分区防治、污染监控、应急响应”相结合的原则，制定地下水环境保护措施。

4. 固体废物属性鉴别及环境影响评价

此类项目应进行尾矿和废石属性鉴定，其采样、制样须符合《工业固体废物采样制样技术规范》（HJ/T 20—1998）的规定，根据判定的固体废物属性提出相应措施。

按照《关于印发深入开展尾矿库综合治理行动方案的通知》（安监总管[2013]58号），新建堆存重金属尾矿库的库底应硬化并防渗。

5. 重金属污染防治

按照《重金属污染综合防治十二五规划》，涉及重金属的建设项目，应组织好重点行业专项规划的环境影响评价，将其作为受理审批区域内重金属行业相关建设项目环境影响评价文件的前提。工程分析专题应进行重金属平衡分析，环境影响评价专题应进行重金属影响分析，总量控制专题应核算总量指标。

6. 关于尾矿库、废石场（排土场）等对环境防护距离

根据环境保护部《关于发布〈一般工业固体废物贮存、处置场污染控制标准〉（GB 18599—2001）等 3 项国家污染物控制标准修改单的公告》（公告 2013 年第 36 号），在对一般工业固体废物贮存、处置场场址进行环境影响评价时，应重点考虑一般工业固体废物贮存、处置场产生的粉尘等大气污染物因素，合理确定环境防护距离。

采掘类项目尾矿库、废石场（排土场）应按照《环境影响评价技术导则　大气环

境》（HJ 2.2—2008）推荐的环境防护距离估算模式计算大气环境防护距离，并提出环境敏感点防护措施。

三、技术支持文件

该类项目工程复杂、涉及专业广，环评过程中应将相关的技术报告作为支撑，具体包括：矿区规划及规划环境影响评价报告、水土保持方案报告、水资源论证报告、地质灾害危险性评估报告、安全预评价报告、水文地质勘察报告等，对于生态环境及水环境相对敏感的区域，应开展植物、动物、生物多样性和水生生态专题调查。

案例十二　高速公路项目（野生动物影响专题）环境影响评价

一、项目概况

（一）地理位置和建设情况

本项目为国家高速公路网首都放射线在某自治区境内的一段，全长 178.8 km。

原工程一期半幅高速公路环境影响报告书由环境保护部批复后，主线修建方式发生变化，原工程主线采用“分期分幅”模式修建，一期先按高速公路半幅标准修建 2 车道，二期适时再建另一幅，共同构成分离式的高速公路。本次建设方案为一次性建成 4 车道高速公路，仍然采用分离式路基。路线除终点段约有 840 m 整体式路基路段（宽度 28 m）外，其余路段均为分离式路基，左、右两幅路基中心线间距离一般为 30 m，路基宽为 13.75 m＋13.75 m，设计车速 120 km/h。预测中期（2020 年）平均交通量为 4 937 辆/d。

2011 年 3 月主线一期右半幅高速公路全线开工。截至 2012 年 2 月，一期工程路基已完成 97%，大桥基础、盖梁、预制箱梁已全部完成，小桥已完成 5%，中桥已完成 20%，涵洞已完成 31%。全线设取土场 15 处，弃渣场尚未使用。全线设置预制场、拌合厂和掺配碎石场等施工场地共 7 处，占地面积 41.8 hm^2；设砂、砾石料场共 4 处，占地面积约 143.33 hm^2；新建施工便道约 269.3 km，占地约 148.01 hm^2。具体建设内容见表 12-1。

表 12-1　拟建公路建设内容一览表

序号	项　目		单位	规模
1	路基宽度		m	13.75＋13.75
2	设计车速		km/h	120
3	路线长度		km	178.8
4	路基土石方	填方	10 000 m^3	949.14
5		挖方	10 000 m^3	34.17
6	防护工程		10 000 m^3	7.40
7	特殊路基处治		km	91.95
8	路面数量		1 000 m^2	4 314.915
9	涵　洞		道	273
10	大中桥		m/座	767.52/6

序号	项　目	单位	规模
11	小桥	m/座	2 147.22/101
12	通　道	处	14
13	互通立交	处	4
14	分离式立交	处	2
15	沿线设施	处	服务区 2 处、收费站 2 处、养护工区 2 处、港湾式停车场 1 处
16	草场	hm^2	1 332.2
17	林地	hm^2	86
18	耕地	hm^2	2
19	造　价	亿元	略

（二）主要工程及数量

1. 路基工程（略）

2. 路面工程（略）

3. 桥梁工程

（1）技术标准（略）

（2）桥涵设置情况

本项目共设大桥 1 座，中桥 5 座、小桥 101 座。桥梁结构采用预制安装的标准构件，基础均为扩大基础。大桥上部结构采用预应力钢筋混凝土连续箱梁，下部结构分别采用柱式墩、U 型桥台。中桥上部结构采用预应力混凝土连续空心板，下部结构分别采用柱式墩、U 型桥台。小桥上部结构采用预应力混凝土连续空心板，下部结构采用轻型墩台。拟建公路共设涵洞 273 道，涵洞的孔径为 4 m 或 2 m，均为盖板涵。桥梁设置情况见表 12-2（拟建公路沿线小桥设置一览表，略）。

表 12-2　拟建公路大中桥梁设置一览表

序号	中心桩号	桥梁	桥长/m	孔数及跨径/（孔-m）	工可净高/m
1	K36＋016.00	中桥	51.24	3-13.0	2.42
2	K102＋205.00	大桥	411.4	13-30.0	6.58
3	K143＋500.00	中桥	74.62	4-16.0	2.52
4	K143＋800.00	中桥	76.52	4-16.0	2.59
5	K144＋160.00	中桥	76.12	4-16.0	2.38
6	K159＋325.00	中桥	77.62	4-16.0	2.71

4. 路线交叉工程

（1）互通式立交

拟建公路分别在某矿区、与规划明水西—伊吾公路相交处、镜黄公路、某工业园新建 4 处互通式立交，表略。

（2）分离式立交

拟建公路分别在 K26＋524 和 K172＋555 处设置 2 处分离式立交，均采用主线下穿形式。

（3）通道

拟建公路共设置汽车通道 2 处，表略。

5．沿线设施

本项目拟设置 2 处服务区，2 处养护工区，1 处港湾式停车场，2 处收费站。在 K12＋000 处设置白山泉服务区及养护工区，在 K77＋175 处设置鸭子泉服务区及养护工区，在 K137＋800 处设置港湾式停车场，在 K12＋000 处设置白山泉主线收费站，在 K175＋400 处设置骆驼圈子主线收费站。

6．其他工程内容

如土石方平衡、临时工程、施工工艺等详细情况介绍（略）。

（三）环境概述和生态保护目标

地形地貌、河流水系、气候与植被等情况略。主要生态保护目标详见表 12-3。

表 12-3　拟建公路生态保护目标一览表

保护目标	相关关系
荒漠植被	分为荒漠和草原（荒漠草原）两大类，以灌木、小半灌木荒漠、半灌木以及小半乔木荒漠植被为主，全线均有分布
生态公益林	梭梭林：K43～K49、K110～K119 以及 K126～K134；西伯利亚白刺林：K67～K110、K119～K126、K134～K178 附近有分布
重点保护野生植物	拟建公路评价范围内无国家级重点保护野生植物分布
	省（区）Ⅰ级重点保护野生植物 4 种，分别为梭梭、沙生柽柳、膜果麻黄、甘草，其中梭梭（约 K43～K49、K110～K119 以及 K126～K134 路段）、沙生柽柳（约 K102 的红柳沟河床上）的分布相对集中，甘草、膜果麻黄等重点保护植物有零星植株混生于其他植物群落中
重点保护野生动物	国家Ⅰ级重点保护野生动物有 4 种，分别是蒙古野驴、北山羊、白肩雕、金雕；国家Ⅱ级重点保护野生动物有 6 种，分别是兔狲、鹅喉羚、盘羊、草原雕、灰背隼和红隼
	K0＋000～K102＋000 为蒙古野驴的觅食、栖息区域；拟建公路全线位于鹅喉羚分布中等密度区；K0＋000～K30＋000 海拔 2 500 m 以上的山区为盘羊和北山羊的觅食区域
	拟建公路两侧各 20 km 范围内共有泉眼 24 处，为野生动物的主要饮水地，其中常年有水 6 处、不定期有水 5 处，已干涸 13 处
砾幕	广泛分布于沿线戈壁荒漠区

点评：

1. 本案例项目概况介绍了路线地理位置、路线走向、主要工程内容（位置、数量及建设方案）等，并识别出主要的生态保护目标，条理清楚。对于较敏感的生态保护目标，如国家重点保护野生动物，本案例针对性地开展了专题评价。

2. 不足之处：应补充敏感生态保护目标（如国家重点保护野生动物的分布范围、饮水地等）与桥梁、互通立交、服务设施以及取、弃土场等临时工程的位置关系图。

3. 对于涉及濒危以及国家重点保护野生动物重要栖息地的线性工程，环评应重点关注路基、隧道、桥梁、涵洞等构造物的布设情况（包括型式或方案），列表给出主要的工程设计参数，如桩号、长度、跨径、净高等，并关注互通、服务区、收费站等永久设施及施工生产生活区、取弃土场、施工便道等临时工程的设置情况，附具位置关系图和必要的工程设计图件。

二、野生动物专题调查和影响评价概述

（一）评价范围及对象

本项目野生动物影响评价以工程沿线两侧 10 km 范围内的主要野生动物为对象，重点评价对象为国家和省级重点保护野生动物。

（二）评价依据（略）

（三）评价内容和方法

1．评价内容

本项目野生动物影响评价包括野生动物现状调查、工程对野生动物的影响分析以及保护措施三部分内容。

2．调查方法

2012 年 5 月 20—30 日，采取样线调查、访问调查与资料收集相结合的方法对拟建公路所在区域的野生动物分布现状进行了调查。

（1）样线调查

采用车载和步行方式，驾驶车辆以 5～20 km/h 速度沿拟建公路前行，用 8×42 倍望远镜观察公路两侧视野范围内的野生动物，记录观察到的动物实体数量。步行调查并记录野生动物的活动痕迹如粪便、足迹、卧迹、食迹、咬痕等。

（2）访问调查及资料收集

通过走访某地区野生动植物资源保护办公室、某市林业局专业技术人员及拟建公路途经的双井子乡政府工作人员和沿线牧民，了解野生动物的种类和变动情况。同时，收集某地区的生物考察资料和动物记录等。

（3）水源地调查：在荒漠地区，水源是野生动物分布的主要限制因素，从天山南北坡及两侧的冲积戈壁平原整个大区域来看，东天山余脉喀尔里克山是整个哈密盆地水源的主要来源地，在天山南北坡的山前丘陵区分布有间歇性泉眼，为戈壁荒漠中分布的野生动物生存提供了水源。根据工可编制单位提供的路线平面图，给出了主线公路沿线泉眼分布情况（图略）。沿线两侧 43 km 分布有 30 处泉眼，其中 20 km 范围内有 23 处泉眼，并通过走访调查和现场调查的方式对沿线分布的泉眼进行了核实。本着尽量到达的原则，对于车辆无法到达的泉眼，重点走访水利主管部门和当地牧民。

三、项目区域野生动物现状

1．野生动物资源概况

根据中国动物地理区划，本项目位于古北界—中亚亚界—蒙新区—西部荒漠亚区的东疆小区及准噶尔盆地小区，以及古北界—中亚亚界—蒙新区—天山山地亚区的东天山小区，动物区系成分以中亚型为主。项目区域两栖类贫乏，爬行类中以蜥蜴占主要地位。鸟类中，百灵、沙鸡、地鸦等属种较为常见。兽类中，以有蹄类和啮齿类为主要类群。

经统计，项目所经的某地区野生动物种类有兽类 5 目 21 科 59 种、鸟类 16 目 43 科 161 种、爬行类 2 目 7 科 18 种、两栖类 2 目 2 科 4 种、鱼类 2 目 5 科 10 种以及昆虫类 13 目 96 科 359 种，合计共 40 目 174 科 617 种。常见的有蹄类动物为蒙古野驴（*Equus hemionus*）、鹅喉羚（*Gazella subguttarosa*）、盘羊（*Ovis ammon*）等，食肉动物以沙狐（*Vulpes corsac*）、狼（*Canis lupus*）和鼬科小型兽类为主，啮齿类动物以跳鼠和沙鼠两个类群为主。

2．工程沿线野生动物调查结果

拟建公路评价范围内分布有国家Ⅰ级保护野生动物 4 种，分别是蒙古野驴（*Equus hemionus*）、北山羊（*Capra ibex*）、白肩雕（*Aquila heliaca*）、金雕（*Aquila chrysaetos*）；国家Ⅱ级保护野生动物 6 种，分别是鹅喉羚（*Gazella subgutturosa*）、盘羊（*Ovis ammon*）、兔狲（*Felis manul*）、草原雕（*Aquila rapax*）、灰背隼（*Falco columbarius*）和红隼（*Falco tinnunculus*）。蒙古野驴主要分布于某市以东的甘肃新疆两省区、中蒙两国交界处，活动范围南至某某市双井子、北至中蒙边境、西至大马庄山、东至某省的马鬃山地区。工程经过区域不是蒙古野驴的主要分布区，在 K0～K102 区间偶尔能见到蒙古野驴活动、觅食，在本工程K46+535和K14+380附近发现蒙古野驴活动痕迹。鹅喉羚主要分布于哈密盆地及其周边地区的山前戈壁和冲积、洪积扇区及山麓和沟谷一带，拟建公路全线位于鹅喉羚分布的中等密度区。北山羊、盘羊主要分布在K0～K30区间海拔2 500 m以上的山区，线路所经过区域种群数量较低。总体上，以上保护动物在本工程所在区域呈现密度较低、分布较广的特点，无固定迁移路线，工程沿线为其觅食地、栖息地（图12-1）。

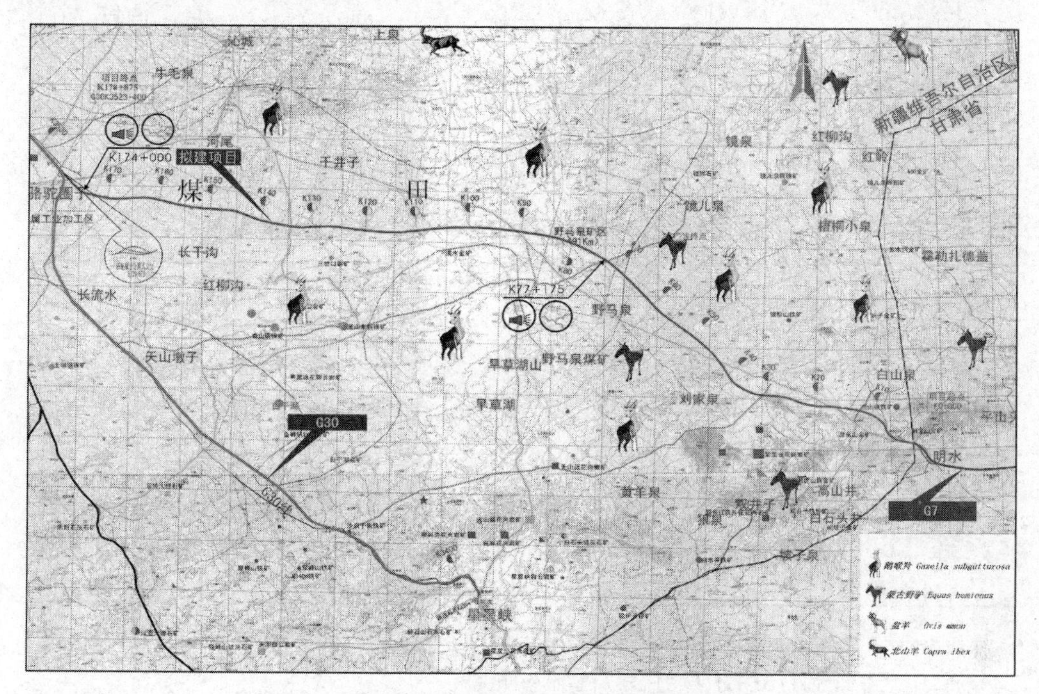

图12-1　拟建公路沿线主要野生保护动物分布图

项目区域内重点保护野生动物的鉴别特征、生态习性、生境以及分布：

（1）蒙古野驴：奇蹄目马科，国家Ⅰ级保护野生动物。

识别特征：体长200～220 cm，肩高126～130 cm，体重200～260 kg。与马相似，但耳较长。冬季背毛浅褐带沙黄色，鬃毛短而直立，腹色黄白，四肢内侧乳白色，吻部白色。一条褐色背中线从肩部向后延伸至尾基部。肩部具褐色的横向胸纹，夏毛暗褐色。

栖息环境：荒漠、半荒漠和荒漠草原地区。

生活习性：以禾本科、蒿草类和猪毛菜等草本植物为主要食物。喜集群活动，春夏季常以5～9头个体结成家族性小群体活动，秋冬季聚集成大群活动。

分布范围：根据实地调查，同时参考该区域的野生动物调查方面的研究论文、科考报告等资料，蒙古野驴主要分布在哈密市以东的甘肃新疆两省区、中蒙两国交界处，活动范围南至哈密市双井子、北至中蒙边境、西至大马庄山、东至甘肃省的马鬃山地区。拟建公路沿线K0～K102路段为其觅食、栖息区域，K30～K70分布的泉眼为其主要饮水区域。

（2）其他物种（略）。

3．饮水地调查结果

工程沿线20 km范围内共分布泉眼24处，其中6处常年有水，5处不定期有水，13处已干涸（2处已成水井，其余11处自然干涸）。共实地踏勘了17处泉眼，其中常年有水泉眼6处，不定期有水泉眼5处，已干涸泉眼6处。常年有水泉眼周边发现了大量动物活动的痕迹和实体，不定期有水泉眼周边有少量动物活动痕迹，已干涸泉眼周边无明显动物活动痕迹（表12-4和图12-1、图12-2）。

表12-4 拟建公路沿线两侧各20 km范围内常年有水泉眼分布一览表

泉眼名称	经纬度（略）	海拔/m	流量/（L/s）	满溢区面积/m^2	与公路的位置	含水层类型	环境特征
梧桐大泉		1 753	0.717	7 500	K33＋400北侧1 km	基岩裂隙水	溢区内植物比较单一，植被较少，发现了一些野生动物的足迹和粪便，同时发现了一些家畜的足迹和粪便
刘家泉		1 697	3.36	55 000	K42＋500南侧9 km	基岩裂隙水	溢区内植物种类较多，植被丰富，发现了大量的野生动物足迹和粪便，同时有大群的家畜（山羊、牛、驴）在此放牧
鸭子泉		1 310	0.071	不详	K70＋000南侧5.3 km	基岩裂隙水	植被较丰富，发现了大量的野生动物足迹和粪便，现场调查发现6只鹅喉羚在泉边的草地里觅食。同时有小群的家畜（山羊、马）在此放牧
镜儿泉		1 353	1.35	10 000	K73＋000北侧18.5 km	第三系承压水	溢区内植物种类较多，植被丰富，发现了大量的野生动物足迹和粪便，现场调查发现一只蒙古野驴在泉边的草地里觅食。同时有小群的家畜（山羊、马）在此放牧
梧桐窝子		1 124	＜0.01	不详	K102＋800北侧3.0 km	基岩裂隙水	溢区内植物种类较多，植被丰富，发现了大量的野生动物足迹和粪便，同时发现了大量家畜（山羊、骆驼、马）的足迹和粪便
滴水泉		1 084	＜0.01	不详	K111＋100北侧2 km	基岩裂隙水	溢区内植物种类较少，有芦苇、红柳、梭梭和十几株胡杨，发现了野生动物的足迹和粪便（狼）

鸭子泉附近野驴的粪便

镜儿泉附近觅食的野驴

图 12-2　泉眼附近的野生动物活动

点评：

1. 本案例野生动物现状调查工作体现了较强的专业性和科学性，野生动物分布情况介绍清楚，调查结果基本可信。

2. 不足之处：受到该区域基础资料缺乏、环评野外调查时间较短的限制，本案例对该区域物种的季节性分布掌握不足，现状描述存在一定的局限性。在涉及保护动物、具有重要科学意义或生态意义的物种、分布范围十分狭小且对相应工程扰动非常敏感的物种时，应根据物种的生态习性合理确定调查时间、科学制订调查方案，尽可能全面掌握工程沿线保护物种的分布情况，并应附具野生动物样线调查表。

3. 线性工程中野生动物现状调查应关注以下几点：1）充分利用历史资料。2）合理设计野外调查方案：采用样线法调查并辅以水源地、生境调查。样线布设建议采取平行样线（与线路走向平行）和垂直样线（垂直于线路走向）相结合，记录动物实体、活动痕迹等，拍照、鉴定并用 GPS 定位和记录样线轨迹。水源和食物是野生动物分布的主要限制性因素，可利用遥感影像数据、咨询当地牧民、现场踏勘等方式进行调查，掌握水源分布、采食地与工程的位置关系。3）调查结果表现形式：结合项目区域物种的生物学特性及实地调查获得的生境资料，编制公路沿线物种名录及分布表。图示野生动物历史上相对集中分布的区域及重点保护物种分布范围，明确物种分布、迁移路线与拟建公路的位置关系。

四、野生动物影响分析

1. 工程对野生动物的影响因素分析

（1）施工期影响分析

栖息地占用和破坏：工程永久和临时占地缩小了野生动物的栖息空间，割断了部分陆生动物活动、迁移、觅食等途径。随着工程的开工建设，原有工程范围内及一定区域范围内活动、栖息的野生动物向施工区两侧迁移，远离影响范围。

行为干扰：公路施工活动各种机械轰鸣产生的噪声、振动等会惊扰工程沿线的野生动物，影响其觅食、活动等行为，夜间施工的光源会影响夜间觅食和活动的动物，特别是对狼、狐狸等夜行性动物影响较大。

交通事故：施工期交通运输等对动物产生的影响主要表现在施工期野生动物穿越施工场地时与车辆相撞引起伤亡。

（2）营运期影响分析

生境破碎化：生境破碎化对动物产生的影响是缓慢而严重的，但对不同的动物类群影响程度有差异，对广布物种而言仅为局部切割作用，但对本身栖息地破碎化严重或栖息地面积有限的低种群密度的物种影响程度较高。

阻隔影响：高速公路相对封闭，对动物活动形成了一道屏障，使得动物的活动范围受到限制，对其觅食、种群交流的潜在影响是巨大的。公路的修建特别对具有迁移习性动物或活动范围较大的动物（如蒙古野驴、鹅喉羚等）的影响较大。

2．对重点保护野生动物的影响分析

（1）工程对蒙古野驴的影响分析

蒙古野驴在我国的主要分布区有两个：一是新疆卡拉麦里山有蹄类自然保护区，二是内蒙古中西部地区的乌拉特梭梭林——蒙古野驴国家级自然保护区和内蒙古自治区境内自二连浩特市至巴彦淖尔盟的中蒙边境地区。工程经过区域不是蒙古野驴的主要分布区，在K0～K102区间偶尔能见到蒙古野驴活动、觅食。

施工期工程对蒙古野驴影响主要表现在施工人员进场局部改变了荒漠生境，打破了原有宁静的仅有野生动物等组成的生态现状。随着施工人员的进驻，施工营地的设置，各种机械陆续进驻现场，机器的轰鸣声、夜间光源和人的活动不可避免地会影响到偶尔迁移到工程区域范围的蒙古野驴，对其活动产生一定的影响。根据2009年国家林业局关于蒙古野驴的调查报告，蒙古野驴主要分布于中蒙边境区，拟建公路距离边境线均大于 50 km，因此工程建设将不会影响其种群的生存和繁衍，仅当蒙古野驴自蒙古国游荡进入中国肃北马鬃山纵深靠近公路施工现场时才会对其产生一定的影响。

营运期工程对蒙古野驴的影响主要表现在车辆运行的噪声、振动及汽车光源、鸣笛等对生境的污染和破坏作用，同时路基等的修建将成为一道天然屏障，阻隔其进一步向南游荡、栖息。

（2）工程对鹅喉羚等其他重点保护野生动物的影响分析（略）。

3．对饮水地的影响分析

泉眼是附近野生动物及牧民所养牲畜的饮水点。在施工过程中，生产废水和生活污水直接排入泉眼出水中，可能会污染泉水水质。沿线泉眼附近没有设置取土场、沙石料场等，取土或石料等活动不会影响泉眼的水质、水量。

> **点评：**
>
> 1. 本案例从工程建设内容、施工工艺、营运特点等工程建设行为的各方面分析了工程可能对野生动物（个体和种群）的普遍性影响，并结合具体的重点保护野生动物（个体和种群）的生态习性，逐一分析了不同物种可能受到的特定性影响，评价分析较为全面，值得借鉴。
>
> 2. 不足之处：应结合目标种的分布调查结果（包括水源地、栖息地调查）和生态习性，进一步细化工程建设内容以及施工工艺的环境影响分析。由于本案例半幅已开工建设，因此缺少针对野生动物影响进行工程选址选线的环境合理性分析与方案比选内容。
>
> 3. 线性工程野生动物影响分析应重点关注：①工程选线、选址的环境合理性，从尽量避绕、减少穿越栖息地的角度，优化线位和工程形式，进行同等深度的环境比选；②重点分析工程对栖息地的占用、切割和破碎化影响，有其他线性工程时，应重视其叠加效应；③野生动物影响分析应具有针对性，结合目标种的分布调查结果和生态习性，分析工程建设内容以及施工工艺的环境影响。

五、野生动物保护措施

1. 拟建公路野生动物通道设置

（1）野生动物通道需求性分析

从天山南北坡及两侧的冲积戈壁平原整个大区域来看，东天山余脉喀尔里克山是整个哈密盆地水源的主要来源地，在天山南北坡的山前丘陵区分布有间歇性泉眼，为戈壁荒漠中分布的野生动物的生存提供了水源。由于区域内无其他地表水可供野生动物饮用，因此，这些泉眼为野生动物生存不可或缺的水源。因此，动物通道设置的位置应充分考虑野生动物饮水的需要，同时由于动物活动能力的限制，相邻两通道间距不宜过大。

（2）野生动物通道设置原则

野生动物通道设置先要明确通道的设置位置及结构型式。首先，考虑选择在道路致死率高的地方设置野生动物通道；其次，根据野生动物迁移廊道的需求特点，分析野生动物迁移廊道的要求条件及主要功能目标；最后，从区域总体角度来看，基于景观格局的整体要求来设置通道的位置和数量，将通道的连接效应发挥到最大限度。具体而言，野生动物通道设置一般考虑以下原则：

①研究性原则：对当今野生动物保护措施的有效性进行系统的研究和评价，分析

选择影响保护措施发挥效用的主要设计要素，深层剖析野生动物种群与道路系统的内在联系及其存在的可利用设计因素。

②经济性原则：最经济的保护措施应该是用最小的花费达到保护目标物种的目的。

③预先设计原则：在公路建设的设计期间，要处处把野生动物保护设施的建立考虑在内。如果建设项目对生态环境产生的影响比较大时，可以忽略项目总投资额的限制，优先设计桥梁、隧道和涵洞等野生动物保护通道。

④考虑累计和时滞效应原则：在野生动物通道使用效率进行规划和评估时，要全面考虑道路对种群和生物多样性的时滞影响和累计影响。

⑤结构综合利用原则：野生动物横穿结构和栅栏（野生动物逃脱、诱导装置）联合使用的缓解措施与单一使用野生动物横穿结构相比，利用率明显提高。

⑥通道尺寸因地制宜原则：因为野生动物会通过自行调整生存习性来适应不同通道类型和设计结构，因此野生动物保护通道的尺寸没有一个固定的标准。此外，通道的设计还应该考虑到目标物种的体型大小、生活习性等因素。

⑦景观角度选址原则：在野生动物通道的建设中，位置的选择是重中之重，以野生动物行踪数据和道路致死率为依据作出的选址并非最佳的选择。相对而言，想要作出发挥长期效应的最佳选择，必须从野生动物迁移廊道的实际需求和总体景观格局出发，对野生动物通道位置进行设定。

⑧确保通道效率发挥的可持续效应原则：影响野生动物通道可持续效应的因素很多，如野生动物对环境变化的适应性、种群数量特征、自身生活习性、栖息地条件和附近人类行为等。如果要使野生动物通道尽可能达到最佳持续效应，就必须尽量减少各种因素的影响。

（3）野生动物通道的形式和比较

公路动物通道从形式上分为三种，分别为上跨式通道、下穿式通道和缓坡通道（表12-5）。上跨式通道主要是以搭建“过街天桥”的形式修建，使野生动物从公路上方通过；下穿式通道主要有桥梁、涵管、涵洞等形式；缓坡通道是通过降低公路路基两侧的坡度，诱导野生动物从路基上穿越公路的一种通道形式。

表 12-5　不同通道类型优缺点比较

通道类型	优点	缺点
上跨式通道	通道环境与周围植被一致，且受下方的车辆干扰小，有利于动物通过。适用类群广泛，尤其适用于栖息于开阔生境的物种	在戈壁荒漠风沙区建设，对通道自身和过往车辆的安全都构成了不安全因素；由于该区域干旱少雨，通道上方栽种的植被很难成活；周围地势平坦开阔，景观协调性较差

通道类型		优点	缺点
下穿式通道	桥梁形式通道	可以满足多种类型动物迁移、觅食等活动的需要，但需根据动物体型及生态习性进行设计	容易淤积，需定期维护
	涵洞形式通道	数量多，能满足小型动物往返于工程两侧的需要	体型稍大的动物通过比较困难；容易积水
缓坡通道		可以满足多种类型动物迁移、觅食等活动的需要；能很好地连接两侧野生动物的栖息生境，降低廊道效应	容易发生车辆与野生动物相撞事故；存在野生动物误入公路内无法出来的情况

综合考虑拟建公路所在区域的自然环境、物种分布等情况，报告书推荐下穿式通道形式。

（4）拟建公路野生动物通道设计方案

①能满足蒙古野驴通行的通道设置分析

由于蒙古野驴和藏野驴、鹅喉羚和藏羚羊体型相似，本工程类比青藏铁路藏野驴、藏羚羊穿越动物通道的情况分析，报告书认为拟建公路净高 3.5 m 以上、跨径大于 8 m 的桥梁可满足蒙古野驴通行要求，净高大于 2.0 m、跨径大于 8 m 的桥梁可满足鹅喉羚通行要求。

经分析，拟建公路 K0＋000～K105＋000 路段原净高在 3.5 m 以上，跨径大于 8 m 的桥梁共有 5 座，其中净高 3.5～4 m 的桥梁有 2 座，净高大于 4.5 m 的桥梁有 3 座，桥梁中心桩号分别为 K37＋570、K46＋243、K85＋490、K95＋685、K102＋205。按照泉眼分布的三个区间进行统计，K0～K45 区间仅有 1 处，K45～K90 区间仅有 2 处，K90～K130 区间仅有 2 处，达不到每个区间有 2 个以上通道的要求，且分布不均，对于蒙古野驴活动的需求略显不足。

针对以上通道不足的情况，依据实地调查结果及本项目右侧半幅已经基本完工的实际情况，提出“调整桥梁净高＋新建桥梁”的方案，对现有桥梁进行优化处理。一般地基路段，单孔跨径 8 m 小桥基础埋置深度最大调整高度为 0.8～1.0 m，单孔跨径 13 m 小桥最大调整高度为 1.0～1.5 m，大中桥一般在 0.5～2.0 m。基岩路段，桥梁基础埋深根据基岩深度变化而变化。K46～K71 段，工程北侧仅分布有 1 处常年有水泉眼，而南侧有 1 处常年有水泉眼和 2 处不定期有水泉眼，在此段应增设桥梁通道以减缓工程的阻隔影响。

综上，K0＋000～K105＋000 路段增加桥梁净高 8 处（调整范围为 0.13～1.58 m），新建桥梁 2 处。调整后，该路段共有 13 处动物通道可供蒙古野驴使用，其中净高 3.5～4 m 的通道有 3 座，净高 4（含）～4.5 m 的通道有 2 座，净高大于 4.5 m（含）的通道有 8 座，平均约 8.1 km 设有 1 处，相邻两通道最小间距为 1.55 km，最大间距为 13.99 km，能够满足蒙古野驴的通行需求（详见表 12-6 和图 12-3）。

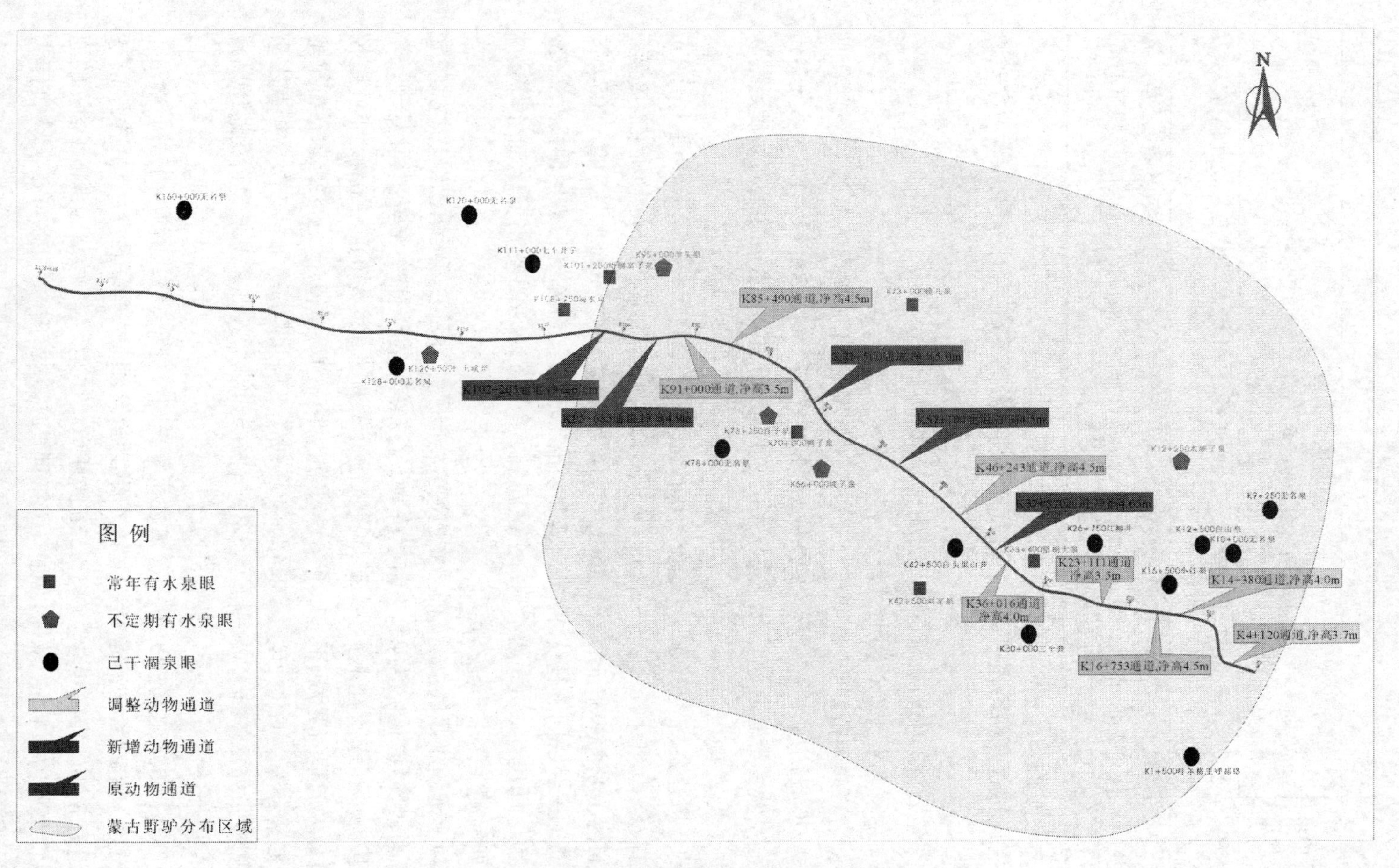

图 12-3 拟建公路沿线泉眼和动物通道分布图

表 12-6　拟建公路蒙古野驴通道设置一览表

序号	中心桩号	桥梁	孔数及跨径/（孔-m）	工程原净高/m	环评优化后净高/m	调整高度/m	调整措施	相邻两通道间距/km
1	K4＋120.00	小桥	2-13.0	2.30	3.70	1.4	调整铺砌高度	—
2	K14＋380.00	小桥	1-8.0	3.25	4.00	0.75	调整铺砌高度	10.26
3	K16＋753.00	小桥	2-13.0	3.17	4.50	1.33	调整铺砌高度	2.37
4	K23＋110.50	小桥	1-8.0	3.37	3.50	0.13	调整铺砌高度	6.36
5	K36＋016.00	中桥	3-13.0	2.42	4.00	1.58	原地面下挖，增设铺砌	12.91
6	K37＋570.00	小桥	1-8.0	4.65	—	—	无需调整	1.55
7	K46＋243.00	小桥	1-8.0	3.53	4.50	0.97	调整铺砌高度	8.67
8	K57＋100.00	小桥	2-13.0	—	4.50	—	新增	10.86
9	K71＋500.00	小桥	2-13.0	—	4.50	—	新增	4.4
10	K85＋490.00	小桥	1-13.0	3.95	4.50	0.55	调整铺砌高度	13.99
11	K91＋000.00	小桥	1-13.0	3.26	3.50	0.24	调整铺砌高度	5.51
12	K95＋685.00	小桥	1-13.0	4.94	—	—	无需调整	4.69
13	K102＋205.00	大桥	13-30.0	6.58	—	—	无需调整	6.52

②其他动物通道分析（略）

2．其他保护措施

（1）施工期

① 加强对施工人员的环保教育工作，采取举办国家重点保护野生动物图片展、各标段设置标牌等方式，对施工人员开展保护野生动物宣传教育，禁止施工人员随意破坏植被和猎捕野生动物；

② 施工单位应与当地的野生动物保护主管部门协商最佳施工时间和施工方案，在可能的情况下聘请当地环保部门和林业部门的管理人员对施工进行监督，整个施工过程注意加强联系，汇报施工进度，主动接受主管部门的监督；

③ 不得在沿线泉眼附近设置取土场、施工便道、预制场、拌和站以及施工营地等临时工程设施；

④ 严格划定施工界限，禁止越界施工和破坏征地范围外植被的行为；

⑤ 固体废物应集中堆放，严禁乱扔，尤其是塑料制品，避免被野生动物误食。

（2）营运期

① 定期对动物通道进行检查，清除通道下方的风积沙，保持通道的通畅；

② 采取改善通道周围的食物、水分条件的措施诱导动物通过；

③ 制定并开展以动物通道有效性为主要内容的科研生态监测（具体方案见附

件），及时改进，为动物通道研究积累数据。

点评：

1．本案例首先明确了野生动物通道的设计原则，并结合拟建公路右半幅路基、桥梁基础等基本完工的现实，制订了野生动物通道的设计方案（位置、净高、间距等），对部分桥梁提出了改造要求，同时编制了以监测野生动物通道利用效果为主要内容的野生动物监测方案，措施较为全面，值得借鉴。

2．不足之处：①鉴于当前国内对道路工程动物通道设置具体技术指标、动物通道利用效率持续监测及交通网络对野生动物影响等基础研究甚少，报告书参照青藏铁路已有的监测数据和基于本工程桥梁基础基本完工的事实对通道高度进行设计，但需要注意的是，本工程路基（13.75 m＋13.75 m）宽于青藏铁路（8 m），在动物通道高度相同条件下，其通视度将有所降低，动物通道的利用效率有待进一步监测；②未充分考虑影响野生动物通道利用效率的细节设计，如野生动物通道内外小生境的布设以及围栏设置等。

3．线性工程野生动物通道设计需要关注三个问题：动物通道的形式（上跨式或下穿式），动物通道的设计参数（净高、跨度等），动物通道的布设位置及密度。应根据工程所在区域的自然环境、地形特点、地质条件以及动物分布情况，结合工程桥涵情况，确定需要设置野生动物通道的目标物种和设计要求，必要时对工可桥涵设计提出调整或新增方案。例如，在开阔的荒漠、半荒漠生境，生境异质性低，通道设置的目标物种分布密度虽然不高，但活动能力强、范围大，野生动物通道应尽量设置在河流、水源附近或动物取水路线上，在物种不同分布密度区域可采用不同间距设置。此外，动物通道还应辅以围栏设计，用以防止动物翻越路基，引导动物使用桥梁通道穿越公路。

六、评价结论

拟建公路是《国家高速公路网规划》中七条北京辐射线中的一部分，工程建设对于完善国家和某自治区高速公路网，贯彻西部大开发，促进某经济发展等具有重要意义。

本工程按照封闭式高速公路建设，建成后将对蒙古野驴、鹅喉羚等野生动物的觅食、饮水等产生阻隔影响，本工程动物通道设置以大型有蹄类动物为限制条件，共设置可满足大型动物蒙古野驴通行需求的通道 13 座，可满足中小型动物如鹅喉羚等通行需求的通道 59 座。鉴于本工程右半幅路基、桥梁基础等基本完工的现实，在达到调整后的动物通道的数量、高度等设计指标要求、营运期加强动物通道维护以保持其生态作用、对动物通道有效性开展生态监测并预留补救措施后，工程建设对沿线野生动物活动的影响基本可接受，从环境保护角度看，本工程建设可行。

七、附件

附件 1　某高速公路野生动物监测方案（略）

案例分析

一、本案例野生动物影响评价（专题）特点

拟建公路穿越我国生态环境极为脆弱的干旱半干旱区域——蒙新高原区，分布有多种国家Ⅰ级、Ⅱ级以及省级保护野生动物，以有蹄类（如鹅喉羚、蒙古野驴等）和食肉类（如沙狐、狼、兔狲等）为代表，活动能力较强，且生性敏感。本工程建设将会造成生境的破坏和切割，使野生动物的活动、行为受到一定程度的影响和限制。

作为荒漠区高速公路的典型代表，本工程其所在区域的野生动物表现出分布及活动范围广的特征，给现状调查带来了一定的难度，报告书采取样线调查、访问调查与资料收集相结合的方法对拟建公路所在区域的野生动物分布现状进行了调查，并掌握了野生动物饮水地的分布情况，在此基础上提出了野生动物通道的设置要求，达到了一定的评价深度。由于我国道路工程尤其是高速公路动物通道设置的具体技术指标、动物通道利用效率持续监测及对野生动物影响等基础研究相对较少，本项目动物通道设计参数（净高、跨径）是通过类比青藏铁路周边的藏野驴、藏羚羊、藏原羚、狼、沙狐等穿越铁路桥梁的监测结果而获得的。报告书结合本项目右侧半幅已经基本完工的实际情况，根据蒙古野驴和鹅喉羚等在水源地、取食地之间及水源地与取食地的活动习性，以及工程北侧泉眼分布不均的情况，提出“调整桥梁净高＋新建桥梁”的方案，对现有桥梁进行优化处理，调整桥梁净高 8 处，新建桥梁 2 处，共设置可满足大型动物蒙古野驴通行需求的通道 13 座，可满足中小型动物如鹅喉羚等通行需求的通道 59 座。但需要注意的是，本工程路基（13.75 m＋13.75 m）宽于青藏铁路（8 m），在动物通道高度相同的条件下，其通视度将有所降低，动物通道的利用效率有待进一步监测。

总体来看，本案例野生动物现状调查和影响评价达到了一定深度，但也受到了一些客观限制因素的影响，例如受到该区域基础资料缺乏、环评野外调查时间较短的限制。本案例对该区域物种的季节性分布掌握不足，现状描述存在一定的局限性，此外，野生动物通道设计参数有待进一步摸索和完善，应通过生态监测以及后评价，检验通

道利用效果，逐步完善保护措施，并指导类似工程建设。

二、线性工程野生动物影响评价专题应特别关注的几个问题

在开展线性工程野生动物影响评价的工作中，建议注意以下问题：

一是野生动物现状调查的要求。应充分利用已发表的文献、专著、权威数据库（中国动物志数据库、中国濒危与保护动物数据库、世界自然保护同盟濒危物种红色名录以及中国生物物种名录）、野生动物考察报告、地方林业局物种名录等资料，并结合实地调查数据论证工程选线的合理性、动物通道设置的可行性和有效性。针对不同动物的生态学特征，制订调查时间、频率、线路、调查方法以及统计分析的方案，客观反映动物的分布现状。除了对野生动物资源现状进行直接调查外，还应当掌握动物栖息地的生态特征（如植被、水源分布等）以及动物的生存需求（如觅食地、饮水地、繁殖地等）。

二是动物通道的设计要求。在动物通道的设计上，应充分考虑工程所在区域的地形特点、目标物种的习性和特征以及工程本身的设计参数，提出有针对性的方案，不可盲目类比和过度设计。同时，应注重通道内外小生境的布设以及围栏设置等影响通道利用效率的细节设计。

三是动物通道的维护和监测。在运营期，应提出对野生动物通道及其附属设施开展系统、专业的管理和维护的要求，如定期检查桥梁、涵洞的通畅情况和围栏的损坏情况等，并适时开展后评价工作。

案例十三　地铁一期工程环境影响评价

一、建设项目概况

（一）项目背景

某市位于长江下游，为省会城市。本项目为该市城市快速轨道交通建设规划（2004—2015）中的一条线路，对应的规划环境影响报告书已通过环保部审查。

（二）工程概况

某地铁4号线一期工程线路起于中保站（起点里程AK10＋600），终于仙林东站（终点里程 AK43＋834.012）。线路全长 33.2 km，其中高架部分 0.8 km（AK43＋030.012～终点AK43＋834.012），地面线0.3 km（AK29＋855～AK30＋155），地下线32.1 km。全线共设车站17座，其中，地下车站15座，地面车站1座，高架车站1座；设主变电所2座，车辆段与综合基地1个。

（三）主要工程内容及技术参数

工程选用 B 型地铁车辆，列车最高设计运行速度为 100 km/h。设计年度为初期2018年，近期2025年，远期2040年。列车编组初、近、远期均为6辆，全日开行列车初期121对、近期174对、远期239对，运营时间为5:00—23:00，全天运营18小时。

正线采用60 kg/m无缝长钢轨，车场线采用50 kg/m钢轨。地下线采用长枕式整体道床结构，车辆段内地面线采用碎石道床、混凝土长枕。轨道采用弹性扣件。正线线路埋深范围为11～40 m。

工程通风空调系统包括隧道通风系统和车站通风空调系统两大部分；地下车站通风空调系统按站台设置屏蔽门方式设计；区间隧道通风系统采用双活塞系统作为一般区间的隧道通风系统配置方案；地面及高架车站尽量采用自然通风和排烟。全线共设53处风亭和15组冷却塔。

工程设某车辆段与综合基地一座，位于某村用地范围内，占地约33.8 hm^2，现状大部分为水田、菜地和林地以及少量的水塘和房屋。车辆段出入线由某站站后两折返线末端双线引出。车辆段总平面布置采用尽端式横列式段型，试车线平行布置于联合车库外侧，有效长为1 200 m。

工程于某站、某站附近设置2座主变电站，采用全户内地面布置型式并埋地电缆敷设，供电系统采用110/35 kV两级电压集中供电方式。共设置13座牵引变电所，其中正线设置12座，车辆段设置1座。

工程施工方法：①车站主体结构均为框架结构，基坑深度14.94～30.48 m，各车站采用明挖法施工，其围护结构分别为地下连续墙围护结构形式、钻孔咬合桩围护结构形式、钻孔灌注桩围护结构形式、人工挖孔桩围护结构形式。高架车站采用“桥、建”分开的结构形式，现浇施工。②工程正线地下区间分别采用盾构法、明挖法、矿山法施工；出入段线采用明挖法施工。正线高架桥梁段采用现浇法施工方法。工程总工期约为52个月。

点评：

本案例结合城市轨道交通建设项目特点，明确了地下线、高架线、地面线长度，主要工程技术指标，给出了车辆段及变电站位置，同时给出了车站、区间施工方式。工程内容介绍较全面。

存在的问题：

(1) 应列表给出主要工程内容，附图给出工程平纵断面图；

(2) 明确工程土石方量及渣土去向。

环评中应注意：

(1) 城市轨道交通建设项目必须纳入该城市轨道交通近期建设规划中；注意分析环评阶段的工程方案与建设规划和规划环评阶段的建设方案的工程方案一致性及变更情况，并给出相关变更内容的环境影响比选分析结果。注意分析线路走向、站场设置选线选址的优化内容，体现早期介入原则。明确工程方案对规划环评审查意见的落实情况。

(2) 明确工程高架线路、地面线路、地下线路的结构形式、几何尺寸等参数。明确各车站对应的中心里程、结构类型、车站埋深等工程参数。按里程桩号明确各区段的施工方法。对于周边有环境敏感区的路段，应注意优化施工方式。

(3) 风亭、冷却塔与周围敏感点的相对位置关系，应满足《地铁设计规范》中的相关要求。

(4) 车辆段和综合基地、停车场及主变电站除明确所在位置及用地现状外，还应明确规划用地性质，以便后面分析与城市规划或土地利用规划的相容性。

二、工程主要污染源分析及环境影响识别

（一）工程主要污染源分析

1．噪声源

本工程运营期噪声源采用类比法确定见表 13-1。

表 13-1　本工程确定的噪声源强表

噪声源类　别	测点位置	A 声级/dB（A）	测点相关条件	类比地点（资料来源）
排风亭	百叶窗外 2.5 m	69.6	HP3LN-B-112-H 型，设有 2 m 长消声器	地铁一号线某站，屏蔽门系统
新风亭	百叶窗外 2.5 m	59	HL3-2A No.5A 型，设有 2 m 长消声器（屏蔽门）	
活塞/机械风亭	百叶窗外 3 m	65	TVF（风量 45 m^3/s），风机前后各设 2 m 长消声器	
冷却塔	距塔体 3.3 m 处	72	良机冷却塔 LRCM-LN150	地铁某线某段
	距塔体 3.3 m 处	62.4	SC-125LX2（电机功率：4 kW，流量：125 m^3/h）	某轨道交通 6 号线某某站
高架线路列车运行	距轨道中心线 7.5 m	92	速度 60 km/h，碎石道床	某地铁 13 号线
地面线路列车运行		85		
主变电站	室外 1 m 处	63.1		某轨道交通一号线

2．振动源

本工程运行期产生的振动来源分为地下区段、地面区段和高架区段三个部分。其中地下区段类比某地铁一号线振动源强确定为 87.2 dB，其边界条件为：距离轨道 0.5 m，60 kg/m 无缝钢轨，普通钢筋混凝土整体道床，弹性分开式扣件，速度为 60 km/h。地面区段类比某地铁一号线某段监测结果确定为 VL_{z10} 为 77.1 dB，其边界条件为：A 型车，60～65 km/h，路基高 0.5 m，国铁弹条Ⅱ型。高架区段类比某地铁某线一期某高架段桥墩处 VL_{zmax} 为 80.3 dB，其边界条件为：A 型车，行车速度 55 km/h，整体道床，混凝土短枕，WJ-2 扣件，60 kg/m 长轨。

3．电磁污染源（略）

4．水污染源（略）

5．空气污染源（略）

6．固体废物（略）

（二）环境影响识别与筛选

1. 环境影响识别

根据轨道交通环境影响特点，本工程环境因素综合识别结果详见表13-2。

表13-2　地铁4号线一期工程环境影响因素识别表

评价时段	工程内容	施工与设备	评价项目								单一影响程度判定
			噪声	振动	废水	大气	电磁辐射	弃土固废	生态环境	社会环境	
施工期	施工准备阶段	征地							–2		
		拆迁				–2		–2	–2		
		树木伐移、绿地占用							–2		
		道路破碎	–2	–2							
		运输	–2			–2					
	车站、地面、地下、高架区间施工	基础开挖	–2	–2					–2		
		连续墙维护、混凝土浇筑			–2						
		地下施工			–2			–2			
		钻孔、打桩	–2	–2							
		运输	–2			–2					
综合影响程度判定			–3	–3	–3	–3	—	–3	–3	–3	–3
运营期	列车运行	地下线路		–3							-3
		地面线路	–3								-3
		高架线路	–3								-3
	车站运营	乘客与职工活动			–2			–2			
	变电站	变压器					–1				
	地面设施、设备	风亭、冷却塔（空调期）	–2			–1					
	车辆段	列车出入、检修、调车	–2								
		生产与生活			–2			–2			
综合影响程度判定			–3	–3	–2	–2	–2	–2	–2	–2	—

注："+"，正面影响；"–1"，较小影响；"–2"，一般影响；"–3"，较大影响。

地铁4号线一期工程从总体上讲，对环境产生的污染影响表现为以能量损耗型（噪声、振动、电磁辐射）为主，以物质消耗型（污水、废气、固体废物）为辅；对生态环境影响表现为以城市社会环境的影响（居民出行、征地拆迁、土地利用、城市景观、社会经济等）为主，以城市自然生态环境影响（城市绿地等）为辅。

从本工程环境影响空间概念上可分为地下段、地面段、高架段、车辆段与综合维修基地、主变电所、风亭及冷却塔等；从影响时间序列上可分为施工期和运营期。

根据本工程建设和运营特点，确定工程在施工期和运营期产生的环境影响的性质，结合工程沿线环境特征及环境敏感程度情况，对本工程环境影响评价因子进行筛选，筛选结果详见表 13-3。

表 13-3　地铁 4 号线一期工程环境影响评价因子汇总表

评价阶段	评价项目	现状评价	单位	预测评价	单位
施工期	声环境	昼、夜间等效声级，L_{Aeq}	dB（A）	昼夜间等效声级，L_{Aeq}	dB（A）
	振动环境	铅垂向 Z 振级，VL_{Z10}	dB	铅垂向 Z 振级，VL_{Z10}	dB
	地表水环境	pH、SS、COD、BOD_5、石油类	mg/m^3（pH 除外）	pH、SS、COD、BOD_5、石油类	mg/m^3（pH 除外）
	大气环境	PM_{10}	mg/m^3	PM_{10}	mg/m^3
运营期	声环境	昼、夜间等效声级，L_{Aeq}	dB（A）	昼、夜间等效声级，L_{Aeq}	dB（A）
	振动环境	铅垂向 Z 振级，VL_{Z10}	dB	VL_{Z10}、VL_{ZMAX}	dB
				室内结构噪声	dB（A）
		结构最大速度响应	mm/s	结构最大速度响应	mm/s
	电磁环境	工频电场、工频磁感应强度	V/m、mT	工频电场、工频磁感应强度	V/m、mT
		信号场强	dB（μV/m）	信噪比	dB（μV/m）
	水环境	pH、SS、COD、BOD_5、石油类	mg/m^3（pH 除外）	pH、SS、COD、BOD_5、石油类	mg/m^3（pH 除外）
	大气环境	—	—	异味	ppm

2. 环境保护目标

地铁 4 号线一期工程主要沿城市建成区和规划区的城市主干道行进，线路两侧分布有较多的居民住宅、学校、政府机关和部分河流、湖泊、文物、风景区等。根据现场调查结果，本工程声环境、振动环境、生态环境、水环境、大气环境、电磁环境敏感点分布情况分别见表 13-4～表 13-9（简略示意）。

表 13-4　声环境敏感目标一览表（例）

站段名称	所在行政区	敏感点									主要噪声源
		编号	名称	规模	建筑层数	功能	建设时间	距声源水平距离/m	对应声源位置	声功能区类别	
某站	某区	1	某村	约 230 户	7	住宅	1999	活塞风亭：50.2；排风亭：51.2；新风亭：51.2	西端南侧风亭区	4a 类区	①②

注：1. 敏感点规模：敏感点在受影响范围内的规模；

2. 水平最近距离：距噪声源（风亭、冷却塔等设备最大尺寸处，试车线轨道中心线）的水平最近距离；

3. 主要噪声源：①社会生活噪声；②道路交通噪声。

表 13-5 振动环境敏感目标一览表（例）

敏感点编号	所在行政区	敏感点名称	所在区段	线路里程位置	线路形式	相对拟建线路/m		建筑物概况						环境功能区
						水平距离 l	高差 h	层数	结构	建设时间	建筑类型	规模	使用功能	
1	某区	某村/某幼儿园/某大街123	起点—某站	AK10＋600-AK10＋700两侧	地下	18.3	15.8	1～7	砖混、框架	1999—2001	Ⅱ、Ⅰ	约250户、300师生	住宅、学校	1、4
75	某区	某路74号近现代建筑	某站—某站	AK12＋510-AK12＋600左侧	地下	30.8	21.1	4	砖混	该建筑原为某电力高等专科学校教学楼，现为某艺术学院办公楼，建于1954年，混合结构，外观为传统宫殿式屋顶，现代式外墙			文物	重要近现代建筑

注：1. “水平距离”是指敏感点距外轨中心线的最近距离；2. “高差”是指敏感点地面至轨面的高度差，设轨面高度为“0”，低于轨面为“–”，高于轨面为“＋”；3. “规模”是指在评价范围内的规模。

表 13-6 生态环境敏感目标一览表（例）

敏感目标分类	保护级别/类型	名称	地理位置	相对线路方位	线路敷设方式	与外轨中心线位置关系	
						保护范围	建控地带
生态敏感区	风景名胜区	某风景名胜区	某区	穿越/相切	地下	下穿外围控制区约1.3 km，相切外围控制区处交界面长度约9 km	
历史文化名城保护区	历史城区	某历史城区	某区	穿越	地下	下穿约3.3 km	
	环境风貌保护区	某环境风貌保护区	某区	穿越	地下	下穿约10.7 km	
	历史地段 历史文化街区	某区	某区	北侧相切	地下	交界面长度约500 m	
	历史地段 历史风貌区	某区	某区	南侧相切	地下	交界面长度约300 m	
文物古迹	地下埋藏区	某遗址区	某区	南侧相切	地下	交界面长度约0.6 km	
	国家级文保单位	某城墙	某公园东侧	北侧	地下	相距约92 m	相距约57 m

表 13-7　水环境敏感目标一览表（例）

水体名称	距外轨中心线距离/m	线路敷设方式高差/埋深/m	水体规模	水体功能	水质目标		执行标准
					2010 年	2020 年	
某河（某某—某某河口）	下穿穿越长度约 95 m	地下埋深水下 20～22 m	全长 110 km，流域面积 2 631 km^2	景观	Ⅳ类	Ⅳ类	《地表水环境质量标准》（GB 3838—2002）

表 13-8　大气环境敏感目标一览表（例）

站段名称	所在行政区	敏感点					所在区域大气环境功能区
		名称	规模	功能	距风亭水平最近距离/m	对应风亭位置	
某站	某区	某村	约 230 户	住宅	活塞风亭：50.2；排风亭：51.2；新风亭：51.2	西端南侧风亭区	2 类区

注：“规模”是指在评价范围内的规模。

表 13-9　电磁环境敏感目标一览表（例）

敏感点名称	对应位置	最近距离	规模	有线电视入网率/%
某山庄	某主变电所东侧	24 m	约 152 户	100

注：“规模”是指在评价范围内的规模。

点评：

本案例存在的主要问题：

（1）该城市已建成城市轨道交通 82 km，环境影响分析中缺乏回顾性评价内容。

（2）报告书采用类比方法确定噪声、振动污染源强。应注意类比条件和类比数据的时效性和有效性。如本工程振动源强类比某地铁采用 A 型车的早期测试数据，而本工程采用 B 型车；此外两座城市的地质条件存在较大差异。因此在污染物源强类比确定时，应在工程及环境均具有等效相似性的基础上方可采用，否则容易产生较大偏差。

（3）本工程环境影响识别中，对生态环境影响识别认为以城市社会环境的影响为主，以城市自然生态环境影响为辅。但本工程涉及某风景名胜区、历史文化名城保护区、省市级文物保护单位等生态环境敏感区，在环境影响识别中未能给出；此外本工程涉及迁移大量的绿地、树木，在环境影响识别中也未给出，显然是种缺失。

（4）环境保护目标一览表中，给出的信息量应完整。如表 13-5 中给出了文物保护单位及重要近现代建筑的名称、建设年代及建筑结构类型、与线路的相对位置关系，但未明确文物保护单位的保护范围、建设控制地带、保护建筑本体与线路的具体位置关系。表 13-6 只给出了线路与生态环境敏感目标的水平距离关系，未给出垂向位置关系。

(5) 本工程概括中，提出部分区段将采用矿山法施工，但工程污染源分析中，未明确爆破施工污染源强。

环评中应注意：

(1) 对环境敏感点的界定应处理好工程拆迁敏感点、规划拆迁敏感点的关系，界定敏感点时应按调查时的现状，并兼顾规划敏感点全部予以罗列，但工程已确定要拆迁的可在备注中注明“工程拆迁”，注明后可不予评价；规划拆迁的敏感点可在备注中注明“规划拆迁”，但注明后也应进行评价并提出措施。

(2) 噪声和振动敏感点应是评价范围内全部的既有及规划敏感点，不能是主要的或重要的敏感点。

三、区域环境质量现状

（一）环境空气

建成区环境空气质量总体达到良好级别。

（二）地表水环境质量现状

长江某段总体水质保持稳定，达到规划功能的地表水Ⅱ类标准。

（三）地下水环境质量现状

潜水感官性一般较好，水质呈中性，主要超标项目为氨氮和亚硝酸盐氮，超标率分别为51.3%和25.6%，年均值超标4.5倍和0.85倍，分别出现在某村。

（四）声环境质量现状

2009年，建成区环境噪声年均值为54.7 dB(A)，较上一年上升1.1 dB(A)。控制在55 dB(A)标准以下属较安静区域的覆盖面积比为51.7%，较上年减少19.8%。三区两县区域环境噪声53.1 dB(A)，较上年下降0.5 dB(A)。噪声声源的构成仍以社会噪声为主。

（五）工业固体废弃物（略）

（六）自然生态环境状况（略）

点评：

报告书按环境空气、地表水、地下水、声环境、工业固体废弃物、自然生态环境，给出了该城市总体环境质量现状。

存在的主要问题：

(1) 报告书缺乏针对拟建工程沿线的环境质量现状调查评价内容。

(2) 噪声现状监测点布设时，应按不同功能区和不同楼层进行布点，特别是对噪声影响最大的楼层应设测点。对于现状声源同时受生活噪声及其他复杂声源影响时，应分别给出其他声源的贡献值。

(3) 本工程评价范围内有文物保护单位，应给出评价范围内文物保护建筑的现状振动监测结果。

四、主要环境影响预测及对策措施

（一）声环境影响预测与评价

1. 现状质量和保护目标（略）

2. 主要环境影响及拟采取的环保措施

（1）施工期（略）

（2）运营期

报告书预测，地下线运营期地面设施风亭和冷却塔附近，各敏感目标处环控设备噪声在叠加了背景噪声之后，昼间和夜间运营时段内等效连续 A 声级分别为 53.6～70.4 dB(A)和 46.4～67.3 dB(A)，较现状值分别增加 0.1～13.1 dB(A)和 0.4～20.6 dB(A)。受风亭和冷却塔噪声影响的 30 处敏感目标中，昼间某大街 123 大院、省教育考试院、市级机关幼儿园等 9 处敏感目标超标，超标量为 0.2～7.8 dB(A)，夜间某村、某教育学院等 12 处敏感目标超标，超标量为 0.7～15.5 dB(A)。

地面高架线路评价范围内无噪声敏感点。

受主变电站噪声影响的 1 处敏感目标昼夜均可达标。

受车场噪声影响的 1 处敏感目标初、近、远期昼夜均可达标。

报告书提出的环保措施为：针对地下区段地面设施与敏感目标距离不足 15 m 的某站西端南侧风亭、某路站中部南侧风亭（含冷却塔）等 6 处风亭 1 处冷却塔位置进行调整，调整后的位置与周围敏感目标距离在 15 m 以上。某站冷却塔位置与教学区距离为 19.8 m，建议调整到东端南侧风亭区（表 13-10）。

表 13-10 风亭冷却塔位置调整一览表（例）

分类	需调整声源	调整前声源距敏感点最近距离/m	调整方案
不满足 15 m 最小控制距离要求的风亭冷却塔	西端南侧风亭区	4.8	风亭区向东移动 10.2 m，移动后距敏感目标最近距离为 15 m
	冷却塔	11.8	将冷却塔移至东端北侧风亭区处，移动后距敏感目标最近距离为 71.5 m
噪声超标的冷却塔	冷却塔	19.8	将冷却塔移至东端南侧风亭区，移动后距敏感目标最近距离为 58 m

此外报告书还提出对某站共 7 个车站的 9 处风亭采取加长消声器的降噪措施，同时对某某站等 4 处冷却塔采用超低噪声横流式冷却塔。对某站的 1 处冷却塔另设隔音罩。所有风亭排风口背对敏感建筑物。采取以上噪声防护措施后，各敏感点处噪声达到标准要求或维持现状。

对于规划未建成区，报告书给出本工程车站风亭、冷却塔周围 18 m（4a 类区、3 类区）、33 m（2 类区）、62 m（1 类区），高架线有 3 m 声屏障时的 62 m（4a 类区、3 类区）、82 m（2 类区）、104 m（1 类区），地面线有 3 m 声屏障时的 19 m（4a 类区、3 类区）、55 m（2 类区）、77 m（1 类区）作为噪声防护距离，在此范围内不得新建居民住宅、学校、医院等噪声敏感建筑；科学规划建筑物的布局，临声源的第一排建筑宜规划为商业、绿地、办公用房等非噪声敏感建筑。工程高架段及地面线全线预留声屏障设置条件。

（二）振动预测与分析评价

1．现状质量和保护目标（略）

2．主要环境影响及拟采取的环保措施

（1）施工期（略）

（2）运营期

工程运营期振动的影响主要为地铁列车运行时，引起地面建筑物的振动（包括室内二次结构噪声），对评价范围内敏感点产生影响。

报告书预测，沿线 74 处环境振动敏感目标的振动 VL_{Z10} 预测值为 62.6～80.9 dB，昼间有 14 处敏感目标振动预测值超过标准要求，包括某大学等 4 所学校以及某园等 10 处居住区，超标量昼间为 0.2～10.9 dB；夜间有 26 处敏感目标振动预测值超过标准要求，包括某大学等 2 所学校，以及某路 70 号等 24 处居住区，超标量为 0.1～13.9 dB。列车振动预测值 VL_{zmax} 为 64.9～83.9 dB。昼间有 30 处敏感目标超标，包括某大学等 4 所学校，某设计院等 2 处科研机关，以及某公寓等 24 处居住区，超标量为 0.1～13.9 dB；夜间 43 处敏感点超标，包括某大学等 3 所学校，以及某路 70 号等

40 处居住区，超标量为 0.1～16.9 dB。

距外轨中心线 10 m 范围内有 20 处敏感目标（包含正下穿 12 处），分别为某小学等 15 处居民住宅，其中，16 处敏感目标二次结构噪声超标，有某小学等 4 所学校，其余为居民住宅，昼间超标量为 2.7～17.7 dB，夜间超标量为 0.9～20.7 dB。

工程沿线 10 处省市级文物和重要近现代建筑的结构最大速度响应值为 1.43～2.65 mm/s，均超过相应标准要求，超标量为 0.89～2.38 mm/s。

报告书提出的环保措施为：对于超标的 10 处文物及重要近现代建筑，采取钢弹簧浮置板道床的减振措施，共计 3 500 m（折成单线）。对于线路下穿敏感建筑物（距外轨中心线 0～10 m，隧道埋深 20 m 以内）以及二次结构噪声预测超标量在 5 dB 以上的敏感目标，或 VL_{zmax} 超标量在 10 dB 以上的敏感目标，包括某大学等 17 处，采取钢弹簧浮置板道床的减振措施，共计 10 100 m（折成单线）。对于 10 m 内的其他敏感目标，包括某幼儿园等 5 处，采取橡胶浮置板道床的减振措施，共计 1060 m（折成单线）。对于 VL_{zmax} 超标量在 3～7 dB 的敏感目标，包括某路 70 号等 9 处，采取科隆蛋，共计 3 660 m（折成单线）。对于 VL_{zmax} 超标量小于 3 dB 的敏感目标，包括某广场等 18 处，采取 Lord 扣件，共计 5 840 m（折成单线）。采取以上措施后，各敏感点环境振动值均能达标或维持现状。

报告书提出：位于《城市区域环境振动标准》（GB 10070—88）“居民文教区”“混合区、商业中心区、工业集中区、交通干线两侧”区域的地下线路两侧建筑防护距离分别为 45 m 和 30 m。同时建议根据本报告书的振动防护距离，结合旧城区的改造，科学规划沿线土地利用，临近线路振动源的第一排建筑宜规划为商业、办公用房等非振动敏感建筑。

（三）水环境预测评价

1. 地表水

（1）现状质量和保护目标（略）

（2）主要环境影响及拟采取的环保措施（略）

2. 地下水

（1）现状质量和保护目标

本工程沿线地区地下水类型主要为松散岩类孔隙水、碳酸盐岩类裂隙溶洞水（岩溶水）和基岩裂隙水三种类型。孔隙水主要接受降水和上游径流补给，以蒸发和向下游径流为主要排泄形式，沿线地区浅层地下水位埋深 1～1.5 m，水位变化主要受大气降水和长江水位的影响。岩溶水主要接受降水补给，受区域地下水流场控制并向水源地作汇集式运动，最后以开采或上升泉形式排泄。裂隙水主要接受降水补给，径流排泄为主。本工程沿线涉及某地区岩溶地下水水源地，水源地面积近 40 km^2，水源地含水层主要为岩溶发育的角砾状灰岩，水位埋深 10～20 m，允许开采量可达 5 万 m^3/d。

该水源地自二十世纪七十年代被发现后，20 世纪八九十年代开采量曾达 2 万 m^3/d，随着某自来水管网的建成，目前仅存少量开采井继续使用，开采量约为 2 000 m^3/d。本工程的徐庄软件园至金马路段位于该水源地范围内。

某水源地的水质功能要求《地下水质量标准》（GB/T 14848—93）Ⅲ类，现状评价结果表明：承压水和岩溶水基本可满足《地下水质量标准》（GB/T 14848—93）3 类标准要求，潜水和裂隙水中挥发酚、总铁、亚硝酸盐氮等指标有不同程度超标现象。

（2）主要环境影响及拟采取的环保措施

本工程对地下水环境的影响主要体现在地下车站施工以及沿线隧道工程对地下水补给、径流和排泄的影响，地下车站施工降水导致地面沉降的影响，沿线地下车站和区间隧道施工产生的施工废水、油污、化学浆材料等所含的污染物质，若管理不当可能会进入地下水系统，影响地下水水质。

报告书分析：地铁 4 号线在长江冲积平原区内，长江西侧地下水的流向是由西向东，长江东侧地下水的流向是由东向西，均向长江排泄，地下水的流向大致与地铁线路平行，部分区间成小角度相交，对地下水流动的影响较小；某地区某路段地下水流向与线路走向成正交，工程建设对地下水径流阻碍较大，工程建成后，由于地铁隧道在含水层中的阻水作用，总体上区内地下水的径流总量将比自然状况有所减少。此外地铁建成后在一定程度上减少了浅层含水层的过水断面，会导致区内地下水产生壅高现象。

对地下水源地影响：某岩溶地下水水源地径流方向为自水源地高地补给区向中部谷地汇集。某附近线路走向与向南一侧的少量径流正交，可能使岩溶水位少量抬升，但不影响水源向北部谷地的补给；某段线路不经过岩溶含水层，某段线路走向与径流方向小角度斜交，均不会对地下水径流产生明显影响，对水源地影响较小。

本工程线路埋深在 20 m 以内，地下隧道直径为 6 m，预计施工影响范围为 8 m 左右，线路所经区域内浅层地下水 厚度为 6～20 m，微承压含水层一般为 20～45 m，线路工程会占据部分潜水和微承压含水层空间，几乎不会占据承压含水层的含水空间，地铁隧道的建设会在局部对地下水的径流产生一定的阻碍作用，但不会出现对地下水径流的阻断现象。施工中沿线大部分区间段采用盾构施工方法，可有效止水；沿线各车站施工场地将采用钻孔灌注桩加止水帷幕或地下连续墙的施工方法，可将地下水止于基坑之外，近而有效消除对地下水的大量抽排，工程降水时间短，且分段分散实施，对城区区域地下水蓄量影响不大，对地下水壅高水位以致区内局部地段沼泽化的可能性极小。在施工过程中可能在一定程度上影响区内地下水水质，报告书提出，施工期间应设排水管道，将施工生产污水和施工营地生活污水初步处理，达标后排入城市下水道系统（或运送至污水处理厂处理）。施工营地的临时厕所必须有防渗漏措施，以防对地下水产生污染。施工期产生的生活垃圾，应集中管理，并交由市环卫部门统一处置。通过科学、合理、有序的施工管理，可将工程施工对地下水的影响降至最低。

报告书还提出，对沿线居民楼、学校和医院等敏感建筑和文物保护单位要进行施工前的房屋质量调查、施工中的跟踪监测、施工后建筑质量评估。对于施工中可能开裂的建筑应事先对其进行加固，施工中一旦发现房屋建筑受损，应立即停工、修复房屋，在确保房屋建筑安全的前提下，才可以继续施工，通过采取上述措施，可以将地铁施工对建筑物的影响降至最低。

（四）生态、景观及文物环境影响评价

1．现状质量和保护目标（略）

2．主要影响及拟采取的保护措施

报告书分析，工程线路大多沿既有道路敷设，施工期将占用部分道路和路旁绿化带，工程需要迁移绿地 8 500 m^2、树木 3 500 棵，将会影响市民出行并产生暂时交通压力。工程建成后，能够有效地缓解地面交通的压力，降低交通事故发生率；可以替代地面交通而减少汽车尾气的排放，减少城市主干道路交通噪声，具有显著的社会效益和环境效益。

报告书提出，本工程对沿线涉及的 16 处文物保护单位最大限度的进行了避绕，对 60 m 振动评价范围内的 10 处文物保护单位均采取了钢弹簧浮置板道床的减振措施。工程以地下方式穿越某环境风貌保护区，产生的环境影响主要为施工产生的弃土、车站出入口的设计和风亭的设计对周围景观的影响。

报告书提出主要保护措施为：严格控制车站施工范围以及弃土临时堆放占用场地，及时清运弃土。对原有植被尽量不进行砍伐，而进行迁移，待施工完毕后对施工场地等临时占用的土地进行绿化恢复。工程建成后，对车站、风亭附近地面进行绿化、美化，不但能改善风亭进、出口的空气环境质量，而且对美化周围环境和城市景观也有重要作用。对某车辆段进行绿化恢复，由于车辆段占地数量较大，而且占用了部分林地，破坏了一定数量的植被；在工程完工后，根据某市园林绿化要求和规定，对其内部和周围区域进行绿化。对出入段线和车场内的高边坡路基用挡墙和草皮封闭，场内的地面采用水泥硬化和植物绿化等措施进行防护。注重景观保护，加强车站等地面建筑物的色彩、造型等景观设计，力求与周围环境和谐统一。施工期文物保护单位周边禁止设置盾构工作井，施工活动不可进入文物保护单位保护范围。工程在开工前，建设方案应获得文物保护主管部门的许可，项目开工前，需委托相关单位进行详细的考古，如发现文物、遗迹，应立即停止施工，并采取保护措施如封锁现场并报告某市文物局等相关部门，由其组织采取合理措施对文物、遗迹进行挖掘，之后工程方可继续施工。线路下穿某墓葬区的埋深为 12～15 m，经某市文物局确认，地下埋藏区保护层深度为 4～5 m，因此线路施工采用盾构法，不会对以上 2 处埋藏区产生影响，但对重点埋藏区内或边界采用明挖法施工的车站，须按《某市地下文物保护管理规定》的要求，于施工前进行文物勘探，施工方案经相关文物部门批准后，方可施工。

某站 2 号出入口位于某旧址保护范围内，应向东移出保护范围。通过以上措施确保施工期间文物的安全。

（五）公众参与（略）

点评：

本案例对工程产生的主要环境影响，评价方法总体可行，评价结论明确。

存在的主要问题：

(1) 本工程沿线涉及 16 处文物保护单位、74 处环境振动敏感目标，沿线环境敏感程度高。报告书未能从优化线路或加大线路埋深等角度提出优化调整建议。

(2) 报告书提出对 7 个车站的 9 处风亭，采取加长消声器的降噪措施，但未给出风亭噪声贡献值与背景值的比较，因此无法判断加长消声器长度的必要性。

(3) 报告书提出了多种轨道减振措施控制环境振动影响，但未给出采取不同轨道减振措施后的应用效果。

(4) 报告书提出施工中区间采用盾构法施工，可有效止水，车站采用钻孔灌注桩加止水帷幕或地下连续墙的施工方法，可将地下水止于基坑之外。但未给出采取上述措施后的具体有效性分析内容。

环评中应注意：

(1) 根据《地铁设计规范》（GB 50157—2003）要求，风亭和冷却塔距离敏感点的距离至少不应低于 15 m。而新近颁布的《地铁设计规范》（GB 50157—2013）要求：在规划区风亭和冷却塔距离敏感点的距离至少不应低于 15 m；在建成区，风亭和冷却塔距离敏感点的距离至少不应低于 10 m。

(2) 当工程设计速度超过 80 km/h 时，可适当扩大声环境、振动环境及二次结构噪声的影响评价范围。关注噪声振动源强选取的边界条件并分别给出各敏感建筑点的轨道交通噪声振动贡献值、预测值（叠加现状值）、超标量、较现状增加量等内容；明确各超标敏感点采取噪声振动防护措施后的达标情况。轨道交通的减振降噪措施应优先考虑优化线位、车辆选型、加大线路埋深、加强施工质量及运营维护管理等综合措施，而不仅仅考虑轨道减振措施。

(3) 施工期地下水评价应明确施工疏排地下水去向及地下水总涌水量，评价其对地下水位变化和影响的程度。

(4) 工程涉及文物保护单位时，施工期应提出对受影响的文物古建筑制定完善的监控方案，重点监控其沉降、倾斜、裂缝发展等情况，并制定预警值、报警值和控制值，制定施工应急预案。对于优秀近代建筑、优秀历史建筑、历史文化街区、历史风貌保护区、旧城风貌区等未核定为文物保护单位的古建筑，应按照《建筑工程容许振动标准》（GB 50868）评价。

五、评价结论

该项目总体符合《某市城市总体规划》及《某市城市轨道交通近期建设规划（2004—2015）调整方案》，线路的定位和总体走向与某市城市总体规划、某市城市快速轨道交通线网规划的调整及地区发展建设具有较好的相容性。工程建设的主要环境影响表现在风亭、冷却塔对敏感点的噪声影响，工程对敏感点的振动和二次结构的噪声影响，工程施工可能对文物、地下水源地和风景名胜等的影响。在落实报告书及技术评估意见中提出的各项环保措施和要求后，工程建设对环境的不利影响可以得到有效控制和缓解，从环境保护角度分析，该项目建设是可行的。

案例分析

一、本案例环境影响评价特点

报告书分析了本工程方案与相关的轨道交通建设规划方案的一致性及规划环评审查意见落实情况。针对本工程包含地下线路、地面线路、高架线路的工程特点，评价了不同线路条件在工程施工期、运营期对周围声环境、振动环境、地表水、地下水、生态及电磁环境等主要环境影响内容。明确工程建设的主要环境影响表现为风亭、冷却塔对敏感点的噪声影响，列出运行对敏感点的振动和二次结构噪声影响，工程施工可能对文物、地下水源地和风景名胜等影响。得出在落实报告书提出的各项环保措施和要求后，工程建设对环境的不利影响可以得到有效控制和缓解，从环境保护角度分析，该项目建设是可行的评价结论。

总体而言，本案例依据《环境影响评价技术导则　城市轨道交通》（HJ 453—2008），开展的环境影响评价工作可用于指导类似工程建设。

二、城市轨道交通环境影响评价应特别关注的几个问题

（1）对已有城市轨道交通运营的城市，在开展新建、续建、变更轨道交通建设工程环境影响评价时，应设专章开展环境影响回顾性分析内容。对已通过环保验收的既有城市轨道交通线路实际产生的环境影响状况及各种降噪措施的实际应用效果给出明确的结论。

（2）噪声现状监测点布设时，应按不同功能区和不同楼层进行布点，特别是对应于噪声影响最大的楼层应设测点。对于现状声源同时受生活噪声及其他复杂声源影响时，应分别给出其他声源的贡献值。工程评价范围内涉及文物保护单位时，应给出评价范围内文物保护建筑的现状振动监测结果。

（3）噪声振动预测中的源强取值直接影响预测结果的准确性，应予以高度重视。应按照高架线路、地面线路、地下线路、出入线段、停车场内固定噪声源、车辆段内试车线等噪声振动源分别给出噪声、振动源强数据。当国家已建立城市轨道交通污染源强数据库时，应采用国家数据库中规定的污染源强数据；当尚无标准规定的污染源强数据时，应选择工程条件、环境条件、地质条件相似工程的类比源强；同时考虑技术进步等因素带来的数据更新。

（4）当工程设计速度超过 80 km/h 时，可适当扩大声环境、振动环境及二次结构噪声影响评价范围。关注噪声振动源强选取的边界条件分别给出各敏感建筑点的轨道交通噪声振动贡献值、预测值（叠加现状值）、超标量、较现状增加量等内容；明确各超标敏感点采取噪声振动防护措施后的达标情况。轨道交通的减振降噪措施应优先考虑优化线位、车辆选型、加大线路埋深、加强施工质量及运营维护管理等综合措施，而不仅仅考虑轨道减振措施。

（5）对于城市轨道交通采用高架线路敷设方式区段，应结合工程沿线所涉及的城市（乡镇）总体规划、环境保护规划、声环境工程区划、土地利用规划、依托道路红线宽度等内容，分析其线路敷设方式的环境合理性。对拟建线路两侧既有环境敏感点采取防护措施时，应遵循“现状不超标、预测超标，治理超标量；现状超标、预测有增加量，治理增加量”原则设置。对拟建线路两侧规划环境敏感点，应加强轨道交通沿线用地控制，依据《地铁设计规范》（GB 50157—2003）相关规定，线路两侧一定范围内不宜规划建设敏感建筑。

案例十四　水电站工程环境影响评价

一、工程概况

（一）工程开发背景

1．流域概况（略）

2．流域规划概况（主要内容）

某江的水力资源丰富，水能条件优越，是我国重点开发的十三大水电基地之一。某江水电规划工作分上游河段、中上游河段及中下游河段三段分期进行了规划开发，其中：中下游河段规划的 8 个梯级中 4 座已建成运行，2 座正在建设中，1 座未建，1 座尚处于规划阶段；中游河段规划的 7 个梯级中 4 座正在建设中，3 座未建；上游河段 7 个梯级尚未建设。

3.流域规划环评概况（主要内容）

（1）某河段水电规划环境影响报告书及要求

本工程位于某江的中上游河段。2000 年，根据原国家计划委员会工作计划的安排，设计单位开展了某江中上游河段的水电规划工作，并于 2003 年编制完成了《某河段水电规划报告》。同时根据《环境影响评价法》的要求，该设计单位开展了《某河段水电规划环境影响报告书》的编制工作。2007 年 3 月，地方环境保护厅主持召开了该水电规划环境影响报告书的论证会，同年 5 月印发了论证委员会评审意见，并同意本工程为近期开发工程。

《某河段水电规划环境影响评价报告书》及评审意见对本工程提出的主要环保要求包括：

① 在水库蓄水初期和运行调峰时均须下泄生态用水量，并在工程可研阶段具体研究生态用水量及泄放措施。水电站运行后，必须有相应的管理措施保证水库水质满足水域功能的要求。

② 水生生物保护措施：开展科学研究、网捕过坝、人工增殖放流、支流栖息地就地保护研究等。

③ 陆生生态保护措施：恢复体系的合理结构、高效的功能和协调的关系，并达到系统自维持状态，加强库区生态保护等。

④ 社会环境保护措施：移民搬迁环境保护、协调地区电站发电收益的分配等。

（2）某江干流回顾性环境影响评价及要求

由于某江分期分段水电规划的特点，并根据各分段水电规划阶段当时的环境保护法律法规要求，均已完成或正在编制水电规划环评或梯级电站影响研究等专题工作。但考虑到某江流域分段分期规划，其已建电站和拟建电站单项水电建设对所在河段和周围地区生态环境所带来的局部性、区域性的影响外，梯级开发还会引起流域内一系列群体性、系统性和累积性的环境影响。根据环境保护部的要求，2009 年相关设计、评价和科研单位开展了“某江干流水电梯级开发环境影响及对策研究”，并于 2012 年 10 月通过了环境保护部的审查。

《某江干流水电梯级开发环境影响及对策研究》及审查意见对本工程提出的主要要求包括：

① 水文情势及水资源利用保护对策措施规划：优化水库调度运行方式，降低电站建设对水文情势的影响，在水库蓄水初期和运行调峰时，均须下泄生态用水量，并在各工程可研阶段具体研究生态用水量放流措施。

② 水生生态保护措施要求：建立某支流作为鱼类栖息地保护、建立集运鱼系统作为工程的过鱼设施、统筹建设鱼类增殖放流站、强化渔业管理等。

③ 陆生生态保护措施要求：建立珍稀濒危物种种植园，对流域分布的狭域性植被类型进行以群落保护为主的保护；在库区有条件区域建立特殊植被保护点；开展狭域性物种的生物学和生态学研究；完善生态补偿，重建受损生态系统等。

点评：

流域水电开发规划环境影响评价审查意见或流域水电开发环境影响回顾性评价研究成果是受理、审批建设项目环境影响评价的重要依据之一，在工程开发背景中应重点对流域综合利用规划、水电专项规划等流域规划情况进行说明，并应重点叙述规划环境影响评价对拟建工程所提出的环境保护要求等，明确工程开发及建设在流域环境保护中的作用和地位。

（二）工程概况

1. 地理位置（略）

2. 工程开发任务、建设规模及工程组成

工程开发任务以发电为主，并促进移民群众脱贫致富和地方经济、社会发展，保护库区生态环境。

电站坝址控制流域面积 9.19 万 km^2，多年平均流量 905 m^3/s。工程为新建一等大（1）型工程，电站为堤坝式开发，大坝为碾压混凝土重力坝，最大坝高 203 m，装机容量 1 900 MW。水库正常蓄水位 1 619 m，死水位 1 586 m，正常蓄水位相应库容

$15.49\times10^8\ m^3$，具有季调节性能。

工程组成见表 14-1。

表 14-1　黄登水电站项目组成表（含筹建期）

工程项目			工程组成
主体枢纽工程	永久工程	挡水建筑物	碾压混凝土重力坝
		泄水及放空建筑物	3 孔溢流表孔、2 孔泄洪放空底孔
		引水发电建筑物	引水系统（左岸进水口、尾水洞等）、地下厂房洞室群（主副厂房、主变室、尾闸室及水调压室等）、500 kV 地面 GIS 开关站、尾水系统等
		场内永久公路、桥梁	新建/改扩建场内永久公路 6 条，全长 12.65 km；永久桥 2 座
	临时工程	导流工程	导流洞工程、上游围堰
		辅助工厂	砂石加工系统 2 座，混凝土拌和及制冷系统 3 座，机修及保养系统 4 座，施工供水、供风及供电系统，其他施工工厂等
		仓库	炸药库，油库，机电设备库，综合仓库等
		生活福利设施	1#～4#承包商营地、工程管理中心
		料场	大格拉石料场
		渣场	1 个存弃渣场，4 个弃渣场，2 个表土堆放场
		场内临时交通	新建临时施工道路 14 条，总长 23.42 km，临时桥 1 座
水库淹没及占地	淹没		正常蓄水位 1 619 m，相应库容 15.49 亿 m^3，回水长 86 km，水面面积 31.92 km^2
	占地		总占地面积 37.406 km^2，其中陆地面积 30.789 km^2
移民安置及迁、复建工程	移民安置（含配套设施）		规划设计水平年（2015 年），涉及农业生产安置人口 6 145 人，均在本乡安置，集中 11 个安置点
	迁、复建工程		小水电站、公路桥梁、输路线、通讯线路等改复建
环境保护工程	工程建设区		鱼类增殖站、生产生活污水处理设施、水土保持工程措施、陆生生态修复、环境监测及监理等
	移民安置区		生活污水、垃圾处理设施，水保工程措施、植物措施等

3. 筹建期工程及环境影响回顾性评价

受业主委托，工程先期开展并完成了电站“三通一平”工程、进场公路（已单独立项）的环境影响报告书和水土保持方案报告书的编制工作，并分别取得了行业主管部门的批复。

筹建期间，工程采取了施工期生产生活废水处理、大气及声环境保护、固体废弃物处置、水土保持、陆生生态保护、环境监测及监理等环境保护措施。根据现场调查及监测分析，认为工程“三通一平”建设及进场公路建设过程中执行了各项环境保护规章制度和环评报告书及批复的要求，所采取的各项环境保护措施和污染防治措施有效。所在河段的现状水体水质符合水环境功能区的要求，对生态环境没有产生明显的不利影响，新增的水土流失得到了有效的防治，施工区环境总体良好，未发生环境污染事件，能够满足环境保护要求。

4．工程项目组成和施工规划（节选）

本水电站可研阶段枢纽布置推荐方案主要水工建筑物由碾压混凝土重力坝、坝身泄洪表孔、左岸放空底孔、右岸放空底孔、左岸折线坝坝身进水口、左岸地下引水发电系统等组成。最大坝高 203 m，坝顶长度 464 m。

工程土石方开挖总量为 3 316 万 m^3（自然方），最终弃渣总量为 2 536 万 m^3（自然方）。工程拟设石料场 1 个、弃渣场 4 个、存弃渣场 1 个、表土堆存场 2 个。电站施工区、水库淹没区及移民安置区占地总面积 3 801.25 hm^2，其中永久占地 3 438.95 hm^2，临时占地 362.30 hm^2。

工程截流采用由右岸向左岸单向进占立堵截流方式；工程初期导流采用围堰一次拦断河床，隧洞导流方式，中期导流方式为坝体临时断面挡水，导流隧洞泄流，后期导流隧洞封堵期间，导流隧洞下闸后，主要永久泄洪建筑物已具备正常泄洪运行条件，枯水期由泄洪底孔泄流，汛期永久泄洪建筑物正常泄洪。水库蓄水采用 P=85%保证率的入库水量扣除需满足下游供水流量计算，水库蓄水总时间为 20.13 d。

工程施工总工期为 93 个月（不含筹建期 24 个月），施工高峰人数为 5 740 人。

工程静态投资为 1 647 854.41 万元，其中环境保护投资为 72 825.22 万元，占工程总投资的 4.42%。

5．建设征地及移民安置规划概况（节选）

工程占地和水库淹没涉及两个州（市）的两个县 5 个乡（镇）33 个村委会，基准年共需农业生产安置 5 734 人、搬迁安置农业人口 641 户 2 504 人。

移民安置以“长效补偿”（对被征收的耕地实行“长期逐年货币补偿”）为基础的安置方式，共设 11 个集中移民安置点进行集中安置，并按农村居民点基础设施和公共设施规划标准及工程移民安置规划目标进行了移民安置点的设计和配套。

建设征地涉及学校、工矿企业和个体工商户等专业单位，交通、电信、输变电、农田水利等专业项目，按照“原规模、原标准或恢复原功能”的原则进行设计，并达到相应专业初步设计深度要求，对没有必要恢复的项目给予合理的补偿，国家政策规定不允许建设的企业，按现状适当补偿。

6．环境保护工程

电站的环境保护措施可分为枢纽工程及移民安置区环境保护措施两个部分。枢纽工程区的环境保护措施包括：地表水环境保护措施（含下游流量保障措施）、陆生生态环境保护措施、水生生态保护措施（鱼类增殖放流站等）、环境空气保护措施、声环境保护措施、水土保持措施、垃圾处理措施、人群健康保护措施、环境管理及监测等。移民安置区的环境保护措施包括：生活污水处理措施，生活垃圾处理，陆生生态、水土保持、饮用水源监测保护，安置区人群健康、环境管理及监测等。

7．工程运行调度

① 发电调度。电站不承担下游的防洪任务，水库年运行方式主要从发电角度分析：在上游龙头水库建成前，本水库具备一定的补偿调节能力，可作为补偿电站，根据补偿调节需要对天然来流量进行调蓄，对下游梯级电站进行补偿调节。在枯水年份的枯水期，水库水位逐渐消落对下游梯级进行补偿，以提高水电站群的保证出力；龙头水库投入后，本电站作为一个被补偿电站，水库的运行方式主要取决于与系统中其他水电站联合补偿调节的要求，具体年运行方式将由电站群联合径流补偿调节的方式确定。电站水库具有季调节能力，还可按照电力系统需要进行日调节，承担系统的调峰、调频和事故备用等任务，并根据供电区电力电量平衡按设计水平年受电区负荷水平给出了发电调度过程图。

② 洪水调度。水电站洪水调节调度不考虑洪水预报，洪水调节采用控制水库水位不低于起调水位（正常蓄水位）的自由泄流方式。

③ 下游供水调度。本电站与下游梯级尾水衔接，下游电站投产前，在电站日调峰运行中，需设置一定的生态基流，综合生态保护、水能资源利用等方面考虑。下游梯级电站建成后，两梯级水位衔接，本电站将视两梯级的水位衔接情况决定其是否在系统中承担基荷，按调度要求发电运行。

点评：

1．本案例项目组成及内容介绍较清晰，关注重点，突出了水电工程建设的特点。

2．对于施工准备工作时间长、任务重的水电项目，在工程环境影响报告书批准之前，可先编制“三通一平”等工程的环境影响报告书，经地方环境保护主管部门批准后实施，其中涉水工程如围堰、导流、大坝、厂房等主体工程不得纳入“三通一平”工程中。本案例在工程概况中针对环评和单项批复的对外公路、筹建期“三通一平”工程的进展情况进行了较为详细的调查和介绍（如工程形象面貌、已采取的环境保护措施与环评批复符合性及实施效果、存在的主要环境保护问题等），如实地反映了工程现场情况。

3．水电项目在工程概况介绍中应重点突出与环境联系密切的工程建设内容介绍，如开发任务、枢纽布置、施工工厂及布置、土石方平衡及渣场布置、施工导截流及初期蓄水、环境保护工程、工程运行调度、移民安置及专项设施建设等内容。如项目属于复核项目，要阐明复核的原因、复核的主要内容以及设计变更情况。

二、工程分析

（一）与产业政策符合性

（二）相关规划的一致性和协调性分析

通过分析《产业结构调整指导目录（2011 年本）》《中华人民共和国国民经济和社会发展第十二个五年规划纲要》、国家主体功能区划、《全国生态功能区划》《重金属污染综合防治“十二五”规划》、相关河段水电规划、地方生态功能区划、地表水环境功能区划、地方旅游发展规划、地方工业发展规划等，认为本电站的建设符合国家产业政策，与以上相关规划保持一致性和协调性。

（三）工程方案环境合理性分析

在电站设计各阶段，对坝址、坝型、正常蓄水位、施工料场布置、渣场布置、施工场地布置、移民安置方案及选址合理性等方面做了多方案优化和比选，在充分考虑了环境影响和效益最大化的同时，把工程对环境的影响降至最低。工程方案在环境保护方面是合理可行的。

（四）影响源分析

1．施工期

工程施工期间存在开挖、弃渣、占地等施工活动以及“三废”排放与噪声，施工人员进驻，将扰动原地貌、损坏土地和植被、新增水土流失，并降低工程周围环境质量，对施工区周边居民生产、生活环境产生一定影响；同时对交通、旅游、土地资源利用、社会经济、人群健康等将产生一定的影响。电站施工期间环境影响源强统计见表 14-2。

2．运行期

工程运行期间，大坝阻隔、水库蓄水及淹没、发电调度等将使工程区水库及坝下河段的水文情势（水质、水量、水温、泥沙等）发生显著改变，河谷区域陆生生境将发生改变，工程区河段水生生境将发生明显变化，对河段的原有水生生物特别是鱼类的生存和繁殖将产生一定影响。

3．移民安置

项目设置了 11 个集中移民安置区，并配套建设包括库区库周交通恢复和移民集中安置区（点）的对外交通道路、供水、供电等基础设施。移民安置点建设及专项设施改（复）建过程中将产生水土流失影响，对当地的土地资源利用、生态环境、基础设施建设等产生一定影响，移民安置点也将产生生活废水、生活垃圾等污染。

主要工程分析结论表见表 14-3。

表 14-2　电站施工期污染源汇总

类型	污染源	主要污染物	产生源强	产生总量	排放总量	排放规律
水污染源	砂石加工系统冲洗废水	SS：60 000 mg/L	1 280 m^3/h	1 385.28 万 m^3	0	点源，连续排放
	混凝土拌和冲洗废水	SS：3 000 mg/L；pH＞10	90 m^3/d	14.58 万 m^3	0	点源，不连续排放
	机械修配系统废水	SS：500～4 000 mg/L 石油类：0～30 mg/L	108 m^3/d	20.96 万 m^3	0	点源，不连续排放
	生活办公区生活污水	BOD：215.3～574 mg/L； COD_{Cr}：212～582 mg/L	689 m^3/d	126.97 万 m^3	0	点源，连续排放
	其他零星生产废水等	SS：200～1 000	少量	少量	0	无组织排放
大气污染	砂石加工系统粉尘	粉尘	0.01～0.19 kg/t 产品	225.3 t	—	无组织排放，面源
	场内交通废气	CO	4.48 g/（km 辆）	34.19～42.52 t/a	同左	无组织排放，线源
		THC	1.79 g/（km 辆）	13.66～16.99 t/a		
		NO_x	10.48 g/（km 辆）	79.96～99.49 t/a		
	爆破与开挖	TSP	47.49 g/kg 乳化炸药	57.815 t	同左	无组织排放，面源
		NO_x	3.508 g/kg 乳化炸药	4.27 t		
噪声污染	砂石加工系统	L_{eq}	115 dB(A)	—	—	固定声源
	其他施工面	L_{eq}	85～100 dB(A)			固定声源
	交通噪声	L_{eq}	80～85 dB(A)	—	—	线源
	爆破作业	L_{eq}	110～130 dB(A)	—	—	间歇瞬时点源
固废	生活办公区	生活垃圾	0.8 kg/（人·天）	9 325 t	9 325 t	
	主体工程	弃渣	—	2 536.84 万 m^3		

表 14-3 工程分析主要结论表

时段	工程活动	影响源	可能产生的环境影响
施工期	工程施工	施工占地及开挖 生产、生活废（污）水排放 存弃渣堆放 施工废气 噪声 施工人员进驻	1．占压土地，改变土地利用方式及施工区微地貌； 2．破坏施工区植被及野生动物栖息环境； 3．新增水土流失量，造成水土流失危害； 4．对河道水质造成一定影响； 5．影响施工区空气质量及现场作业人员身体健康； 6．使施工区周边居民受噪声影响； 7．带动施工区周边社会经济发展； 8．增加疾病传染的可能性
	移民安置	农村移民生产开发 移民新村建设 专项设施复建	1．破坏植被及安置区野生动物生境； 2．改变土地利用方式，造成水土流失影响； 3．对人群健康的影响； 4．移民新村建设对安置区社会环境产生一定影响； 5．安置区生活污水和垃圾排放问题
运行期	水库淹没	淹没植被及野生动物生境 淹没土地资源 淹没部分基础设施	1．降低库周植被覆盖率，迫使野生动物迁移； 2．土地资源减少，加剧人地矛盾，短期影响库周社会经济发展
	水库蓄水	初期蓄水 大坝拦截 水库形成	1．水库蓄水初期坝下流量减少； 2．截断河流及水生生物通道； 3．改变库区水环境，影响水生生物生境； 4．改变局地气候
	水库运行	水库调洪 日调节、季调节	1．削减天然洪峰； 2．改变下游河道水环境，影响水生生物生境； 3．增加发电量，提高水资源利用率，促进工程所在地社会经济发展

点评：

1. 本案例首先从宏观规划协调性、工程方案环境符合性方面进行较细致全面的分析，明确了工程规划符合性及工程方案环境合理性的结论。其次，针对工程枢纽区的污染源及源强、水库运行调度影响要素、移民安置区及专项改复建区的污染源及源强进行了影响识别和源强分析，分析完整、重点突出、作用因素和污染源明确，为影响评价工作打下了良好的基础。

2. 水电工程宏观分析主要关注与相关规划的协调性和一致性分析，特别是与敏感区域规划，生态功能区划，水资源综合利用、土地、产业发展等规划的一致性和协调性。工程方案环境合理性应体现环境影响评价在可研前期比选中的提前介入所起的作用，若在可研方案审定的基础上再开展方案环境合理性论述就显得比较牵强。

3. 水库运行调度所产生的水文情势影响分析是工程分析的重点和难点之一，一般应通过明确水库、电站运行方式，给出典型断面工程典型年、月、日流量水位过程线、典型日运行负荷图。

4. 水电工程属非污染生态影响项目，工程分析中污染因子可采用类比法、物料平衡法等进行定量计算，明确污染源强；非污染因子影响也可进行定性分析，必要时给出长远和累积性分析内容。

三、环境现状

（一）流域环境概况（略）

（二）工程区自然环境现状（略）

（三）污染源与环境质量现状

1. 污染源及地表水环境质量

电站所在河段的流域内主要污染源为工业污染源，其次为农田污染源、城镇及农村生活污染源。电站库区及施工区建设征地范围内分布有工矿企业共 22 家，其中铅锌铜选矿厂 17 家，砖厂 3 家、汽修厂 1 家、采石厂 1 家，正常生产情况下，年排放污水 245 891 m^3/a。库区内工矿企业堆存有尾矿渣及尾矿废石共计 138 620 m^3。经对尾矿渣进行危险废物浸出试验后表明，这些废弃物均不属于危险废物，为一般工业固体废物，需要在水库蓄水前进行妥善清理。

根据丰、平、枯水期监测成果，工程干流河段平水期和枯水期水质满足《某省地表水环境功能区划（复审）》Ⅱ类水功能区划要求，主要支流各水期水质均满足当地地表水环境功能区划要求。

2．底泥

根据工矿企业较为集中分布的某支流底泥样品水浸出液监测成果，浸出液中总砷、总锌、总铬、六价铬、总镉、总铜、总汞、有机质含量均处于较低水平，总铅和硫化物含量均达Ⅴ类水质标准，这种底泥污染物特征与该支流以铅锌矿排放为主的污染物特点是比较吻合的。采用全量分解方法进行样品处理，结果显示底泥样品中总砷、总锌、总镉、总铅超标，表明该支流底泥具有一定的潜在污染风险。

3．地下水

根据现状监测结果，工程区域地下水水质指标良好，满足《地下水质量标准》（GB/T 14848—93）Ⅲ类标准要求。

4．大气环境质量

工程周围河谷地区工业不发达，无大气污染型工矿企业；根据监测结果，工程区及周边敏感点附近的 TSP、PM_{10} 日均值均达到《环境空气质量标准》（GB 3095—1996）二级标准要求。

5．声环境

工程周边无大型噪声污染源。根据现状监测结果，工程区及敏感点声环境质量均满足《声环境质量标准》（GB 3096—2008）2 类标准要求。

（四）生态环境

工程区位于某省北部，气候属亚热带季风气候，受纬度和垂直高差影响，立体气候特征明显，多年平均年降水量在 970 mm 左右。

为掌握评价范围内陆生生物多样性现状，环评协作专业单位对该区域陆生生态及生物多样性、水生生态及生物多样性进行了专题调查与评价。

工程区在植被区划上属横断山半湿润常绿阔叶林区，云岭、区域内高、中山峡谷云南松林、元江栲林、冷杉林亚区，水平地带性植被为以壳斗科树种如元江栲、滇青冈、高山栲等为优势的半湿润常绿阔叶林。河谷下部阳坡地段常见的某狭域建群种是该流域中上游河段河谷中比较独特的类型，在工程区主要分布于近坝段 20 km、库尾段的范围。

电站评价区内共有维管植物 904 种，区系成分以热带成分占优势，具有鲜明的热带及亚热带性质。水库淹没影响区和施工区共记录到国家Ⅱ级保护植物金荞麦 1 种；共记录有陆栖脊椎动物 163 种，隶属 4 纲 23 目 59 科 116 属，记录有国家Ⅱ级保护野生动物 12 种，其中哺乳动物 5 种，即猕猴、水獭、大灵猫、小灵猫和穿山甲；鸟类 6 种，即黑鸢、雀鹰、松雀鹰、普通鵟、红隼、白腹锦鸡；两栖类 1 种，即红瘰疣螈。

调查区域共记录有鱼类 22 种，鱼类属典型的高原鱼类区系，多产黏沉性卵，无长距离洄游习性，其中 5 种为该河段上游特有鱼类，无国家级和省级保护鱼类分布。鱼类产卵场、索饵场、越冬场较为分散，规模也不大，库中和库尾乡镇附近河段为较为集中的产卵场分布河段。

（五）社会环境

电站建设征地共涉及 2 州 2 县 5 个乡（镇）32 个村民委员会，工程建设占地均不涉及世界自然遗产地和风景名胜区；无没有文物保护单位，也没有重要文物记录在案。不存在压覆或淹没重要矿产资源问题等。

（六）移民安置区及专项改复建项目区环境现状（略）

（七）敏感保护目标

通过对工程区域环境敏感目标的资料分析、现场调查和专项测量，确定工程主要环境敏感保护目标分布，见表 14-4。

表 14-4　工程主要环境敏感保护目标分布情况

<table>
<tr><th>环境要素</th><th colspan="3">环境保护目标</th><th>与本工程的区位关系</th></tr>
<tr><td>水环境</td><td colspan="2">干流、重要支流</td><td>地表水</td><td>库区河段、坝下河段</td></tr>
<tr><td rowspan="2">大气及声环境</td><td colspan="2" rowspan="2">周围居民点</td><td>某村</td><td>石料场区及砂石加工系统区外 50～100 m</td></tr>
<tr><td>某村、某小学等</td><td>枢纽区征地范围外 50～200 m</td></tr>
<tr><td rowspan="3">社会环境</td><td colspan="2">工程移民</td><td>基准年农业生产安置人口 5 734 人，搬迁安置农业人口 641 户 2 504 人</td><td>水库淹没影响及工程占地</td></tr>
<tr><td colspan="2">移民安置区</td><td>11 个集中安置点</td><td>工程所在河段干流河谷区域</td></tr>
<tr><td colspan="2">基础设施</td><td>小学、公路、桥梁、输变电线路、小水电站等</td><td>水库淹没区</td></tr>
<tr><td rowspan="5">生态环境</td><td>水生生物</td><td>特有鱼类</td><td>1 种裂腹鱼、4 种鳅科鱼类</td><td>工程河段</td></tr>
<tr><td rowspan="4">陆生生物</td><td>国家Ⅱ级保护植物</td><td>金荞麦</td><td>坝址永久征地范围内</td></tr>
<tr><td>国家Ⅱ级保护动物</td><td>黑鸢、雀鹰、松雀鹰、普通鵟、红隼、白腹锦鸡、小灵猫</td><td>河谷区</td></tr>
<tr><td>国家Ⅱ级保护动物且列入《中国濒危动物红皮书》</td><td>红瘰疣螈、穿山甲、大灵猫、水獭、猕猴</td><td>河谷区</td></tr>
<tr><td>列入《中国濒危动物红皮书》</td><td>豹猫、双团棘胸蛙</td><td>河谷区</td></tr>
</table>

点评：

1. 本工程水库淹没涉及十余家小型的铅、锌、铜采选工矿企业及采选尾矿渣堆场，环境现状调查及评价过程中针对每一家企业的污染源及数量进行了详细的现场调查，对典型尾矿渣及原料、半成品料、周边土壤等进行了采样监测，并采用浸出试验、淋溶试验等方法明确了固体废弃物性质及土壤污染状况。同时考虑到本流域内铅、锌、铜采选企业较多，现状调查中对河流底泥、水质、工程周边地下水水质进行了重点采样监测，明确了工程区地表及地下水体受工矿企业污染的状况。现状调查时段、监测采样方法均满足相关导则和监测规范要求。

2. 水电工程环境现状中应重点关注对环境敏感区、陆生生态和水生生态环境现状的调查和评价等内容，用可持续发展观点评价资源现状，重点评价项目专业性较强时可请专业单位开展专题调查与评价工作。本工程生态评价等级为一级。

3. 社会环境调查中应重点关注文物古迹、移民安置点及专项改复建区的现状调查。

四、环境影响预测评价

（一）水环境影响预测评价

1. 最小下泄生态流量分析

坝址下游河段无重要鱼类“产卵场、索饵场、越冬场”分布、无供水、灌溉、通航、景观用水等要求，生态流量主要为维持水生生态系统稳定需水。项目环评采用Tennant 法分析并结合保障下游生态流量要求计算，确定电站最小生态流量，即电站初期蓄水及单独运行期间所需的生态流量为128 m^3/s。工程在初期蓄水和运行期间下泄流量均大于生态流量要求。

2. 水文情势预测

（1）初期蓄水期

通过专设于$2^{\#}$导流洞弧形的闸门向下游控泄流量，确保下泄生态流量要求。

（2）运行期

① 对库区水文情势的影响。水库形成后，库区水域面积变大，坝前水深增加，库区水体流速从库尾到坝前逐渐减小，水体流态由急流态转为缓流态；库区河段水面变宽，水库形成改变了原河道滩多水急的河道形态，但由于水库为深切峡谷型水库，水流的主体流动方向为单向。

② 对坝下河段水文情势的影响。电站为季调节电站，单独运行时将对下游径流产生一定的调节作用，改变下游各梯级入库流量、河道水量的年际及年内分配状况，

使径流年内分配趋于平坦。与上游龙头梯级联合运行时，由于龙头水库（多年调节）建成后，将对下游径流产生较强的调节作用，改变下游各梯级入库流量以及河道水量的年际及年内分配状况，径流分配将更加趋于平坦化。

3．水温预测

根据库水交换次数法计算，水库α值 17.6，$10<\alpha<20$，水库水温结构为过渡型，水库在坝前区域将形成季节性水温分层现象。采用三维环境流体动力学数值模型 EFDC 预测：电站单独运行时，成库后下泄水温与天然水温相比最大降幅出现在 4 月，丰水年下泄水温比天然水温最大温差低 2.6℃，平水年低 2.2℃，枯水年低 1.3℃；最大升幅出现在 11 月，其中丰水年下泄水温比天然水温升高 1.8℃，平水年升高 1.0℃，枯水年升高 1.2℃。报告书进行了分层取水效果分析，如采取分层取水措施后，上述 4 月份最大降温幅度可减小约 1℃。

4．施工期地表水水质预测

工程施工期间废水产生量主要为两个砂石加工系统的冲洗废水、3 个混凝土拌和系统的冲洗废水、4 个机修及汽车保养系统废水、4 个承包商营地及建设单位营地生活污水。施工期间废水产生总量为 1 535.76 万 m^3，其中砂石加工系统的废水产生量最大，约占总废水产生量的 90.2%。

砂石料系统废水主要污染物为 SS，通过采用 DH 高效快速澄清器处理后，回用于系统，不设置排污口。其他施工工厂区含油废水和混凝土系统冲洗废水经沉淀处理后循环利用；生活污水由小型隔油池、成套设备及化粪池进行生化处理，中水回用于场内绿化或洒水降尘等。因此，各生产生活废水处理系统在正常运行情况下不会对地表水水质和功能产生不良影响。

5．运行期地表水水质预测

水库蓄水后，库区主要污染源是生活污水、农业面源污水和库区部分铅锌选矿企业残留的有色金属。工程选择 BOD_5、NH_3-N、TP、TN、铅作为水库水质的预测因子。

水库的 BOD_5、NH_3-N 因子在考虑沿程污染及支流汇入的基础上采用 S-P 模式对库区分段进行预测。预测工况分多年平均丰水期和枯水期两种，并对干流和支流分别进行预测。预测结果表明：水库建成后，上游来水水质较好，水库水质的本底值较小，水库的调节性能较差，库区近似为河道型水库，因此不会出现水质恶化情况。

水库的 TP 和 TN 因子采用狄龙（Dillon）模型进行预测，预测工况为正常蓄水位状态时的丰水期和枯水期。预测结果表明：枯水期干流主库能满足地表水水质Ⅱ类标准要求，支流只能满足地表水水质Ⅳ类标准要求；丰水期由于面源污染等方面的影响，TN 和 TP 部分时段出现超标现象。参考水利部《城市供水水库水质调查评价》评价标准进行评价，主库丰水期 TN 为中营养化、TP 为中～富营养化；枯水期 TN 为贫～中营养化；TP 为中营养化，支库丰水期 TN 为中～富营养化、TP 为中～富营养化，枯水期 TN 为贫～中营养化、TP 为中营养化。

重金属采用吸附平衡模型方程分析考虑了尾矿库底泥释放、支流底泥释放对主库水质的影响。预测结果表明：在现有污染源条件下，水库建成后，主库的重金属浓度基本达到地表水水质Ⅱ类标准。

6．运行期泄洪雾化影响

工程大坝泄洪采用挑流消能，因泄洪水舌收缩竖起的水冠和入池水跃均强烈抛洒和激溅，因此会出现一定范围雨雾区。在消能防冲设计标准下，泄洪时的雾化暴雨区位于坝轴线下游河道约 600 m 范围内，大雨区预计在坝轴线下游 800 m 范围内，高程在 1 575 m 左右；电站单独运行时，泄洪概率为 15.33%，丰水年主要集中在 6—9 月，平水年主要为 7 月，枯水年无泄洪弃水。电站泄洪浓雾区防护范围内无村庄等敏感点分布。

7．大坝泄洪气体过饱和影响

高坝下游总溶解气体过饱和发生机率与洪水发生频率、电站泄洪概率及持续时间等特征相关。根据初步计算，当电站遇到常年洪水（2～5 年一遇）时，电站单独运行时的泄洪时间大约在 5 d，联合运行时泄洪持续时间更短，因此，电站发生气体过饱和的时间是有限的。

8．地下水环境影响

工程施工对地下水环境的影响源主要为各施工工作面开挖对地下水的疏排作用。施工期间主要作业面为大格拉石料场开采，地下厂房、导流洞、过坝交通洞、左右岸联络线隧道等地下洞室开挖以及骨料运输洞开挖等。电站枢纽区及大格拉骨料运输洞开挖工程无大规模的地下水抽排情况，地下水为自流式排泄，开挖施工中，地下水的排泄仅会对开挖洞室附近 50～100 m 内的地下水位有所下降，总体下降幅度有限，具体下降范围跟水位与洞室的高差及岩石的透水性等有关。此外，洞室开挖后，将采用混凝土进行衬砌，局部岩体破碎部位还将进行固结灌浆。施工完成后，受开挖影响的部位地下水位将逐步恢复。总体分析，施工疏干作用对地下水位的影响为短期的，其影响范围及时段均有限。

施工完成后，将进行水库蓄水和发电，期间，水库水位的变化，可导致两岸坡和水库上下游地下水水头和流场的变化，从而对地下水环境造成影响，但不会造成土地沙漠化、盐渍化及沼泽化等环境水文地质问题。通过水库蓄水期间总渗流量计算，水库蓄水后总渗流量为 117 L/s，其渗漏量不到坝下下游河流最小流量的 1/1 000，不会对下游地下水位及水质造成影响；电站运行期，地下水位将随库水位不断变化，但水位的变化不会对地下水环境及岸坡造成不利影响。根据估算，无论是在水库蓄水还是在水库水位下降过程中，均可增加地下水资源量 2 000 万 m^3 以上。

（二）水生生态及生物多样性影响

1. 对水生生境的影响

水库大坝建成后，水库原有的河流将变成水库水面。水域面积、水深和水体增大，污染物扩散能力降低，水体复氧能力减弱，深层水体溶解氧含量低，这对需要高溶氧环境的土著鱼类不利；库尾流速基本和天然情况一致，库中流速减小约 1/2，坝前流速显著减缓，泥沙沉积，水体透明度增大，适应急流水环境的生物种类将减少，适应缓流水环境的生物种类增多，初级生产力增高。水库为季调节，水库水温结构为过渡型，蓄水后坝前表层水温较天然河道水温明显偏高，库底水温较天然河道水温偏低。

坝下江段，由于调峰运行，流速、水位将发生一定的变化。电站日调峰运行时段将改变下游河道的天然来水状况，使坝下水生生物生境变得更加不稳定，水位变幅在 1.75～6.92 m，流量变幅在 165～503 m^3/s，坝下部分河段处于少水状况，不利于坝下鱼类越冬；水库下泄水温较坝址天然水温最大下降 2.6℃，存在一定的下泄低温水影响；大坝采用挑流方式消能，坝下一定距离内将存在气体过饱和现象。

这些水文情势的变化均会对原天然河道的鱼类生境产生影响。

2. 对浮游及底栖动物的影响

库区水文情势的变化将有利于浮游生物的硅藻门、蓝藻门的比例增加，浮游植物生物量也随之增加，底栖种类结构组成将由河流型向水库型转化，底栖动物生物总量较建坝前将大幅提升。库区水流变缓、透明度升高和泥沙的逐渐沉积，为水生维管束植物的生长提供了有利条件。

坝下远江段浮游生物将基本保持天然状态，但由于坝下水文条件的不稳定性，坝下近坝河段底栖动物生物总量较建坝前将有所下降。

3. 对鱼类的影响

建库后，大坝阻隔鱼类上下洄游的通道，但大坝上、下江段仍存在该河段现有鱼类完成整个生命史的条件，不会导致物种灭绝。

电站建设涉及江段鱼类区系组成以产沉黏性卵种类为主，产沉黏性卵种类包括了该江段中适应急流生活的大部分种类，建库后水文情势发生变化，库区的鱼类组成将由流水性鱼类为主逐渐转变成缓流水鱼类。原来适应于流水环境中生活繁衍的土著鱼类如裂腹鱼属、细尾高原鳅、鮡属等，逐渐移向干流库尾上游或进入支流，在库区的数量将减少，但库区江段缓流性鱼类的总渔产量会有较大幅度提高。

坝下江段由于下泄低温水跟天然情况相差不大，而且沿程有增温效果，下泄低温水对鱼类的繁殖可能会略有推迟但影响不大，但对鱼类越冬有利；由于基础饵料、生境的变化，坝下渔获物种类组成可能变化不大，但总渔产量会有所下降。

（三）陆生生态环境影响预测评价

1. 对区域生态完整性的影响

施工占地和水库淹没导致区域内陆生生态系统的生产力损失，但施工区的植被恢复以及水库淹没后形成的水生生态系统会提供新增的生产力，因此，总体来讲对区域生产力的影响较小。工程建设后，稀树灌木草丛和暖温性针叶林仍是景观生态体系中的优势类型，评价区内以自然生态系统为主的景观结构并不会发生根本性变化，因此，景观生态质量将不会明显降低。工程建设前后，Shannon-Weaver 多样性指数和 Simpson 多样性指数都略有升高。这表明工程建设不会导致整个评价区的景观格局出现单一化的改变，景观的复杂程度不会降低，因此也不会减弱景观对干扰的抵御能力和其自然体系的稳定性。综上可知，工程建设对区域生态完整性的影响较小。

2. 对植被的影响

电站水库淹没、施工占地及移民安置过程将对评价区植被产生直接破坏和间接影响。工程建设征地对评价区影响最大的为半湿润常绿阔叶林中的某狭域物种群落，其次为水田、落叶阔叶林中的栓皮栎群落、稀树灌木草丛。从占用面积和占评价区同类植被类型的比例两方面综合考虑，工程建设不会改变整个评价区的植被类型，对植被的影响较小。

3. 对植物的影响

施工占地和水库淹没等将直接使区域内的植物个体消失，通过现场踏勘，受到影响的植物种群大部分个体在影响区域以外自然生长更新正常，因此水电站建设不会导致物种灭绝，不会对流域内维管植物的多样性造成严重影响，也不会改变流域内的植物区系。施工区分布有 1 种国家Ⅱ级保护植物 3 株，施工前对其进行了移栽，并且施工区周边地区广泛分布有该种保护植物；同时，淹没区未发现保护植物，因此工程建设不会对保护植物产生影响。但是，工程施工使裸地增加，将可能导致外来物种入侵，如紫茎泽兰、肿柄菊等外来物种的入侵；此外还可能导致杂草数量增加，使原有的生物多样性遭受破坏和威胁。

4. 对陆生动物的影响

工程建设将使动物的栖息和活动场所缩小，但因周边相似生境比较多，如小型穴居兽类和鸟类的巢区、爬行类和两栖类的生境遭到破坏或淹没后，少数动物的繁殖将有可能受到一定影响。结果迫使原来栖息在这一带的动物迁往其他生境适宜的地区，但不会导致物种的消失。种群在一段时间内将会有一定的波动，最后随着工程建设的结束，生态环境逐渐恢复，种群又会得以恢复或略有增长；本工程可能涉及的各种保护动物，由于在当地分布较广泛，具备主动迁移能力，而且主要分布和活动在水电站项目工程影响区以外，因此只要采取较有效的保护措施，严格执行国家和某省的有关动物保护法规，项目的建设以及实施就不会造成它们在该地区的濒危和灭绝。

同时，水库建成后，为水禽和涉禽、水生兽类、部分两栖动物以及部分爬行类提供了良好的栖息地，将会引起种类和数量上的增加。

5. 对农业生态环境的影响

施工占地、水库淹没和移民安置工程均会占用一定的耕地。但是，所占用耕地面积占征地比例较小，基本农田面积占征用农田面积的比例也较小，水电站的建设应不会对区域农业生产产生大的影响，但是占地将使规划区基本农田的数量减少，虽然减少的量所占比重不大，但这必然会加剧剩余耕地的压力，影响耕地总量平衡，对被征占农地的农户的生产生活将造成一定程度的不利影响。因此，需要根据《基本农田保护条例》尽量控制并减少基本农田及普通耕地的占用，同时采取措施进行补偿；另外，电站的建成会造成库周小范围空气湿度的增大，不仅有利于农作物的生长，也将会改变该地区的交通、信息等条件，从而有利于该区域与外界的联系与信息交流，对引进先进的生产方式和农业技术措施的改善也将起到积极的推动作用。

6. 对水土流失的影响

主体工程施工期间潜在最大水土流失场所为弃渣场，其他如工程枢纽占地区、交通道路开挖扰动区、料场开采区及施工生产生活区、移民生产生活安置对水土流失的影响主要发生在地表覆盖层的开挖剥离期间，水土流失亦属中度—剧烈侵蚀。如不采取水土保持措施，预测时段内防治责任范围内水土流失量将达 193.12 万 t，将容易对区域土地生产力，区域生态环境、河道水质、电站本身等造成不同程度的危害。

（四）大气环境影响预测评价

水电工程枢纽工程施工主要的大气污染特征污染物为粉尘，主要污染源包括：场内道路开挖、坝基开挖及爆破、地下开挖、石料场爆破开采、砂石加工系统等施工工厂作业、运输道路扬尘等部位，均属无组织排放。

报告书采用类比法对大坝区施工作业面、施工辅助企业如砂石加工系统区污染源强及影响程度进行了类比预测，采用实测法并结合开采强度趋势分析法对石料场区石料爆破作业污染源强及影响程度进行了预测。

预测结果表明：坝址区施工场界 400 m 范围内无集中村庄敏感点分布，施工作业对施工区大气环境质量影响有限；石料场区石料爆破对 760 m 范围内的村庄均存在一定的粉尘超标影响，影响程度与作业强度、措施到位程度、当地气象条件等因素有关。砂石加工系统通过采取对粗碎车间—半成品料仓、中碎—二筛车间、细碎—三筛车间、粗砂整形车间安装捕尘罩、设置袋式除尘器后用料罐运走的方式以及场内洒水降尘等措施后，对周边敏感目标影响有限。

另外，在实际扩散过程中，因爆破产生的粉尘粒径多大于 10 μm，易于沉降，实际产生的影响将小于预测结果。

（五）声环境影响预测评价

报告书针对固定声源和线声源的不同传播特性，采用《环境影响评价技术导则 声环境》（HJ 2.4—2009）中推荐的无指向性点源户外声传播衰减模式和公路（道路）交通运输噪声预测模式，对施工场界噪声进行了预测，重点针对施工场界周边敏感目标在采取声环境保护措施前后的噪声影响值进行了综合叠加计算，绘制了各敏感目标在采取措施前后的等声值线对比图。

经预测，各敏感目标现状声环境质量良好，可达2类标准要求，因受施工作业影响，各敏感点声环境质量下降，声环境质量达2～3类标准。经采取措施后，各敏感目标昼间及夜间噪声基本满足《声环境质量标准》的2类标准要求。

（六）社会环境影响预测评价（略）

（七）移民安置环境影响预测评价

1．移民安置区环境影响

电站建设征地影响涉及农业生产安置人口6 111人（规划水平年），农业搬迁安置人口704户2 721人。设11个集中安置点安置移民629户2 389人；库周分散安置75户332人，均是在本村组内自行分散搬迁安置。

本工程移民安置采取在实行“长效补偿”基础上的农业生产安置方式，根据库周土地及水资源承载力分析，移民安置方式符合当地的环境容量特点，安置方式合理。

电站移民安置点的选址充分征求了地方政府及移民的意愿，经分析，从各安置点地形地貌及地质稳定性、生态环境状况、水源条件、供电条件、电信条件、交通条件、生产、生活条件、民族风俗习惯等方面综合分析，本工程各移民安置点选址不存在环境制约性因素，选址合理。

水库蓄水及施工占地使受影响乡、村、社的土地利用发生变化，破坏当地局部区域的交通、通讯、农田水利等基础设施，由此造成的直接经济损失对当地社会经济发展带来一定的不利影响。各类公共文化设施的搬迁及复建将在短期内给当地群众生产生活造成不便和困难。

移民生产安置过程中将对安置区周边的植被、动植物资源及水土保持等造成一定影响，居民点建成入住后存在生活污水和垃圾排放处置问题；移民搬迁还存在对移民及安置区原居民生活水平、社会经济、民族文化及心理承受等方面的影响，这些均需要采取相应措施加以减免。

2．专项设施改复建环境影响

本工程专项设施包括专业单位复建和专项设施复建两部分，其中：对于专业单位中的22个工矿企业、兽医站、采沙场采用一次性补偿后由产权人自行安置处理，仅对于学校进行迁（复）建。专项设施复建主要是对外连接乡村道路（机耕道）6 条，长度 68 km，110 kV、35 kV、10 kV 输变电线路 71.1 km，小水电改复建工程等。

在专项设施改复建过程中，占压和开挖将扰动地表，产生新的弃渣和开挖面，若不采取有效的工程防护措施和施工迹地恢复措施，会加剧当地水土流失，对生态环境造成一定影响。

（八）其他影响预测评价（略）

包括固体废弃物、人群健康、文物古迹、景观、局地气候、地质环境等的预测评价。

点评：

1. 本案例根据工程分析结果，结合环境敏感对象及环境保护目标，确定重点评价内容，并在时间上按施工期、运行期分别进行评价。

2. 水环境影响主要考虑了电站初期蓄水期生态流量的确定及保障性，预测了电站单独运行、与上游龙头水库梯级运行调度两种不同工况下库区和大坝下游河道流量、流速、水位等发生变化产生的水文情势变化影响；选择 BOD_5、NH_3-N、TP、TN、铅等预测因子，分别采用 S-P 模式、狄龙（Dillon）模型、重金属吸附平衡等模型对库区、支库水质进行了预测；采用三维环境流体动力学数值模型 EFDC 计算了库区水温及下泄水温。案例所采用的 EFDC 三维预测模型软件较为先进，在大型水电站水温预测中有着一定的应用。

3. 该项目环境影响预测重点抓住了水文情势、水温、水质影响分析，陆生生态多样性及完整性分析，水生生态多样性及完整性分析，移民安置环境合理性及环境影响分析等重点内容，并根据最新导则的要求完善了对地下水、大气及声环境等影响分析的内容，预测方法、预测深度满足相关导则技术要求，分析结论可信，突出了水电行业环境影响评价重点。

4. 不足之处：由于本流域内缺乏同类型水库的水温实测和异重流等观测资料，水温预测模型验证难度大，模拟参数的有效性和可靠性相对偏弱，需进一步开展科研工作。

五、环境风险评价

报告书通过对油库、爆破材料库、施工期废污水事故排放、尾矿渣渣料入库风险等风险源进行识别；分析了污染事故发生的可能性，分析事故的影响程度及范围，提出风险防范措施，并制定相应的应急预案。根据风险评价分析可知，在采取有效的防范措施的情况下，大水电站发生环境风险的概率较小，影响程度可控。

点评：

本项目重点评价了水电站施工总布置中具有爆炸、火灾、有毒有害风险的物质的储存场所（如油库、炸药库、库区清理的工业固体废物填埋场等），突发性污染事故产生的水质风险，预测在风险事故下产生的环境污染影响，提出防范措施和应急预案等。

除以上关注重点外，水电工程环境风险可根据工程特点关注以下方面：对于涉及生态敏感区域、不同流域开发等项目，重点关注外来物种入侵的生态风险；对于具有供水任务的项目要重点分析供水水质风险、退水风险等。大型水电站中对于洪水或由破坏性地震导致的溃坝风险、传染病流行风险等分析内容可采用其专项报告的结论。

六、公众参与（略）

七、环境保护措施及技术经济论证

（一）环境保护措施、环境管理及环境监测计划

电站的环境保护措施可分为枢纽工程与移民安置区环境保护措施、环境管理及监理、环境监测两个部分。具体措施见表14-5。

表14-5 环境保护措施

区域	措施分类		措施内容
枢纽工程区	水环境保护措施	砂石加工系统废水处理	砂石加工系统1：石粉回收系统＋DH高效旋流器＋陶瓷真空压滤机处理，石粉回收，废水循环利用，污泥经压缩后运至弃渣场堆放；砂石加工系统2：石粉回收系统＋DH高效旋流器＋真空带式压滤机处理，石粉回收，废水循环利用，污泥经压缩后运至弃渣场堆放
		混凝土生产废水处理	采用中和沉淀法进行简易处理，废水循环利用
		机修汽修系统机修废水	大坝区、厂房区及导流工程区机修系统内各设置隔油沉淀池1个，经集水池集中后，集中采用成套设备处理；石料场施工区单独设隔油池，采用成套油水分离器处理
		生活污水	承包商生活营地生活污水采用地埋式成套污水处理设备处理
		库区水质	库区尾矿渣及生产区构筑物在初期蓄水前完成清理，并运至弃渣场尾矿渣填埋区独立划出的区域内进行单独填埋、封场处理。库区其他一般固体废物按清理要求进行一般清理。加强库区水环境管理
		地下水	预防为主，若出现相关问题应尽可能地采取堵断措施

区域	措施分类		措施内容
枢纽工程区	水生生态保护	影响河段特有鱼类及其他土著鱼类	加强文明施工管理、建立鱼类救护机制等
			采用集运鱼系统和升鱼机综合过鱼措施减缓大坝阻隔影响，并开展相关的科学研究工作
			增殖放流措施：在坝址下游承包商营地后台地上建设鱼类增殖放流站，分期建设；放流暂考虑20年。开展相关的科学研究工作
			支流生境保护：对库区某支流以建立保护区的形式进行支流保护，禁止二次水电开发 其他预测防保护措施：加强渔政管理，进行鱼类种群动态监测工作等
			下泄生态流量：水库初期蓄水及电站运行期间下泄不少于128 m^3/s的流量，保障下游河道生态用水； 制订科学的生态调度方案
枢纽工程区	陆生生态保护	珍稀植物	迁地移栽至承包商营地内进行管护。清库时加强清理及迁地保护工作
		某狭域物种群落	对库区进行部分移栽，移栽数量约600株，迁栽地点为某某村弃渣场渣体平台，面积约3.34 hm^2；库区采种、育苗、结合水土保持植物措施对施工区进行以狭域群落中优势种为主的生态修复。库区分布较集中的残留群落以划定自然保护区的形式进行保护
		施工区生态修复	结合水土保持植物措施，将水电站生态修复区分为草丛区、稀树灌草丛区、人工经济林区、农耕区、电站绿化景观区等5个分区进行生态修复
		库周消落带生态恢复	结合库区地形地貌条件，对有条件的区域采用生态堤、湿地等形式对库周消落带进行生态恢复
		动植物资源	宣传教育、严禁猎杀捕食野生动物，做好清库及下闸蓄水工作
		基本农田	根据基本农田保护条例进行“占一补一”的补偿措施。基本农田补偿费用计入森林植被恢复费和水保设施补偿费中
	大气环境保护	砂石加工系统及混凝土拌和系统等施工场地	砂石加工系统：对粗碎车间、粗碎整型车间进行全封闭，中细碎车间、第二筛分车间、超细碎车间及第三筛分车间的破碎机及振动筛采用捕尘罩，SAMC袋式除尘器收尘；胶带机系统部分封闭，雾化降尘。 其他部位洒水降尘
		交通粉尘、汽车尾气及机械燃油废气	提高路面等级，及时清扫路面，定时洒水降尘；执行汽车报废标准，必要时安装尾气净化器；优化机械施工工艺，减少燃油消耗量
		敏感目标防护	某村：加强砂石加工系统2的粉尘及附近石料场爆破粉尘的控制；加强石料场公路的扬尘控制。 某村、某电站厂房等：加强附近路段的扬尘控制，及时进行绿化防护

区域	措施分类		措施内容
枢纽工程区	声环境保护	砂石加工系统	粗碎车间封闭，安装高强度内摩擦衬垫、空腔封闭，并衬阻尼材料降噪；中细碎车间、超细碎车间封闭体内衬有机吸音棉；第一筛分车间和第二筛分车间楼面处设置声屏障，棒磨车间结合捕尘罩设置吸声棉隔间，胶带机设置料斗隔音罩等；禁止夜间作业
		其他区域	禁止夜间作业
		敏感目标防护	某村：加强砂石加工系统2的噪声防治，使其厂界达标；设置隔声屏障，采用噪声实时监测屏进行实时监测；加强石料场公路运输作业；加强石料场爆破作业强度及时间控制；禁止夜间作业
	生活垃圾	生活垃圾	配备垃圾筒、垃圾车，将垃圾清扫收集后运至某县生活垃圾卫生填埋场处理
		生产区建筑垃圾	回收利用其中金属类废品等，建筑垃圾运至附近的渣场堆弃
	水土保持	枢纽区	工程枢纽区：坝肩以上边坡、坝后边坡景观水库淹没影响区植被恢复，清库水土保持要求等
		存弃渣场区	对沿江型弃渣场采用拦渣坝、挡水坝、排水渠等截排水措施；沟道型采用拦渣坝、挡水坝、排水洞、干砌石护坡及周边截排水等工程措施；在拉关河弃渣场种植生态林，对应和村弃渣场平台种植尖叶木樨榄的库区移栽群落；对具备复耕条件的存弃渣场进行复耕，对其他弃渣场采用稀树灌草丛等进行绿化
		石料场区	挂设钢筋网、开采过程中注意临时水土保持措施等，开采完成后采用藤本植物进行绿化
		场内交通区	永久公路：营造银合欢和云南樟防护林，并进行景观绿化； 临时公路：采用旱茅和狗牙根、灌木车桑子和火棘，混交撒播绿化
		施工辅助设施区	场地清理，整治后，机电设备库、油库、1#和2#承包商营地采用人工经济林进行绿化，其他施工辅助设施扰动地表采用水保生态林进行绿化
	施工人群健康		加强个人健康保护及环境卫生管理，健康教育宣传，灭蚊防鼠
	文物古迹		无重点文物保护单位，也没有重要文物记录在案
	环境监测	环境监测	施工期施工废水及地表水水质；运行期地表水水质、水温及气体过饱和监测、尾矿渣填埋区附近地下水监测；施工期噪声及环境空气监测；陆生生态监测，水生生态监测
		水土保持监测	防治责任范围动态监测、水土流失状况及危害监测、水土流失防治效果监测

区域	措施分类		措施内容
移民安置区	生活污水处理（移民安置点11个）		实施雨污分流，污水分质处理方案：粪便污水经化粪池、沼气池等处理后，根据安置点规模进行进一步污水处理；生活洗涤污水采用生物滤池或小型成套设备进行处理，处理后用于农灌或绿化等。学校生活污水在配置隔油沉淀池的基础上，有条件的并入移民安置点污水处理系统一并处理
	生活垃圾	移民安置区（11个）	垃圾进行分类收集后，采用村收集—乡转运填埋的处理方案：在安置点所在乡镇新建生态垃圾填埋场进行堆存、填埋处理
	陆生生态保护措施	森林植被保护	安置区选址避开天然林，土地开发利用宜农荒地，不在陡坡等种植农作物，积极推广沼气池等生态能源，积极发展林、果等绿色产业，封山育林及营造库岸防护林等恢复库周植被
		动植物资源保护	加强宣传教育及库周生态环境管理，移民安置过程中注意保护新发现的保护植物及特有种，积极营造和扩大野生动植物的生存空间
	水土保持		生产开发区：做好水土保持农业措施
			专项设施及复建道路等：对路面区、路基边坡区、桥涵区、施工营地和弃渣场区分别进行防治
			安置点：做好安置区地质安全和排水措施，加强水土保持工程及植物措施的落实
移民安置区	移民安置区人群健康		将安置区移民纳入地方疾控中心管理范畴，加强个人健康保护及环境卫生管理，健康教育宣传，灭蚊防鼠，做好饮用水源监测及保护
	安置区配套设施及专业项目建设		做好施工过程中的施工环境保护，以及水土流失防治工作
	环境监测		移民安置生活污水环境监测及饮用水水质监测、移民安置区生活垃圾处理调查、水土保持监测等

（二）环境保护措施分期实施计划

环境保护措施的实施进度按照“三同时”原则进行制定。

八、投资概算与环境经济损益分析

经计算，本工程施工期环境保护投资为72 825.55万元，占工程总投资的4.42%。运行期费用计入运行成本中。本工程生态环境总效益为26.1亿元/年，环境资源的总损失为1.4亿元/年，总的益损比为18.53∶1，说明项目建设在环境经济上是可行的。

点评：

1．作为生态类建设项目，本案例根据影响分析预测结果，结合环境敏感对象及环境保护目标，以水环境保护、陆生生态保护、水生生态保护措施为重点，主要在施工期和运行期两个时段，分别对工程枢纽区、水库淹没区及移民安置区分区提出了各项环境保护对策措施及要求，措施覆盖较为全面。本工程在陆生生态修复体系、建立库区狭域物种自然保护小区、鱼类栖息地禁止水电开发并建立自然保护区、建立升鱼机和集运鱼系统结合的过鱼设施、尾矿渣固废填埋处理、砂石加工系统废水处理及周边敏感目标保护措施等方面具有较多的创新和尝试，值得肯定。本工程环境保护措施体系较完整，各项环境保护措施基本与工程主体设计深度相协调，环境保护措施体系的制定及落实为工程建设的环境可行性提供了有力保障。

2．水电项目环境保护措施的重点应论证和落实生态流量、水温恢复、鱼类保护、陆生珍稀动植物保护、移民安置环境境保护等措施，其中：生态流量主要确保下泄生态流量的下泄措施及在线监测措施；鱼类保护主要措施有：水生生物栖息地保护、修建过鱼设施、鱼类增殖放流、下泄生态流量、划定禁渔区和禁渔期、加强渔政管理等。人工增殖放流主要采用人工繁育的方法补充因工程建设受影响的鱼类资源。修建过鱼设施主要是为了减缓对于洄游性鱼类等重要鱼类受大坝阻隔的影响，创建过鱼通道让鱼类繁殖群体越过大坝，为亲鱼繁殖、鱼卵孵化、幼鱼索饵以及为幼鱼和繁殖后的亲鱼降河等创造必要条件，也为大坝上下游鱼类种群的基因交流提供条件；主要过鱼设施分上行通道[如鱼闸（窗）、鱼道、鱼闸、升鱼机、集运鱼船、仿自然旁通道和特殊鱼道）]和下行通道（栅栏、行为障碍等），并以上行通道为主。

陆生珍稀动植物保护主要有避让、减缓、补偿和恢复 4 个层次，主要减缓和恢复措施有：植物移栽及生态修复体系，建立自然保护区或自然保护小区、动物救护等。

3．由于目前国内对升鱼机和集运鱼过鱼系统实施经验有限，本案例在环评阶段存在对过鱼措施设计深度不足，在进一步开展研究、模型试验后，设计及实施阶段还存在优化调整的空间。

九、结论及建议

1．结论

本工程建设区不涉及自然保护区、风景名胜区、重点文物保护单位等环境敏感区，工程选址和施工“三场”布置基本合理，工程建设没有重大环境制约因素。本工程的兴建对环境既有有利影响也有不利影响，在采取报告书拟定的各项污染和生态影响减缓措施和生态修复及补偿措施后，可使不利影响得到较大程度的减缓，使环境影响降低到可承受的限度内。从环境保护角度认为，只要在建设和运行过程认真落实相关环境保护措施，其建设是可行的。

2. 建议

（1）鉴于工程所在流域均为同一单位，为了统一流域生态及环境保护工作，建议尽早成立流域环保中心机构，负责组织实施流域性工作，如环境监测、鱼类保护、水环境管理等。

（2）优化各梯级电站的梯级调度，严格执行下泄生态流量措施。

（3）建议地方政府加强对电站库区库周及重要支流的工业污染源、生活垃圾等主要污染源的治理和清理工作，进一步保证水库蓄水运行后库区水环境质量。

（4）建议尽快启动生态补偿、移民脱贫致富相关措施的研究及落实，促进水电站生态保护、移民脱贫致富与经济的可持续发展。

（5）在本水电站运行 5 年后，建议组织开展环境影响后评价工作。

点评：

报告书环境影响评价环境可行性结论明确，提出的建议符合流域水电开发特点，具有针对性。

案例分析

一、本案例环境影响评价特点

本案例为西南山区干流规划中的大型水电工程，项目开发任务以水电为主，并促进移民群众脱贫致富和地方经济社会发展，保护库区生态环境。该项目建设符合国家产业政策，与相关行业规划相协调，不存在环境敏感制约因素，所采取的措施具有较强的针对性、技术经济总体合理，符合当前水电行业环境保护措施总体要求。项目环境影响报告书于 2013 年 2 月获得环保部批复。

该项目现场调查较清楚，调查时段符合环评导则要求，采取的调查手段和评价方法能够满足导则技术要求，在此基础上进行的对主要环境特点与环境问题的分析切合实际，具有较强的针对性。环境影响预测抓住了水文情势、水温、水质影响分析，陆生生态多样性及完整性分析、水生生态多样性及完整性分析、移民安置环境合理性及环境影响分析等重点内容，并根据最新导则的要求完善了对地下水、大气及声环境等的影响分析内容，预测方法、预测深度满足相关导则技术要求，分析结论可信，突出了水电行业环境影响评价的重点。环境保护措施方面有针对性地提出了下泄生态流量措施、全流域集中建设鱼类增殖放流站措施、高坝峡谷大库的集鱼和升鱼综合过鱼措施、鱼类栖息地生境保护措施、狭域物种建立自然保护小区措施、结合水土保持绿化措施进行生态修复措施、库区工业固体废物清理处置及风险控制措施、库区消落带治理措施、移民安置区环境保护措施等，这些措施的提出，可有效减缓水电工程建设及运行过程中的不利环境影响，促进水电行业科学、有序、绿色发展。

本案例不足之处：

1. 水温预测模型缺乏同类型水库的水温实测验证，下阶段应重点开展同类水库的水温实测及本工程的模型验证工作，为下阶段科学设计分层取水、生态调度等措施提供必要依据。

2. 由于国内目前在升鱼机、集运鱼系统等过鱼系统的设计及运行效果方面的经验及资料有限，报告书阶段过鱼系统设计深度不足以满足水电可研设计深度要求。需加快开展对高坝大库过鱼系统措施的研究工作。

二、水电行业环境影响评价关注的重点问题

1. 施工期间评价范围主要在施工区，评价项目主要为地下水及地表水水质、大气环境、声环境、固体废弃物、动植物、水土流失等，可采用类比分析法等方法进行定量或半定量预测评价，工程措施工艺设计较为成熟可靠。

2. 运行期间，水文情势的变化是其他环境影响的原因，水文情势预测一般可引用工程水文专题研究资料进行整理分析，对水质、生态评价要求的水文参数应进行专门的水文计算与分析。水文情势应重点考虑枯水期和鱼类产卵期等重要水期的水位、流量、流速特征参数。

3. 另一方面，不同类型、不同运行方式的电站，水环境影响关注重点不同：如引水式和部分混合式电站重点关注并明确减脱水河段造成的影响及生态流量保障，评价对该河段生态、用水单位、景观等的影响；不同调节性能调节运行对下游河道流量、水位日内变化情况的影响，评价对下游用水设施（尤其生活用水）、航运等敏感保护目标的不利影响；针对具季调节性能及以上的水库应重点关注库区水文情势变化及下泄水温对水生生物、用水单位（如农灌作物）的不利影响。此外，还应关注工程截流、水库初期蓄水期间的水环境问题。

4. 水电工程建设对生态环境的影响具有长期性、累积性特点，生态环境影响也是水电工程环评中关注的重中之重，一般应针对水生生态、陆生生态分别进行论述。陆生生态重点针对生态敏感区域的影响，对植被类型、分布及演替趋势的影响，对珍稀保护和狭域物种的影响，对陆生动物分布与栖息地的影响，对区域生态完整性、稳定性、景观生态质量的影响等。水生生态重点针对大坝阻隔、库区和坝下水环境改变对水生生态及鱼类的影响，特别是对鱼类的种群、数量、繁殖特性、“三场”（产卵场、索饵场、越冬场）分布、洄游通道以及重要经济鱼类和渔业资源的影响等。

5. 水电建设项目环境保护措施的重点是落实生态流量下泄及在线监测系统、（分

层型水库的）分层取水措施及有效性、鱼类栖息地保护、修建过鱼设施保证河道连通性、鱼类增殖放流、珍稀保护植物及动物栖息地的避让减缓补偿措施、移民安置区环境保护措施及水库库底清理措施等，明确流域生态保护对策措施的设计、建设、运行以及生态调度工作要求，明确业主和地方政府在落实水库淹没区及移民安置环境保护措施方面的责任，完善信息公开和公众参与机制等。

6. 水电工程环境保护措施关注的主要重点措施，应在环评阶段进行重点论证和多方案的环境和技术经济比选，必要时需开展专项科研和设计工作。措施的设计还应注重与主体设计单位、建设业主单位甚至地方相关部门的沟通和协调，以确保后续措施的可操作性。

案例十五　水库工程环境影响评价

一、项目工程概况

（一）流域及流域规划概况

该水库工程所在湘江一级支流A江中游河段支流B河流域，A河全长302 km，流域面积为6 623 km^2。河流无航运功能。

该水库工程坝址位于B河上游段，坝址以上控制集雨面积为43.2 km^2，多年平均流量0.851 m^3/s，多年平均径流量2 684万m^3。

水库周边有两座已建中型水库，其中Y水库位于B河一级支流D河上，控制集水面积40.1 km^2，水库正常蓄水位294.5 m，有效库容2 140万m^3；另一座Z水库位于B河一级支流C河上，控制集水面积29.9 km^2，水库正常蓄水位306 m，有效库容924万m^3。两座中型水库设计灌溉面积分别为3.2万亩和6.12万亩，合计9.32万亩，但因调节库容有限，加上灌区续建配套不完善，目前实际灌溉面积为4.59万亩，仅为设计灌溉面积的49.1%。

项目区流域水系和水库工程布置见图15-1。

A江及其支流B河均没有开展河流开发利用规划，1974年有关水利部门提出的灌区工程规划和1992年完成的《湘南地区水利工程规划报告》，将该水库作为重点水源工程。

（二）工程概况

1．地理位置

该工程位于某省某县某乡和某乡境内，枢纽坝址位于B河乙乡，距县城约63 km。灌区涉及该县10个乡镇。

2．工程开发任务及建设规模

该水库工程主要任务以灌溉为主，兼顾乡镇工业生活及农村人畜饮水的供水。水库枢纽正常蓄水位388.0 m，总库容0.15亿m^3，兴利库容0.13亿m^3，属Ⅲ等中型工程。灌区工程设计灌溉面积10.34万亩，由3个灌片组成的，为Ⅲ等中型工程。

3．工程项目组成和施工规划（节选）

本工程项目包括新建1座水库、向2座已建水库补水干渠和新建灌区配套水利设施，项目组成见表15-1。

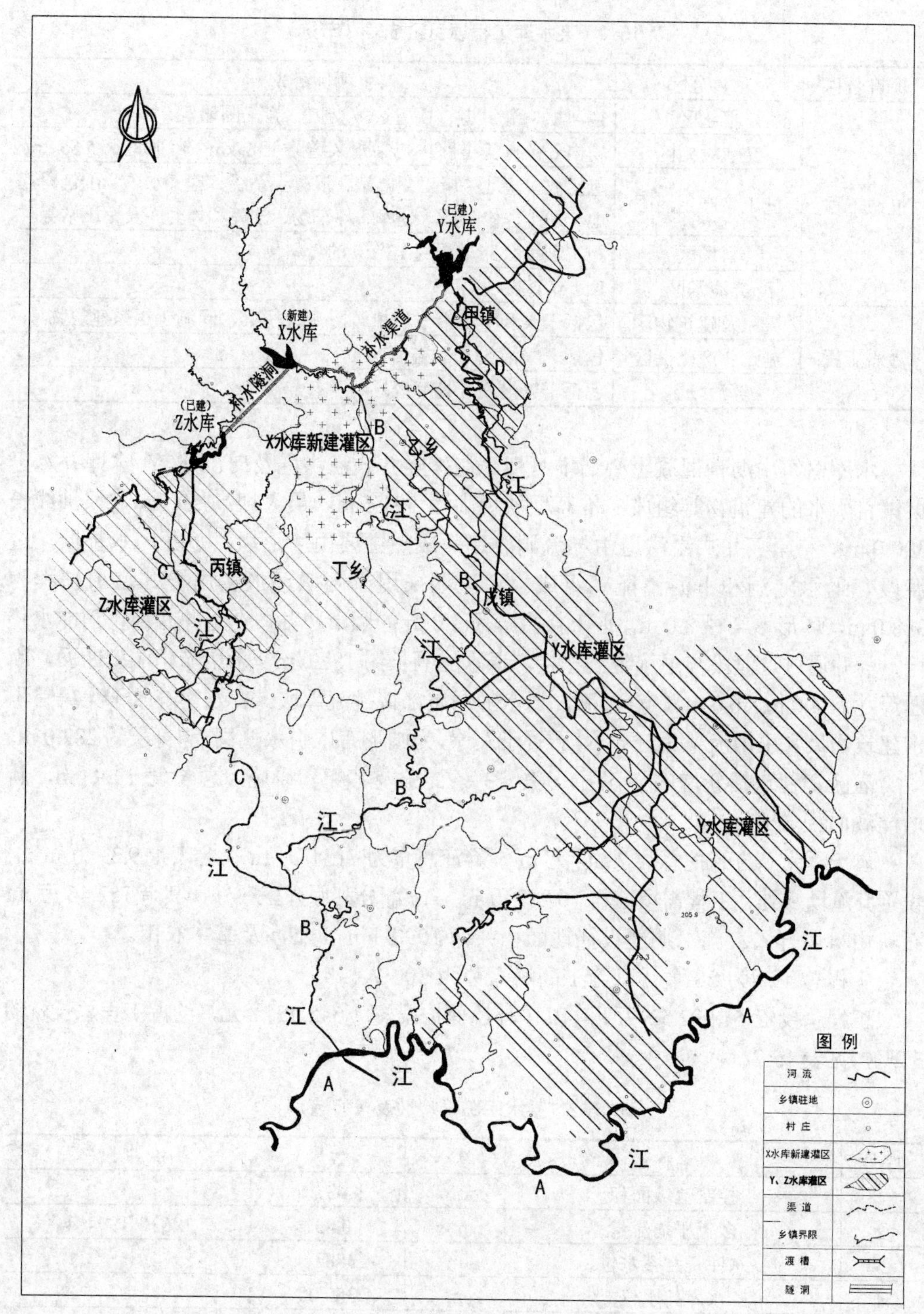

图 15-1　流域水系和水库工程布置

表 15-1 某水库工程项目组成表（节选）

项目名称	项目分区	项目组成
枢纽工程	枢纽区	拦河坝、溢洪道、坝肩边坡支护、施工围堰
	交通设施区	场内 6 条施工道路，包括永久道路 1.82 km，临时道路 5.83 km
	施工生产生活区	包括业主营地、施工变电站、混凝土系统、施工水厂、承包商营地、加工、修配厂、仓库、停车场、油库和炸药库及空压站等
	料场区	距上坝址公路里程约 13 km 的骨料场
	弃渣场区	1 处弃渣场
灌溉工程	渠系及建筑物区	包括干渠和干渠沿线渡槽、隧洞、桥梁、涵洞等渠系建筑物
	施工生产生活区	包括干渠沿线 5 个施工点
	弃渣场区	包括干渠沿线 8 处弃渣场

水库枢纽由沥青混凝土心墙堆石坝、左岸竖井式溢洪道及向已建 Y 水库补水干渠渠首引水的建筑物等组成。堆石坝坝顶高程 391.5 m，最大坝高 59.5 m，坝轴线长 300.0 m；左岸竖井式溢洪道由导流洞改建而成，主要由环形堰、竖井、水垫塘、过渡段、退水隧洞和下游消能工组成。溢流堰采用无闸墩环形实用堰，堰顶高程为 388.0 m，环形堰半径 8.0 m，堰下接直径为 7.0 m 的圆形竖井，在竖井底部设消能水垫塘，竖井通过过渡段与退水隧洞相接，退水隧洞长约 182.0 m，采用城门洞型断面，断面尺寸为 4.0 m×6.0 m（宽×高），退水隧洞尾部接挑流鼻坎。Y 水库补水干渠渠首引水建筑物最大引用流量 3.51 m^3/s，布置于左岸，为圆形有压引水隧洞，洞身长约 282.0 m。

灌区工程包括新增的 1 条主干渠、3 条支渠及其配套设施，总长度 12.9 km，新增灌溉面积 520 hm^2。

本工程土石方开挖总共 73.44 万 m^3，弃渣总量为 71.90 万 m^3（含表土 9.39 万 m^3），设置弃渣场 9 处。工程需填筑料 167.87 万 m^3，除部分利用开挖料外，其余 152.46 万 m^3 石料由料场开采。施工期建设征地面积共计 109.8 hm^2，不涉及基本农田。

工程总工期为 28 个月，施工高峰人数为 300 人。

工程总投资 51 992.52 万元，其中环境保护投资 1 645.05 万元，约占工程总投资的 3.2%，见表 15-2。

表 15-2 某水库工程特性表（节选）

序号	名称	单位	数量	备　注
1	控制流域面积	km^2	43.2	
2	多年平均流量	m^3/s	0.851	1963—1994 年
3	水库正常蓄水位	m	388.00	
4	水库死水位	m	350.00	
5	正常蓄水位相应库容	万 m^3	1420	
6	死库容	万 m^3	119	

序号	名称	单位	数量	备　注
7	调节库容	万 m^3	1 301	
8	水库淹没面积	hm^2	37.66	
9	淹没影响人口	人	78	枢纽区
10	挡水建筑物最大坝高	m	59.50	沥青混凝土心墙堆渣坝
11	顶部高程	m	391.50	
12	竖井式溢洪道底板高程	m	346.00	
13	渠首分层取水建筑物总高度	m	30.0	
14	干渠渠道长度	m	12 861	
15	设计流量	m^3/s	2.7/1.7	
16	灌溉面积	hm^2	520	
17	主体工程开挖、填筑量	万 m^3	73.44/167.87	开挖量/填筑量
18	施工占地	hm^2	109.8	
19	静态投资	万元	51 992.52	

4．移民安置

枢纽工程占地和水库淹没涉及 4 个行政村，共需生产安置 158 人、搬迁安置 142 人。灌区工程共需生产安置 77 人、不涉及搬迁人口。

5．工程运行

两座已建水库水位降至死水位时，新建水库向其补水，以优先满足全灌区乡镇工业生活用水；当新建水库无法满足灌区灌溉要求时，先满足全灌区工业生活用水，剩余水量补给新增灌片灌溉用水。

点评：

本案例工程项目包括水库枢纽工程和灌区工程以及配套的施工辅助工程、移民安置工程，工程项目齐全，具有较好的代表性。该案例对工程所在流域和河流开发利用规划情况、已建水库工程和拟建工程概况介绍清楚，并附有流域水系图、工程项目组成表和工程特性表。由于该工程所在河流没有做开发利用规划，因此，也没有开展相应的规划环境影响评价；此外，本案例对流域和已建工程存在的环境问题未作介绍。一般来说，对于水利水电工程，工程概况应包括以下内容：

1．简要说明项目所在流域的自然地理和社会经济、水资源的时空分布特点、开发利用（说明梯级已建、在建工程）与保护管理状况、规划环评的开展情况及其对本项目环境影响评价的要求、流域存在的环境问题等。

2．阐明工程地理位置、建设必要性、开发任务、规模、开发方式、项目建设内容及主要工程特征参数等，工程项目组成要完整，包括主体工程、施工辅助工程、水库淹没及移民安置等部分。主体工程应包括工程及主要建筑物级别、工程布置和主要建筑物型式、规模及工程特性指标，给出工程平面布置图、枢纽布置图、水库淹没图、施工总布置图等；简要介绍灌区范围、渠系线路、主要工程建筑物、灌溉水量、灌溉面积和季节要求、主要农作物等；施工辅助工程应包括施工导流、交通工程、料场和渣场规划、施工辅助企业、施工工艺、进度安排和施工总人数，给出施工总布置图等图件；简述水库淹没与移民安置规划方案（包括淹没面积、人口，搬迁、生产安置人口，迁建、新建城镇及工矿企业情况，复建专项设施等）。说明工程初期蓄水计划、运行调度方式。

二、工程分析与环境影响识别

（一）与产业政策及相关规划的一致性和协调性分析

工程建设符合《产业结构调整指导目录》的要求，属于第一类鼓励类项目。根据《某县环境保护规划》(2010—2030)、《某县水土保持生态环境建设工程总体规划》《某县农业区划》《某县生态建设与环境保护“十二五”发展规划》《湘南地区水利工程规划报告》等相关规划，该水库工程的建设可以有效保证灌区生产生活对水质水量的要求，同时可显著新增耕地资源，工程建设与相关规划协调一致。

（二）工程方案环境合理性分析

该水库工程在设计各阶段，对坝址、坝型、正常蓄水位、施工布置和移民安置等方面做了多方案优化和比选，在充分考虑环境影响和效益最大化的同时，选择了环境合理的方案。因此，工程方案在环境保护方面是基本合理可行的。

（三）影响源分析与环境影响识别

（1）施工期。工程开挖、弃渣、占地等施工活动以及“三废”排放及噪声，将扰动原地貌、损坏土地和植被、新增水土流失，并降低工程周围环境质量，对施工区内居民生产生活环境产生一定影响；同时对交通、旅游、土地资源利用、社会经济、人群健康等产生一定的影响。

（2）运行期。工程运行期间，大坝阻隔、水库淹没及影响使工程河段的水文情势发生显著改变，河谷区域陆生生境发生改变，坝下游河段形成减水河段，水生生境发生变化，水库水温分层，年内升温期存在低温水下泄影响，灌区内灌溉回归水影响周边地表水水质以及地下水水位水质。

（3）移民安置。该水库需生产安置 235 人，搬迁安置 142 人。生产安置方式主要以农业安置（新开耕地、调整土地）为主，其他安置方式（自谋出路）为辅；搬迁安置以集中安置为主，自行安置为辅。安置过程中对当地的土地资源利用、基础设施建设等社会环境均有一定影响。

该水库工程分析和环境影响源统计见表 15-3。

表 15-3　某水库工程分析

<table>
<tr><th>影响时段</th><th colspan="2">影　响　源</th><th>可能产生的环境影响</th></tr>
<tr><td rowspan="8">施工期</td><td rowspan="6">工程施工</td><td>施工占地</td><td rowspan="6">1 破坏施工区植被，新增水土流失；
2 对周边水体水质有一定影响；
3 对施工区植物有较大影响；
4 对施工区周围动植物有轻微影响；
5 对土地资源、人群健康及社会经济有一定影响；
6 隧洞开挖影响地下水</td></tr>
<tr><td>废　水</td></tr>
<tr><td>弃　渣</td></tr>
<tr><td>施工废气</td></tr>
<tr><td>施工噪声</td></tr>
<tr><td>施工人员进驻</td></tr>
<tr><td rowspan="2">移民安置</td><td>移民生产开发</td><td rowspan="2">1 破坏植被、引起水土流失；
2 对人群健康的影响；
3 安置点污水排放和垃圾堆放的影响</td></tr>
<tr><td>专项设施复建</td></tr>
<tr><td rowspan="9">运行期</td><td rowspan="3">水库运行</td><td>大坝拦截</td><td rowspan="3">1 水库蓄水初期和枯水期下游河段减水；
2 对库区及下游河段水环境、水生生物和水文情势产生影响；
3 水库水温分层的影响；
4 对不稳定库岸产生影响；
5 对工程所在地社会经济有利</td></tr>
<tr><td>水库调度</td></tr>
<tr><td>引水灌溉</td></tr>
<tr><td rowspan="3">水库淹没</td><td>淹没植被</td><td rowspan="3">1 淹没耕地、林地资源，对库周居民生活造成一定的影响；
2 迫使库区野生动物迁移</td></tr>
<tr><td>淹没野生动物生境</td></tr>
<tr><td>淹没土地资源</td></tr>
<tr><td>渠系占地</td><td>工程占地</td><td>1 使灌区内土地格局发生较大的变化</td></tr>
<tr><td rowspan="2">灌区运行</td><td>渠系供水</td><td rowspan="2">1 灌溉用水影响地下水水质；
2 灌溉回归水影响地表水水质；
3 灌溉对土壤环境产生一定影响，改善居民生存环境</td></tr>
<tr><td>农田灌溉</td></tr>
</table>

点评：

本案例关于项目与相关规划的协调性、项目设计方案的环境合理性分析内容全面，工程分析与项目建设可能产生的环境影响识别反映了项目及当地环境特征。

一般来说，水利水电工程分析首先应分析产业政策、有关上位规划的符合性和同级规划的协调性；其次，从环境保护的角度，综合比选各工程设计及施工工艺方案，并对工程推荐的生产、施工组织和调度运行方式进行环境合理性分析。经过工程环境影响识别，分析工程施工和运行过程对环境的作用因素与影响源，影响方式与范围，污染物源强和排放量、生态影响程度等，确定评价因子。

三、环境现状

（一）地形地质

工程区地貌显示出从低山向丘陵过渡的特征，区内无大的不良地质体分布，物理地质现象主要表现为岩体风化和小规模崩塌。工程区无区域性断裂通过，地质构造较简单，本区 50 年超越概率 10%时，地震动峰值加速度<0.05 g（相应地震基本烈度值小于Ⅵ度）。

（二）地表水环境

该水库位于湘江一级支流 A 江中游河段支流 B 江流域，坝址控制流域面积 43.2 km^2，多年平均流量为 0.851 m^3/s，相应年径流量为 2 684 万 m^3。

库区及周边无工矿企业分布，不存在工业废水和洗矿废水等工业污染源。农业污染主要来自库区周边村庄约 200 亩农田施用化肥和农药，农药化肥施用水平较低，农业面源污染源较小；生活污水和生活垃圾主要来自居住在库区周边的约 200 人居民，排放量也较小。该水库上下游及两座已建水库地表水监测点各项指标均满足《地表水环境质量标准》（GB 3838—2002）中Ⅲ类水域要求，地表水环境基本未受到污染。

（三）地下水环境

灌区内居民点处地下水除氨氮指标之外，其他所有水质监测指标均满足《地下水质量标准》（GB/T 14848—93）中Ⅲ类水质标准的要求，灌区内居民饮用水水质现状较好。氨氮因子超标的原因主要是由于浅层地下水受到了农田灌溉水回渗的影响。

（四）大气环境

区域以农村风貌为主，生产方式以农业种植为主，无污染性企业分布，当地 SO_2 排放有限，对区域大气环境影响不明显。评价区域内各监测点空气中 NO_2、TSP 均满足《环境空气质量标准》（GB 3095—1996）的二级标准要求，说明评价区域环境空气质量状况较好。

（五）声环境

所有监测点昼间、夜间等效连续 A 声级均能达到《声环境质量标准》（GB 3096—2008）2 类标准，区域声环境质量现状较好。

（六）生态环境

评价区属亚热带季风湿润气候区，具有“四季分明，严冬期短，夏热期长，春温多变，寒潮频繁，春夏多雨，秋冬季多旱，光热充足，无霜期长”的气候特点。

评价区为中亚热带常绿阔叶林区，但由于原生植被基本破坏殆尽，植被类型已退化成灌丛，次生林主要为人工林为杉木林，混有少量次生马尾松树，而阔叶树种则呈零星分布。水库区和枢纽工程区区域内有一定程度的石漠化，自然景观特征缺乏。区域内种子植物虽然科数较多，但种类数很少，物种生物多样性低，植被破坏程度较高。项目区发现有 2 株未挂牌的国家Ⅰ级重点保护植物银杏（*Ginkgo biloba*），不受水库淹没的影响。

评价区共有陆生脊椎动物 162 种，其中国家Ⅱ级保护动物 15 种，未发现有Ⅰ级物种分布。其中，两栖动物共有 14 种，其物种多样性比较丰富；爬行动物共有 24 种，其中以游蛇科 17 种和蝮科 4 种居多；鸟类共 104 种，国家Ⅱ级保护鸟类有苍鹰（*Accipiter gentilis*）、鸢（*Milvus migrans lineatus*）、褐翅鸦鹃（*Centropus sinensis*）等 15 种；哺乳动物共 20 种，其中有穿山甲（Manis pentadactyla）、小灵猫（Viverricula indica）2 种国家二级保护动物。项目区内水生动物有 22 种，其中鱼纲 14 种。无珍稀保护鱼类和洄游鱼类的分布。

（七）社会环境（略）

（八）移民安置区环境现状

该工程移民考虑在本村采取集中后靠的方式进行安置，移民安置总建设用地面积为 2.0 hm^2，移民安置占地以林地为主。

（九）敏感保护目标

根据工程区环境状况，结合区域环境功能、水土保持规划及污染物防治标准等，确定该水库工程环境保护敏感目标见表 15-4。

表 15-4　环境保护敏感目标

工程区	环境要素	敏感保护目标	规模和特性	与工程的相对位置	工程行为	保护要求
枢纽工程区	水环境	B 江水质	坝址多年平均流量 0.851 m^3/s，相应年径流量 2 684 万 m^3	库区及水库下游	生产废水、生活污水排放、水库灌溉引水	施工期废污水达标排放，水体水质满足Ⅲ类水标准要求，保证下游生态基流

工程区	环境要素	敏感保护目标	规模和特性	与工程的相对位置	工程行为	保护要求
枢纽工程区	大气环境	某居民点	居民约35人	枢纽施工区下游400 m，距县道10～30 m	工程施工	施工期废气达标排放
枢纽工程区	生态环境	银杏树	国家Ⅰ级保护植物，共2株	坝址下游400 m，下游150 m，距县道5～10 m	工程施工、交通运输	使其不受工程施工的影响
枢纽工程区	生态环境	穿山甲、小灵猫	国家重点Ⅱ级保护动物	坝址上游林地及灌丛中	工程施工、水库蓄水	禁止猎捕，使其不受水库淹没、工程施工的影响
枢纽工程区	生态环境	苍鹰、鸢、褐翅鸦鹃等	国家重点Ⅱ级保护鸟类	都分布在项目区海拔较高的森林中	工程施工、交通运输	使其不受工程施工的影响
枢纽工程区	生态环境	B江下游水生生态	最小生态流量为0.085 m^3/s	坝址下游长11.0 km河段	水库蓄水灌溉引水	保证生态基流
枢纽工程区	社会环境	工程所在地两个村部分村民小组	共140人	水库淹没区及枢纽施工区	水库淹没、施工占地	生产生活质量不致降低、移民搬迁
运输道路	声环境	某居民点	约35人	枢纽施工区下游400 m，距县道10～30 m	交通运输	施工期噪声达标排放
运输道路	声环境	某居民点	约30人	枢纽施工区下游1 km，距进场道路15～35 m	交通运输	施工期噪声达标排放
灌区工程区	大气、声环境	某村1	居民约800人	距Y水库补水干渠80～300 m	工程施工、交通运输	施工期废气、噪声达标排放
灌区工程区	大气、声环境	某村2	居民约900人	距Y水库补水干渠40～160 m	工程施工、交通运输	施工期废气、噪声达标排放
灌区工程区	大气、声环境	某村3	居民约20人	距Y水库补水干渠90 m	工程施工、交通运输	施工期废气、噪声达标排放
灌区工程区	大气、声环境	某村4	居民约10人	距Y水库补水干渠40 m	工程施工、交通运输	施工期废气、噪声达标排放
灌区工程区	大气、声环境	某村5	居民约180人	距某某支渠20～50 m	工程施工、交通运输	施工期废气、噪声达标排放
灌区工程区	大气、声环境	某村6	居民约160人	距某某支渠20～80 m	工程施工、交通运输	施工期废气、噪声达标排放
灌区工程区	大气、声环境	某村7	居民约700人	距某某支渠150～350 m	工程施工、交通运输	施工期废气、噪声达标排放
灌区工程区	大气、声环境	某村8	居民约400人	距某某支渠180～250 m	工程施工、交通运输	施工期废气、噪声达标排放

点评：

本案例在充分收集、利用已有资料的同时，根据需要开展了现场调查和环境监测工作，调查和监测方法、范围、线路（断面）、时段和频次满足相应评价等级的要求，环境现状分析评价内容全面，重点突出，总体反映了当地生态环境特征。由于项目规模和涉及范围较小，不涉及敏感保护目标，现状较为简单，特别是水生生态现状调查分析较简单。

一般来说，水利水电工程环境现状为先介绍区域环境背景情况，再介绍评价范围内（包括工程区域及移民安置区）的环境现状，主要包括地形地貌与地质环境、水环境（包括水文泥沙）、地下水、生态环境（包括气象与气候、土壤与水土流失等）、大气环境、声环境、社会经济。其中水环境又包括水文泥沙情势、水温、污染源、水质。生态现状评价分陆生生态现状评价和水生生态现状评价，陆生生态要阐明植物区系、植被类型及分布；野生动物区系、种类及分布；珍稀动植物种类、种群规模、生态习性、种群结构、生境条件及分布、保护级别与保护状况等。水生生态要阐明工程影响水域浮游动植物、底栖生物、水生高等植物的种类、数量、分布；鱼类区系组成、种类、“三场”（产卵场、索饵场、越冬场）、洄游通道分布；珍稀水生生物种类、种群规模、生态习性、种群结构、生境条件与分布、保护级别与状况等。简要介绍区内存在的主要环境问题。

对于涉及自然保护区、风景名胜区等敏感区域的建设项目，要阐明其类型、级别、范围与功能分区及主要保护对象状况及其与工程的区位关系。

四、环境影响预测评价

（一）水环境影响预测评价

1. 水文情势影响

水库蓄水后，由于大坝的拦蓄，原河流的基本水文特征发生变化，坝前水位抬升，在死水位（350.0 m）～正常蓄水位（388.0 m）之间变化，水位变幅 38.0 m。水库水深从坝前至库尾具有不同程度的增加，水面面积和水体体积大量增加，水面比降变缓，使库内流速减小。

该水库运行后，由于渠系引水，水库下泄流量小于建库前的流量，运行后多年平均来水量 2 684 万 m^3，出库水量 1 100 万 m^3，出库水量占来水水量的 41.0%。下泄水量减少，对坝址至下游支流汇入口的 15.4 km B 江下游河段的水生生态环境将造成一定的影响。为保护下游生态环境，应在坝址以下的河道设置 0.085 m^3/s 的最小生态流量。

运行期，某支渠引水时，由泄水闸泄放灌溉流量和生态基流入坝下B江河道，经3 km至某河坝，由河坝处新建某支渠将灌溉水引至X水库直灌片，可以保证大坝下游生态流量。某支渠不取水时，则由泄水闸控制直接泄放生态基流，泄水闸控制保持开启状态，可以保证下游生态流量。

该水库初期蓄水历时12 d，水位蓄至死水位后，具备了向灌区供水的条件，可由Y水库补水干渠渠首泄水闸泄放生态流量。水库蓄水初期，大坝至下游支流汇入口之间河段可能产生减水影响，设计从库区直接抽水提至Y水库补水干渠取水口348.0 m高程，由泄水闸泄放至下游河道，泄放流量为0.085 m^3/s，泄水闸应控制保持开启状态。

2．水温影响

当水库为正常蓄水位388.0 m时，坝前水深约50 m。采用东勘院坝前水温预测公式预测建库后坝前垂向水温分布。该水库坝前垂直方向水温分层，库表水温随季节变化，预计年水温变化范围在12～30℃，温跃层（20 m深处）水温在夏季有不同程度的下降，冬季稍有上升，深水处水温年内变幅较小，水温基本恒定在15℃。水库出库水温12.6～16.5℃，与天然河流水温相比，冬季水温提高，夏季水温降低。

3．水质影响

（1）施工期水质影响

施工期废水主要来自混凝土拌和楼冲洗废水、洞挖废水和生活污水。

混凝土拌和冲洗废水排放量小但废水呈碱性，最大日排水量为10.0 m^3。废水经处理后，上清液回用于施工场地机械洒水降尘等，不会对B江水体水质造成影响。

枢纽工程施工高峰期施工区生活污水日排放总量为36.0 m^3/d，污水中各项指标与城市生活污水比均较低，生活污水不外排，通过成套设备处理后，出水用于当地农田灌溉，对河流水质无影响。

本工程隧洞开挖距离约2.5 km，洞挖废水排放量约为12.8 m^3/d，废水中主要污染物为SS，洞挖废水经处理后，上清液回用于施工场地洒水降尘等，不会对B江水体水质造成影响。

（2）运行期水库水质影响

X水库坝址处的总氮、总磷现状均满足Ⅱ类水质标准的要求，库区及周边无工业污染源。水库建成后，预测水平年内水库水体氮、磷浓度将仍维持现有水平，不会发生富营养化。水库蓄水前期做好库底清理工作，严格按照库底清理有关规程，对水库淹没区进行充分清理，防止植物残体在水库蓄水后释放氮、磷等营养物质进入水体。

（3）灌溉回归水影响

灌区工程建成后，渠道沿线没有工业污染源分布，不存在工业污染问题。农药、化肥总施用量将有所增加，灌溉前期，降雨可能会使大量稻田水回流河流，因此灌溉回归水将对灌区河道、水库水体水质带来一定影响。影响程度主要与农药与化肥施用水平有关，主要污染物为COD和NH_3-N，但年增加负荷较小，灌溉回归水的影响不大。

4．地下水影响

隧洞施工时在进、出口段和局部浅埋段隧道施工可能造成局部泉点流量减少，但影响范围有限，基本不会对附近地下水环境产生影响。隧洞上部无居民点，无地下水取水设施，不涉及地下水水源地，因此不会对居民饮用水产生影响。

灌区工程正常运行时，灌溉对地下水资源将有一定的补给作用，地下水水位将有所上升。灌区内排水对灌溉起到反调节作用，如排水及时，地下水位的上升幅度较小。灌区总体存在一定地形高差，一般情况下，灌溉排水快，对灌区地下水位影响不大。

灌区建成后，灌渠水体对地下水水质的影响主要来自于渠道输水渗漏与田间灌水入渗，而无论哪种途径均会经过土壤的过滤净化作用，因此，灌溉水对地下水水质影响较小。

（二）生态环境影响预测评价

1．对陆生植物的影响分析

施工期施工活动将破坏施工区植被，直接影响的植被类型主要为农田植被、灌丛和灌草丛等，以灌草丛为主，枢纽工程施工面较小，工程占地影响很小，施工结束后，临时占地的植被类型可恢复到现有的质量水平。

水库坝址下游右岸有1株位于某某居民点的银杏古树和1株位于某居民点的银杏小树，不受到水库淹没和工程征地的影响。但施工车辆运输可能会对其造成影响。

水库建成后会淹没大量的植被生境，但由于淹没的植物均为一般常见种，以大面积的杉木林为主，淹没线以上地带可见到相似的群落，水库蓄水不会改变整个评价区生态系统的结构和稳定性。影响较大的自然植被为林地、灌丛及灌草丛，如杉木、油茶林、檵木灌丛、藤黄檀灌丛、悬钩子灌丛、野葛灌丛、五节芒灌丛、斑茅灌丛和蕨类等。

水库淹没加速群落演替，同时水库蓄水后，将在一定程度上改善区内土壤和空气湿度，改善区内生态环境，有利于河谷植被的自然恢复。

2．对陆生动物的影响分析

施工期对评价区内的动物影响主要为工程占地、开挖和施工人员活动等干扰因素以及植被的破坏等，这些变化将影响此范围内的陆生动物的活动区域、迁移途径、栖息区域、觅食范围等，从而对动物的生存产生一定的影响。另外施工机械、车辆的噪声和施工人员活动等干扰，将迫使动物远离工程施工附近区域。但施工结束后，这种影响也会随着消失。

建库后，岸边、河谷地带现有的野生动物部分生境将被淹没，将使得陆生动物的栖息地相对缩小。对于部分低海拔灌丛、草丛中栖息的两栖爬行动物、鸟类和兽类，其栖息地将会被部分破坏，但它们都具有一定的迁移能力，食物来源也呈多样化趋势，因此水库蓄水不会对它们的栖息造成较大的影响。在蓄水后的一段时间，农耕区的小型兽类的种群密度将会一定幅度地上升，特别是鼠类可能会在库周高密度集结。

国家Ⅱ级重点保护鸟类红隼、松雀鹰、白尾鹞和雀鹰等重点保护鸟类数量稀少，水库建设及运行多在溪谷和位置低的山坡，不会对其栖息地造成任何影响。

3．对景观生态体系的影响分析

水库建成后，区域自然体系生态完整性会发生一定程度的改变，主要表现在水域面积增加、绿地面积减少。据估测，水域面积增加 54.5 hm^2，杉木及毛竹等人工林减少 26.59 hm^2，灌丛及灌草丛等天然植被也将减少 25.67 hm^2，农用耕地面积也将少量减少。另外，工程建设将使各嵌块的优势度发生变化，虽然水域的优势度有所提高，但由于水库面积不大，因而对本区域景观生态系统的影响较小。

4．对水生生物的影响分析

施工期生产废水、生活污水处理达标后排放，对 B 江水质影响较小。评价区内常见的鱼类有鲢鱼、鲤鱼、鲫鱼等，未发现国家级保护鱼类。鱼类产卵一般为每年 5—8 月的丰水期，工程施工安排在枯水季节，对鱼的产卵不会构成直接影响。施工期，由于浮游生物、底栖动物等饵料生物量的减少，改变了原有鱼类的生存、生长和繁衍条件，鱼类将择水而栖迁到其他地方，施工区域鱼类密度可能会有所降低；施工区河段无鱼类产卵场分布，施工对流域内鱼类种类和数量的影响很小。

建库后，水体流速减缓，水库的淹没和浸没使大量生物遭受损失，从而增加了氮和磷的含量，水体中浮游植物和浮游动物随之发展起来，其种类和数量均会有所增加。水库运行后，水深明显增高，同时水库水量调节和水位周期性变化，对底栖动物的生存不利，大部分底栖动物会随着水位的急剧加深而无法生存。

水库蓄水后，随着库区营养物质和浮游生物数量的增加，鱼类的生产力会在一定时间内达到高峰。水库两侧有良好的土壤环境，在水库水位抬高、流速减缓时，有利于水生维管束植物的生长，为库区产黏性卵和浮性卵的鱼类提供了比较好的产卵场，预计鲤、鲫等鱼类将会有所增加。而产漂流性卵及适应于流水条件下产卵的鱼类如草鱼、鲢等将上溯至库尾和支流上游地区产卵繁殖。工程区水域没有长距离洄游性鱼类分布，该水库建设对长距离洄游性鱼类不会造成影响。

5．水土流失预测评价

工程项目在各预测时段内造成的水土流失总量为 38 004 t，新增水土流失总量为 36 414 t。在整个施工过程中，发生水土流失的主要时段为施工期，新增水土流失量达 25 918 t。在各预测单元中，交通设施区水土流失最严重，新增水土流失量为 8 438 t，占工程新增水土流失量的 23.17%；其次为渠道及主要建筑物区，占地面积较大，水土流失较严重，新增水土流失量为 7 890 t，占工程新增水土流失量的 21.67%；最后为枢纽工程区的料场区，新增水土流失量为 6 877 t，占工程新增水土流失量的 18.89%。

（三）移民安置部分环境影响预测评价

1．对移民生活水平的影响

农村后靠安置点选择在 2 km 范围内，做到移民不改变当地的民族习惯和生活习惯，没有改变社会关系和隶属关系，使大多数移民基本保持原有的社会关系和生活方式。根据村庄地形特点，依山就势而建，并规划了道路、给排水、供电设施。

在安置初期，人群流动大，用水、饮食卫生防疫条件和居住区环境不好，安置区的疾病发生率将有可能上升；水库蓄水后，随着水位的抬升，将迫使淹没区鼠类向上迁移，影响人群健康；但随着移民安置规划的实施，将增加库区农村医疗卫生机构和卫生人员，有利于改善安置区的环境卫生条件，逐步改变居民不良的卫生习惯，对人群健康是有利的。

2．移民安置对环境的影响

规划水平年，移民搬迁人口 142 人，其中有 112 人集中安置在“桃子山”，建房等设施建设占地面积 2.0 hm^2。移民安置、居民点的建设中，由于新址占地，会对居民建设点周围的植被产生一些影响，产生新的水土流失，也将会对安置区生态景观带来不利影响。

农村移民安置对水环境产生影响的污染源包括生活污水、生活垃圾、农田灌溉排水、房屋建设和配套设施建设中产生的生产废水等。移民安置点产生的污水主要是生活污水和人、畜粪便等，生活污水排放量为 10.8 m^3/d，生活垃圾产生量约为 0.07 t/d。如果生活污水和生活垃圾不进行处理直接排放，对局部水域水质将产生一定的影响。

3．专项设施复建环境影响

本工程影响到的专项设施主要有：道路、供电设施、电信线路和有线电视线路等。在专项设施改复建过程中，占压和开挖将扰动地表，产生新的弃渣和开挖面，若不采取有效的工程防护措施和施工迹地恢复措施，会加剧当地水土流失，对生态环境造成一定影响。但可以改善区域基础设施条件，使居民生活更为便利，有利于当地经济发展。

（四）大气环境影响预测评价

本工程对大气环境的影响仅限于施工期。污染源为工程施工、交通运输和混凝土加工产生的粉尘和废气。敏感受体主要为施工区周边的某村 2、3 组居民。该村 2 组居民点位于施工区下游 800 m，距离采石场 600 m，与施工区以及采石场均有山体相隔，粉尘对该居民点的影响很小，不会降低其大气环境质量；该村 3 组某某居民点位于施工区下游 350 m，且有山体相隔，粉尘对该居民点的影响很小。

灌区工程涉及范围广，施工线长，沿线各敏感点与渠系施工区的距离均大于 20 m，且均不在灌区工程规划的施工点附近。工程施工强度小，施工机械化程度不高，产生的废气、粉尘量很少；同时渠系施工区大气扩散能力较好，渠系施工对敏感点带来的大气环境影响很小。

（五）声环境影响预测评价

本工程对声环境的影响仅限于施工期。噪声源为工程开挖爆破、交通运输和混凝土加工产生的噪声。敏感受体主要为施工区周边的某村 2、3 组居民。该村 2 组居民点距离大坝施工区 900 m、距离混凝土系统 650 m，虽然仍能感受到大坝爆破噪声，但由于爆破量小，具有暂时性和间断性，爆破噪声对其基本没有影响。受施工交通噪声影响，枢纽工程该村 2 组、3 组居民点昼夜间声环境均未达到《声环境质量标准》（GB 3096—2008）中 2 类标准的要求，其中该村 3 组居民点昼间超标 9.9 dB(A)、夜间超标 16.7 dB(A)，2 组居民点昼间超标 7.6 dB(A)、夜间超标 14.2 dB(A)。

灌区工程施工机械化程度不高，且工程施工为流动性，对单个敏感点的持续影响时间很短，主要是混凝土搅拌机的噪声影响，在不考虑任何防护措施的情况下，离渠系沿线 100 m 范围内的 5 个集中居民点超标，超标 0.9～13.9 dB(A)。

（六）局地气候影响预测评价

水库建成蓄水后，库岸附近冬季平均气温将比建坝前略有增加，夏季平均气温略有下降，气温年际变化将减少（类比同类项目，水库蓄水后库周 1.0 km 范围内，年气温约增加 0.3℃）。同时，建坝后由于下垫面陆地变为水面，水体总蒸发量增加，年平均水气压有所增加，导致湿度状况改变。但由于本水库地处湿润气候区，并且规模相对较小，因水库兴建而新增的水体体积和面积占当地水环境的比重很小，水库对湿度的影响范围和程度都不会很明显，对区域总体气候基本无影响。

（七）社会经济影响预测评价

该水库工程的兴建，可有效解决规划灌区的农业灌溉问题，满足生产、生活用水对水量水质的要求，对于改善当地生产生活条件、促进当地经济发展、提高当地居民收入具有明显的正面作用。

移民安置初期可能引起移民的生活水平的降低，但随着安置工作的进行和水库资金的投入，以及当地资源的开发，移民的生活水平将逐步提高。

点评：

该案例环境影响预测评价根据工程分析结论，紧密结合项目和环境特点，抓住了水文情势、水温、水质和生态影响重点因素，采用定性与定量相结合的方法，预测评价工程建设和运行的环境影响，重点突出，技术路线正确，方法恰当；同时，对于施工期大气、声环境影响，重点预测了工程施工对周边具体敏感目标的影响，具有针对性；此外，报告书对局地气候、移民安置、经济社会的影响也做了分析评价，内容全面。但报告书对已建工程及其灌区的环境影响回顾性评价重视不够。

一般来说，水利水电工程环境影响属于生态类影响，虽然施工期也会产生短期的污染影响，但工程运行期不直接产生废气、污水、固体废物、噪声等污染物，而是通过水库筑坝、建闸阻隔河流上下游水流通道，河流水文情势改变、引水灌溉、移民安置对水环境、生态环境和社会环境会产生长期而深远的影响。水环境和生态环境影响预测评价重点为：

(1) 水环境影响评价重点。

对水文情势的影响：主要考虑运行期，因水库、电站运行使库区和大坝下游河道水位、流量、流速、水量等发生变化产生的影响。引水式电站或具有供水（包括灌溉）功能的水库，造成大坝下游减脱水；调节性能好的水库改变下游年际、年内水文过程，调节性能较差的电站也可能因调峰产生下游不稳定流，对下游生态环境和社会环境产生影响。

对水温的影响：主要针对调节性能好的年调节、不完全年调节水库，明确下泄低温水的沿程变化情况，评价低温水对水生生物、用水单位（如农灌作物）的不利影响。

对水质的影响：重点预测评价运营期水库水质变化，关注库区水体富营养化的影响和对下游水质的影响。对于大型水利水电工程，因其施工规模大、工期长，工程施工产生的废水对河流水质的影响也应注意，特别是下游有用水对象时。对于灌区工程而言，灌溉回归水的影响是水质影响预测评价的重点之一。

对地下水的影响：主要关注对地下水位和水质的影响；对于一般水利水电工程，主要关注地下水位变化及其环境影响；对于灌区工程来说，既要关注地下水位，也要注意对地下水质的影响。

(2) 生态环境影响评价重点一般包括工程施工对地形地貌、水土流失的影响，大坝阻隔和水环境改变对水生生态及鱼类的影响。陆生生态影响要分析水库淹没、工程占地、施工期及移民安置过程中对植被类型、分布及演替趋势的影响，对陆生动物分布与栖息地的影响，重点关注对国家和地方重点保护类和狭域特有种的影响，对生态完整性、稳定性、景观的影响。水生生态影响要分析水文情势变化造成的生境变化，对浮游植物、浮游动物、底栖生物、高等水生植物的影响，对国家和地方重点保护的水生生物和珍稀濒危特有鱼类的种群、数量、繁殖特性、“三场”（产卵场、索饵场、越冬场）分布、洄游通道以及重要经济鱼类和渔业资源等的影响。

五、环境保护措施

（一）环境保护措施

1. 水环境保护措施

蓄水初期采取抽水放至下游 B 江道的措施，运行期通过 Y 水库补水干渠渠首泄流闸泄水至河道的措施，保证生态流量需求。

为减缓低温取水影响，工程采取叠梁门分层取水措施，保证取水来自库区表层水。在已建补水干渠进口设 1 扇分层取水隔水叠梁门，闸门孔口宽度 3.0 m，底坎高程 348.0 m，设计水头差 2.5 m，闸门总高度 30.0 m，分为 6 节，每节叠梁门高度 5.0 m，叠梁门静水启闭，通过自动抓梁由设在干渠引水建筑物顶部的320 kN单向门机操作。工程采取分层取水措施后，水库运行期可根据水库水位变化进行调节，取水高程在水深5 m以上，基本可保持取表层水，避免低温水下泄对生态环境和灌区灌溉的影响。

施工区混凝土生产系统废水，采取平流沉淀处理方案，洞挖废水采取絮凝沉淀＋过滤的处理方案，施工人员生活污水拟采用一体化设备处理方案，施工期生产废水、生活污水尽量处理后回用；移民安置点生活污水采用一体化设备进行处理。

水库蓄水初期库底清理，运行期控制库周污水源排放，对周围11户居民采取每户修建化粪池，设置垃圾桶；严禁在库周及上游新建和迁建对水库有严重污染的企业；库周修建围栏、设置警示牌；保护库周植被，加强水源涵养林建设，涵养水源。

为了防止灌区土壤次生潜育化，采取开沟导浸，降低地下水位；调整耕作制度，改善土壤理化性状，实行水旱轮作；合理施用肥料，减少土壤中的有毒物质；搞好灌溉管理，增强土壤透气性等措施。

2．生态环境保护措施

施工过程中尽量减少开挖面，减少渣场面积，加强弃渣场防护；施工期间加大管理力度，禁止施工人员的乱砍滥伐、随意开挖以及随意四处践踏；在施工区、临时居住区及周围山上竖立防火警示牌，以预防和杜绝森林火灾发生。

对工程建设中形成的次生裸地要及时复土、还林。就近后靠的移民安置生产时，要充分利用荒山、荒坡，不要在现有林地上建房。

对2株银杏树进行挂牌保护、登记造册，银杏树周边修建围栏，防止人为损害。施工人员严禁在施工区及其周围捕猎野生动物，尤其是国家重点保护动物。

水土保持措施总体以弃渣场与开挖面的治理为重点。防治措施配置中，以工程措施为主，发挥出见效快、防治效果好的特点，施工活动结束后，在考虑与周围景观的协调性上采取绿化、美化相结合的植物措施。

3．大气环境保护措施

改进施工工艺，采取减粉降尘措施；混凝土拌和采用成套封闭式拌和楼进行生产，采用袋式除尘装置；水泥和粉煤灰运输采用封闭运输；选用符合国家有关标准的车辆；在开挖、爆破高度集中的坝区、厂区采用洒水车洒水降尘；加强施工人员个人防护，佩戴防尘口罩等个人防护用品。

4．声环境保护措施

采用符合环保要求的施工机械；对混凝土拌和楼、空压机等大于100 dB的固定噪声源，应采用多孔性吸声材料建立隔声屏障、隔声罩和隔声间；尽量缩短高噪声机械设备的使用时间。

在敏感点路段采取交通管制措施，在受施工交通噪声影响的某村2组、3组及其他5个村居民点设置标志牌；某村2组、3组居民点临路过近的房屋路段设置声屏障；禁止22:00之后施工。

办公生活区建筑物采取双层玻璃窗，办公生活区周围栽种常绿乔木和种植绿篱。施工人员应佩戴个人防声用具。

5. 移民安置环境保护措施

移民生产开发应合理利用土地资源，充分利用荒山荒坡尽量少占耕地或林地，尽量减少对地貌和植被的破坏，尽量避免造成水土流失。集中安置点采取水土保持措施防止水土流失，生活污水选用 WSZ-A-5 型一体化处理设备进行处理。

（二）环境监理和管理计划（略）

六、环境保护投资概算和经济损益分析（略）

七、环境风险分析（略）

八、公众参与（略）

点评：

本案例根据环境影响预测结果，结合环境敏感对象及环境保护目标，按施工期、运行期分枢纽、灌区部分、移民安置区提出各项环境保护对策措施，包括预防、减免、恢复、补偿、管理、科研、监测等对策措施。既有工程措施，如生态流量泄放设施、分层取水建筑物等，也有管理措施，如施工时间控制、环境监理和监测等；既有永久措施，也有临时措施，如施工期施工废水处理等。此外，在制定环境保护措施时进行了技术和经济多方案比选，确保环境保护措施可行性和有效性，注重经济性。在此基础上，进行环境保护投资概算，并绘制了环境保护措施布置图及有关措施设计图纸。

一般来说，环境保护措施应明确保护的对象和目标、措施的内容、设施的规模及工艺、实施部位和时间、实施的保证措施、预期效果的分析等，具有针对性、可行性、有效性和经济性。

水环境保护措施：根据当地生产、生活、生态以及景观需水的要求，统筹考虑经济、社会和环境效益，确定生态流量，并有泄水建筑物以确保生态流量下泄。运营期，有下泄低温水影响下游农业生产和鱼类繁殖、生长的，要提出分层取水和水温恢复措施，并从工程设计和管理上给予保证。施工期生产废水（尤其量大的砂石骨料加工系统废水）、生活营地生活污水处理措施、处理能力要考虑施工期高峰期。库底清理应提出水质保护要求。根据水功能区划、水环境功能区划，提出防止水污染、治理污染源的措施。对于有城镇生活供水功能的水库，要重点提出库区水质保护的对策措施。

陆生生态保护措施：对珍稀濒危、国家和地方重点保护野生植物物种、名木古树提出工程防护、移栽、引种繁殖栽培、种质库保存及挂牌保护等措施。工程施工和移民安置损坏植被的，应提出植被恢复与绿化措施；珍稀、濒危陆生动物和有保护价值的陆生动物的栖息地受到破坏或生境条件改变的，应提出预留迁徙通道或建立新栖息地等保护及管理措施。对水土保持方案提出的生态保护措施方案进行分析并优化。

水生生态保护措施：根据保护对象生态习性、分布状况，结合工程建设特点和所在流域特征，对受影响的国家和地方重点保护、珍稀濒危特有或土著鱼类、经济鱼类等水生生物提出增殖放流、过鱼设施、栖息地保护、设立保护区、跟踪监测、加强渔政管理等措施。对所提的措施分析实施效果，并对其经济合理性、技术可行性进行分析论证，推荐最优方案。

大气环境和声环境保护措施主要针对敏感保护目标提出相应对策措施，施工期侧重于管理方面。

移民安置区措施：重点考虑安置区特别是集中安置点的生活污水、生活垃圾处理处置措施，生产及生活配套基础设施建设（如水源）、迁建企业、复建工程（如公路、水利复建等）等过程中需采取"三废"治理、生态保护（包括水土保持）等措施，迁建企业时需结合国家产业政策，如属"十五小"等企业应关停并转。

监测和监控管理计划：要提出工程施工期和运行期的监测、监控计划，环境保护管理制度，工程施工期环境监理内容。

九、结论与建议

（一）结论

1. 环境现状调查与评价（略）
2. 环境影响预测与评价（略）
3. 环境保护措施（略）
4. 环境保护投资概算与效益分析（略）
5. 总体结论

本工程影响范围不涉及自然保护区、风景名胜区、基本农田等环境敏感区，现状环境条件较好，无环境制约因素。工程建设对生态环境的影响在可承受范围之内，不会对生态系统的稳定性和多样性构成破坏。

该水库工程的兴建，可有效解决规划灌区的农业灌溉问题，增加灌溉面积，改善农业生产条件，满足生产、生活用水对水量水质的要求，对于改善当地生产生活条件、促进当地经济发展、提高当地居民收入能起到重大的作用。

本工程建设区环境现状良好，工程建设不会对环境产生明显的不良影响，通过环境损益分析，工程建设的环境效益大于环境损失。环境影响预测中可能出现的环境问题可通过采取合理的环境保护措施得以减免和防治。从环境角度审议，不存在制约工程开发的环境问题，因此，本工程建设是可行的。

（二）建议

本工程在开发建设的同时保护生态环境和水环境十分必要。应以“预防为主”为指导方针，在主体工程规划设计中，充分考虑工程开发建设对自然环境的影响和破坏，工程施工建设过程严格贯彻“三同时”原则。应建立完善的水土保持防治责任制以及环境监理制度；确保环境保护投资的到位与投入。

为能在工程开工前做好工程环境保护的准备工作，建议本工程环境影响报告书通过审查后，应紧密结合工程施工进度，编制环境保护设计报告，从工程准备期逐条落实，专款专用，以有利于维护和改善枢纽工程施工和库区建设中的环境质量，减免施工中的不利影响。只要各项措施落实到位，工程兴建就不会对周围环境产生显著不利影响，并能有力地促进当地的社会经济的发展。

点评：

本案例按照环境要素分枢纽区、灌区和移民安置区简明扼要介绍了评价结论，包括现状评价、主要环境影响评价、环境保护措施及其投资概算，阐明了现状及其存在问题，环境影响对象、影响范围和影响程度，工程措施位置、型式、工艺、规模及其效果等，总体结论明确了工程建设是否存在重大环境制约因素、建设的环境可行性。但本案例建议主要是针对后续的工作，如枢纽工程部分环保水保设施设计、环保监理及水保监测，移民安置区及专项设施复建的环评及环保措施设计等，这些多为按照“三同时”规定应该落实的内容，是管理措施的主要组成部分。本案例的建议应从加强管理、强化业主内部环境管理机制、开展回顾性评价等方面提出进一步工作和要求。

案例分析

一、本案例环境影响评价特点

本案例为典型水利水电工程建设项目。首先是规模适中，不像大型水利水电工程一般分布在西部地区，本案例属于中小型工程，在全国各地区都可能遇到。其次，与大型水利水电工程相比，其规模虽小，但项目齐全，包括大坝、水库、灌区，既有常规水利水电工程遇到的大坝阻隔、水库淹没、移民安置、下游水文情势变化等环境影响，特别是水温变化的环境影响及其分层取水措施，生态需水及其泄放措施等，都是当前水利水电工程环境影响的热点问题；也有灌区引起的灌溉回归水等环境影响。最后，该案例根据水库工程的特点，项目的环境影响报告书分别对枢纽工程和灌区工程的生态环境影响评价进行了较全面的分析评价，内容全面、格式规范，现状描述和工程分析翔实，环境影响评价方法运用恰当，预测评价结论符合该项目及环境特点，提出的对策措施可行，评价结论总体可信。该项目环境影响报告书于2012年6月获得湖南省环保厅批复。

本案例由于该工程所在河流没有做开发利用规划，因此，也没有开展相应的规划环境影响评价，此外，本案例对已建工程环境影响回顾性评价重视不够。

二、水利水电项目环境影响评价应注意的几个问题

1. 熟悉工程项目组成和特点

水利水电工程项目多，项目组成复杂，涉及面广，一般包括水库、大坝枢纽、供水灌溉和移民安置工程，枢纽工程包括挡水建筑物、泄水建筑物、引水建筑物、厂房及发电系统、交通工程、环境保护工程、生活管理区等永久性建筑物和施工期导流工程、施工辅助企业、临时施工营地、临时交通工程、料场、弃渣场等临时性建筑物。移民安置工程包括生产安置、搬迁安置、专项设施复建工程等。不同规模、不同类型工程环境影响差别很大，例如，具有多年调节性能的水库对环境的影响远大于日调节性能的水库，高坝阻隔的影响远大于低坝。因此，在开展水利水电工程环境影响评价前，要充分了解并熟悉工程项目组成和特点，包括工程建设地点、性质、开发方式、规模、项目组成、工程特性、运行方式、施工规划和移民安置规模、方式等；同时还应了解流域概况、项目区及其周边环境敏感目标（如自然保护区、风景名胜区等）情况、流域水资源规划及开发利用概况、存在问题等。

2. 工程分析要全面，识别主要环境影响及其主要因素

水利水电工程环境影响属于生态影响型，运行期（含试运行期）不产生废气、污水、固体废物、噪声等污染物，而是通过水库筑坝、建闸阻隔河流上下游水流通道，改变河流水文情势，形成对水环境、生态环境的影响；供水、灌溉工程增加河道外用水而相应减少河道内水量，引起河流水文情势变化而影响水环境和生态环境；各类工程占用土地资源以及由此引起的移民安置对土地、生态产生影响等。不同类型的项目，其生态影响也不同:

水库工程项目主要环境影响是阻隔、淹没影响、水文情势变化、脱（减）水、下泄水的过饱和气体、低温水等。

不含水库的防洪、供水工程项目环境影响主要表现在：水域与陆域、地表与地下水的水力联系；区域排水、排涝问题、土地浸没问题；渠系工程、灌溉尾水排放及水质污染问题；调出水、调入水地区和水工程沿途的影响。

运行期工程分析应重点识别各类影响源、影响方式、影响性质、影响因素、影响时段，以及与周围环境敏感目标的区位关系、环境保护要求等。

水利水电工程施工期会产生一定量的生产废水、生活污水、噪声、废气、固体废物等污染物，工程占地和开挖，损坏植被，引起水土流失，对生态环境和人群健康造成短期不利影响。施工期工程分析应识别各类污染物的来源、形式或种类、浓度或强度、排放数量、地点、方式，生态破坏方式、规模、位置、强度、时间，以及与周围环境敏感点（取水口、保护区、村寨居民、学校、珍稀动物等）的区位关系、环境保护要求等。

3. 影响预测评价要突出重点，定性分析与定量计算相结合

水利水电工程环境影响涉及评价因子较多，因子之间关系复杂，应根据工程分析结论，结合工程和环境特点，根据"系统全面、突出重点"原则，采用定性分析与定量计算相结合的方法预测工程兴建后可能发生的环境变化和影响。一般来说，对于水文泥沙情势、水温、水质、局地气候、水土流失、噪声、空气污染等的影响可采用数学模型、经验公式或物理模型等定量计算的预测方法。对于陆生生态、水生生态、社会经济、人群健康等难以用量度单位表示的环境因素，可通过类比分析或机理分析做定性或半定量的预测。

4. 对策措施应有针对性、有效性和经济性，并进行多方案比选

环境保护措施的制定和实施要促进工程区环境保护与可持续发展，环境保护措施规划目标与工程区环境功能相协调，环境保护措施应有针对性、实用性、可行性和有效性。对措施方案应进行经济技术论证，经比选，采用技术先进、经济合理、便于实施、效果良好的环境保护措施，提出确定或推荐方案。例如，针对工程运行引起的下游河流水文情势变化，甚至出现减脱水现象，可采取生态调度、设置生态流量泄放设施、减水河段生态修复等措施；针对调节性能较好的水库下泄低温水的影响，采取叠梁门、多层取水口等分层取水措施；针对工程建设对鱼类的影响，采取栖息地保护、过鱼、增殖放流等措施。

案例十六　城市轨道交通二期工程竣工环境保护验收

一、前言

某市城市轨道交通二期某号线工程（以下简称“某号线工程”）属于《某市城市轨道交通近期建设规划（2011—2020 年）》中的二期工程，一期工程已于 2008 年通过了竣工环保验收。

某号线工程穿越某市 FT 区和 BA 区两个行政区，全长 15.94 km（其中地下线 5.09 km，高架线 10.33 km，地面线和过渡线 0.52 km），共设 10 座车站、1 座主变电站和 1 座车辆段。工程于 2007 年 7 月开工，2011 年 6 月建成投入试运营。工程实际总投资为 70 亿元，其中环保投资为 9 300 万元，占总投资的 1.3%。

2005 年某月，某院完成了《某市轨道交通二期某号线工程环境影响报告书》；2005 年某月，国家环保总局对该报告书予以批复。由于某市规划部门对市火车北站等用地规划进行了局部调整，工程调整了市火车北站等段线路的走向及部分车站的位置，并增加了 1 座车站。2011 年某月，完成了《某市轨道交通二期某号线工程环境影响补充报告书》，2011 年某月环境保护部予以批复。2012 年进行了该工程的竣工环境保护验收调查工作。

点评：

前言部分一般明确项目的建设背景、地理位置、基本概况、环境影响评价工作开展情况等内容。本案例介绍清楚，内容完善。

二、概述

（一）编制依据（略）

（二）调查目的（略）

（三）调查范围

本次竣工验收调查范围与环评中的评价范围一致，具体见表 16-1。

表 16-1　竣工验收调查范围

环境要素	评价范围	调查范围
生态环境	纵向与工程设计范围相同；横向综合考虑拟建工程的吸引范围和线路两侧土地规划，取工程征地界外 50～300 m，车辆段、主变电所、临时用地界外 50～100 m	与环评一致
噪声	地下车站及区间风亭、冷却塔周围 50 m 以内区域；地面段、高架段两侧距外轨中心 150 m 以内区域	与环评一致
振动	轨道中心线两侧各 60 m 以内区域	与环评一致
水环境	车站、车辆段污水排放总口	与环评一致
大气环境	车站风亭周围 50 m 内区域	与环评一致
电磁环境	过渡段、高架段两侧距外轨中心 50 m 以内区域；主变电所边界外 50 m 以内区域	与环评一致

（四）调查重点（略）

（五）验收标准

本次环境影响调查，原则上采用本工程环境影响报告书中所采用的标准，对已修订新颁布的标准则采用替代后的新标准进行校核。

（1）环境质量标准

根据《某市人民政府关于调整某市环境噪声标准适用区划分的通知》，本工程的声环境敏感点均分布在 2 类区和 4 类区内，且线路沿线临路以高于（含）三层楼房建筑为主，因此，执行《声环境质量标准》（GB 3096—2008）中的 2 类和 4a 类标准，与补充环评一致，具体标准限值略。

环境振动执行《城市区域环境振动标准》（GB 10070—88）中的“交通干线道路两侧”、“混合区商业中心”和“居民文教区”标准，具体标准限值略。

（2）污染排放标准

LH 车辆段厂界噪声执行《工业企业厂界环境噪声排放标准》（GB 12348—2008）2 类标准，标准限值为昼间 60 dB（A），夜间 50 dB（A）。

本工程生活污水、检修含油污水全部经预处理后排入市政污水管网，要求满足《某省水污染物排放限值》（标准号略）三级标准要求，具体标准限值略。

风亭臭气浓度执行《恶臭污染物排放标准》（GB 14554—93）中的“恶臭污染物厂界标准值”二级标准，标准值为 20。

厨房油烟废气执行《饮食业油烟排放标准》（GB 18483—2001），标准值略。

主变电站的工频电场强度、工频磁感应强度执行《500 kV 超高压送变电工程电磁辐射环境影响评价技术规范》（HJ/T24—1998）推荐的 4 kV/m 和 100 μT 的限值要求。0.5MHz 下的无线电干扰值执行《高压交流架空送电线无线电干扰限值》（GB 15707—1995）中 46dB（μV/m）的限值要求。

点评：

本案例中，按环境要素分别明确了验收调查范围和验收标准，较为清晰。

调查范围应根据工程运行后的实际环境影响范围确定，一般情况下与环评阶段是一致的，但线性工程在实际建设时线位有可能和环境影响报告书时的走向发生局部调整，验收时要根据工程实际建设情况做相应调整。本案例中，因在 2011 年某月完成了工程补充环境影响评价，因此，验收调查范围与环评时期保持了一致。

验收标准采用环境影响评价阶段确认的评价标准，但验收时如有新颁布的标准，需评价工程是否满足现行标准要求，如不能满足要求需提出改进措施与建议。另外，还需注意的是，对于验收时发现环评未给出某一类环境影响的标准且这种影响比较严重时，应向项目所在地环境保护部门说明情况，提出确定标准的建议。

三、工程概况

（一）地理位置及走向

某市轨道交通某号线是第一条连接市区南北的轨道交通主干线，分两期建设，一期工程线路长 4.55 km，已于 2008 年通过了竣工环保验收。

某号线工程（本工程）穿越 FT 区和 LH 新区两个行政区，全长 15.94 km（其中地下线 5.09 km，高架线 10.33 km，地面线和过渡线 0.52 km）。

项目地理位置及路线走向图略。

（二）工程建设过程（略）

（三）工程量和主要技术指标

工程全长 15.94 km（其中地下线 5.09 km，高架线 10.33 km，地面线和过渡线 0.52 km），共设 10 座车站、1 座主变电站和 1 座车辆段。在 LH 新建车辆段 1 座，作为车辆的维修、存车基地及整条 4 号线支援中心；新建主变电所 1 座。

工程工程量和主要技术指标见表 16-2，沿线车站和车辆段情况略。

表 16-2　工程量和主要技术指标

序号	名称		单位	环评	补充环评	实际建设
1	线路	正线全长	km	15.953	15.935	15.94
		地下线		5.201	5.089	5.09
		隧道类型		双线单隧道	双线双隧道	双线双隧道
		高架线		10.052	10.332	10.33
		地面线		0.7	0.513	0.52
		车辆段出入段线		0.75	0.61	0.61
		联络线		0.4	0.4	0.4
2	最高运行速度		km/h	80	80	80
3	最小曲线半径		m	正线：350 辅助线：250 车场线：150	正线：350 辅助线：250 车场线：150	正线：300 辅助线：250 车场线：150
4	轨道	轨距	mm	1 435	1 435	1 435
		正线数目	—	双线	双线	双线
		线路条件	—	无缝线路	无缝线路	无缝线路
		钢轨	kg/m	正线、辅助线：60	正线、辅助线：60	正线、辅助线：60
				车场线：50	车场线：50	车场线：50
		道床	—	地下线：短枕式整体道床	地下线：短枕式整体道床	地下线：短枕式整体道床
				地面线：新Ⅱ型混凝土枕碎石道床	地面线：新Ⅱ型混凝土枕碎石道床	地面线：新Ⅱ型混凝土枕碎石道床
				高架线：承轨台式整体道床	高架线：承轨台式整体道床	高架线：承轨台式整体道床
		扣件	—	地下线：扣件，地面线：弹条Ⅰ型扣件，高架线：WJ-2型扣件	地下线：扣件，地面线：弹条Ⅰ型扣件，高架线：WJ-2型扣件	地面线：弹条Ⅰ型扣件，地下、高架线：DTⅥ2-1型扣件
		道岔	—	正线、辅助线：9号	正线、辅助线：9号	正线、辅助线：9号
				车场线：7号	车场线：7号	车场线：7号
5	场站	地下站	座	2	2	2
		地面站	座	1	1	1
		高架站	座	6	7	7
		车辆段	hm^2/座	30/1	17.2/1	17.23/1
6	车辆	车型	—	A型车	A型车	A型车
		编组	辆	初期4，远期6	初期4，远期6	初期4，远期6
		列车长度	m	94.4	94.4	94.4

序号	名称		单位	环评	补充环评	实际建设
7	主变电站		座	1	1	1
	牵引降压混合变电所		座	6	6	6
	降压变电所		座	4	4	4
8	运行时间		—	6：00—24：00	6：00—24：00	6：00—24：00
9	运行初期行车密度		对	160	185	185
10	土石方	隧道开挖	10^4 m^3	16.99	—	60
		地面工程		319.01	—	40
11	占地	永久	hm^2	54.22	41.34	41.34
		临时		18.4	18.4	18.4

（四）主要工程变更

由于开展补充环评时，工程已进入施工图设计阶段，因此与补充环评相比，工程线路走向及长度、车站位置、占地情况、工程量、施工组织等均未发生变化。原环评、补充环评、实际建设情况对比见表 16-3。

表 16-3 工程内容变化对比

序号	工程及变化情况
环评工程情况	线路全长 15.9 km，其中地下段 5.2 km，高架段 10.1 km，地面段 0.7 km。设 2 座地下站、1 座地面站、6 座高架站，1 座车辆段。LH 车辆段占地约 450 亩。在 LH 镇中心设 1 座主变电所。设计初期（2011 年）、近期（2018 年）、远期（2033 年）运能分别为 160 对/d、270 对/d、232 对/d
与环评相比，补充环评情况	（1）线路：K4＋548.7～K9＋673.349 偏移 5～150 m，K7＋550～K7＋880 线位由地面线调整为地下线，地下段的部分调整为双线双隧道方案；K9＋963.349～ K10＋070 由地下线调整为地面线；K10＋100～ K10＋500 线路偏移 6 m，K10＋150.737～K10＋371 由地面线调整为高架线路；K10＋700～ K20＋487.259 线路偏移 2～180 m；车辆段出入段线曲线半径发生变化，向北偏移约 110 m，长度减少 140 m，仍为高架线。 （2）车站：新增 LS 车站；SML 站向东偏移 25 m；ML 站、BDL 站、SZ 北站、HS 站、ST 站由侧式改为岛式车站，位置偏移 90～210 m；QH 站由侧式改为岛式车站。 （3）车辆段：位置不变，占地面积缩小，由 30 hm^2 减至 17.2 hm^2。 （4）主变电站位置调整至车辆段内东北角。 （5）设计初期（2011 年）、近期（2018 年）、远期（2033 年）运能分别为 185 对/d、265 对/d、265 对/d
与补充环评相比，实际建设情况	线路走向及长度、车站位置、占地情况、工程量、施工组织等均未发生变化

（五）工况负荷

根据补充环评，初期（2011 年）、近期（2018 年）、远期（2033 年）均采用 A 型车，初期 4 辆、远期 6 辆编组，运营时段为 6：00—24：00，共 18 小时。初期设计运能为 185 对/d，其中昼间 174 对/d，夜间 11 对/d（某市昼间时段为 7：00—23：00，夜间时段为 23：00—次日凌晨 7：00）。环评全日行车计划略。

试运营期列车正常营运时间为 6：30～23：00，共 16.5 小时。运输能力为 488 列/d，其中昼间 445 列/d，夜间 43 列/d。工作日（周一至周五）发车间隔及上线列车数量见表 16-4。

表 16-4　工程发车设置

时间段	行车间隔/min	列数	运行周期/min
6：30—7：15	5.7	12	68
7：15—9：30	2.8	13＋10	70
9：30—17：30	6.25	11	68.75
17：30—20：00	3	12＋10	69
20：00—22：00	6.8	10	68
22：00—23：00	8.5	8	68

据此计算，工程验收阶段工况负荷已达到设计初期（2011 年）、近期（2018 年）、远期（2033 年）设计值的 131.89%、92.08%、92.08%。试运营期昼间运能达到初期设计值的 127.88%，夜间运能达到初期设计值的 195.45%。

（六）工程投资与环保投资

工程实际总投资为 70 亿元，其中环保投资为 9 300 万元，占总投资的 1.3%，详细分类表（略）。

与补充环评相比，环保投资共计增加了 2 900 万元。主要变化是直立式声屏障、弹性短轨枕和弹性支承块减振措施的单价及数量略有增加所致。

点评：

该章节对工程概况和工程变更情况介绍基本清楚，按实际、原环评和补充环评列表对比说明了工程量和主要特性指标的变化情况，效果较好且文字简练。

本案例完成了补充环评，因此验收阶段工程不再存在变更情况。在同类项目中，注意除需说明工程变更情况，还应简要说明工程变更的原因及变更可能引起的环境影响变化情况。

四、环境影响报告书回顾

（一）原环境影响报告书主要结论和建议

1．声环境

（1）声环境现状

工程高架线路主要经过LH拓展区和LH中心区HP路一带，LH拓展区主要噪声源为社会生活噪声，HP路一带主要噪声源为道路交通噪声。环境噪声现状值昼间约为52～73 dBA、夜间约为50～67 dBA；对照各敏感点执行的环境噪声标准，昼间约63%的监测点超标，超标量约为0.2～11 dBA，夜间约92%的监测点超标，超标量约为0.5～12 dBA。

（2）声环境影响预测

①工程运营后，农村地区一般敏感点（MLAM新村、BSL、XY花园、LT村）临路第一排预测点处的昼、夜噪声等效声级初期分别约为60～68 dBA、55～62 dBA，分别比现状值增加3～13 dBA、1～11.5 dBA，昼间均满足“交通干线两侧”4类标准，夜间均超过4类标准约2～7 dBA。设2.5 m高的吸声式声屏障后，BSL超过标准约4～5 dBA，LT村超过标准约1 dBA，其余均达标。

功能区测点（临路第二排前），昼间除BSL超过1类标准11 dBA外，其余测点均满足各自相应标准；夜间除CY花园满足2类标准外，其余测点均超过各自相应标准，超标量约为2～14 dBA。设2.5 m高的吸声式声屏障后，昼间BSL仍超过标准约10.9 dBA，其余夜间超标的测点仍然超过各自相应标准。主要原因是现状噪声超标较多。采取声屏障的措施后，只能使轨道工程运营后噪声环境维持现状水平，不恶化现状环境。

续建工程运营后的预测值较现状值增加约0.1～1.6 dBA，说明地铁对第二排敏感点的影响甚微。

②工程运营后，HP路段临路第一排预测点处初期昼、夜噪声等效声级分别约为64～74 dBA、63～68 dBA，分别比现状值增加0.2～1 dBA、0.1～1.2 dBA，昼间78%的测点超过“交通干线两侧”4类标准，超标量约为1.1～6.6 dBA，夜间均超过4类标准，超标量约5～13 dBA。设2.5 m高的吸声式声屏障后，初期昼、夜噪声等效声级分别约为63～73 dBA、61～66 dBA，几乎接近现状值，由于现状噪声超标较多，声屏障降噪效果不明显，各测点依然超标。

功能区测点（临路第二排前），位于三类区的，初期昼、夜噪声等效声级分别约为57～62 dBA、53 dBA，能满足标准；位于二类区的，初期昼、夜噪声等效声级分别约为57～62 dBA、50～54 dBA，均超过2类标准；位于一类区的，初期昼、夜噪声等效声级分别约为64～66 dBA、56～57 dBA，均超过1类标准；工程运营后的预测值较现状值最大增幅为 0.5 dB，说明地铁对第二排敏感点的影响甚微。

③DX 小学、SH 学校、LH 实验学校等特殊敏感点均超过二类区昼间 60 dBA 标准，超标量初期约为 1～9.7 dBA。采取声屏障降噪措施后，除 DX 小学达标，其余两个学校由于受 HP 路交通噪声影响，降噪效果不明显，仍然超过 2 类标准约 5～9 dBA。

④对于 MLAM 新村、BSL、LT 等敏感点，高峰小时预测等效声级将比昼间预测等效声级增加 1～6 dB；对于 HP 路两侧噪声敏感点，高峰小时预测等效声级将比昼间预测等效声级增加 0～3 dB。

⑤车辆段和风亭的噪声不会对环境产生明显影响。

2. 其他（略）

（二）环境影响补充报告主要结论（略）

（三）环境影响报告书批复（略）

> **点评：**
>
> 环境影响报告书回顾主要包括工程环评阶段的环境质量现状、环境敏感目标、环境影响预测结果、环境保护要求和建议、评价结论，以及环保行政主管部门审批文件的意见等内容。
>
> 本案例中摘录的内容基本涵盖了以上各方面，但未将环评中声环境和环境振动影响预测结果详细列出。

五、环保措施落实情况调查

工程在施工及试运营期基本落实了环境影响报告书及批复中的各项环保要求（见表 16-5），进一步强化了声屏障措施，实际安装的干涉式声屏障由补充环评中的 790 延米/316 m^2 增加到 1 035 延米/900 m^2。但存在少部分措施发生变化的情况，具体如下：

1. HQ 村拆迁问题

补充环评批复：HQ 村应在工程运营前实施拆迁或进行功能置换，上述需要增补的措施必须在工程运营前实施完成。

补充环评：由于 HQ 村最近房屋将结合城市规划及地铁某号线的建设实施搬迁，建议工程开通运营前须实施搬迁，并满足水平距离大于 15 m。

落实情况：HQ 村第某栋村屋为 8 层楼房，距本工程水平距离 7 m，本工程试运营前，建设单位在街道办协调下拆除了高于轨道面的顶部 3 层建筑，但现场验收调查时发现，1～5 层建筑仍有租户居住。2013 年某月，在某市政府的协调下，市 LH 区办事处与该栋房屋房主签订房屋租赁协议，租用该栋房屋一年，将该房屋空置。

2．风亭排放口采取措施问题

环评批复：设在LHB站等居民区的风亭排放口，应采取过滤、除臭措施

环评提出：LHB站地下车站的风亭排风道口设过滤处理设施（除尘、除臭、干燥过滤器）。

落实情况：LHB站风亭排风口背向居民住宅，未安装过滤处理设施。但根据验收监测，排风口厂界处臭气浓度满足《恶臭污染物排放标准》（GB 14554—93）中的二级标准，对周边环境空气的影响很小。

表16-5 环保措施落实情况（摘）

环境要素	环评措施	落实情况
原环评施工期措施落实情况（略）		
原环评试运行期措施落实情况		
生态	略	略
声	①对由于地铁噪声导致敏感点噪声级超标的10个敏感点，采取设立高2～2.5 m吸声式声屏障，并在上述区段设置弹性支承块。声屏障共9 640 m，弹性支承块共9 320 m。②风亭、冷却塔选址应尽可能远离敏感点，使风口背向敏感点，并充分利用非敏感建筑物的屏障作用。③地铁车辆拟优先选用国产化设备，除要求车辆的机械性能优良外，还应重点考虑其声学指标，在经济技术可行的条件下应优先购进噪声、振动防护措施较先进的地铁车辆。④地铁运营后，还应加强线路与车辆的维护、保养，定期镟轮和打磨钢轨，保持车轮圆整和轨道平顺。⑤各类风机在满足工程通风要求的前提下，尽量采用小风量、低风压、声学性能优良的风机。冷却塔选型时应优先选用低噪声冷却塔。⑥选用空压机、风机、气动电动工具等设备时，均应采用低噪音的设备，对于空压机、风机均设置消音减振装置。⑦建议在城市规划发展和建设中，不要在高架区段两侧120 m范围内，临路修建学校、医院、疗养院、居民集中住宅区等敏感建筑；在城市建成区，在考虑采取声屏障的降噪措施后，道路建筑红线处也不得建造高于7层的建筑；对沿线两侧临路第一排已新开工的住宅、学校、医院等建筑应调整建筑布局，临路侧布置为厨房、卫生间、走廊、门诊接待室等室内噪声要求较低的房间；对已建成的敏感建筑，结合城市改造，逐步改变建筑物使用功能，尤其是临路第一排建筑应逐步调整为商业用房	①补充环评重新核实敏感点，要求全线设2.4～4.2 m高直立式声屏障15 723.36 m、干涉式声屏障9 401.4 m（其中预留8 611.4 m）、弹性支承块3 029.17 m。目前均已落实，且较补充环评要求进一步强化隔声措施，加长、加高声屏障。②风亭冷却塔与敏感点距离大于15 m，风亭排风口背向敏感点。③车辆选型时，选用声学性能优良、振动值低的轨道交通列车。④运营中注意车辆维护保养，定期打磨钢轨。⑤风机、冷却塔选型时选用低噪声型号。⑥空压机、风机均置于隔音房内，风道设有消声器和消声百叶，机器下面设有减振垫。⑦城市土地使用和建设布局由规划部门负责

环境要素	环评措施	落实情况
振动	①在车辆选型中，建议除考虑车辆的动力和机械性能外，还应重点考虑其振动性能及振动指标，优先选择噪声、振动值低、结构优良的车型。②设计中已考虑在中康路地下区段（CK5＋800～CK7＋800）设置弹性短轨枕整体道床。③线路在CK7＋350～CK7＋650从YLJ宿舍正下方穿过，建议该段采用“橡胶浮置板道床”。④运营期要加强轮轨的维护保养，定期镟轮和打磨钢轨、表面涂油，以保证其良好的运行状态，减少附加振动。⑤为避免高架段列车运行振动对环境的影响，应将距高架桥边8 m范围内的居民住宅采取拆迁措施，否则要改善此范围内建筑物的使用功能	①车辆选型时，选用声学性能优良、振动值低的轨道交通列车。②补充环评提出，工程全线设弹性短轨枕式整体道床4 739.43 m，里程为K5＋726～K9＋957.94，覆盖了YLJ宿舍。③运营期注意轮轨维护保养，定期打磨钢轨。④2013年某月，某市LH区办事处与该栋房屋房主签订房屋租赁协议，租用该栋房屋一年，对该房屋采取空置措施
其他	略	略
补充环评提出的措施落实情况		
声	①LP宿舍新增近轨、远轨声屏障2处，共180 m，270.0 m²。②YG新苑、QLN（近轨、远轨）2处敏感点延长声屏障3处，共320 m，720.0 m²。③QLN、HQ宿舍2处敏感点加高声屏障2处，共331.7 m，744.36 m²。④设置干涉式声屏障19处，共9401.4延米，其中WK华府、QLN共790延米，预留8 611.4延米。⑤根据城市规划条件，全线高架区段预留声屏障设置条件，其基础设置投资纳入工程投资。⑥由于L H车辆段现已建设完成，而上层物业尚未开发。建议物业开发过程中，需对车辆段噪声、振动进行分析，预测对上层物业的影响程度，对物业开发进行平面优化布置，如住宅尽量远离车辆段敞开段、下层尽量开发为商业用地等。⑦结合振动评价、城市规划及地铁L号线的建设对XN村最近房屋在工程开通运营前实施搬迁，并满足水平距离大于15 m	①LP宿舍设0.6 m声屏障100 m，2.4 m声屏障90 m，共190 m/276 m²。②YG新苑、QLN延长声屏障320 m/720.0 m²。③QLN、HQ宿舍加高声屏障331.7 m/ 744.36 m²。④SXMD设1 m干涉式声屏障225 m，WK华府设1 m干涉式声屏障360 m，QLN设0.7 m干涉式声屏障450 m，共1 035 m，其他16处干涉式声屏障预留。⑤高架线全线基础预留安装声屏障条件，其基础设置投资纳入工程投资。⑥车辆段上层物业开发规划为商住小区，单独立项、单独编制环境影响报告书，不在本工程范围内。⑦2013年某月，市LH区办事处与该栋房屋房主签订房屋租赁协议，租用该栋房屋一年，对该房屋采取空置措施
振动	略	略
环评审批意见落实情况		
1	不得在二级保护区水域段设置桥墩，施工场地应设置临时沉沙池，桥墩采用围堰法施工，产生的泥浆、生产废水不得排入水源保护区，应按有关规定将挖出的泥渣堆放到指定地点。禁止在水源保护区范围	①工程以高架形式上跨GL河流域水源保护区二级区LH河，工程一跨过河，未在LH河水域段设置桥墩，不产生泥渣。②施工场地设有临时沉沙

环境要素	环评措施	落 实 情 况
1	内设置施工营地、预制场及物料堆放场。强化桥梁防撞护栏，设置桥面雨水收集系统，防止对水源保护区水体产生污染	池，桥墩位于市政道路中间，产生的泥浆、废水经沉淀后排放至市政污水管网，未排入水源保护区。③水源保护区内未设置施工营地、预制场及物料堆放场。④工程以高架桥形式跨越 LH 河，在跨河区段桥面上增设 15 cm 挡水带，在桥墩中预埋雨水管接入市政雨水管网中，防止雨水直接排入 LH 河，轨道交通车辆正常运营行驶不会产生废水、固体废物等污染物，不会对水源保护区水体产生污染
2	采取有效的振动防治措施，对沿线学校、居民住宅等敏感点集中的路段，设置轨道减振扣件、弹性支承块、钢弹簧浮置板道床等，确保振动敏感目标符合《城市区域环境振动标准》（GB 10070—88）相应区域的限值要求	补充环评提出，工程全线设弹性短轨枕式整体道床 4 739.43 m，弹性支承块 3 029.17 m，均已落实。根据验收监测及类比分析，敏感点满足《城市区域环境振动》（GB 10070—88）相应区域标准限值要求
其他	略	
补充环评审批意见、省环保厅意见落实情况（略）		

点评：

本案例中，对工程环保措施要求的落实情况调查比较深入、细致，并就未落实和变更的措施情况进行了分析说明。

六、生态影响调查

（一）施工期的生态影响与控制（略）

（二）对生态控制线的影响分析

本工程的 K7＋860～K8＋800 约 0.94 km 位于某市基本生态控制线内，属 TL 山-JG 山生物多样性保护区，该段线路为地下线。线路以隧道下穿某市生态线范围内的 DNK 山，地表主要为人工林，不涉及自然保护区、水源保护区，隧道出口位于生态控制线外，中间无施工竖井、斜井及其他临时工程，故不会导致环境质量下降和生态功能的损害。

（三）临时占地生态恢复情况调查

本工程临时占地共 18.4 hm^2，均围绕在各车站和车辆段周边，主要为施工营地、临时料场、施工便道等，为了减少占地和周边环境的影响，占地多选择在市政公共用地、现有道路两侧。临时占地在施工结束后已进行了土地平整、植被恢复。

（四）小结

本工程涉及的临时占地在工程竣工后都进行了生态恢复；工程永久占地进行了绿化，并在设计上尽量使得工程建筑和周边的绿化符合自然景观或者城市景观观赏的需求，工程对生态环境影响很小。

> 点评：
>
> 轨道交通建设项目一般位于城市建成区，在验收中应主要调查施工迹地生态恢复或城市绿化效果以及与城市景观的协调性，本章节对此调查不够。
>
> 对于旅游城市或景观要求较高的地区，可对高架线路和车站景观影响加以分析或评述。

七、声环境影响调查

（一）施工期影响调查（略）

（二）噪声敏感点变化情况调查

经调查，LH 车辆段周围 200 m 范围内敏感点为 HP 路南侧的 QLN，距离车辆段厂界 100 m；车辆段上规划建设的部分商业及住宅用地，单独立项、单独编制环评，不在本工程范围内。

高架段线路两侧 150 m 内现有声环境敏感点共 36 处，其中居民住宅 33 处、学校 3 处。地下段风亭、冷却塔周边 50 m 内现有敏感点 5 处，均为居民住宅。与环评（补充）相比，减少了 2 处敏感点（HQ 宿舍、JL 大厦）。“HQ 宿舍”于 2012 年底拆除，JL 大厦为商务大厦，这两处敏感点在验收调查期间不再作为声环境敏感目标。

与环评（补充）相比，风亭、冷却塔周边减少了 1 处敏感点（SY 宿舍楼），“SY 宿舍楼”现状为 ZK 创业园，作为写字楼使用，在验收调查期间不再作为声敏感点。

经统计，现有声环境敏感点情况见表 16-6 和表 16-7。

表 16-6　高架段声环境敏感点情况一览（摘）

区间	敏感点名称	起讫里程	方位	距外轨中心线/m	与轨面高差/m	敏感点情况	声屏障情况	功能区	备注
ML-BSL 区间（高架）	SH 坊	K10＋220～K10＋400	右	46	−9	1 栋 22 层，2 栋 21 层，面对线路	3.6 m、4.2 m 高声屏障	Ⅳ	
	SXMD	K10＋240～K10＋410	左	26	−9	4 栋 9 层，5 栋 11 层，1 栋 22 层，面对线路	4.2 m 高声屏障、1.0 m 高干涉式声屏障	Ⅳ、Ⅱ	
BSL-BQ 区间（高架）	GD 陆军	K10＋840～K10＋970	右	26	−14	3 栋 6～8 层，侧对线路	3.0 m 高声屏障	Ⅳ、Ⅱ	
	BDL 村	K11＋340～K11＋600	两侧	17	−22	多栋 6～9 层，面对线路	4.2 m 高声屏障	Ⅳ、Ⅱ	
BQ-HS 区间(高架)	XN 村	K13＋240～K13＋420	左	7	−15	多栋 6～10 层，面对线路	4.2 m 高声屏障	Ⅳ、Ⅱ	环评中的“CY 花园”
HS-ST 区间（高架）	ZS 厂宿舍	K15＋240～K15＋380	右	17	−10	5 栋 7 层，侧对线路	2.4 m 高声屏障	Ⅳ、Ⅱ	补充环评中的“ST 宿舍”

表 16-7　风亭冷却塔声环境敏感点情况一览

站名	敏感点名称	风亭名称	噪声源	距离/m				功能区
				排风亭	新风亭	活塞风亭	冷却塔	
LHB 站	CT 居	TVF 风亭 3、TVF 风亭 4、TEF 风亭 2	排风亭、活塞风亭	40	—	44、34	—	Ⅳ
	CT 居	A1 出口风亭	新风亭、排风亭、冷却塔	20	33	15	42	Ⅳ
	AJ 苑	A1 出口风亭	排风亭、冷却塔	42	—	—	30	Ⅳ
	ML 生活区	环控新风风亭 2、环控排风风亭 2	新风亭、排风亭	43	36	—	—	Ⅳ
SML 站	FM 花园	南侧活塞风亭、冷却塔	排风亭、活塞风亭	50	—	36	—	Ⅳ

（三）噪声防治措施调查

1．高架线噪声防治措施

① 源头控制：声源降噪措施主要以车辆选型、声源降噪和传播途径降噪实现。本工程选用声学性能优良的轨道交通列车；线路高架段设置弹性支承块，以减振配合降噪，全线共设弹性支承块 3 029.17 延米。

②声屏障措施：本工程全线对全线所有敏感点均设置声屏障，全线共设直立式声屏障 15 745.66 延米/44 703.66 m^2，干涉式声屏障 1 035 延米/900 m^2。声屏障措施设置情况见表 16-8。

另外，全线预留干涉式声屏障 8 341.4 延米，预留资金 1 000 万元。高架线全线基础预留安装声屏障条件，其基础设置投资纳入工程投资。

③车站噪声处理：BDL 站、LH 站、QH 站，侧面采用声学翼型消声百叶进行车站通风处理，厚度 300 mm，每个车站消声百叶长 151.8 m，共计 455.4 m。根据设计资料，消声百叶传声损失不小于 12 dB。

表 16-8　声屏障设置情况一览（摘）

敏感区名称	声屏障起点	声屏障终点	方位	高度/m	形式	长度/m
SH 坊	K10＋092.54	K10＋151.5	右侧	3.6	直立式	58.96
SXMD	K10＋151.5	K10＋501.5	左侧	4.2	直立式	350
	K10＋190.5	K10＋415.5	左侧	1.0	干涉式	225
G D 陆军	K10＋726	K10＋830.3	双线右侧	3.0	直立式	208.6
BSL 村、DX 幼儿园（已搬走）、DX 小学	K11＋311.6	K11＋711.6	双侧	4.2	直立式	800
LT 村、ZS 宿舍	K15＋075	K15＋455	双侧	2.4	直立式	760
……	……	……	……	……	……	……
合计	直立式声屏障 15 745.66 延米/44 703.66 m^2，干涉式声屏障 1 035 延米/900 m^2					

2．风亭、冷却塔噪声防治措施

①设备选型方面，选用低噪声风机。地下车站冷却塔采用横流式、低噪音型。

②风亭、冷却塔选址与敏感点保持 15 m 以上的距离。

③共设置风亭消声器 28 延米。车站排风亭风道内设 3 m 长消声器和消声百叶，新风亭风道内设 2.5 m 长消声器、活塞风亭前后各设 2 m 长消声器。

④噪声较大的冷却水泵置于地下层，减少噪声对外界的影响。

3．车辆段噪声防治措施

①车辆段平面布局时将高噪声设备靠近厂区内侧设置。

②出入段线、试车线均采用碎石道床，且大部分位于上盖物业基础下方。

③直线段列车运行速度低于 20 km/h。

工程声环境保护措施照片略。

（四）线路两侧声环境质量监测

2011 年 9—11 月，某市环境监测站对工程高架段敏感点噪声进行了监测，根据地方规定，当地昼间时段为 7:00—23:00，夜间时段为 23:00—次日凌晨 7:00。

1．监测方案

① 监测因子

昼、夜间同步监测 1 小时等效声级 L_{Aeq}、背景噪声；有车时加测持续时间。

② 监测时段和频率

学校连续监测 2 天，昼间 2 次；其他敏感点连续监测 2 天，昼间 2 次。监测时选择接近列车运行平均密度的 1 小时进行连续监测。昼间监测时段：9:30—17:30；夜间监测时段：23:00—24:00。

③ 监测点位

选择高架段 9 个敏感点布设监测点，其中学校等特殊敏感点 2 处，一般敏感点 7 处；对不同楼层设置垂直监测断面，共 28 个测点，监测点布设在敏感点窗外 1 m 处。监测点位表及布设图略。

2．监测要求

①同一个敏感点，在垂直衰减断面上的各测点应同步监测。监测前，需对用于同步监测的噪声仪进行比对，以保证测量数据的一致性。

②按照《声环境质量标准》（GB 3096—2008）、《建设项目竣工环境保护验收技术规范　城市轨道交通》（HJ/T 403—2007）及其他有关标准和技术规范要求进行。

③同时记录监测时间、列车通过测点的持续时间、列车运行方向（上行、下行）、鸣笛状况等。监测时需注意避开干扰；因严重干扰造成数据失效的应重测；因特殊原因无法避开的，详细记录干扰的情况（噪声源、干扰时间、次数等）。

④学校测点应选择休息日等学生不在校时进行监测。

3．监测结果

①达标情况

敏感点噪声现状监测结果（略）表明，超标的敏感点共 8 处，超标测点共 24 个。

昼间 3 处敏感点（SH 学校，HY 苑、JBS 家、HR 新居，LH 实验幼儿园及学校）环境噪声超标，超标范围 0.9～7.4 dB（A），超标最严重的是 LH 实验幼儿园及学校 3 层；夜间 6 处敏感点（SH 坊，WK 华府，BSL 村，XN 村，QLMN，HY 苑、JBS 家、

HR 新居）环境噪声超标，超标范围 0.9～10.6 dB（A）。

②超标原因

工程沿线声环境状况较复杂，超标敏感点本身背景值超标现象严重，主要是受到沿线交通噪声和生活噪声同时影响。从背景值的监测结果可知，1 小时等效声级超标的 24 个测点，背景值均超过声环境功能区标准值，占监测值超标点位总数的 100%。

③本工程引起的噪声级增量

对于环境噪声超标的 8 处敏感点，本工程引起噪声级增量（即 1 小时等效声级与背景值的差值）为 0.1～0.9 dB（A），均小于 1 dB（A）。相较背景值，昼间 3 处超标敏感点路段增量为 0.1～0.9 dB（A），最大值出现在 HY 苑、JBS 家、HR 新居 8 层；夜间 6 处敏感点路段增量为 0.1～0.7 dB（A），最大值出现在 WK 华府 15 层和 XN 村 6 层。

4．全线敏感点达标情况

对工程沿线未监测的声环境敏感点，通过类比距离、高差、降噪措施类似的监测点，参照监测数值作达标分析。全线敏感点类比分析结果见表 16-9。根据实际监测及类比分析，全线高架段 36 个声敏感点中，4 个敏感点达标，32 个出现不同程度超标现象，超标范围 1.0～10.6 dB（A）。昼间 4 个敏感点环境噪声值超标，占敏感点总数的 11.1%，超标范围 1.3～6.7 dB（A）；夜间 28 处环境噪声值超标，占敏感点总数的 77.8%，超标范围 1.0～10.6 dB（A）。

敏感点噪声超标，主要是受 HP 路、TL 路、MT 路等城市道路交通噪声和生活噪声的影响，是背景噪声超标所致。本工程引起的噪声级增量均值，除 WMYG 为 0.6 dB（A）外，其他敏感点在 0.2～0.5 dB（A），增量小于 1 dB（A），说明通过采取 0.6～4.2 m 直立式声屏障、0.7～1.0 m 干涉式声屏障、弹性支承块、车站外侧安装消声百叶等措施，工程对周边敏感点的影响较小，工程运营未导致声环境质量恶化。

监测期间，工程的运输能力为 488 列/d，已达到设计初期（2011 年）、近期（2018 年）、远期（2033 年）设计值的 131.89%、92.08%、92.08%，因此，验收调查期间的监测值完全能够反映出工程在工况达到近远期设计时的噪声影响程度。

5．噪声垂直衰减情况

选择 3 处高层敏感点分析噪声垂直衰减情况，分析结果具体见表 16-10 和表 16-11。由表可以看出，昼间低于轨面楼层的噪声值普遍较高；高于轨面楼层的噪声值变化趋势较为复杂，无明显规律可循，但 8 层一般是高于轨面楼层中噪声值最低的。夜间低于轨面楼层的噪声值普遍较低；高于轨面楼层的噪声值随着楼层升高，呈现出先降低再升高的趋势，低点仍在 8 层。

表 16-9　线路两侧全线声环境敏感点类比分析结果（摘）

单位：Db（A）

敏感点名称	与外轨中心线关系/m		测点位置	时段	现状值（均值）		标准值	现状噪声级达标分析	本工程引起噪声级增量	备注
	水平距离	与轨面高差			1 小时等效声级	无列车经过时的背景值				
SH 坊	46	−1.8	临路 1 排 3 层	昼	61.4	60.4	70	达标	—	监测
				夜	57.5	57.2	55	2.5	0.3	
	46	7.2	临路 1 排 6 层	昼	61.3	60.7	70	达标	—	
				夜	57.1	56.8	55	2.1	0.3	
	46	25.2	临路 1 排 12 层	昼	60.5	59.9	70	达标	—	
				夜	58.0	57.6	55	3.0	0.4	
	46	55.2	临路 1 排 22 层	昼	58.6	57.5	70	达标	—	
				夜	58.5	58.3	55	2.5	0.2	
DX 小学	117	−8.8	5 层	昼	65.6	65.2	60	5.6	0.4	类比 SH 学校 5 层
XN 村	7	−7.8	最近的 1 栋楼 3 层	昼	62.5	61.1	70	达标	—	监测
				夜	59.3	58.9	55	4.3	0.4	
	7	−1.8	最近的 1 栋楼 5 层	昼	63.2	61.8	70	达标	—	
				夜	59.8	59.3	55	4.8	0.5	
	22	1.2	6 层	昼	65.5	64.7	70	达标	—	
				夜	60.5	60.2	55	5.5	0.3	
	22	13.2	10 层	昼	64.6	63.6	70	达标	—	
				夜	58.1	57.6	55	3.1	0.5	
LT 村	26	6.2	临路 1 排 6 层	昼	64.7	64.4	70	达标	0.3	类比 SXMD 第 6 层
				夜	53.5	53.0	55	达标	0.5	
LT 新村	35	1.2	临路 1 排 5 层	昼	59.3	59.1	70	达标	0.2	类比 QLMN4 层
				夜	56.7	56.2	55	1.7	0.5	
SH 学校	82	−1.8	临路 1 排 5 层	昼	65.6	65.2	60	5.6	0.4	监测

表 16-10 昼间垂直衰减情况 单位：dB（A）

测点号	名称	距离/m	高差/m	楼层	监测均值	声屏障形式	衰减情况
N1-1	SH 坊	46	−1.8	3 层	61.4	3.6 m、4.2 m 高声屏障	低于轨面楼层噪声值受地面影响较大，高于轨面楼层，随着楼层升高，噪声值降低
N1-2			7.2	6 层	61.3		
N1-3			25.2	12 层	60.5		
N1-4			55.2	22 层	58.6		
N3-1	WK 华府	40	1.2	5 层	61.9	4.2 m 高声屏障、1.0 m 高干涉式声屏障	高于轨面楼层，随着楼层升高，噪声值先降低再升高然后又降低，8 层最低
N3-2			10.2	8 层	59.8		
N3-3			22.2	12 层	60.0		
N3-4			31.2	15 层	60.1		
N3-5			52.2	22 层	59.2		
N6-1	QLMN	34	−4.8	2 层	60.3	0.6 m、3.0 m 高声屏障，0.7 m 干涉式声屏障	低于轨面楼层噪声值受地面影响较大，高于轨面楼层，随着楼层升高，噪声值先降低又升高，8 层最低
N6-2			1.2	4 层	59.3		
N6-3			13.2	8 层	58.1		
N6-4			37.2	16 层	59.7		

表 16-11 夜间垂直衰减情况 单位：dB（A）

测点号	名称	距离/m	高差/m	楼层	监测均值	声屏障形式	衰减情况
N1-1	SH 坊	46	−1.8	3 层	57.5	3.6 m、4.2 m 高声屏障	低于轨面楼层噪声值最小；高于轨面楼层，随着楼层升高，噪声值升高
N1-2			7.2	6 层	57.1		
N1-3			25.2	12 层	58.0		
N1-4			55.2	22 层	58.5		
N3-1	WK 华府	40	1.2	5 层	59.1	4.2 m 高声屏障、1.0 m 高干涉式声屏障	高于轨面楼层，随着楼层升高，噪声值先降低再升高，8 层最低
N3-2			10.2	8 层	57.8		
N3-3			22.2	12 层	58.0		
N3-4			31.2	15 层	58.0		
N3-5			52.2	22 层	58.4		
N6-1	QLMN	34	−4.8	2 层	56.0	0.6 m、3.0 m 高声屏障，0.7 m 干涉式声屏障	低于轨面楼层噪声值最小；高于轨面楼层，随着楼层升高，噪声值先降低又升高，8 层最低
N6-2			1.2	4 层	56.7		
N6-3			13.2	8 层	56.4		
N6-4			37.2	16 层	57.6		

（五）风亭冷却塔声环境质量监测

其中主变电站位于 LH 车辆段内，周边 50 m 范围内没有噪声敏感点，因此不予监测。由于地下车站排风亭的 UO 风机用于隧道内排风、散热等，一般情况下即可满足隧道内温度要求，不需要开启 OTS 风机，而活塞风亭的风机在火灾等事故状态下开启，一般也不用，因此声源主要是排风亭的UO风机和冷却塔。

本工程共有LHB站和SML站2个地下车站。LHB站设2座冷却塔、8个地面风亭。SML站风亭13个，均与站厅两侧建筑合建；冷却塔2座，位于站顶的设备层上。

风亭运行情况：①隧道通风风亭：仅在事故或阻塞等情况下使用，正常情况时停用。②车站环控通风亭：站厅站台公共区的通风系统运行时间每天06:30—23:00（节假日按行车时间变化调整）；部分设备房的通风系统在非行车时间23:30—次日06:30停用，其余设备房通风24 h运行。

冷却塔运行情况：在空调季节冷却塔24 h开启运行，在室外温度低于18℃，且公共区及设备房温度满足规定要求时停用冷水机组及冷却塔。

根据调查，2座地下车站风亭、冷却塔周边均存在噪声敏感点，本次调查选取了距排风亭最近的CT居作为监测点，其余的敏感点与监测点进行类比分析。

①监测因子：等效声级L_{Aeq}；

②监测时段和频率：连续监测2天，昼间2次，夜间1次，每次监测20 min。由于排风亭的风机开启时间为6:30—23:00，因此昼间监测时段为9:30—17:30；夜间监测时段为6:30—7:00。冷却塔开启时间与风亭风机开启时间一致。

③监测点位：选择地下段1个敏感点进行风亭、冷却塔附近敏感点监测，具体点位表和图略。

④监测要求：设备不开启时监测敏感点处背景噪声，设备开启至75%以上的工况负荷时监测现状噪声。各监测点距离建筑物反射面1.2 m以上。监测时记录主要噪声源、准确的监测时段；其他要求按照《声环境质量标准》（GB 3096—2008）执行。

⑤监测结果：具体见表16-12。由监测结果可以看出，距风亭距离最近的CT居噪声监测值，昼间满足《声环境质量标准》（GB 3096—2008）4a类标准要求，13日夜间达标，14日夜间超标1.4 dB（A）。超标主要是受到道路交通噪声和生活噪声影响，夜间CT居的噪声背景值已超标0.4 dB（A），本工程引起的噪声级增量为1 dB（A）。说明本工程风亭、冷却塔噪声对CT居声环境质量影响较小。

表16-12 地下段敏感点噪声监测点位及监测结果 单位：dB（A）

车站	名称	测点位置	距离3m		监测时间	监测结果			标准值	达标分析	主要噪声源
			排风亭	冷却塔		监测值	背景值	增量			
LHB站	CT居	风亭对面12层住宅楼3层住户窗外1 m处	20	42	11月13日昼间	60.2	59.6	0.6	70	达标	排风亭、冷却塔
						66.4	—	—		达标	
					11月12日昼间	61.1	—	—		达标	
						61.0	—	—		达标	
					11月13日夜间	53.4	53.0	0.4	55	达标	
					11月14日夜间	56.4	55.4	1.0		超标1.4	

⑥类比分析：测算结果具体见表 16-13。

表 16-13　风亭冷却塔噪声测算结果　单位：dB（A）

站名	敏感点名称	距离/m				时段	实测/测算结果平均值				标准值	达标分析
		排风亭	新风亭	活塞风亭	冷却塔		叠加值	背景值	贡献量	增量		
LHB站	CT 居（测算）	40	—	44、34	—	昼	60.1	59.6	50.2	0.5	70	达标
						夜	54.3	54.2	38.1	0.1	55	达标
	CT 居（实测）	20	33	15	42	昼	62.2	59.6	58.7	2.6	70	达标
						夜	54.9	54.2	46.6	0.7	55	达标
	AJ 苑（测算）	42	—	—	30	昼	60.4	59.6	52.7	0.8	70	达标
						夜	54.4	54.2	40.6	0.2	55	达标
	ML 生活区（测算）	43	36	—	—	昼	60.2	59.6	51.1	0.6	70	达标
						夜	54.3	54.2	39	0.1	55	达标
SML站	FM 花园（测算）	50	—	36	—	昼	60.2	59.6	51.1	0.6	70	达标
						夜	54.3	54.2	39	0.1	55	达标

由表 16-13 可以看出，经测算 4 处未监测的敏感点昼间噪声为 60.1～60.4 dB（A）、夜间噪声为 54.3～54.4 dB（A），均可满足《声环境质量标准》（GB 3096—2008）4a 类标准要求。

补充环评提出，风亭噪声影响范围为 2～16 m，冷却塔噪声影响范围为 2～28 m，风亭与冷却塔噪声共同作用影响范围为 3～33 m。与监测点位相比，上述 4 个敏感点距风亭冷却塔距离较远，均超过 33 m，且采取了风亭风道安装消声器和消声百叶、设备选型选用低噪音冷却塔等措施，因此风亭冷却塔噪声对其他 4 个敏感点影响较小。

（六）车辆段厂界噪声监测（略）

（七）小结与建议

（1）本工程沿线共有声环境敏感点 41 处，其中受轨道交通噪声影响的敏感点 36 处，受地下车站风亭冷却塔噪声影响的敏感点 5 处。

（2）监测及类比结果表明，全线高架段 36 个声敏感点中，32 个出现不同程度超标现象，主要受 HP 路、TL 路、MT 路等城市道路交通噪声和生活噪声的影响，其背景噪声也都超标。对于超标的 32 个敏感点，本工程引起的噪声级增量，在 0.6 dB（A）以下。总体来看，通过采取 0.6～4.2 m 直立式声屏障、0.7～1.0 m 干涉式声屏障、弹性支承块、车站外侧安装消声百叶等措施，本工程对线路周边敏感点的影响较小，工程运营未导致声环境质量恶化。

距风亭距离最近的 CT 居噪声监测值昼间达标、夜间超标，夜间背景噪声也已超标，本工程引起的噪声级增量为 1 dB（A），说明本工程对风亭冷却塔敏感点的影响较小。另外 4 个敏感点距风亭冷却塔距离较远，根据测算均可满足《声环境质量标准》（GB 3096—2008）4a 类标准要求。且采取了风亭风道安装消声器和消声百叶、设备选型选用低噪音冷却塔等措施，风亭冷却塔噪声影响较小。

LH 车辆段厂界噪声昼间满足《工业企业厂界环境噪声排放标准》（GB 12348—2008）2 级标准，夜间噪声监测值受到 HP 路、FL 路、BL 路交通噪声的影响而测值偏高。

（3）建议工程运营期加强对声屏障、减振器材的检查和维护；对监测超标的敏感点或沿线居民反应强烈的点位进行跟踪监测，根据监测结果及时采取进一步的补救措施。

点评：

本案例中声环境影响调查内容全面，调查结论正确。针对噪声超标敏感点，调查报告通过现场监测，得出了本工程贡献值在 0.6 dB（A）以下的结论，说明敏感点的噪声影响主要来自城市道路，本工程影响轻微。

轨道交通建设项目噪声污染主要来自高架线路车辆运行噪声，车站、停车场、车辆段、变电站、风亭和冷却塔等产生的噪声。开展调查时，应重点调查声源的具体位置，采取的降噪措施，声环境敏感点的建设时间、性质（建筑物功能、层数、结构等）、所属功能区类别、与项目声源的位置关系（水平距离、与顶面或轨道梁顶面的高差）等内容。

轨道交通噪声监测点位的选取应具有充分的代表性，根据车流量、线路形式、声屏障形式、敏感点的类型及与线路的位置关系、线路两侧噪声背景状况等，选择具有广泛代表意义的点位进行监测，使其能反映出线路两侧全部或绝大部分敏感点所受到的噪声影响；并同时进行与敏感点测量时间相同的背景噪声监测；必要时进行声屏障隔声效果的监测，本案例中沿线声环境敏感点全部受到声屏障覆盖，因此未进行降噪效果监测。

八、振动环境影响调查

（一）施工期影响调查（略）

（二）环境振动敏感点调查

本次验收范围内共有环境振动敏感点 48 处，其中居住区 45 处，政府机关办公楼 1 处，学校 1 处，医院 1 处。14 处振动敏感点位于地下段，34 处位于高架段两侧。与环评（补充）相比，增加了 1 处敏感点（城管办公楼），减少了 6 处敏感点（ZK 宿舍、SY 舍、YLJ 宿舍、DX 小学、HQ 宿舍）。

沿线振动敏感点基本情况见表 16-14。

表 16-14　振动敏感点情况一览（摘）

区间	敏感点名称	起讫里程	方位	距外轨中心线/m	与轨面高差/m	敏感点情况	执行标准	减振措施	备注
LHB-SML 区间（地下）	CT 居	K5＋960～K6＋010	右	22	17	1 栋 12 层，Ⅰ类	交通干线两侧	弹性短轨枕	
	DF 苑	K6＋330～K6＋400	左	13	13.5	2 栋 12 层，Ⅱ类	交通干线两侧	弹性短轨枕	
	ML 居	K6＋450～K6＋530	左	41	13.5	4 栋 9 层，Ⅱ类	居民文教区	弹性短轨枕	
	ZYM 苑	K6＋450～K6＋730	右	6	13.5	7 栋 8 层，Ⅱ类	交通干线两侧	弹性短轨枕	
	DR 医院	K6＋540～K6＋580	左	16	13.5	1 栋 7 层、1 栋 8 层，Ⅱ类	居民文教区	弹性短轨枕	补充环评中的“ML 医院”
	YL 苑	K7＋080～K7＋300	左	25	11	多栋 8 层，Ⅱ类	交通干线两侧	弹性短轨枕	
ML-BSL 区间（高架）	SXMD	K10＋240～K10＋410	左	26	−9	4 栋 9 层，5 栋 11 层，1 栋 22 层，Ⅱ类	交通干线两侧	DTⅥ2-1 型扣件	

（三）振动防治措施调查

1．源头控制

根据地铁振动的产生机理，优先选择噪声、振动值低、结构优良的车辆，在运营期加强轮轨的维护、保养，定期镟轮和打磨钢轨，以保证其良好的运行状态，全线在正线、辅助线均铺设无缝线路，提高轨面平顺度，减少了列车通过时的振动源，减轻轨道交通振动对周围环境的影响。

2．减振措施

① 落实了补充环评提出的地下段弹性短轨枕整体道床、高架桥段弹性支承块等减振措施。全线共设置弹性短轨枕式整体道床 4 739.43 单延米，弹性支承块 3 029.17 单延米，占全线长度的 24.3%。

②除地面线采用弹条Ⅰ型扣件外，线路其他部分全部采用 DTⅥ2-1 型扣件，该扣件采用弹性分开式无螺栓结构，设有双弹性垫层。

③道岔区内绝缘接头采用橡胶连接，钢轨非工作边接头夹板采用加强型减振接头夹板，以减少钢轨的冲击振动。

④制冷机水泵及空调风机基础设置减振器，采用弹簧减振器加一层橡胶的减振材料，水泵进出管及风机进出风管均设软管、软接头，以减少振动机噪声外传。

具体减振措施设置情况见表 16-15，减振措施图（略）。

表 16-15　减振措施设置情况一览

<table>
<tr><th colspan="4">左线</th><th colspan="4">右线</th></tr>
<tr><th colspan="2">起讫里程</th><th>长度/m</th><th>措施</th><th colspan="2">起讫里程</th><th>长度/m</th><th>措施</th></tr>
<tr><td>K5＋726</td><td>K9＋957.94</td><td>2 368.819</td><td>弹性短轨枕</td><td>K5＋726</td><td>K9＋957.94</td><td>2 370.611</td><td>弹性短轨枕</td></tr>
<tr><td>K10＋830.283</td><td>K11＋054.603</td><td rowspan="5">1 531.655</td><td rowspan="5">弹性支承块</td><td>K10＋830.283</td><td>K11＋054.603</td><td rowspan="5">1 497.515</td><td rowspan="5">弹性支承块</td></tr>
<tr><td>K12＋417.014</td><td>K12＋606.014</td><td>K12＋417.014</td><td>K12＋606.014</td></tr>
<tr><td>K13＋913.019</td><td>K14＋064.839</td><td>K13＋913.019</td><td>K14＋064.839</td></tr>
<tr><td>K15＋920.996</td><td>K16＋072.796</td><td>K15＋920.996</td><td>K16＋072.796</td></tr>
<tr><td>略</td><td>略</td><td>略</td><td>略</td></tr>
<tr><td rowspan="2">合 计</td><td colspan="3">弹性短轨枕</td><td colspan="4">4 739.43 延米</td></tr>
<tr><td colspan="3">弹性支承块</td><td colspan="4">3 029.17 延米</td></tr>
</table>

3. 振动拆迁（略）

（四）环境振动监测

2012 年 11 月某市环境监测站对工程高架、地下段环境振动进行了验收监测。

1. 监测方案

监测因子：铅垂向 Z 振级，有车时的 V_{LZ10}、$V_{LZ\max}$；无车时的 V_{LZ10}。

监测时段和频率：监测 1 天，昼、夜各监测一次，每次连续监测 5 对列车，取 10 次读数的算术平均值；夜间如不能满足 5 对列车要求，则按实际运营监测 1 小时。

监测点位：选择 11 个敏感点进行振动监测。监测点设在敏感点建筑前 0.5 m 处地面，具体监测点位表和图略。

2. 监测要求（略）

3. 监测结果

监测结果见表 16-16。沿线未监测的环境振动敏感点，主要类比水平距离、埋深类似的监测点，参照监测数值作达标分析，结果见表 16-17。

由监测结果及类比分析结果可以看出，本工程所带来的振动影响并不明显，各振动敏感点的 V_{LZ10}、$V_{LZ\max}$ 均符合《城市区域环境振动》（GB 10070—88）中相应的“交通干线道路两侧”（昼/夜低于 75/72 dB）、“混合区、商业中心区”（昼/夜低于 75/72 dB）和“居民、文教区”（昼/夜低于 70/67 dB）标准。

（五）小结与建议

工程沿线共有振动敏感点 47 处，根据验收监测结果和类比结果，均可以满足相应标准限值要求。

点评：

环境振动调查内容全面，结论也较明确，基本符合要求。

轨道交通建设项目振动影响调查主要包括线路采取的减振措施，地下及地面、高架线路两侧振动环境敏感点的规划建设时间、性质（建筑物功能、层数、结构等）、所属功能区类别，与项目工程外侧线路中心的水平距离、与顶面或轨道梁顶面的高差等内容。

表 16-16 线路敏感点噪声监测点位及监测结果（摘）

敏感点名称	方位	与外轨中心线位置/m		线路形式	监测时段	监测值/dB			标准值/dB	达标情况
		距离	高差			背景值 V_{LZ10}	列车通过时 V_{LZ10}	列车通过时 V_{LZmax}		
CT 居	右	22	17	地下	昼间	55.2	56.4	57.7	75	达标
					夜间	55.3	56.0	57.4	72	达标
DF 苑	左	13	13.5	地下	昼间	54.3	57.2	58.5	75	达标
					夜间	52.3	56.1	57.4	72	达标
ML 居	左	41	13.5	地下	昼间	51.3	56.6	58.0	70	达标
					夜间	51.6	56.4	57.7	67	达标
DR 医院	左	16	13.5	地下	昼间	51.7	57.1	58.7	70	达标
					夜间	51.5	57.0	58.2	67	达标
ZY 苑	右	6	13.5	地下	昼间	52.5	58.4	59.7	75	达标
					夜间	51.5	57.9	59.2	72	达标
YL 苑	左	25	11	地下	昼间	52.1	55.4	58.6	75	达标
					夜间	52.0	55.8	58.0	72	达标
SXMD	左	26	-9	高架	昼间	51.1	55.3	56.7	75	达标
					夜间	49.9	53.2	56.8	72	达标

表 16-17 未监测敏感点环境振动达标分析（摘）

序号	敏感点名称	方位	与线路位置/m		线路形式	监测时段	类比监测值/dB			标准值/dB	达标情况	类比点
			距离	高差			背景值 V_{LZ10}	列车通过时 V_{LZ10}	列车通过时 V_{LZmax}			
1	AJ 苑	右	27	17	地下	昼间	55.2	56.4	57.7	75	达标	CT 居
						夜间	55.3	56.0	57.4	72	达标	
2	ML 生活区	左	15	17	地下	昼间	51.7	57.1	58.7	75	达标	DR 医院
						夜间	51.5	57.0	58.2	72	达标	

九、水环境影响调查

（一）施工期影响调查（略）

（二）试运营期水污染源调查（略）

（三）污水处理措施调查

（1）各车站生活污水经化粪池预处理后，就近排入市政污水管道，进而排入城市污水处理厂。2 座地下车站（LHB 站、SML 站）生活污水采用提升泵提升至室外化粪池，最终排入 NS 污水处理厂；其他车站生活污水以重力流排入室外化粪池，最终排入 LH 污水处理厂，该污水处理厂 2007 年已投入使用。

（2）车辆段食堂污水采用隔油池预处理后、生活污水采用化粪池预处理后，均排入市政污水管道，进而排入 LH 污水处理厂。

（3）车辆段检修废水采用处理能力 50 m^3/d 的含油污水处理设施处理，主要工艺为隔油、混凝、气浮，出水排入市政污水管道，进而排入 LH 污水处理厂。主要工艺流程及流程图（略）；洗车废水经混凝沉淀、过滤、消毒后储存于中水池中，回用于洗车，少量清水作为补充用水水源，工艺流程图（略）。

（4）车站及高架桥采用雨污分流系统。屋面及地面雨水以重力流方式排入城市雨水系统。高架桥和高架车站排水采用在墩柱中预埋排水管的方式。高架桥面设 15cm 高的挡水带，桥面雨水沿横坡、纵坡汇集于雨水口，经铺设于桥墩内的雨水管，排入市政雨水管网。每跨单独排水，用挡水分割。高架桥排水系统结构图和水污染防治措施照片略。

（四）水污染源监测

2012 年某月，某市环境监测中心站对 LH 车辆段检修含油污水及生活污水进行了监测。

1．检修含油污水监测

监测因子：pH、SS、COD、BOD_5、氨氮、石油类。

监测时间和频率：连续监测 2 天，每天 4 次；同步监测污水日均流量。

监测点位：LH 车辆段检修含油污水处理设施出口。

监测要求：《建设项目竣工环境保护验收技术规范　城市轨道交通》（HJ/T 403—2007）附录 C 表 C5、C6、C7 的要求，分别给出监测结果。

监测结果略。从监测结果可以看出，车辆段检修含油污水经含油污水处理设施处理后，出水水质可以满足某省《水污染物排放限值》第二时段三级标准的要求，排入市政污水管道，进而排入 LH 污水处理厂。

2．生活污水监测

监测因子：pH、SS、COD、BOD_5、氨氮、磷酸盐、动植物油。

监测时间和频率：连续监测 2 天，每天 4 次。

监测点位：LH 车辆段生活污水总排口。

监测要求：《建设项目竣工环境保护验收技术规范 城市轨道交通》（HJ/T 403—2007）附录 C 表 C5、C6、C7 的要求，分别给出监测结果。

监测结果略。从监测结果可以看出，车辆段生活污水经化粪池处理后，满足某省《水污染物排放限值》第二时段三级标准的要求，排入市政污水管道，进而排入 LH 污水处理厂。

各车站的生活污水主要是厕所冲洗水，类比车辆段生活污水监测结果可知，车站生活污水经化粪池处理后，可满足某省《水污染物排放限值》第二时段三级标准的要求。

（五）小结

工程试运营期产生的污水都得到了妥善地处理，不会对外部水环境产生不利影响。

点评：

本章节对工程运行后污水来源、污水处理方式和处理效果、排放去向均作了清晰的介绍，基本符合要求。

水环境影响调查主要包括车辆段（停车场）的生产废水和生活污水、各车站生活污水的来源，主要污染因子，污染物排放量，处理情况（含处理达标情况和处理效率）及各类废水排放去向、循环利用情况，外排口的位置及受纳水体情况等。

十、大气环境影响调查

（一）施工期影响调查（略）

（二）试运行期影响调查

本工程试运行期的大气污染源主要是地下车站排风亭排放的异味气体、车辆段食堂厨房排放的油烟废气。据调查，车辆段食堂设有油烟净化装置，油烟经净化处理后，通过烟井实现高空排放；风亭选位合理，距周围敏感建筑的最近距离为 15 m（活塞风亭），排风口背向敏感建筑设置，加强风井周围绿化，风亭异味气体对周围环境的影响轻微。

2012 年某月、2013 年某月，某市环境监测中心站对 LHB 站排风亭的异味进行了监测；2012 年某月，对车辆段厨房油烟排气筒出口处油烟浓度进行了监测（监测因子、点位、频次、监测结果略）。监测结果表明本工程地下车站的排风亭臭气浓度满足《恶臭污染物排放标准》（GB 14554—93）中的二级标准，对周边环境空气的影响很小；车辆段员工餐厅的厨房油烟废气排放浓度满足《饮食业油烟排放标准》（GB 18483—2001）要求，对周边环境空气的影响很小。

点评：

轨道交通建设项目大气污染影响调查重点为车辆段或车站锅炉的设置（北方地区）、车辆段厨房油烟处理等情况。本章节较好地注意了此点，对大气污染源及污染物排放情况均进行了比较清楚的说明，并结合环评及审批意见对车辆段食堂油烟和风亭恶臭排放进行了监测。

十一、电磁环境影响调查（略）

十二、固体废物影响调查（略）

十三、环境管理与监测计划落实情况调查

（一）环境管理情况调查（略）

（二）环境监测计划落实情况调查

环评报告书中提出的施工期及运营期监测计划及落实情况见表 16-18。

工程环评报告书提出的施工期监测计划均已落实。运营期监测计划也已在落实，建设单位安排了环境监测专项资金，将按环评报告建议的频次对废水、食堂油烟、风亭恶臭、振动、噪声、电磁辐射进行监测，目前正在进行招投标工作。

表 16-18 施工期及运营期监测计划落实情况

时期	监测因子	监测点位	监测频次	落实情况
施工期	TSP	施工场界周围环境敏感点	施工紧张期2天/月，每天上、下午各1次	已落实。施工期共监测了4个环境空气敏感点，均位于线路旁，进行了296次监测
	L_{Aeq}	略	略	略
	$V_{L_{Z10}}$	略	略	略
运营期	L_{Aeq}	沿线受轨道交通噪声影响较大的敏感点	每季度1次	已落实。验收监测中，监测了9个高架段敏感点28个测点的噪声，昼间2次，夜间1次；监测了1个风亭冷却塔噪声敏感点，连续2天，每天昼间、夜间各1次；监测了车辆段厂界噪声，共4个测点，连续监测2天，每天昼间、夜间各2次
	油烟	略	略	略
	$V_{L_{Z10}}$	略	略	略
	pH、COD、BOD_5、SS、石油类、氨氮	略	略	略

（三）小结与建议

建设单位对环境保护工作非常重视，实施了施工期环境监理，各项管理制度和措施比较完善、有效。为了进一步做好本工程运营期的环境保护工作，建议落实好环评报告书提出的跟踪监测计划，特别是对高架线噪声敏感点的跟踪监测。

点评：

该部分内容基本符合要求。

本工程建设单位对环境管理工作较为重视，环境监理和监测计划落实较好。验收时需注意，环评审批意见要求开展环境监理工作的建设项目需提交环境监理总结报告。

十四、公众意见调查

（一）调查及统计情况（略）

（二）不满意意见的调查

本次共有8个被调查公众对本工程环保工作表示不满意，分布在YG、SX、WK、

ML 和 BL。其中 5 个人未写不满意的原因，YG 有 1 人提出粉尘污染较重，希望多做些绿化；BL 有 2 人提出噪声影响休息，希望加强隔音措施。

施工期公众反映的主要问题是：施工期扬尘污染环境、施工噪声影响休息、施工造成交通拥堵出行不便、绿化建设滞后等。伴随施工结束，这些影响已消除。

运营期公众反映的主要是噪声和绿化问题：①BL 个别被调查者认为夜间噪声影响休息，建议加强隔声措施；②部分被调查者建议增加绿化面积、多植树。

针对上述问题分析如下：①BL 段线路已设置了 4.2 m 高声屏障的降噪措施。根据本次验收监测结果，临路第一排居民楼监测结果昼间满足《声环境质量标准》（GB 3096—2008）4a 类标准要求，夜间超标。受生活噪声和交通噪声影响，夜间背景噪声已超标，本工程的噪声级增量小于 0.5 dB（A），说明本工程的对 BL 的影响较小。②本工程绿化集中在高架区间段，包括建设单位完成绿化和市政工程改造项目完成的高架桥底绿化两部分，实际恢复完成林草植被面积 21.35 hm^2，恢复情况良好。

（三）建设单位收到的投诉情况

2011 年某月，LHB 站 A1 出口风亭附近 CT 居 1 户居民向建设单位投诉噪声影响夜间休息。建设单位立即排查原因，发现距该居民住宅最近的风亭是 A1 出口新风亭，当时处于调试阶段，调试结束后操作人员忘记关闭用于隧道轨顶送风的 OTS 风机所致。正常运行时，地下车站排风亭的 UO 风机用于隧道内排风、散热等，一般情况下即可满足隧道内温度要求，不需要开启 OTS 风机。LHB 站的 OTS 风机自 2011 年 8 月至今没有开启，建设单位也加强了对操作人员的培训和管理，之后再未收到环保投诉。

验收监测时，对该户住宅也进行了监测，监测结果显示，夜间监测结果满足《声环境质量标准》（GB 3096—2008）4a 类标准要求。说明风亭噪声对该户居民的影响较小。

（四）行政主管部门走访

经调查单位向某市环境保护局等相关部门咨询，本工程施工及试运营期间，没有收到相关的环保投诉。

（五）小结

综上所述，总体上本工程沿线居民对工程在社会、经济、环境方面的综合效益持肯定态度。建设单位按照环评报告及批复的要求，采取了减缓噪声、振动、异味影响的一系列措施，公众对这些措施的实际效果总体上给予肯定；并对于在调查中反映的一些环境问题，建设单位在实际工作中已经及时妥善解决。

点评：

本案例中，公众意见调查基本符合要求。收集了工程所接到的环保投诉问题，对建设单位的整改情况进行说明；对不满意公众进行了回访，了解不满意原因，并进行了分析说明。

公众意见调查需注意的样本的代表性和样本数量的合理性，并且调查问题需围绕工程施工期间和运行期间的主要环境影响设置，并尽量做到问题简单明了、通俗易懂。

十五、调查结论与建议

（一）调查结论（略）

（二）建议

（1）运营期加强对声屏障、减振器材的检查和维护，对监测超标的敏感点进行跟踪监测，并根据监测结果及时采取进一步补救措施。

（2）加强工程运营期对各污染防治措施的管理，保证各项污染物长期稳定达标排放。

（3）配合地方政府做好工程周边的规划控制工作，发现周边新建居民住宅、学校、医院等敏感建筑后，及时向地方政府报告。

综上所述，工程在设计、施工和试运营期采取的污染防治和生态保护措施基本有效，项目环境影响报告书和环境保护行政主管部门批复中要求的生态保护和污染控制措施基本得到落实。建议对该工程进行竣工环境保护验收。

点评：

调查结论是全部调查工作的结论，需概括和总结全部工作。

该工程虽然存在噪声敏感点超标问题，但造成超标的原因主要是受道路交通噪声的影响，本工程贡献值在0.6 dB（A）以下，影响轻微，因此不影响工程的环境保护验收，验收结论是适当的。但“建议”部分要求建设单位配合地方政府做好工程周边规划控制工作的要求无实际意义。

验收调查报告中的建议部分，应根据工程的实际情况，针对工程投入正式运营后可能出现的环境问题，有针对性地提出可行的建议或需要注意的问题。

案例分析

该案例编制较规范，调查内容较全面，调查重点突出，满足竣工环境保护验收技术规范要求，客观、公正地反映了工程施工期及试运行期以来的主要环境影响，对从事轨道交通类建设项目的竣工环境保护验收调查工作具有一定示范意义。但在工程调查、生态影响调查和公众意见调查略有欠缺，希望其他同类项目引以为戒。

轨道交通属于公用基础设施，投入使用后，其环境影响将长期、连续存在。根据项目特点，在进行该类项目竣工环境保护验收调查时主要应注意以下问题：

（1）工程的环境影响比较全面，涉及水、气、声、振动、电磁等各类环境影响要素，但重点是噪声和振动两方面。

（2）工程位于城市中心区域，因征地、拆迁、安置、城市规划等问题极易发生线路调整，调查时需重点注意线位移动、车站增减和位置的变化，如发生重大变化，提请建设单位及时办理补充环境影响评价相关手续。

（3）工程沿线人口密集，学校、医院、居民区等环境敏感点集中，古建筑等具有特殊要求的敏感目标也较多，调查时应认真、细致，注意不能遗漏。

（4）对环评及审批意见中各项环保措施要求应列表逐条说明落实情况，尤其隔声、减振措施要求要对应各环境敏感目标详细说明，如有变化需分析原因，并说明替代措施的效果。

（5）注意环评审批意见中有无“风亭周围 15 m 范围不允许有敏感目标的要求”，结合要求详细调查风亭的功能、采取的措施、风口朝向、与敏感目标的位置关系等内容，根据监测结果分析风亭运行的影响。另外，尽量选择夏季高温时段进行环境空气质量的监测。

（6）公众环保投诉是轨道交通类建设项目需重点关注的一项内容。调查方法一般以发放调查问卷为主。为了使调查客观，问卷设计时应注意回避拆迁、补偿等经济问题；同时，需对不满意公众进行回访，了解问题，对确实存在的环境影响，提出解决方案。

（7）轨道交通项目运营后，很难予以停运，因此，对需采取进一步降噪、减振措施的建设项目，提出的补救措施建议应具有针对性和可操作性。

图书在版编目（CIP）数据

环境影响评价案例分析：2016年版／环境保护部环境工程评估中心编．—9版．—北京：中国环境出版社，2016.2

全国环境影响评价工程师职业资格考试系列参考教材

ISBN 978-7-5111-2705-1

Ⅰ．①环…　Ⅱ．①环…　Ⅲ．①环境影响—评价—案例—工程师—资格考试—教材　Ⅳ．①X820.3

中国版本图书馆CIP数据核字（2016）第036462号

出 版 人　王新程
责任编辑　黄晓燕
文字编辑　高　艳
责任校对　扣志红
封面制作　宋　瑞

出版发行　中国环境出版社
（100062　北京市东城区广渠门内大街16号）
网　　址：http://www.cesp.com.cn
电子邮箱：bjgl@cesp.com.cn
联系电话：010-67112765（编辑管理部）
010-67112735（第一分社）
发行热线：010-67125803，010-67113405（传真）
印　　刷　北京市联华印刷厂
经　　销　各地新华书店
版　　次　2005年2月第1版　2016年3月第9版
印　　次　2016年3月第1次印刷
开　　本　787×960　1/16
印　　张　31
字　　数　630千字
定　　价　98.00元
